산 업 안 전 지 도 사

실전면접

[건설안전공학]

산업안전지도사 1차, 2차 시험을 통과하신 수험생 여러분 진심으로 축하합니다. 이제 마지막 관문인 3차 면접시험을 눈앞에 두고 있습니다.

아시는 바와 같이 산업안전지도사는 면접을 통과하는 과정이 가장 어렵습니다. 왜냐하면 질문에 대한 답변을 준비할 시간도 촉박하고 잘 이해하지 못하는 문제를 제시받으면 당황하기 때문입니다. 그러나 면접과정도 시험의 일부라고 생각하고 차근차근 준비하면 충분히 대비할 수 있습니다.

면접요령을 간략하게 설명드리겠습니다.

1. 면접문제도 단답형과 논술형으로 구분됩니다.
2. 질문받은 내용만 간략하게 설명하기보다는 의도를 파악하고 기승전결로 전개하여 답변하십시오.
3. 모르는 문제를 제시받아도 생각할 시간을 만들어 유사한 답변이라도 하십시오.
4. 면접은 시작만큼 마무리도 중요합니다. 면접을 마치고 나올 때의 태도까지 평가받는다고 생각하십시오.
5. 산업안전지도사 시험에 응시한 이유를 확실하게 만들어 면접에 응하십시오.

위의 다섯 가지 내용을 잘 숙지하여 준비하고, 특히 수험생 여러분의 지식수준이 면접관보다 높을 수도 있다는 자신감으로 임하십시오.

본 교재는 면접에 필요한 내용을 체계적으로 정리하여 비교적 단기간에도 대비할 수 있도록 구성하였으며 면접과 연관성이 없는 부분은 과감하게 생략하였습니다. 따라서 시험 전에 몇 번 정독하시면 좋은 결과가 있으리라고 생각합니다.

여러분께서 최선을 다하기를 바라며 면접관이 실질적으로 평가하는 다섯 가지 항목을 알려드립니다.

1. 지식수준
2. 응용력
3. 지도감독능력
4. 품위
5. 일반상식

여러분의 앞날에 무궁한 발전이 있기를 기원합니다.

저자 Willy.H

면접시험 수험자 유의사항

구분	주요 안내사항
사전대기실	• 대기실 입실 전 도착 수험자 대기 및 휴식 • 부착물 확인하며 본인의 대기실 번호 및 입실시간 확인 • 입실 시간대별 시험관리위원의 안내에 따라 대기실로 이동
대기실	• 신분 확인 및 비번호(면접순서) 추첨(신분증 미지참 시 응시 불가) • 휴대폰, 스마트워치 등 전자기기 제출(몸에 소지 시 부정행위 처리) • 본인의 면접 순서까지 대기(책자 열람 가능)
면접실	• 비번호 외 특정인임을 암시할 수 있는 발언 등을 하는 경우 당회 시험을 중지하고 퇴실 조치(부정행위자로 적발 시 5년간 응시 제한) • 공정성을 위해 질문 개수는 3개로 모든 수험자가 동일 • 수험자 1인당 면접 진행 시간은 약 10~15분
귀가	비번호 반납 및 확인 후 소지품 챙겨서 귀가

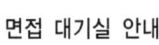

면접실(예시1)

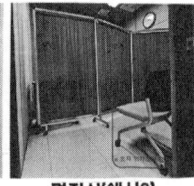
면접실(예시2)

면접 대기실 안내

면접 대기실 전경

PART 01 면접 기출문제

2024년 면접 기출문제	3
2023년 면접 기출문제	6
2022년 면접 기출문제	8
2021년 면접 기출문제	9
면접 기출문제 1	10
면접 기출문제 2	10
면접 기출문제 3	11
면접 기출문제 4	11
면접 기출문제 5	12
면접 기출문제 6	12
면접 기출문제 7	13
면접 기출문제 8	13
면접 기출문제 9	14
면접 기출문제 10	14

PART 02 서류 보존기간

산업안전보건법령	17
산업안전보건법 시행규칙	19

PART 03 산업안전보건법

01 용어	25
02 정부의 책무, 사업주 등의 의무, 근로자의 의무	27

03	산업재해 발생 보고 및 기록	29
04	산업재해 예방	30
05	안전보건관리책임자	33
06	관리감독자	35
07	안전관리자	37
08	명예산업안전감독관	39
09	산업안전보건위원회	41
10	노사협의체	45
11	안전보건관리규정	47
12	안전보건교육	50
13	유해·위험 방지조치	56
14	안전보건조치	57
15	유해위험방지계획서	59
16	공정안전보고서	69
17	안전보건진단	72
18	건설업 산업안전보건관리비	78
19	작업중지	85
20	중대재해 발생 시 조치	87
21	산업재해의 보고 및 기록·보존	89
22	도급 시 산업재해 예방	91
23	도급인의 안전보건조치	94
24	건설업의 산업재해 예방	97
25	기술지도	103
26	방호조치	108
27	안전인증	110
28	자율안전확인의 신고	115
29	안전검사	118
30	유해·위험기계 등 제조사업의 지원	121

31 유해·위험물질의 분류	122
32 물질안전보건자료	124
33 석면에 대한 조치	128
34 석면해체·제거	131
35 작업환경관리	134
36 휴게시설 설치 및 관리	137
37 근로자 건강진단	139
38 건설현장의 작업환경측정	143
39 서류의 보존	145
40 사업장 위험성평가에 관한 지침	147
41 「산업안전보건기준에 관한 규칙」상 소음 기준	160

PART 04 건설기술 진흥법

01 안전관리조직	165
02 가설구조물 구조적 안전성 확인	167
03 건설공사 사고 발생 시 신고	168
04 안전관리계획	170
05 소규모 안전관리계획	176
06 안전점검 종류별 내용	178
07 설계안전성 검토제도(DFS)	179
08 안전관리비	181
09 지하안전관리에 관한 특별법	184
10 건설공사현장의 사고조사	188

PART 05 시설물의 안전 및 유지관리에 관한 특별법

01 정밀안전진단 191
02 안전점검·진단 실시 자격요건 193
03 구조안전 유해결함의 범위 195
04 시설물통합정보관리시스템(FMS) 196

PART 06 건설기계 안전대책

01 크레인 중량물 달기 작업 201
02 건설용 Lift 202
03 건설기계의 안전 장치 205
04 고소작업대의 종류와 안전대책 206
05 Back-hoe 장비 사용에 따른 재해형태별 원인과 안전대책 209
06 타워크레인 사용 시 설치·검사·운전 시 관리항목 212

PART 07 토공사 안전대책

01 흙막이공사 안전대책 219
02 도심지 건축현장 소규모굴착 공사장 안전관리 223
03 굴착면 안전기울기 기준에 관한 기술지원규정 226
04 밀폐공간 작업 프로그램 수립 및 시행에 관한 기술지침 230
05 흙막이공사에 대한 기술지원규정 238
06 지하매설물 인근 굴착 작업 시 안전대책 241
07 옹벽에 작용하는 토압의 종류와 파손발생 유형별 방지대책 244

08	사면의 붕괴형태별 붕괴원인과 방지대책	247
09	부마찰력	250
10	Soil Nailing 공법	251
11	Land Slide Creep	252
12	암질의 분류방법	253
13	Q-system	254
14	기초의 전단파괴	256
15	Consistency	258
16	히빙(Heaving)현상	259
17	Boiling	260
18	파이핑(Piping)현상	261

PART 08 거푸집·동바리 안전대책

01	오일러의 좌굴길이	265
02	거푸집·동바리의 안정성 검토	266
03	거푸집 존치기간	269
04	거푸집·동바리 작업 시 안전조치사항	270
05	벽전용 거푸집	273
06	연속거푸집	274
07	연속공법 대형거푸집	275
08	갱폼 제작 시 안전설비기준 및 건설현장 사용 시 안전작업대책	276
09	콘크리트 타설 중 동바리에 의한 재해예방대책	279
10	시스템 동바리	281
11	수평연결재와 가새	286
12	거푸집 측압	289

PART 09 철근공사

01 철근공사 재해 유형과 안전작업지침 293
02 철근의 이음 296
03 철근의 유효깊이(유효높이) 확보방안 299
04 피복두께 301
05 콘크리트와 철근의 응력-변형률 선도 303

PART 10 콘크리트 공사

01 골재의 함수상태 307
02 유동화제 308
03 AE제 309
04 콘크리트 시방배합·현장배합 310
05 레이턴스 311
06 양생 312
07 Con´c 펌프에 의한 콘크리트 타설 시 발생되는 재해발생 요인과 안전관리 314
08 콘크리트 구조물의 열화원인과 방지대책 317
09 콘크리트 균열의 보수 및 보강공법 320
10 탄산화 322

PART 11 철골/창호공사

01 철골의 자립도를 위한 대상 건물 327
02 철골의 공작도에 포함해야 할 사항 328
03 철골의 세우기 순서 329

04	철골 건립용 양중장비의 종류	331
05	철골접합방법의 종류	333
06	철골공사 무지보 거푸집·동바리(데크플레이트공법) 안전보건작업지침	334
07	엔드 탭	344
08	고력 볼트 조임검사방법	345
09	리프트업 공법의 특징	346
10	앵커 볼트 매립 시 준수사항	347
11	고력 볼트 조임기준	349
12	연돌효과(Stack Effect)	350
13	전단연결재(Shear Connector)	351
14	기둥부등축소	352
15	강재의 비파괴검사 종류	353
16	용접의 형식	355
17	고장력 볼트 접합	356
18	Scallop	357
19	창호의 성능평가방법	358
20	유리의 열파손	360

PART 12 터널

01	터널공사 표준안전 작업지침 - NATM공법	365
02	불연속면(Discontinuity)	380
03	Face Mapping	382
04	여굴의 원인과 대책	383
05	심빼기 발파	384
06	숏크리트 리바운드	385

07	Bench Cut 발파	386
08	편압	387
09	Line Drilling	388
10	Decoupling 계수	389
11	Smooth Blasting	390
12	Cushion Blasting	391
13	Pre-Splitting	392
14	터널의 붕괴원인 및 대책	393
15	NATM 터널의 유지관리 계측	394
16	터널 용수대책	396
17	스프링라인	397
18	터널 내 환기시설 설치·관리 준수사항	398

PART 13 교량

01	교량상부공가설공법의 안전작업에 관한 기술지원규정	401
02	사장교와 현수교의 차이점	409
03	세굴 방지공법의 종류	410
04	FCM 처짐관리(Camber Control)	411
05	TMCP 강재	412
06	LB(Lattice Bar) Deck	413
07	차량재하를 위한 교량의 영향선	414
08	라멜라티어	415
09	진응력과 공칭응력	416
10	설퍼밴드 균열	417
11	Preflex Beam	418

PART 14 항만/하천/댐

01	방파제의 종류	421
02	가물막이공법	422
03	하천 생태호안	423
04	유수전환방식	424
05	필댐	425
06	부력에 의한 손상 방지대책	426
07	검사랑	427
08	유선망(Flow Net)	428
09	침윤선(Seepage Line)	429
10	석괴댐의 프린스	430
11	Dam 기초 Grouting	431
12	댐의 계측관리	432
13	Siphon	433

PART 15 해체공사

01	해체공사 신고 대상 및 허가 대상	437
02	해체공사 구조물의 사전조사 내용	438
03	해체공사 시 주변환경 조사내용	438
04	해체공법별 안전작업수칙	439
05	화재	443

PART 16 산업안전보건기준에 관한 규칙

산업안전보건기준에 관한 규칙(약칭 : 안전보건규칙)　　　447

PART 01 면접 기출문제

ACTUAL
INTERVIEW

2024년 면접 기출문제

1 2024. 8. 22. (목)

1. 09:00~10:30
   (1) 철골 표준안전작업지침상 철골 건립을 위하여 철골기둥을 인양할 때 준수사항
   (2) 유해위험방지계획서 자체심사 및 확인업체의 기준, 자체심사 및 확인방법
   (3) 가설통로의 종류

2. 10:30~12:00
   (1) 산업안전보건위원회 심의의결사항
   (2) 안전난간 설치기준
   (3) 안전관리자 증원·교체 사유

3. 13:00~14:30
   ❖ Booth 1
   (1) 사다리식 통로 설치기준
   (2) 위험성평가 기록의 유지기한 및 내용
   (3) 화재작업 시 특별교육 내용
   ❖ Booth 2
   (1) 사다리식 통로 설치기준
   (2) 위험성평가 기록 및 보존내용
   (3) 화재예방 특별교육 내용

4. 14:30~16:00
   ❖ Booth 1
   (1) 사전조사 및 작업계획서 작성내용
   (2) 차량계 하역운반기계 작업계획서 작성사항
   (3) 유해위험방지계획서 중 산업안전지도사가 평가·확인할 수 있는 대상 건설공사
   ❖ Booth 2
   (1) 건설분야 산업안전지도사의 업무
   (2) 추락방호망의 달기로프, 테두리로프의 강도와 방망사의 강도
   (3) 화재예방 특별교육 내용

5. 16:00~17:30
   (1) 안전보건진단의 종류와 각 내용
   (2) 유해위험요인, 위험성, 위험성평가 3가지 용어 설명
   (3) 가설도로의 설치기준

❷ 2024. 8. 23. (금)

1. 09:00~10:30
   (1) 사다리 설치기준
   (2) 노사협의체 사용자위원과 근로자위원 구성인원
   (3) 사업장 위험성평가 관리지침상 위험성평가 내용과 절차

2. 10:30~12:00
   (1) 산업안전보건관리비 계상 및 사용기준과 안전교육비 사용기준
   (2) 유해위험방지계획서 자체심사 기준
   (3) 추락재해방지 표준안전작업지침상 안전대 폐기기준

3. 13:00~14:30
   (1) 추락방지망, 낙하물방지망, 방호선반 설치기준
   (2) 중대재해 발생보고 및 내용
   (3) 발주자 재해예방의 기본, 설계, 공사안전보건대장 내용

4. 14:30~16:00
   (1) 작업계획서를 작성해야 하는 대상
   (2) 가설구조물의 설계변경요청 대상 및 전문가의 범위
   (3) 산업안전보건관리비 대상액을 설명하시오(사용항목은 말하지 않아도 됨).

5. 16:00~17:30
   (1) 지붕 위 작업 시 안전조치
   (2) 철근 인력운반 시와 기계운반 시 안전대책
   (3) 해체대상 구조물의 사전조사사항

3 2024. 8. 24. (토)

1. 09:00~10:30
   (1) 구축물의 안전성 평가대상
   (2) 타워크레인 특별안전교육 내용
   (3) 굴착작업 시 사전조사사항

2. 10:30~12:00
   (1) 굴착공사 표준안전작업지침상 지질조사 시 사전조사사항
   (2) 안전보건규칙상 통로 조도수준
   (3) 가설통로의 설치 및 유지기준

3. 13:00~14:30
   (1) 굴착작업 시 표준안전작업지침과 관련하여 기존건축물과의 시공 관련 조치사항
   (2) 교량연결 시 유의사항을 산업안전보건규칙내용으로 설명하시오.
   (3) 굴착 시 표준안전작업지침에 따른 붕괴예방 조치사항

4. 14:30~16:00
   (1) 틀비계 설치기준
   (2) 지붕작업 시 안전조치사항
   (3) 전기기계기구 등의 충전부 방호조치

5. 16:00~17:30
   (1) 굴착공사 표준안전작업지침에서의 얕은 파괴 형태
   (2) 작업발판의 구조 및 최대하중
   (3) 위험성평가 사전조사내용 및 실시규정

2023년 면접 기출문제

1 인력관리공단 휘경본부(2023. 8. 13. 금)

1. 09:00~10:30
   (1) 가설 경사로 설치기준
   (2) 도급인의 안전조치사항
   (3) 비계 작업 시 작업중지 후 조치사항

2. 10:30~12:00
   (1) 재해예방기술지도기준
   (2) 터널환기방법
   (3) 차량계 건설기계의 종류별 안전관리대책

2 인력관리공단 뚝섬지점(2023. 8. 13. 금)

1. 10:30~12:00
   (1) 터널공사 표준안전작업지침상의 환기
   (2) 차량계건설기계 종류와 안전조치사항
   (3) 건설재해예방전문지도기관 지도기준

2. 13:00~14:30
   (1) 산업안전보건위원회, 노사협의체, 안전보건협의체 비교
   (2) 사고빈발자의 특징과 관리대책
   (3) 높이 5미터 이상 비계 조립해체변경 시 안전조치

3. 14:30~16:00
   (1) 철골건립 시 검토사항
   (2) 막장면 재해유형 및 안전관리 사항
   (3) 시스템비계 안전규칙

4. 16:00~17:30
   (1) 강관비계 조립기준
   (2) 굴착작업 시 안전대책
   (3) 지게차 사용현장의 안전관리

③ 인력관리공단 휘경본부(2023. 8. 14. 토)

1. 09:00~10:30
    (1) 해체공사의 사전조사내용
    (2) 산업재해조사표의 작성내용, 제출기한, 중대사고보고 시 보고내용
    (3) 자율안전컨설팅 대상 및 금액별 비교

2. 10:30~12:00
    (1) 건설공사 발주자의 산업재해 예방조치
    (2) 유해위험방지계획서 자율심사기준 및 조치
    (3) 온열질환 종류와 증상, 응급조치

3. 13:00~14:30
    (1) 가설구조물에 작용하는 하중
    (2) 위험성평가 실시시기와 개정내용
    (3) 추락방호망 설치기준과 추락방호망 설치 시 낙하물방지망도 설치했다고 보는 기준

4. 14:30~16:00
    (1) 밀폐공간의 산소결핍 기준과 대책
    (2) 가설구조물의 구조안전성 검토대상과 전문가의 범위
    (3) 화재감시자 선임대상, 업무, 지급해야할 물품

5. 16:00~17:30
    (1) 아스팔트피니셔 작업 시 충돌요인 및 안전대책
    (2) 산업안전보건관리비와 「건설기술 진흥법」상 안전관리비의 차이점
    (3) 산업안전지도사의 업무 및 건설안전분야 세부업무

2022년 면접 기출문제(2022. 8. 19. 금)

1. 09:00~10:30
   (1) 해체공사의 사전조사 및 작업계획서 내용
   (2) 사업주의 의무
   (3) 안전성평가와 위험성평가의 차이점

2. 10:30~12:00
   (1) 도심지 협소한 공간에서 작업 시 안전대책
   (2) 재해예방기술지도 기준
   (3) 보호구의 종류 및 사용방법

3. 13:00~14:30
   (1) 시스템 비계 안전조치
   (2) 발주청, 건설기술용역사업자, 건설사업자의 건설공사 참여자 안전관리수준평가 기준
   (3) 유해·위험작업의 취업 제한에 관한 규칙

4. 14:30~16:30
   (1) 전도재해가 많이 발생되는 건설기계의 종류와 안전대책
   (2) 콘크리트공사 표준안전작업지침상 콘크리트 거푸집·동바리의 타설 시 안전대책과 점검사항
   (3) 낙하물 위험 방지조치와 방호선반 설치기준

5. 16:00~17:30
   (1) 「건설기술 진흥법」상 건설사고와 중대한 건설사고의 범위
   (2) 강관비계의 구조
   (3) 재해예방기술지도계약서에 명시되어 있는 내용

2021년 면접 기출문제(2021. 9. 17. 금)

1. 09:00~10:30
   (1) 터널공사 표준안전작업지침
   (2) 안전보건기준에 관한 규칙에서의 공정별 안전보호구 종류
   (3) 위험예지훈련의 정의와 추진절차 4단계 등

2. 10:30~12:00
   (1) 금속커튼월 곤돌라 설치 시 안전조치사항
   (2) 고층건물 외부 시스템 비계 설치 시 안전조치사항
   (3) 재해예방 기술지도 기관의 적용대상

3. 13:00~14:30
   (1) 위험성평가의 위험도 결정 산출식
   (2) 밀폐작업 시 산소농도가 부족할 때 어떻게 해야 하는가
   (3) 산업안전보건관리비중 사용불가항목

4. 14:30~16:30
   (1) 소규모 건설현장에서 사고가 많이 발생하는 이유
   (2) 산안법상 사업주 의무
   (3) 무재해 운동

면접 기출문제 1

1. 터널공사 표준안전작업지침
2. 안전보건기준에 관한 규칙에서의 공정별 안전보호구 종류
3. 위험예지훈련의 정의와 추진절차 4단계
4. 금속커튼월 곤돌라 설치 시 안전조치사항
5. 고층건물 외부 시스템 비계 설치 시 안전조치사항
6. 재해예방 기술지도 기관의 적용대상
7. 위험성평가의 위험도 결정 상세식
8. 밀폐작업 중 산소농도가 부족할 시 대처방법
9. 산업안전보건관리비 중 사용불가 항목
10. 소규모 건설현장에서 사고가 많이 발생하는 이유
11. 산안법상 사업주 의무

면접 기출문제 2

1. 탄성계수와 변형계수
2. 도심지 지하철 문제점 및 대책
3. 밀폐프로그램
4. 작업통로
5. 터널공사 환기방식
6. 가설구조물에 작용하는 하중
7. 철골자립도대상 5가지
8. 도급사업 안전관리
9. 위험성평가방법
10. 해체작업 시 안전대책

면접 기출문제 3

1. 수험생이 안전관리업무를 수행하여 좋은 결과를 낸 구체적인 사례
2. 안전예방활동 전개 중 실패 사례
3. 업무수행 중 중대재해를 겪은 현장이 있다면 근본원인과 안전대책
4. 건설현장의 안전을 확보하는 예방활동인 안전교육의 가장 효율적인 방법
5. 작업순서가 바뀐 작업방법에 의해 재해가 발생된 경우 기술지도방법
6. 비정상적인 작업으로 발생하는 사고에 대한 감소대책
7. 향후 전개해야 된다고 여기는 안전보건관리 방안
8. 중소규모 건설현장의 추락재해 방지를 위해 실시해야 할 기술지도 내용
9. 작업자가 지도사의 안전지시에 불응하고 계속 위험한 작업 시 대응방법
10. 추락재해예방을 위한 안전블록 사용방안

면접 기출문제 4

1. 시험 합격 후 건설안전분야 지도사로서 구체적인 활동계획
2. 건설안전분야 지도사 자격 취득 후 경영자 지도·상담방법
3. 건설안전분야 지도사 자격 취득 후 근로자 지도방법
4. 지도사의 역할과 포부
5. 중소 규모 건설사에서 지도사의 기술지도가 필요한 이유
6. 최근 발생된 화재의 원인과 향후 안전대책을 3E 중 중점을 두어야 할 곳
7. 휴먼 에러의 분류
8. 휴먼 에러의 종류별 사례
9. Fail Safe와 Fool Proof의 구체적인 사례
10. Risk와 Hazard, Danger와 Peril의 차이점

면접 기출문제 5

1. 가설통로, 사다리 안전기준
2. 콘크리트 타설 시 안전대책
3. Fail Safe
4. 지게차의 안전관리
5. 곤돌라의 안전관리
6. 온열질환 예방대책
7. 건설현장의 재해율 감소방안
8. 안전모 성능시험 6가지
9. 굴착공사 시 지하매설물 안전조치사항
10. 굴착공사 착공 전 조사사항과 안전대책

면접 기출문제 6

1. DFS에서 설계자와 시공자의 업무
2. BIM 설명 및 안전과의 연관성
3. 유해위험작업 취업제한에 관한 규칙
4. 작업발판 일체형 거푸집의 종류와 안전대책
5. 탄성계수와 변형계수
6. 공사금액별 안전관리비 구분
7. 차량계 건설기계의 안전점검 항목
8. 무재해 운동
9. 갱폼의 종류 및 해체 작업 시 안전대책
10. Scallop

면접 기출문제 7

1. 가설통로의 종류
2. 이동식 크레인의 와이어로프 폐기기준
3. 개착식 굴착공사의 계측기 종류
4. 중대재해 발생 시 사고조사위원회 운영방법
5. 갱폼의 종류 및 해체 시 안전대책
6. CO_2 용접기의 사전점검사항
7. 위험성평가방법과 절차
8. 가설비계의 조립 시 준수사항
9. 자율안전대상 보호구의 종류
10. 경사로의 종류

면접 기출문제 8

1. 이동식 크레인의 위험요인과 대책
2. 교량의 교좌장치와 부반력
3. 유해위험방지계획서와 안전관리계획서의 차이점
4. 안전대 등급
5. 안전보건조정자의 업무
6. 안전보건기준에서 안전계수
7. 「건설기술 진흥법」상 안전교육의 종류
8. 가설구조물에 작용하는 하중의 종류
9. 철근의 가공방법
10. 철골세우기 작업 시 자립도 검토대상

면접 기출문제 9

1. 터널작업의 환기작업지침
2. 「건설기술 진흥법」상 건설사고 범위
3. 가설구조물에 작용하는 하중의 종류
4. 위험예지훈련 4단계
5. 사고와 중대재해의 차이점
6. 높이 2미터 이상 작업 시 작업발판 설치기준
7. 직업병과 직업관련성 질병의 구분
8. 직무스트레스 예방조치
9. 국소배기장치 검사장비의 종류와 사용방법
10. 국소배기장치 검사항목

면접 기출문제 10

1. 재해예방기술지도대상과 기술지도 제외대상
2. 스마트 콘크리트
3. 가설기자재 자율안전인증대상
4. 타워크레인의 지지방식
5. 근골격계 부담작업의 분류
6. 석면해체작업 시 감리원의 자격 및 감리원의 역할
7. 터널 내 유해물질과 환기방식
8. 위험성평가의 종류
9. 지도사 취득 목적과 향후 계획
10. 어스앵커공법의 정착장길이 관리

PART 02 서류 보존기간

ACTUAL INTERVIEW

산업안전보건법령

제164조(서류의 보존)
① 사업주는 다음 각 호의 서류를 3년(제2호의 경우 2년을 말한다) 동안 보존하여야 한다. 다만, 고용노동부령으로 정하는 바에 따라 보존기간을 연장할 수 있다.
  1. 안전보건관리책임자·안전관리자·보건관리자·안전보건관리담당자 및 산업보건의의 선임에 관한 서류
  2. 제24조 제3항(산업안전보건위원회) 및 제75조 제4항(노사협의체)에 따른 회의록(2년)
  3. 안전조치 및 보건조치에 관한 사항으로서 고용노동부령으로 정하는 사항을 적은 서류
  4. 제57조 제2항에 따른 산업재해의 발생 원인 등 기록
  5. 제108조 제1항 본문 및 제109조 제1항에 따른 화학물질의 유해성·위험성 조사에 관한 서류
  6. 제125조에 따른 작업환경측정에 관한 서류
  7. 제129조부터 제131조까지의 규정에 따른 건강진단에 관한 서류
② 안전인증 또는 안전검사의 업무를 위탁받은 안전인증기관 또는 안전검사기관은 안전인증·안전검사에 관한 사항으로서 고용노동부령으로 정하는 서류를 3년 동안 보존하여야 하고, 안전인증을 받은 자는 제84조 제5항에 따라 안전인증대상기계 등에 대하여 기록한 서류를 3년 동안 보존하여야 하며, 자율안전확인대상기계 등을 제조하거나 수입하는 자는 자율안전기준에 맞는 것임을 증명하는 서류를 2년 동안 보존하여야 하고, 제98조 제1항에 따라 자율안전검사를 받은 자는 자율검사프로그램에 따라 실시한 검사 결과에 대한 서류를 2년 동안 보존하여야 한다.
③ 일반석면조사를 한 건축물·설비소유주 등은 그 결과에 관한 서류를 그 건축물이나 설비에 대한 해체·제거작업이 종료될 때까지 보존하여야 하고, 기관석면조사를 한 건축물·설비소유주등과 석면조사기관은 그 결과에 관한 서류를 3년 동안 보존하여야 한다.
④ 작업환경측정기관은 작업환경측정에 관한 사항으로서 고용노동부령으로 정하는 사항을 적은 서류를 3년 동안 보존하여야 한다.
⑤ 지도사는 그 업무에 관한 사항으로서 고용노동부령으로 정하는 사항을 적은 서류를 5년 동안 보존하여야 한다.

⑥ 석면해체·제거업자는 제122조 제3항에 따른 석면해체·제거작업에 관한 서류 중 고용노동부령으로 정하는 서류를 30년 동안 보존하여야 한다.
⑦ 제1항부터 제6항까지의 경우 전산입력자료가 있을 때에는 그 서류를 대신하여 전산입력자료를 보존할 수 있다.

산업안전보건법 시행규칙

제21조(안전관리·보건관리전문기관의 비치서류)
법 제21조 제3항에 따라 안전관리전문기관 또는 보건관리전문기관은 다음 각 호의 서류를 갖추어 두고 3년간 보존해야 한다.
1. 안전관리 또는 보건관리 업무 수탁에 관한 서류
2. 그 밖에 안전관리전문기관 또는 보건관리전문기관의 직무수행과 관련되는 서류

제37조(위험성평가 실시내용 및 결과의 기록·보존)
① 사업주가 법 제36조 제3항에 따라 위험성평가의 결과와 조치사항을 기록·보존할 때에는 다음 각 호의 사항이 포함되어야 한다.
   1. 위험성평가 대상의 유해·위험요인
   2. 위험성 결정의 내용
   3. 위험성 결정에 따른 조치의 내용
   4. 그 밖에 위험성평가의 실시내용을 확인하기 위하여 필요한 사항으로서 고용노동부장관이 정하여 고시하는 사항
② 사업주는 제1항에 따른 자료를 3년간 보존해야 한다.

제89조(산업안전보건관리비의 사용)
① 건설공사도급인은 도급금액 또는 사업비에 계상(計上)된 산업안전보건관리비의 범위에서 그의 관계수급인에게 해당 사업의 위험도를 고려하여 적정하게 산업안전보건관리비를 지급하여 사용하게 할 수 있다.
② 건설공사도급인은 법 제72조 제3항에 따라 산업안전보건관리비를 사용하는 해당 건설공사의 금액(고용노동부장관이 정하여 고시하는 방법에 따라 산정한 금액을 말한다)이 4천만 원 이상인 때에는 고용노동부장관이 정하는 바에 따라 매월(건설공사가 1개월 이내에 종료되는 사업의 경우에는 해당 건설공사가 끝나는 날이 속하는 달을 말한다) 사용명세서를 작성하고, 건설공사 종료 후 1년 동안 보존해야 한다.

제231조(지도사 보수교육)
① 법 제145조 제5항 단서에서 "고용노동부령으로 정하는 보수교육"이란 업무교육과 직업윤리교육을 말한다.
② 제1항에 따른 보수교육의 시간은 업무교육 및 직업윤리교육의 교육시간을 합산하여 총 20시간 이상으로 한다. 다만, 법 제145조 제4항에 따른 지도사 등록의 갱신기

간 동안 제230조 제1항에 따른 지도실적이 2년 이상인 지도사의 교육시간은 10시간 이상으로 한다.
③ 공단이 보수교육을 실시하였을 때에는 그 결과를 보수교육이 끝난 날부터 10일 이내에 고용노동부장관에게 보고해야 하며, 다음 각 호의 서류를 5년간 보존해야 한다.
  1. 보수교육 이수자 명단
  2. 이수자의 교육 이수를 확인할 수 있는 서류

제241조(서류의 보존)

① 법 제164조 제1항 단서에 따라 제188조에 따른 작업환경측정 결과를 기록한 서류는 보존(전자적 방법으로 하는 보존을 포함한다)기간을 5년으로 한다. 다만, 고용노동부장관이 정하여 고시하는 물질에 대한 기록이 포함된 서류는 그 보존기간을 30년으로 한다.
② 법 제164조 제1항 단서에 따라 사업주는 제209조 제3항에 따라 송부 받은 건강진단 결과표 및 법 제133조 단서에 따라 근로자가 제출한 건강진단 결과를 증명하는 서류(이들 자료가 전산입력된 경우에는 그 전산입력된 자료를 말한다)를 5년간 보존해야 한다. 다만, 고용노동부장관이 정하여 고시하는 물질을 취급하는 근로자에 대한 건강진단 결과의 서류 또는 전산입력 자료는 30년간 보존해야 한다.
③ 법 제164조 제2항에서 "고용노동부령으로 정하는 서류"란 다음 각 호의 서류를 말한다.
  1. 제108조 제1항에 따른 안전인증 신청서(첨부서류를 포함한다) 및 제110조에 따른 심사와 관련하여 인증기관이 작성한 서류
  2. 제124조에 따른 안전검사 신청서 및 검사와 관련하여 안전검사기관이 작성한 서류
④ 법 제164조 제4항에서 "고용노동부령으로 정하는 사항"이란 다음 각 호를 말한다.
  1. 측정 대상 사업장의 명칭 및 소재지
  2. 측정 연월일
  3. 측정을 한 사람의 성명
  4. 측정방법 및 측정 결과
  5. 기기를 사용하여 분석한 경우에는 분석자·분석방법 및 분석자료 등 분석과 관련된 사항
⑤ 법 제164조 제5항에서 "고용노동부령으로 정하는 사항"이란 다음 각 호를 말한다.
  1. 의뢰자의 성명(법인인 경우에는 그 명칭을 말한다) 및 주소
  2. 의뢰를 받은 연월일

3. 실시항목
4. 의뢰자로부터 받은 보수액
⑥ 법 제164조 제6항에서 "고용노동부령으로 정하는 사항"이란 다음 각 호를 말한다.
1. 석면해체·제거작업장의 명칭 및 소재지
2. 석면해체·제거작업 근로자의 인적사항(성명, 생년월일 등을 말한다)
3. 작업의 내용 및 작업기간

PART 03 산업안전보건법

ACTUAL
INTERVIEW

01 용어

1 산업안전보건법의 목적
① 산업 안전 및 보건에 관한 기준 확립
② 책임의 소재를 명확하게 함
③ 산업재해 예방
④ 쾌적한 작업환경 조성
⑤ 노무를 제공하는 사람의 안전 및 보건 유지·증진

2 산업안전보건법 관련 용어

(1) 산업재해
노무를 제공하는 사람이 업무에 관계되는 건설물·설비·원재료·가스·증기·분진 등에 의하거나 작업 또는 그 밖의 업무로 인하여 사망 또는 부상하거나 질병에 걸리는 것

(2) 중대재해
산업재해 중 사망 등 재해 정도가 심하거나 다수의 재해자가 발생한 경우로서 고용노동부령으로 정하는 재해
① 사망자가 1명 이상 발생한 재해
② 3개월 이상의 요양이 필요한 부상자가 동시에 2명 이상 발생한 재해
③ 부상자 또는 직업성 질병자가 동시에 10명 이상 발생한 재해

(3) 근로자
「근로기준법」에 따른 근로자로 직업의 종류와 관계없이 임금을 목적으로 사업이나 사업장에 근로를 제공하는 사람

(4) 사업주
근로자를 사용하여 사업을 하는 자

(5) 근로자대표
근로자의 과반수로 조직된 노동조합이 있는 경우에는 그 노동조합을, 근로자의 과반수로 조직된 노동조합이 없는 경우에는 근로자의 과반수를 대표하는 자

(6) 도급

명칭에 관계없이 물건의 제조·건설·수리 또는 서비스의 제공, 그 밖의 업무를 타인에게 맡기는 계약

(7) 도급인

물건의 제조·건설·수리 또는 서비스의 제공, 그 밖의 업무를 도급하는 사업주(다만, 건설공사발주자는 제외)

(8) 수급인

도급인으로부터 물건의 제조·건설·수리 또는 서비스의 제공, 그 밖의 업무를 도급받은 사업주

(9) 관계수급인

도급이 여러 단계에 걸쳐 체결된 경우에 각 단계별로 도급받은 사업주 전부

(10) 건설공사발주자

건설공사를 도급하는 자로서 건설공사의 시공을 주도하여 총괄·관리하지 아니하는 자(다만, 도급받은 건설공사를 다시 도급하는 자는 제외)

(11) 건설공사

다음의 어느 하나에 해당하는 공사
① 「건설산업기본법」에 따른 건설공사
② 「전기공사업법」에 따른 전기공사
③ 「정보통신공사업법」에 따른 정보통신공사
④ 「소방시설공사업법」에 따른 소방시설공사
⑤ 「국가유산수리 등에 관한 법률」에 따른 국가유산수리공사

(12) 안전보건진단

산업재해를 예방하기 위하여 잠재적 위험성을 발견하고 그 개선대책을 수립할 목적으로 조사·평가하는 것

(13) 작업환경측정

작업환경 실태를 파악하기 위하여 해당 근로자 또는 작업장에 대하여 사업주가 유해인자에 대한 측정계획을 수립한 후 시료(試料)를 채취하고 분석·평가하는 것

3 산업안전보건법 적용 제외 사업

① 광산안전법
② 원자력안전법
③ 항공안전법
④ 선박안전법

02 정부의 책무, 사업주 등의 의무, 근로자의 의무

1 정부의 책무 〈법 4조〉

① 정부는 이 법의 목적을 달성하기 위하여 다음 각 호의 사항을 성실히 이행할 책무를 진다.
  1. 산업 안전 및 보건 정책의 수립 및 집행
  2. 산업재해 예방 지원 및 지도
  3. 「근로기준법」 제76조의2에 따른 직장 내 괴롭힘 예방을 위한 조치기준 마련, 지도 및 지원
  4. 사업주의 자율적인 산업 안전 및 보건 경영체제 확립을 위한 지원
  5. 산업 안전 및 보건에 관한 의식을 북돋우기 위한 홍보·교육 등 안전문화 확산 추진
  6. 산업 안전 및 보건에 관한 기술의 연구·개발 및 시설의 설치·운영
  7. 산업재해에 관한 조사 및 통계의 유지·관리
  8. 산업 안전 및 보건 관련 단체 등에 대한 지원 및 지도·감독
  9. 그 밖에 노무를 제공하는 사람의 안전 및 건강의 보호·증진
② 정부는 제1항 각 호의 사항을 효율적으로 수행하기 위하여 「한국산업안전보건공단법」에 따른 한국산업안전보건공단(이하 "공단"이라 한다), 그 밖의 관련 단체 및 연구기관에 행정적·재정적 지원을 할 수 있다.

2 사업주 등의 의무 〈법 5조〉

① 사업주(제77조에 따른 특수형태근로종사자로부터 노무를 제공받는 자와 제78조에 따른 물건의 수거·배달 등을 중개하는 자를 포함한다. 이하 이 조 및 제6조에서 같다)는 다음 각 호의 사항을 이행함으로써 근로자(제77조에 따른 특수형태근로종사자와 제78조에 따른 물건의 수거·배달 등을 하는 사람을 포함한다. 이하 이 조 및 제6조에서 같다)의 안전 및 건강을 유지·증진시키고 국가의 산업재해 예방정책을 따라야 한다.
  1. 이 법과 이 법에 따른 명령으로 정하는 산업재해 예방을 위한 기준
  2. 근로자의 신체적 피로와 정신적 스트레스 등을 줄일 수 있는 쾌적한 작업환경의 조성 및 근로조건 개선
  3. 해당 사업장의 안전 및 보건에 관한 정보를 근로자에게 제공

② 다음 각 호의 어느 하나에 해당하는 자는 발주·설계·제조·수입 또는 건설을 할 때 이 법과 이 법에 따른 명령으로 정하는 기준을 지켜야 하고, 발주·설계·제조·수입 또는 건설에 사용되는 물건으로 인하여 발생하는 산업재해를 방지하기 위하여 필요한 조치를 하여야 한다.
 1. 기계·기구와 그 밖의 설비를 설계·제조 또는 수입하는 자
 2. 원재료 등을 제조·수입하는 자
 3. 건설물을 발주·설계·건설하는 자

3 근로자의 의무〈법 6조〉

근로자는 이 법과 이 법에 따른 명령으로 정하는 산업재해 예방을 위한 기준을 지켜야 하며, 사업주 또는 「근로기준법」 제101조에 따른 근로감독관, 공단 등 관계인이 실시하는 산업재해 예방에 관한 조치에 따라야 한다.

03 산업재해 발생 보고 및 기록

1 재해자 발견 시 조치사항
① 재해 발생 기계의 정지 및 재해자 구출
② 긴급 병원 후송
③ 보고 및 현장 보존 : 관리감독자 등 책임자에게 알리고, 사고원인 등 조사가 끝날 때까지 현장 보존

2 업무처리절차
(1) 산업재해 발생 보고
① 산업재해(3일 이상 휴업)가 발생한 날부터 1개월 이내에 관할 지방고용노동관서에 산업재해조사표를 제출
② 중대재해는 지체 없이 관할 지방고용노동관서에 전화, 팩스 등으로 보고

(2) 보고사항
① 발생개요 및 피해상황(근로자 인적사항)
② 재해발생 일시 및 장소
③ 재해발생 원인과 과정
④ 재해 재발 방지계획

04 산업재해 예방

1 산업재해 예방을 위한 타 기관장과의 협조 요청

(1) 산업재해 예방 기본계획 시행에 필요시 공공기관 타 행정기관장에게 협조 요청 가능
(2) 타 행정기관장은 안전, 보건의 규제를 정하려면 고용노동부장관과 협의
(3) 행정기관장과 고용노동부장관은 안전보건에 대한 규제의 변경 시 필요하면 국무총리에게 보고하여 확정 가능
(4) 고용노동부장관은 재해예방을 위하여 필요시 사업주, 사업주단체 또는 관계인에게 권고 협조 요청 가능
(5) 고용노동부장관이 타 행정기관장에게 아래 자료 요청
  ① 「부가가치세법」 및 「법인세법」에 따른 사업자등록 정보
  ② 「고용보험법」에 따른 피보험자격의 취득, 상실에 관한 정보
(6) 고용노동부장관이 타 행정기관과 공공기관장에게 협조를 요청할 수 있는 사항
  ① 안전·보건 의식 정착을 위한 안전문화운동의 추진
  ② 산업재해 예방을 위한 홍보 지원
  ③ 안전·보건 관련 중복규제의 정비
  ④ 안전·보건 시설 개선 사업장에 대한 자금융자·세제 혜택
  ⑤ 합동 안전·보건 점검의 실시
  ⑥ 건설업체의 산업재해발생률에 따라 시공능력 평가 시 공사실적액 감액 조치
  ⑦ 입찰참가업체의 입찰참가자격 사전심사 시 아래의 사항
    • 건설업체의 산업재해발생률 및 산업재해 발생 보고의무 위반에 따른 가감점 부여
    • 사업주가 안전·보건 교육을 이수하는 등 건설업체의 산업재해 예방활동에 대하여 고용노동부장관이 정하여 고시하는 바에 따라 그 실적을 평가한 결과에 따른 가점 부여
  ⑧ 산업재해와 건강진단 자료 제공
  ⑨ 같은 업종에서 산업재해발생률이 높은 업체에 대한 정부 포상 제한 사항
  ⑩ 건설기계나 자동차의 안전검사용 유해·위험 기계와 자동차의 자료 제공
  ⑪ 119의 구급활동에 따른 출동 및 처치기록지 제공
  ⑫ 그 밖에 산업재해 예방계획을 효율적으로 시행하기 위하여 필요하다고 인정하는 사항

2 재해 예방용 통합정보시스템 구축·운영

(1) 고용노동부장관은 효율적인 재해예방을 위하여 통합정보시스템을 구축 운영
(2) 타 행정기관장과 공단에 통합정보시스템 제공

3 산업재해 발생과 그 건수 공표 〈법 10조, 영 10조, 규칙 7조〉

(1) 고용노동부장관은 사업장의 근로자 산업재해 발생건수, 재해율 또는 그 순위를 공표
(2) 도급인이 지배·관리하는 관계수급인 근로자 포함한 상시근로자 500명 이상 사업장에서 재해발생 건수는 도급인 재해발생건수에 포함하여 공표(전국으로 관보, 신문, 인터넷)
  ※ 통합공표 대상 사업장(도급인+관계수급인)
    상시근로자 500명 이상이고 도급인보다 관계수급인의 사고사망만인율이 높은 사업장(제조업, 철도운송업, 도시철도운송업, 전기업)
(3) 고용노동부장관은 도급인에게 관계수급인에 관한 자료 요청 가능
(4) **재해발생 건수 공표대상 사업장**
  ① 재해로 인한 사망자가 연간 2명 이상 발생한 사업장
  ② 사망만인율(연간 상시근로자 1만 명당 발생하는 사망재해자 수의 비율)이 규모별 같은 업종의 평균 사망만인율 이상인 사업장
  ③ 폭발, 화재, 누출, 인근지역에 중대산업사고가 발생한 사업장
  ④ 산업재해 발생 사실을 은폐한 사업장
  ⑤ 재해 발생 보고를 최근 3년 이내 2회 이상 하지 않은 사업장
(5) **도급인이 지배·관리하는 장소**
  ① 토사, 구축물이 붕괴될 우려가 있는 장소
  ② 기계기구가 넘어질 우려가 있는 장소
  ③ 안전난간의 설치가 필요한 장소
  ④ 비계, 거푸집을 설치·해체하는 장소
  ⑤ 건설용 리프트 운행장소
  ⑥ 지반을 굴착·발파하는 장소
  ⑦ 엘리베이터홀 등 근로자 추락 위험이 있는 장소
  ⑧ 석면의 물질을 파쇄·해체 작업 장소
  ⑨ 공중전선이 가까이 있는 장소로서 시설물의 설치·해체·점검 및 수리 등을 할 때 감전의 위험이 있는 장소
  ⑩ 물체가 떨어지거나 날아올 위험이 있는 장소

⑪ 프레스, 전단기 사용 장소
⑫ 차량계 하역운반기계 등 기계기구 사용 장소
⑬ 전기 기계기구 사용으로 감전 위험이 있는 작업을 하는 장소
⑭ 철도차량에 의한 충돌, 협착 위험이 있는 작업을 하는 장소
⑮ 화재·폭발 등 사고 위험이 높은 장소

05 안전보건관리책임자

〈법 15조, 영 14조〉

안전보건관리책임자는 사업장을 실질적으로 총괄·관리하는 사람이며, 관리감독자는 사업장 생산업무와 근로자를 직접 지휘·감독하는 사람을 말한다.

1 안전보건관리책임자를 두어야 하는 사업의 종류 및 상시근로자 수

사업의 종류	사업장의 상시근로자 수
1. 토사석 광업 2. 식료품 제조업, 음료 제조업 3. 목재 및 나무제품 제조업(가구 제외) 4. 펄프, 종이 및 종이 제품 제조업 5. 코크스, 연탄 및 석유정제품 제조업 6. 화학물질 및 화학제품 제조업(의약품 제외) 7. 의료용 물질 및 의약품 제조업 8. 고무 및 플라스틱제품 제조업 9. 비금속 광물제품 제조업 10. 1차 금속 제조업 11. 금속가공제품 제조업(기계 및 가구 제외) 12. 전자부품, 컴퓨터, 영상, 음향 및 통신장비 제조업 13. 의료, 정밀, 광학기기 및 시계 제조업 14. 전기장비 제조업 15. 기타 기계 및 장비 제조업 16. 자동차 및 트레일러 제조업 17. 기타 운송장비 제조업 18. 가구 제조업 19. 기타 제품 제조업 20. 서적, 잡지 및 기타 인쇄물 출판업 21. 해체, 선별 및 원료 재생업 22. 자동차 종합 수리업, 자동차 전문 수리업	상시근로자 50명 이상
23. 농업 24. 어업 25. 소프트웨어 개발 및 공급업 26. 컴퓨터 프로그래밍, 시스템 통합 및 관리업 26조의2. 영상·오디오물 제공 서비스업 27. 정보서비스업 28. 금융 및 보험업 29. 임대업(부동산 제외)	상시근로자 300명 이상

사업의 종류	사업장의 상시근로자 수
30. 전문, 과학 및 기술 서비스업(연구개발업 제외) 31. 사업지원 서비스업 32. 사회복지 서비스업	상시근로자 300명 이상
33. 건설업	공사금액 20억 원 이상
34. 제1호부터 제26호까지, 제26호의2 및 제27호부터 제33호까지의 사업을 제외한 사업	상시근로자 100명 이상

2 안전보건관리책임자의 업무

(1) 사업장의 산업재해 예방계획의 수립에 관한 사항
(2) 안전보건관리규정의 작성 및 변경에 관한 사항
(3) 안전보건교육에 관한 사항
(4) 작업환경측정 등 작업환경의 점검 및 개선에 관한 사항
(5) 근로자의 건강진단 등 건강관리에 관한 사항
(6) 산업재해의 원인 조사 및 재발 방지대책 수립에 관한 사항
(7) 산업재해에 관한 통계의 기록 및 유지에 관한 사항
(8) 안전장치 및 보호구 구입 시 적격품 여부 확인에 관한 사항
(9) 그 밖에 근로자의 유해·위험 방지조치에 관한 사항으로 고용노동부령으로 정하는 사항

3 안전보건관리책임자 등에 대한 교육

교육과정	교육시간	
	신규교육	보수교육
가. 안전보건관리책임자	6시간 이상	6시간 이상
나. 안전관리자, 안전관리전문기관의 종사자	34시간 이상	24시간 이상
다. 보건관리자, 보건관리전문기관의 종사자	34시간 이상	24시간 이상
라. 건설재해예방전문지도기관의 종사자	34시간 이상	24시간 이상
마. 석면조사기관의 종사자	34시간 이상	24시간 이상
바. 안전보건관리담당자	–	8시간 이상
사. 안전검사기관, 자율안전검사기관의 종사자	34시간 이상	24시간 이상

4 안전보건총괄책임자와의 차이점

하도급이 있을 경우에는 안전보건총괄책임자를 선임해야 하며, 하도급이 없는 경우에는 안전보건관리책임자를 선임해야 한다.

06 관리감독자

1 관리감독자 〈법 16조〉

① 사업주는 사업장의 생산과 관련되는 업무와 그 소속 직원을 직접 지휘·감독하는 직위에 있는 사람(이하 "관리감독자"라 한다)에게 산업 안전 및 보건에 관한 업무로서 대통령령으로 정하는 업무를 수행하도록 하여야 한다.

② 관리감독자가 있는 경우에는 「건설기술 진흥법」 제64조 제1항 제2호에 따른 안전관리책임자 및 같은 항 제3호에 따른 안전관리담당자를 각각 둔 것으로 본다.

2 관리감독자의 업무 등 〈영 15조〉

① 법 제16조 제1항에서 "대통령령으로 정하는 업무"란 다음 각 호의 업무를 말한다.
1. 사업장 내 법 제16조 제1항에 따른 관리감독자(이하 "관리감독자"라 한다)가 지휘·감독하는 작업(이하 이 조에서 "해당 작업"이라 한다)과 관련된 기계·기구 또는 설비의 안전·보건 점검 및 이상 유무의 확인
2. 관리감독자에게 소속된 근로자의 작업복·보호구 및 방호장치의 점검과 그 착용·사용에 관한 교육·지도
3. 해당 작업에서 발생한 산업재해에 관한 보고 및 이에 대한 응급조치
4. 해당 작업의 작업장 정리·정돈 및 통로 확보에 대한 확인·감독
5. 사업장의 다음 각 목의 어느 하나에 해당하는 사람의 지도·조언에 대한 협조
    가. 법 제17조 제1항에 따른 안전관리자(이하 "안전관리자"라 한다) 또는 같은 조 제5항에 따라 안전관리자의 업무를 같은 항에 따른 안전관리전문기관(이하 "안전관리전문기관"이라 한다)에 위탁한 사업장의 경우에는 그 안전관리전문기관의 해당 사업장 담당자
    나. 법 제18조 제1항에 따른 보건관리자(이하 "보건관리자"라 한다) 또는 같은 조 제5항에 따라 보건관리자의 업무를 같은 항에 따른 보건관리전문기관(이하 "보건관리전문기관"이라 한다)에 위탁한 사업장의 경우에는 그 보건관리전문기관의 해당 사업장 담당자
    다. 법 제19조 제1항에 따른 안전보건관리담당자(이하 "안전보건관리담당자"라 한다) 또는 같은 조 제4항에 따라 안전보건관리담당자의 업무를 안전관리전문기관 또는 보건관리전문기관에 위탁한 사업장의 경우에는 그 안전관리전문기관 또는 보건관리전문기관의 해당 사업장 담당자

라. 법 제22조 제1항에 따른 산업보건의(이하 "산업보건의"라 한다)
6. 법 제36조에 따라 실시되는 위험성평가에 관한 다음 각 목의 업무
   가. 유해·위험요인의 파악에 대한 참여
   나. 개선조치의 시행에 대한 참여
7. 그 밖에 해당 작업의 안전 및 보건에 관한 사항으로서 고용노동부령으로 정하는 사항

② 관리감독자에 대한 지원에 관하여는 제14조 제2항을 준용한다. 이 경우 "안전보건관리책임자"는 "관리감독자"로, "법 제15조 제1항"은 "제1항"으로 본다.

07 안전관리자

1 안전관리자 〈법 17조〉

① 사업주는 사업장에 제15조 제1항 각 호의 사항 중 안전에 관한 기술적인 사항에 관하여 사업주 또는 안전보건관리책임자를 보좌하고 관리감독자에게 지도·조언 하는 업무를 수행하는 사람(이하 "안전관리자"라 한다)을 두어야 한다.
② 안전관리자를 두어야 하는 사업의 종류와 사업장의 상시근로자 수, 안전관리자의 수·자격·업무·권한·선임방법, 그 밖에 필요한 사항은 대통령령으로 정한다.
③ 대통령령으로 정하는 사업의 종류 및 사업장의 상시근로자 수에 해당하는 사업장의 사업주는 안전관리자에게 그 업무만을 전담하도록 하여야 한다.
④ 고용노동부장관은 산업재해 예방을 위하여 필요한 경우로서 고용노동부령으로 정하는 사유에 해당하는 경우에는 사업주에게 안전관리자를 제2항에 따라 대통령령으로 정하는 수 이상으로 늘리거나 교체할 것을 명할 수 있다.
⑤ 대통령령으로 정하는 사업의 종류 및 사업장의 상시근로자 수에 해당하는 사업장의 사업주는 제21조에 따라 지정받은 안전관리 업무를 전문적으로 수행하는 기관(이하 "안전관리전문기관"이라 한다)에 안전관리자의 업무를 위탁할 수 있다.

2 안전관리자의 선임 〈영 16조〉

① 법 제17조 제1항에 따라 안전관리자를 두어야 하는 사업의 종류와 사업장의 상시근로자 수, 안전관리자의 수 및 선임방법은 별표 3과 같다.
② 법 제17조 제3항에서 "대통령령으로 정하는 사업의 종류 및 사업장의 상시근로자 수에 해당하는 사업장"이란 제1항에 따른 사업 중 상시근로자 300명 이상을 사용하는 사업장[건설업의 경우에는 공사금액이 120억 원(「건설산업기본법 시행령」 별표 1의 종합공사를 시공하는 업종의 건설업종란 제1호에 따른 토목공사업의 경우에는 150억 원) 이상인 사업장]을 말한다.
③ 제1항 및 제2항을 적용할 경우 제52조에 따른 사업으로서 도급인의 사업장에서 이루어지는 도급사업의 공사금액 또는 관계수급인의 상시근로자는 각각 해당 사업의 공사금액 또는 상시근로자로 본다. 다만, 별표 3의 기준에 해당하는 도급사업의 공사금액 또는 관계수급인의 상시근로자의 경우에는 그렇지 않다.

④ 제1항에도 불구하고 같은 사업주가 경영하는 둘 이상의 사업장이 다음 각 호의 어느 하나에 해당하는 경우에는 그 둘 이상의 사업장에 1명의 안전관리자를 공동으로 둘 수 있다. 이 경우 해당 사업장의 상시근로자 수의 합계는 300명 이내[건설업의 경우에는 공사금액의 합계가 120억 원(「건설산업기본법 시행령」 별표 1의 종합공사를 시공하는 업종의 건설업종란 제1호에 따른 토목공사업의 경우에는 150억 원) 이내]이어야 한다.
  1. 같은 시·군·구(자치구를 말한다) 지역에 소재하는 경우
  2. 사업장 간의 경계를 기준으로 15킬로미터 이내에 소재하는 경우
⑤ 제1항부터 제3항까지의 규정에도 불구하고 도급인의 사업장에서 이루어지는 도급사업에서 도급인이 고용노동부령으로 정하는 바에 따라 그 사업의 관계수급인 근로자에 대한 안전관리를 전담하는 안전관리자를 선임한 경우에는 그 사업의 관계수급인은 해당 도급사업에 대한 안전관리자를 선임하지 않을 수 있다.
⑥ 사업주는 안전관리자를 선임하거나 법 제17조 제5항에 따라 안전관리자의 업무를 안전관리전문기관에 위탁한 경우에는 고용노동부령으로 정하는 바에 따라 선임하거나 위탁한 날부터 14일 이내에 고용노동부장관에게 그 사실을 증명할 수 있는 서류를 제출해야 한다. 법 제17조 제4항에 따라 안전관리자를 늘리거나 교체한 경우에도 또한 같다.

08 명예산업안전감독관

1 명예산업안전감독관 〈법 23조〉

① 고용노동부장관은 산업재해 예방활동에 대한 참여와 지원을 촉진하기 위하여 근로자, 근로자단체, 사업주단체 및 산업재해 예방 관련 전문단체에 소속된 사람 중에서 명예산업안전감독관을 위촉할 수 있다.
② 사업주는 제1항에 따른 명예산업안전감독관(이하 "명예산업안전감독관"이라 한다)에 대하여 직무 수행과 관련한 사유로 불리한 처우를 해서는 아니 된다.
③ 명예산업안전감독관의 위촉 방법, 업무, 그 밖에 필요한 사항은 대통령령으로 정한다.

2 위촉 〈영 32조〉

① 고용노동부장관은 다음 각 호의 어느 하나에 해당하는 사람 중에서 법 제23조 제1항에 따른 명예산업안전감독관(이하 "명예산업안전감독관"이라 한다)을 위촉할 수 있다.
  1. 산업안전보건위원회 구성 대상 사업의 근로자 또는 노사협의체 구성·운영 대상 건설공사의 근로자 중에서 근로자대표(해당 사업장에 단위 노동조합의 산하 노동단체가 그 사업장 근로자의 과반수로 조직되어 있는 경우에는 지부·분회 등 명칭이 무엇이든 관계없이 해당 노동단체의 대표자를 말한다. 이하 같다)가 사업주의 의견을 들어 추천하는 사람
  2. 「노동조합 및 노동관계조정법」 제10조에 따른 연합단체인 노동조합 또는 그 지역 대표기구에 소속된 임직원 중에서 해당 연합단체인 노동조합 또는 그 지역 대표기구가 추천하는 사람
  3. 전국 규모의 사업주단체 또는 그 산하조직에 소속된 임직원 중에서 해당 단체 또는 그 산하조직이 추천하는 사람
  4. 산업재해 예방 관련 업무를 하는 단체 또는 그 산하조직에 소속된 임직원 중에서 해당 단체 또는 그 산하조직이 추천하는 사람
② 명예산업안전감독관의 업무는 다음 각 호와 같다. 이 경우 제1항 제1호에 따라 위촉된 명예산업안전감독관의 업무 범위는 해당 사업장에서의 업무(제8호는 제외한다)로 한정하며, 제1항 제2호부터 제4호까지의 규정에 따라 위촉된 명예산업안전감독관의 업무 범위는 제8호부터 제10호까지의 규정에 따른 업무로 한정한다.

1. 사업장에서 하는 자체점검 참여 및 「근로기준법」 제101조에 따른 근로감독관(이하 "근로감독관"이라 한다)이 하는 사업장 감독 참여
2. 사업장 산업재해 예방계획 수립 참여 및 사업장에서 하는 기계·기구 자체검사 참석
3. 법령을 위반한 사실이 있는 경우 사업주에 대한 개선 요청 및 감독기관에의 신고
4. 산업재해 발생의 급박한 위험이 있는 경우 사업주에 대한 작업중지 요청
5. 작업환경측정, 근로자 건강진단 시의 참석 및 그 결과에 대한 설명회 참여
6. 직업성 질환의 증상이 있거나 질병에 걸린 근로자가 여러 명 발생한 경우 사업주에 대한 임시건강진단 실시 요청
7. 근로자에 대한 안전수칙 준수 지도
8. 법령 및 산업재해 예방정책 개선 건의
9. 안전·보건 의식을 북돋우기 위한 활동 등에 대한 참여와 지원
10. 그 밖에 산업재해 예방에 대한 홍보 등 산업재해 예방업무와 관련하여 고용노동부장관이 정하는 업무

③ 명예산업안전감독관의 임기는 2년으로 하되, 연임할 수 있다.
④ 고용노동부장관은 명예산업안전감독관의 활동을 지원하기 위하여 수당 등을 지급할 수 있다.
⑤ 제1항부터 제4항까지에서 규정한 사항 외에 명예산업안전감독관의 위촉 및 운영 등에 필요한 사항은 고용노동부장관이 정한다.

3 해촉 〈영 33조〉

① 근로자대표가 사업주의 의견을 들어 제32조 제1항 제1호에 따라 위촉된 명예산업안전감독관의 해촉을 요청한 경우
② 제32조 제1항 제2호부터 제4호까지의 규정에 따라 위촉된 명예산업안전감독관이 해당 단체 또는 그 산하조직으로부터 퇴직하거나 해임된 경우
③ 명예산업안전감독관의 업무와 관련하여 부정한 행위를 한 경우
④ 질병이나 부상 등의 사유로 명예산업안전감독관의 업무 수행이 곤란하게 된 경우

09 산업안전보건위원회

1 산업안전보건위원회 〈법 24조〉

① 사업주는 사업장의 안전 및 보건에 관한 중요 사항을 심의·의결하기 위하여 사업장에 근로자위원과 사용자위원이 같은 수로 구성되는 산업안전보건위원회를 구성·운영하여야 한다.

② 사업주는 다음 각 호의 사항에 대해서는 제1항에 따른 산업안전보건위원회(이하 "산업안전보건위원회"라 한다)의 심의·의결을 거쳐야 한다.
  1. 제15조 제1항 제1호부터 제5호까지 및 제7호에 관한 사항
     (1) 사업장의 산업재해 예방계획의 수립에 관한 사항(연 1회)
     (2) 제25조 및 제26조에 따른 안전보건관리규정의 작성 및 변경에 관한 사항(반기 1회)
     (3) 제29조에 따른 안전보건교육에 관한 사항(분기 1회)
     (4) 작업환경측정 등 작업환경의 점검 및 개선에 관한 사항(분기 1회)
     (5) 제129조부터 제132조까지에 따른 근로자의 건강진단 등 건강관리에 관한 사항(분기 1회)
     (6) 산업재해의 원인 조사 및 재발 방지대책 수립에 관한 사항(발생 시)
     (7) 산업재해에 관한 통계의 기록 및 유지에 관한 사항(연 1회)
     (8) 안전장치 및 보호구 구입 시 적격품 여부 확인에 관한 사항
     (9) 그 밖에 근로자의 유해·위험 방지조치에 관한 사항으로서 고용노동부령으로 정하는 사항
  2. 제15조 제1항 제6호에 따른 사항 중 중대재해에 관한 사항
  3. 유해하거나 위험한 기계·기구·설비를 도입한 경우 안전 및 보건 관련 조치에 관한 사항(발생 시)
  4. 그 밖에 해당 사업장 근로자의 안전 및 보건을 유지·증진시키기 위하여 필요한 사항

③ 산업안전보건위원회는 대통령령으로 정하는 바에 따라 회의를 개최하고 그 결과를 회의록으로 작성하여 보존하여야 한다.

④ 사업주와 근로자는 제2항에 따라 산업안전보건위원회가 심의·의결한 사항을 성실하게 이행하여야 한다.

⑤ 산업안전보건위원회는 이 법, 이 법에 따른 명령, 단체협약, 취업규칙 및 제25조에 따른 안전보건관리규정에 반하는 내용으로 심의·의결해서는 아니 된다.
⑥ 사업주는 산업안전보건위원회의 위원에게 직무 수행과 관련한 사유로 불리한 처우를 해서는 아니 된다.
⑦ 산업안전보건위원회를 구성하여야 할 사업의 종류 및 사업장의 상시근로자 수, 산업안전보건위원회의 구성·운영 및 의결되지 아니한 경우의 처리방법, 그 밖에 필요한 사항은 대통령령으로 정한다.

2 산업안전보건위원회의 구성〈영 35조〉

① 산업안전보건위원회의 근로자위원은 다음 각 호의 사람으로 구성한다.
  1. 근로자대표
  2. 명예산업안전감독관이 위촉되어 있는 사업장의 경우 근로자대표가 지명하는 1명 이상의 명예산업안전감독관
  3. 근로자대표가 지명하는 9명(근로자인 제2호의 위원이 있는 경우에는 9명에서 그 위원의 수를 제외한 수를 말한다) 이내의 해당 사업장의 근로자
② 산업안전보건위원회의 사용자위원은 다음 각 호의 사람으로 구성한다. 다만, 상시근로자 50명 이상 100명 미만을 사용하는 사업장에서는 제5호에 해당하는 사람을 제외하고 구성할 수 있다.
  1. 해당 사업의 대표자(같은 사업으로서 다른 지역에 사업장이 있는 경우에는 그 사업장의 안전보건관리책임자를 말한다. 이하 같다)
  2. 안전관리자(제16조 제1항에 따라 안전관리자를 두어야 하는 사업장으로 한정하되, 안전관리자의 업무를 안전관리전문기관에 위탁한 사업장의 경우에는 그 안전관리전문기관의 해당 사업장 담당자를 말한다) 1명
  3. 보건관리자(제20조 제1항에 따라 보건관리자를 두어야 하는 사업장으로 한정하되, 보건관리자의 업무를 보건관리전문기관에 위탁한 사업장의 경우에는 그 보건관리전문기관의 해당 사업장 담당자를 말한다) 1명
  4. 산업보건의(해당 사업장에 선임되어 있는 경우로 한정한다)
  5. 해당 사업의 대표자가 지명하는 9명 이내의 해당 사업장 부서의 장
③ 제1항 및 제2항에도 불구하고 법 제69조 제1항에 따른 건설공사도급인(이하 "건설공사도급인"이라 한다)이 법 제64조 제1항 제1호에 따른 안전 및 보건에 관한 협의체를 구성한 경우에는 산업안전보건위원회의 위원을 다음 각 호의 사람을 포함하여 구성할 수 있다.

1. 근로자위원 : 도급 또는 하도급 사업을 포함한 전체 사업의 근로자대표, 명예산업안전감독관 및 근로자대표가 지명하는 해당 사업장의 근로자
2. 사용자위원 : 도급인 대표자, 관계수급인의 각 대표자 및 안전관리자

3 산업안전보건위원회의 위원장 〈영 36조〉

산업안전보건위원회의 위원장은 위원 중에서 호선(互選)한다. 이 경우 근로자위원과 사용자위원 중 각 1명을 공동위원장으로 선출할 수 있다.

4 산업안전보건위원회의 회의 등 〈영 37조〉

① 법 제24조 제3항에 따라 산업안전보건위원회의 회의는 정기회의와 임시회의로 구분하되, 정기회의는 분기마다 산업안전보건위원회의 위원장이 소집하며, 임시회의는 위원장이 필요하다고 인정할 때에 소집한다.
② 회의는 근로자위원 및 사용자위원 각 과반수의 출석으로 개의(開議)하고 출석위원 과반수의 찬성으로 의결한다.
③ 근로자대표, 명예산업안전감독관, 해당 사업의 대표자, 안전관리자 또는 보건관리자가 회의에 출석할 수 없는 경우에는 해당 사업에 종사하는 사람 중에서 1명을 지정하여 위원으로서의 직무를 대리하게 할 수 있다.
④ 산업안전보건위원회는 다음 각 호의 사항을 기록한 회의록을 작성하여 갖추어 두어야 한다.
   1. 개최 일시 및 장소
   2. 출석위원
   3. 심의 내용 및 의결·결정 사항
   4. 그 밖의 토의사항

5 의결되지 않은 사항 등의 처리 〈영 38조〉

① 산업안전보건위원회는 다음 각 호의 어느 하나에 해당하는 경우에는 근로자위원과 사용자위원의 합의에 따라 산업안전보건위원회에 중재기구를 두어 해결하거나 제3자에 의한 중재를 받아야 한다.
   1. 법 제24조 제2항 각 호에 따른 사항에 대하여 산업안전보건위원회에서 의결하지 못한 경우
   2. 산업안전보건위원회에서 의결된 사항의 해석 또는 이행방법 등에 관하여 의견이 일치하지 않는 경우

② 제1항에 따른 중재 결정이 있는 경우에는 산업안전보건위원회의 의결을 거친 것으로 보며, 사업주와 근로자는 그 결정에 따라야 한다.

6 회의 결과 등의 공지〈영 39조〉

산업안전보건위원회의 위원장은 산업안전보건위원회에서 심의·의결된 내용 등 회의 결과와 중재 결정된 내용 등을 사내방송이나 사내보(社內報), 게시 또는 자체 정례조회, 그 밖의 적절한 방법으로 근로자에게 신속히 알려야 한다.

10 노사협의체

1 노사협의체 〈법 75조〉

① 대통령으로 정하는 규모의 건설공사의 건설공사도급인은 해당 건설공사 현장에 근로자위원과 사용자위원이 같은 수로 구성되는 안전 및 보건에 관한 협의체(이하 "노사협의체"라 한다)를 대통령령으로 정하는 바에 따라 구성·운영할 수 있다.
② 건설공사도급인이 제1항에 따라 노사협의체를 구성·운영하는 경우에는 산업안전보건위원회 및 제64조 제1항 제1호에 따른 안전 및 보건에 관한 협의체를 각각 구성·운영하는 것으로 본다.
③ 제1항에 따라 노사협의체를 구성·운영하는 건설공사도급인은 제24조 제2항 각 호의 사항에 대하여 노사협의체의 심의·의결을 거쳐야 한다. 이 경우 노사협의체에서 의결되지 아니한 사항의 처리방법은 대통령령으로 정한다.
④ 노사협의체는 대통령령으로 정하는 바에 따라 회의를 개최하고 그 결과를 회의록으로 작성하여 보존하여야 한다.
⑤ 노사협의체는 산업재해 예방 및 산업재해가 발생한 경우의 대피방법 등 고용노동부령으로 정하는 사항에 대하여 협의하여야 한다.
⑥ 노사협의체를 구성·운영하는 건설공사도급인·근로자 및 관계수급인·근로자는 제3항에 따라 노사협의체가 심의·의결한 사항을 성실하게 이행하여야 한다.
⑦ 노사협의체에 관하여는 제24조 제5항 및 제6항을 준용한다. 이 경우 "산업안전보건위원회"는 "노사협의체"로 본다.

2 노사협의체의 설치 대상 〈영 63조〉

법 제75조 제1항에서 "대통령령으로 정하는 규모의 건설공사"란 공사금액이 120억 원(「건설산업기본법 시행령」 별표 1의 종합공사를 시공하는 업종의 건설업종란 제1호에 따른 토목공사업은 150억 원) 이상인 건설공사를 말한다.

3 노사협의체의 구성 〈영 64조〉

① 노사협의체는 다음 각 호에 따라 근로자위원과 사용자위원으로 구성한다.
 1. 근로자위원
   가. 도급 또는 하도급 사업을 포함한 전체 사업의 근로자대표
   나. 근로자대표가 지명하는 명예산업안전감독관 1명. 다만, 명예산업안전감독

관이 위촉되어 있지 않은 경우에는 근로자대표가 지명하는 해당 사업장 근로자 1명
다. 공사금액이 20억 원 이상인 공사의 관계수급인의 각 근로자대표
2. 사용자위원
가. 도급 또는 하도급 사업을 포함한 전체 사업의 대표자
나. 안전관리자 1명
다. 보건관리자 1명(별표 5 제44호에 따른 보건관리자 선임대상 건설업으로 한정한다)
라. 공사금액이 20억 원 이상인 공사의 관계수급인의 각 대표자
② 노사협의체의 근로자위원과 사용자위원은 합의하여 노사협의체에 공사금액이 20억 원 미만인 공사의 관계수급인 및 관계수급인 근로자대표를 위원으로 위촉할 수 있다.
③ 노사협의체의 근로자위원과 사용자위원은 합의하여 제67조 제2호에 따른 사람을 노사협의체에 참여하도록 할 수 있다.

4 노사협의체의 운영 〈영 65조〉

① 노사협의체의 회의는 정기회의와 임시회의로 구분하여 개최하되, 정기회의는 2개월마다 노사협의체의 위원장이 소집하며, 임시회의는 위원장이 필요하다고 인정할 때에 소집한다.
② 노사협의체 위원장의 선출, 노사협의체의 회의, 노사협의체에서 의결되지 않은 사항에 대한 처리방법 및 회의 결과 등의 공지에 관하여는 각각 제36조, 제37조 제2항부터 제4항까지, 제38조 및 제39조를 준용한다. 이 경우 "산업안전보건위원회"는 "노사협의체"로 본다.

5 위원장 선임·회의록

① 위원장은 위원 중에서 호선(互選)한다. 이 경우 근로자위원과 사용자위원 중 각 1명을 공동위원장으로 선출할 수 있다.
② 회의는 근로자위원 및 사용자위원 각 과반수의 출석으로 개의(開議)하고 출석위원 과반수의 찬성으로 의결한다.
③ 근로자대표, 명예산업안전감독관, 해당 사업의 대표자, 안전관리자 또는 보건관리자는 회의에 출석할 수 없는 경우에는 해당 사업에 종사하는 사람 중에서 1명을 지정하여 위원으로서의 직무를 대리하게 할 수 있다.

11 안전보건관리규정

1 안전보건관리규정의 작성 〈법 25조〉

① 사업주는 사업장의 안전 및 보건을 유지하기 위하여 다음 각 호의 사항이 포함된 안전보건관리규정을 작성하여야 한다.
  1. 안전 및 보건에 관한 관리조직과 그 직무에 관한 사항
  2. 안전보건교육에 관한 사항
  3. 작업장의 안전 및 보건 관리에 관한 사항
  4. 사고 조사 및 대책 수립에 관한 사항
  5. 그 밖에 안전 및 보건에 관한 사항
② 제1항에 따른 안전보건관리규정(이하 "안전보건관리규정"이라 한다)은 단체협약 또는 취업규칙에 반할 수 없다. 이 경우 안전보건관리규정 중 단체협약 또는 취업규칙에 반하는 부분에 관하여는 그 단체협약 또는 취업규칙으로 정한 기준에 따른다.
③ 안전보건관리규정을 작성하여야 할 사업의 종류, 사업장의 상시근로자 수 및 안전보건관리규정에 포함되어야 할 세부적인 내용, 그 밖에 필요한 사항은 고용노동부령으로 정한다.

2 안전보건관리규정의 작성·변경 절차 〈법 26조〉

사업주는 안전보건관리규정을 작성하거나 변경할 때에는 산업안전보건위원회의 심의·의결을 거쳐야 한다. 다만, 산업안전보건위원회가 설치되어 있지 아니한 사업장의 경우에는 근로자대표의 동의를 받아야 한다.

3 안전보건관리규정 작성 세부 내용 〈규칙 25조, 별표 3〉

(1) 총칙
  ① 안전보건관리규정 작성의 목적 및 적용 범위에 관한 사항
  ② 사업주 및 근로자의 재해 예방 책임 및 의무 등에 관한 사항
  ③ 하도급 사업장에 대한 안전보건관리에 관한 사항

(2) 안전·보건 관리조직과 그 직무
  ① 안전·보건 관리조직의 구성방법, 소속, 업무 분장 등에 관한 사항
  ② 안전보건관리책임자(안전보건총괄책임자), 안전관리자, 보건관리자, 관리감

독자의 직무 및 선임에 관한 사항
③ 산업안전보건위원회의 설치·운영에 관한 사항
④ 명예산업안전감독관의 직무 및 활동에 관한 사항
⑤ 작업지휘자 배치 등에 관한 사항

(3) 안전·보건교육
① 근로자 및 관리감독자의 안전·보건교육에 관한 사항
② 교육계획의 수립 및 기록 등에 관한 사항

(4) 작업장 안전관리
① 안전·보건관리에 관한 계획의 수립 및 시행에 관한 사항
② 기계·기구 및 설비의 방호조치에 관한 사항
③ 유해·위험기계 등에 대한 자율검사프로그램에 의한 검사 또는 안전검사에 관한 사항
④ 근로자의 안전수칙 준수에 관한 사항
⑤ 위험물질의 보관 및 출입 제한에 관한 사항
⑥ 중대재해 및 중대산업사고 발생, 급박한 산업재해 발생의 위험이 있는 경우 작업중지에 관한 사항
⑦ 안전표지·안전수칙의 종류 및 게시에 관한 사항과 그 밖에 안전관리에 관한 사항

(5) 작업장 보건관리
① 근로자 건강진단, 작업환경측정의 실시 및 조치절차 등에 관한 사항
② 유해물질의 취급에 관한 사항
③ 보호구의 지급 등에 관한 사항
④ 질병자의 근로 금지 및 취업 제한 등에 관한 사항
⑤ 보건표지·보건수칙의 종류 및 게시에 관한 사항과 그 밖에 보건관리에 관한 사항

(6) 사고 조사 및 대책 수립
① 산업재해 및 중대산업사고의 발생 시 처리 절차 및 긴급조치에 관한 사항
② 산업재해 및 중대산업사고의 발생원인 조사 및 분석, 대책 수립에 관한 사항
③ 산업재해 및 중대산업사고 발생의 기록·관리 등에 관한 사항

(7) 위험성평가에 관한 사항
① 위험성평가의 실시 시기 및 방법, 절차에 관한 사항
② 위험성 감소대책 수립 및 시행에 관한 사항

(8) 보칙
① 무재해운동 참여, 안전·보건 관련 제안 및 포상·징계 등 산업재해 예방을 위하여 필요하다고 판단하는 사항
② 안전·보건 관련 문서의 보존에 관한 사항
③ 그 밖의 사항
사업장의 규모·업종 등에 적합하게 작성하며, 필요한 사항을 추가하거나 그 사업장에 관련되지 않는 사항은 제외 가능

12 안전보건교육

1 근로자 교육 〈법 29조〉
① 사업주는 소속 근로자에게 고용노동부령으로 정하는 바에 따라 정기적으로 안전보건교육을 하여야 한다.
② 사업주는 근로자를 채용할 때와 작업내용을 변경할 때에는 그 근로자에게 고용노동부령으로 정하는 바에 따라 해당 작업에 필요한 안전보건교육을 하여야 한다. 다만, 제31조 제1항에 따른 안전보건교육을 이수한 건설 일용근로자를 채용하는 경우에는 그러하지 아니하다.
③ 사업주는 근로자를 유해하거나 위험한 작업에 채용하거나 그 작업으로 작업내용을 변경할 때에는 제2항에 따른 안전보건교육 외에 고용노동부령으로 정하는 바에 따라 유해하거나 위험한 작업에 필요한 안전보건교육을 추가로 하여야 한다.
④ 사업주는 제1항부터 제3항까지의 규정에 따른 안전보건교육을 제33조에 따라 고용노동부장관에게 등록한 안전보건교육기관에 위탁할 수 있다.

2 안전보건교육의 면제 〈법 30조〉
① 사업주는 제29조 제1항에도 불구하고 다음 각 호의 어느 하나에 해당하는 경우에는 같은 항에 따른 안전보건교육의 전부 또는 일부를 하지 아니할 수 있다.
  1. 사업장의 산업재해 발생 정도가 고용노동부령으로 정하는 기준에 해당하는 경우
  2. 근로자가 제11조 제3호에 따른 시설에서 건강관리에 관한 교육 등 고용노동부령으로 정하는 교육을 이수한 경우
  3. 관리감독자가 산업 안전 및 보건 업무의 전문성 제고를 위한 교육 등 고용노동부령으로 정하는 교육을 이수한 경우
② 사업주는 제29조 제2항 또는 제3항에도 불구하고 해당 근로자가 채용 또는 변경된 작업에 경험이 있는 등 고용노동부령으로 정하는 경우에는 같은 조 제2항 또는 제3항에 따른 안전보건교육의 전부 또는 일부를 하지 아니할 수 있다.

3 기초안전보건교육 〈법 31조〉

① 건설업의 사업주는 건설 일용근로자를 채용할 때에는 그 근로자로 하여금 제33조에 따른 안전보건교육기관이 실시하는 안전보건교육을 이수하도록 하여야 한다. 다만, 건설 일용근로자가 그 사업주에게 채용되기 전에 안전보건교육을 이수한 경우에는 그러하지 아니하다.
② 제1항 본문에 따른 안전보건교육의 시간·내용 및 방법, 그 밖에 필요한 사항은 고용노동부령으로 정한다.

4 안전보건관리책임자 직무교육 〈법 32조〉

① 사업주(제5호의 경우는 같은 호 각 목에 따른 기관의 장을 말한다)는 다음 각 호에 해당하는 사람에게 제33조에 따른 안전보건교육기관에서 직무와 관련한 안전보건교육을 이수하도록 하여야 한다. 다만, 다음 각 호에 해당하는 사람이 다른 법령에 따라 안전 및 보건에 관한 교육을 받는 등 고용노동부령으로 정하는 경우에는 안전보건교육의 전부 또는 일부를 하지 아니할 수 있다.
  1. 안전보건관리책임자
  2. 안전관리자
  3. 보건관리자
  4. 안전보건관리담당자
  5. 다음 각 목의 기관에서 안전과 보건에 관련된 업무에 종사하는 사람
     가. 안전관리전문기관
     나. 보건관리전문기관
     다. 제74조에 따라 지정받은 건설재해예방전문지도기관
     라. 제96조에 따라 지정받은 안전검사기관
     마. 제100조에 따라 지정받은 자율안전검사기관
     바. 제120조에 따라 지정받은 석면조사기관
② 제1항 각 호 외의 부분 본문에 따른 안전보건교육의 시간·내용 및 방법, 그 밖에 필요한 사항은 고용노동부령으로 정한다.

■ 산업안전보건법 시행규칙 [별표 4]

안전보건교육 교육과정별 교육시간(제26조 제1항 등 관련)

1. 근로자 안전보건교육(제26조 제1항, 제28조 제1항 관련)

교육과정	교육대상		교육시간
가. 정기교육	1) 사무직 종사 근로자		매반기 6시간 이상
	2) 그 밖의 근로자	가) 판매업무에 직접 종사하는 근로자	매반기 6시간 이상
		나) 판매업무에 직접 종사하는 근로자 외의 근로자	매반기 12시간 이상
나. 채용 시 교육	1) 일용근로자 및 근로계약기간이 1주일 이하인 기간제 근로자		1시간 이상
	2) 근로계약기간이 1주일 초과 1개월 이하인 기간제 근로자		4시간 이상
	3) 그 밖의 근로자		8시간 이상
다. 작업내용 변경 시 교육	1) 일용근로자 및 근로계약기간이 1주일 이하인 기간제 근로자		1시간 이상
	2) 그 밖의 근로자		2시간 이상
라. 특별교육	1) 일용근로자 및 근로계약기간이 1주일 이하인 기간제 근로자(특별교육 대상 작업 중 아래 2)에 해당하는 작업 외에 종사하는 근로자에 한정)		2시간 이상
	2) 일용근로자 및 근로계약기간이 1주일 이하인 기간제 근로자(타워크레인을 사용하는 작업 시 신호업무를 하는 작업에 종사하는 근로자에 한정)		8시간 이상
	3) 일용근로자 및 근로계약기간이 1주일 이하인 기간제 근로자를 제외한 근로자(특별교육 대상 작업에 한정)		가) 16시간 이상(최초 작업에 종사하기 전 4시간 이상 실시하고 12시간은 3개월 이내에서 분할하여 실시 가능) 나) 단기간 작업 또는 간헐적 작업인 경우에는 2시간 이상
마. 건설업 기초안전 보건교육	건설 일용근로자		4시간 이상

1. 위 표의 적용을 받는 "일용근로자"란 근로계약을 1일 단위로 체결하고 그 날의 근로가 끝나면 근로관계가 종료되어 계속 고용이 보장되지 않는 근로자를 말한다.
2. 일용근로자가 위 표의 나목 또는 라목에 따른 교육을 받은 날 이후 1주일 동안 같은 사업장에서 같은 업무의 일용근로자로 다시 종사하는 경우에는 이미 받은 위 표의 나목 또는 라목에 따른 교육을 면제한다.
3. 다음 각 목의 어느 하나에 해당하는 경우는 위 표의 가목부터 라목까지의 규정에도 불구하고 해당 교육과정별 교육시간의 2분의 1 이상을 그 교육시간으로 한다.
   가. 영 별표 1 제1호에 따른 사업
   나. 상시근로자 50명 미만의 도매업, 숙박 및 음식점업
4. 근로자가 다음 각 목의 어느 하나에 해당하는 안전교육을 받은 경우에는 그 시간만큼 위 표의 가목에 따른 해당 반기의 정기교육을 받은 것으로 본다.
   가. 「원자력안전법 시행령」 제148조 제1항에 따른 방사선작업종사자 정기교육
   나. 「항만안전특별법 시행령」 제5조 제1항 제2호에 따른 정기안전교육
   다. 「화학물질관리법 시행규칙」 제37조 제4항에 따른 유해화학물질 안전교육
5. 근로자가 「항만안전특별법 시행령」 제5조 제1항 제1호에 따른 신규안전교육을 받은 때에는 그 시간만큼 위 표의 나목에 따른 채용 시 교육을 받은 것으로 본다.
6. 방사선 업무에 관계되는 작업에 종사하는 근로자가 「원자력안전법 시행규칙」 제138조 제1항 제2호에 따른 방사선작업종사자 신규교육 중 직장교육을 받은 때에는 그 시간만큼 위 표의 라목에 따른 특별교육 중 별표 5 제1호 라목의 33.란에 따른 특별교육을 받은 것으로 본다.

1의2. 관리감독자 안전보건교육(제26조 제1항 관련)

교육과정	교육시간
가. 정기교육	연간 16시간 이상
나. 채용 시 교육	8시간 이상
다. 작업내용 변경 시 교육	2시간 이상
라. 특별교육	16시간 이상(최초 작업에 종사하기 전 4시간 이상 실시하고 12시간은 3개월 이내에서 분할하여 실시 가능)
	단기간 작업 또는 간헐적 작업인 경우에는 2시간 이상

2. 안전보건관리책임자 등에 대한 교육(제29조 제2항 관련)

교육과정	교육시간	
	신규교육	보수교육
가. 안전보건관리책임자	6시간 이상	6시간 이상
나. 안전관리자, 안전관리전문기관의 종사자	34시간 이상	24시간 이상
다. 보건관리자, 보건관리전문기관의 종사자	34시간 이상	24시간 이상
라. 건설재해예방전문지도기관의 종사자	34시간 이상	24시간 이상
마. 석면조사기관의 종사자	34시간 이상	24시간 이상
바. 안전보건관리담당자	–	8시간 이상
사. 안전검사기관, 자율안전검사기관의 종사자	34시간 이상	24시간 이상

3. 특수형태근로종사자에 대한 안전보건 교육(제95조 제1항 관련)

교육과정	교육시간
가. 최초 노무 제공 시 교육	2시간 이상(단기간 작업 또는 간헐적 작업에 노무를 제공하는 경우에는 1시간 이상 실시하고, 특별교육을 실시한 경우는 면제)
나. 특별교육	16시간 이상(최초 작업에 종사하기 전 4시간 이상 실시하고 12시간은 3개월 이내에서 분할하여 실시 가능)
	단기간 작업 또는 간헐적 작업인 경우에는 2시간 이상

[비고] 영 제67조 제13호 라목에 해당하는 사람이 「화학물질관리법」 제33조 제1항에 따른 유해화학물질 안전교육을 받은 경우에는 그 시간만큼 가목에 따른 최초 노무제공 시 교육을 실시하지 않을 수 있다.

4. 검사원 성능검사 교육(제131조 제2항 관련)

교육과정	교육대상	교육시간
성능검사 교육	-	28시간 이상

■ 산업안전보건법 시행규칙 [별표 5]

안전보건교육 교육대상별 교육내용(제26조 제1항 등 관련)

1. 근로자 안전보건교육(제26조 제1항 관련)
    가. 정기교육
      • 산업안전 및 사고 예방에 관한 사항
      • 산업보건 및 직업병 예방에 관한 사항
      • 위험성평가에 관한 사항
      • 건강증진 및 질병 예방에 관한 사항
      • 유해·위험 작업환경 관리에 관한 사항
      • 산업안전보건법령 및 산업재해보상보험 제도에 관한 사항
      • 직무스트레스 예방 및 관리에 관한 사항
      • 직장 내 괴롭힘, 고객의 폭언 등으로 인한 건강장해 예방 및 관리에 관한 사항
    나. 삭제
    다. 채용 시 교육 및 작업내용 변경 시 교육
      • 산업안전 및 사고 예방에 관한 사항
      • 산업보건 및 직업병 예방에 관한 사항
      • 위험성평가에 관한 사항
      • 산업안전보건법령 및 산업재해보상보험 제도에 관한 사항
      • 직무스트레스 예방 및 관리에 관한 사항
      • 직장 내 괴롭힘, 고객의 폭언 등으로 인한 건강장해 예방 및 관리에 관한 사항
      • 기계·기구의 위험성과 작업의 순서 및 동선에 관한 사항

- 작업 개시 전 점검에 관한 사항
- 정리정돈 및 청소에 관한 사항
- 사고 발생 시 긴급조치에 관한 사항
- 물질안전보건자료에 관한 사항

5 교육시간 및 교육내용〈규칙 26조〉

① 법 제29조 제1항부터 제3항까지의 규정에 따라 사업주가 근로자에게 실시해야 하는 안전보건교육의 교육시간은 별표 4와 같고, 교육내용은 별표 5와 같다. 이 경우 사업주가 법 제29조 제3항에 따른 유해하거나 위험한 작업에 필요한 안전보건교육(이하 "특별교육"이라 한다)을 실시한 때에는 해당 근로자에 대하여 법 제29조 제2항에 따라 채용할 때 해야 하는 교육(이하 "채용 시 교육"이라 한다) 및 작업내용을 변경할 때 해야 하는 교육(이하 "작업내용 변경 시 교육"이라 한다)을 실시한 것으로 본다.

② 제1항에 따른 교육을 실시하기 위한 교육방법과 그 밖에 교육에 필요한 사항은 고용노동부장관이 정하여 고시한다.

③ 사업주가 법 제29조 제1항부터 제3항까지의 규정에 따른 안전보건교육을 자체적으로 실시하는 경우에 교육을 할 수 있는 사람은 다음 각 호의 어느 하나에 해당하는 사람으로 한다.

1. 다음 각 목의 어느 하나에 해당하는 사람
   - 가. 법 제15조 제1항에 따른 안전보건관리책임자
   - 나. 법 제16조 제1항에 따른 관리감독자
   - 다. 법 제17조 제1항에 따른 안전관리자(안전관리전문기관에서 안전관리자의 위탁업무를 수행하는 사람을 포함한다)
   - 라. 법 제18조 제1항에 따른 보건관리자(보건관리전문기관에서 보건관리자의 위탁업무를 수행하는 사람을 포함한다)
   - 마. 법 제19조 제1항에 따른 안전보건관리담당자(안전관리전문기관 및 보건관리전문기관에서 안전보건관리담당자의 위탁업무를 수행하는 사람을 포함한다)
   - 바. 법 제22조 제1항에 따른 산업보건의
2. 공단에서 실시하는 해당 분야의 강사요원 교육과정을 이수한 사람
3. 법 제142조에 따른 산업안전지도사 또는 산업보건지도사(이하 "지도사"라 한다)
4. 산업안전보건에 관하여 학식과 경험이 있는 사람으로서 고용노동부장관이 정하는 기준에 해당하는 사람

13 유해·위험 방지조치

1 법령의 게시〈법 34조〉

사업주는 이 법과 이 법에 따른 명령의 요지 및 안전보건관리규정을 각 사업장의 근로자가 쉽게 볼 수 있는 장소에 게시하거나 갖추어 두어 근로자에게 널리 알려야 한다.

2 근로자대표의 통지 요청〈법 35조〉

근로자대표는 사업주에게 다음 각 호의 사항을 통지하여 줄 것을 요청할 수 있고, 사업주는 이에 성실히 따라야 한다.
1. 산업안전보건위원회(제75조에 따라 노사협의체를 구성·운영하는 경우에는 노사협의체를 말한다)가 의결한 사항
2. 제47조에 따른 안전보건진단 결과에 관한 사항
3. 제49조에 따른 안전보건개선계획의 수립·시행에 관한 사항
4. 제64조 제1항 각 호에 따른 도급인의 이행 사항
5. 제110조 제1항에 따른 물질안전보건자료에 관한 사항
6. 제125조 제1항에 따른 작업환경측정에 관한 사항
7. 그 밖에 고용노동부령으로 정하는 안전 및 보건에 관한 사항

14 안전보건조치

1 안전조치 〈법 38조〉

① 사업주는 다음 각 호의 어느 하나에 해당하는 위험으로 인한 산업재해를 예방하기 위하여 필요한 조치를 하여야 한다.
   1. 기계·기구, 그 밖의 설비에 의한 위험
   2. 폭발성, 발화성 및 인화성 물질 등에 의한 위험
   3. 전기, 열, 그 밖의 에너지에 의한 위험
② 사업주는 굴착, 채석, 하역, 벌목, 운송, 조작, 운반, 해체, 중량물 취급, 그 밖의 작업을 할 때 불량한 작업방법 등에 의한 위험으로 인한 산업재해를 예방하기 위하여 필요한 조치를 하여야 한다.
③ 사업주는 근로자가 다음 각 호의 어느 하나에 해당하는 장소에서 작업을 할 때 발생할 수 있는 산업재해를 예방하기 위하여 필요한 조치를 하여야 한다.
   1. 근로자가 추락할 위험이 있는 장소
   2. 토사·구축물 등이 붕괴할 우려가 있는 장소
   3. 물체가 떨어지거나 날아올 위험이 있는 장소
   4. 천재지변으로 인한 위험이 발생할 우려가 있는 장소
④ 사업주가 제1항부터 제3항까지의 규정에 따라 하여야 하는 조치(이하 "안전조치"라 한다)에 관한 구체적인 사항은 고용노동부령으로 정한다.

2 보건조치 〈법 39조〉

① 사업주는 다음 각 호의 어느 하나에 해당하는 건강장해를 예방하기 위하여 필요한 조치(이하 "보건조치"라 한다)를 하여야 한다.
   1. 원재료·가스·증기·분진·흄(Fume, 열이나 화학반응에 의하여 형성된 고체증기가 응축되어 생긴 미세입자를 말한다)·미스트(Mist, 공기 중에 떠다니는 작은 액체방울을 말한다)·산소결핍·병원체 등에 의한 건강장해
   2. 방사선·유해광선·고열·한랭·초음파·소음·진동·이상기압 등에 의한 건강장해
   3. 사업장에서 배출되는 기체·액체 또는 찌꺼기 등에 의한 건강장해
   4. 계측감시(計測監視), 컴퓨터 단말기 조작, 정밀공작(精密工作) 등의 작업에 의한 건강장해
   5. 단순반복작업 또는 인체에 과도한 부담을 주는 작업에 의한 건강장해

6. 환기·채광·조명·보온·방습·청결 등의 적정기준을 유지하지 아니하여 발생하는 건강장해
7. 폭염·한파에 장시간 작업함에 따라 발생하는 건강장해

② 제1항에 따라 사업주가 하여야 하는 보건조치에 관한 구체적인 사항은 고용노동부령으로 정한다.

❸ 방호조치를 해야 하는 유해하거나 위험한 기계·기구에 대한 방호조치 〈법 80조〉

① 누구든지 동력(動力)으로 작동하는 기계·기구로서 대통령령으로 정하는 것은 고용노동부령으로 정하는 유해·위험 방지를 위한 방호조치를 하지 아니하고는 양도, 대여, 설치 또는 사용에 제공하거나 양도·대여의 목적으로 진열해서는 아니 된다.

② 누구든지 동력으로 작동하는 기계·기구로서 다음 각 호의 어느 하나에 해당하는 것은 고용노동부령으로 정하는 방호조치를 하지 아니하고는 양도, 대여, 설치 또는 사용에 제공하거나 양도·대여의 목적으로 진열해서는 아니 된다.
  1. 작동 부분에 돌기 부분이 있는 것
  2. 동력전달 부분 또는 속도조절 부분이 있는 것
  3. 회전기계에 물체 등이 말려 들어갈 부분이 있는 것

③ 사업주는 제1항 및 제2항에 따른 방호조치가 정상적인 기능을 발휘할 수 있도록 방호조치와 관련되는 장치를 상시적으로 점검하고 정비하여야 한다.

④ 사업주와 근로자는 제1항 및 제2항에 따른 방호조치를 해체하려는 경우 등 고용노동부령으로 정하는 경우에는 필요한 안전조치 및 보건조치를 하여야 한다.

■ 산업안전보건법 시행령 [별표 21]

대여자 등이 안전조치 등을 해야 하는 기계, 기구, 설비 및 건축물 등(제71조 관련)

1. 사무실 및 공장용 건축물
2. 이동식 크레인
3. 타워크레인
4. 불도저
5. 모터 그레이더
6. 로더
7. 스크레이퍼
8. 스크레이퍼 도저
9. 파워 셔블
10. 드래그라인
11. 클램셸
12. 버킷굴착기
13. 트렌치
14. 항타기
15. 항발기
16. 어스드릴
17. 천공기
18. 어스오거
19. 페이퍼드레인머신
20. 리프트
21. 지게차
22. 롤러기
23. 콘크리트 펌프
24. 고소작업대
25. 그 밖에 산업재해보상보험 및 예방심의위원회 심의를 거쳐 고용노동부장관이 정하여 고시하는 기계, 기구, 설비 및 건축물 등

15 유해위험방지계획서

◘ 작성·제출 〈법 42조〉

① 사업주는 다음 각 호의 어느 하나에 해당하는 경우에는 이 법 또는 이 법에 따른 명령에서 정하는 유해·위험 방지에 관한 사항을 적은 계획서(이하 "유해위험방지계획서"라 한다)를 작성하여 고용노동부령으로 정하는 바에 따라 고용노동부장관에게 제출하고 심사를 받아야 한다. 다만, 제3호에 해당하는 사업주 중 산업재해발생률 등을 고려하여 고용노동부령으로 정하는 기준에 해당하는 사업주는 유해위험방지계획서를 스스로 심사하고, 그 심사결과서를 작성하여 고용노동부장관에게 제출하여야 한다.
 1. 대통령령으로 정하는 사업의 종류 및 규모에 해당하는 사업으로서 해당 제품의 생산 공정과 직접적으로 관련된 건설물·기계·기구 및 설비 등 전부를 설치·이전하거나 그 주요 구조부분을 변경하려는 경우
 2. 유해하거나 위험한 작업 또는 장소에서 사용하거나 건강장해를 방지하기 위하여 사용하는 기계·기구 및 설비로서 대통령령으로 정하는 기계·기구 및 설비를 설치·이전하거나 그 주요 구조부분을 변경하려는 경우
 3. 대통령령으로 정하는 크기, 높이 등에 해당하는 건설공사를 착공하려는 경우
② 제1항 제3호에 따른 건설공사를 착공하려는 사업주(제1항 각 호 외의 부분 단서에 따른 사업주는 제외한다)는 유해위험방지계획서를 작성할 때 건설안전 분야의 자격 등 고용노동부령으로 정하는 자격을 갖춘 자의 의견을 들어야 한다.
③ 제1항에도 불구하고 사업주가 제44조 제1항에 따라 공정안전보고서를 고용노동부장관에게 제출한 경우에는 해당 유해·위험설비에 대해서는 유해위험방지계획서를 제출한 것으로 본다.
④ 고용노동부장관은 제1항 각 호 외의 부분 본문에 따라 제출된 유해위험방지계획서를 고용노동부령으로 정하는 바에 따라 심사하여 그 결과를 사업주에게 서면으로 알려 주어야 한다. 이 경우 근로자의 안전 및 보건의 유지·증진을 위하여 필요하다고 인정하는 경우에는 해당 작업 또는 건설공사를 중지하거나 유해위험방지계획서를 변경할 것을 명할 수 있다.
⑤ 제1항에 따른 사업주는 같은 항 각 호 외의 부분 단서에 따라 스스로 심사하거나 제4항에 따라 고용노동부장관이 심사한 유해위험방지계획서와 그 심사결과서를 사업장에 갖추어 두어야 한다.

⑥ 제1항 제3호에 따른 건설공사를 착공하려는 사업주로서 제5항에 따라 유해위험방지계획서 및 그 심사결과서를 사업장에 갖추어 둔 사업주는 해당 건설공사의 공법의 변경 등으로 인하여 그 유해위험방지계획서를 변경할 필요가 있는 경우에는 이를 변경하여 갖추어 두어야 한다.

② 제출서류 등〈규칙 42조〉

① 법 제42조 제1항 제1호에 해당하는 사업주가 유해위험방지계획서를 제출할 때에는 사업장별로 별지 제16호서식의 제조업 등 유해위험방지계획서에 다음 각 호의 서류를 첨부하여 해당 작업 시작 15일 전까지 공단에 2부를 제출해야 한다. 이 경우 유해위험방지계획서의 작성기준, 작성자, 심사기준, 그 밖에 심사에 필요한 사항은 고용노동부장관이 정하여 고시한다.
  1. 건축물 각 층의 평면도
  2. 기계·설비의 개요를 나타내는 서류
  3. 기계·설비의 배치도면
  4. 원재료 및 제품의 취급, 제조 등의 작업방법의 개요
  5. 그 밖에 고용노동부장관이 정하는 도면 및 서류

② 법 제42조 제1항 제2호에 해당하는 사업주가 유해위험방지계획서를 제출할 때에는 사업장별로 별지 제16호서식의 제조업 등 유해위험방지계획서에 다음 각 호의 서류를 첨부하여 해당 작업 시작 15일 전까지 공단에 2부를 제출해야 한다.
  1. 설치장소의 개요를 나타내는 서류
  2. 설비의 도면
  3. 그 밖에 고용노동부장관이 정하는 도면 및 서류

③ 법 제42조 제1항 제3호에 해당하는 사업주가 유해위험방지계획서를 제출할 때에는 별지 제17호서식의 건설공사 유해위험방지계획서에 별표 10의 서류를 첨부하여 해당 공사의 착공(유해위험방지계획서 작성 대상 시설물 또는 구조물의 공사를 시작하는 것을 말하며, 대지 정리 및 가설사무소 설치 등의 공사 준비기간은 착공으로 보지 않는다) 전날까지 공단에 2부를 제출해야 한다. 이 경우 해당 공사가 「건설기술 진흥법」 제62조에 따른 안전관리계획을 수립해야 하는 건설공사에 해당하는 경우에는 유해위험방지계획서와 안전관리계획서를 통합하여 작성한 서류를 제출할 수 있다.

④ 같은 사업장 내에서 영 제42조 제3항 각 호에 따른 공사의 착공시기를 달리하는 사업의 사업주는 해당 공사별 또는 해당 공사의 단위작업공사 종류별로 유해위험방

지계획서를 분리하여 각각 제출할 수 있다. 이 경우 이미 제출한 유해위험방지계획서의 첨부서류와 중복되는 서류는 제출하지 않을 수 있다.
⑤ 법 제42조 제1항 단서에서 "산업재해발생률 등을 고려하여 고용노동부령으로 정하는 기준에 해당하는 사업주"란 별표 11의 기준에 적합한 건설업체(이하 "자체심사 및 확인업체"라 한다)의 사업주를 말한다.
⑥ 자체심사 및 확인업체는 별표 11의 자체심사 및 확인방법에 따라 유해위험방지계획서를 스스로 심사하여 해당 공사의 착공 전날까지 별지 제18호서식의 유해위험방지계획서 자체심사서를 공단에 제출해야 한다. 이 경우 공단은 필요한 경우 자체심사 및 확인업체의 자체심사에 관하여 지도·조언할 수 있다.

3 이행의 확인 〈법 43조〉

① 제42조 제4항에 따라 유해위험방지계획서에 대한 심사를 받은 사업주는 고용노동부령으로 정하는 바에 따라 유해위험방지계획서의 이행에 관하여 고용노동부장관의 확인을 받아야 한다.
② 제42조 제1항 각 호 외의 부분 단서에 따른 사업주는 고용노동부령으로 정하는 바에 따라 유해위험방지계획서의 이행에 관하여 스스로 확인하여야 한다. 다만, 해당 건설공사 중에 근로자가 사망(교통사고 등 고용노동부령으로 정하는 경우는 제외한다)한 경우에는 고용노동부령으로 정하는 바에 따라 유해위험방지계획서의 이행에 관하여 고용노동부장관의 확인을 받아야 한다.
③ 고용노동부장관은 제1항 및 제2항 단서에 따른 확인 결과 유해위험방지계획서대로 유해·위험방지를 위한 조치가 되지 아니하는 경우에는 고용노동부령으로 정하는 바에 따라 시설 등의 개선, 사용중지 또는 작업중지 등 필요한 조치를 명할 수 있다.
④ 제3항에 따른 시설 등의 개선, 사용중지 또는 작업중지 등의 절차 및 방법, 그 밖에 필요한 사항은 고용노동부령으로 정한다.

4 유해위험방지계획서의 건설안전분야 자격 등 〈규칙 43조〉

법 제42조 제2항에서 "건설안전 분야의 자격 등 고용노동부령으로 정하는 자격을 갖춘 자"란 다음 각 호의 어느 하나에 해당하는 사람을 말한다.
1. 건설안전 분야 산업안전지도사
2. 건설안전기술사 또는 토목·건축 분야 기술사
3. 건설안전산업기사 이상의 자격을 취득한 후 건설안전 관련 실무경력이 건설안전기사 이상의 자격은 5년, 건설안전산업기사 자격은 7년 이상인 사람

5 대통령령으로 정하는 크기, 높이 등에 해당하는 건설공사〈영 42조〉

법 제42조 제1항 제3호에서 "대통령령으로 정하는 크기, 높이 등에 해당하는 건설공사"란 다음 각 호의 어느 하나에 해당하는 공사를 말한다.

1. 다음 각 목의 어느 하나에 해당하는 건축물 또는 시설 등의 건설·개조 또는 해체(이하 "건설 등"이라 한다) 공사
   가. 지상높이가 31미터 이상인 건축물 또는 인공구조물
   나. 연면적 3만 제곱미터 이상인 건축물
   다. 연면적 5천 제곱미터 이상인 시설로서 다음의 어느 하나에 해당하는 시설
      1) 문화 및 집회시설(전시장 및 동물원·식물원은 제외한다)
      2) 판매시설, 운수시설(고속철도의 역사 및 집배송시설은 제외한다)
      3) 종교시설
      4) 의료시설 중 종합병원
      5) 숙박시설 중 관광숙박시설
      6) 지하도상가
      7) 냉동·냉장 창고시설
2. 연면적 5천 제곱미터 이상인 냉동·냉장 창고시설의 설비공사 및 단열공사
3. 최대 지간(支間)길이(다리의 기둥과 기둥의 중심 사이의 거리)가 50미터 이상인 다리의 건설 등 공사
4. 터널의 건설 등 공사
5. 다목적댐, 발전용댐, 저수용량 2천만 톤 이상의 용수 전용 댐 및 지방상수도 전용 댐의 건설 등 공사
6. 깊이 10미터 이상인 굴착공사

6 첨부서류

■ 산업안전보건법 시행규칙 [별표 10]

유해위험방지계획서 첨부서류(제42조 제3항 관련)

1. **공사 개요 및 안전보건관리계획**
   가. 공사 개요서(별지 제101호서식)
   나. 공사현장의 주변 현황 및 주변과의 관계를 나타내는 도면(매설물 현황을 포함한다)
   다. 전체 공정표
   라. 산업안전보건관리비 사용계획서(별지 제102호서식)
   마. 안전관리 조직표
   바. 재해 발생 위험 시 연락 및 대피방법

2. **작업 공사 종류별 유해위험방지계획**

대상 공사	작업 공사 종류	주요 작성대상	첨부 서류
영 제42조 제3항 제1호에 따른 건축물 또는 시설 등의 건설·개조 또는 해체(이하 "건설 등"이라 한다) 공사	1. 가설공사 2. 구조물공사 3. 마감공사 4. 기계 설비공사 5. 해체공사	가. 비계 조립 및 해체 작업(외부비계 및 높이 3미터 이상 내부비계만 해당한다) 나. 높이 4미터를 초과하는 거푸집·동바리[동바리가 없는 공법(무지주공법으로 데크플레이트, 호리빔 등)과 옹벽 등 벽체를 포함한다] 조립 및 해체작업 또는 비탈면 슬래브(판 형상의 구조부재로서 구조물의 바닥이나 천장)의 거푸집·동바리 조립 및 해체 작업 다. 작업발판 일체형 거푸집 조립 및 해체 작업 라. 철골 및 PC(Precast Concrete) 조립 작업 마. 양중기 설치·연장·해체 작업 및 천공·항타 작업 바. 밀폐공간 내 작업 사. 해체 작업 아. 우레탄폼 등 단열재 작업[취급장소와 인접한 장소에서 이루어지는 화기(火器) 작업을 포함한다] 자. 같은 장소(출입구를 공동으로 이용하는 장소를 말한다)에서 둘 이상의 공정이 동시에 진행되는 작업	1. 해당 작업공사 종류별 작업개요 및 재해예방 계획 2. 위험물질의 종류별 사용량과 저장·보관 및 사용 시의 안전작업계획 [비고] 1. 바목의 작업에 대한 유해위험방지계획에는 질식·화재 및 폭발 예방 계획이 포함되어야 한다. 2. 각 목의 작업과정에서 통풍이나 환기가 충분하지 않거나 가연성 물질이 있는 건축물 내부나 설비 내부에서 단열재 취급·용접·용단 등과 같은 화기작업이 포함되어 있는 경우에는 세부계획이 포함되어야 한다.

대상 공사	작업 공사 종류	주요 작성대상	첨부 서류
영 제42조 제3항 제2호에 따른 냉동·냉장창고시설의 설비공사 및 단열공사	1. 가설공사 2. 단열공사 3. 기계 설비공사	가. 밀폐공간 내 작업 나. 우레탄폼 등 단열재 작업(취급장소와 인접한 곳에서 이루어지는 화기 작업을 포함한다) 다. 설비 작업 라. 같은 장소(출입구를 공동으로 이용하는 장소를 말한다)에서 둘 이상의 공정이 동시에 진행되는 작업	1. 해당 작업공사 종류별 작업개요 및 재해예방계획 2. 위험물질의 종류별 사용량과 저장·보관 및 사용 시의 안전작업계획 [비고] 1. 가목의 작업에 대한 유해위험방지계획에는 질식·화재 및 폭발 예방계획이 포함되어야 한다. 2. 각목의 작업과정에서 통풍이나 환기가 충분하지 않거나 가연성 물질이 있는 건축물 내부나 설비 내부에서 단열재 취급·용접·용단 등과 같은 화기작업이 포함되어 있는 경우에는 세부계획이 포함되어야 한다.

영 제42조 제3항 제3호에 따른 다리 건설 등의 공사	1. 가설공사
	2. 다리 하부(하부공) 공사
	3. 다리 상부(상부공) 공사
		가. 하부공 작업
		  1) 작업발판 일체형 거푸집 조립 및 해체 작업
		  2) 양중기 설치·연장·해체 작업 및 천공·항타 작업
		  3) 교대·교각 기초 및 벽체 철근 조립 작업
		  4) 해상·하상 굴착 및 기초 작업
		나. 상부공 작업
		  1) 상부공 가설작업
		  [압출공법(ILM), 캔틸레버공법(FCM), 동바리설치공법(FSM), 이동지보공법(MSS), 프리캐스트 세그먼트 가설공법(PSM) 등을 포함한다]
		  2) 양중기 설치·연장·해체 작업
		  3) 상부슬래브 거푸집·동바리 조립 및 해체(특수작업대를 포함한다) 작업
			1. 해당 작업공사 종류별 작업개요 및 재해예방계획
			2. 위험물질의 종류별 사용량과 저장·보관 및 사용 시의 안전작업계획

대상 공사	작업 공사 종류	주요 작성대상	첨부 서류

영 제42조 제3항 제4호에 따른 터널 건설 등의 공사	1. 가설공사
	2. 굴착 및 발파공사
	3. 구조물공사
		가. 터널굴진(掘進)공법(NATM)
		  1) 굴진(갱구부, 본선, 수직갱, 수직구 등을 말한다) 및 막장 내 붕괴·낙석방지 계획
		  2) 화약 취급 및 발파 작업
		  3) 환기 작업
		  4) 작업대(굴진, 방수, 철근, 콘크리트 타설을 포함한다) 사용 작업
		나. 기타 터널공법
		  [(TBM)공법, 실드(Shield)공법, 추진(Front Jacking)공법, 침매공법 등을 포함한다]
		  1) 환기 작업
		  2) 막장 내 기계·설비 유지·보수 작업
			1. 해당 작업공사 종류별 작업개요 및 재해예방계획
			2. 위험물질의 종류별 사용량과 저장·보관 및 사용 시의 안전작업계획
			[비고]
			1. 나목의 작업에 대한 유해위험방지계획에는 굴진(갱구부, 본선, 수직갱, 수직구 등을 말한다) 및 막장 내 붕괴·낙석 방지 계획이 포함되어야 한다.

영 제42조 제3항 제5호에 따른 댐 건설 등의 공사	1. 가설공사
	2. 굴착 및 발파공사
	3. 댐 축조공사
		가. 굴착 및 발파 작업
		나. 댐 축조[가(假)체절 작업을 포함한다] 작업
		  1) 기초처리 작업
		  2) 둑 비탈면 처리 작업
		  3) 본체 축조 관련 장비 작업(흙쌓기 및 다짐만 해당한다)
		  4) 작업발판 일체형 거푸집 조립 및 해체 작업(콘크리트 댐만 해당한다)
			1. 해당 작업공사 종류별 작업개요 및 재해예방계획
			2. 위험물질의 종류별 사용량과 저장·보관 및 사용 시의 안전작업계획

영 제42조 제3항 제6호에 따른 굴착공사	1. 가설공사 2. 굴착 및 발파공사 3. 흙막이 지보공(支保工) 공사	가. 흙막이 가시설 조립 및 해체 작업(복공작업을 포함한다) 나. 굴착 및 발파 작업 다. 양중기 설치·연장·해체 작업 및 천공·항타 작업	1. 해당 작업공사 종류별 작업개요 및 재해예방계획 2. 위험물질의 종류별 사용량과 저장·보관 및 사용 시의 안전작업계획

[비고] 작업 공사 종류란의 공사에서 이루어지는 작업으로서 주요 작성대상란에 포함되지 않은 작업에 대해서도 유해위험방지계획서를 작성하고, 첨부서류란의 해당 서류를 첨부해야 한다.

7 계획서의 검토 〈규칙 44조〉

① 공단은 제42조에 따른 유해위험방지계획서 및 그 첨부서류를 접수한 경우에는 접수일부터 15일 이내에 심사하여 사업주에게 그 결과를 알려야 한다. 다만, 제42조 제6항에 따라 자체심사 및 확인업체가 유해위험방지계획서 자체심사서를 제출한 경우에는 심사를 하지 않을 수 있다.
② 공단은 제1항에 따른 유해위험방지계획서 심사 시 관련 분야의 학식과 경험이 풍부한 사람을 심사위원으로 위촉하여 해당 분야의 심사에 참여하게 할 수 있다.
③ 공단은 유해위험방지계획서 심사에 참여한 위원에게 수당과 여비를 지급할 수 있다. 다만, 소관 업무와 직접 관련되어 참여한 위원의 경우에는 그렇지 않다.
④ 고용노동부장관이 정하는 건설물·기계·기구 및 설비 또는 건설공사의 경우에는 법 제145조에 따라 등록된 지도사에게 유해위험방지계획서에 대한 평가를 받은 후 별지 제19호서식에 따라 그 결과를 제출할 수 있다. 이 경우 공단은 제출된 평가 결과가 고용노동부장관이 정하는 대상에 대하여 고용노동부장관이 정하는 요건을 갖춘 지도사가 평가한 것으로 인정되면 해당 평가결과서로 유해위험방지계획서의 심사를 갈음할 수 있다.
⑤ 건설공사의 경우 제4항에 따른 유해위험방지계획서에 대한 평가는 같은 건설공사에 대하여 법 제42조 제2항에 따라 의견을 제시한 자가 해서는 안 된다.

8 심사결과의 구분 〈규칙 45조〉

① 공단은 유해위험방지계획서의 심사 결과를 다음 각 호와 같이 구분·판정한다.
　1. 적정 : 근로자의 안전과 보건을 위하여 필요한 조치가 구체적으로 확보되었다고 인정되는 경우
　2. 조건부 적정 : 근로자의 안전과 보건을 확보하기 위하여 일부 개선이 필요하다고 인정되는 경우
　3. 부적정 : 건설물·기계·기구 및 설비 또는 건설공사가 심사기준에 위반되어 공사착공 시 중대한 위험이 발생할 우려가 있거나 해당 계획에 근본적 결함이 있다고 인정되는 경우
② 공단은 심사 결과 적정판정 또는 조건부 적정판정을 한 경우에는 별지 제20호서식의 유해위험방지계획서 심사 결과 통지서에 보완사항을 포함(조건부 적정판정을 한 경우만 해당한다)하여 해당 사업주에게 발급하고 지방고용노동관서의 장에게 보고해야 한다.
③ 공단은 심사 결과 부적정판정을 한 경우에는 지체 없이 별지 제21호서식의 유해위험

방지계획서 심사 결과(부적정) 통지서에 그 이유를 기재하여 지방고용노동관서의 장에게 통보하고 사업장 소재지 특별자치시장·특별자치도지사·시장·군수·구청장(구청장은 자치구의 구청장을 말한다. 이하 같다)에게 그 사실을 통보해야 한다.
④ 제3항에 따른 통보를 받은 지방고용노동관서의 장은 사실 여부를 확인한 후 공사착공중지명령, 계획변경명령 등 필요한 조치를 해야 한다.
⑤ 사업주는 지방고용노동관서의 장으로부터 공사착공중지명령 또는 계획변경명령을 받은 경우에는 유해위험방지계획서를 보완하거나 변경하여 공단에 제출해야 한다.

9 확인 〈규칙 46조〉

① 법 제42조 제1항 제1호 및 제2호에 따라 유해위험방지계획서를 제출한 사업주는 해당 건설물·기계·기구 및 설비의 시운전단계에서, 법 제42조 제1항 제3호에 따른 사업주는 건설공사 중 6개월 이내마다 법 제43조 제1항에 따라 다음 각 호의 사항에 관하여 공단의 확인을 받아야 한다.
  1. 유해위험방지계획서의 내용과 실제공사 내용이 부합하는지 여부
  2. 법 제42조 제6항에 따른 유해위험방지계획서 변경내용의 적정성
  3. 추가적인 유해·위험요인의 존재 여부
② 공단은 제1항에 따른 확인을 할 경우에는 그 일정을 사업주에게 미리 통보해야 한다.
③ 제44조 제4항에 따른 건설물·기계·기구 및 설비 또는 건설공사의 경우 사업주가 고용노동부장관이 정하는 요건을 갖춘 지도사에게 확인을 받고 별지 제22호서식에 따라 그 결과를 공단에 제출하면 공단은 제1항에 따른 확인에 필요한 현장방문을 지도사의 확인결과로 대체할 수 있다. 다만, 건설업의 경우 최근 2년간 사망재해(별표 1 제3호라목에 따른 재해는 제외한다)가 발생한 경우에는 그렇지 않다.
④ 제3항에 따른 유해위험방지계획서에 대한 확인은 제44조 제4항에 따라 평가를 한 자가 해서는 안 된다.

10 자체심사 및 확인업체의 확인 〈규칙 47조〉

① 자체심사 및 확인업체의 사업주는 별표 11에 따라 해당 공사 준공 시까지 6개월 이내마다 제46조 제1항 각 호의 사항에 관하여 자체확인을 해야 하며, 공단은 필요한 경우 해당 자체확인에 관하여 지도·조언할 수 있다. 다만, 그 공사 중 사망재해(별표 1 제3호 라목에 따른 재해는 제외한다)가 발생한 경우에는 제46조 제1항에 따른 공단의 확인을 받아야 한다.
② 공단은 제1항에 따른 확인을 할 경우에는 그 일정을 사업주에게 미리 통보해야 한다.

🔟 확인 결과의 조치 〈규칙 48조〉

① 공단은 제46조 및 제47조에 따른 확인 결과 해당 사업장의 유해·위험의 방지상태가 적정하다고 판단되는 경우에는 5일 이내에 별지 제23호서식의 확인 결과 통지서를 사업주에게 발급해야 하며, 확인결과 경미한 유해·위험요인이 발견된 경우에는 일정한 기간을 정하여 개선하도록 권고하되, 해당 기간 내에 개선되지 않은 경우에는 기간 만료일부터 10일 이내에 별지 제24호서식의 확인결과 조치 요청서에 그 이유를 적은 서면을 첨부하여 지방고용노동관서의 장에게 보고해야 한다.

② 공단은 확인 결과 중대한 유해·위험요인이 있어 법 제43조 제3항에 따라 시설 등의 개선, 사용중지 또는 작업중지 등의 조치가 필요하다고 인정되는 경우에는 지체 없이 별지 제24호서식의 확인결과 조치 요청서에 그 이유를 적은 서면을 첨부하여 지방고용노동관서의 장에게 보고해야 한다.

③ 제1항 또는 제2항에 따른 보고를 받은 지방고용노동관서의 장은 사실 여부를 확인한 후 필요한 조치를 해야 한다.

16 공정안전보고서

1 작성·제출 〈법 44조〉

① 사업주는 사업장에 대통령령으로 정하는 유해하거나 위험한 설비가 있는 경우 그 설비로부터의 위험물질 누출, 화재 및 폭발 등으로 인하여 사업장 내의 근로자에게 즉시 피해를 주거나 사업장 인근 지역에 피해를 줄 수 있는 사고로서 대통령령으로 정하는 사고(이하 "중대산업사고"라 한다)를 예방하기 위하여 대통령령으로 정하는 바에 따라 공정안전보고서를 작성하고 고용노동부장관에게 제출하여 심사를 받아야 한다. 이 경우 공정안전보고서의 내용이 중대산업사고를 예방하기 위하여 적합하다고 통보받기 전에는 관련된 유해하거나 위험한 설비를 가동해서는 아니 된다.

② 사업주는 제1항에 따라 공정안전보고서를 작성할 때 산업안전보건위원회의 심의를 거쳐야 한다. 다만, 산업안전보건위원회가 설치되어 있지 아니한 사업장의 경우에는 근로자대표의 의견을 들어야 한다.

2 제출 대상 〈영 43조〉

① 법 제44조 제1항 전단에서 "대통령령으로 정하는 유해하거나 위험한 설비"란 다음 각 호의 어느 하나에 해당하는 사업을 하는 사업장의 경우에는 그 보유설비를 말하고, 그 외의 사업을 하는 사업장의 경우에는 별표 13에 따른 유해·위험물질 중 하나 이상의 물질을 같은 표에 따른 규정량 이상 제조·취급·저장하는 설비 및 그 설비의 운영과 관련된 모든 공정설비를 말한다.

1. 원유 정제처리업
2. 기타 석유정제물 재처리업
3. 석유화학계 기초화학물질 제조업 또는 합성수지 및 기타 플라스틱물질 제조업. 다만, 합성수지 및 기타 플라스틱물질 제조업은 별표 13 제1호 또는 제2호에 해당하는 경우로 한정한다.
4. 질소 화합물, 질소·인산 및 칼리질 화학비료 제조업 중 질소질 비료 제조
5. 복합비료 및 기타 화학비료 제조업 중 복합비료 제조(단순혼합 또는 배합에 의한 경우는 제외한다)
6. 화학 살균·살충제 및 농업용 약제 제조업[농약 원제(原劑) 제조만 해당한다]
7. 화약 및 불꽃제품 제조업

② 제1항에도 불구하고 다음 각 호의 설비는 유해하거나 위험한 설비로 보지 않는다.
  1. 원자력 설비
  2. 군사시설
  3. 사업주가 해당 사업장 내에서 직접 사용하기 위한 난방용 연료의 저장설비 및 사용설비
  4. 도매·소매시설
  5. 차량 등의 운송설비
  6. 「액화석유가스의 안전관리 및 사업법」에 따른 액화석유가스의 충전·저장시설
  7. 「도시가스사업법」에 따른 가스공급시설
  8. 그 밖에 고용노동부장관이 누출·화재·폭발 등의 사고가 있더라도 그에 따른 피해의 정도가 크지 않다고 인정하여 고시하는 설비
③ 법 제44조 제1항 전단에서 "대통령령으로 정하는 사고"란 다음 각 호의 어느 하나에 해당하는 사고를 말한다.
  1. 근로자가 사망하거나 부상을 입을 수 있는 제1항에 따른 설비(제2항에 따른 설비는 제외한다. 이하 제2호에서 같다)에서의 누출·화재·폭발 사고
  2. 인근 지역의 주민이 인적 피해를 입을 수 있는 제1항에 따른 설비에서의 누출·화재·폭발 사고

❸ 내용〈영 44조〉

① 법 제44조 제1항 전단에 따른 공정안전보고서에는 다음 각 호의 사항이 포함되어야 한다.
  1. 공정안전자료
  2. 공정위험성평가서
  3. 안전운전계획
  4. 비상조치계획
  5. 그 밖에 공정상의 안전과 관련하여 고용노동부장관이 필요하다고 인정하여 고시하는 사항
② 제1항 제1호부터 제4호까지의 규정에 따른 사항에 관한 세부 내용은 고용노동부령으로 정한다.

공정안전보고서의 제출〈영 45조〉

① 사업주는 제43조에 따른 유해하거나 위험한 설비를 설치(기존 설비의 제조·취급·저장 물질이 변경되거나 제조량·취급량·저장량이 증가하여 별표 13에 따른 유해·위험물질 규정량에 해당하게 된 경우를 포함한다)·이전하거나 고용노동부장관이 정하는 주요 구조부분을 변경할 때에는 고용노동부령으로 정하는 바에 따라 법 제44조 제1항 전단에 따른 공정안전보고서를 작성하여 고용노동부장관에게 제출해야 한다. 이 경우 「화학물질관리법」에 따라 사업주가 환경부장관에게 제출해야 하는 같은 법 제23조에 따른 화학사고예방관리계획서의 내용이 제44조에 따라 공정안전보고서에 포함시켜야 할 사항에 해당하는 경우에는 그 해당 부분에 대한 작성·제출을 같은 법 제23조에 따른 화학사고예방관리계획서 사본의 제출로 갈음할 수 있다.

② 제1항 전단에도 불구하고 사업주가 제출해야 할 공정안전보고서가 「고압가스 안전관리법」 제2조에 따른 고압가스를 사용하는 단위공정 설비에 관한 것인 경우로서 해당 사업주가 같은 법 제11조에 따른 안전관리규정과 같은 법 제13조의2에 따른 안전성향상계획을 작성하여 공단 및 같은 법 제28조에 따른 한국가스안전공사가 공동으로 검토·작성한 의견서를 첨부하여 허가 관청에 제출한 경우에는 해당 단위공정 설비에 관한 공정안전보고서를 제출한 것으로 본다.

4 심사〈법 45조〉

① 고용노동부장관은 공정안전보고서를 고용노동부령으로 정하는 바에 따라 심사하여 그 결과를 사업주에게 서면으로 알려 주어야 한다. 이 경우 근로자의 안전 및 보건의 유지·증진을 위하여 필요하다고 인정하는 경우에는 그 공정안전보고서의 변경을 명할 수 있다.

② 사업주는 제1항에 따라 심사를 받은 공정안전보고서를 사업장에 갖추어 두어야 한다.

5 이행〈법 46조〉

① 사업주와 근로자는 제45조 제1항에 따라 심사를 받은 공정안전보고서(이 조 제3항에 따라 보완한 공정안전보고서를 포함한다)의 내용을 지켜야 한다.

② 사업주는 제45조 제1항에 따라 심사를 받은 공정안전보고서의 내용을 실제로 이행하고 있는지 여부에 대하여 고용노동부령으로 정하는 바에 따라 고용노동부장관의 확인을 받아야 한다.

③ 사업주는 제45조 제1항에 따라 심사를 받은 공정안전보고서의 내용을 변경하여야 할 사유가 발생한 경우에는 지체 없이 그 내용을 보완하여야 한다.

④ 고용노동부장관은 고용노동부령으로 정하는 바에 따라 공정안전보고서의 이행 상태를 정기적으로 평가할 수 있다.

⑤ 고용노동부장관은 제4항에 따른 평가 결과 제3항에 따른 보완 상태가 불량한 사업장의 사업주에게는 공정안전보고서의 변경을 명할 수 있으며, 이에 따르지 아니하는 경우 공정안전보고서를 다시 제출하도록 명할 수 있다.

17 안전보건진단

1 안전보건진단 〈법 47조〉

① 고용노동부장관은 추락·붕괴, 화재·폭발, 유해하거나 위험한 물질의 누출 등 산업재해 발생의 위험이 현저히 높은 사업장의 사업주에게 제48조에 따라 지정받은 기관(이하 "안전보건진단기관"이라 한다)이 실시하는 안전보건진단을 받을 것을 명할 수 있다.

② 사업주는 제1항에 따라 안전보건진단 명령을 받은 경우 고용노동부령으로 정하는 바에 따라 안전보건진단기관에 안전보건진단을 의뢰하여야 한다.

③ 사업주는 안전보건진단기관이 제2항에 따라 실시하는 안전보건진단에 적극 협조하여야 하며, 정당한 사유 없이 이를 거부하거나 방해 또는 기피해서는 아니 된다. 이 경우 근로자대표가 요구할 때에는 해당 안전보건진단에 근로자대표를 참여시켜야 한다.

④ 안전보건진단기관은 제2항에 따라 안전보건진단을 실시한 경우에는 안전보건진단 결과보고서를 고용노동부령으로 정하는 바에 따라 해당 사업장의 사업주 및 고용노동부장관에게 제출하여야 한다.

⑤ 안전보건진단의 종류 및 내용, 안전보건진단 결과보고서에 포함될 사항, 그 밖에 필요한 사항은 대통령령으로 정한다.

2 안전보건진단 의뢰 〈규칙 56조〉

법 제47조 제2항에 따라 안전보건진단 명령을 받은 사업주는 15일 이내에 안전보건진단기관에 안전보건진단을 의뢰해야 한다.

3 안전보건진단 결과의 보고 〈규칙 57조〉

법 제47조 제2항에 따른 안전보건진단을 실시한 안전보건진단기관은 영 별표 14의 진단내용에 해당하는 사항에 대한 조사·평가 및 측정 결과와 그 개선방법이 포함된 보고서를 진단을 의뢰받은 날로부터 30일 이내에 해당 사업장의 사업주 및 관할 지방고용노동관서의 장에게 제출(전자문서로 제출하는 것을 포함한다)해야 한다.

4 안전보건진단기관〈법 48조〉

① 안전보건진단기관이 되려는 자는 대통령령으로 정하는 인력·시설 및 장비 등의 요건을 갖추어 고용노동부장관의 지정을 받아야 한다.
② 고용노동부장관은 안전보건진단기관에 대하여 평가하고 그 결과를 공개할 수 있다. 이 경우 평가의 기준·방법 및 결과의 공개에 필요한 사항은 고용노동부령으로 정한다.
③ 안전보건진단기관의 지정 절차, 그 밖에 필요한 사항은 고용노동부령으로 정한다.
④ 안전보건진단기관에 관하여는 제21조 제4항 및 제5항을 준용한다. 이 경우 "안전관리전문기관 또는 보건관리전문기관"은 "안전보건진단기관"으로 본다.

5 안전보건진단기관의 지정 요건〈영 47조〉

법 제48조 제1항에 따라 안전보건진단기관으로 지정받으려는 자는 법인으로서 제46조 제1항 및 별표 14에 따른 안전보건진단 종류별로 종합진단기관은 별표 15, 안전진단기관은 별표 16, 보건진단기관은 별표 17에 따른 인력·시설 및 장비 등의 요건을 각각 갖추어야 한다.

■ 산업안전보건법 시행령 [별표 14]

안전보건진단의 종류 및 내용(제46조 제1항 관련)

종류	진단내용
종합진단	1. 경영·관리적 사항에 대한 평가 　가. 산업재해 예방계획의 적정성 　나. 안전·보건 관리조직과 그 직무의 적정성 　다. 산업안전보건위원회 설치·운영, 명예산업안전감독관의 역할 등 근로자의 참여 정도 　라. 안전보건관리규정 내용의 적정성 2. 산업재해 또는 사고의 발생 원인(산업재해 또는 사고가 발생한 경우만 해당한다) 3. 작업조건 및 작업방법에 대한 평가 4. 유해·위험요인에 대한 측정 및 분석 　가. 기계·기구 또는 그 밖의 설비에 의한 위험성 　나. 폭발성·물반응성·자기반응성·자기발열성 물질, 자연발화성 액체·고체 및 인화성 액체 등에 의한 위험성 　다. 전기·열 또는 그 밖의 에너지에 의한 위험성 　라. 추락, 붕괴, 낙하, 비래(飛來) 등으로 인한 위험성 　마. 그 밖에 기계·기구·설비·장치·구축물·시설물·원재료 및 공정 등에 의한 위험성

종류	진단내용
종합진단	바. 법 제118조 제1항에 따른 허가대상물질, 고용노동부령으로 정하는 관리대상 유해물질 및 온도·습도·환기·소음·진동·분진, 유해광선 등의 유해성 또는 위험성 5. 보호구, 안전·보건장비 및 작업환경 개선시설의 적정성 6. 유해물질의 사용·보관·저장, 물질안전보건자료의 작성, 근로자 교육 및 경고표시 부착의 적정성 7. 그 밖에 작업환경 및 근로자 건강 유지·증진 등 보건관리의 개선을 위하여 필요한 사항
안전진단	종합진단 내용 중 제2호·제3호, 제4호 가목부터 마목까지 및 제5호 중 안전 관련 사항
보건진단	종합진단 내용 중 제2호·제3호, 제4호 바목, 제5호 중 보건 관련 사항, 제6호 및 제7호

■ 산업안전보건법 시행령 [별표 15]

종합진단기관의 인력·시설 및 장비 등의 기준(제47조 관련)

1. 인력기준

안전 분야	보건 분야
다음 각 목에 해당하는 전담 인력 보유 가. 기계안전·화공안전·전기안전 분야의 산업안전지도사 또는 안전기술사 1명 이상 나. 건설안전 분야의 산업안전지도사 또는 건설안전기술사 1명 이상 다. 산업안전기사 이상의 자격을 취득한 사람 2명 이상 라. 기계기사 이상의 자격을 취득한 사람 1명 이상 마. 전기기사 이상의 자격을 취득한 사람 1명 이상 바. 화공기사 이상의 자격을 취득한 사람 1명 이상 사. 건설안전기사 이상의 자격을 취득한 사람 1명 이상	다음 각 목에 해당하는 전담 인력 보유 가. 의사(별표 30 제1호의 특수건강진단기관의 인력기준에 해당하는 사람)·산업보건지도사 또는 산업위생관리기술사 1명 이상 나. 분석전문가(고등교육법에 따른 대학에서 화학, 화공학, 약학 또는 산업보건학 관련 학위를 취득한 사람 또는 이와 같은 수준 이상의 학력을 가진 사람) 2명 이상 다. 산업위생관리기사(산업위생관리기사 이상의 자격을 취득한 사람 또는 산업위생관리산업기사 이상의 자격을 취득한 사람 각 1명 이상) 2명 이상

2. 시설기준
    가. 안전 분야 : 사무실 및 장비실
    나. 보건 분야 : 작업환경상담실, 작업환경측정 준비 및 분석실험실

3. 장비기준
    가. 안전 분야 : 별표 16 제2호에 따라 일반안전진단기관이 갖추어야 할 장비
    나. 보건 분야 : 별표 17 제3호에 따라 보건진단기관이 갖추어야 할 장비

4. 장비의 공동활용
    별표 17 제3호 아목부터 러목까지의 규정에 해당하는 장비는 해당 기관이 법 제126조에 따른 작업환경측정기관 또는 법 제135조에 따른 특수건강진단기관으로 지정을 받으려 하거나 지정을 받아 같은 장비를 보유하고 있는 경우에는 분석 능력 등을 고려하여 이를 공동으로 활용할 수 있다.

6 안전보건진단기관의 평가 등〈규칙 58조〉

① 법 제48조 제2항에 따른 안전보건진단기관 평가의 기준은 다음 각 호와 같다.
  1. 인력·시설 및 장비의 보유 수준과 그에 대한 관리능력
  2. 유해위험요인의 평가·분석 충실성 등 안전보건진단 업무 수행능력
  3. 안전보건진단 대상 사업장의 만족도
② 법 제48조 제2항에 따른 안전보건진단기관 평가의 방법 및 평가 결과의 공개에 관하여는 제17조 제2항부터 제8항까지의 규정을 준용한다. 이 경우 "안전관리전문기관 또는 보건관리전문기관"은 "안전보건진단기관"으로 본다.

7 안전보건진단기관의 지정신청 등〈규칙 59조〉

① 안전보건진단기관으로 지정받으려는 자는 법 제48조 제3항에 따라 별지 제6호서식의 안전보건진단기관 지정신청서에 다음 각 호의 서류를 첨부하여 지방고용노동청장에게 제출(전자문서로 제출하는 것을 포함한다)해야 한다.
  1. 정관
  2. 영 별표 15, 별표 16 및 별표 17에 따른 인력기준에 해당하는 사람의 자격과 채용을 증명할 수 있는 자격증(국가기술자격증은 제외한다), 경력증명서 및 재직증명서 등의 서류
  3. 건물임대차계약서 사본이나 그 밖에 사무실의 보유를 증명할 수 있는 서류와 시설·장비 명세서
  4. 최초 1년간의 안전보건진단사업계획서
② 제1항에 따라 신청서를 제출받은 지방고용노동청장은 「전자정부법」 제36조 제1항에 따른 행정정보의 공동이용을 통하여 법인등기사항증명서 및 국가기술자격증을 확인해야 하며, 신청인이 국가기술자격증의 확인에 동의하지 않는 경우에는 그 사본을 첨부하도록 해야 한다.
③ 안전보건진단기관에 대한 지정서의 발급, 지정받은 사항의 변경, 지정서의 반납 등에 관하여는 제16조 제3항부터 제6항까지의 규정을 준용한다. 이 경우 "안전관리전문기관 또는 보건관리전문기관"은 "안전보건진단기관"으로, "고용노동부장관 또는 지방고용노동청장"은 "지방고용노동청장"으로 본다.

8 안전보건진단기관의 지정 취소 등의 사유〈영 48조〉

법 제48조 제4항에 따라 준용되는 법 제21조 제4항 제5호에서 "대통령령으로 정하는 사유에 해당하는 경우"란 다음 각 호의 경우를 말한다.

1. 안전보건진단 업무 관련 서류를 거짓으로 작성한 경우
2. 정당한 사유 없이 안전보건진단 업무의 수탁을 거부한 경우
3. 제47조에 따른 인력기준에 해당하지 않은 사람에게 안전보건진단 업무를 수행하게 한 경우
4. 안전보건진단 업무를 수행하지 않고 위탁 수수료를 받은 경우
5. 안전보건진단 업무와 관련된 비치서류를 보존하지 않은 경우
6. 안전보건진단 업무 수행과 관련한 대가 외의 금품을 받은 경우
7. 법에 따른 관계 공무원의 지도·감독을 거부·방해 또는 기피한 경우

9 안전보건개선계획의 수립·시행 명령 〈법 49조〉

① 고용노동부장관은 다음 각 호의 어느 하나에 해당하는 사업장으로서 산업재해 예방을 위하여 종합적인 개선조치를 할 필요가 있다고 인정되는 사업장의 사업주에게 고용노동부령으로 정하는 바에 따라 그 사업장, 시설, 그 밖의 사항에 관한 안전 및 보건에 관한 개선계획(이하 "안전보건개선계획"이라 한다)을 수립하여 시행할 것을 명할 수 있다. 이 경우 대통령령으로 정하는 사업장의 사업주에게는 제47조에 따라 안전보건진단을 받아 안전보건개선계획을 수립하여 시행할 것을 명할 수 있다.
  1. 산업재해율이 같은 업종의 규모별 평균 산업재해율보다 높은 사업장
  2. 사업주가 필요한 안전조치 또는 보건조치를 이행하지 아니하여 중대재해가 발생한 사업장
  3. 대통령령으로 정하는 수 이상의 직업성 질병자가 발생한 사업장
  4. 제106조에 따른 유해인자의 노출기준을 초과한 사업장
② 사업주는 안전보건개선계획을 수립할 때에는 산업안전보건위원회의 심의를 거쳐야 한다. 다만, 산업안전보건위원회가 설치되어 있지 아니한 사업장의 경우에는 근로자대표의 의견을 들어야 한다.

10 안전보건진단을 받아 안전보건개선계획을 수립할 대상 〈영 49조〉

법 제49조 제1항 각 호 외의 부분 후단에서 "대통령령으로 정하는 사업장"이란 다음 각 호의 사업장을 말한다.
1. 산업재해율이 같은 업종 평균 산업재해율의 2배 이상인 사업장
2. 법 제49조 제1항 제2호에 해당하는 사업장
3. 직업성 질병자가 연간 2명 이상(상시근로자 1천 명 이상 사업장의 경우 3명 이상) 발생한 사업장

4. 그 밖에 작업환경 불량, 화재·폭발 또는 누출 사고 등으로 사업장 주변까지 피해가 확산된 사업장으로서 고용노동부령으로 정하는 사업장

11 안전보건개선계획서의 제출 등〈법 50조〉

① 제49조 제1항에 따라 안전보건개선계획의 수립·시행 명령을 받은 사업주는 고용노동부령으로 정하는 바에 따라 안전보건개선계획서를 작성하여 고용노동부장관에게 제출하여야 한다.
② 고용노동부장관은 제1항에 따라 제출받은 안전보건개선계획서를 고용노동부령으로 정하는 바에 따라 심사하여 그 결과를 사업주에게 서면으로 알려 주어야 한다. 이 경우 고용노동부장관은 근로자의 안전 및 보건의 유지·증진을 위하여 필요하다고 인정하는 경우 해당 안전보건개선계획서의 보완을 명할 수 있다.
③ 사업주와 근로자는 제2항 전단에 따라 심사를 받은 안전보건개선계획서(같은 항 후단에 따라 보완한 안전보건개선계획서를 포함한다)를 준수하여야 한다.

12 안전보건개선계획의 제출 등〈규칙 61조〉

① 법 제50조 제1항에 따라 안전보건개선계획서를 제출해야 하는 사업주는 법 제49조 제1항에 따른 안전보건개선계획서 수립·시행 명령을 받은 날부터 60일 이내에 관할 지방고용노동관서의 장에게 해당 계획서를 제출(전자문서로 제출하는 것을 포함한다)해야 한다.
② 제1항에 따른 안전보건개선계획서에는 시설, 안전보건관리체제, 안전보건교육, 산업재해 예방 및 작업환경의 개선을 위하여 필요한 사항이 포함되어야 한다.

13 안전보건개선계획서의 검토 등〈규칙 62조〉

① 지방고용노동관서의 장이 제61조에 따른 안전보건개선계획서를 접수한 경우에는 접수일부터 15일 이내에 심사하여 사업주에게 그 결과를 알려야 한다.
② 법 제50조 제2항에 따라 지방고용노동관서의 장은 안전보건개선계획서에 제61조 제2항에서 정한 사항이 적정하게 포함되어 있는지 검토해야 한다. 이 경우 지방고용노동관서의 장은 안전보건개선계획서의 적정 여부 확인을 공단 또는 지도사에게 요청할 수 있다.

18 건설업 산업안전보건관리비

[시행 2025. 2. 12.] [고용노동부고시 제2025-11호, 2025. 2. 12., 일부개정]

1 적용범위

이 고시는 법 제2조 제11호의 건설공사 중 총공사금액 2천만 원 이상인 공사에 적용한다. 다만, 단가계약에 의하여 행하는 공사에 대하여는 총계약금액을 기준으로 적용한다.
※ 2025년 1월 1일부터 단가계약 공사 범위 전면 확대(제3조)
  모든 연간 단가계약 공사에 대하여 총계약금액 2천만 원 기준을 적용

2 계상의무 및 기준

① 발주자가 도급계약 체결을 위한 원가계산에 의한 예정가격을 작성하거나, 자기공사자가 건설공사 사업 계획을 수립할 때에는 다음 각 호에 따라 산정한 금액 이상의 산업안전보건관리비를 계상하여야 한다. 다만, 발주자가 재료를 제공하거나 일부 물품이 완제품의 형태로 제작·납품되는 경우에는 해당 재료비 또는 완제품 가액을 대상액에 포함하여 산출한 산업안전보건관리비와 해당 재료비 또는 완제품 가액을 대상액에서 제외하고 산출한 산업안전보건관리비의 1.2배에 해당하는 값을 비교하여 그중 작은 값 이상의 금액으로 계상한다.
  1. 대상액이 5억 원 미만 또는 50억 원 이상인 경우 : 대상액에 별표 1에서 정한 비율을 곱한 금액
  2. 대상액이 5억 원 이상 50억 원 미만인 경우 : 대상액에 별표 1에서 정한 비율을 곱한 금액에 기초액을 합한 금액
  3. 대상액이 명확하지 않은 경우 : 제4조 제1항의 도급계약 또는 자체사업계획상 책정된 총공사금액의 10분의 7에 해당하는 금액을 대상액으로 하고 제1호 및 제2호에서 정한 기준에 따라 계상

② 발주자는 제1항에 따라 계상한 산업안전보건관리비를 입찰공고 등을 통해 입찰에 참가하려는 자에게 알려야 한다.

③ 발주자와 법 제69조에 따른 건설공사도급인 중 자기공사자를 제외하고 발주자로부터 해당 건설공사를 최초로 도급받은 수급인(이하 "도급인"이라 한다)은 공사계약을 체결할 경우 제1항에 따라 계상된 산업안전보건관리비를 공사도급계약서에 별도로 표시하여야 한다.

④ 별표 1의 공사의 종류는 별표 5의 건설공사의 종류 예시표에 따른다. 다만, 하나의

사업장 내에 건설공사 종류가 둘 이상인 경우(분리발주한 경우를 제외한다)에는 공사금액이 가장 큰 공사종류를 적용한다.
⑤ 발주자 또는 자기공사자는 설계변경 등으로 대상액의 변동이 있는 경우 별표 1의3에 따라 지체 없이 산업안전보건관리비를 조정 계상하여야 한다. 다만, 설계변경으로 공사금액이 800억 원 이상으로 증액된 경우에는 증액된 대상액을 기준으로 제1항에 따라 재계상한다.

■ 건설업 산업안전보건관리비 계상 및 사용기준 [별표 1]

공사종류 및 규모별 산업안전보건관리비 계상기준

구분	대상액 5억 원 미만 적용비율(%)	대상액 5억 원 이상 50억 원 미만인 경우		대상액 50억 원 이상 적용비율(%)	보건관리자 선임대상 건설공사의 적용비율(%)
		적용비율(%)	기초액		
건축공사	3.11	2.28	4,325,000원	2.37	2.64
토목공사	3.15	2.53	3,300,000원	2.60	2.73
중건설공사	3.64	3.05	2,975,000원	3.11	3.39
특수건설공사	2.07	1.59	2,450,000원	1.64	1.78

■ 건설업 산업안전보건관리비 계상 및 사용기준 [별표 5]

건설공사의 종류 예시표

공사종류	내용 예시
1. 건축공사	가. 「건설산업기본법 시행령」(별표 1) 제1호 '나'목 종합적인 계획, 관리 및 조정에 따라 토지에 정착하는 공작물 중 지붕과 기둥(또는 벽)이 있는 것과 이에 부수되는 시설물을 건설하는 공사 및 이와 함께 부대하여 현장 내에서 행하는 공사 나. 「건설산업기본법 시행령」(별표 1) 제2호의 전문공사로서 건축물과 관련하여 분리하여 발주되었고 시간적·장소적으로도 독립하여 행하는 공사
2. 토목공사	가. 「건설산업기본법 시행령」(별표 1) 제1호 '가'목 종합적인 계획·관리 및 조정에 따라 토목 공작물을 설치하거나 토지를 조성·개량하는 공사, '라'목 종합적인 계획, 관리 및 조정에 따라 산업의 생산시설, 환경오염을 예방·제거 재활용하기 위한 시설, 에너지 등의 생산·저장·공급시설 등의 건설공사 및 이와 함께 부대하여 현장 내에서 행하는 공사 나. 「건설산업기본법 시행령」(별표 1) 제2호의 전문공사로서 같은 표 제1호 건축공사 외의 시설물과 관련하여 분리하여 발주되었고 시간적·장소적으로도 독립하여 행하는 공사

공사종류	내용 예시

3. 중건설공사	「건설산업기본법 시행령」(별표 1) 제1호 '가'목 및 '라'목에 해당되는 공사 중 다음과 같은 공사 및 이와 함께 부대하여 현장 내에서 행하는 공사
	가. 고제방 댐 공사 등
	    댐 신설공사, 제방신설공사와 관련한 제반 시설공사
	나. 화력, 수력, 원자력, 열병합 발전시설 등 설치공사
	    화력, 수력, 원자력, 열병합 발전시설과 관련된 신설공사 및 제반시설공사
	다. 터널신설공사 등
	    도로, 철도, 지하철 공사로서 터널, 교량, 토공사 등이 포함된 복합시설물로 구성된 공사에 있어 터널 공사비 비중이 가장 큰 비중을 차지하는 건설공사

4. 특수건설공사	「건설산업기본법 시행령」(별표 1) 제1호 '마'목 종합적인 계획·관리 및 조정에 따라 수목원, 공원, 녹지, 숲의 조성 등 경관 및 환경을 조성·개량 등의 건설공사로서 같은 법 시행규칙(별표 3)에서 구분한 조경공사에 해당하는 공사와 아래 각 목에 따른 건설공사 중 다른 공사와 분리하여 발주되었고 시간적·장소적으로도 독립하여 행하는 공사 가. 「전기공사업법」에 의한 공사 나. 「정보통신공사업법」에 의한 공사 다. 「소방공사업법」에 의한 공사 라. 「문화재수리공사업법」에 의한 공사

[비고]
1. 건축물과 관련하여 공사가 수행된다 하더라도 독립하여 행하는 공사가 토목공사, 중건설공사가 명백한 경우 해당 공사 종류로 분류한다.
2. 건축공사, 토목공사 및 중건설공사와 함께 부대하여 현장 내에서 이루어지는 공사는 개별 법령에 따라 수행되는 공사를 포함한다.

3 사용기준

① 도급인과 자기공사자는 산업안전보건관리비를 산업재해예방 목적으로 다음 각 호의 기준에 따라 사용하여야 한다.

  1. 안전관리자·보건관리자의 임금 등

    가. 법 제17조 제3항 및 법 제18조 제3항에 따라 안전관리 또는 보건관리 업무만을 전담하는 안전관리자 또는 보건관리자의 임금과 출장비 전액(지방고용노동관서에 선임 보고한 날부터 발생한 비용에 한정한다)

    나. 안전관리 또는 보건관리 업무를 전담하지 않는 안전관리자 또는 보건관리자의 임금과 출장비의 각각 2분의 1에 해당하는 비용(지방고용노동관서에 선임 보고한 날부터 발생한 비용에 한정한다)

다. 안전관리자를 선임한 건설공사 현장에서 산업재해 예방 업무만을 수행하는 작업지휘자, 유도자, 신호자 등의 임금 전액
   라. 별표 1의2에 해당하는 작업을 직접 지휘·감독하는 직·조·반장 등 관리감독자의 직위에 있는 자가 영 제15조 제1항에서 정하는 업무를 수행하는 경우에 지급하는 업무수당(임금의 10분의 1 이내)
2. 안전시설비 등
   가. 산업재해 예방을 위한 안전난간, 추락방호망, 안전대 부착설비, 방호장치(기계·기구와 방호장치가 일체로 제작된 경우, 방호장치 부분의 가액에 한함) 등 안전시설의 구입·임대 및 설치를 위해 소요되는 비용
   나. 「산업재해예방시설자금 융자금 지원사업 및 보조금 지급사업 운영규정」(고용노동부고시) 제2조 제12호에 따른 "스마트안전장비 지원사업" 및 「건설기술 진흥법」 제62조의3에 따른 스마트 안전장비 구입·임대 비용. 다만, 제4조에 따라 계상된 산업안전보건관리비 총액의 10분의 2를 초과할 수 없다.
   다. 용접 작업 등 화재 위험작업 시 사용하는 소화기의 구입·임대비용
3. 보호구 등
   가. 영 제74조 제1항 제3호 및 제77조 제1항 제1호에 따른 보호구의 구입·수리·관리 등에 소요되는 비용
   나. 근로자가 가목에 따른 보호구를 직접 구매·사용하여 합리적인 범위 내에서 보전하는 비용
   다. 제1호 가목부터 다목까지의 규정에 따른 안전관리자 등의 업무용 피복, 기기 등을 구입하기 위한 비용
   라. 제1호 가목에 따른 안전관리자 및 보건관리자가 안전보건 점검 등을 목적으로 건설공사 현장에서 사용하는 차량의 유류비·수리비·보험료
4. 안전보건진단비 등
   가. 법 제42조에 따른 유해위험방지계획서의 작성 등에 소요되는 비용
   나. 법 제47조에 따른 안전보건진단에 소요되는 비용
   다. 법 제125조에 따른 작업환경측정에 소요되는 비용
   라. 그 밖에 산업재해 예방을 위해 법에서 지정한 전문기관 등에서 실시하는 진단, 검사, 지도 등에 소요되는 비용
5. 안전보건교육비 등
   가. 법 제29조부터 제32조까지의 규정에 따라 실시하는 의무교육이나 이에 준하여 실시하는 교육을 위해 건설공사 현장의 교육 장소 설치·운영 등에 소요되는 비용

나. 가목 이외 산업재해 예방이 주된 목적인 교육을 실시하기 위해 소요되는 비용
다. 「응급의료에 관한 법률」 제14조 제1항 제5호에 따른 안전보건교육 대상자 등에게 구조 및 응급처치에 관한 교육을 실시하기 위해 소요되는 비용
라. 안전보건관리책임자, 안전관리자, 보건관리자가 업무수행을 위해 필요한 정보를 취득하기 위한 목적으로 도서, 정기간행물을 구입하는 데 소요되는 비용
마. 건설공사 현장에서 안전기원제 등 산업재해 예방을 기원하는 행사를 개최하기 위해 소요되는 비용. 다만, 행사의 방법, 소요된 비용 등을 고려하여 사회통념에 적합한 행사에 한한다.
바. 건설공사 현장의 유해·위험요인을 제보하거나 개선방안을 제안한 근로자를 격려하기 위해 지급하는 비용

6. 근로자 건강장해예방비 등
  가. 법·영·규칙에서 규정하거나 그에 준하여 필요로 하는 각종 근로자의 건강장해 예방에 필요한 비용
  나. 중대재해 목격으로 발생한 정신질환을 치료하기 위해 소요되는 비용
  다. 「감염병의 예방 및 관리에 관한 법률」 제2조 제1호에 따른 감염병의 확산 방지를 위한 마스크, 손소독제, 체온계 구입비용 및 감염병병원체 검사를 위해 소요되는 비용
  라. 법 제128조의2 등에 따른 휴게시설을 갖춘 경우 온도, 조명 설치·관리기준을 준수하기 위해 소요되는 비용
  마. 건설공사 현장에서 근로자 심폐소생을 위해 사용되는 자동심장충격기(AED) 구입에 소요되는 비용
  바. 온열·한랭질환으로부터 근로자 건강장해를 예방하기 위한 임시 휴게시설 설치·해체·임대 비용 및 냉·난방기기의 임대 비용

7. 법 제73조 및 제74조에 따른 건설재해예방전문지도기관의 지도에 대한 대가로 제2조 제1항 제5호의 자기공사자가 지급하는 비용

8. 「중대재해 처벌 등에 관한 법률 시행령」 제4조 제2호 나목에 해당하는 건설사업자가 아닌 자가 운영하는 사업에서 안전보건 업무를 총괄·관리하는 3명 이상으로 구성된 본사 전담조직에 소속된 근로자의 임금 및 업무수행 출장비 전액. 다만, 제4조에 따라 계상된 산업안전보건관리비 총액의 20분의 1을 초과할 수 없다.

9. 법 제36조에 따른 위험성평가 또는 「중대재해 처벌 등에 관한 법률 시행령」 제4조 제3호에 따라 유해·위험요인 개선을 위해 필요하다고 판단하여 법 제24조의 산업안전보건위원회 또는 법 제75조의 노사협의체에서 사용하기로 결정한 사

항을 이행하기 위한 비용(산업안전보건위원회 또는 노사협의체가 없는 현장의 경우에는 근로자의 의견을 들어 법 제64조에 따른 안전 및 보건에 관한 협의체에서 결정한 사항을 이행하기 위한 비용을 말한다). 다만, 제4조에 따라 계상된 산업안전보건관리비 총액의 100분의 15를 초과할 수 없다.

② 제1항에도 불구하고 도급인 및 자기공사자는 다음 각 호의 어느 하나에 해당하는 경우에는 산업안전보건관리비를 사용할 수 없다. 다만, 제1항 제2호 나목 및 다목, 제1항 제6호 나목부터 마목, 제1항 제9호의 경우에는 그러하지 아니하다.
   1. 「(계약예규)예정가격작성기준」 제19조 제3항 중 각 호(단, 제14호는 제외한다)에 해당되는 비용
   2. 다른 법령에서 의무사항으로 규정한 사항을 이행하는 데 필요한 비용
   3. 근로자 재해예방 외의 목적이 있는 시설·장비나 물건 등을 사용하기 위해 소요되는 비용
   4. 환경관리, 민원 또는 수방대비 등 다른 목적이 포함된 경우
③ 도급인 및 자기공사자는 별표 3에서 정한 공사진척에 따른 산업안전보건관리비 사용기준을 준수하여야 한다. 다만, 건설공사발주자는 건설공사의 특성 등을 고려하여 사용기준을 달리 정할 수 있다.
④ 〈삭제〉
⑤ 도급인 및 자기공사자는 도급금액 또는 사업비에 계상된 산업안전보건관리비의 범위에서 그의 관계수급인에게 해당 사업의 위험도를 고려하여 적정하게 산업안전보건관리비를 지급하여 사용하게 할 수 있다.

4 산업안전보건관리비의 사용 〈규칙 89조〉

① 건설공사도급인은 도급금액 또는 사업비에 계상(計上)된 산업안전보건관리비의 범위에서 그의 관계수급인에게 해당 사업의 위험도를 고려하여 적정하게 산업안전보건관리비를 지급하여 사용하게 할 수 있다.
② 건설공사도급인은 법 제72조 제3항에 따라 산업안전보건관리비를 사용하는 해당 건설공사의 금액(고용노동부장관이 정하여 고시하는 방법에 따라 산정한 금액을 말한다)이 4천만 원 이상일 때에는 고용노동부장관이 정하는 바에 따라 매월(건설공사가 1개월 이내에 종료되는 사업의 경우에는 해당 건설공사가 끝나는 날이 속하는 달을 말한다) 사용명세서를 작성하고, 건설공사 종료 후 1년 동안 보존해야 한다.

5 사용금액의 감액·반환 등

발주자는 도급인이 법 제72조 제2항에 위반하여 다른 목적으로 사용하거나 사용하지 않은 산업안전보건관리비에 대하여 이를 계약금액에서 감액조정하거나 반환을 요구할 수 있다.

6 사용내역의 확인

① 도급인은 산업안전보건관리비 사용내역에 대하여 공사 시작 후 6개월마다 1회 이상 발주자 또는 감리자의 확인을 받아야 한다. 다만, 6개월 이내에 공사가 종료되는 경우에는 종료 시 확인을 받아야 한다.
② 제1항에도 불구하고 발주자, 감리자 및 「근로기준법」 제101조에 따른 관계 근로감독관은 산업안전보건관리비 사용내역을 수시 확인할 수 있으며, 도급인 또는 자기공사자는 이에 따라야 한다.
③ 발주자 또는 감리자는 제1항 및 제2항에 따른 산업안전보건관리비 사용내역 확인 시 기술지도 계약 체결, 기술지도 실시 및 개선 여부 등을 확인하여야 한다.

7 실행예산의 작성 및 집행 등

① 공사금액 4천만 원 이상의 도급인 및 자기공사자는 공사실행예산을 작성하는 경우에 해당 공사에 사용하여야 할 산업안전보건관리비의 실행예산을 계상된 산업안전보건관리비 총액 이상으로 별도 편성해야 하며, 이에 따라 산업안전보건관리비를 사용하고 별지 제1호서식의 산업안전보건관리비 사용내역서를 작성하여 해당 공사현장에 갖추어 두어야 한다.
② 도급인 및 자기공사자는 제1항에 따른 산업안전보건관리비 실행예산을 작성하고 집행하는 경우에 법 제17조와 영 제16조에 따라 선임된 해당 사업장의 안전관리자가 참여하도록 하여야 한다.

19 작업중지

❶ 사업주의 작업중지 〈법 51조〉

사업주는 산업재해가 발생할 급박한 위험이 있을 때에는 즉시 작업을 중지시키고 근로자를 작업장소에서 대피시키는 등 안전 및 보건에 관하여 필요한 조치를 하여야 한다.

❷ 근로자의 작업중지 〈법 52조〉

① 근로자는 산업재해가 발생할 급박한 위험이 있는 경우에는 작업을 중지하고 대피할 수 있다.
② 제1항에 따라 작업을 중지하고 대피한 근로자는 지체 없이 그 사실을 관리감독자 또는 그 밖에 부서의 장(이하 "관리감독자 등"이라 한다)에게 보고하여야 한다.
③ 관리감독자 등은 제2항에 따른 보고를 받으면 안전 및 보건에 관하여 필요한 조치를 하여야 한다.
④ 사업주는 산업재해가 발생할 급박한 위험이 있다고 근로자가 믿을 만한 합리적인 이유가 있을 때에는 제1항에 따라 작업을 중지하고 대피한 근로자에 대하여 해고나 그 밖의 불리한 처우를 해서는 아니 된다.

❸ 작업중지의 해제 〈규칙 69조〉

① 법 제55조 제3항에 따라 사업주가 작업중지의 해제를 요청할 경우에는 별지 제29호서식에 따른 작업중지명령 해제신청서를 작성하여 사업장의 소재지를 관할하는 지방고용노동관서의 장에게 제출해야 한다.
② 제1항에 따라 사업주가 작업중지명령 해제신청서를 제출하는 경우에는 미리 유해·위험요인 개선내용에 대하여 중대재해가 발생한 해당 작업 근로자의 의견을 들어야 한다.
③ 지방고용노동관서의 장은 제1항에 따라 작업중지명령 해제를 요청받은 경우에는 근로감독관으로 하여금 안전·보건을 위하여 필요한 조치를 확인하도록 하고, 천재지변 등 불가피한 경우를 제외하고는 해제요청일 다음 날부터 4일 이내(토요일과 공휴일을 포함하되, 토요일과 공휴일이 연속하는 경우에는 3일까지만 포함한다)에 법 제55조 제3항에 따른 작업중지해제 심의위원회(이하 "심의위원회"라 한다)를 개최하여 심의한 후 해당조치가 완료되었다고 판단될 경우에는 즉시 작업중지명령을 해제해야 한다.

4 작업중지해체 심의위원회 〈규칙 70조〉

① 심의위원회는 지방고용노동관서의 장, 공단 소속 전문가 및 해당 사업장과 이해관계가 없는 외부전문가 등을 포함하여 4명 이상으로 구성해야 한다.
② 지방고용노동관서의 장은 심의위원회가 작업중지명령 대상 유해·위험업무에 대한 안전·보건조치가 충분히 개선되었다고 심의·의결하는 경우에는 즉시 작업중지명령의 해제를 결정해야 한다.
③ 제1항 및 제2항에서 규정한 사항 외에 심의위원회의 구성 및 운영에 필요한 사항은 고용노동부장관이 정한다.

20 중대재해 발생 시 조치

1 사업주의 조치 〈법 54조〉

① 사업주는 중대재해가 발생하였을 때에는 즉시 해당 작업을 중지시키고 근로자를 작업장소에서 대피시키는 등 안전 및 보건에 관하여 필요한 조치를 하여야 한다.
② 사업주는 중대재해가 발생한 사실을 알게 된 경우에는 고용노동부령으로 정하는 바에 따라 지체 없이 고용노동부장관에게 보고하여야 한다. 다만, 천재지변 등 부득이한 사유가 발생한 경우에는 그 사유가 소멸되면 지체 없이 보고하여야 한다.

2 고용노동부장관의 조치 〈법 55조〉

① 고용노동부장관은 중대재해가 발생하였을 때 다음 각 호의 어느 하나에 해당하는 작업으로 인하여 해당 사업장에 산업재해가 다시 발생할 급박한 위험이 있다고 판단되는 경우에는 그 작업의 중지를 명할 수 있다.
  1. 중대재해가 발생한 해당 작업
  2. 중대재해가 발생한 작업과 동일한 작업
② 고용노동부장관은 토사·구축물의 붕괴, 화재·폭발, 유해하거나 위험한 물질의 누출 등으로 인하여 중대재해가 발생하여 그 재해가 발생한 장소 주변으로 산업재해가 확산될 수 있다고 판단되는 등 불가피한 경우에는 해당 사업장의 작업을 중지할 수 있다.
③ 고용노동부장관은 사업주가 제1항 또는 제2항에 따른 작업중지의 해제를 요청한 경우에는 작업중지 해제에 관한 전문가 등으로 구성된 심의위원회의 심의를 거쳐 고용노동부령으로 정하는 바에 따라 제1항 또는 제2항에 따른 작업중지를 해제하여야 한다.
④ 제3항에 따른 작업중지 해제의 요청 절차 및 방법, 심의위원회의 구성·운영, 그 밖에 필요한 사항은 고용노동부령으로 정한다.

3 원인조사 〈법 56조〉

① 고용노동부장관은 중대재해가 발생하였을 때에는 그 원인 규명 또는 산업재해 예방대책 수립을 위하여 그 발생 원인을 조사할 수 있다.
② 고용노동부장관은 중대재해가 발생한 사업장의 사업주에게 안전보건개선계획의

수립·시행, 그 밖에 필요한 조치를 명할 수 있다.
③ 누구든지 중대재해 발생 현장을 훼손하거나 제1항에 따른 고용노동부장관의 원인조사를 방해해서는 아니 된다.
④ 중대재해가 발생한 사업장에 대한 원인조사의 내용 및 절차, 그 밖에 필요한 사항은 고용노동부령으로 정한다.

21 산업재해의 보고 및 기록·보존

1 산업재해 발생 은폐 금지 및 보고 〈법 57조〉

① 사업주는 산업재해가 발생하였을 때에는 그 발생 사실을 은폐해서는 아니 된다.
② 사업주는 고용노동부령으로 정하는 바에 따라 산업재해의 발생 원인 등을 기록하여 보존하여야 한다.
③ 사업주는 고용노동부령으로 정하는 산업재해에 대해서는 그 발생 개요·원인 및 보고 시기, 재발방지 계획 등을 고용노동부령으로 정하는 바에 따라 고용노동부장관에게 보고하여야 한다.

2 산업재해 기록 〈규칙 72조〉

사업주는 산업재해가 발생한 때에는 법 제57조 제2항에 따라 다음 각 호의 사항을 기록·보존해야 한다. 다만, 제73조 제1항에 따른 산업재해조사표의 사본을 보존하거나 제73조 제5항에 따른 요양신청서의 사본에 재해 재발방지 계획을 첨부하여 보존한 경우에는 그렇지 않다.
1. 사업장의 개요 및 근로자의 인적사항
2. 재해 발생의 일시 및 장소
3. 재해 발생의 원인 및 과정
4. 재해 재발방지 계획

3 산업재해 발생 보고 〈규칙 73조〉

① 사업주는 산업재해로 사망자가 발생하거나 3일 이상의 휴업이 필요한 부상을 입거나 질병에 걸린 사람이 발생한 경우에는 법 제57조 제3항에 따라 해당 산업재해가 발생한 날부터 1개월 이내에 별지 제30호서식의 산업재해조사표를 작성하여 관할 지방고용노동관서의 장에게 제출(전자문서로 제출하는 것을 포함한다)해야 한다.
② 제1항에도 불구하고 다음 각 호의 모두에 해당하지 않는 사업주가 법률 제11882호 산업안전보건법 일부 개정법률 제10조 제2항의 개정규정의 시행일인 2014년 7월 1일 이후 해당 사업장에서 처음 발생한 산업재해에 대하여 지방고용노동관서의 장으로부터 별지 제30호서식의 산업재해조사표를 작성하여 제출하도록 명령을 받은 경우 그 명령을 받은 날부터 15일 이내에 이를 이행한 때에는 제1항에 따른 보고를

한 것으로 본다. 제1항에 따른 보고기한이 지난 후에 자진하여 별지 제30호서식의 산업재해조사표를 작성·제출한 경우에도 또한 같다.
1. 안전관리자 또는 보건관리자를 두어야 하는 사업주
2. 법 제62조 제1항에 따라 안전보건총괄책임자를 지정해야 하는 도급인
3. 법 제73조 제2항에 따라 건설재해예방전문지도기관의 지도를 받아야 하는 건설공사도급인(법 제69조 제1항의 건설공사도급인을 말한다. 이하 같다)
4. 산업재해 발생사실을 은폐하려고 한 사업주

③ 사업주는 제1항에 따른 산업재해조사표에 근로자대표의 확인을 받아야 하며, 그 기재 내용에 대하여 근로자대표의 이견이 있는 경우에는 그 내용을 첨부해야 한다. 다만, 근로자대표가 없는 경우에는 재해자 본인의 확인을 받아 산업재해조사표를 제출할 수 있다.

④ 제1항부터 제3항까지의 규정에서 정한 사항 외에 산업재해발생 보고에 필요한 사항은 고용노동부장관이 정한다.

⑤ 「산업재해보상보험법」 제41조에 따라 요양급여의 신청을 받은 근로복지공단은 지방고용노동관서의 장 또는 공단으로부터 요양신청서 사본, 요양업무 관련 전산입력자료, 그 밖에 산업재해예방업무 수행을 위하여 필요한 자료의 송부를 요청받은 경우에는 이에 협조해야 한다.

22 도급 시 산업재해 예방

1 유해한 작업의 도급금지 〈법 58조〉

① 사업주는 근로자의 안전 및 보건에 유해하거나 위험한 작업으로서 다음 각 호의 어느 하나에 해당하는 작업을 도급하여 자신의 사업장에서 수급인의 근로자가 그 작업을 하도록 해서는 아니 된다.
  1. 도금작업
  2. 수은, 납 또는 카드뮴을 제련, 주입, 가공 및 가열하는 작업
  3. 제118조 제1항에 따른 허가대상물질을 제조하거나 사용하는 작업
② 사업주는 제1항에도 불구하고 다음 각 호의 어느 하나에 해당하는 경우에는 제1항 각 호에 따른 작업을 도급하여 자신의 사업장에서 수급인의 근로자가 그 작업을 하도록 할 수 있다.
  1. 일시·간헐적으로 하는 작업을 도급하는 경우
  2. 수급인이 보유한 기술이 전문적이고 사업주(수급인에게 도급을 한 도급인으로서의 사업주를 말한다)의 사업 운영에 필수 불가결한 경우로서 고용노동부장관의 승인을 받은 경우
③ 사업주는 제2항 제2호에 따라 고용노동부장관의 승인을 받으려는 경우에는 고용노동부령으로 정하는 바에 따라 고용노동부장관이 실시하는 안전 및 보건에 관한 평가를 받아야 한다.
④ 제2항 제2호에 따른 승인의 유효기간은 3년의 범위에서 정한다.
⑤ 고용노동부장관은 제4항에 따른 유효기간이 만료되는 경우에 사업주가 유효기간의 연장을 신청하면 승인의 유효기간이 만료되는 날의 다음 날부터 3년의 범위에서 고용노동부령으로 정하는 바에 따라 그 기간의 연장을 승인할 수 있다. 이 경우 사업주는 제3항에 따른 안전 및 보건에 관한 평가를 받아야 한다.
⑥ 사업주는 제2항 제2호 또는 제5항에 따라 승인을 받은 사항 중 고용노동부령으로 정하는 사항을 변경하려는 경우에는 고용노동부령으로 정하는 바에 따라 변경에 대한 승인을 받아야 한다.
⑦ 고용노동부장관은 제2항 제2호, 제5항 또는 제6항에 따라 승인, 연장승인 또는 변경승인을 받은 자가 제8항에 따른 기준에 미달하게 된 경우에는 승인, 연장승인 또는 변경승인을 취소하여야 한다.

⑧ 제2항 제2호, 제5항 또는 제6항에 따른 승인, 연장승인 또는 변경승인의 기준·절차 및 방법, 그 밖에 필요한 사항은 고용노동부령으로 정한다.

② 도급의 승인〈법 제59조〉

① 사업주는 자신의 사업장에서 안전 및 보건에 유해하거나 위험한 작업 중 급성 독성, 피부 부식성 등이 있는 물질의 취급 등 대통령령으로 정하는 작업을 도급하려는 경우에는 고용노동부장관의 승인을 받아야 한다. 이 경우 사업주는 고용노동부령으로 정하는 바에 따라 안전 및 보건에 관한 평가를 받아야 한다.
② 제1항에 따른 승인에 관하여는 제58조 제4항부터 제8항까지의 규정을 준용한다.

③ 도급승인 대상 작업〈영 51조〉

법 제59조 제1항 전단에서 "급성 독성, 피부 부식성 등이 있는 물질의 취급 등 대통령령으로 정하는 작업"이란 다음 각 호의 어느 하나에 해당하는 작업을 말한다.
1. 중량비율 1퍼센트 이상의 황산, 불화수소, 질산 또는 염화수소를 취급하는 설비를 개조·분해·해체·철거하는 작업 또는 해당 설비의 내부에서 이루어지는 작업. 다만, 도급인이 해당 화학물질을 모두 제거한 후 증명자료를 첨부하여 고용노동부장관에게 신고한 경우는 제외한다.
2. 그 밖에 「산업재해보상보험법」 제8조 제1항에 따른 산업재해보상보험 및 예방심의위원회(이하 "산업재해보상보험및예방심의위원회"라 한다)의 심의를 거쳐 고용노동부장관이 정하는 작업

④ 하도급 금지〈법 60조〉

제58조 제2항 제2호에 따른 승인, 같은 조 제5항 또는 제6항(제59조 제2항에 따라 준용되는 경우를 포함한다)에 따른 연장승인 또는 변경승인 및 제59조 제1항에 따른 승인을 받은 작업을 도급받은 수급인은 그 작업을 하도급할 수 없다.

⑤ 도급인이 지배·관리하는 장소〈영 11조〉

법 제10조 제2항에서 "대통령령으로 정하는 장소"란 다음 각 호의 어느 하나에 해당하는 장소를 말한다.
1. 토사(土砂)·구축물·인공구조물 등이 붕괴될 우려가 있는 장소
2. 기계·기구 등이 넘어지거나 무너질 우려가 있는 장소
3. 안전난간의 설치가 필요한 장소

4. 비계(飛階) 또는 거푸집을 설치하거나 해체하는 장소
5. 건설용 리프트를 운행하는 장소
6. 지반(地盤)을 굴착하거나 발파작업을 하는 장소
7. 엘리베이터홀 등 근로자가 추락할 위험이 있는 장소
8. 석면이 붙어 있는 물질을 파쇄하거나 해체하는 작업을 하는 장소
9. 공중 전선에 가까운 장소로서 시설물의 설치·해체·점검 및 수리 등의 작업을 할 때 감전의 위험이 있는 장소
10. 물체가 떨어지거나 날아올 위험이 있는 장소
11. 프레스 또는 전단기(剪斷機)를 사용하여 작업을 하는 장소
12. 차량계(車輛系) 하역운반기계 또는 차량계 건설기계를 사용하여 작업하는 장소
13. 전기 기계·기구를 사용하여 감전의 위험이 있는 작업을 하는 장소
14. 「철도산업발전기본법」 제3조 제4호에 따른 철도차량(「도시철도법」에 따른 도시철도차량을 포함한다)에 의한 충돌 또는 협착의 위험이 있는 작업을 하는 장소
15. 그 밖에 화재·폭발 등 사고발생 위험이 높은 장소로서 고용노동부령으로 정하는 장소

6 도급인의 안전·보건 조치 장소 〈규칙 6조〉

「산업안전보건법 시행령」(이하 "영"이라 한다) 제11조 제15호에서 "고용노동부령으로 정하는 장소"란 다음 각 호의 어느 하나에 해당하는 장소를 말한다.
1. 화재·폭발 우려가 있는 다음 각 목의 어느 하나에 해당하는 작업을 하는 장소
   가. 선박 내부에서의 용접·용단작업
   나. 안전보건규칙 제225조 제4호에 따른 인화성 액체를 취급·저장하는 설비 및 용기에서의 용접·용단작업
   다. 안전보건규칙 제273조에 따른 특수화학설비에서의 용접·용단작업
   라. 가연물(可燃物)이 있는 곳에서의 용접·용단 및 금속의 가열 등 화기를 사용하는 작업이나 연삭숫돌에 의한 건식연마작업 등 불꽃이 발생할 우려가 있는 작업
2. 안전보건규칙 제132조에 따른 양중기(揚重機)에 의한 충돌 또는 협착(狹窄)의 위험이 있는 작업을 하는 장소
3. 안전보건규칙 제420조 제7호에 따른 유기화합물 취급 특별장소
4. 안전보건규칙 제574조 제1항 각 호에 따른 방사선 업무를 하는 장소
5. 안전보건규칙 제618조 제1호에 따른 밀폐공간
6. 안전보건규칙 별표 1에 따른 위험물질을 제조하거나 취급하는 장소
7. 안전보건규칙 별표 7에 따른 화학설비 및 그 부속설비에 대한 정비·보수 작업이 이루어지는 장소

23 도급인의 안전보건조치

1 안전보건총괄책임자 〈법 62조〉

① 도급인은 관계수급인 근로자가 도급인의 사업장에서 작업을 하는 경우에는 그 사업장의 안전보건관리책임자를 도급인의 근로자와 관계수급인 근로자의 산업재해를 예방하기 위한 업무를 총괄하여 관리하는 안전보건총괄책임자로 지정하여야 한다. 이 경우 안전보건관리책임자를 두지 아니하여도 되는 사업장에서는 그 사업장에서 사업을 총괄하여 관리하는 사람을 안전보건총괄책임자로 지정하여야 한다.
② 제1항에 따라 안전보건총괄책임자를 지정한 경우에는 「건설기술 진흥법」 제64조 제1항 제1호에 따른 안전총괄책임자를 둔 것으로 본다.
③ 제1항에 따라 안전보건총괄책임자를 지정하여야 하는 사업의 종류와 사업장의 상시근로자 수, 안전보건총괄책임자의 직무·권한, 그 밖에 필요한 사항은 대통령령으로 정한다.

2 안전보건총괄책임자 지정 대상사업 〈영 52조〉

법 제62조 제1항에 따른 안전보건총괄책임자(이하 "안전보건총괄책임자"라 한다)를 지정해야 하는 사업의 종류 및 사업장의 상시근로자 수는 관계수급인에게 고용된 근로자를 포함한 상시근로자가 100명(선박 및 보트 건조업, 1차 금속 제조업 및 토사석 광업의 경우에는 50명) 이상인 사업이나 관계수급인의 공사금액을 포함한 해당 공사의 총 공사금액이 20억 원 이상인 건설업으로 한다.

3 안전보건총괄책임자의 직무 등 〈영 53조〉

① 안전보건총괄책임자의 직무는 다음 각 호와 같다.
 1. 법 제36조에 따른 위험성평가의 실시에 관한 사항
 2. 법 제51조 및 제54조에 따른 작업의 중지
 3. 법 제64조에 따른 도급 시 산업재해 예방조치
 4. 법 제72조 제1항에 따른 산업안전보건관리비의 관계수급인 간의 사용에 관한 협의·조정 및 그 집행의 감독
 5. 안전인증대상기계 등과 자율안전확인대상기계 등의 사용 여부 확인
② 안전보건총괄책임자에 대한 지원에 관하여는 제14조 제2항을 준용한다. 이 경우

"안전보건관리책임자"는 "안전보건총괄책임자"로, "법 제15조 제1항"은 "제1항"으로 본다.
③ 사업주는 안전보건총괄책임자를 선임했을 때에는 그 선임 사실 및 제1항 각 호의 직무의 수행내용을 증명할 수 있는 서류를 갖추어 두어야 한다.

4 도급인의 안전보건조치 〈법 63조〉

도급인은 관계수급인 근로자가 도급인의 사업장에서 작업을 하는 경우에 자신의 근로자와 관계수급인 근로자의 산업재해를 예방하기 위하여 안전 및 보건 시설의 설치 등 필요한 안전조치 및 보건조치를 하여야 한다. 다만, 보호구 착용의 지시 등 관계수급인 근로자의 작업행동에 관한 직접적인 조치는 제외한다.

5 도급에 따른 산업재해 예방조치 〈법 64조〉

① 도급인은 관계수급인 근로자가 도급인의 사업장에서 작업을 하는 경우 다음 각 호의 사항을 이행하여야 한다.
  1. 도급인과 수급인을 구성원으로 하는 안전 및 보건에 관한 협의체의 구성 및 운영
  2. 작업장 순회점검
  3. 관계수급인이 근로자에게 하는 제29조 제1항부터 제3항까지의 규정에 따른 안전보건교육을 위한 장소 및 자료의 제공 등 지원
  4. 관계수급인이 근로자에게 하는 제29조 제3항에 따른 안전보건교육의 실시 확인
  5. 다음 각 목의 어느 하나의 경우에 대비한 경보체계 운영과 대피방법 등 훈련
     가. 작업 장소에서 발파작업을 하는 경우
     나. 작업 장소에서 화재·폭발, 토사·구축물 등의 붕괴 또는 지진 등이 발생한 경우
  6. 위생시설 등 고용노동부령으로 정하는 시설의 설치 등을 위하여 필요한 장소의 제공 또는 도급인이 설치한 위생시설 이용의 협조
  7. 같은 장소에서 이루어지는 도급인과 관계수급인 등의 작업에 있어서 관계수급인 등의 작업시기·내용, 안전조치 및 보건조치 등의 확인
  8. 제7호에 따른 확인 결과 관계수급인 등의 작업 혼재로 인하여 화재·폭발 등 대통령령으로 정하는 위험이 발생할 우려가 있는 경우 관계수급인 등의 작업시기·내용 등의 조정
② 제1항에 따른 도급인은 고용노동부령으로 정하는 바에 따라 자신의 근로자 및 관계수급인 근로자와 함께 정기적으로 또는 수시로 작업장의 안전 및 보건에 관한 점검

을 하여야 한다.
③ 제1항에 따른 안전 및 보건에 관한 협의체 구성 및 운영, 작업장 순회점검, 안전보건 교육 지원, 그 밖에 필요한 사항은 고용노동부령으로 정한다.

6 정보의 제공 〈법 65조〉

① 다음 각 호의 작업을 도급하는 자는 그 작업을 수행하는 수급인 근로자의 산업재해를 예방하기 위하여 고용노동부령으로 정하는 바에 따라 해당 작업 시작 전에 수급인에게 안전 및 보건에 관한 정보를 문서로 제공하여야 한다.
  1. 폭발성·발화성·인화성·독성 등의 유해성·위험성이 있는 화학물질 중 고용노동부령으로 정하는 화학물질 또는 그 화학물질을 포함한 혼합물을 제조·사용·운반 또는 저장하는 반응기·증류탑·배관 또는 저장탱크로서 고용노동부령으로 정하는 설비를 개조·분해·해체 또는 철거하는 작업
  2. 제1호에 따른 설비의 내부에서 이루어지는 작업
  3. 질식 또는 붕괴의 위험이 있는 작업으로서 대통령령으로 정하는 작업
② 도급인이 제1항에 따라 안전 및 보건에 관한 정보를 해당 작업 시작 전까지 제공하지 아니한 경우에는 수급인이 정보 제공을 요청할 수 있다.
③ 도급인은 수급인이 제1항에 따라 제공받은 안전 및 보건에 관한 정보에 따라 필요한 안전조치 및 보건조치를 하였는지를 확인하여야 한다.
④ 수급인은 제2항에 따른 요청에도 불구하고 도급인이 정보를 제공하지 아니하는 경우에는 해당 도급 작업을 하지 아니할 수 있다. 이 경우 수급인은 계약의 이행 지체에 따른 책임을 지지 아니한다.

24 건설업의 산업재해 예방

1 발주자의 산업재해 예방조치〈법 67조〉

① 대통령령으로 정하는 건설공사의 건설공사발주자는 산업재해 예방을 위하여 건설공사의 계획, 설계 및 시공 단계에서 다음 각 호의 구분에 따른 조치를 하여야 한다.
   1. 건설공사 계획단계 : 해당 건설공사에서 중점적으로 관리하여야 할 유해·위험요인과 이의 감소방안을 포함한 기본안전보건대장을 작성할 것
   2. 건설공사 설계단계 : 제1호에 따른 기본안전보건대장을 설계자에게 제공하고, 설계자로 하여금 유해·위험요인의 감소방안을 포함한 설계안전보건대장을 작성하게 하고 이를 확인할 것
   3. 건설공사 시공단계 : 건설공사발주자로부터 건설공사를 최초로 도급받은 수급인에게 제2호에 따른 설계안전보건대장을 제공하고, 그 수급인에게 이를 반영하여 안전한 작업을 위한 공사안전보건대장을 작성하게 하고 그 이행 여부를 확인할 것
② 제1항에 따른 건설공사발주자는 대통령령으로 정하는 안전보건 분야의 전문가에게 같은 항 각 호에 따른 대장에 기재된 내용의 적정성 등을 확인받아야 한다.
③ 제1항에 따른 건설공사발주자는 설계자 및 건설공사를 최초로 도급받은 수급인이 건설현장의 안전을 우선적으로 고려하여 설계·시공 업무를 수행할 수 있도록 적정한 비용과 기간을 계상·설정하여야 한다.
④ 제1항 각 호에 따른 대장에 포함되어야 할 구체적인 내용은 고용노동부령으로 정한다.

2 기본안전보건대장 등〈규칙 86조〉

① 법 제67조 제1항 제1호에 따른 기본안전보건대장에는 다음 각 호의 사항이 포함되어야 한다.
   1. 건설공사 계획단계에서 예상되는 공사내용, 공사규모 등 공사 개요
   2. 공사현장 제반 정보
   3. 건설공사에 설치·사용 예정인 구조물, 기계·기구 등 고용노동부장관이 정하여 고시하는 유해·위험요인과 그에 대한 안전조치 및 위험성 감소방안
   4. 산업재해 예방을 위한 건설공사발주자의 법령상 주요 의무사항 및 이에 대한 확인

② 법 제67조 제1항 제2호에 따른 설계안전보건대장에는 다음 각 호의 사항이 포함되어야 한다. 다만, 건설공사발주자가 「건설기술 진흥법」 제39조 제3항 및 제4항에 따라 설계용역에 대하여 건설엔지니어링사업자로 하여금 건설사업관리를 하게 하고 해당 설계용역에 대하여 같은 법 시행령 제59조 제4항 제8호에 따른 공사기간 및 공사비의 적정성 검토가 포함된 건설사업관리 결과보고서를 작성·제출받은 경우에는 제1호를 포함하지 않을 수 있다.
  1. 안전한 작업을 위한 적정 공사기간 및 공사금액 산출서
  2. 건설공사 중 발생할 수 있는 유해·위험요인 및 시공단계에서 고려해야 할 유해·위험요인 감소방안
  3. 법 제72조 제1항에 따른 산업안전보건관리비(이하 "산업안전보건관리비"라 한다)의 산출내역서

③ 법 제67조 제1항 제3호에 따른 공사안전보건대장에 포함하여 이행여부를 확인해야 할 사항은 다음 각 호와 같다.
  1. 설계안전보건대장의 유해·위험요인 감소방안을 반영한 건설공사 중 안전보건조치 이행계획
  2. 법 제42조 제1항에 따른 유해위험방지계획서의 심사 및 확인결과에 대한 조치내용
  3. 고용노동부장관이 정하여 고시하는 건설공사용 기계·기구의 안전성 확보를 위한 배치 및 이동계획
  4. 법 제73조 제1항에 따른 건설공사의 산업재해 예방 지도를 위한 계약 여부, 지도결과 및 조치내용

④ 제1항부터 제3항까지의 규정에 따른 기본안전보건대장, 설계안전보건대장 및 공사안전보건대장의 작성과 공사안전보건대장의 이행여부 확인 방법 및 절차 등에 관하여 필요한 사항은 고용노동부장관이 정하여 고시한다.

3 안전보건조정자 〈법 68조〉

① 2개 이상의 건설공사를 도급한 건설공사발주자는 그 2개 이상의 건설공사가 같은 장소에서 행해지는 경우에 작업의 혼재로 인하여 발생할 수 있는 산업재해를 예방하기 위하여 건설공사 현장에 안전보건조정자를 두어야 한다.
② 제1항에 따라 안전보건조정자를 두어야 하는 건설공사의 금액, 안전보건조정자의 자격·업무, 선임방법, 그 밖에 필요한 사항은 대통령령으로 정한다.

4 안전보건조정자의 선임 등 〈영 56조〉

① 법 제68조 제1항에 따른 안전보건조정자(이하 "안전보건조정자"라 한다)를 두어야 하는 건설공사는 각 건설공사의 금액의 합이 50억 원 이상인 경우를 말한다.
② 제1항에 따라 안전보건조정자를 두어야 하는 건설공사발주자는 제1호 또는 제4호부터 제7호까지에 해당하는 사람 중에서 안전보건조정자를 선임하거나 제2호 또는 제3호에 해당하는 사람 중에서 안전보건조정자를 지정해야 한다.
  1. 법 제143조 제1항에 따른 산업안전지도사 자격을 가진 사람
  2. 「건설기술 진흥법」 제2조 제6호에 따른 발주청이 발주하는 건설공사인 경우 발주청이 같은 법 제49조 제1항에 따라 선임한 공사감독자
  3. 다음 각 목의 어느 하나에 해당하는 사람으로서 해당 건설공사 중 주된 공사의 책임감리자
      가. 「건축법」 제25조에 따라 지정된 공사감리자
      나. 「건설기술 진흥법」 제2조 제5호에 따른 감리업무를 수행하는 사람
      다. 「주택법」 제44조 제1항에 따라 배치된 감리원
      라. 「전력기술관리법」 제12조의2에 따라 배치된 감리원
      마. 「정보통신공사업법」 제8조 제2항에 따라 해당 건설공사에 대하여 감리업무를 수행하는 사람
  4. 「건설산업기본법」 제8조에 따른 종합공사에 해당하는 건설현장에서 안전보건관리책임자로서 3년 이상 재직한 사람
  5. 「국가기술자격법」에 따른 건설안전기술사
  6. 「국가기술자격법」에 따른 건설안전기사 또는 산업안전기사 자격을 취득한 후 건설안전 분야에서 5년 이상의 실무경력이 있는 사람
  7. 「국가기술자격법」에 따른 건설안전산업기사 또는 산업안전산업기사 자격을 취득한 후 건설안전 분야에서 7년 이상의 실무경력이 있는 사람
③ 제1항에 따라 안전보건조정자를 두어야 하는 건설공사발주자는 분리하여 발주되는 공사의 착공일 전날까지 제2항에 따라 안전보건조정자를 선임하거나 지정하여 각각의 공사 도급인에게 그 사실을 알려야 한다.

5 안전보건조정자의 업무 〈영 57조〉

① 안전보건조정자의 업무는 다음 각 호와 같다.
  1. 법 제68조 제1항에 따라 같은 장소에서 이루어지는 각각의 공사 간에 혼재된 작업의 파악

2. 제1호에 따른 혼재된 작업으로 인한 산업재해 발생의 위험성 파악
　　3. 제1호에 따른 혼재된 작업으로 인한 산업재해를 예방하기 위한 작업의 시기·내용 및 안전보건 조치 등의 조정
　　4. 각각의 공사 도급인의 안전보건관리책임자 간 작업 내용에 관한 정보 공유 여부의 확인
② 안전보건조정자는 제1항의 업무를 수행하기 위하여 필요한 경우 해당 공사의 도급인과 관계수급인에게 자료의 제출을 요구할 수 있다.

6 공사기간 단축 및 공법변경 금지〈법 69조〉

① 건설공사발주자 또는 건설공사도급인(건설공사발주자로부터 해당 건설공사를 최초로 도급받은 수급인 또는 건설공사의 시공을 주도하여 총괄·관리하는 자를 말한다. 이하 이 절에서 같다)은 설계도서 등에 따라 산정된 공사기간을 단축해서는 아니 된다.
② 건설공사발주자 또는 건설공사도급인은 공사비를 줄이기 위하여 위험성이 있는 공법을 사용하거나 정당한 사유 없이 정해진 공법을 변경해서는 아니 된다.

7 건설공사 기간의 연장〈법 70조〉

① 건설공사발주자는 다음 각 호의 어느 하나에 해당하는 사유로 건설공사가 지연되어 해당 건설공사도급인이 산업재해 예방을 위하여 공사기간의 연장을 요청하는 경우에는 특별한 사유가 없으면 공사기간을 연장하여야 한다.
　　1. 태풍·홍수 등 악천후, 전쟁·사변, 지진, 화재, 전염병, 폭동, 그 밖에 계약 당사자가 통제할 수 없는 사태의 발생 등 불가항력의 사유가 있는 경우
　　2. 건설공사발주자에게 책임이 있는 사유로 착공이 지연되거나 시공이 중단된 경우
② 건설공사의 관계수급인은 제1항 제1호에 해당하는 사유 또는 건설공사도급인에게 책임이 있는 사유로 착공이 지연되거나 시공이 중단되어 해당 건설공사가 지연된 경우에 산업재해 예방을 위하여 건설공사도급인에게 공사기간의 연장을 요청할 수 있다. 이 경우 건설공사도급인은 특별한 사유가 없으면 공사기간을 연장하거나 건설공사발주자에게 그 기간의 연장을 요청하여야 한다.
③ 제1항 및 제2항에 따른 건설공사 기간의 연장 요청 절차, 그 밖에 필요한 사항은 고용노동부령으로 정한다.

8 설계변경의 요청〈법 71조〉

① 건설공사도급인은 해당 건설공사 중에 대통령령으로 정하는 가설구조물의 붕괴 등으로 산업재해가 발생할 위험이 있다고 판단되면 건축·토목 분야의 전문가 등 대통령령으로 정하는 전문가의 의견을 들어 건설공사발주자에게 해당 건설공사의 설계변경을 요청할 수 있다. 다만, 건설공사발주자가 설계를 포함하여 발주한 경우는 그러하지 아니하다.
② 제42조 제4항 후단에 따라 고용노동부장관으로부터 공사중지 또는 유해위험방지계획서의 변경 명령을 받은 건설공사도급인은 설계변경이 필요한 경우 건설공사발주자에게 설계변경을 요청할 수 있다.
③ 건설공사의 관계수급인은 건설공사 중에 제1항에 따른 가설구조물의 붕괴 등으로 산업재해가 발생할 위험이 있다고 판단되면 제1항에 따른 전문가의 의견을 들어 건설공사도급인에게 해당 건설공사의 설계변경을 요청할 수 있다. 이 경우 건설공사도급인은 그 요청받은 내용이 기술적으로 적용이 불가능한 명백한 경우가 아니면 이를 반영하여 해당 건설공사의 설계를 변경하거나 건설공사발주자에게 설계변경을 요청하여야 한다.
④ 제1항부터 제3항까지의 규정에 따라 설계변경 요청을 받은 건설공사발주자는 그 요청받은 내용이 기술적으로 적용이 불가능한 명백한 경우가 아니면 이를 반영하여 설계를 변경하여야 한다.
⑤ 제1항부터 제3항까지의 규정에 따른 설계변경의 요청 절차·방법, 그 밖에 필요한 사항은 고용노동부령으로 정한다. 이 경우 미리 국토교통부장관과 협의하여야 한다.

9 설계변경 요청 대상 및 전문가의 범위〈영 58조〉

① 법 제71조 제1항 본문에서 "대통령령으로 정하는 가설구조물"이란 다음 각 호의 어느 하나에 해당하는 것을 말한다.
  1. 높이 31미터 이상인 비계
  2. 작업발판 일체형 거푸집 또는 높이 5미터 이상인 거푸집 동바리[타설(打設)된 콘크리트가 일정 강도에 이르기까지 하중 등을 지지하기 위하여 설치하는 부재(部材)]
  3. 터널의 지보공(支保工 : 무너지지 않도록 지지하는 구조물) 또는 높이 2미터 이상인 흙막이 지보공
  4. 동력을 이용하여 움직이는 가설구조물

② 법 제71조 제1항 본문에서 "건축·토목 분야의 전문가 등 대통령령으로 정하는 전문가"란 공단 또는 다음 각 호의 어느 하나에 해당하는 사람으로서 해당 건설공사도급인 또는 관계수급인에게 고용되지 않은 사람을 말한다.
   1. 「국가기술자격법」에 따른 건축구조기술사(토목공사 및 제1항 제3호의 구조물의 경우는 제외한다)
   2. 「국가기술자격법」에 따른 토목구조기술사(토목공사로 한정한다)
   3. 「국가기술자격법」에 따른 토질 및 기초기술사(제1항 제3호의 구조물의 경우로 한정한다)
   4. 「국가기술자격법」에 따른 건설기계기술사(제1항 제4호의 구조물의 경우로 한정한다)

25 기술지도

1 건설공사의 산업재해 예방 지도 〈법 73조〉

① 대통령령으로 정하는 건설공사의 건설공사발주자 또는 건설공사도급인(건설공사 발주자로부터 건설공사를 최초로 도급받은 수급인은 제외한다)은 해당 건설공사를 착공하려는 경우 제74조에 따라 지정받은 전문기관(이하 "건설재해예방전문지도 기관"이라 한다)과 건설 산업재해 예방을 위한 지도계약을 체결하여야 한다.

② 건설재해예방전문지도기관은 건설공사도급인에게 산업재해 예방을 위한 지도를 실시하여야 하고, 건설공사도급인은 지도에 따라 적절한 조치를 하여야 한다.

③ 건설재해예방전문지도기관의 지도업무의 내용, 지도대상 분야, 지도의 수행방법, 그 밖에 필요한 사항은 대통령령으로 정한다.

2 기술지도계약 체결 대상 건설공사 및 체결 시기 〈영 59조〉

① 법 제73조 제1항에서 "대통령령으로 정하는 건설공사"란 공사금액 1억 원 이상 120억 원(「건설산업기본법 시행령」 별표 1의 종합공사를 시공하는 업종의 건설업 종란 제1호의 토목공사업에 속하는 공사는 150억 원) 미만인 공사와 「건축법」 제 11조에 따른 건축허가의 대상이 되는 공사를 말한다. 다만, 다음 각 호의 어느 하나 에 해당하는 공사는 제외한다.
  1. 공사기간이 1개월 미만인 공사
  2. 육지와 연결되지 않은 섬 지역(제주특별자치도는 제외한다)에서 이루어지는 공사
  3. 사업주가 별표 4에 따른 안전관리자의 자격을 가진 사람을 선임(같은 광역지방 자치단체의 구역 내에서 같은 사업주가 시공하는 셋 이하의 공사에 대하여 공동 으로 안전관리자의 자격을 가진 사람 1명을 선임한 경우를 포함한다)하여 제18 조 제1항 각 호에 따른 안전관리자의 업무만을 전담하도록 하는 공사
  4. 법 제42조 제1항에 따라 유해위험방지계획서를 제출해야 하는 공사

② 제1항에 따른 건설공사의 건설공사발주자 또는 건설공사도급인(건설공사도급인 은 건설공사발주자로부터 건설공사를 최초로 도급받은 수급인은 제외한다)은 법 제73조 제1항의 건설 산업재해 예방을 위한 지도계약(이하 "기술지도계약"이라 한 다)을 해당 건설공사 착공일의 전날까지 체결해야 한다.

③ 건설재해예방전문지도기관의 지도 기준 〈영 60조〉

법 제73조 제1항에 따른 건설재해예방전문지도기관(이하 "건설재해예방전문지도기관"이라 한다)의 지도업무의 내용, 지도대상 분야, 지도의 수행방법, 그 밖에 필요한 사항은 별표 18과 같다.

■ 산업안전보건법 시행령 [별표 18]

건설재해예방전문지도기관의 지도 기준(제60조 관련)

1. **건설재해예방전문지도기관의 지도대상 분야**
   건설재해예방전문지도기관이 법 제73조 제2항에 따라 건설공사도급인에 대하여 실시하는 지도(이하 "기술지도"라 한다)는 공사의 종류에 따라 다음 각 목의 지도분야로 구분한다.
   가. 건설공사(「전기공사업법」, 「정보통신공사업법」 및 「소방시설공사업법」에 따른 전기공사, 정보통신공사, 및 소방시설공사는 제외한다) 지도 분야
   나. 「전기공사업법」, 「정보통신공사업법」 및 「소방시설공사업법」에 따른 전기공사, 정보통신공사 및 소방시설공사 지도 분야

2. **기술지도계약**
   가. 건설재해예방전문지도기관은 건설공사발주자로부터 기술지도계약서 사본을 받은 날부터 14일 이내에 이를 건설현장에 갖춰 두도록 건설공사도급인(건설공사발주자로부터 해당 건설공사를 최초로 도급받은 수급인만 해당한다)을 지도하고 건설공사의 시공을 주요하여 총괄·관리하는 자에 대해서는 기술지도계약을 체결한 날부터 14일 이내에 기술지도계약서 사본을 건설현장에 갖춰 두도록 지도해야 한다.
   나. 건설재해예방전문지도기관이 기술지도계약을 체결할 때에는 고용노동부장관이 정하는 전산시스템을 통해 발급한 계약서를 사용해야 하며, 기술지도계약을 체결한 날부터 7일 이내에 전산시스템에 건설업체명, 공사명 등 기술지도계약의 내용을 입력해야 한다.

3. **기술지도의 수행방법**
   가. 기술지도 횟수
   1) 기술지도는 특별한 사유가 없으면 다음의 계산식에 따른 횟수로 하고, 공사시작 후 15일 이내마다 1회 실시하되, 공사금액이 40억 원 이상인 공사에 대해서는 별표 19 제1호 및 제2호의 구분에 따른 분야 중 그 공사에 해당하는 지도 분야의 같은 표 제1호나목 지도인력기준란 1) 및 같은 표 제2호 나목지도인력기준란 1)에 해당하는 사람이 8회마다 한 번 이상 방문하여 기술지도를 해야 한다.

   $$\text{기술지도 횟수(회)} = \frac{\text{공사기간(일)}}{15\text{일}} \quad (\text{단, 소수점은 버린다.})$$

   2) 공사가 조기에 준공된 경우, 기술지도계약이 지연되어 체결된 경우 및 공사기간이 현저히 짧은 경우 등의 사유로 기술지도 횟수기준을 지키기 어려운 경우에는 그 공사의 공사감독자(공사감독자가 없는 경우에는 감리자를 말한다)의 승인을 받아 기술지도 횟수를 조정할 수 있다.

나. 기술지도 한계 및 기술지도 지역
1) 건설재해예방전문지도기관의 사업장 지도 담당 요원 1명당 기술지도 횟수는 1일당 최대 4회로 하고, 월 최대 80회로 한다.
2) 건설재해예방전문지도기관의 기술지도 지역은 건설재해예방전문지도기관으로 지정을 받은 지방고용노동관서 관할지역으로 한다.

4. 기술지도 업무의 내용
가. 기술지도 범위 및 준수의무
1) 건설재해예방전문지도기관은 기술지도를 할 때에는 공사의 종류, 공사 규모, 담당 사업장 수 등을 고려하여 건설재해예방전문지도기관의 직원 중에서 기술지도 담당자를 지정해야 한다.
2) 건설재해예방전문지도기관은 기술지도 담당자에게 건설업에서 발생하는 최근 사망사고 사례, 사망사고의 유형과 그 유형별 예방 대책 등에 대하여 연 1회 이상 교육을 실시해야 한다.
3) 건설재해예방전문지도기관은 「산업안전보건법」 등 관계 법령에 따라 건설공사도급인이 산업재해 예방을 위해 준수해야 하는 사항을 기술지도해야 하며, 기술지도를 받은 건설공사도급인은 그에 따른 적절한 조치를 해야 한다.
4) 건설재해예방전문지도기관은 건설공사도급인이 기술지도에 따라 적절한 조치를 했는지 확인해야 하며, 건설공사도급인 중 건설공사발주자로부터 해당 건설공사를 최초로 도급받은 수급인이 해당 조치를 하지 않은 경우에는 건설공사발주자에게 그 사실을 알려야 한다.
나. 기술지도 결과의 관리
1) 건설재해예방전문지도기관은 기술지도를 한 때마다 기술지도 결과보고서를 작성하여 지체 없이 다음의 구분에 따른 사람에게 알려야 한다.
가) 관계수급인의 공사금액을 포함한 해당 공사의 총공사금액이 20억 원 이상인 경우 : 해당 사업장의 안전보건총괄책임자
나) 관계수급인의 공사금액을 포함한 해당 공사의 총공사금액이 20억 원 미만인 경우 : 해당 사업장을 실질적으로 총괄하여 관리하는 사람
2) 건설재해예방전문지도기관은 기술지도를 한 날부터 7일 이내에 기술지도결과를 전산시스템에 입력해야 한다.
3) 건설재해예방전문지도기관은 관계수급인의 공사금액을 포함한 해당 공사의 총공사금액이 50억 원 이상인 경우에는 건설공사도급인이 속하는 회사의 사업주와 「중대재해 처벌 등에 관한 법률」에 따른 경영책임자 등에게 매 분기 1회 이상 기술지도 결과보고서를 송부해야 한다.
4) 건설재해예방전문지도기관은 공사 종료 시 건설공사의 건설공사발주자 또는 건설공사도급인(건설공사도급인은 건설공사발주자로부터 건설공사를 최초로 도급받은 수급인은 제외한다)에게 고용노동부령으로 정하는 서식에 따른 기술지도 완료증명서를 발급해 주어야 한다.

5. 기술지도 관련 서류의 보존
건설재해예방전문지도기관은 기술지도계약서, 기술지도 결과보고서, 그 밖에 기술지도업무 수행에 관한 서류를 기술지도계약이 종료된 날부터 3년 동안 보존해야 한다.

4 건설재해예방전문지도기관 〈법 74조〉

① 건설재해예방전문지도기관이 되려는 자는 대통령령으로 정하는 인력·시설 및 장비 등의 요건을 갖추어 고용노동부장관의 지정을 받아야 한다.
② 제1항에 따른 건설재해예방전문지도기관의 지정 절차, 그 밖에 필요한 사항은 대통령령으로 정한다.
③ 고용노동부장관은 건설재해예방전문지도기관에 대하여 평가하고 그 결과를 공개할 수 있다. 이 경우 평가의 기준·방법, 결과의 공개에 필요한 사항은 고용노동부령으로 정한다.
④ 건설재해예방전문지도기관에 관하여는 제21조 제4항 및 제5항을 준용한다. 이 경우 "안전관리전문기관 또는 보건관리전문기관"은 "건설재해예방전문지도기관"으로 본다.

5 건설재해예방전문지도기관의 지정 요건 〈영 61조〉

법 제74조 제1항에 따라 건설재해예방전문지도기관으로 지정받을 수 있는 자는 다음 각 호의 어느 하나에 해당하는 자로서 별표 19에 따른 인력·시설 및 장비를 갖춘 자로 한다.
1. 법 제145조에 따라 등록한 산업안전지도사(전기안전 또는 건설안전 분야의 산업안전지도사만 해당한다)
2. 건설 산업재해 예방 업무를 하려는 법인

6 건설재해예방전문지도기관의 지정신청 등 〈영 62조〉

① 법 제74조 제1항에 따라 건설재해예방전문지도기관으로 지정받으려는 자는 고용노동부령으로 정하는 바에 따라 건설재해예방전문지도기관 지정신청서를 고용노동부장관에게 제출해야 한다.
② 건설재해예방전문지도기관에 대한 지정서의 재발급 등에 관하여는 고용노동부령으로 정한다.
③ 법 제74조 제4항에 따라 준용되는 법 제21조 제4항 제5호에서 "대통령령으로 정하는 사유에 해당하는 경우"란 다음 각 호의 경우를 말한다.
   1. 지도업무 관련 서류를 거짓으로 작성한 경우
   2. 정당한 사유 없이 지도업무를 거부한 경우
   3. 지도업무를 게을리하거나 지도업무에 차질을 일으킨 경우

4. 별표 18에 따른 지도업무의 내용, 지도대상 분야 또는 지도의 수행방법을 위반한 경우
   5. 지도를 실시하고 그 결과를 고용노동부장관이 정하는 전산시스템에 3회 이상 입력하지 않은 경우
   6. 지도업무와 관련된 비치서류를 보존하지 않은 경우
   7. 법에 따른 관계 공무원의 지도·감독을 거부·방해 또는 기피한 경우

7 지정취소, 업무정지 사유 〈법 21조〉

(생략)
④ 고용노동부장관은 안전관리전문기관 또는 보건관리전문기관이 다음 각 호의 어느 하나에 해당할 때에는 그 지정을 취소하거나 6개월 이내의 기간을 정하여 그 업무의 정지를 명할 수 있다. 다만, 제1호 또는 제2호에 해당할 때에는 그 지정을 취소하여야 한다.
   1. 거짓이나 그 밖의 부정한 방법으로 지정을 받은 경우
   2. 업무정지 기간 중에 업무를 수행한 경우
   3. 제1항에 따른 지정 요건을 충족하지 못한 경우
   4. 지정받은 사항을 위반하여 업무를 수행한 경우
   5. 그 밖에 대통령령으로 정하는 사유에 해당하는 경우
⑤ 제4항에 따라 지정이 취소된 자는 지정이 취소된 날부터 2년 이내에는 각각 해당 안전관리전문기관 또는 보건관리전문기관으로 지정받을 수 없다.

26 방호조치

1 유해·위험 기계·기구에 대한 방호조치〈법 80조〉

① 누구든지 동력(動力)으로 작동하는 기계·기구로서 대통령령으로 정하는 것은 고용노동부령으로 정하는 유해·위험 방지를 위한 방호조치를 하지 아니하고는 양도, 대여, 설치 또는 사용에 제공하거나 양도·대여의 목적으로 진열해서는 아니 된다.
② 누구든지 동력으로 작동하는 기계·기구로서 다음 각 호의 어느 하나에 해당하는 것은 고용노동부령으로 정하는 방호조치를 하지 아니하고는 양도, 대여, 설치 또는 사용에 제공하거나 양도·대여의 목적으로 진열해서는 아니 된다.
  1. 작동 부분에 돌기 부분이 있는 것
  2. 동력전달 부분 또는 속도조절 부분이 있는 것
  3. 회전기계에 물체 등이 말려 들어갈 부분이 있는 것
③ 사업주는 제1항 및 제2항에 따른 방호조치가 정상적인 기능을 발휘할 수 있도록 방호조치와 관련되는 장치를 상시적으로 점검하고 정비하여야 한다.
④ 사업주와 근로자는 제1항 및 제2항에 따른 방호조치를 해체하려는 경우 등 고용노동부령으로 정하는 경우에는 필요한 안전조치 및 보건조치를 하여야 한다.

2 대여자 등의 조치〈법 81조〉

대통령령으로 정하는 기계·기구·설비 또는 건축물 등을 타인에게 대여하거나 대여받는 자는 필요한 안전조치 및 보건조치를 하여야 한다.
  예 사무실 및 공장용 건축물, 이동식 크레인, 타워크레인, 불도저, 모터 그레이더, 로더, 스크레이퍼, 스크레이퍼 도저, 파워 셔블, 드래그라인, 크램셸, 버킷굴착기, 트렌치, 항타기, 항발기, 어스드릴, 천공기, 어스오거, 페이퍼드레인머신, 리프트, 지게차, 롤러기, 콘크리트 펌프, 고소작업대, 그 밖에 산업재해보상보험 및 예방심의위원회 심의를 거쳐 고용노동부장관이 정하여 고시하는 기계, 기구, 설비 및 건축물 등

3 타워크레인 설치·해체업의 등록〈법 82조〉

① 타워크레인을 설치하거나 해체를 하려는 자는 대통령령[1. 업체의 명칭(상호), 2. 업체의 소재지, 3. 대표자의 성명]에 따라 인력·시설 및 장비 등의 요건을 갖추어 고용노동부장관에게 등록하여야 한다. 등록한 사항 중 대통령령으로 정하는 중요

한 사항을 변경할 때에도 또한 같다.
② 사업주는 제1항에 따라 등록한 자로 하여금 타워크레인을 설치하거나 해체하는 작업을 하도록 하여야 한다.
③ 제1항에 따른 등록 절차, 그 밖에 필요한 사항은 고용노동부령으로 정한다.
④ 제1항에 따라 등록한 자에 대해서는 제21조 제4항 및 제5항을 준용한다. 이 경우 "안전관리전문기관 또는 보건관리전문기관"은 "제1항에 따라 등록한 자"로, "지정"은 "등록"으로 본다.

27 안전인증

1 인증기준 〈법 83조〉

① 고용노동부장관은 유해하거나 위험한 기계·기구·설비 및 방호장치·보호구(이하 "유해·위험기계 등"이라 한다)의 안전성을 평가하기 위하여 그 안전에 관한 성능과 제조자의 기술 능력 및 생산 체계 등에 관한 기준(이하 "안전인증기준"이라 한다)을 정하여 고시하여야 한다.
② 안전인증기준은 유해·위험기계 등의 종류별, 규격 및 형식별로 정할 수 있다.

2 안전인증 및 면제 〈법 84조〉

① 유해·위험기계 등 중 근로자의 안전 및 보건에 위해(危害)를 미칠 수 있다고 인정되어 대통령령으로 정하는 것(이하 "안전인증대상기계 등"이라 한다)을 제조하거나 수입하는 자(고용노동부령으로 정하는 안전인증대상기계 등을 설치·이전하거나 주요 구조 부분을 변경하는 자를 포함한다. 이하 이 조 및 제85조부터 제87조까지의 규정에서 같다)는 안전인증대상기계 등이 안전인증기준에 맞는지에 대하여 고용노동부장관이 실시하는 안전인증을 받아야 한다.
② 고용노동부장관은 다음 각 호의 어느 하나에 해당하는 경우에는 고용노동부령으로 정하는 바에 따라 제1항에 따른 안전인증의 전부 또는 일부를 면제할 수 있다.
   1. 연구·개발을 목적으로 제조·수입하거나 수출을 목적으로 제조하는 경우
   2. 고용노동부장관이 정하여 고시하는 외국의 안전인증기관에서 인증을 받은 경우
   3. 다른 법령에 따라 안전성에 관한 검사나 인증을 받은 경우로서 고용노동부령으로 정하는 경우
③ 안전인증대상기계 등이 아닌 유해·위험기계 등을 제조하거나 수입하는 자가 그 유해·위험기계 등의 안전에 관한 성능 등을 평가받으려면 고용노동부장관에게 안전인증을 신청할 수 있다. 이 경우 고용노동부장관은 안전인증기준에 따라 안전인증을 할 수 있다.
④ 고용노동부장관은 제1항 및 제3항에 따른 안전인증(이하 "안전인증"이라 한다)을 받은 자가 안전인증기준을 지키고 있는지를 3년 이하의 범위에서 고용노동부령으로 정하는 주기마다 확인하여야 한다. 다만, 제2항에 따라 안전인증의 일부를 면제받은 경우에는 고용노동부령으로 정하는 바에 따라 확인의 전부 또는 일부를 생략할 수 있다.

⑤ 제1항에 따라 안전인증을 받은 자는 안전인증을 받은 안전인증대상기계 등에 대하여 고용노동부령으로 정하는 바에 따라 제품명·모델명·제조수량·판매수량 및 판매처 현황 등의 사항을 기록하여 보존하여야 한다.
⑥ 고용노동부장관은 근로자의 안전 및 보건에 필요하다고 인정하는 경우 안전인증대상기계 등을 제조·수입 또는 판매하는 자에게 고용노동부령으로 정하는 바에 따라 해당 안전인증대상기계 등의 제조·수입 또는 판매에 관한 자료를 공단에 제출하게 할 수 있다.
⑦ 안전인증의 신청 방법·절차, 제4항에 따른 확인의 방법·절차, 그 밖에 필요한 사항은 고용노동부령으로 정한다.

3 인증대상 〈영 74조〉

① 법 제84조 제1항에서 "대통령령으로 정하는 것"이란 다음 각 호의 어느 하나에 해당하는 것을 말한다.
  1. 다음 각 목의 어느 하나에 해당하는 기계 또는 설비
     가. 프레스
     나. 전단기 및 절곡기(折曲機)
     다. 크레인
     라. 리프트
     마. 압력용기
     바. 롤러기
     사. 사출성형기(射出成形機)
     아. 고소(高所) 작업대
     자. 곤돌라
  2. 다음 각 목의 어느 하나에 해당하는 방호장치
     가. 프레스 및 전단기 방호장치
     나. 양중기용(揚重機用) 과부하 방지장치
     다. 보일러 압력방출용 안전밸브
     라. 압력용기 압력방출용 안전밸브
     마. 압력용기 압력방출용 파열판
     바. 절연용 방호구 및 활선작업용(活線作業用) 기구
     사. 방폭구조(防爆構造) 전기기계·기구 및 부품
     아. 추락·낙하 및 붕괴 등의 위험 방지 및 보호에 필요한 가설기자재로서 고용노동부장관이 정하여 고시하는 것

자. 충돌·협착 등의 위험 방지에 필요한 산업용 로봇 방호장치로서 고용노동부 장관이 정하여 고시하는 것
3. 다음 각 목의 어느 하나에 해당하는 보호구
　　가. 추락 및 감전 위험방지용 안전모
　　나. 안전화
　　다. 안전장갑
　　라. 방진마스크
　　마. 방독마스크
　　바. 송기(送氣)마스크
　　사. 전동식 호흡보호구
　　아. 보호복
　　자. 안전대
　　차. 차광(遮光) 및 비산물(飛散物) 위험방지용 보안경
　　카. 용접용 보안면
　　타. 방음용 귀마개 또는 귀덮개
② 안전인증대상기계 등의 세부적인 종류, 규격 및 형식은 고용노동부장관이 정하여 고시한다.

4 안전인증 및 면제 〈규칙 109조〉

① 법 제84조 제1항에 따른 안전인증대상기계 등(이하 "안전인증대상기계 등"이라 한다)이 다음 각 호의 어느 하나에 해당하는 경우에는 법 제84조 제1항에 따른 안전인증을 전부 면제한다.
1. 연구·개발을 목적으로 제조·수입하거나 수출을 목적으로 제조하는 경우
2. 「건설기계관리법」제13조 제1항 제1호부터 제3호까지에 따른 검사를 받은 경우 또는 같은 법 제18조에 따른 형식승인을 받거나 같은 조에 따른 형식신고를 한 경우
3. 「고압가스 안전관리법」제17조 제1항에 따른 검사를 받은 경우
4. 「광산안전법」제9조에 따른 검사 중 광업시설의 설치공사 또는 변경공사가 완료되었을 때에 받는 검사를 받은 경우
5. 「방위사업법」제28조 제1항에 따른 품질보증을 받은 경우
6. 「선박안전법」제7조에 따른 검사를 받은 경우
7. 「에너지이용 합리화법」제39조 제1항 및 제2항에 따른 검사를 받은 경우

8. 「원자력안전법」 제16조 제1항에 따른 검사를 받은 경우
9. 「위험물안전관리법」 제8조 제1항 또는 제20조 제3항에 따른 검사를 받은 경우
10. 「전기사업법」 제63조 또는 「전기안전관리법」 제9조에 따른 검사를 받은 경우
11. 「항만법」 제33조 제1항 제1호·제2호 및 제4호에 따른 검사를 받은 경우
12. 「소방시설 설치 및 관리에 관한 법률」 제37조 제1항에 따른 형식승인을 받은 경우

② 안전인증대상기계 등이 다음 각 호의 어느 하나에 해당하는 인증 또는 시험을 받았거나 그 일부 항목이 법 제83조 제1항에 따른 안전인증기준(이하 "안전인증기준"이라 한다)과 같은 수준 이상인 것으로 인정되는 경우에는 해당 인증 또는 시험이나 그 일부 항목에 한정하여 법 제84조 제1항에 따른 안전인증을 면제한다.
   1. 고용노동부장관이 정하여 고시하는 외국의 안전인증기관에서 인증을 받은 경우
   2. 국제전기기술위원회(IEC)의 국제방폭전기기계·기구 상호인정제도(IECEx Scheme)에 따라 인증을 받은 경우
   3. 「국가표준기본법」에 따른 시험·검사기관에서 실시하는 시험을 받은 경우
   4. 「산업표준화법」 제15조에 따른 인증을 받은 경우
   5. 「전기용품 및 생활용품 안전관리법」 제5조에 따른 안전인증을 받은 경우

③ 법 제84조 제2항 제1호에 따라 안전인증이 면제되는 안전인증대상기계 등을 제조하거나 수입하는 자는 해당 공산품의 출고 또는 통관 전에 별지 제43호서식의 안전인증 면제신청서에 다음 각 호의 서류를 첨부하여 안전인증기관에 제출해야 한다.
   1. 제품 및 용도설명서
   2. 연구·개발을 목적으로 사용되는 것임을 증명하는 서류

④ 안전인증기관은 제3항에 따라 안전인증 면제신청을 받으면 이를 확인하고 별지 제44호서식의 안전인증 면제확인서를 발급해야 한다.

5 인증의 표시 〈법 85조〉

① 안전인증을 받은 자는 안전인증을 받은 유해·위험기계 등이나 이를 담은 용기 또는 포장에 고용노동부령으로 정하는 바에 따라 안전인증의 표시(이하 "안전인증표시"라 한다)를 하여야 한다.
② 안전인증을 받은 유해·위험기계 등이 아닌 것은 안전인증표시 또는 이와 유사한 표시를 하거나 안전인증에 관한 광고를 해서는 아니 된다.
③ 안전인증을 받은 유해·위험기계 등을 제조·수입·양도·대여하는 자는 안전인증표시를 임의로 변경하거나 제거해서는 아니 된다.

④ 고용노동부장관은 다음 각 호의 어느 하나에 해당하는 경우에는 안전인증표시나 이와 유사한 표시를 제거할 것을 명하여야 한다.
  1. 제2항을 위반하여 안전인증표시나 이와 유사한 표시를 한 경우
  2. 제86조 제1항에 따라 안전인증이 취소되거나 안전인증표시의 사용 금지 명령을 받은 경우

6 인증의 취소 〈법 86조〉

① 고용노동부장관은 안전인증을 받은 자가 다음 각 호의 어느 하나에 해당하면 안전인증을 취소하거나 6개월 이내의 기간을 정하여 안전인증표시의 사용을 금지하거나 안전인증기준에 맞게 시정하도록 명할 수 있다. 다만, 제1호의 경우에는 안전인증을 취소하여야 한다.
  1. 거짓이나 그 밖의 부정한 방법으로 안전인증을 받은 경우
  2. 안전인증을 받은 유해·위험기계 등의 안전에 관한 성능 등이 안전인증기준에 맞지 아니하게 된 경우
  3. 정당한 사유 없이 제84조 제4항에 따른 확인을 거부, 방해 또는 기피하는 경우
② 고용노동부장관은 제1항에 따라 안전인증을 취소한 경우에는 고용노동부령으로 정하는 바에 따라 그 사실을 관보 등에 공고하여야 한다.
③ 제1항에 따라 안전인증이 취소된 자는 안전인증이 취소된 날부터 1년 이내에는 취소된 유해·위험기계 등에 대하여 안전인증을 신청할 수 없다.

7 제조 등의 금지 〈법 87조〉

① 누구든지 다음 각 호의 어느 하나에 해당하는 안전인증대상기계 등을 제조·수입·양도·대여·사용하거나 양도·대여의 목적으로 진열할 수 없다.
  1. 제84조 제1항에 따른 안전인증을 받지 아니한 경우(같은 조 제2항에 따라 안전인증이 전부 면제되는 경우는 제외한다)
  2. 안전인증기준에 맞지 아니하게 된 경우
  3. 제86조 제1항에 따라 안전인증이 취소되거나 안전인증표시의 사용 금지 명령을 받은 경우
② 고용노동부장관은 제1항을 위반하여 안전인증대상기계 등을 제조·수입·양도·대여하는 자에게 고용노동부령으로 정하는 바에 따라 그 안전인증대상기계 등을 수거하거나 파기할 것을 명할 수 있다.

28 자율안전확인의 신고

1 자율안전확인의 신고 및 면제 〈법 89조〉

① 안전인증대상기계 등이 아닌 유해·위험기계 등으로서 대통령령으로 정하는 것(이하 "자율안전확인대상기계 등"이라 한다)을 제조하거나 수입하는 자는 자율안전확인대상기계 등의 안전에 관한 성능이 고용노동부장관이 정하여 고시하는 안전기준(이하 "자율안전기준"이라 한다)에 맞는지 확인(이하 "자율안전확인"이라 한다)하여 고용노동부장관에게 신고(신고한 사항을 변경하는 경우를 포함한다)하여야 한다. 다음 각 호의 어느 하나에 해당하는 경우에는 신고를 면제할 수 있다.
  1. 연구·개발을 목적으로 제조·수입하거나 수출을 목적으로 제조하는 경우
  2. 제84조 제3항에 따른 안전인증을 받은 경우(제86조 제1항에 따라 안전인증이 취소되거나 안전인증표시의 사용 금지 명령을 받은 경우는 제외한다)
  3. 다른 법령에 따라 안전성에 관한 검사나 인증을 받은 경우로서 고용노동부령으로 정하는 경우
② 고용노동부장관은 제1항 각 호 외의 부분 본문에 따른 신고를 받은 경우 그 내용을 검토하여 이 법에 적합하면 신고를 수리하여야 한다.
③ 제1항 각 호 외의 부분 본문에 따라 신고를 한 자는 자율안전확인대상기계 등이 자율안전기준에 맞는 것임을 증명하는 서류를 보존하여야 한다.
④ 제1항 각 호 외의 부분 본문에 따른 신고의 방법 및 절차, 그 밖에 필요한 사항은 고용노동부령으로 정한다.

2 자율안전확인대상기계 등의 범위 〈영 77조〉

① 법 제89조 제1항 각 호 외의 부분 본문에서 "대통령령으로 정하는 것"이란 다음 각 호의 어느 하나에 해당하는 것을 말한다.
  1. 다음 각 목의 어느 하나에 해당하는 기계 또는 설비
     가. 연삭기(研削機) 또는 연마기. 이 경우 휴대형은 제외한다.
     나. 산업용 로봇
     다. 혼합기
     라. 파쇄기 또는 분쇄기
     마. 식품가공용 기계(파쇄·절단·혼합·제면기만 해당한다)
     바. 컨베이어

사. 자동차정비용 리프트
　　　아. 공작기계(선반, 드릴기, 평삭·형삭기, 밀링만 해당한다)
　　　자. 고정형 목재가공용 기계(둥근톱, 대패, 루타기, 띠톱, 모떼기 기계만 해당한다)
　　　차. 인쇄기
　　2. 다음 각 목의 어느 하나에 해당하는 방호장치
　　　가. 아세틸렌 용접장치용 또는 가스집합 용접장치용 안전기
　　　나. 교류 아크용접기용 자동전격방지기
　　　다. 롤러기 급정지장치
　　　라. 연삭기 덮개
　　　마. 목재 가공용 둥근톱 반발 예방장치와 날 접촉 예방장치
　　　바. 동력식 수동대패용 칼날 접촉 방지장치
　　　사. 추락·낙하 및 붕괴 등의 위험 방지 및 보호에 필요한 가설기자재(제74조 제1항 제2호 아목의 가설기자재는 제외한다)로서 고용노동부장관이 정하여 고시하는 것
　　3. 다음 각 목의 어느 하나에 해당하는 보호구
　　　가. 안전모(제74조 제1항 제3호 가목의 안전모는 제외한다)
　　　나. 보안경(제74조 제1항 제3호 차목의 보안경은 제외한다)
　　　다. 보안면(제74조 제1항 제3호 카목의 보안면은 제외한다)
② 자율안전확인대상기계 등의 세부적인 종류, 규격 및 형식은 고용노동부장관이 정하여 고시한다.

❸ 자율안전확인의 표시〈법 90조〉

① 제89조 제1항 각 호 외의 부분 본문에 따라 신고를 한 자는 자율안전확인대상기계 등이나 이를 담은 용기 또는 포장에 고용노동부령으로 정하는 바에 따라 자율안전확인의 표시(이하 "자율안전확인표시"라 한다)를 하여야 한다.
② 제89조 제1항 각 호 외의 부분 본문에 따라 신고된 자율안전확인대상기계 등이 아닌 것은 자율안전확인표시 또는 이와 유사한 표시를 하거나 자율안전확인에 관한 광고를 해서는 아니 된다.
③ 제89조 제1항 각 호 외의 부분 본문에 따라 신고된 자율안전확인대상기계 등을 제조·수입·양도·대여하는 자는 자율안전확인표시를 임의로 변경하거나 제거해서는 아니 된다.
④ 고용노동부장관은 다음 각 호의 어느 하나에 해당하는 경우에는 자율안전확인표시

나 이와 유사한 표시를 제거할 것을 명하여야 한다.
1. 제2항을 위반하여 자율안전확인표시나 이와 유사한 표시를 한 경우
2. 거짓이나 그 밖의 부정한 방법으로 제89조 제1항 각 호 외의 부분 본문에 따른 신고를 한 경우
3. 제91조 제1항에 따라 자율안전확인표시의 사용 금지 명령을 받은 경우

4 자율안전확인표시의 사용 금지 〈법 91조〉

① 고용노동부장관은 제89조 제1항 각 호 외의 부분 본문에 따라 신고된 자율안전확인대상기계 등의 안전에 관한 성능이 자율안전기준에 맞지 아니하게 된 경우에는 같은 항 각 호 외의 부분 본문에 따라 신고한 자에게 6개월 이내의 기간을 정하여 자율안전확인표시의 사용을 금지하거나 자율안전기준에 맞게 시정하도록 명할 수 있다.
② 고용노동부장관은 제1항에 따라 자율안전확인표시의 사용을 금지하였을 때에는 그 사실을 관보 등에 공고하여야 한다.
③ 제2항에 따른 공고의 내용, 방법 및 절차, 그 밖에 필요한 사항은 고용노동부령으로 정한다.

5 자율안전확인대상기계 등의 제조 금지 〈법 92조〉

① 누구든지 다음 각 호의 어느 하나에 해당하는 자율안전확인대상기계 등을 제조·수입·양도·대여·사용하거나 양도·대여의 목적으로 진열할 수 없다.
1. 제89조 제1항 각 호 외의 부분 본문에 따른 신고를 하지 아니한 경우(같은 항 각 호 외의 부분 단서에 따라 신고가 면제되는 경우는 제외한다)
2. 거짓이나 그 밖의 부정한 방법으로 제89조 제1항 각 호 외의 부분 본문에 따른 신고를 한 경우
3. 자율안전확인대상기계 등의 안전에 관한 성능이 자율안전기준에 맞지 아니하게 된 경우
4. 제91조 제1항에 따라 자율안전확인표시의 사용 금지 명령을 받은 경우
② 고용노동부장관은 제1항을 위반하여 자율안전확인대상기계 등을 제조·수입·양도·대여하는 자에게 고용노동부령으로 정하는 바에 따라 그 자율안전확인대상기계 등을 수거하거나 파기할 것을 명할 수 있다.

29 안전검사

❶ 안전검사 〈법 93조〉

① 유해하거나 위험한 기계·기구·설비로서 대통령령으로 정하는 것(이하 "안전검사 대상기계 등"이라 한다)을 사용하는 사업주(근로자를 사용하지 아니하고 사업을 하는 자를 포함한다. 이하 이 조, 제94조, 제95조 및 제98조에서 같다)는 안전검사 대상기계 등의 안전에 관한 성능이 고용노동부장관이 정하여 고시하는 검사기준에 맞는지에 대하여 고용노동부장관이 실시하는 검사(이하 "안전검사"라 한다)를 받아야 한다. 이 경우 안전검사대상기계 등을 사용하는 사업주와 소유자가 다른 경우에는 안전검사대상기계 등의 소유자가 안전검사를 받아야 한다.

② 제1항에도 불구하고 안전검사대상기계 등이 다른 법령에 따라 안전성에 관한 검사나 인증을 받은 경우로서 고용노동부령으로 정하는 경우에는 안전검사를 면제할 수 있다.

③ 안전검사의 신청, 검사 주기 및 검사합격 표시방법, 그 밖에 필요한 사항은 고용노동부령으로 정한다. 이 경우 검사 주기는 안전검사대상기계 등의 종류, 사용연한(使用年限) 및 위험성을 고려하여 정한다.

❷ 안전검사 대상 〈영 78조〉

① 법 제93조 제1항 전단에서 "대통령령으로 정하는 것"이란 다음 각 호의 어느 하나에 해당하는 것을 말한다.
 1. 프레스
 2. 전단기
 3. 크레인(정격 하중이 2톤 미만인 것은 제외한다)
 4. 리프트
 5. 압력용기
 6. 곤돌라
 7. 국소 배기장치(이동식은 제외한다)
 8. 원심기(산업용만 해당한다)
 9. 롤러기(밀폐형 구조는 제외한다)
 10. 사출성형기[형 체결력(型 締結力) 294킬로뉴턴(kN) 미만은 제외한다]

11. 고소작업대(「자동차관리법」제3조 제3호 또는 제4호에 따른 화물자동차 또는 특수자동차에 탑재한 고소작업대로 한정한다)
12. 컨베이어
13. 산업용 로봇
14. 혼합기 〈시행 2026. 6. 26〉
15. 파쇄기 또는 분쇄기 〈시행 2026. 6. 26〉

② 법 제93조 제1항에 따른 안전검사대상기계 등의 세부적인 종류, 규격 및 형식은 고용노동부장관이 정하여 고시한다.

3 안전검사주기 〈규칙 126조〉

① 법 제93조 제3항에 따른 안전검사대상기계 등의 안전검사 주기는 다음 각 호와 같다.
  1. 크레인(이동식 크레인은 제외한다), 리프트(이삿짐운반용 리프트는 제외한다) 및 곤돌라 : 사업장에 설치가 끝난 날부터 3년 이내에 최초 안전검사를 실시하되, 그 이후부터 2년마다(건설현장에서 사용하는 것은 최초로 설치한 날부터 6개월마다)
  2. 이동식 크레인, 이삿짐운반용 리프트 및 고소작업대 : 「자동차관리법」제8조에 따른 신규등록 이후 3년 이내에 최초 안전검사를 실시하되, 그 이후부터 2년마다
  3. 프레스, 전단기, 압력용기, 국소 배기장치, 원심기, 롤러기, 사출성형기, 컨베이어 및 산업용 로봇, 혼합기, 파쇄기 또는 분쇄기 : 사업장에 설치가 끝난 날부터 3년 이내에 최초 안전검사를 실시하되, 그 이후부터 2년마다(공정안전보고서를 제출하여 확인을 받은 압력용기는 4년마다)

안전검사 주기에 관한 특례 〈부칙 4조〉

2026년 6월 26일 당시 사업장에 설치가 끝난 혼합기, 파쇄기 또는 분쇄기에 대해서는 제126조 제1항 제3호의 개정규정에도 불구하고 다음 각 호의 구분에 따라 최초 안전검사를 실시하되, 그 이후부터는 최초 안전검사를 받은 날부터 2년마다 안전검사를 받아야 한다.
1. 2013년 3월 1일 전에 사업장에 설치가 끝난 혼합기, 파쇄기 또는 분쇄기 : 2026년 6월 26일부터 2026년 12월 25일까지
2. 2013년 3월 1일부터 2023년 6월 26일까지 사업장에 설치가 끝난 혼합기, 파쇄기 또는 분쇄기 : 2026년 6월 26일부터 2027년 6월 25일까지
3. 2023년 6월 27일부터 2026년 6월 25일까지 설치가 끝난 혼합기, 파쇄기 또는 분쇄기 : 사업장에 설치가 끝난 날부터 3년이 되는 날을 기준으로 6개월 이내

4 안전검사기관 〈영 79조〉

법 제96조 제1항에 따른 안전검사기관(이하 "안전검사기관"이라 한다)으로 지정받을 수 있는 자는 다음 각 호의 어느 하나에 해당하는 자로 한다.
1. 공단
2. 다음 각 목의 어느 하나에 해당하는 기관으로서 별표 24에 따른 인력·시설 및 장비를 갖춘 기관
   가. 산업안전·보건 또는 산업재해 예방을 목적으로 설립된 비영리법인
   나. 기계 및 설비 등의 인증·검사, 생산기술의 연구개발·교육·평가 등의 업무를 목적으로 설립된 「공공기관의 운영에 관한 법률」에 따른 공공기관

30 유해 · 위험기계 등 제조사업의 지원

1 지원대상 〈법 102조〉

① 고용노동부장관은 다음 각 호의 어느 하나에 해당하는 자에게 유해 · 위험기계 등의 품질 · 안전성 또는 설계 · 시공 능력 등의 향상을 위하여 예산의 범위에서 필요한 지원을 할 수 있다.
  1. 다음 각 목의 어느 하나에 해당하는 것의 안전성 향상을 위하여 지원이 필요하다고 인정되는 것을 제조하는 자
     가. 안전인증대상기계 등
     나. 자율안전확인대상기계 등
     다. 그 밖에 산업재해가 많이 발생하는 유해 · 위험기계 등
  2. 작업환경 개선시설을 설계 · 시공하는 자
② 제1항에 따른 지원을 받으려는 자는 고용노동부령으로 정하는 인력 · 시설 및 장비 등의 요건을 갖추어 고용노동부장관에게 등록하여야 한다.

2 등록의 취소 〈법 102조〉

③ 고용노동부장관은 제2항에 따라 등록한 자가 다음 각 호의 어느 하나에 해당하는 경우에는 그 등록을 취소하거나 1년의 범위에서 제1항에 따른 지원을 제한할 수 있다. 다만, 제1호의 경우에는 등록을 취소하여야 한다.
  1. 거짓이나 그 밖의 부정한 방법으로 등록한 경우
  2. 제2항에 따른 등록 요건에 적합하지 아니하게 된 경우
  3. 제86조 제1항 제1호에 따라 안전인증이 취소된 경우
④ 고용노동부장관은 제1항에 따라 지원받은 자가 다음 각 호의 어느 하나에 해당하는 경우에는 지원한 금액 또는 지원에 상응하는 금액을 환수하여야 한다. 이 경우 제1호에 해당하면 지원한 금액에 상당하는 액수 이하의 금액을 추가로 환수할 수 있다.
  1. 거짓이나 그 밖의 부정한 방법으로 지원받은 경우
  2. 제1항에 따른 지원 목적과 다른 용도로 지원금을 사용한 경우
  3. 제3항 제1호에 해당하여 등록이 취소된 경우
⑤ 고용노동부장관은 제3항에 따라 등록을 취소한 자에 대하여 등록을 취소한 날부터 2년 이내의 기간을 정하여 제2항에 따른 등록을 제한할 수 있다.
⑥ 제1항부터 제5항까지의 규정에 따른 지원내용, 등록 및 등록 취소, 환수 절차, 등록 제한 기준, 그 밖에 필요한 사항은 고용노동부령으로 정한다.

31 유해·위험물질의 분류

1 분류기준 〈법 104조〉

고용노동부장관은 고용노동부령으로 정하는 바에 따라 근로자에게 건강장해를 일으키는 화학물질 및 물리적 인자 등(이하 "유해인자"라 한다)의 유해성·위험성 분류기준을 마련하여야 한다.

2 유해인자 허용기준의 준수 〈법 107조〉

① 사업주는 발암성 물질 등 근로자에게 중대한 건강장해를 유발할 우려가 있는 유해인자로서 대통령령으로 정하는 유해인자는 작업장 내의 그 노출 농도를 고용노동부령으로 정하는 허용기준 이하로 유지하여야 한다. 다만, 다음 각 호의 어느 하나에 해당하는 경우에는 그러하지 아니하다.
  1. 유해인자를 취급하거나 정화·배출하는 시설 및 설비의 설치나 개선이 현존하는 기술로 가능하지 아니한 경우
  2. 천재지변 등으로 시설과 설비에 중대한 결함이 발생한 경우
  3. 고용노동부령으로 정하는 임시 작업과 단시간 작업의 경우
  4. 그 밖에 대통령령으로 정하는 경우
② 사업주는 제1항 각 호 외의 부분 단서에도 불구하고 유해인자의 노출 농도를 제1항에 따른 허용기준 이하로 유지하도록 노력하여야 한다.

3 신규화학물질의 유해성·위험성 조사 〈법 108조〉

① 대통령령으로 정하는 화학물질 외의 화학물질(이하 "신규화학물질"이라 한다)을 제조하거나 수입하려는 자(이하 "신규화학물질제조자 등"이라 한다)는 신규화학물질에 의한 근로자의 건강장해를 예방하기 위하여 고용노동부령으로 정하는 바에 따라 그 신규화학물질의 유해성·위험성을 조사하고 그 조사보고서를 고용노동부장관에게 제출하여야 한다. 다만, 다음 각 호의 어느 하나에 해당하는 경우에는 그러하지 아니하다.
  1. 일반 소비자의 생활용으로 제공하기 위하여 신규화학물질을 수입하는 경우로서 고용노동부령으로 정하는 경우
  2. 신규화학물질의 수입량이 소량이거나 그 밖에 위해의 정도가 적다고 인정되는

경우로서 고용노동부령으로 정하는 경우
② 신규화학물질제조자 등은 제1항 각 호 외의 부분 본문에 따라 유해성·위험성을 조사한 결과 해당 신규화학물질에 의한 근로자의 건강장해를 예방하기 위하여 필요한 조치를 하여야 하는 경우 이를 즉시 시행하여야 한다.
③ 고용노동부장관은 제1항에 따라 신규화학물질의 유해성·위험성 조사보고서가 제출되면 고용노동부령으로 정하는 바에 따라 그 신규화학물질의 명칭, 유해성·위험성, 근로자의 건강장해 예방을 위한 조치 사항 등을 공표하고 관계 부처에 통보하여야 한다.
④ 고용노동부장관은 제1항에 따라 제출된 신규화학물질의 유해성·위험성 조사보고서를 검토한 결과 근로자의 건강장해 예방을 위하여 필요하다고 인정할 때에는 신규화학물질제조자등에게 시설·설비를 설치·정비하고 보호구를 갖추어 두는 등의 조치를 하도록 명할 수 있다.
⑤ 신규화학물질제조자 등이 신규화학물질을 양도하거나 제공하는 경우에는 제4항에 따른 근로자의 건강장해 예방을 위하여 조치하여야 할 사항을 기록한 서류를 함께 제공하여야 한다.

4 중대한 건강장해 우려 화학물질의 유해성·위험성 조사〈법 109조〉

① 고용노동부장관은 근로자의 건강장해를 예방하기 위하여 필요하다고 인정할 때에는 고용노동부령으로 정하는 바에 따라 암 또는 그 밖에 중대한 건강장해를 일으킬 우려가 있는 화학물질을 제조·수입하는 자 또는 사용하는 사업주에게 해당 화학물질의 유해성·위험성 조사와 그 결과의 제출 또는 제105조 제1항에 따른 유해성·위험성평가에 필요한 자료의 제출을 명할 수 있다.
② 제1항에 따라 화학물질의 유해성·위험성 조사 명령을 받은 자는 유해성·위험성 조사 결과 해당 화학물질로 인한 근로자의 건강장해가 우려되는 경우 근로자의 건강장해를 예방하기 위하여 시설·설비의 설치 또는 개선 등 필요한 조치를 하여야 한다.
③ 고용노동부장관은 제1항에 따라 제출된 조사 결과 및 자료를 검토하여 근로자의 건강장해를 예방하기 위하여 필요하다고 인정하는 경우에는 해당 화학물질을 제105조 제2항에 따라 구분하여 관리하거나 해당 화학물질을 제조·수입한 자 또는 사용하는 사업주에게 근로자의 건강장해 예방을 위한 시설·설비의 설치 또는 개선 등 필요한 조치를 하도록 명할 수 있다.

32 물질안전보건자료

1 물질안전보건자료 작성 및 제출 〈법 110조〉

① 화학물질 또는 이를 포함한 혼합물로서 제104조에 따른 분류기준에 해당하는 것(대통령령으로 정하는 것은 제외한다. 이하 "물질안전보건자료대상물질"이라 한다)을 제조하거나 수입하려는 자는 다음 각 호의 사항을 적은 자료(이하 "물질안전보건자료"라 한다)를 고용노동부령으로 정하는 바에 따라 작성하여 고용노동부장관에게 제출하여야 한다.
  1. 제품명
  2. 물질안전보건자료대상물질을 구성하는 화학물질 중 제104조에 따른 분류기준에 해당하는 화학물질의 명칭 및 함유량
  3. 안전 및 보건상의 취급 주의 사항
  4. 건강 및 환경에 대한 유해성, 물리적 위험성
  5. 물리·화학적 특성 등 고용노동부령으로 정하는 사항
② 물질안전보건자료대상물질을 제조하거나 수입하려는 자는 물질안전보건자료대상물질을 구성하는 화학물질 중 제104조에 따른 분류기준에 해당하지 아니하는 화학물질의 명칭 및 함유량을 고용노동부장관에게 별도로 제출하여야 한다. 다만, 다음 각 호의 어느 하나에 해당하는 경우는 그러하지 아니하다.
  1. 제1항에 따라 제출된 물질안전보건자료에 이 항 각 호 외의 부분 본문에 따른 화학물질의 명칭 및 함유량이 전부 포함된 경우
  2. 물질안전보건자료대상물질을 수입하려는 자가 물질안전보건자료대상물질을 국외에서 제조하여 우리나라로 수출하려는 자(이하 "국외제조자"라 한다)로부터 물질안전보건자료에 적힌 화학물질 외에는 제104조에 따른 분류기준에 해당하는 화학물질이 없음을 확인하는 내용의 서류를 받아 제출한 경우
③ 물질안전보건자료대상물질을 제조하거나 수입한 자는 제1항 각 호에 따른 사항 중 고용노동부령으로 정하는 사항이 변경된 경우 그 변경 사항을 반영한 물질안전보건자료를 고용노동부장관에게 제출하여야 한다.
④ 제1항부터 제3항까지의 규정에 따른 물질안전보건자료 등의 제출 방법·시기, 그 밖에 필요한 사항은 고용노동부령으로 정한다.

2 자료의 제공〈법 111조〉

① 물질안전보건자료대상물질을 양도하거나 제공하는 자는 이를 양도받거나 제공받는 자에게 물질안전보건자료를 제공하여야 한다.
② 물질안전보건자료대상물질을 제조하거나 수입한 자는 이를 양도받거나 제공받은 자에게 제110조 제3항에 따라 변경된 물질안전보건자료를 제공하여야 한다.
③ 물질안전보건자료대상물질을 양도하거나 제공한 자(물질안전보건자료대상물질을 제조하거나 수입한 자는 제외한다)는 제110조 제3항에 따른 물질안전보건자료를 제공받은 경우 이를 물질안전보건자료대상물질을 양도받거나 제공받은 자에게 제공하여야 한다.
④ 제1항부터 제3항까지의 규정에 따른 물질안전보건자료 또는 변경된 물질안전보건자료의 제공방법 및 내용, 그 밖에 필요한 사항은 고용노동부령으로 정한다.

3 자료의 일부 비공개 승인〈법 112조〉

① 제110조 제1항에도 불구하고 영업비밀과 관련되어 같은 항 제2호에 따른 화학물질의 명칭 및 함유량을 물질안전보건자료에 적지 아니하려는 자는 고용노동부령으로 정하는 바에 따라 고용노동부장관에게 신청하여 승인을 받아 해당 화학물질의 명칭 및 함유량을 대체할 수 있는 명칭 및 함유량(이하 "대체자료"라 한다)으로 적을 수 있다. 다만, 근로자에게 중대한 건강장해를 초래할 우려가 있는 화학물질로서「산업재해보상보험법」제8조 제1항에 따른 산업재해보상보험및예방심의위원회의 심의를 거쳐 고용노동부장관이 고시하는 것은 그러하지 아니하다.
② 고용노동부장관은 제1항 본문에 따른 승인 신청을 받은 경우 고용노동부령으로 정하는 바에 따라 화학물질의 명칭 및 함유량의 대체 필요성, 대체자료의 적합성 및 물질안전보건자료의 적정성 등을 검토하여 승인 여부를 결정하고 신청인에게 그 결과를 통보하여야 한다.
③ 고용노동부장관은 제2항에 따른 승인에 관한 기준을「산업재해보상보험법」제8조 제1항에 따른 산업재해보상보험 및 예방심의위원회의 심의를 거쳐 정한다.
④ 제1항에 따른 승인의 유효기간은 승인을 받은 날부터 5년으로 한다.
⑤ 고용노동부장관은 제4항에 따른 유효기간이 만료되는 경우에도 계속하여 대체자료로 적으려는 자가 그 유효기간의 연장승인을 신청하면 유효기간이 만료되는 다음 날부터 5년 단위로 그 기간을 계속하여 연장승인할 수 있다.

4 연장승인의 취소〈법 112조〉

⑧ 고용노동부장관은 다음 각 호의 어느 하나에 해당하는 경우에는 제1항, 제5항 또는 제112조의2 제2항에 따른 승인 또는 연장승인을 취소할 수 있다. 다만, 제1호의 경우에는 그 승인 또는 연장승인을 취소하여야 한다.
  1. 거짓이나 그 밖의 부정한 방법으로 제1항, 제5항 또는 제112조의2 제2항에 따른 승인 또는 연장승인을 받은 경우
  2. 제1항, 제5항 또는 제112조의2 제2항에 따른 승인 또는 연장승인을 받은 화학물질이 제1항 단서에 따른 화학물질에 해당하게 된 경우
⑨ 제5항에 따른 연장승인과 제8항에 따른 승인 또는 연장승인의 취소 절차 및 방법, 그 밖에 필요한 사항은 고용노동부령으로 정한다.

5 정보제공의 요구〈법 112조〉

다음 각 호의 어느 하나에 해당하는 자는 근로자의 안전 및 보건을 유지하거나 직업성 질환 발생 원인을 규명하기 위하여 근로자에게 중대한 건강장해가 발생하는 등 고용노동부령으로 정하는 경우에는 물질안전보건자료대상물질을 제조하거나 수입한 자에게 제1항에 따라 대체자료로 적힌 화학물질의 명칭 및 함유량 정보를 제공할 것을 요구할 수 있다. 이 경우 정보 제공을 요구받은 자는 고용노동부장관이 정하여 고시하는 바에 따라 정보를 제공하여야 한다.
1. 근로자를 진료하는 「의료법」 제2조에 따른 의사
2. 보건관리자 및 보건관리전문기관
3. 산업보건의
4. 근로자대표
5. 제165조 제2항 제38호에 따라 제141조 제1항에 따른 역학조사(疫學調査) 실시 업무를 위탁받은 기관
6. 「산업재해보상보험법」 제38조에 따른 업무상질병판정위원회

6 국외제조자가 선임한 자에 의한 정보제출〈법 113조〉

① 국외제조자는 고용노동부령으로 정하는 요건을 갖춘 자를 선임하여 물질안전보건자료대상물질을 수입하는 자를 갈음하여 다음 각 호에 해당하는 업무를 수행하도록 할 수 있다.
  1. 제110조 제1항 또는 제3항에 따른 물질안전보건자료의 작성·제출
  2. 제110조 제2항 각 호 외의 부분 본문에 따른 화학물질의 명칭 및 함유량 또는

같은 항 제2호에 따른 확인서류의 제출
   3. 제112조 제1항에 따른 대체자료 기재 승인, 같은 조 제5항에 따른 유효기간 연장승인 또는 제112조의2에 따른 이의신청
② 제1항에 따라 선임된 자는 고용노동부장관에게 제110조 제1항 또는 제3항에 따른 물질안전보건자료를 제출하는 경우 그 물질안전보건자료를 해당 물질안전보건자료대상물질을 수입하는 자에게 제공하여야 한다.
③ 제1항에 따라 선임된 자는 고용노동부령으로 정하는 바에 따라 국외제조자에 의하여 선임되거나 해임된 사실을 고용노동부장관에게 신고하여야 한다.
④ 제2항에 따른 물질안전보건자료의 제출 및 제공 방법·내용, 제3항에 따른 신고 절차·방법, 그 밖에 필요한 사항은 고용노동부령으로 정한다.

7 자료의 게시 및 교육〈법 114조〉

① 물질안전보건자료대상물질을 취급하려는 사업주는 제110조 제1항 또는 제3항에 따라 작성하였거나 제111조 제1항부터 제3항까지의 규정에 따라 제공받은 물질안전보건자료를 고용노동부령으로 정하는 방법에 따라 물질안전보건자료대상물질을 취급하는 작업장 내에 이를 취급하는 근로자가 쉽게 볼 수 있는 장소에 게시하거나 갖추어 두어야 한다.
② 제1항에 따른 사업주는 물질안전보건자료대상물질을 취급하는 작업공정별로 고용노동부령으로 정하는 바에 따라 물질안전보건자료대상물질의 관리 요령을 게시하여야 한다.
③ 제1항에 따른 사업주는 물질안전보건자료대상물질을 취급하는 근로자의 안전 및 보건을 위하여 고용노동부령으로 정하는 바에 따라 해당 근로자를 교육하는 등 적절한 조치를 하여야 한다.

8 대상물질 용기 등의 경고표시〈법 115조〉

① 물질안전보건자료대상물질을 양도하거나 제공하는 자는 고용노동부령으로 정하는 방법에 따라 이를 담은 용기 및 포장에 경고표시를 하여야 한다. 다만, 용기 및 포장에 담는 방법 외의 방법으로 물질안전보건자료대상물질을 양도하거나 제공하는 경우에는 고용노동부장관이 정하여 고시한 바에 따라 경고표시 기재 항목을 적은 자료를 제공하여야 한다.
② 사업주는 사업장에서 사용하는 물질안전보건자료대상물질을 담은 용기에 고용노동부령으로 정하는 방법에 따라 경고표시를 하여야 한다. 다만, 용기에 이미 경고표시가 되어 있는 등 고용노동부령으로 정하는 경우에는 그러하지 아니하다.

33 석면에 대한 조치

1 석면조사 〈법 119조〉

① 건축물이나 설비를 철거하거나 해체하려는 경우에 해당 건축물이나 설비의 소유주 또는 임차인 등(이하 "건축물·설비소유주 등"이라 한다)은 다음 각 호의 사항을 고용노동부령으로 정하는 바에 따라 조사(이하 "일반석면조사"라 한다)한 후 그 결과를 기록하여 보존하여야 한다.
  1. 해당 건축물이나 설비에 석면이 포함되어 있는지 여부
  2. 해당 건축물이나 설비 중 석면이 포함된 자재의 종류, 위치 및 면적
② 제1항에 따른 건축물이나 설비 중 대통령령으로 정하는 규모 이상의 건축물·설비소유주 등은 제120조에 따라 지정받은 기관(이하 "석면조사기관"이라 한다)에 다음 각 호의 사항을 조사(이하 "기관석면조사"라 한다)하도록 한 후 그 결과를 기록하여 보존하여야 한다. 다만, 석면함유 여부가 명백한 경우 등 대통령령으로 정하는 사유에 해당하여 고용노동부령으로 정하는 절차에 따라 확인을 받은 경우에는 기관석면조사를 생략할 수 있다.
  1. 제1항 각 호의 사항
  2. 해당 건축물이나 설비에 포함된 석면의 종류 및 함유량
③ 건축물·설비소유주 등이 「석면안전관리법」 등 다른 법률에 따라 건축물이나 설비에 대하여 석면조사를 실시한 경우에는 고용노동부령으로 정하는 바에 따라 일반석면조사 또는 기관석면조사를 실시한 것으로 본다.
④ 고용노동부장관은 건축물·설비소유주 등이 일반석면조사 또는 기관석면조사를 하지 아니하고 건축물이나 설비를 철거하거나 해체하는 경우에는 다음 각 호의 조치를 명할 수 있다.
  1. 해당 건축물·설비소유주 등에 대한 일반석면조사 또는 기관석면조사의 이행 명령
  2. 해당 건축물이나 설비를 철거하거나 해체하는 자에 대하여 제1호에 따른 이행 명령의 결과를 보고받을 때까지의 작업중지 명령
⑤ 기관석면조사의 방법, 그 밖에 필요한 사항은 고용노동부령으로 정한다.

2 기관석면조사 대상 〈영 89조〉

① 법 제119조 제2항 각 호 외의 부분 본문에서 "대통령령으로 정하는 규모 이상"이란 다음 각 호의 어느 하나에 해당하는 경우를 말한다.

1. 건축물(제2호에 따른 주택은 제외한다. 이하 이 호에서 같다)의 연면적 합계가 50제곱미터 이상이면서, 그 건축물의 철거·해체하려는 부분의 면적 합계가 50제곱미터 이상인 경우
2. 주택(「건축법 시행령」 제2조 제12호에 따른 부속건축물을 포함한다. 이하 이 호에서 같다)의 연면적 합계가 200제곱미터 이상이면서, 그 주택의 철거·해체하려는 부분의 면적 합계가 200제곱미터 이상인 경우
3. 설비의 철거·해체하려는 부분에 다음 각 목의 어느 하나에 해당하는 자재(물질을 포함한다. 이하 같다)를 사용한 면적의 합이 15제곱미터 이상 또는 그 부피의 합이 1세제곱미터 이상인 경우
    가. 단열재
    나. 보온재
    다. 분무재
    라. 내화피복재(耐火被覆材)
    마. 개스킷(Gasket : 누설방지재)
    바. 패킹재(Packing material : 틈박이재)
    사. 실링재(Sealing material : 액상 메움재)
    아. 그 밖에 가목부터 사목까지의 자재와 유사한 용도로 사용되는 자재로서 고용노동부장관이 정하여 고시하는 자재
4. 파이프 길이의 합이 80미터 이상이면서, 그 파이프의 철거·해체하려는 부분의 보온재로 사용된 길이의 합이 80미터 이상인 경우

② 법 제119조 제2항 각 호 외의 부분 단서에서 "석면함유 여부가 명백한 경우 등 대통령령으로 정하는 사유"란 다음 각 호의 어느 하나에 해당하는 경우를 말한다.
1. 건축물이나 설비의 철거·해체 부분에 사용된 자재가 설계도서, 자재 이력 등 관련 자료를 통해 석면을 포함하고 있지 않음이 명백하다고 인정되는 경우
2. 건축물이나 설비의 철거·해체 부분에 석면이 중량비율 1퍼센트가 넘게 포함된 자재를 사용하였음이 명백하다고 인정되는 경우

3 석면조사기관 〈법 120조〉

① 석면조사기관이 되려는 자는 대통령령으로 정하는 인력·시설 및 장비 등의 요건을 갖추어 고용노동부장관의 지정을 받아야 한다.
② 고용노동부장관은 기관석면조사의 결과에 대한 정확성과 정밀도를 확보하기 위하여 석면조사기관의 석면조사 능력을 확인하고, 석면조사기관을 지도하거나 교육할 수 있다. 이 경우 석면조사 능력의 확인, 석면조사기관에 대한 지도 및 교육의 방법,

절차, 그 밖에 필요한 사항은 고용노동부장관이 정하여 고시한다.
③ 고용노동부장관은 석면조사기관에 대하여 평가하고 그 결과를 공개(제2항에 따른 석면조사 능력의 확인 결과를 포함한다)할 수 있다. 이 경우 평가의 기준·방법 및 결과의 공개에 필요한 사항은 고용노동부령으로 정한다.
④ 석면조사기관의 지정 절차, 그 밖에 필요한 사항은 고용노동부령으로 정한다.
⑤ 석면조사기관에 관하여는 제21조 제4항 및 제5항을 준용한다. 이 경우 "안전관리전문기관 또는 보건관리전문기관"은 "석면조사기관"으로 본다.

4 석면조사기관의 지정 요건〈영 90조〉

법 제120조 제1항에 따라 석면조사기관으로 지정받을 수 있는 자는 다음 각 호의 어느 하나에 해당하는 자로서 별표 27에 따른 인력·시설 및 장비를 갖추고 법 제120조 제2항에 따라 고용노동부장관이 실시하는 석면조사기관의 석면조사 능력 확인에서 적합 판정을 받은 자로 한다.
1. 국가 또는 지방자치단체의 소속기관
2. 「의료법」에 따른 종합병원 또는 병원
3. 「고등교육법」제2조 제1호부터 제6호까지의 규정에 따른 대학 또는 그 부속기관
4. 석면조사 업무를 하려는 법인

5 석면조사기관의 지정 취소 등의 사유〈영 91조〉

법 제120조 제5항에 따라 준용되는 법 제21조 제4항 제5호에서 "대통령령으로 정하는 사유에 해당하는 경우"란 다음 각 호의 경우를 말한다.
1. 법 제119조 제2항의 기관석면조사 또는 법 제124조 제1항의 공기 중 석면농도 관련 서류를 거짓으로 작성한 경우
2. 정당한 사유 없이 석면조사 업무를 거부한 경우
3. 제90조에 따른 인력기준에 해당하지 않는 사람에게 석면조사 업무를 수행하게 한 경우
4. 법 제119조 제5항에 따라 고용노동부령으로 정하는 조사 방법과 그 밖에 필요한 사항을 위반한 경우
5. 법 제120조 제2항에 따라 고용노동부장관이 실시하는 석면조사기관의 석면조사 능력 확인을 받지 않거나 부적합 판정을 받은 경우
6. 법 제124조 제2항에 따른 자격을 갖추지 않은 자에게 석면농도를 측정하게 한 경우
7. 법 제124조 제2항에 따른 석면농도 측정방법을 위반한 경우
8. 법에 따른 관계 공무원의 지도·감독을 거부·방해 또는 기피한 경우

34 석면해체·제거

1 석면해체·제거업의 등록 〈법 121조〉

① 석면해체·제거를 업으로 하려는 자는 대통령령으로 정하는 인력·시설 및 장비를 갖추어 고용노동부장관에게 등록하여야 한다.
② 고용노동부장관은 제1항에 따라 등록한 자(이하 "석면해체·제거업자"라 한다)의 석면해체·제거작업의 안전성을 고용노동부령으로 정하는 바에 따라 평가하고 그 결과를 공개할 수 있다. 이 경우 평가의 기준·방법 및 결과의 공개에 필요한 사항은 고용노동부령으로 정한다.
③ 제1항에 따른 등록 절차, 그 밖에 필요한 사항은 고용노동부령으로 정한다.
④ 석면해체·제거업자에 관하여는 제21조 제4항 및 제5항을 준용한다. 이 경우 "안전관리전문기관 또는 보건관리전문기관"은 "석면해체·제거업자"로, "지정"은 "등록"으로 본다.

석면해체·제거업자의 등록 요건 〈영 92조〉

법 제121조 제1항에 따라 석면해체·제거업자로 등록하려는 자는 별표 28에 따른 인력·시설 및 장비를 갖추어야 한다.

2 석면의 해체·제거 〈법 122조〉

① 기관석면조사 대상인 건축물이나 설비에 대통령령으로 정하는 함유량과 면적 이상의 석면이 포함되어 있는 경우 해당 건축물·설비소유주 등은 석면해체·제거업자로 하여금 그 석면을 해체·제거하도록 하여야 한다. 다만, 건축물·설비소유주 등이 인력·장비 등에서 석면해체·제거업자와 동등한 능력을 갖추고 있는 경우 등 대통령령으로 정하는 사유에 해당할 경우에는 스스로 석면을 해체·제거할 수 있다.
② 제1항에 따른 석면해체·제거는 해당 건축물이나 설비에 대하여 기관석면조사를 실시한 기관이 해서는 아니 된다.
③ 석면해체·제거업자(제1항 단서의 경우에는 건축물·설비소유주 등을 말한다. 이하 제124조에서 같다)는 제1항에 따른 석면해체·제거작업을 하기 전에 고용노동부령으로 정하는 바에 따라 고용노동부장관에게 신고하고, 제1항에 따른 석면해체·제거작업에 관한 서류를 보존하여야 한다.
④ 고용노동부장관은 제3항에 따른 신고를 받은 경우 그 내용을 검토하여 이 법에 적합

하면 신고를 수리하여야 한다.
⑤ 제3항에 따른 신고 절차, 그 밖에 필요한 사항은 고용노동부령으로 정한다.

❸ 업자를 통한 제거대상 〈영 94조〉

① 법 제122조 제1항 본문에서 "대통령령으로 정하는 함유량과 면적 이상의 석면이 포함되어 있는 경우"란 다음 각 호의 어느 하나에 해당하는 경우를 말한다.
  1. 철거·해체하려는 벽체재료, 바닥재, 천장재 및 지붕재 등의 자재에 석면이 중량비율 1퍼센트가 넘게 포함되어 있고 그 자재의 면적의 합이 50제곱미터 이상인 경우
  2. 석면이 중량비율 1퍼센트가 넘게 포함된 분무재 또는 내화피복재를 사용한 경우
  3. 석면이 중량비율 1퍼센트가 넘게 포함된 제89조 제1항 제3호 각 목의 어느 하나 (다목 및 라목은 제외한다)에 해당하는 자재의 면적의 합이 15제곱미터 이상 또는 그 부피의 합이 1세제곱미터 이상인 경우
  4. 파이프에 사용된 보온재에서 석면이 중량비율 1퍼센트가 넘게 포함되어 있고 그 보온재 길이의 합이 80미터 이상인 경우
② 법 제122조 제1항 단서에서 "석면해체·제거업자와 동등한 능력을 갖추고 있는 경우 등 대통령령으로 정하는 사유에 해당할 경우"란 석면해체·제거작업을 스스로 하려는 자가 제92조 및 별표 28에 따른 인력·시설 및 장비를 갖추고 고용노동부령으로 정하는 바에 따라 이를 증명하는 경우를 말한다.

❹ 신고절차 〈규칙 181조〉

① 석면해체·제거업자는 법 제122조 제3항에 따라 석면해체·제거작업 시작 7일 전까지 별지 제77호서식의 석면해체·제거작업 신고서에 다음 각 호의 서류를 첨부하여 해당 석면해체·제거작업 장소의 소재지를 관할하는 지방고용노동관서의 장에게 제출해야 한다. 이 경우 법 제122조 제1항 단서에 따라 석면해체·제거작업을 스스로 하려는 자는 영 제94조 제2항에서 정한 등록에 필요한 인력, 시설 및 장비를 갖추고 있음을 증명하는 서류를 함께 제출해야 한다.
  1. 공사계약서 사본
  2. 석면 해체·제거 작업계획서(석면 흩날림 방지 및 폐기물 처리방법을 포함한다)
  3. 석면조사결과서
② 석면해체·제거업자는 제1항에 따라 제출한 석면해체·제거작업 신고서의 내용이 변경된[신고한 석면함유자재(물질)의 종류가 감소하거나 석면함유자재(물질)의

종류별 석면해체·제거작업 면적이 축소된 경우는 제외한다] 경우에는 지체 없이 별지 제78호서식의 석면해체·제거작업 변경 신고서를 석면해체·제거작업 장소의 소재지를 관할하는 지방고용노동관서의 장에게 제출해야 한다.
③ 지방고용노동관서의 장은 제1항에 따른 석면해체·제거작업 신고서 또는 제2항에 따른 변경 신고서를 받았을 때에 그 신고서 및 첨부서류의 내용이 적합한 것으로 확인된 경우에는 그 신고서를 받은 날부터 7일 이내에 별지 제79호서식의 석면해체·제거작업 신고(변경) 증명서를 신청인에게 발급해야 한다. 다만, 현장책임자 또는 작업근로자의 변경에 관한 사항인 경우에는 지체 없이 그 적합 여부를 확인하여 변경증명서를 신청인에게 발급해야 한다.
④ 지방고용노동관서의 장은 제3항에 따른 확인 결과 사실과 다르거나 첨부서류가 누락된 경우 등 필요하다고 인정하는 경우에는 해당 신고서의 보완을 명할 수 있다.
⑤ 고용노동부장관은 지방고용노동관서의 장이 제1항에 따른 석면해체·제거작업 신고서 또는 제2항에 따른 변경 신고서를 제출받았을 때에는 그 내용을 해당 석면해체·제거작업 대상 건축물 등의 소재지를 관할하는 시장·군수·구청장에게 전자적 방법 등으로 제공할 수 있다.

35. 작업환경관리

1 작업환경측정 〈법 125조〉

① 사업주는 유해인자로부터 근로자의 건강을 보호하고 쾌적한 작업환경을 조성하기 위하여 인체에 해로운 작업을 하는 작업장으로서 고용노동부령으로 정하는 작업장에 대하여 고용노동부령으로 정하는 자격을 가진 자로 하여금 작업환경측정을 하도록 하여야 한다.

② 제1항에도 불구하고 도급인의 사업장에서 관계수급인 또는 관계수급인의 근로자가 작업을 하는 경우에는 도급인이 제1항에 따른 자격을 가진 자로 하여금 작업환경측정을 하도록 하여야 한다.

③ 사업주(제2항에 따른 도급인을 포함한다. 이하 이 조 및 제127조에서 같다)는 제1항에 따른 작업환경측정을 제126조에 따라 지정받은 기관(이하 "작업환경측정기관"이라 한다)에 위탁할 수 있다. 이 경우 필요한 때에는 작업환경측정 중 시료의 분석만을 위탁할 수 있다.

④ 사업주는 근로자대표(관계수급인의 근로자대표를 포함한다. 이하 이 조에서 같다)가 요구하면 작업환경측정 시 근로자대표를 참석시켜야 한다.

⑤ 사업주는 작업환경측정 결과를 기록하여 보존하고 고용노동부령으로 정하는 바에 따라 고용노동부장관에게 보고하여야 한다. 다만, 제3항에 따라 사업주로부터 작업환경측정을 위탁받은 작업환경측정기관이 작업환경측정을 한 후 그 결과를 고용노동부령으로 정하는 바에 따라 고용노동부장관에게 제출한 경우에는 작업환경측정 결과를 보고한 것으로 본다.

⑥ 사업주는 작업환경측정 결과를 해당 작업장의 근로자(관계수급인 및 관계수급인 근로자를 포함한다. 이하 이 항, 제127조 및 제175조 제5항 제15호에서 같다)에게 알려야 하며, 그 결과에 따라 근로자의 건강을 보호하기 위하여 해당 시설·설비의 설치·개선 또는 건강진단의 실시 등의 조치를 하여야 한다.

⑦ 사업주는 산업안전보건위원회 또는 근로자대표가 요구하면 작업환경측정 결과에 대한 설명회 등을 개최하여야 한다. 이 경우 제3항에 따라 작업환경측정을 위탁하여 실시한 경우에는 작업환경측정기관에 작업환경측정 결과에 대하여 설명하도록 할 수 있다.

⑧ 제1항 및 제2항에 따른 작업환경측정의 방법·횟수, 그 밖에 필요한 사항은 고용노동부령으로 정한다.

2 작업환경측정기관 〈법 126조〉

① 작업환경측정기관이 되려는 자는 대통령령으로 정하는 인력·시설 및 장비 등의 요건을 갖추어 고용노동부장관의 지정을 받아야 한다.
② 고용노동부장관은 작업환경측정기관의 측정·분석 결과에 대한 정확성과 정밀도를 확보하기 위하여 작업환경측정기관의 측정·분석능력을 확인하고, 작업환경측정기관을 지도하거나 교육할 수 있다. 이 경우 측정·분석능력의 확인, 작업환경측정기관에 대한 교육의 방법·절차, 그 밖에 필요한 사항은 고용노동부장관이 정하여 고시한다.
③ 고용노동부장관은 작업환경측정의 수준을 향상시키기 위하여 필요한 경우 작업환경측정기관을 평가하고 그 결과(제2항에 따른 측정·분석능력의 확인 결과를 포함한다)를 공개할 수 있다. 이 경우 평가기준·방법 및 결과의 공개, 그 밖에 필요한 사항은 고용노동부령으로 정한다.
④ 작업환경측정기관의 유형, 업무 범위 및 지정 절차, 그 밖에 필요한 사항은 고용노동부령으로 정한다.
⑤ 작업환경측정기관에 관하여는 제21조 제4항 및 제5항을 준용한다. 이 경우 "안전관리전문기관 또는 보건관리전문기관"은 "작업환경측정기관"으로 본다.

3 작업환경측정기관의 지정 요건 〈영 95조〉

법 제126조 제1항에 따라 작업환경측정기관으로 지정받을 수 있는 자는 다음 각 호의 어느 하나에 해당하는 자로서 작업환경측정기관의 유형별로 별표 29에 따른 인력·시설 및 장비를 갖추고 법 제126조 제2항에 따라 고용노동부장관이 실시하는 작업환경측정기관의 측정·분석능력 확인에서 적합 판정을 받은 자로 한다.
1. 국가 또는 지방자치단체의 소속기관
2. 「의료법」에 따른 종합병원 또는 병원
3. 「고등교육법」 제2조 제1호부터 제6호까지의 규정에 따른 대학 또는 그 부속기관
4. 작업환경측정 업무를 하려는 법인
5. 작업환경측정 대상 사업장의 부속기관(해당 부속기관이 소속된 사업장 등 고용노동부령으로 정하는 범위로 한정하여 지정받으려는 경우로 한정한다)

4 작업환경측정기관의 지정 취소 등의 사유 〈영 96조〉

법 제126조 제5항에 따라 준용되는 법 제21조 제4항 제5호에서 "대통령령으로 정하는 사유에 해당하는 경우"란 다음 각 호의 경우를 말한다.

1. 작업환경측정 관련 서류를 거짓으로 작성한 경우
2. 정당한 사유 없이 작업환경측정 업무를 거부한 경우
3. 위탁받은 작업환경측정 업무에 차질을 일으킨 경우
4. 법 제125조 제8항에 따라 고용노동부령으로 정하는 작업환경측정 방법 등을 위반한 경우
5. 법 제126조 제2항에 따라 고용노동부장관이 실시하는 작업환경측정기관의 측정·분석능력 확인을 1년 이상 받지 않거나 작업환경측정기관의 측정·분석능력 확인에서 부적합 판정을 받은 경우
6. 작업환경측정 업무와 관련된 비치서류를 보존하지 않은 경우
7. 법에 따른 관계 공무원의 지도·감독을 거부·방해 또는 기피한 경우

36 휴게시설 설치 및 관리

1 휴게시설 설치·관리기준 대상 사업장〈영 96조의2〉

법 제128조의2 제2항에서 "사업의 종류 및 사업장의 상시근로자 수 등 대통령령으로 정하는 기준에 해당하는 사업장"이란 다음 각 호의 어느 하나에 해당하는 사업장을 말한다.

1. 상시근로자(관계수급인의 근로자를 포함한다. 이하 제2호에서 같다) 20명 이상을 사용하는 사업장(건설업의 경우에는 관계수급인의 공사금액을 포함한 해당 공사의 총공사금액이 20억 원 이상인 사업장으로 한정한다)
2. 다음 각 목의 어느 하나에 해당하는 직종(한국표준직업분류에 따른다)의 상시근로자가 2명 이상인 사업장으로서 상시근로자 10명 이상 20명 미만을 사용하는 사업장(건설업은 제외한다)
   가. 전화 상담원
   나. 요양보호사 및 간병인
   다. 노인 및 장애인 돌봄 종사자
   라. 텔레마케터
   마. 배달원
   바. 청소 관련 종사자
   사. 아파트 경비원
   아. 그 외 건물 관리원 중 건물 경비원

■ 산업안전보건법 시행규칙 [별표 21의2]

휴게시설 설치·관리기준(제194조의2 관련)

1. 크기
   가. 휴게시설의 최소 바닥면적은 6제곱미터로 한다. 다만, 둘 이상의 사업장의 근로자가 공동으로 같은 휴게시설(이하 이 표에서 "공동휴게시설"이라 한다)을 사용하게 하는 경우 공동휴게시설의 바닥면적은 6제곱미터에 사업장의 개수를 곱한 면적 이상으로 한다.
   나. 휴게시설의 바닥에서 천장까지의 높이는 2.1미터 이상으로 한다.
   다. 가목 본문에도 불구하고 근로자의 휴식 주기, 이용자 성별, 동시 사용인원 등을 고려하여 최소면적을 근로자대표와 협의하여 6제곱미터가 넘는 면적으로 정한 경우에는 근로자대표와 협의한 면적을 최소 바닥면적으로 한다.
   라. 가목 단서에도 불구하고 근로자의 휴식 주기, 이용자 성별, 동시 사용인원 등을 고려하여 공동휴게

시설의 바닥면적을 근로자대표와 협의하여 정한 경우에는 근로자대표와 협의한 면적을 공동휴게시설의 최소 바닥면적으로 한다.

2. 위치

다음 각 목의 요건을 모두 갖춰야 한다.

가. 근로자가 이용하기 편리하고 가까운 곳에 있어야 한다. 이 경우 공동휴게시설은 각 사업장에서 휴게시설까지의 왕복 이동에 걸리는 시간이 휴식시간의 20퍼센트를 넘지 않는 곳에 있어야 한다.

나. 다음의 모든 장소에서 떨어진 곳에 있어야 한다.
  1) 화재·폭발 등의 위험이 있는 장소
  2) 유해물질을 취급하는 장소
  3) 인체에 해로운 분진 등을 발산하거나 소음에 노출되어 휴식을 취하기 어려운 장소

3. 온도

적정한 온도(18~28℃)를 유지할 수 있는 냉난방 기능이 갖춰져 있어야 한다.

4. 습도

적정한 습도(50~55%. 다만, 일시적으로 대기 중 상대습도가 현저히 높거나 낮아 적정한 습도를 유지하기 어렵다고 고용노동부장관이 인정하는 경우는 제외한다)를 유지할 수 있는 습도 조절 기능이 갖춰져 있어야 한다.

5. 조명

적정한 밝기(100~200럭스)를 유지할 수 있는 조명 조절 기능이 갖춰져 있어야 한다.

6. 창문 등을 통하여 환기가 가능해야 한다.
7. 의자 등 휴식에 필요한 비품이 갖춰져 있어야 한다.
8. 마실 수 있는 물이나 식수 설비가 갖춰져 있어야 한다.
9. 휴게시설임을 알 수 있는 표지가 휴게시설 외부에 부착돼 있어야 한다.
10. 휴게시설의 청소·관리 등을 하는 담당자가 지정돼 있어야 한다. 이 경우 공동휴게시설은 사업장마다 각각 담당자가 지정돼 있어야 한다.
11. 물품 보관 등 휴게시설 목적 외의 용도로 사용하지 않도록 한다.

[비고]

다음 각 목에 해당하는 경우에는 다음 각 목의 구분에 따라 제1호부터 제6호까지의 규정에 따른 휴게시설 설치·관리기준의 일부를 적용하지 않는다.

가. 사업장 전용면적의 총 합이 300제곱미터 미만인 경우 : 제1호 및 제2호의 기준
나. 작업장소가 일정하지 않거나 전기가 공급되지 않는 등 작업특성상 실내에 휴게시설을 갖추기 곤란한 경우로서 그늘막 등 간이 휴게시설을 설치한 경우 : 제3호부터 제6호까지의 규정에 따른 기준
다. 건조 중인 선박 등에 휴게시설을 설치하는 경우 : 제4호의 기준

37 근로자 건강진단

1 일반건강진단 〈법 129조, 규칙 195~199조〉

(1) 사업주는 특수건강진단기관 또는 건강검진기관에서 일반건강진단을 실시하여야 한다.

  ※ **고용노동부령으로 정하는 건강진단**
  1. 「국민건강보험법」에 따른 건강검진
  2. 「선원법」에 따른 건강진단
  3. 「진폐의 예방과 진폐근로자의 보호 등에 관한 법률」에 따른 정기 건강진단
  4. 「학교보건법」에 따른 건강검사
  5. 「항공안전법」에 따른 신체검사
  6. 일반건강진단의 검사항목을 모두 포함하여 실시한 건강진단

(2) 사업주는 근로자의 건강진단을 위하여 다음의 정보를 요청하는 경우 해당 정보를 제공하는 등 근로자의 건강진단이 원활히 실시될 수 있도록 적극 협조해야 한다.
  ① 근로자의 작업장소, 근로시간, 작업내용, 작업방식 등 근무환경에 관한 정보
  ② 건강진단 결과, 작업환경측정 결과, 화학물질 사용 실태, 물질안전보건자료 등 건강진단에 필요한 정보

(3) 근로자는 사업주가 실시하는 건강진단 및 의학적 조치에 적극 협조해야 한다.

(4) 건강진단기관은 사업주가 건강진단을 실시하기 위하여 출장검진을 요청하는 경우에는 출장검진을 할 수 있다.

(5) 사업주는 안전보건관리규정 또는 취업규칙에 규정하는 등 일반건강진단이 정기적으로 실시되도록 노력해야 한다.
  ① 사무직(공장 또는 공사현장과 같은 구역에 있지 않은 사무실에서 서무·인사·경리·판매, 설계 등의 사무업무에 종사하는 근로자) : 2년에 1회 이상
  ② 그 외 근로자 : 1년에 1회 이상(판매업무 근로자 포함)

(6) 지방고용노동관서의 장은 근로자의 건강 유지가 필요하다고 인정되는 사업장의 경우 해당 사업주에게 일반건강진단 결과표를 제출하게 할 수 있다.

2 특수건강진단 〈법 130조, 규칙 202조〉

(1) 사업주는 다음 근로자의 특수건강진단을 실시하여야 함. 다만, 건강진단을 받은

근로자에 대하여 해당 유해인자에 대한 특수건강진단을 실시한 것으로 본다.
① 고용노동부령으로 정하는 유해인자에 노출되는 업무(특수건강진단대상업무)에 종사하는 근로자
  ㉠ 화학적 인자
    • 유기화합물(109종)
    • 금속류(20종)
    • 산 및 알칼리류(8종)
    • 가스 상태 물질류(14종)
    • 허가 대상 유해물질(12종)
  ㉡ 분진(7종)
  ㉢ 물리적 인자(8종)
  ㉣ 야간작업
    • 6개월간 밤 12시~오전 5시를 포함하여 계속되는 8시간 작업을 월 평균 4회 이상 수행
    • 6개월간 오후 10시~다음날 오전 6시 사이의 시간 중 작업을 월 평균 60시간 이상 수행
② 건강진단 실시 결과 직업병 소견이 있는 근로자로 판정받아 작업 전환을 하거나 작업 장소를 변경하여 해당 판정의 원인이 된 특수건강진단대상업무에 종사하지 아니하는 사람으로서 해당 유해인자에 대한 건강진단이 필요하다는 의사의 소견이 있는 근로자

(2) 사업주는 특수건강진단대상업무에 종사할 근로자의 배치 예정 업무에 대한 적합성 평가를 위하여 건강진단(배치전건강진단)을 실시하여야 한다.

(3) 사업주는 특수건강진단대상업무에 따른 유해인자로 인한 것이라고 의심되는 건강장해 증상을 보이거나 의학적 소견이 있는 근로자 중 보건관리자 등이 사업주에게 건강진단 실시를 건의하는 등 고용노동부령으로 정하는 근로자에 대하여 수시건강진단을 실시하여야 한다.

(4) **건강진단 시기 주기의 단축**
다음에 한정하여 특수건강진단 주기를 1/2로 단축해야 한다.
① 작업환경측정 결과 노출기준 이상인 작업공정에서 유해인자에 노출되는 모든 근로자
② 특수·수시·임시건강진단을 실시한 결과 직업병 유소견자가 발견된 작업공정에서 해당 유해인자에 노출되는 모든 근로자
③ 특수·임시건강진단 실시 결과 해당 유해인자에 대하여 특수건강진단 실시 주기를 단축하여야 한다는 의사의 판정을 받은 근로자

3 건강진단 결과의 보고 〈규칙 209조〉

(1) 건강진단기관은 건강진단 실시 결과를 고용노동부장관이 정하는 건강진단개인표에 기록하고, 건강진단을 실시한 날부터 30일 이내에 근로자에게 송부해야 한다.
(2) 건강진단기관은 건강진단 결과 질병 유소견자가 발견된 경우에는 건강진단을 실시한 날부터 30일 이내에 해당 근로자에게 의학적 소견 및 사후관리에 필요한 사항과 업무수행의 적합성 여부(특수건강진단기관인 경우만 해당한다)를 설명해야 한다. 다만, 해당 근로자가 소속한 사업장의 의사인 보건관리자에게 이를 설명한 경우에는 그렇지 않다.
(3) 건강진단기관은 건강진단을 실시한 날부터 30일 이내에 건강진단 결과표를 사업주에게 송부해야 한다.

4 건강관리카드 〈법 137조〉

(1) 고용노동부장관은 건강장해가 발생할 우려가 있는 업무에 종사하였거나 종사하고 있는 사람 중 고용노동부령으로 정하는 요건을 갖춘 사람의 직업병 조기발견 및 지속적인 건강관리를 위하여 건강관리카드를 발급하여야 함
(2) 건강관리카드를 발급받은 사람이 요양급여를 신청하는 경우에는 건강관리카드를 제출함으로써 해당 재해에 관한 의학적 소견을 적은 서류의 제출을 대신할 수 있음
(3) 건강관리카드를 발급받은 업무에 종사하지 아니하는 사람은 고용노동부령으로 정하는 바에 따라 특수건강진단에 준하는 건강진단을 받을 수 있음
(4) 건강관리카드를 발급받은 근로자가 카드의 발급 대상 업무에 더 이상 종사하지 않는 경우에는 공단 또는 특수건강진단기관에서 실시하는 건강진단을 매년(카드 발급 대상 업무에서 종사하지 않게 된 첫 해는 제외한다) 1회 받을 수 있음
(5) 건강관리카드 발급 대상

업무	종사기간
베타-나프틸아민	3개월
벤지딘	
석면/석면방직제품 제조	
석면함유제품	1년
석면해체, 제거업무	
벤조트리클로라이드	3년
갱내 작업	3년 이상 진폐증

업무	종사기간
염화비닐	4년
크롬산, 중크롬산	
삼산화비소, 니켈, 카드뮴	5년
벤젠, 제철용코크스	6년

5 질병자의 근로금지 〈규칙 220조〉

(1) 사업주는 다음에 해당하는 사람의 근로를 금지해야 한다.
  ① 전염될 우려가 있는 질병에 걸린 사람. 다만, 전염을 예방하기 위한 조치를 한 경우는 제외
  ② 조현병, 마비성 치매에 걸린 사람
  ③ 심장·신장·폐 등의 질환이 있는 사람으로서 근로에 의하여 병세가 악화될 우려가 있는 사람
  ④ 1항부터 3항까지의 규정에 준하는 질병으로서 고용노동부장관이 정하는 질병에 걸린 사람

(2) 사업주는 근로를 금지하거나 근로를 다시 시작하도록 하는 경우에는 미리 보건관리자(의사인 보건관리자만 해당한다), 산업보건의 또는 건강진단을 실시한 의사의 의견을 들어야 한다.

6 질병자의 근로 제한 〈규칙 221조〉

(1) 사업주는 다음에 해당하는 질병이 있는 근로자를 고기압 업무에 종사하도록 해서는 안 된다.
  ① 감압증이나 그 밖에 고기압에 의한 장해 또는 그 후유증
  ② 결핵, 급성상기도감염, 진폐, 폐기종, 그 밖의 호흡기계의 질병
  ③ 빈혈증, 심장판막증, 관상동맥경화증, 고혈압증, 그 밖의 혈액 또는 순환기계의 질병
  ④ 정신신경증, 알코올중독, 신경통, 그 밖의 정신신경계의 질병
  ⑤ 메니에르씨병, 중이염, 그 밖의 이관(耳管)협착을 수반하는 귀 질환
  ⑥ 관절염, 류마티스, 그 밖의 운동기계의 질병
  ⑦ 천식, 비만증, 바세도우씨병, 그 밖에 알레르기성·내분비계·물질대사 또는 영양장해 등과 관련된 질병

38 건설현장의 작업환경측정

〈규칙 186~190조〉

1 작업환경측정방법

(1) 측정 전 예비조사 실시
(2) 작업이 정상적으로 이루어져 작업시간과 유해인자에 대한 근로자의 노출 정도를 정확히 평가할 수 있을 때 실시
(3) 모든 측정은 개인시료채취방법으로 하되, 개인시료채취방법이 곤란한 경우에는 지역시료채취방법으로 실시

2 측정 횟수

(1) **최초측정** : 신규로 가동되거나 변경되는 등 작업환경측정 대상 작업장이 된 경우 그날부터 30일 이내에 측정
(2) **정기측정** : 최초측정 이후 6개월에 1회 이상
(3) 1년에 1회 이상 측정 대상
공정설비의 변경, 작업방법의 변경, 설비의 이전, 사용 화학물질의 변경으로 작업환경측정 결과에 영향을 주는 변화가 없는 경우로서
① 작업공정 내 소음의 작업환경측정 결과가 최근 2회 연속 85데시벨 미만인 경우
② 작업공정 내 소음 외의 다른 모든 인자의 작업환경측정 결과가 최근 2회 연속 노출기준 미만인 경우

3 작업환경측정의 생략이 가능한 경우

(1) 임시작업 및 단시간 작업을 하는 작업장
(2) 관리 대상 유해물질의 허용 소비량을 초과하지 않는 작업장
(3) 분진작업의 적용 제외 작업장(분진에 관한 작업환경측정만 해당)
(4) 그 밖에 작업환경측정 대상 유해인자의 노출 수준이 노출기준에 비하여 현저히 낮은 경우로 고용노동부장관이 정하여 고시하는 작업장

4 결과의 보고

(1) 시료채취를 마친 날부터 30일 이내에 지방고용노동관서의 장에게 제출

(2) 시료분석 및 평가에 상당한 시간이 걸려 시료채취를 마친 날부터 30일 이내에 보고하는 것이 어려운 사업장은 그 사실을 증명하여 지방고용노동관서의 장에게 신고하면 30일의 범위에서 제출기간 연장 가능

(3) **노출기준 초과 작업공정이 있는 경우** : 해당 시설, 설비의 설치·개선 또는 건강진단의 실시 등 적절한 조치를 하고 시료채취를 마친 날부터 60일 이내에 해당 작업공정의 개선을 증명할 수 있는 서류 또는 개선계획을 관할 지방고용노동관서의 장에게 제출

5 작업환경측정자의 자격

그 사업장에 소속된 사람으로서 산업위생관리산업기사 이상의 자격을 가진 사람

6 건설현장의 작업환경측정 대상 유해인자

(1) 유기화합물

벤젠, 아세톤, 이황화탄소, 톨루엔, 페놀, 헥산

(2) 금속류

① 구리 : 흄(Fume), 분진과 미스트
② 납 및 그 무기화합물
③ 알루미늄 및 그 화합물 : 금속분진, 흄, 가용성 염, 알킬
④ 산화철 분진과 흄
⑤ 가스 상태 물질류 : 일산화탄소, 황화수소

(3) 물리적 인자

① 8시간 시간가중평균 80데시벨 이상의 소음
② 고열환경

(4) 분진

① 광물성 분진 : 규산, 규산염(운모, 흑연)
② 곡물 분진
③ 면 분진   ④ 목재 분진
⑤ 석면 분진   ⑥ 유리섬유
⑦ 용접 흄

7 근로자 대표 등의 참여 확대조치 시행

작업환경측정 전에 하는 예비조사의 단계에서 근로자 대표 또는 해당 작업공정을 수행하는 근로자가 요구하는 경우, 예비조사 시 근로자 대표 등을 참여시켜야 한다.

39 서류의 보존

1 서류 보존기간〈법 164조〉

(1) 1년
   산업안전보건관리비 사용명세서

(2) 2년
   ① 노사협의체 회의록
   ② 산업안전보건위원회 회의록
   ③ 자율안전기준 서류(자율검사프로그램)

(3) 3년
   ① 산업재해 발생기록
   ② 안전보건관리책임자, 안전관리자, 보건관리자, 안전보건관리담당자 및 산업보건의의 선임서류
   ③ 안전보건조치사항
   ④ 화학물질 유해성·위험성 조사
   ⑤ 작업환경측정에 관한 서류
   ⑥ 건강진단에 관한 서류
   ⑦ 안전인증검사(안전검사)
   ⑧ 기관석면조사(일반석면조사는 종결 시)
   ⑨ 위험성평가
   ⑩ 지도사 연수교육서류

(4) 5년
   ① 지도사업무(지도사 보수교육서류)
   ② 작업환경측정 결과 기록 서류
   ③ 공정안전보고서
   ④ 건강진단 결과표

(5) 30년
   ① 석면해체, 제거 업무(업자)
   ② 건강진단결과표(유해물질)

③ 작업환경측정결과서류(고용노동부장관 고시 물질)

2 결과보고서 〈규칙 241조〉

(1) 작업환경측정
① 측정 대상 사업자의 명칭 및 소재지
② 측정 연월일
③ 측정자 이름
④ 측정방법 및 결과
⑤ 분석자, 분석방법, 자료

(2) 석면해체·제거작업
① 석면해체·제거작업장의 명칭 및 소재지
② 석면해체·제거작업 근로자의 인적사항(성명, 생년월일 등을 말한다)
③ 작업의 내용 및 작업기간

40 사업장 위험성평가에 관한 지침

[시행 2025. 1. 2.] [고용노동부고시 제2024-76호, 2024. 12. 18., 일부개정]

제1장 총칙

제1조(목적) 이 고시는 「산업안전보건법」 제36조에 따라 사업주가 스스로 사업장의 유해·위험요인에 대한 실태를 파악하고 이를 평가하여 관리·개선하는 등 필요한 조치를 통해 산업재해를 예방할 수 있도록 지원하기 위하여 위험성평가 방법, 절차, 시기 등에 대한 기준을 제시하고, 위험성평가 활성화를 위한 시책의 운영 및 지원사업 등 그 밖에 필요한 사항을 규정함을 목적으로 한다.

제2조(적용범위) 이 고시는 위험성평가를 실시하는 모든 사업장에 적용한다.

제3조(정의) ① 이 고시에서 사용하는 용어의 뜻은 다음과 같다.
1. "유해·위험요인"이란 유해·위험을 일으킬 잠재적 가능성이 있는 것의 고유한 특징이나 속성을 말한다.
2. "위험성"이란 유해·위험요인이 사망, 부상 또는 질병으로 이어질 수 있는 가능성과 중대성 등을 고려한 위험의 정도를 말한다.
3. "위험성평가"란 사업주가 스스로 유해·위험요인을 파악하고 해당 유해·위험요인의 위험성 수준을 결정하여, 위험성을 낮추기 위한 적절한 조치를 마련하고 실행하는 과정을 말한다.
4. "근로자"란 기간제, 단시간, 파견 등 고용형태 및 국적과 관계없이 「산업안전보건법」 제2조 제3호에 따른 근로자를 말한다.

② 그 밖에 이 고시에서 사용하는 용어의 뜻은 이 고시에 특별히 정한 것이 없으면 「산업안전보건법」(이하 "법"이라 한다), 같은 법 시행령(이하 "영"이라 한다), 같은 법 시행규칙(이하 "규칙"이라 한다) 및 「산업안전보건기준에 관한 규칙」(이하 "안전보건규칙"이라 한다)에서 정하는 바에 따른다.

제4조(정부의 책무) ① 고용노동부장관(이하 "장관"이라 한다)은 사업장 위험성평가가 효과적으로 추진되도록 하기 위하여 다음 각 호의 사항을 강구하여야 한다.
1. 정책의 수립·집행·조정·홍보
2. 위험성평가 기법의 연구·개발 및 보급
3. 사업장 위험성평가 활성화 시책의 운영
4. 위험성평가 실시의 지원

5. 조사 및 통계의 유지·관리
6. 그 밖에 위험성평가에 관한 정책의 수립 및 추진
② 장관은 제1항 각 호의 사항 중 필요한 사항을 한국산업안전보건공단(이하 "공단"이라 한다)으로 하여금 수행하게 할 수 있다.

제2장 사업장 위험성평가

제5조(위험성평가 실시주체) ① 사업주는 스스로 사업장의 유해·위험요인을 파악하고 이를 평가하여 관리 개선하는 등 위험성평가를 실시하여야 한다.
② 법 제63조에 따른 작업의 일부 또는 전부를 도급에 의하여 행하는 사업의 경우는 도급을 준 도급인(이하 "도급사업주"라 한다)과 도급을 받은 수급인(이하 "수급사업주"라 한다)은 각각 제1항에 따른 위험성평가를 실시하여야 한다.
③ 제2항에 따른 도급사업주는 수급사업주가 실시한 위험성평가 결과를 검토하여 도급사업주가 개선할 사항이 있는 경우 이를 개선하여야 한다.

제5조의2(위험성평가의 대상) ① 위험성평가의 대상이 되는 유해·위험요인은 업무 중 근로자에게 노출된 것이 확인되었거나 노출될 것이 합리적으로 예견 가능한 모든 유해·위험요인이다. 다만, 매우 경미한 부상 및 질병만을 초래할 것으로 명백히 예상되는 유해·위험요인은 평가 대상에서 제외할 수 있다.
② 사업주는 사업장 내 부상 또는 질병으로 이어질 가능성이 있었던 상황(이하 "아차사고"라 한다)을 확인한 경우에는 해당 사고를 일으킨 유해·위험요인을 위험성평가의 대상에 포함시켜야 한다.
③ 사업주는 사업장 내에서 법 제2조 제2호의 중대재해가 발생한 때에는 지체 없이 중대재해의 원인이 되는 유해·위험요인에 대해 제15조 제2항의 위험성평가를 실시하고, 그 밖의 사업장 내 유해·위험요인에 대해서는 제15조 제3항의 위험성평가 재검토를 실시하여야 한다.

제6조(근로자 참여) 사업주는 위험성평가를 실시할 때, 법 제36조 제2항에 따라 다음 각 호에 해당하는 경우 해당 작업에 종사하는 근로자를 참여시켜야 한다.
1. 유해·위험요인의 위험성 수준을 판단하는 기준을 마련하고, 유해·위험요인별로 허용 가능한 위험성 수준을 정하거나 변경하는 경우
2. 해당 사업장의 유해·위험요인을 파악하는 경우
3. 유해·위험요인의 위험성이 허용 가능한 수준인지 여부를 결정하는 경우
4. 위험성 감소대책을 수립하여 실행하는 경우

5. 위험성 감소대책 실행 여부를 확인하는 경우

제7조(위험성평가의 방법) ① 사업주는 다음과 같은 방법으로 위험성평가를 실시하여야 한다.
1. 안전보건관리책임자 등 해당 사업장에서 사업의 실시를 총괄 관리하는 사람에게 위험성평가의 실시를 총괄 관리하게 할 것
2. 사업장의 안전관리자, 보건관리자 등이 위험성평가의 실시에 관하여 안전보건관리책임자를 보좌하고 지도·조언하게 할 것
3. 유해·위험요인을 파악하고 그 결과에 따른 개선조치를 시행할 것
4. 기계·기구, 설비 등과 관련된 위험성평가에는 해당 기계·기구, 설비 등에 전문 지식을 갖춘 사람을 참여하게 할 것
5. 안전·보건관리자의 선임의무가 없는 경우에는 제2호에 따른 업무를 수행할 사람을 지정하는 등 그 밖에 위험성평가를 위한 체제를 구축할 것

② 사업주는 제1항에서 정하고 있는 자에 대해 위험성평가를 실시하기 위해 필요한 교육을 실시하여야 한다. 이 경우 위험성평가에 대해 외부에서 교육을 받았거나, 관련 학문을 전공하여 관련 지식이 풍부한 경우에는 필요한 부분만 교육을 실시하거나 교육을 생략할 수 있다.

③ 사업주가 위험성평가를 실시하는 경우에는 산업안전·보건 전문가 또는 전문기관의 컨설팅을 받을 수 있다.

④ 사업주가 다음 각 호의 어느 하나에 해당하는 제도를 이행한 경우에는 그 부분에 대하여 이 고시에 따른 위험성평가를 실시한 것으로 본다.
1. 위험성평가 방법을 적용한 안전·보건진단(법 제47조)
2. 공정안전보고서(법 제44조). 다만, 공정안전보고서의 내용 중 공정위험성평가서가 최대 4년 범위 이내에서 정기적으로 작성된 경우에 한한다.
3. 근골격계부담작업 유해요인조사(안전보건규칙 제657조부터 제662조까지)
4. 그 밖에 법과 이 법에 따른 명령에서 정하는 위험성평가 관련 제도

⑤ 사업주는 사업장의 규모와 특성 등을 고려하여 다음 각 호의 위험성평가 방법 중 한 가지 이상을 선정하여 위험성평가를 실시할 수 있다.
1. 위험 가능성과 중대성을 조합한 빈도·강도법
2. 체크리스트(Checklist)법
3. 위험성 수준 3단계(저·중·고) 판단법
4. 핵심요인 기술(One Point Sheet)법
5. 그 외 규칙 제50조 제1항 제2호 각 목의 방법

제8조(위험성평가의 절차) 사업주는 위험성평가를 다음의 절차에 따라 실시하여야 한다. 다만, 상시근로자 5인 미만 사업장(건설공사의 경우 1억 원 미만)의 경우 제1호의 절차를 생략할 수 있다.
1. 사전준비
2. 유해·위험요인 파악
3. 삭제
4. 위험성 결정
5. 위험성 감소대책 수립 및 실행
6. 위험성평가 실시내용 및 결과에 관한 기록 및 보존

제9조(사전준비) ① 사업주는 위험성평가를 효과적으로 실시하기 위하여 최초 위험성평가 시 다음 각 호의 사항이 포함된 위험성평가 실시규정을 작성하고, 지속적으로 관리하여야 한다.
1. 평가의 목적 및 방법
2. 평가담당자 및 책임자의 역할
3. 평가시기 및 절차
4. 근로자에 대한 참여·공유방법 및 유의사항
5. 결과의 기록·보존

② 사업주는 위험성평가를 실시하기 전에 다음 각 호의 사항을 확정하여야 한다.
1. 위험성의 수준과 그 수준을 판단하는 기준
2. 허용 가능한 위험성의 수준(이 경우 법에서 정한 기준 이상으로 위험성의 수준을 정하여야 한다)

③ 사업주는 다음 각 호의 사업장 안전보건정보를 사전에 조사하여 위험성평가에 활용할 수 있다.
1. 작업표준, 작업절차 등에 관한 정보
2. 기계·기구, 설비 등의 사양서, 물질안전보건자료(MSDS) 등의 유해·위험요인에 관한 정보
3. 기계·기구, 설비 등의 공정 흐름과 작업 주변의 환경에 관한 정보
4. 법 제63조에 따른 작업을 하는 경우로서 같은 장소에서 사업의 일부 또는 전부를 도급을 주어 행하는 작업이 있는 경우 혼재 작업의 위험성 및 작업 상황 등에 관한 정보
5. 재해사례, 재해통계 등에 관한 정보
6. 작업환경측정결과, 근로자 건강진단결과에 관한 정보
7. 그 밖에 위험성평가에 참고가 되는 자료 등

제10조(유해·위험요인 파악) 사업주는 사업장 내의 제5조의2에 따른 유해·위험요인을 파악하여야 한다. 이때 업종, 규모 등 사업장 실정에 따라 다음 각 호의 방법 중 어느 하나 이상의 방법을 사용하되, 특별한 사정이 없으면 제1호에 의한 방법을 포함하여야 한다.
1. 사업장 순회점검에 의한 방법
2. 근로자들의 상시적 제안에 의한 방법
3. 설문조사·인터뷰 등 청취조사에 의한 방법
4. 물질안전보건자료, 작업환경측정결과, 특수건강진단결과 등 안전보건 자료에 의한 방법
5. 안전보건 체크리스트에 의한 방법
6. 그 밖에 사업장의 특성에 적합한 방법

제11조(위험성 결정) ① 사업주는 제10조에 따라 파악된 유해·위험요인이 근로자에게 노출되었을 때의 위험성을 제9조 제2항 제1호에 따른 기준에 의해 판단하여야 한다.
② 사업주는 제1항에 따라 판단한 위험성의 수준이 제9조 제2항 제2호에 의한 허용 가능한 위험성의 수준인지 결정하여야 한다.

제12조(위험성 감소대책 수립 및 실행) ① 사업주는 제11조 제2항에 따라 허용 가능한 위험성이 아니라고 판단한 경우에는 위험성의 수준, 영향을 받는 근로자 수 및 다음 각 호의 순서를 고려하여 위험성 감소를 위한 대책을 수립하여 실행하여야 한다. 이 경우 법령에서 정하는 사항과 그 밖에 근로자의 위험 또는 건강장해를 방지하기 위하여 필요한 조치를 반영하여야 한다.
1. 위험한 작업의 폐지·변경, 유해·위험물질 대체 등의 조치 또는 설계나 계획 단계에서 위험성을 제거 또는 저감하는 조치
2. 연동장치, 환기장치 설치 등의 공학적 대책
3. 사업장 작업절차서 정비 등의 관리적 대책
4. 개인용 보호구의 사용
② 사업주는 위험성 감소대책을 실행한 후 해당 공정 또는 작업의 위험성의 수준이 사전에 자체 설정한 허용 가능한 위험성의 수준인지를 확인하여야 한다.
③ 제2항에 따른 확인 결과, 위험성이 자체 설정한 허용 가능한 위험성 수준으로 내려오지 않는 경우에는 허용 가능한 위험성 수준이 될 때까지 추가의 감소대책을 수립·실행하여야 한다.
④ 사업주는 중대재해, 중대산업사고 또는 심각한 질병이 발생할 우려가 있는 위험성으로서 제1항에 따라 수립한 위험성 감소대책의 실행에 많은 시간이 필요한 경우에는 즉시 잠정적인 조치를 강구하여야 한다.

제13조(위험성평가의 공유) ① 사업주는 위험성평가를 실시한 결과 중 다음 각 호에 해당하는 사항을 근로자에게 게시, 주지 등의 방법으로 알려야 한다.
1. 근로자가 종사하는 작업과 관련된 유해·위험요인
2. 제1호에 따른 유해·위험요인의 위험성 결정 결과
3. 제1호에 따른 유해·위험요인의 위험성 감소대책과 그 실행 계획 및 실행 여부
4. 제3호에 따른 위험성 감소대책에 따라 근로자가 준수하거나 주의하여야 할 사항

② 사업주는 위험성평가 결과 법 제2조 제2호의 중대재해로 이어질 수 있는 유해·위험요인에 대해서는 작업 전 안전점검회의(TBM : Tool Box Meeting) 등을 통해 근로자에게 상시적으로 주지시키도록 노력하여야 한다.

제14조(기록 및 보존) ① 규칙 제37조 제1항 제4호에 따른 "그 밖에 위험성평가의 실시내용을 확인하기 위하여 필요한 사항으로서 고용노동부장관이 정하여 고시하는 사항"이란 다음 각 호에 관한 사항을 말한다.
1. 위험성평가를 위해 사전조사 한 안전보건정보
2. 그 밖에 사업장에서 필요하다고 정한 사항

② 시행규칙 제37조 제2항의 기록의 최소 보존기한은 제15조에 따른 실시 시기별 위험성평가를 완료한 날부터 기산한다.

제15조(위험성평가의 실시 시기) ① 사업주는 사업이 성립된 날(사업 개시일을 말하며, 건설업의 경우 실착공일을 말한다)로부터 1개월이 되는 날까지 제5조의2 제1항에 따라 위험성평가의 대상이 되는 유해·위험요인에 대한 최초 위험성평가의 실시에 착수하여야 한다. 다만, 1개월 미만의 기간 동안 이루어지는 작업 또는 공사의 경우에는 특별한 사정이 없는 한 작업 또는 공사 개시 후 지체 없이 최초 위험성평가를 실시하여야 한다.

② 사업주는 다음 각 호의 어느 하나에 해당하여 추가적인 유해·위험요인이 생기는 경우에는 해당 유해·위험요인에 대한 수시 위험성평가를 실시하여야 한다. 다만, 제5호에 해당하는 경우에는 재해발생 작업을 대상으로 작업을 재개하기 전에 실시하여야 한다.
1. 사업장 건설물의 설치·이전·변경 또는 해체
2. 기계·기구, 설비, 원재료 등의 신규 도입 또는 변경
3. 건설물, 기계·기구, 설비 등의 정비 또는 보수(주기적·반복적 작업으로서 이미 위험성평가를 실시한 경우에는 제외)
4. 작업방법 또는 작업절차의 신규 도입 또는 변경
5. 중대산업사고 또는 산업재해(휴업 이상의 요양을 요하는 경우에 한정한다) 발생
6. 그 밖에 사업주가 필요하다고 판단한 경우

③ 사업주는 다음 각 호의 사항을 고려하여 제1항에 따라 실시한 위험성평가의 결과에 대

한 적정성을 1년마다 정기적으로 재검토(이때, 해당 기간 내 제2항에 따라 실시한 위험성평가의 결과가 있는 경우 함께 적정성을 재검토하여야 한다)하여야 한다. 재검토 결과 허용 가능한 위험성 수준이 아니라고 검토된 유해·위험요인에 대해서는 제12조에 따라 위험성 감소대책을 수립하여 실행하여야 한다.

1. 기계·기구, 설비 등의 기간 경과에 의한 성능 저하
2. 근로자의 교체 등에 수반하는 안전·보건과 관련되는 지식 또는 경험의 변화
3. 안전·보건과 관련되는 새로운 지식의 습득
4. 현재 수립되어 있는 위험성 감소대책의 유효성 등

④ 사업주가 사업장의 상시적인 위험성평가를 위해 다음 각 호의 사항을 이행하는 경우 제2항과 제3항의 수시평가와 정기평가를 실시한 것으로 본다.

1. 매월 1회 이상 근로자 제안제도 활용, 아차사고 확인, 작업과 관련된 근로자를 포함한 사업장 순회점검 등을 통해 사업장 내 유해·위험요인을 발굴하여 제11조의 위험성결정 및 제12조의 위험성 감소대책 수립·실행을 할 것
2. 매주 안전보건관리책임자, 안전관리자, 보건관리자, 관리감독자 등(도급사업주의 경우 수급사업장의 안전·보건 관련 관리자 등을 포함한다)을 중심으로 제1호의 결과 등을 논의·공유하고 이행상황을 점검할 것
3. 매 작업일마다 제1호와 제2호의 실시결과에 따라 근로자가 준수하여야 할 사항 및 주의하여야 할 사항을 작업 전 안전점검회의 등을 통해 공유·주지할 것

제3장 위험성평가 인정

제16조(인정의 신청) ① 장관은 소규모 사업장의 위험성평가를 활성화하기 위하여 위험성평가 활동이 일정 수준 이상인 사업장에 대해 인정하는 사업을 운영할 수 있다. 이 경우 인정을 신청할 수 있는 사업장은 다음 각 호와 같다.

1. 상시근로자 수 100명 미만 사업장(건설공사를 제외한다). 이 경우 법 제63조에 따른 작업의 일부 또는 전부를 도급에 의하여 행하는 사업의 경우는 도급사업주의 사업장(이하 "도급사업장"이라 한다)과 수급사업주의 사업장(이하 "수급사업장"이라 한다) 각각의 근로자수를 이 규정에 의한 상시근로자 수로 본다.
2. 총 공사금액 120억 원(토목공사는 150억 원) 미만의 건설공사

② 제2장에 따른 위험성평가를 실시한 사업장으로서 해당 사업장을 제1항의 인정을 받고자 하는 사업주는 별지 제1호서식의 위험성평가 인정신청서를 해당 사업장을 관할하는 공단 광역본부장·지역본부장·지사장에게 제출하여야 한다.

③ 제2항에 따른 인정신청은 위험성평가 인정을 받고자 하는 단위 사업장(또는 건설공사)

으로 한다. 다만, 다음 각 호의 어느 하나에 해당하는 사업장은 인정신청을 할 수 없다.
1. 제22조에 따라 인정이 취소된 날부터 1년이 경과하지 아니한 사업장
2. 최근 1년 이내에 제22조 제1항 제2호부터 제4호까지의 규정 중 어느 하나에 해당하는 사유가 있는 사업장

④ 법 제63조에 따른 작업의 일부 또는 전부를 도급에 의하여 행하는 사업장의 경우에는 도급사업장의 사업주가 수급사업장을 일괄하여 인정을 신청하여야 한다. 이 경우 인정신청에 포함하는 해당 수급사업장 명단을 신청서에 기재(건설공사를 제외한다)하여야 한다.

⑤ 제4항에도 불구하고 수급사업장이 제19조에 따른 인정을 별도로 받았거나, 법 제17조에 따른 안전관리자 또는 같은 법 제18조에 따른 보건관리자 선임대상인 경우에는 제4항에 따른 인정신청에서 해당 수급사업장을 제외할 수 있다.

제17조(인정심사) ① 공단은 위험성평가 인정신청서를 제출한 사업장에 대해 다음 각 호에서 정하는 항목에 대해 별표의 기준에 따라 인정 여부를 심사(이하 "인정심사"라 한다)하여야 한다.
1. 사업주의 관심도
2. 위험성평가 실행수준
3. 구성원의 참여 및 이해 수준
4. 재해발생 수준

② 공단 광역본부장·지역본부장·지사장은 소속 직원으로 하여금 사업장을 방문하여 제1항의 인정심사(이하 "현장심사"라 한다)를 하도록 하여야 한다. 이 경우 현장심사는 현장심사 전일을 기준으로 최초인정은 최근 1년, 최초인정 후 다시 인정(이하 "재인정"이라 한다)하는 것은 최근 3년 이내에 실시한 위험성평가를 대상으로 한다.

③ 제2항에 따른 현장심사 결과는 제18조에 따른 인정심사위원회에 보고하여야 하며, 인정심사위원회는 현장심사 결과 등으로 인정심사를 하여야 한다.

④ 제16조 제4항에 따른 도급사업장의 인정심사는 도급사업장과 인정을 신청한 수급사업장(건설공사의 수급사업장은 제외한다)에 대하여 각각 실시하여야 한다. 이 경우 도급사업장의 인정심사는 사업장 내의 모든 수급사업장을 포함한 사업장 전체를 종합적으로 실시하여야 한다.

⑤ 인정심사의 운영에 필요한 세부사항은 고용노동부장관의 승인을 거쳐 공단 이사장이 정한다.

제18조(인정심사위원회의 구성·운영) ① 공단은 위험성평가 인정과 관련한 다음 각 호의 사항을 심의·의결하기 위하여 각 광역본부·지역본부·지사에 위험성평가 인정심사위원회

를 두어야 한다.
1. 인정 여부의 결정
2. 인정취소 여부의 결정
3. 인정과 관련한 이의신청에 대한 심사 및 결정
4. 심사항목 및 심사기준의 개정 건의
5. 그 밖에 인정 업무와 관련하여 위원장이 회의에 부치는 사항

② 인정심사위원회는 공단 광역본부장·지역본부장·지사장을 위원장으로 하고, 관할 지방고용노동관서 산재예방지도과장(산재예방지도과가 설치되지 않은 관서는 근로개선지도과장)을 당연직 위원으로 하여 5명 이상 10명 이하의 내·외부 위원으로 구성하여야 한다. 이때 외부 위원의 수는 위원장을 제외한 위원 수의 2분의 1 이상으로 한다.

③ 외부위원은 다음 각 호에 해당하는 사람 중에서 위원장이 위촉한다.
1. 노동계·경영계를 대표하는 단체의 산업안전보건 업무 관련자
2. 법에 따른 산업안전지도사 또는 산업보건지도사
3. 「국가기술자격법」에 따른 안전·보건 분야의 기술사
4. 「국가기술자격법」에 따른 안전·보건 분야의 기사 자격 또는 「의료법」 제78조에 따른 산업전문간호사 면허를 취득하고 안전·보건 분야 경력이 10년 이상인 사람
5. 전문대학 이상의 학교에서 안전·보건 분야 관련 학과 조교수 이상인 사람
6. 안전·보건 분야 박사학위 소지자로 안전·보건 분야 실무경력이 5년 이상인 사람
7. 「의료법」 제77조에 따른 직업환경의학과 전문의
8. 그 밖에 위원장이 자격이 있다고 인정하는 사람

④ 그 밖에 인정심사위원회의 운영에 관하여 필요한 사항은 고용노동부장관의 승인을 거쳐 공단 이사장이 정한다.

제19조(위험성평가의 인정) ① 공단은 인정신청 사업장에 대한 현장심사를 완료한 날부터 1개월 이내에 인정심사위원회의 심의·의결을 거쳐 인정 여부를 결정하여야 한다. 이 경우 다음의 기준을 충족하는 경우에만 인정을 결정하여야 한다.
1. 제2장에서 정한 방법, 절차 등에 따라 위험성평가를 수행한 사업장
2. 현장심사 결과 제17조 제1항 각 호의 평가점수가 100점 만점에 70점을 미달하는 항목이 없고 종합점수가 100점 만점에 90점 이상인 사업장

② 인정심사위원회는 제1항의 인정 기준을 충족하는 사업장의 경우에도 인정심사위원회를 개최하는 날을 기준으로 최근 1년 이내에 제22조 제1항 각 호에 해당하는 사유가 있는 사업장에 대하여는 인정하지 아니한다.

③ 공단은 제1항에 따라 인정을 결정한 사업장에 대해서는 별지 제2호서식의 인정서를

발급하여야 한다. 이 경우 제17조 제4항에 따른 인정심사를 한 경우에는 인정심사 기준을 만족하는 도급사업장과 수급사업장에 대해 각각 인정서를 발급하여야 한다.
④ 위험성평가 인정 사업장의 유효기간은 제1항에 따른 인정이 결정된 날부터 3년으로 한다. 다만, 제22조에 따라 인정이 취소된 경우에는 인정취소 사유 발생일 전날까지로 한다.
⑤ 위험성평가 인정을 받은 사업장 중 사업이 법인격을 갖추어 사업장관리번호가 변경되었으나 다음 각 호의 사항을 증명하는 서류를 공단에 제출하여 동일 사업장임을 인정받을 경우 변경 후 사업장을 위험성평가 인정 사업장으로 한다. 이 경우 인정기간의 만료일은 변경 전 사업장의 인정기간 만료일로 한다.
1. 변경 전·후 사업장의 소재지가 동일할 것
2. 변경 전 사업의 사업주가 변경 후 사업의 대표이사가 되었을 것
3. 변경 전 사업과 변경 후 사업 간 시설·인력·자금 등에 대한 권리·의무의 전부를 포괄적으로 양도·양수하였을 것

제20조(재인정) ① 사업주는 제19조 제4항 본문에 따른 인정 유효기간이 만료되어 재인정을 받으려는 경우에는 제16조 제2항에 따른 인정신청서를 제출하여야 한다. 이 경우 인정신청서 제출은 유효기간 만료일 3개월 전부터 할 수 있다.
② 제1항에 따른 재인정을 신청한 사업장에 대한 심사 등은 제16조부터 제19조까지의 규정에 따라 처리한다.
③ 재인정 사업장의 인정 유효기간은 제19조 제4항에 따른다. 이 경우, 재인정 사업장의 인정 유효기간은 이전 위험성평가 인정 유효기간의 만료일 다음날부터 새로 계산한다.

제21조(인정사업장 사후점검) ① 공단은 제19조 제3항 및 제20조에 따라 인정을 받은 사업장이 위험성평가를 효과적으로 유지하고 있는지 확인하기 위하여 인정기간 중 1회 이상 사후점검을 할 수 있다. 다만, 사후점검일 기준 잔여공사기간이 3개월 미만인 건설공사는 제외할 수 있다.
② 사후점검은 직전 현장심사를 받은 이후에 사업장에서 실시한 위험성평가에 대해 현장점검을 하는 것으로 하며, 해당 사업장이 제19조에 따른 인정 기준을 유지하는지 여부 및 수립한 위험성 감소대책을 충실히 이행하고 있는지 여부를 확인하여야 한다.

제22조(인정의 취소) ① 위험성평가 인정사업장에서 인정 유효기간 중에 다음 각 호의 어느 하나에 해당하는 사업장은 인정을 취소하여야 한다.
1. 거짓 또는 부정한 방법으로 인정을 받은 사업장
2. 인정기간 중 다음 각 목의 어느 하나에 해당하는 중대재해가 발생한 사업장. 다만, 법 제5조에 따른 사업주의 의무와 직접적으로 관련이 없는 재해로서「고용보험 및 산업재

해보상보험의 보험료징수 등에 관한 법률 시행령」 제18조의5 제1항에서 정하는 사유는 제외한다.

  가. 사망자가 1명 이상 발생한 재해
  나. 3개월 이상의 요양이 필요한 부상자가 동시에 2명 이상 발생한 재해
  다. 부상자 또는 직업성 질병자가 동시에 10명 이상 발생한 재해
3. 근로자의 부상(3일 이상의 휴업)을 동반한 중대산업사고 발생사업장
4. 법 제10조에 따른 산업재해 발생건수, 재해율 또는 그 순위 등이 공표된 사업장(영 제10조 제1항 제1호 및 제5호에 한정한다)
5. 제21조에 따른 사후점검을 거부하거나 점검 결과 다음 각 목의 어느 하나의 사유가 확인된 사업장
  가. 제19조에 따른 인정기준을 충족하지 못한 경우
  나. 현장심사 또는 사후점검에서 개선하도록 지적된 사항을 이행하지 않아 조치 기간을 부여하였음에도 이행하지 않은 것이 확인된 경우
6. 사업주가 자진하여 인정 취소를 요청한 사업장
7. 그 밖에 인정취소가 필요하다고 공단 광역본부장·지역본부장 또는 지사장이 인정한 사업장

② 공단은 제1항에 해당하는 사업장에 대해서는 인정심사위원회에 상정하여 인정취소 여부를 결정하여야 한다. 이 경우 해당 사업장에는 소명의 기회를 부여하여야 한다.
③ 제2항에 따라 인정심사위원회가 인정취소를 결정한 경우 인정취소일은 제1항에 따른 인정취소 사유가 발생한 날로 한다.

제23조(위험성평가 지원사업) ① 장관은 사업장의 위험성평가를 지원하기 위하여 공단 이사장으로 하여금 다음 각 호의 위험성평가 사업을 추진하게 할 수 있다.
1. 추진기법 및 모델, 기술자료 등의 개발·보급
2. 우수 사업장 발굴 및 홍보
3. 사업장 관계자에 대한 교육
4. 사업장 컨설팅
5. 전문가 양성
6. 지원시스템 구축·운영
7. 인정사업의 운영
8. 그 밖에 위험성평가 추진에 관한 사항

② 공단 이사장은 제1항에 따른 사업을 추진하는 경우 고용노동부와 협의하여 추진하고 추진결과 및 성과를 분석하여 매년 1회 이상 장관에게 보고하여야 한다.

제24조(위험성평가 교육지원) ① 공단은 제23조 제1항에 따라 사업장의 위험성평가를 지원하기 위하여 다음 각 호의 교육과정을 개설하여 운영할 수 있다.
1. 사업주 교육
2. 평가담당자 교육
3. 실무 역량 지원 교육

② 공단은 제1항에 따른 교육과정을 광역본부 · 지역본부 · 지사 또는 산업안전보건교육원(이하 "교육원"이라 한다)에 개설하여 운영하여야 한다.
③ 제1항 제2호 및 제3호에 따른 교육을 수료한 근로자에 대해서는 해당 시기에 사업주가 실시해야 하는 관리감독자 교육을 수료한 시간만큼 실시한 것으로 본다.

제25조(위험성평가 컨설팅지원) ① 공단은 근로자 수 50명 미만 소규모 사업장(건설업의 경우 전년도에 공시한 시공능력 평가액 순위가 200위 초과인 종합건설업체 본사 또는 총 공사금액 120억 원(토목공사는 150억 원)미만인 건설공사를 말한다)의 사업주로부터 제5조 제3항에 따른 컨설팅지원을 요청 받은 경우에 위험성평가 실시에 대한 컨설팅지원을 할 수 있다.
② 제1항에 따른 공단의 컨설팅지원을 받으려는 사업주는 사업장 관할의 공단 광역본부장 · 지역본부장 · 지사장에게 지원 신청을 하여야 한다.
③ 제2항에도 불구하고 공단 광역본부장 · 지역본부 · 지사장은 재해예방을 위하여 필요하다고 판단되는 사업장을 직접 선정하여 컨설팅을 지원할 수 있다.

제26조(지원 신청 등) ① 제24조에 따른 교육지원 신청은 별지 제3호서식에 따르며 제25조에 따른 컨설팅지원 신청은 별지 제4호서식에 따른다. 다만, 제24조 제1항 제3호에 따른 교육의 신청 및 비용 등은 교육원이 정하는 바에 따른다.
② 제24조 제1항에 따라 사업주 교육 및 평가담당자 교육을 실시하는 기관의 장은 교육 이수자에 대하여 별지 제5호서식 또는 별지 제6호서식에 따른 교육 확인서를 발급하여야 한다.
③ 공단은 예산이 허용하는 범위에서 사업장이 제24조에 따른 교육지원과 제25조에 따른 컨설팅지원을 민간기관에 위탁하고 그 비용을 지급할 수 있으며, 이에 필요한 지원 대상, 비용지급 방법 및 기관 관리 등 세부적인 사항은 공단 이사장이 정할 수 있다.
④ 공단은 사업주가 위험성평가 감소대책의 실행을 위하여 해당 시설 및 기기 등에 대하여 「산업재해예방시설자금 융자금 지원사업 및 보조금 지급사업 업무 처리규칙」에 따라 보조금 또는 융자금을 신청한 경우에는 우선하여 지원할 수 있다.
⑤ 공단은 제19조에 따른 위험성평가 인정 또는 제20조에 따른 재인정, 제22조에 따른 인정 취소를 결정한 경우에는 결정일부터 3일 이내에 인정일 또는 재인정일, 인정취소일 및

사업장명, 소재지, 업종, 근로자 수, 인정 유효기간 등의 현황을 지방고용노동관서 산재예방지도과(산재예방지도과가 설치되지 않은 관서는 근로개선지도과)로 보고하여야 한다. 다만, 위험성평가 지원시스템 또는 그 밖의 방법으로 지방고용노동관서에서 인정사업장 현황을 실시간으로 파악할 수 있는 경우에는 그러하지 아니한다.

제27조(인정사업장 등에 대한 혜택) ① 장관은 위험성평가 인정사업장에 대하여는 제19조 및 제20조에 따른 인정 유효기간 동안 사업장 안전보건 감독을 유예할 수 있다.

② 제1항에 따라 유예하는 안전보건 감독은 「근로감독관 집무규정(산업안전보건)」 제10조 제1항에 따른 사업장 안전보건감독 종합계획에서 정한 감독·점검 중 장관이 별도로 지정한 감독·점검으로 한정한다.

③ 장관은 위험성평가를 실시하였거나, 위험성평가를 실시하고 인정을 받은 사업장에 대해서는 정부 포상 또는 표창의 우선 추천 및 그 밖의 혜택을 부여할 수 있다.

제28조(재검토기한) 고용노동부장관은 이 고시에 대하여 2025년 1월 1일 기준으로 매 3년이 되는 시점(매 3년째의 12월 31일까지를 말한다)마다 그 타당성을 검토하여 개선 등의 조치를 하여야 한다.

41 「산업안전보건기준에 관한 규칙」상 소음 기준

1 소음작업

1일 8시간 작업을 기준으로 85데시벨 이상의 소음이 발생하는 작업을 말한다.

2 강렬한 소음작업

다음 어느 하나에 해당하는 작업을 말한다.
(1) 90데시벨 이상의 소음이 1일 8시간 이상 발생하는 작업
(2) 95데시벨 이상의 소음이 1일 4시간 이상 발생하는 작업
(3) 100데시벨 이상의 소음이 1일 2시간 이상 발생하는 작업
(4) 105데시벨 이상의 소음이 1일 1시간 이상 발생하는 작업
(5) 110데시벨 이상의 소음이 1일 30분 이상 발생하는 작업
(6) 115데시벨 이상의 소음이 1일 15분 이상 발생하는 작업

3 충격소음작업

소음이 1초 이상의 간격으로 발생하는 작업으로서 다음 어느 하나에 해당하는 작업을 말한다.
(1) 120데시벨을 초과하는 소음이 1일 1만 회 이상 발생하는 작업
(2) 130데시벨을 초과하는 소음이 1일 1천 회 이상 발생하는 작업
(3) 140데시벨을 초과하는 소음이 1일 1백 회 이상 발생하는 작업

4 진동작업

다음 어느 하나에 해당하는 기계·기구를 사용하는 작업을 말한다.
(1) 착암기(鑿巖機)
(2) 동력을 이용한 해머
(3) 체인톱
(4) 엔진 커터(Engine Cutter)
(5) 동력을 이용한 연삭기
(6) 임팩트 렌치(Impact Wrench)
(7) 그 밖에 진동으로 인하여 건강장해를 유발할 수 있는 기계·기구

5 청력보존 프로그램

다음의 사항이 포함된 소음성 난청을 예방·관리하기 위한 종합적인 계획을 말한다.
(1) 소음노출 평가
(2) 소음노출에 대한 공학적 대책
(3) 청력보호구의 지급과 착용
(4) 소음의 유해성 및 예방 관련 교육
(5) 정기적 청력검사
(6) 청력보존 프로그램 수립 및 시행 관련 기록·관리체계
(7) 그 밖에 소음성 난청 예방·관리에 필요한 사항

6 청력보호구의 지급

① 사업주는 근로자가 소음작업, 강렬한 소음작업 또는 충격소음작업에 종사하는 경우에 근로자에게 청력보호구를 지급하고 착용하도록 하여야 한다.
② 제1항에 따른 청력보호구는 근로자 개인 전용의 것으로 지급하여야 한다.
③ 근로자는 제1항에 따라 지급된 보호구를 사업주의 지시에 따라 착용하여야 한다.

PART 04 건설기술 진흥법

ACTUAL INTERVIEW

01 안전관리조직

1 안전관리조직 구성 〈법 64조〉
(1) 시공 및 안전 업무를 총괄하여 관리하는 안전총괄책임자
(2) 토목, 건축, 전기, 기계, 설비 등 각 분야별 시공 및 안전관리를 지휘하는 분야별 안전관리책임자
(3) 현장에서 직접 시공 및 안전관리를 담당하는 안전관리담당자
(4) 수급인(대표자)과 하수급인(대표자)으로 구성된 협의체의 구성원

2 안전관리조직의 직무 등 〈영 102조〉
(1) 안전총괄책임자
  ① 안전관리계획서의 작성 및 제출
  ② 안전관리 관계자의 업무 분담 및 직무 감독
  ③ 안전사고가 발생할 우려가 있거나 안전사고가 발생한 경우의 비상동원 및 응급조치
  ④ 안전관리비의 집행 및 확인
  ⑤ 협의체의 운영
  ⑥ 안전관리에 필요한 시설 및 장비 등의 지원
  ⑦ 제100조 제1항 각 호 외의 부분에 따른 자체안전점검의 실시 및 점검 결과에 따른 조치에 대한 지휘·감독
  ⑧ 제103조에 따른 안전교육의 지휘·감독(매일 공사 착수 전 실시하는 안전교육)

(2) 분야별 안전관리책임자
  ① 공사분야별 안전관리 및 안전관리계획서의 검토·이행
  ② 각종 자재 등의 적격품 사용 여부 확인
  ③ 자체안전점검 실시의 확인 및 점검 결과에 따른 조치
  ④ 건설공사현장에서 발생한 안전사고의 보고
  ⑤ 제103조에 따른 안전교육의 실시(매일 공사 착수 전 실시하는 안전교육)
  ⑥ 작업 진행 상황의 관찰 및 지도

(3) 안전관리담당자
  ① 분야별 안전관리책임자의 직무 보조
  ② 자체안전점검의 실시
  ③ 제103조에 따른 안전교육 실시(매일 공사 착수 전 실시하는 안전교육)

(4) 협의체(매월 1회 이상 회의 개최)
  ① 안전관리계획의 이행에 관한 사항 협의
  ② 안전사고 발생 시 대책 등에 관한 사항 협의

02 가설구조물 구조적 안전성 확인

〈영 101조의2〉

1 관계전문가의 구조적 안전성을 확인받아야 하는 가설구조물

(1) 높이 31미터 이상인 비계
(2) 브래킷(Bracket) 비계
(3) 작업발판 일체형 거푸집 또는 높이가 5미터 이상인 거푸집·동바리
(4) 터널의 지보공 또는 높이가 2미터 이상인 흙막이 지보공
(5) 동력을 이용하여 움직이는 가설구조물
(6) 높이 10미터 이상에서 외부 작업을 하기 위하여 작업발판 및 안전시설물을 일체화하여 설치하는 가설구조물
(7) 공사현장에서 제작하여 조립·설치하는 복합형 가설구조물
(8) 발주자 또는 인·허가기관의 장이 필요하다고 인정하는 가설구조물

※ 건설사업자 또는 주택건설등록업자는 위 항의 가설구조물을 시공하기 전 '시공상세도면'과 '관계전문가의 구조계산서'를 공사감독자 또는 건설사업관리기술인에게 제출
→ 관계전문가의 확인 없이 가설구조물 설치공사를 한 건설사업자 또는 주택건설등록업자는 「건진법」 제88조(벌칙) 제8호에 따라 2년 이하의 징역 또는 2천만 원 이하의 벌금

2 가설구조물의 구조적 안전성을 확인할 수 있는 기술사의 요건

(1) 「기술사법 시행령」 별표 2의2에 따른 건축구조, 토목구조, 토질 및 기초와 건설기계 직무 범위 중 공사감독자 또는 건설사업관리기술인이 해당 가설구조물의 구조적 안전성을 확인하기에 적합하다고 인정하는 직무 범위의 기술사일 것
(2) 해당 가설구조물을 설치하기 위한 공사의 건설사업자나 주택건설등록업자에게 고용되지 않은 기술사일 것

03 건설공사 사고 발생 시 신고

1 중대한 건설사고 발생 시 최초사고신고 절차〈「건설공사 안전관리 업무수행 지침」 60조〉

건설공사 참여자는 건설사고가 발생한 것을 알게 된 즉시 필요한 조치를 취하고 사고발생 인지 후 6시간 이내에 다음의 사항을 건설공사 안전관리 종합정보망을 통해 발주청 및 인·허가기관의 장에게 통보하여야 한다. 다만, 천재지변 등 부득이한 사유가 발생한 경우에는 그 사유가 소멸된 때를 기준으로 지체 없이 보고하여야 한다.
(1) 사고발생 일시 및 장소(현장주소)
(2) 사고발생 경위
(3) 피해사항(사망자 수, 부상자 수)
(4) 공사명
(5) 그 밖의 필요한 사항 등

※ 개정사유 : 사고발생 시 응급조치 기간 등을 고려했을 때 건설사고 발생을 알게 된 후 2시간 이내 신고하는 것이 어려운 실정으로써, 사고 초기에 응급조치 등에 역량을 집중할 수 있도록 하기 위함

2 중대한 건설사고 발생 시 사고조사〈「건설공사 안전관리 업무수행 지침」 61조〉

(1) 건설공사 참여자로부터 건설사고 발생을 통보받은 발주청 및 인·허가기관의 장은 48시간 이내에 다음의 사항을 국토교통부장관에 제출하여야 하며 그 결과를 보관·관리하여야 한다.
① 사고발생 일시 및 장소, 사고발생 경위, 피해사항, 공사명
② 공사현황
③ 사고원인 및 사고 발생 후 조치사항
④ 향후 조치계획 및 재발방지대책
⑤ 그 밖의 필요한 사항 등
(2) 국토교통부장관은 중대건설현장사고가 발생한 경우 관리원으로 하여금 초기 현장조사를 실시하게 해야 한다.

※ 개정사유 : 중대한 건설사고에 대해서는 초기조사 등 대응을 강화하려는 것임

3 건설공사현장 사고조사〈영 105조〉

(1) 국토교통부장관은 중대건설현장사고가 발생하여 현장조사가 필요하다고 판단되는 경우「건설사고조사위원회 운영규정」에 따라 국토안전관리원으로 하여금 초기 현장조사를 실시하게 할 수 있고, 필요시 상세조사 및 정밀조사를 하게 할 수 있다.
    ※ **중대사고** : 사망자가 3명 이상인 경우, 부상자가 10명 이상인 경우, 건설 중이거나 완공된 시설물이 붕괴 또는 전도되어 재시공이 필요한 경우

(2) 국토교통부장관, 발주청, 인·허가기관의 장 및 건설사고조사위원회는 사고조사를 위해 건설사업자 및 주택건설등록업자 등에게 관련 자료의 제출을 요청할 수 있다.

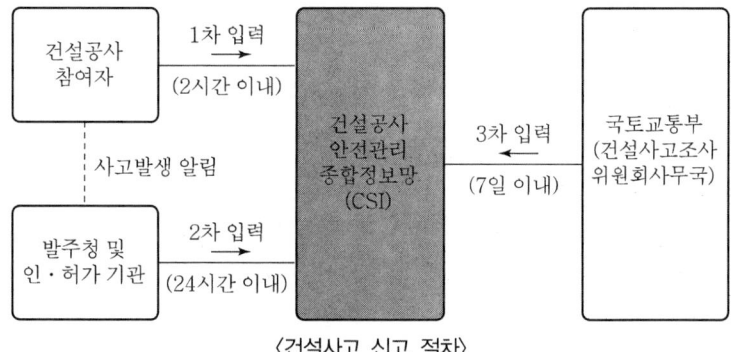

〈건설사고 신고 절차〉

04 안전관리계획

〈법 62조, 영 98조〉

1 작성대상공사

① 「시설물의 안전 및 유지관리에 관한 특별법」 제7조 제1호 및 제2호에 따른 1종시설물 및 2종시설물의 건설공사
② 지하 10미터 이상을 굴착하는 건설공사
③ 폭발물을 사용하는 건설공사로서 20미터 안에 시설물이 있거나 100미터 안에 사육하는 가축이 있어 해당 공사로 인한 영향을 받을 것이 예상되는 건설공사
④ 10층 이상 16층 미만인 건축물의 건설공사
④의2 다음 리모델링 또는 해체공사
  - 10층 이상인 건축물의 리모델링 또는 해체공사
  - 「주택법」 제2조 제25호 다목에 따른 수직증축형 리모델링
⑤ 「건설기계관리법」 제3조에 따라 등록된 다음 건설기계가 사용되는 건설공사
  - 천공기(높이 10미터 이상인 것만 해당)
  - 항타 및 항발기
  - 타워크레인
⑤의2 제101조의2 제1항 각 호의 가설구조물을 사용하는 건설공사
  - 높이가 31미터 이상인 비계
  - 브래킷(Bracket) 비계
  - 작업발판 일체형 거푸집 또는 높이가 5미터 이상인 거푸집·동바리
  - 터널의 지보공 또는 높이가 2미터 이상인 흙막이 지보공
  - 동력을 이용하여 움직이는 가설구조물
  - 높이 10m 이상에서 외부작업을 하기 위하여 작업발판 및 안전시설물을 일체화하여 설치하는 가설구조물
  - 공사현장에서 제작하여 조립·설치하는 복합형 가설구조물
  - 그 밖에 발주자 또는 인·허가기관의 장이 필요하다고 인정하는 가설구조물
⑥ 제1항부터 제4항까지, 제4항의2, 제5항 및 제5항의2의 건설공사 외의 건설공사로서 다음 어느 하나에 해당하는 공사
  - 발주자가 안전관리가 특히 필요하다고 인정하는 건설공사

• 해당 지방자치단체의 조례로 정하는 건설공사 중에서 인·허가기관의 장이 안전관리가 특히 필요하다고 인정하는 건설공사

2 작성 및 제출

(1) 작성자 : 건설사업자, 주택건설등록업자
(2) 검토·확인자 : 공사감독자 또는 건설사업관리기술인
(3) 제출시기 및 제출처 : 건설공사를 착공하기 전에 발주청 또는 인·허가기관의 장에게 제출, 안전관리계획의 내용을 변경하는 경우에도 또한 같다.

3 안전관리계획서 심사

(1) 안전관리계획을 제출받은 발주청 또는 인·허가기관의 장은 안전관리계획의 내용을 검토하여 안전관리계획을 제출받은 날부터 20일 이내에 건설업자 또는 주택건설등록업자에게 그 결과를 통보해야 한다.
(2) 발주청 또는 인·허가기관의 장은 안전관리계획의 내용을 심사하는 경우 제100조 제2항에 따른 건설안전점검기관에 검토를 의뢰하여야 한다. 다만, 1, 2종시설물의 건설공사의 경우에는 국토안전관리원에 안전관리계획의 검토를 의뢰하여야 한다.
(3) 심사결과 구분·판정
① 적정 : 안전에 필요한 조치가 구체적이고 명료하게 계획되어 건설공사의 시공상 안전성이 충분히 확보되어 있다고 인정될 때
② 조건부 적정 : 안전성 확보에 치명적인 영향을 미치지는 아니하지만 일부 보완이 필요하다고 인정될 때
③ 부적정 : 시공 시 안전사고가 발생할 우려가 있거나 계획에 근본적인 결함이 있다고 인정될 때
※ 부적정 판정을 받은 경우에는 안전관리계획의 변경 등 필요한 조치를 하여야 함

4 안전관리계획의 수립 기준 〈영 99조〉

(1) 건설공사의 개요 및 안전관리조직
(2) 공정별 안전점검계획
(3) 공사장 주변의 안전관리대책
(4) 통행안전시설의 설치 및 교통 소통에 관한 계획
(5) 안전관리비 집행계획
(6) 안전교육 및 비상시 긴급조치계획

(7) 공종별 안전관리계획(대상 시설물별 건설공법 및 시공절차 포함)

5 안전관리계획의 수립기준 〈규칙 58조, 별표 7〉

(1) 일반기준

① 안전관리계획은 다음 표에 따라 구분하여 각각 작성·제출해야 한다.

구분	작성 기준	제출 기한
총괄 안전관리계획	(1)에 따라 건설공사 전반에 대하여 작성	건설공사 착공 전까지
공종별 세부 안전관리계획	(3) 각 목 중 해당하는 공종별로 작성	공종별로 구분하여 해당 공종의 착공 전까지

② 각 안전관리계획서의 본문에는 반드시 필요한 내용만 작성하며, 해당 사항이 없는 내용에 대해서는 '해당 사항 없음'으로 작성한다.
③ 각 안전관리계획서에 첨부하는 관련 법령, 일반도면, 시방기준 등 일반적인 내용의 자료는 특별히 필요한 자료 외에는 최소한으로 첨부한다. 다만, 안전관리계획의 검토를 위하여 필요한 배치도, 입면도, 층별 평면도, 종·횡단면도(세부 단면도를 포함한다) 및 그 밖에 공사현황을 파악할 수 있는 주요 도면 등은 각 안전관리계획과 별도로 첨부하여 제출해야 한다.
④ 이 표에서 규정한 사항 외에 건설공사의 안전 확보를 위하여 안전관리계획에 포함해야 하는 세부사항은 국토교통부장관이 정하여 고시할 수 있다.

(2) 총괄 안전관리계획의 수립기준

① 건설공사의 개요

공사 전반에 대한 개략을 파악하기 위한 위치도, 공사개요, 전체 공정표 및 설계도서(해당 공사를 인가·허가 또는 승인한 행정기관 등에 이미 제출된 경우는 제외한다)

② 현장 특성 분석

㉠ 현장 여건 분석

주변 지장물(支障物) 여건(지하 매설물, 인접 시설물 제원 등을 포함한다), 지반 조건[지질 특성, 지하수위(地下水位), 시추주상도(試錐柱狀圖) 등을 말한다], 현장시공 조건, 주변 교통 여건 및 환경요소 등

㉡ 시공단계의 위험 요소, 위험성 및 그에 대한 저감대책

㉮ 핵심관리가 필요한 공정으로 선정된 공정의 위험 요소, 위험성 및 그에 대한 저감대책

ⓝ 시공단계에서 반드시 고려해야 하는 위험 요소, 위험성 및 그에 대한 저감대책(영 제75조의2 제1항에 따라 설계의 안전성 검토를 실시한 경우에는 같은 조 제2항 제1호의 사항을 작성하되, 같은 조 제4항에 따라 설계도서의 보완·변경 등 필요한 조치를 한 경우에는 해당 조치가 반영된 사항을 기준으로 작성한다)

ⓓ ㉮ 및 ㉯ 외에 시공자가 시공단계에서 위험 요소 및 위험성을 발굴한 경우에 대한 저감대책 마련 방안

ⓒ 공사장 주변 안전관리대책
공사 중 지하매설물의 방호, 인접 시설물 및 지반의 보호 등 공사장 및 공사현장 주변에 대한 안전관리에 관한 사항(주변 시설물에 대한 안전 관련 협의서류 및 지반침하 등에 대한 계측계획을 포함한다)

ⓔ 통행안전시설의 설치 및 교통소통계획
㉮ 공사장 주변의 교통소통대책, 교통안전시설물, 교통사고예방대책 등 교통안전관리에 관한 사항(현장차량 운행계획, 교통 신호수 배치계획, 교통안전시설물 점검계획 및 손상·유실·작동이상 등에 대한 보수 관리계획을 포함한다)
㉯ 공사장 내부의 주요 지점별 건설기계·장비의 전담유도원 배치계획

③ 현장운영계획
ⓐ 안전관리조직
공사관리조직 및 임무에 관한 사항으로서 시설물의 시공안전 및 공사장 주변 안전에 대한 점검·확인 등을 위한 관리조직표(비상시의 경우를 별도로 구분하여 작성한다)

ⓑ 공정별 안전점검계획
㉮ 자체안전점검, 정기안전점검의 시기·내용, 안전점검 공정표, 안전점검 체크리스트 등 실시계획 등에 관한 사항
㉯ 계측장비 및 폐쇄회로 텔레비전 등 안전 모니터링 장비의 설치 및 운용계획에 관한 사항(「시설물의 안전 및 유지관리에 관한 특별법 시행령」 별표 1에 따른 제2종시설물 중 공동주택의 건설공사는 공사장 상부에서 전체를 실시간으로 파악할 수 있도록 폐쇄회로 텔레비전의 설치·운영계획을 마련해야 한다)

ⓒ 안전관리비 집행계획
안전관리비의 계상, 산출·집행계획, 사용계획 등에 관한 사항

ⓔ 안전교육계획
　　　　안전교육계획표, 교육의 종류·내용 및 교육관리에 관한 사항
　　　ⓜ 안전관리계획 이행보고 계획
　　　　위험한 공정으로 감독관의 작업허가가 필요한 공정과 그 시기, 안전관리계획 승인권자에게 안전관리계획 이행 여부 등에 대한 정기적 보고계획 등
　④ 비상시 긴급조치계획
　　　ⓐ 공사현장에서의 사고, 재난, 기상이변 등 비상사태에 대비한 내부·외부 비상연락망, 비상동원조직, 경보체제, 응급조치 및 복구 등에 관한 사항
　　　ⓑ 건축공사 중 화재발생을 대비한 대피로 확보 및 비상대피 훈련계획에 관한 사항(단열재 시공시점부터는 월 1회 이상 비상대피 훈련을 실시해야 한다)

(3) 공종별 세부 안전관리계획
　① 가설공사
　　　ⓐ 가설구조물의 설치개요 및 시공상세도면
　　　ⓑ 안전시공 절차 및 주의사항
　　　ⓒ 안전점검계획표 및 안전점검표
　　　ⓓ 가설물 안전성 계산서
　② 굴착공사 및 발파공사
　　　ⓐ 굴착, 흙막이, 발파, 항타 등의 개요 및 시공상세도면
　　　ⓑ 안전시공 절차 및 주의사항(지하매설물, 지하수위 변동 및 흐름, 되메우기 다짐 등에 관한 사항을 포함한다)
　　　ⓒ 안전점검계획표 및 안전점검표
　　　ⓓ 굴착 비탈면, 흙막이 등 안전성 계산서
　③ 콘크리트공사
　　　ⓐ 거푸집, 동바리, 철근, 콘크리트 등 공사개요 및 시공상세도면
　　　ⓑ 안전시공 절차 및 주의사항
　　　ⓒ 안전점검계획표 및 안전점검표
　　　ⓓ 동바리 등 안전성 계산서
　④ 강구조물공사
　　　ⓐ 자재·장비 등의 개요 및 시공상세도면
　　　ⓑ 안전시공 절차 및 주의사항
　　　ⓒ 안전점검계획표 및 안전점검표
　　　ⓓ 강구조물의 안전성 계산서

⑤ 성토(흙쌓기) 및 절토(땅깎기) 공사(흙댐공사를 포함한다)
　㉠ 자재·장비 등의 개요 및 시공상세도면
　㉡ 안전시공 절차 및 주의사항
　㉢ 안전점검계획표 및 안전점검표
　㉣ 안전성 계산서
⑥ 해체공사
　㉠ 구조물해체의 대상·공법 등의 개요 및 시공상세도면
　㉡ 해체순서, 안전시설 및 안전조치 등에 대한 계획
⑦ 건축설비공사
　㉠ 자재·장비 등의 개요 및 시공상세도면
　㉡ 안전시공 절차 및 주의사항
　㉢ 안전점검계획표 및 안전점검표
　㉣ 안전성 계산서
⑧ 타워크레인 사용공사
　㉠ 타워크레인 운영계획
　　안전작업절차 및 주의사항, 관리자 및 신호수 배치계획, 타워크레인 간 충돌방지계획 및 공사장 외부 선회방지 등 타워크레인 설치·운영계획, 표준작업시간 확보계획, 관련 도면[타워크레인에 대한 기초 상세도, 브레이싱(압축 또는 인장에 작용하며 구조물을 보강하는 대각선 방향 등의 구조 부재) 연결 상세도 등 설치 상세도를 포함한다]
　㉡ 타워크레인 점검계획
　　점검시기, 점검 체크리스트 및 검사업체 선정계획 등
　㉢ 타워크레인 임대업체 선정계획
　　적정 임대업체 선정계획(저가임대 및 재임대 방지방안을 포함한다), 조종사 및 설치·해체 작업자 운영계획(원격조종 타워크레인의 장비별 전담 조정사 지정여부 및 조종사의 운전시간 등 기록관리 계획을 포함한다), 임대업체 선정과 관련된 발주자와의 협의시기, 내용, 방법 등 협의계획
　㉣ 타워크레인에 대한 안전성 계산서(현장조건을 반영한 타워크레인의 기초 및 브레이싱에 대한 계산서는 반드시 포함해야 한다)

05 소규모 안전관리계획

1 대상 공사
2층 이상 10층 미만이면서 연면적 1천m^2 이상인 공동주택·근린생활시설·공장 및 연면적 5천m^2 이상인 창고

2 준수사항
시공자는 발주청이나 인허가기관으로부터 계획을 승인받은 이후 착공해야 한다.

3 안전관리계획과 다른 점
(1) 안전관리계획 : 총 6단계(수립 – 확인 – 제출 – 검토 – 승인 – 착공)
(2) 소규모 안전관리계획 : 총 4단계(수립 – 제출 – 승인 – 착공)

4 작성비용의 계상
발주자가 안전관리비에 계상하여 시공자에게 지불

5 세부규정
(1) 현장을 수시로 출입하는 건설기계나 장비와의 충돌사고 등을 방지하기 위해 현장 내에 기계·장비 전담 유도원을 배치해야 한다.
(2) 화재사고를 대비하여 대피로 확보 및 비상대피훈련계획을 수립하고, 화재위험이 높은 단열재 시공 시점부터는 월 1회 이상 비상대피훈련을 실시해야 한다.
(3) 현장 주변을 지나가는 보행자의 안전을 확보하기 위해 공사장 외부로 타워크레인 지브가 지나가지 않도록 타워크레인 운영계획을 수립해야 하고, 무인 타워크레인은 장비별 전담 조종자를 지정·운영하여야 한다.

6 안전관리계획과 소규모 안전관리계획 비교

구분	안전관리계획	소규모 안전관리계획	비고
대상	• 10층 이상인 건축물 공사 • 1·2종 시설물의 건설공사 • 지하 10m 이상을 굴착하는 건설공사 • 타워크레인, 항타 및 항발기, 높이가 10m 이상인 천공기를 사용하는 건설공사 등	• 2~9층 건축물 공사 중 연면적 1천 m^2 이상인 공동주택, 1·2종 근린생활시설, 공장(산업단지에 건축하는 공장은 연면적 2천 m^2 이상) • 2~9층 건축물 공사 중 연면적 5천 m^2 이상인 창고	시행령

내용	• 총괄 안전관리계획
	  – 건설공사 개요
	  – 현장 특성 분석(공사장 주변 안전관리대책, 통행안전시설의 설치 및 교통소통계획 등)
	  – 현장운영계획(안전관리조직, 공정별 안전점검계획, 안전관리비집행계획, 안전교육계획 등)
	  – 비상시 긴급조치계획
	• 공종별 세부 안전관리계획
	  – 가설, 굴착 및 발파, 콘크리트, 강구조물, 성토 및 절토, 해체, 설비공사, 타워크레인 공사 등
		• 건설공사 개요
		• 비계 설치계획
		• 안전시설물 설치계획
			시행규칙

절차	• 시공자 수립 • 공사감독자 또는 건설사업관리기술인 확인 • 발주청, 인허가기관에 제출 • 시설안전공단 또는 건설안전점검기관 검토 • 발주청, 인허가기관의 승인 • 착공	• 시공자 수립 • 발주청, 인허가기관에 제출 • 발주청, 인허가기관의 승인 • 착공	법률

06 안전점검 종류별 내용

종류	점검시기	점검내용
자체안전점검	건설공사의 공사기간 동안 해당 공종별로 매일 실시	건설공사 전반
정기안전점검	• 안전관리계획에서 정한 시기와 횟수에 따라 실시 • 대상 : 안전관리계획 수립 공사	• 임시시설 및 가설공법의 안전성 • 품질, 시공 상태 등의 적정성 • 인접 건축물 또는 구조물의 안전성
정밀안전점검	정기안전점검 결과 필요시	• 시설물 결함에 대한 구조적 안전성 • 결함의 원인 등을 조사·측정·평가하여 보수·보강 등 방법 제시
초기점검	준공 직전	정기안전점검 수준 이상으로 점검
공사재개 전 점검	1년 이상 공사 중단 후 재개 시	공사 재개 시 안전성·구조적 결함

07 설계안전성 검토제도(DFS)

1 해당공사

발주청은 제98조 제1항에 따라 안전관리계획을 수립해야 하는 건설공사(같은 항 제5호 각 목의 어느 하나에 해당하는 건설기계가 사용되는 건설공사는 제외한다)의 실시설계를 할 때에는 시공과정의 안전성 확보 여부를 확인하기 위해 법 제62조 제18항에 따른 설계의 안전성 검토를 국토안전관리원에 의뢰해야 한다.

2 안전관리계획의 수립 〈영 98조〉

① 법 제62조제1항에 따른 안전관리계획(이하 "안전관리계획"이라 한다)을 수립해야 하는 건설공사는 다음 각 호와 같다. 이 경우 원자력시설공사는 제외하며, 해당 건설공사가 「산업안전보건법」 제42조에 따른 유해위험방지계획을 수립해야 하는 건설공사에 해당하는 경우에는 해당 계획과 안전관리계획을 통합하여 작성할 수 있다.
  1. 「시설물의 안전 및 유지관리에 관한 특별법」 제7조 제1호 및 제2호에 따른 1종시설물 및 2종시설물의 건설공사(같은 법 제2조 제11호에 따른 유지관리를 위한 건설공사는 제외한다)
  2. 지하 10미터 이상을 굴착하는 건설공사. 이 경우 굴착 깊이 산정 시 집수정(물저장고), 엘리베이터 피트 및 정화조 등의 굴착 부분은 제외하며, 토지에 높낮이 차가 있는 경우 굴착 깊이의 산정방법은 「건축법 시행령」 제119조 제2항을 따른다.
  3. 폭발물을 사용하는 건설공사로서 20미터 안에 시설물이 있거나 100미터 안에 사육하는 가축이 있어 해당 건설공사로 인한 영향을 받을 것이 예상되는 건설공사
  4. 10층 이상 16층 미만인 건축물의 건설공사
  4의2. 다음 각 목의 리모델링 또는 해체공사
    가. 10층 이상인 건축물의 리모델링 또는 해체공사
    나. 「주택법」 제2조 제25호 다목에 따른 수직증축형 리모델링
  5. 「건설기계관리법」 제3조에 따라 등록된 다음 각 목의 어느 하나에 해당하는 건설기계가 사용되는 건설공사
    가. 천공기(높이가 10미터 이상인 것만 해당한다)
    나. 항타 및 항발기
    다. 타워크레인
  5의2. 제101조의2 제1항 각 호의 가설구조물을 사용하는 건설공사

6. 제1호부터 제4호까지, 제4호의2, 제5호 및 제5호의2의 건설공사 외의 건설공사로서 다음 각 목의 어느 하나에 해당하는 공사
   가. 발주자가 안전관리가 특히 필요하다고 인정하는 건설공사
   나. 해당 지방자치단체의 조례로 정하는 건설공사 중에서 인·허가기관의 장이 안전관리가 특히 필요하다고 인정하는 건설공사

3 설계의 안전성 검토를 의뢰 시 포함사항

(1) 시공단계에서 반드시 고려해야 하는 위험 요소, 위험성 및 그에 대한 저감대책에 관한 사항
(2) 설계에 포함된 각종 시공법과 절차에 관한 사항
(3) 그 밖에 시공과정의 안전성 확보를 위하여 국토교통부장관이 정하여 고시하는 사항

08 안전관리비

〈규칙 60조〉

1 포함사항

(1) 안전관리계획의 작성 및 검토 비용 또는 소규모안전관리계획의 작성 비용
(2) 안전점검 비용
(3) 발파·굴착 등의 건설공사로 인한 주변 건축물 등의 피해방지대책 비용
(4) 공사장 주변의 통행안전관리대책 비용
(5) 계측장비, 폐쇄회로 텔레비전 등 안전 모니터링 장치의 설치·운용 비용
(6) 가설구조물의 구조적 안전성 확인에 필요한 비용
(7) 「전파법」에 따른 무선설비 및 무선통신을 이용한 건설공사 현장의 안전관리체계 구축·운용 비용

2 증액계상

(1) 공사기간의 연장
(2) 설계변경 등으로 인한 건설공사 내용의 추가
(3) 안전점검의 추가편성 등 안전관리계획의 변경
(4) 그 밖에 발주자가 안전관리비의 증액이 필요하다고 인정하는 사유

3 계상항목별 사용기준 〈건설공사 안전관리 업무수행 지침 별표 7〉

계상항목	사용기준
1. 안전관리계획의 작성 및 검토 비용	① 안전관리계획 작성 비용 • 안전관리계획서 작성 비용(공법 변경에 의한 재작성 비용 포함) • 안전점검 공정표 작성 비용 • 안전관리에 필요한 시공 상세도면 작성 비용 • 안전성계산서 작성 비용(거푸집·동바리 등) ※ 기작성된 시공 상세도면 및 안전성계산서 작성 비용은 제외한다. ② 안전관리계획 검토 비용 • 안전관리계획서 검토 비용 • 대상시설물별 세부안전관리계획서 검토 비용 – 시공상세도면 검토 비용 – 안전성계산서 검토 비용 ※ 기작성된 시공 상세도면 및 안전성계산서 작성 비용은 제외한다.

계상항목	사용기준
2. 안전점검 비용	① 정기안전점검 비용 건설공사별 정기안전점검 실시시기에 발주자의 승인을 얻어 건설안전점검기관에 의뢰하여 실시하는 안전점검에 소요되는 비용 ② 초기점검 비용 해당 건설공사를 준공(임시사용을 포함)하기 직전에 실시하는 안전점검에 소요되는 비용 ※ 초기점검의 추가조사 비용은 본 지침 안전점검 비용요율에 따라 계상되는 비용과 별도로 비용 계상을 하여야 한다.
3. 발파·굴착 등의 건설공사로 인한 주변 건축물 등의 피해방지대책 비용	① 지하매설물 보호조치 비용 • 관매달기 공사 비용 • 지하매설물 보호 및 복구공사 비용 • 지하매설물 이설 및 임시이전 공사 비용 • 지하매설물 보호조치 방안 수립을 위한 조사 비용 ※ 공사비에 기반영되어 있는 경우에는 계상을 하지 않는다. ② 발파·진동·소음으로 인한 주변지역 피해방지대책 비용 • 대책 수립을 위해 필요한 계측기 설치, 분석 및 유지관리 비용 • 주변 건축물 및 지반 등의 사전보강, 보수, 임시이전 비용 및 비용 산정을 위한 조사 비용 • 암파쇄방호시설(계획절토고가 10m 이상인 구간) 설치, 유지관리 및 철거 비용 • 임시방호시설(계획절토고가 10m 미만인 구간) 설치, 유지관리 및 철거 비용 ※ 공사비에 기반영되어 있는 경우에는 계상을 하지 않는다. ③ 지하수 차단 등으로 인한 주변지역 피해방지대책 비용 • 대책 수립을 위해 필요한 계측기의 설치, 분석 및 유지관리 비용 • 주변 건축물 및 지반 등의 사전보강, 보수, 임시이전 비용 및 비용 산정을 위한 조사비용 • 급격한 배수 방지 비용 ※ 공사비에 기반영되어 있는 경우에는 계상을 하지 않는다. ④ 기타 발주자가 안전관리에 필요하다고 판단되는 비용
4. 공사장 주변의 통행안전 및 교통소통을 위한 안전시설의 설치 및 유지관리 비용, 신호수 배치 비용	① 공사시행 중의 통행안전 및 교통소통을 위한 안전시설의 설치 및 유지관리 비용, 신호수 배치 비용 • PE드럼, PE휀스, PE방호벽, 방호울타리 등 • 경관등, 차선규제봉, 시선유도봉, 표지병, 점멸등, 차량 유도등 등 • 주의 표지판, 규제 표지판, 지시 표지판, 휴대용 표지판 등 • 라바콘, 차선분리대 등 • 현장에서 사토장까지의 교통안전, 주변시설 안전대책시설의 설치 및 유지관리 비용 • 기타 발주자가 필요하다고 인정하는 안전시설

계상항목	사용기준
4. 공사장 주변의 통행안전 및 교통소통을 위한 안전시설의 설치 및 유지관리 비용, 신호수 배치 비용	• 통행안전 및 교통소통을 위한 신호수 등 배치 비용 ※ 공사기간 중 공사장 외부에 임시적으로 설치하는 안전시설만 인정된다. ② 안전관리계획에 따라 공사장 내부의 주요 지점별 건설기계·장비의 전담 유도원 배치 비용 ③ 기타 발주자가 안전관리에 필요하다고 판단되는 비용
5. 공사시행 중 구조적 안전성 확보 비용	① 계측장비의 설치 및 운영 비용 ② 폐쇄회로 텔레비전의 설치 및 운영 비용 ③ 가설구조물 안전성 확보를 위해 관계 전문가에게 확인받는 데 필요한 비용 ④ 「전파법」에 따른 건설공사 현장의 안전관리체계 구축·운용에 사용되는 무선설비의 구입·대여·유지에 필요한 비용과 무선통신의 구축·사용 등에 필요한 비용

09 지하안전관리에 관한 특별법

1 개요

지하안전관리에 관한 특별법은 지하를 안전하게 개발하고 이용하기 위한 안전관리체계를 확립함으로써 지반침하로 인한 위해를 방지하고 공공의 안전을 확보하기 위한 것으로 국가와 개발사업자 및 시설물관리자의 책무를 철저히 이행해야 한다.

2 지하시설물의 범위

(1) 「수도법」 제3조 제5호의 수도
(2) 「하수도법」 제2조 제3호의 하수도
(3) 「전기사업법」 제2조 제16호의 전기설비
(4) 「전기통신사업법」 제2조 제2호의 전기통신설비
(5) 「도시가스사업법」 제2조 제5호의 가스공급시설
(6) 「집단에너지사업법」 제2조 제6호의 공급시설
(7) 「국토의 계획 및 이용에 관한 법률」 제2조 제9호의 공동구, 같은 법 시행령 제2조 제2항 제1호 사목의 지하도로(지하보행로를 포함한다) 및 같은 항 제3호 라목의 지하광장
(8) 「도로법」 제2조 제1호의 도로
(9) 「도시철도법」 제2조 제3호의 도시철도시설
(10) 「철도의 건설 및 철도시설 유지관리에 관한 법률」 제2조 제6호의 철도시설
(11) 「주차장법」 제2조 제1호의 주차장
(12) 「건축법」 제2조 제1항 제2호의 건축물
(13) 「시설물의 안전관리에 관한 특별법 시행령」 별표 1 제5호 나목의 1종시설물 및 2종시설물 중 지하도상가
(14) 「고압가스 안전관리법」에 따른 고압가스배관
(15) 「위험물안전관리법」 제2조 제1항 제6호의 제조소 등
(16) 「화학물질관리법」 제2조 제7호의 유해화학물질을 이송하는 배관

3 지하정보

(1) 지질정보

암석의 종류·성질·분포상태 및 지질구조 등 지질을 조사하여 생산된 정보

(2) 시추(試錐)정보

지반의 특성, 지층의 종류 및 지하수위 등 시추기계 또는 기구를 사용하여 생산된 정보

(3) 관정(管井)정보

지하수의 수위분포, 지하수를 함유하고 있는 지층의 구조와 수리적(水理的) 특성 등 관정을 통하여 측정된 정보

(4) 다음의 시설물의 위치·규모·용도 및 관리주체 등 현황에 관한 정보
  ① '2 지하시설물의 범위' 각각의 지하시설물
  ② 「송유관 안전관리법」 제2조 제2호의 송유관

4 지하안전평가 대상사업의 규모

(1) 굴착깊이[공사 지역 내 굴착깊이가 다른 경우에는 최대 굴착깊이를 말하며, 굴착깊이를 산정할 때 집수정(물저장고), 엘리베이터 피트 및 정화조 등의 굴착부분은 제외한다. 이하 같다]가 20미터 이상인 굴착공사를 수반하는 사업

(2) 터널[산악터널 또는 수저(水底)터널은 제외한다] 공사를 수반하는 사업

5 착공후지하안전조사

① 법 제20조 제1항에 따른 착공후지하안전조사(이하 "착공후지하안전조사"라 한다)는 지하안전평가서에 기재된 착공후지하안전조사 실시기간에 해야 한다.
② 착공후지하안전조사의 조사항목 및 방법은 별표 4와 같다.
③ 법 제20조 제2항에 따른 착공후지하안전조사서(이하 "착공후지하안전조사서"라 한다)의 작성방법은 별표 5와 같다.
④ 법 제20조 제1항에 따라 착공후지하안전조사를 하는 지하개발사업자는 다음 각 호의 구분에 따라 착공후지하안전조사의 내용 및 결과를 전자문서의 형태로 국토교통부장관 및 승인기관의 장에게 제출해야 한다.

  가. 매달 말일을 기준으로 착공후지하안전조사가 실시 중인 경우 : 그 다음 달 10일까지 지난달의 착공후지하안전조사 내용. 다만, 착공후지하안전조사의 실시기간이 30일 이내인 경우는 제외한다.

나. 착공후지하안전조사가 종료된 경우 : 종료일부터 15일 이내에 착공후지하안전조사서와 지하안전을 위하여 조치가 필요한 사실 및 조치 내용
　⑤ 착공후지하안전조사를 할 수 있는 사람의 자격에 관하여는 제15조를 준용한다. 이 경우 "지하안전평가"는 "착공후지하안전조사"로 본다.

6 지하안전평가의 평가항목 및 방법

평가항목	평가방법
지반 및 지질 현황	• 지하정보통합체계를 통한 정보분석 • 시추조사 • 투수시험 • 지하물리탐사(지표레이더탐사, 전기비저항탐사, 탄성파탐사 등)
지하수 변화에 의한 영향	• 관측망을 통한 지하수 조사(흐름방향, 유출량 등) • 지하수 조사시험(양수시험, 순간충격시험 등) • 광역 지하수 흐름 분석
지반안전성	• 굴착공사에 따른 지반안전성 분석 • 주변 시설물의 안전성 분석

7 책임기술자의 자격

지하안전평가를 할 수 있는 사람(이하 "책임기술자"라 한다)은 「건설기술 진흥법 시행령」 별표 1에 따른 토질·지질 분야의 특급기술인으로서 국토교통부령으로 정하는 교육을 이수한 사람으로 한다.

8 사업계획 등의 변경·재협의

(1) 굴착깊이의 변경이 다음의 어느 하나에 해당하는 경우
　① 법 제15조 및 제16조에 따라 협의한 사업계획 등에 반영된 깊이보다 3미터 이상 깊어지는 경우
　② 법 제15조 및 제16조에 따라 협의한 사업계획 등에 반영된 깊이보다 깊어져 법 제23조에 따른 소규모 지하안전평가 대상사업이 법 제14조에 따른 지하안전평가 대상사업에 해당하게 되는 경우
(2) 굴착면적이 법 제15조 및 제16조에 따라 협의한 사업계획 등에 반영된 면적보다 30퍼센트 이상 증가하는 경우
(3) 흙막이·차수(遮水) 공법이 법 제15조 및 제16조에 따라 협의한 사업계획 등에 반영된 공법과 달라지는 경우

9 사업계획 등의 변경·재협의 절차

(1) 법 제18조 제4항에 따라 재협의를 요청하려는 승인기관장 등은 법 제18조 제2항에 따라 지하안전확보방안을 마련한 날 또는 제1항에 따른 검토를 완료한 날부터 90일 이내에 다음 각 호의 사항이 포함된 재협의 요청서를 국토교통부장관에게 제출하여야 한다. 이 경우 승인 등을 받아야 하는 지하개발사업자는 제1항에 따른 통보를 받은 날부터 75일 이내에 승인기관의 장에게 재협의 요청서를 제출하여야 한다.
   ① 사업계획 등의 변경 사유 및 내용
   ② 사업계획 등의 변경 등에 따른 지하안전확보방안

(2) 국토교통부장관은 제3항에 따른 재협의 요청서를 받은 날부터 30일(부득이한 사유로 기간을 연장한 경우에는 50일) 이내에 그 결과를 통보하여야 한다. 이 경우 지하개발사업자가 재협의 요청서를 보완하는 기간과 공휴일 및 토요일은 기간 산정에서 제외한다.

10 지하개발 사업에 의한 지반침하 사고예방을 위한 긴급안전조치

(1) 안전조치의 내용 및 사유
(2) 안전조치의 방법
(3) 안전조치의 완료기한

10 건설공사현장의 사고조사

1 개요

건설공사 참여자(발주자는 제외한다)는 건설사고의 발생 사실을 알게 된 경우에는 법 제67조 제1항에 따라 다음 각 호의 사항을 발주청 및 인·허가기관의 장에게 전화·팩스 또는 그 밖의 적절한 방법으로 통보하여야 한다.

2 대통령령으로 정하는 중대한 건설사고

다음의 어느 하나에 해당하는 사고(원자력시설공사의 현장에서 발생한 사고는 제외한다)가 발생한 경우를 말한다. 이 경우 동일한 원인으로 일련의 사고가 발생한 경우 하나의 건설사고로 본다.
(1) 사망자가 3명 이상 발생한 경우
(2) 부상자가 10명 이상 발생한 경우
(3) 건설 중이거나 완공된 시설물이 붕괴 또는 전도(顚倒)되어 재시공이 필요한 경우

3 통보사항

(1) 사고발생 일시 및 장소 (2) 사고발생 경위
(3) 조치사항 (4) 향후 조치계획

4 사고조사보고서 작성 시 포함사항

(1) 사고 개요 (2) 사고원인 분석
(3) 조치 결과 및 사후 대책 (4) 그 밖에 사고와 관련되어 필요한 사항

5 건설사고조사위원회의 구성·운영

(1) 건설사고조사위원회는 위원장 1명을 포함한 12명 이내의 위원으로 구성한다.
(2) 건설사고조사위원회의 위원은 다음의 어느 하나에 해당하는 사람 중에서 해당 건설사고조사위원회를 구성·운영하는 국토교통부장관, 발주청 또는 인·허가기관의 장이 임명하거나 위촉한다.
  ① 건설공사 업무와 관련된 공무원
  ② 건설공사 업무와 관련된 단체 및 연구기관 등의 임직원
  ③ 건설공사 업무에 관한 학식과 경험이 풍부한 사람

PART 05 시설물의 안전 및 유지관리에 관한 특별법

ACTUAL
INTERVIEW

01 정밀안전진단

1 정밀안전진단의 실시 〈법 12조〉

① 관리주체는 제1종시설물과 대통령령으로 정하는 제2종시설물에 대하여 정기적으로 정밀안전진단을 실시하여야 한다. 〈개정 2024. 12. 3.〉
② 관리주체는 제11조에 따른 안전점검 또는 제13조에 따른 긴급안전점검을 실시한 결과 재해 및 재난을 예방하기 위하여 필요하다고 인정되는 경우에는 정밀안전진단을 실시하여야 한다. 이 경우 제13조 제7항 및 제17조 제4항에 따른 결과보고서 제출일부터 1년 이내에 정밀안전진단을 착수하여야 한다.
③ 관리주체는 준공 후 30년이 경과된 시설물 중 다음 각 호의 요건에 모두 해당하는 시설물에 대하여 정밀안전진단을 실시하여야 한다. 〈신설 2024. 12. 3.〉
   1. 준공 후 30년이 경과한 이후 정밀안전진단을 받지 아니한 제2종시설물이나 제3종시설물
   2. 안전점검을 실시한 결과 제16조에 따라 지정된 안전등급 중 대통령령으로 정하는 안전등급으로 지정된 경우
④ 관리주체는 「지진·화산재해대책법」 제14조 제1항에 따른 내진설계 대상 시설물 중 내진성능평가를 받지 않은 시설물에 대하여 정밀안전진단을 실시하는 경우에는 해당 시설물에 대한 내진성능평가를 포함하여 실시하여야 한다. 〈개정 2024. 12. 3.〉
⑤ 국토교통부장관은 내진성능평가가 포함된 정밀안전진단의 실시결과를 제18조에 따라 평가한 결과 내진성능의 보강이 필요하다고 인정되면 내진성능을 보강하도록 권고할 수 있다. 〈개정 2024. 12. 3.〉
⑥ 정밀안전진단의 실시시기, 정밀안전진단의 실시 절차 및 방법, 정밀안전진단을 실시할 수 있는 자의 자격 등 정밀안전진단 실시에 필요한 사항은 대통령령으로 정한다. 〈개정 2024. 12. 3.〉
[시행일 : 2025. 12. 4.] 제12조

2 긴급안전조치 〈법 23조〉

① 관리주체는 시설물의 중대한 결함 등을 통보받거나 시설물이 제16조에 따라 지정된 안전등급 중 대통령령으로 정하는 안전등급으로 지정되는 등 시설물의 구조상 공중의 안전한 이용에 미치는 영향이 중대하여 긴급한 조치가 필요하다고 인정되는 경우에는 시설물의 사용제한·사용금지·철거, 주민대피 등의 안전조치를 하여야

한다. 〈개정 2019. 8. 20., 2024. 12. 3.〉
② 시장·군수·구청장은 시설물의 중대한 결함 등을 통보받는 등 시설물의 구조상 공중의 안전한 이용에 미치는 영향이 중대하여 긴급한 조치가 필요하다고 인정되는 경우에는 관리주체에게 시설물의 사용제한·사용금지·철거, 주민대피 등의 안전조치를 명할 수 있다. 이 경우 관리주체는 신속하게 안전조치명령을 이행하여야 한다. 〈개정 2019. 8. 20.〉
③ 관리주체는 제1항 또는 제2항에 따른 사용제한 등을 하는 경우에는 즉시 그 사실을 관계 행정기관의 장 및 국토교통부장관에게 통보하여야 하며, 통보를 받은 관계 행정기관의 장은 이를 공고하여야 한다.
④ 시장·군수·구청장은 제2항에 따른 안전조치명령을 받은 자가 그 명령을 이행하지 아니하는 경우에는 그에 대신하여 필요한 안전조치를 할 수 있다. 이 경우「행정대집행법」을 준용한다.
⑤ 시장·군수·구청장은 제4항에 따른 안전조치를 할 때에는 미리 해당 관리주체에게 서면으로 그 사실을 알려주어야 한다. 다만, 긴급한 경우이거나 알리는 것이 불가능한 경우에는 안전조치를 한 후 그 사실을 통보할 수 있다.
[시행일 : 2025. 12. 4.] 제23조

3 시설물의 보수·보강 등〈법 24조〉
① 관리주체는 다음 각 호의 어느 하나에 해당하는 경우 대통령령으로 정하는 바에 따라 시설물의 보수·보강 등 필요한 조치를 하여야 한다. 〈개정 2019. 8. 20., 2024. 12. 3.〉
  1. 제13조제6항에 따른 조치명령을 받은 경우
  2. 정밀안전점검 또는 정밀안전진단 결과 시설물이 제16조에 따라 지정된 안전등급 중 대통령령으로 정하는 안전등급으로 지정된 경우
  3. 제22조에 따라 시설물의 중대한 결함 등에 대한 통보를 받은 경우
② 국토교통부장관 및 관계 행정기관의 장은 관리주체가 제1항에 따른 시설물의 보수·보강 등 필요한 조치를 하지 아니한 경우 이에 대하여 이행 및 시정을 명할 수 있다.
③ 제1항에 따라 시설물의 보수·보강 등 필요한 조치를 끝낸 관리주체는 그 결과를 국토교통부장관 및 관계 행정기관의 장에게 통보하여야 한다.
④ 제3항에 따른 통보의 시기·방법·절차 등에 필요한 사항은 국토교통부령으로 정한다.
[시행일 : 2025. 12. 4.] 제24조

02 안전점검·진단 실시 자격요건

■ 시설물의 안전 및 유지관리에 관한 특별법 시행령 [별표 5]

안전점검 등 및 성능평가를 실시할 수 있는 책임기술자의 자격(제9조 제1항 관련)

구분			자격요건	
			기술자격 요건	교육 및 실무경력 요건
1. 정기안전점검	가.	토목분야	「건설기술 진흥법 시행령」 별표 1 제3호 다목에 따른 토목 직무분야(이하 "토목 직무분야"라 한다) 또는 같은 호 아목에 따른 안전관리 직무분야[같은 목 1)에 따른 건설안전 전문분야로 한정하며, 이하 "안전관리 직무분야"라 한다]의 건설기술인 중 중급기술인 이상일 것	국토교통부장관이 인정하는 토목 분야의 정기안전점검교육을 이수했을 것
	나.	건축분야	「건설기술 진흥법 시행령」 별표 1 제3호 라목에 따른 건축 직무분야(이하 "건축 직무분야"라 한다) 또는 안전관리 직무분야의 건설기술인 중 중급기술인 이상이거나 건축사일 것	국토교통부장관이 인정하는 건축 분야의 정기안전점검교육을 이수했을 것
2. 정밀안전점검 및 긴급안전점검	가.	토목분야	토목 직무분야 또는 안전관리 직무분야의 건설기술인 중 고급기술인 이상일 것	국토교통부장관이 인정하는 토목 분야의 정밀안전점검 및 긴급안전점검 교육을 이수했을 것
	나.	건축분야	건축 직무분야 또는 안전관리 직무분야의 건설기술인 중 고급기술인 이상이거나 건축사로서 연면적 5천 제곱미터 이상의 건축물에 대한 설계 또는 감리실적이 있을 것	국토교통부장관이 인정하는 건축 분야의 정밀안전점검 및 긴급안전점검 교육을 이수했을 것
3. 정밀안전진단	가.	토목분야	토목 직무분야의 건설기술인 중 특급기술인 이상일 것	국토교통부장관이 인정하는 해당 분야(교량 및 터널, 수리, 항만 분야로 구분한다)의 정밀안전진단교육을 이수한 후 그 분야의 정밀안전점검 또는 정밀안전진단업무를 실제로 수행한 기간(책임기술자 또는 참여기술자로서 정밀안전점검 또는 정밀안전진단업무를 수행한 기간을 말한다. 이하 같다)이 2년 이상일 것

구분		자격요건	
		기술자격 요건	교육 및 실무경력 요건
3. 정밀안전진단	나. 건축분야	건축 직무분야의 건설기술인 중 특급기술인 이상이거나 건축사로서 연면적 5천제곱미터 이상의 건축물에 대한 설계 또는 감리실적이 있을 것	국토교통부장관이 인정하는 건축 분야의 정밀안전진단교육을 이수한 후 그 분야의 정밀안전점검 또는 정밀안전진단업무를 실제로 수행한 기간이 2년 이상일 것
4. 성능평가		정밀안전진단 책임기술자의 기술자격, 교육 및 실무경력 요건을 모두 갖췄을 것	국토교통부장관이 인정하는 해당 분야(교량 및 터널, 수리, 항만, 건축 분야로 구분한다)의 성능평가 교육을 이수했을 것

[비고]
1. 책임기술자의 기술등급 및 인정범위는 「건설기술 진흥법 시행령」 별표 1을 준용한다.
2. 건축 직무분야의 국가기술자격 종목에서 건축기계설비, 건축설비 및 실내건축은 제외한다.
3. "건축사"란 「건축사법」 제7조에 따른 자격을 가진 사람을 말한다.
4. 자격요건을 갖추려면 기술자격 요건과 교육 및 실무경력 요건을 모두 충족해야 한다. 이 경우 교육 및 실무경력 요건은 기술자격 요건 취득 여부와 관계없이 충족할 수 있다.
5. 자격요건 중 교육 요건은 아래 표의 기준에 따라 특정 교육을 이수한 경우에는 다른 교육을 이수한 것으로 본다.

이수한 교육	이수한 것으로 보는 교육
가. 위 표 제2호 가목에 따른 토목 분야의 정밀안전점검 및 긴급안전점검 교육	위 표 제1호 가목에 따른 토목 분야의 정기안전점검교육
나. 위 표 제2호 나목에 따른 건축 분야의 정밀안전점검 및 긴급안전점검 교육	위 표 제1호 나목에 따른 건축 분야의 정기안전점검교육
다. 위 표 제3호 가목에 따른 교량 및 터널 분야의 정밀안전진단교육	1) 위 표 제1호 가목에 따른 토목 분야의 정기안전점검교육 2) 위 표 제2호 가목에 따른 토목 분야의 정밀안전점검 및 긴급안전점검 교육
라. 위 표 제3호 가목에 따른 수리 분야의 정밀안전진단교육	
마. 위 표 제3호 가목에 따른 항만 분야의 정밀안전진단교육	
바. 위 표 제3호 나목에 따른 건축 분야의 정밀안전진단교육	1) 위 표 제1호 나목에 따른 건축 분야의 정기안전점검교육 2) 위 표 제2호 나목에 따른 건축 분야의 정밀안전점검 및 긴급안전점검 교육

03 구조안전 유해결함의 범위

1 구조안전 유해결함 내용 〈규칙 19조, 별표 3〉

시설물명	주요 구조안전상 유해한 결함내용
교량	• 주요 구조부위의 철근량 부족 • 주형(교량보, 거더)의 균열 심화 • 철근콘크리트 부재의 심한 재료 분리 • 부재 연결판의 균열 및 심한 변형 • 철강재 용접부의 용접 불량 • 케이블 부재 또는 긴장재(콘크리트 속의 강재나 강철로 만든 줄)의 손상 • 교대·교각의 균열 발생
터널	• 벽체균열의 심화 및 탈락 • 복공부위의 심한 누수 및 변형
하천	수문의 작동 불량
댐	• 댐체, 여수로, 기초 및 양쪽 기슭부(양안부)의 누수, 균열 및 변형 • 수문의 작동 불량
상수도	• 관로이음부의 불량접합 • 관로의 파손, 변형 및 부식
건축물	• 조립식 구조체의 연결 부실로 인한 내력 상실 • 주요 구조부재의 과다한 변형 및 균열심화 • 지반침하 및 이로 인한 활동적인 균열 • 누수·부식 등에 의한 구조물의 기능 상실
항만	• 갑문시설 중 문짝작동시설 부식 노후화 • 갑문의 물을 채우거나 빼는 송배수로 시설의 부식 노후화 • 잔교·시설 파손 및 결함 • 케이슨 구조물의 파손 • 안벽의 법선 변위 및 침하

2 중대한 결함의 통보에 필요한 사항 〈규칙 18조〉

(1) 시설물 명칭 및 소재지
(2) 관리주체의 상호, 명칭, 성명
(3) 안전점검, 정밀안전진단 실시기간 및 실시자
(4) 시설물 상태별등급과 결함내용
(5) 관리주체가 조치해야 할 사항
(6) 기타 안전관리사항

04 시설물통합정보관리시스템(FMS)

1 개요

시설물통합정보관리시스템(이하 "FMS")은「시설물의 안전 및 유지관리에 관한 특별법」(이하 "시설물안전법")에 따라 시설물의 안전 및 유지관리에 관한 정보를 체계적으로 관리하기 위해 구축·운영 중이며, 인터넷(https://www.fms.or.kr)을 이용하여 실시간으로 시설물의 정보, 안전진단전문기관 및 유지관리업자의 정보 등을 종합적으로 관리하고 있다.

FMS의 시설물정보는 단순히 시설물 이력 관리만을 위한 것이 아니라, 설계도서, 감리보고서, 안전점검 및 정밀안전진단 실시결과, 보수·보강 이력 등 당해 시설물이 존치하는 동안에 실시된 모든 이력정보를 등록하도록 하고 있으며, 이를 토대로 국가시설 안전정책 마련의 초석으로서의 큰 역할을 담당하고 있다.

2 대상시설물

교량, 터널, 항만, 댐, 건축물, 하천, 상하수도, 옹벽 및 절토사면 등 공중의 이용편의와 안전을 도모하기 위하여 특별히 관리할 필요가 있거나 구조상 유지관리에 고도의 기술이 필요한 시설물을 1종 및 2종 시설물로 구분하여 FMS로 관리하고 있다.

3 운영내용

(1) 시설물의 안전 및 유지관리계획
(2) 안전진단전문기관의 등록 및 등록사항 변경신고, 휴업재개업신고, 등록취소, 영업취소, 등록말소, 시정명령, 과태료 부과사항
(3) 안전점검정밀안전진단 및 유지관리
(4) 시설물의 사용제한 등에 관한 사항
(5) 보수·보강 등 조치결과의 통보 내용
(6) 시설물 준공 또는 사용승인 통보 내용
(7) 유지관리업자의 영업정지, 등록말소, 시정명령 또는 과태료 부과사항
(8) 감리보고서, 시설물관리대장 및 설계도서 등의 관련 서류
(9) 기타 시설물 안전 및 유지관리와 관련되며, 시설물 정보로 관리할 필요가 있다고 정한 사항

4 운영현황

시설물의 안전 및 유지관리에 관련된 정보체계의 구축을 위하여 시설물의 기본정보, 준공도서류, 감리보고서, 안전점검종합보고서, 정밀점검 및 정밀안전진단보고서, 보수·보강 등 유지관리와 관련된 이력정보, 안전진단전문기관·유지관리업자의 정보 등을 관리하기 위하여 웹(인터넷)을 통하여 온라인으로 등록·관리하고 있다.

5 FMS 업무 흐름도

시설물 유지관리담당자
- 관리 주체
- 지방자치단체
- 중앙행정기관

유지관리 관련 기관

제출도서
- 설계·시공
  - 설계도서
  - 구조계산서
- 감리
  - 감리보고서
- 준공(사용승인)
  - 시설물 관리대장

안전점검·진단 입력
- 유지관리
  - 점검·진단보고서
  - 보수·보강 설계도서
- 공용 중 유지관리 계획/실적보고

기술 정보
- 기술 정보 제공

통합DB
- 시설물 기본정보
  - 현황(초기비용정보 포함)
  - 상세 제원
- 시설물 안전관리정보
  - 점검·진단 계획/실적
  - 보수·보강 계획/실적
  - 점검·진단 결과정보
- 시설물 생애주기비용정보
  - 초기비용
  - 유지관리비용
  - 처리비용
- 시설물 관련 업계정보
  - 안전진단전문기관·일반, 실적, 장비 인력현황
  - 유지관리업체·일반, 실적, 장비 인력현황
- 시설물 이력정보
  - 설계도서 및 감리보고서
  - 점검 및 진단 결과보고서
- 시설물 관련 기술정보
  - 유지관리기술정보·점검, 진단기술·보수, 보강기술
  - 기술정보 분석 및 제공
  - 기술자료 D/B
  - 기술상담
- 시설물 사고사례정보
  - 사고유형, 사고원인
  - 수습사례 및 대처방안

시설물 유지관리담당자
- 관리주체
- 지방자치단체
- 중앙행정기관

유지관리 관련 기관

시설물정보서비스 제공
- 시설물 관리자에게 시설물 관련 자료 입력·조회·출력 서비스 제공
- Data 분석을 통한 시설물 현황 및 통계 서비스 제공 (시설물 통계정보)
- 지속적인 자료축적을 통한 유지관리비용 제공

안전점검·진단 사전예고
- 진단도래시기 사전통보
- 당해 시설물의 재령에 따른 역점 진단요소 및 중점관리 부분 제시

Push Service
- 시설물별 유지관리분야 기술자료 e-mail 발송
- 기술개발 연구 성과물 배포
- 시설물 유지관리분야 기술 상담 및 지원

6 FMS의 활용

(1) 시설물정보를 생산하는 자는 FMS를 이용해 보고, 통보, 제출한다.
(2) 국토교통부장관은 시설물 정보의 신뢰성과 객관성을 위해 시설물 정보에 관한 확인 및 점검을 실시한다.
(3) 관리주체가 FMS를 통해 안전 및 유지관리계획을 제출한 경우 시장, 군수, 구청장이 시·도지사에게 제출현황을 보고하고, 중앙행정기관의 장 또는 시·도지사는 국토교통부장관에게 안전 및 유지관리계획 현황을 제출한 것으로 간주한다.
(4) 기타 자료의 입력기준, 승인절차, 보관방법 및 정보공개 등 FMS의 관리운영에 관한 사항은 국토교통부장관이 고시한다.

PART 06 건설기계 안전대책

ACTUAL INTERVIEW

01 크레인 중량물 달기 작업

1 개요
크레인 중량물 달기는 고소낙하 등 재해 위험이 크므로 첨자의 올바른 걸이 및 작업절차를 준수해야 한다.

2 달기 방법 종류
(1) 2점지지 달기
(2) 휘말아 달기
(3) 매달기 기구 사용 달기
(4) 주머니 달기

3 훅에 슬링을 거는 방법
(1) 훅의 중심에 걸 것
(2) 훅 해지장치 구비
(3) 벌어진 훅 사용

4 인상 각도에 따른 로프에 걸리는 하중

α	0°	45°	60°	70°
축하중	0.5	0.7	1	1.5

5 재해방지 안전조치
(1) 작업조치
   ① 운전자 면허증 및 보험가입 여부 확인, 안전교육
   ② 중량물 취급 작업 계획서 작성 및 주지, 신호체계 정비
   ③ 작업 전 장비 점검 및 유해, 위험 방호 조치

(2) 작업 중 준수사항
   ① 관계자 외 출입통제 및 정리정돈 통로 확보
   ② Boom 경사각 및 정격하중 준수, 걸이는 지정된 자가 실시
   ③ 신호체계 준수 및 악천후 시 작업 금지, 유도 Rope
   ④ Pick Time 안전 관리자 상주 점검

02 건설용 Lift

1 개요

(1) 건설용 Lift는 동력을 사용하며, 사람이나 사물을 운반하는 기계설비의 일종이다.
(2) 고층 공사에 많이 이용되는 양중기로서 자재의 면밀한 점검과 정격인양하중 준수 등에 대한 예방에 중요하다.

2 양중기 분류

(1) 크레인(이동식 포함)
(2) Lift(인, 화공용 등)
(3) 곤돌라
(4) 승강기(최대하중 0.25톤 이상인 것)

3 건설용 Lift의 재해 유형

(1) 과상승에 의한 추락 : 안전장치 미작동
(2) 운반구 이탈로 낙하 : Guide 및 Roller 파손
(3) 정격하중 초과로 충돌
(4) Mast 변형 붕괴
(5) 운반구 탑승 중 추락 등

4 건설용 Lift의 구성도

(1) Mast : 운반구의 Guide 역할
(2) 구동부, 운반하중부담구동
(3) 운반구(Cage) : 자재 및 인원 운반

5 건설용 Lift의 재해 원인

(1) 안전담당자 및 조직 인원부족, 안전교육 미흡
(2) 작업절차 미준수 및 통제조치 부재
(3) 장비의 고장 및 자재결함 등
(4) 유해 위험 방호조치 미흡, 신호 미준수

6 건설용 Lift 설치 관리 항목

(1) 기초(Base)
  ① 크기 = 3.6×2.2×0.3m(높이)
  ② 기초 프레임 4개소 이상 고정
  ③ 완충장치 슬리브 처리 및 앵커 매설

(2) Mast
  ① 수직도 준수, 각부 정밀도 확보
  ② 벽체에 연결
    • 높이 18m마다 또는 제작사 설명서
    • 최상부 Mast 고정
  ③ 충분한 강성 확보(풍압 등 고려)

(3) 운반구 Cage
  ① Mast와 균형유지 설치
  ② 상부 천정 설치 및 난간실
  ③ 탑승장과의 틈새 6cm 유지

(4) 방호울 설치
  ① 높이 1.7m 이상
  ② 안전표지판 설치
  ③ 시건 장치 설치

7 건설용 Lift 사용 시 안전유의 사항

(1) 운전원교육(신호체계) 및 정규적 배치
(2) 운전상태 확인 및 초과 적재 금지
(3) 점검표 기록(정기점검 및 자체점검)

8 건설용 Lift 기상조건별 점검사항

기상조건	점검 및 보강조치
집중호우, 장마	전기감전방지, 연약지반 보강
폭설	운반구 및 Mast 구동부 결빙방지
태풍	Cage 하강 및 각부 점검, Mast 지지 및 고정 확인

9 건설용 Lift 조립 해체 시 안전 대책
(1) 안전관리자 상주 및 감리 감독자 입회
(2) 사전조사 및 작업계획 수립, 안전교육 실시
(3) 위험개소 및 위급사항과의 조치(위험성평가)
(4) 주변 방호 및 하부근로자 출입통제, 보호구 착용
(5) 반입자재의 면밀한 점검, 벽 지지상태 확인

10 건설용 Lift 작업 시작 전 점검 사항
(1) Break 및 클러치 및 방호장치의 기능
(2) Wire Rope가 통하는 곳의 상태 이상 유무

11 리프트 안전강화
(1) 낙하방지장치를 운행거리에 관계없이 설치
(2) 충격완화장치, 로프이완감지장치, 낙하방지장치를 모두 설치해 운반구의 낙하사고에 대비

03 건설기계의 안전 장치

1 개요
건설기계의 안전장치는 안전 운전 보호 장치와 중량물 취급 기계의 안전장치로서 이상 유무를 확인해야 한다.

2 건설기계의 분류
(1) **차량계 건설기계** : 불도저, 백호, 롤러, 항타기 등
(2) **양중기** : 크레인, 리프트, 곤돌라, 승강기(0.25톤 이상)

3 안전장치의 종류
(1) **전조등** : 야간작업을 위한 조명 확인
(2) **경보장치** : 작업 근로자 청각경고장치 작동 확인
(3) **헤드가드** : 낙석방호 장치의 견고성 확인
(4) **Door** : 운전석 및 조수석 부착 확인
(5) **붐 전도 방지장치** : 화물 탈락 시 붐 전도 방지장치 작동 확인
(6) **붐 기복 정지장치** : 드래그라인, 크램셀 등 설치 확인
(7) **붐 권상드럼의 역회전 방지 장치** : 드래그라인, 크램셀 등 설치 확인

4 작업 전 안전조치사항
(1) 운전자의 면허증 및 보험가입 유무, 안전교육 이수 확인
(2) 작업계획서 작성 및 안전교육 실시, 신호체계 정립
(3) 건설기계의 점검 안전장치 이상 유무, 방호장치 및 제동·조작 장치 등
(4) 유해 위험 방호조치 등

04 고소작업대의 종류와 안전대책

1 개요
(1) 고소에서 작업 시 근로자가 탑승하여 이동하는 작업대로서 차량탑재형, 시저형, 자주식이 있다.
(2) 고소작업대의 주요 재해 유형으로는 장비전도, 차량충돌, 근로자 추락 및 협착 등이 있으며, 안전조치 후 작업을 실시해야 한다.

2 고소작업대의 재해유형
(1) 지반침하전도 및 과도한 Boom 전개전도
(2) 주변 통행차량과 충돌(갓길 위치)
(3) 근로자의 보호구 미착용 추락 및 안전난간 미흡 추락
(4) 운전원 조작실수에 의한 협착 및 주변전선에 감전

3 고소작업대의 종류

구분	차량탑재형	Scissor	자주식
특징	유압 Craine 선단 유사, 작업대	가위형 부재 유압상승	자체 이동이 불가능
분류	특수화물차	전기, 설비공사	조선, 제조공장
도로주행	가능	불가	불가
안전검사	대상	비대상	비대상

4 고소작업대의 재해원인
(1) 작업계획 수립 미흡 및 안전교육 미흡
(2) 작업절차 소홀 및 신호수 미배치, 기계의 결함
(3) 보호구 미착용 및 안전난간의 결함 등

5 고소작업대 설치기준
(1) 조작반수위치의 명칭, 방향 유관 확인 가능
(2) Boom 최대지면 경사각 유지(전도방지)
(3) 일정 위치 유지장치 보유

(4) 작업대 정격하중표시(안전율 5 이상)
(5) Wire Rope 및 체인 안전하중 준수(안전율 5 이상)
(6) 방호장치구비
   ① 권과방지장치 또는 압력상승방지
   ② 가드 또는 과상승 방지장치

6 사용 시 준수사항

(1) **적정조도 유지** : 75lux 이상 유지
(2) **감전사고 방지** : 감시인 배치, 방호시설 설치
(3) 관계자 외 출입통제 조치
(4) 정력하중 초과금지
(5) **보호구 착용** : 안전모 및 안전대 등
(6) 작업대 상승 후 이탈금지

7 고소작업대 종류별 주요 안전대책

(1) **차량탑재형**
   ① 운전면허증, 보험가입 유무, 안전교육 이수 확인
   ② 방호장치 설치 각부 이상 유무 확인
   ③ 지반 전도 및 침하 방지
   ④ 아웃트리거 갓길 위치 시 유도자 배치
   ⑤ 이동 시 최대한 자세를 낮추고 움추림

(2) **Scissor식**
   ① 작업장 조명수준 확보
   ② Tire 공기압 균등히 유지
   ③ 작업 바닥면과의 수평 및 요철 확인
   ④ 재료, 기구를 오르내릴 때, 하강조치

(3) **자주식(소형)**
   ① 조작스위치 중립상태 유지(정지 시)
   ② 인근 사람 위치 시 경고조치
   ③ 이동 시 시행운전 및 회전반경 주의 운행

8 고소작업대 작업자 주지사항

(1) 작업 시 급격한 운전 및 급상승 금지
(2) 작업 중 운전석 이탈금지 및 무리한 행동 금지
(3) 작업 시 요동 금지 및 안전대 착용

9 고소작업대 교통안전관리사항

(1) 작업 전 안전표지판, 펜스 설치
(2) 차량유도 신호수 배치(경적 및 확성기 소지)
(3) 안전대 작업자 보호구 착용 및 위험인지 작업

10 재해예방을 위한 고소작업대 사용현장의 작업 전 확인사항

(1) 과상승 방지장치

과상승 방지장치 유효높이 = 근로자 신장높이 × 안전난간높이 + a(요철구간 높이)

[과상승 방지장치의 분류]

수직형	수평형
상부 안전난간대 모서리 4개소에 60cm 이상 높이로 설치. 강재 강도 이상의 재질로 수직봉 타포린을 여장하여 설치 여부 확인	상부 안전난간대 높이에서 5cm 이상의 높이에 설치하고 전 길이에서 압력이 감지될 수 있는 안전바 설치 여부 확인

(2) 기타 안전장치에 관한 사항

① 전복방지를 위한 틸트 센서 : 좌우 1.5도, 전후 3.5도 이상 시 경고음과 전·후진, 상승 불가 장치
② 프레셔 스위치 : 적재중량 이상 상차 시 경고음과 함께 작동을 멈추는 장치
③ 포토홀 프로텍션 : 앞뒤 바퀴 사이의 철함이 내려와 웅덩이에 빠지지 않도록 하는 장치
④ 수동 하강장치 : 플랫폼 상승상태에서 작업 중 전기적 문제발생 시 외부에서 수동으로 하강시키는 장치
⑤ 인에이블 스위치 : 오작동 방지를 위한 스위치가 조이스틱에 부착되어 안전한 작업을 위한 Fail Safe 장치

05 Back-hoe 장비 사용에 따른 재해형태별 원인과 안전대책

1 개요

(1) Back-hoe 장비는 토사, 암을 굴착, 상차하는 건설기계로서 주행 방식에 따라 무한궤도방식과 Tire 방식이 있다.

(2) Back-hoe에 의한 주요재해는 근로자의 치임과 장비의 전도 등이 있고 중대재해로 발생되므로 안전기준을 준수해야 한다.

2 건설기계의 분류

(1) **차량계 건설기계** : 굴삭기(Back-hoe), 덤프트럭, Dozer 등
(2) **양중기** : 크레인, 리프트, 곤돌라, 승강기(0.25t 이상)

3 Back-hoe의 용도(작업 종류)

(1) 토사의 굴착 및 상차
(2) 비탈면의 정리
(3) 암 또는 콘크리트 파쇄, 소할
(4) 평탄작업(블레이드 사용)
(5) 양중작업

4 Back-hoe의 주요재해유형

(1) **전도** : 경사지, 굴착단부 등 작업
(2) **충돌** : 붐 선회 중 근로자 및 물체와 충돌
(3) **깔림(치임)** : 후진 중 근로자의 치임 또는 깔림
(4) **낙하** : 버킷 등 선택장치의 체결불량
(5) **기타** : 감전, 비래(암석분), 붕괴(하부굴착) 등

5 Back-hoe의 재해발생 원인

(1) 굴삭기의 전도
　① 지반 연약화
　② 굴착면의 구배

③ 부적합 사용(자재 인양)
④ 작업공간 미확보

(2) 충돌
① 유도자 미배치
② 시야 확보 장치 불량
③ 무자격운전원

(3) 깔림(치임)
① 안전장치 파손(후진 경보기 등)
② 신호수 미배치

(4) 감전
① 절연 방호설비 부재
② 이격거리 미준수 등

6 Back-hoe 재해의 안전대책

(1) 작업 전 조치사항
① 작업 계획서 작성(작업방법, 운행경로) 및 주지
② 운전자 확인사항 : 면허증 및 보험 가입 유무, 안전교육
③ 작업 전 장비 점검 실시
  • 안전장치, 제동장치, 운전·조작장치, 선택장치(안전핀) 이상
  • 주요부 외관, 누유 및 손상 유무, 시야장치 유무 확인
④ 위험개소 유무와 위급상황 파악
  • 지반상태 및 전락 위험 유무 파악
  • 작업반경 내 장애물 및 근로자 작업 유무 확인

(2) 작업 중 준수사항
① 장비유도자 및 신호체계 준수, 회전 반경 내 출입통제
② 급작스런 작동 금지 : 급선회, 급진·후진 등
③ 덤프트럭 운전석의 선회 금지
④ 작업 중 이탈 금지 : 운전원, 장비유도자, 신호수
⑤ Back-hoe 주행 시 선회반경 확인(저속운행)

(3) 작업종료 시 안전대책
　① 통행에 지장없는 안전한 곳에 주차 실시
　② Bucket, 포크, Deeper를 지면에 위치시킬 것
　③ 정지 시 엔진정지, 브레이크 조작, 시동키 분리 조치
　④ 일상 및 예방점검 실시(수리, 점검 항목 등 이력기록)

(4) 인양작업 시 조치사항
　① 제조사에서 정한 작업설명서대로 인양할 것
　② 신호수 배치
　③ 근로자 출입금지 조치
　④ 지반침하 우려가 없고, 평탄한 장소에서 작업할 것
　⑤ 정격하중 준수

7 인양작업 가능한 굴삭기의 조건

(1) 퀵커플러 또는 달기구가 부착되어 있을 것
(2) 제조사의 정격하중이 확인될 것
(3) 달기구에 해지장치가 있는 등 인양물 낙하 우려가 없을 것

8 Back-hoe 야간 시 안전 유의사항

(1) 작업장 전체를 조명할 것(기타 작업 : 75lux 이상)
(2) 상하차 작업, 도로 운행 시 적색램프 또는 섬광표시등 부착

06 타워크레인 사용 시 설치·검사·운전 시 관리항목

1 개요

(1) 타워크레인은 고양정의 기중기로 대도시 밀집공간에 많이 사용되는 크레인으로서 T형식과 L형식으로 구분된다.

(2) 타워크레인의 재해는 강풍에 의한 전도, 조립 중의 붕괴, 인양작업 중의 근로자 추락 협착, 고소작업 시 자재낙하 등이 있다.

2 타워크레인의 재해 유형

(1) 본체의 전도
  ① 기초강도 부족
  ② 설치가대 강도 부족
  ③ 정격하중 이상의 과부하

(2) **Tower Crane Jib의 결손** : 상호 간 또는 장애물 충돌

(3) **본체의 낙하** : 로드 엔드 클립, Joint부 핀 탈락

(4) **자재의 낙하** : 권상용 Wire Rope의 절단

3 타워크레인설치 관리 항목

(1) 기초설치 유의사항
  ① 기초철근 배근 시 하중 모멘트 고려
  ② 기초상부 수평유지
  ③ 기초 판 크기 : 2×2m, 3×3m, 두께 1.5m 이상

(2) Mast 설치 기준
  ① Mast 수직도 : 1/1,000 이내 준수
  ② 구조체벽 연결(구조 검토)
  ③ 상부회전체 King Pin 체결 확인

(3) Wire Rope 점검 사항
  ① 용량초과 양중 금지
  ② 꼬임, 비틀림 등 이상 유무 확인

(4) 방호장치 검토 사항
① 과부하 방지장치
② 권과방지장치
③ 비상스위치 등

(5) Boom대 : 취상파괴 방지 용접금지
평형추 : 무게중심 확인, 설치상태 확인(낙하방지 등)

4 설치 순서

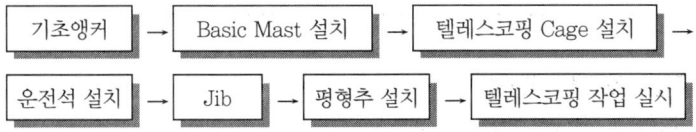

5 재해원인
(1) 안전담당자 및 조직인원 부족, 안전교육 미흡
(2) 적합절차 미준수 및 통제조치 부재
(3) 장비의 고장 및 자재의 결함 등
(4) 유해 위험 방호조치 미흡

6 조립 해체 시 안전유의사항
(1) 안전관리자 상주 및 감리 감독자 입회
(2) 사전조사 및 작업계획 수립, 특별 안전교육 실시
(3) 위험 개소 및 위급상황 파악조치(위험성평가)
(4) 설치 Crain : 전력선 방호, 주변 구조물 충돌 위험 방호
(5) 반입자재의 면밀한 검사 및 기계·기구 점검

7 Tower Crain 사용 시 안전유의사항
(1) 작업 전 점검사항
① 방호장치 및 충돌방지장치, 이탈방지장치 등 점검
② Wire Rope 및 Wire Rope가 통과하는 곳 점검
③ 트롤리 레일 및 주행로 상태 확인

(2) Pick Time 안전관리자 입회 관리 항목
　① 신호준수 감독
　② 인양하중 감독
　③ 인양 속도 준수

8 풍속별 타워크레인 안전준수사항(순간풍속기준)

10m/sec 이상	15m/sec 이상	30m/sec 이상	35m/sec 이상
설치·해체, 점검, 수리금지	운전금지	주행식 이탈방지장치 작동 각 부 이상 유무점검	붕괴방지조치

9 타워크레인 기상 조건별 대책
(1) 집중호우, 장마 : 전기적 감전방지, 연약지반 보강
(2) 폭설 : 지브, 트롤리 결빙 방지
(3) 태풍
　① 선회 Break 해제(자유선회)
　② 훅 안전위치(감기), 지지 및 고정 확인

10 타워크레인 운전 중 유의사항
(1) 운전자·작업자가 당해 기계 정격하중을 알 수 있도록 표기
(2) 양중기계 작업표준 신호 사용, 신호수 배치(타워크레인 신호수 이수교육)
(3) 운전자는 운전 도중 운전위치 이탈 금지
(4) 안전검사 실시 : 6개월에 1회 이상 결과 기록 유지
(5) 와이어로프 이탈방지 : 훅 해지장치 사용
(6) 인양물 밑에 신호수와 근로자의 출입금지
(7) Boom 선회 범위 내 접촉 우려 장애물 제거, 타워크레인 간 충돌방지 회전각도 선정
(8) 작업 개시 전 점검
　① 권과방지장치, 브레이크, 클러치, 운전장치 정상작동 여부
　② 주행로 상층, 트롤리가 횡행하는 레일의 상태
　③ 와이어로프가 통과하고 있는 곳의 상태
(9) 짐을 매단 채 작업중지 금지 및 짐 위에 탑승금지
(10) 악천후 시 작업중지, 강풍·지진 후 안전점검 실시

(11) **충돌방지 대책**

　① 작업범위 규제장치

　② 음파·전파에 의한 위치 감지

　③ 유·무선에 의한 조종원 상호 통화

(12) 피뢰침, 항공장애 등 설치

PART 07 토공사 안전대책

ACTUAL
INTERVIEW

01 흙막이공사 안전대책

1 개요

흙막이공사는 인접지반의 침하와 인접구조물의 변형이 유발되지 않도록 시공하는 것이 안전관리의 핵심이므로 안정성을 최우선 과제로 선정하며, 시공 시에는 시공단계별 법적 준수사항을 철저히 준수해야 한다.

2 흙막이공사로 인한 문제점

(1) 인접지반 침하
(2) 인접구조물 침하
(3) 지중 매설물 파손
(4) 흙막이 가시설물 붕괴

3 흙막이공법의 분류

벽체지지 형식	지보 형식
• H-Pile 토류판 • 강재 : 강널말뚝, 강관널말뚝 공법 • 콘크리트 : 지하연속벽(주열식, 벽식), Top Down	• 버팀대(Strut Bar) • 어스앵커 • Soil Nailing

4 흙막이공법 선정 시 유의사항

(1) **안정성** : 차수성 및 흙막이 자체의 강성
(2) **시공성** : 구축의 용이성 및 해체 간편성
(3) **경제성** : 전용성의 우수함과 설치비용이 저렴할 것
(4) **기타** : 인접구조물 및 지하매설물에 영향이 없을 것

5 흙막이로 인한 문제점의 발생원인

(1) 발주자
  ① 저비용 공법 선정
  ② 신기술 적용의 회피
  ③ 비전문가 의견수렴으로 인한 비용절감에 주력

(2) 설계자
　① 지반조사능력 부족
　② 적정공법 선정의 비효율성

(3) 시공자
　① 적합하지 않은 부재의 사용
　② 양질의 뒷채움재 사용 안 함
　③ 굴착 후 장기방치로 인한 흙의 성질 변화

6 붕괴 등의 대형사고 방지를 위한 안정성 검토사항

(1) 사전조사
　지형, 지질, 지하수 변화, 인근 공사자료, 관련 공사자료

(2) 안정성 검토사항(중요도 순서)
　① 토압검토
- 주동토압(전면범위) : $P_a = \dfrac{1}{2}rH^2\tan^2\left(45 - \dfrac{\phi}{2}\right)$
- 수동토압(배면범위) : $P_p = \dfrac{1}{2}rH^2\tan^2\left(45 + \dfrac{\phi}{2}\right)$
- 정지토압 : $P_o = \dfrac{1}{2}rH^2(1 - \sin\phi)$
- 토압의 크기 : 주동토압 < 정지토압 < 수동토압

　② 기타 : Boiling, Heaving, Piping, 피압수 등

(3) 적정공법 선정
　① 강성 최우선 시 : 슬러리월, Steel Sheet Pile, H-Pile+SGR
　② 차수성 최우선 시 : Steel Sheet Pile, 슬러리월, H-Pile+SGR

(4) 지하수 처리

배면	저면
강제배수, 차수 및 지수공	중력배수(Deep Well, 집수정)

(5) 저면 근입장 확보 : 근입장 증대, 시멘트 Milk 고정
(6) 인접 구조물 침하예상 시 Under Pinning
(7) 흙막이 접합부 보강 조치

7 흙막이공사 시 안전관리 사항

(1) 작업 전
- ① 안전담당자 지정 및 특별안전교육 실시
- ② 유해위험물 방호조치 및 안정성 평가(붕괴 우려 전체 구조물)
  지중 전력선 방호, 인접시설물 및 지하매설물 방호, 장비전도방지대책 수립
- ③ 시설물, 장비, 기구 및 반입재료 점검 및 장해요소 사전 제거
- ④ 공사장 배치계획에 의한 관리, 장비 진출입로 확보
- ⑤ 계측기에 의한 주기적 계측관리

(2) 작업 중
- ① 안전시설물 설치 : 높이 2미터 이상 작업장소에는 이유를 막론하고 안전난간 설치
- ② 신호체계 준수 및 붕괴 시 대피공간 확보
- ③ 장비 작업반경 내 출입통제, 보호구 착용상태 수시확인, 악천후 시 작업중지
- ④ 휴게시설 운영상태 수시확인

(3) 장비 운전자 통제사항
- ① 작업장 진입 시 안전모 착용
- ② 급정지, 급선회 금지
- ③ 사전위험요소 주지 및 방호운전 교육

8 계측관리 기준

(1) 설치기준
- ① 주요 인접구조물의 영향권
- ② 구조물 재하 장소
- ③ 수위변화, 토압변화가 예상되는 곳
- ④ 계측결과의 향후 활용도가 높은 곳

(2) 계측빈도
- ① 시공 초기 : 1회/일
- ② 굴착 중 : 2~3회/주
- ③ 굴착 이후 : 1회/주

(3) 안정성 확보를 위한 계측관리 유의사항
   ① 초기치의 정확한 측정
   ② 계측전담자에 의한 지속관리
   ③ 한계기준 초과 시 : 작업중단 및 토압경감과 보강조치 즉시 착수

9 되메우기 관리기준 적용사례

주상복합 건축물 시공 시 지중매설물 시공 후 되메움 시 적용기준

(1) 재료사용기준
   ① 균등계수(Cu) : 10 이상
   ② 곡률계수(Cg) : 1~3
   ③ 액성한계 : 40% 이하
   ④ 소성지수 : 18 이하

(2) 다짐관리기준
   ① 다짐도 : 95% 이상 $\left(\dfrac{rd}{rd_{max}} \times 100\right)$
   ② 평판재하시험(K치 : kg/cm³)
      • $K_{0.125} = 20$ 이상
      • $K_{0.25} = 30$ 이상

(3) 기타
   엘리베이터홀에 소단 설치 및 야간점검자 조도수준 150lux 확보, Air 방음벽 설치

02 도심지 건축현장 소규모굴착 공사장 안전관리

1 굴토심의 대상

(1) 깊이 10미터 이상 또는 지하 2층 이상 굴착공사, 높이 5미터 이상 옹벽을 설치하는 공사의 설계에 관한 사항
(2) 굴착영향 범위 내 석축·옹벽 등이 위치하는 지하 2층 미만 굴착공사로 석축·옹벽 등의 높이와 굴착 깊이 합이 10미터 이상인 공사의 설계에 관한 사항
(3) 굴착 깊이의 2배 범위 내(경사지의 경우 수평투영거리) 노후건축물(RC조 등의 경우 30년 경과, 조적조 등의 경우 20년 경과된 건축물)이 있거나 높이 2미터 이상 옹벽·석축이 있는 공사의 설계에 관한 사항
(4) 그 밖에 토질 상태, 지하수위, 굴착계획 등 해당 대지의 현장여건에 따라 허가권자가 굴토심의가 필요하다고 판단하는 공사의 설계에 관한 사항

2 소규모 굴착 건축공사 허가 등 행정처리 절차

현장조사 및 지반조사	착공 신고
• 인접대지 및 시설물 현황조사 (인접구조물 조사기준 및 현장조사결과 참조) • 지반조사 최소 2곳 이상 실시	• 흙막이 설계도서 제출(공사개요 및 주요시방, 공사현황도, 굴착계획도, 가시설상세도, 시공순서도) • 지반조사 결과 보고서 제출(서울시 지반정보 통합관리시스템 활용, Test Pit 활용, 필요시 시추조사) • 인접 석축·옹벽 등 영향검토 및 위해방지 대책 제출 • 특정관리대상시설 D · E 등급 및 이에 준하는 석축·옹벽인 경우 소유자 등 이해관계인 사전협의 결과 제출

↓

굴토심의 여부 등 판단
• 굴착영향범위 내 석축·옹벽 높이와 굴착 깊이의 합이 10m 미만인 굴착공사 • 건축물 지하 2층 미만의 굴착공사 • 높이 5m 미만의 옹벽설치 굴착공사

검토
• "인접 석축·옹벽 등 영향검토 및 위해방지대책" 검토 후 착공신고 수리   ※ 위해 방지 안전대책 등이 충분하지 않다고 판단될 경우, 보완조치 후 착공수리 • 흙막이 관련 도서 보완 등 • 관계전문기술자 협력 및 상주 등

인·허가 신청
• 굴착영향범위 내에 있는 석축·옹벽 등의 시설물 현황조사 결과 제출 • 공사현황도 및 지하매설물 현황도 제출 (지하층이 없더라도 동결심도 이하까지 굴착하는 경우 포함)

↓

착공 신고 수리

↓

인·허가 처리
※ 허가 조건 부여   착공 시 "인접석축·옹벽 등 영향검토 및 위해방지 대책" 제출

건축물 시공
2회 안전관리 강화 점검

↓

사용 승인
• 최종지반조사보고서 • 서울시(공간정보담당관) 지반정보 종합관리시스템 등록

3 현장조사 설계도서 반영항목

(1) 인접건물의 위치와 공사현장과의 이격거리
(2) 인접건물의 층고, 규모, 준공연도, 구조형식
(3) 공사현장의 배수로 및 배수형태
(4) 굴착영향 범위 내에 위치한 석축·옹벽 현황
(5) 건축물, 석축·옹벽 등 인접구조물 사진
(6) 대지경계 및 인접도로 현황

4 굴착 영향범위 기준

(1) 굴착저면에서 경사도 1 : 1.5 영향선 이내의 거리를 굴착 영향범위로 규정
(2) 굴착시점에서 $1.5H$(굴착깊이) 이내에 있는 시설물에 대한 현황조사 수행
(3) 굴착 영향범위 내의 건물, 석축·옹벽 구조물, 지하매설물을 고려한 굴착안정성 검토

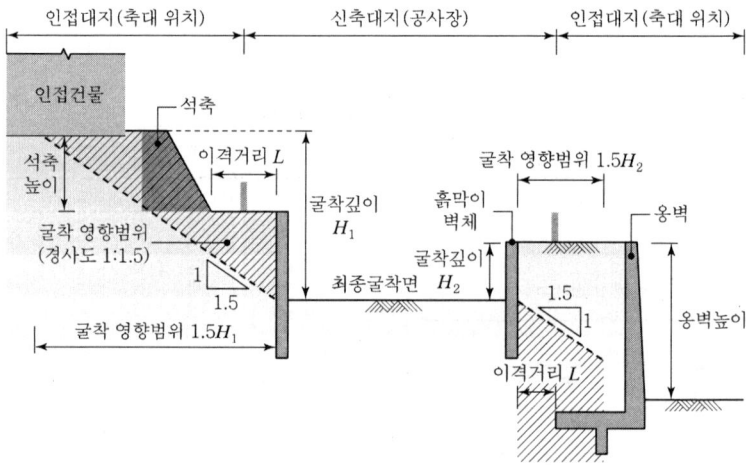

5 소규모 굴착 건축공사의 지보재 설치기준 및 유의사항

(1) 지보재 선행 굴착깊이 및 지보간격을 제시해 과굴착을 방지할 것
(2) 사용강재의 규격과 설치기준에 따라 임의시공을 방지할 것
(3) 근입깊이 기준을 준수하여 흙막이 구조물 안정성을 확보할 것

6 계측관리

(1) 설계 시 지반조건의 정보부족으로 인한 결점을 시공 중 발견하여 위험요소 제거
(2) 설계에서 적용된 값과 계측값을 분석하여 안전관리에 필요한 자료 수집

(3) 계측결과를 축적하여 차후 지반 및 구조물 설계, 시공에 적용
(4) 설계와 시공 사이의 기술적인 격차를 최소화하여 안전성, 경제성, 합리성 극대화

7 계측기 배치 사례

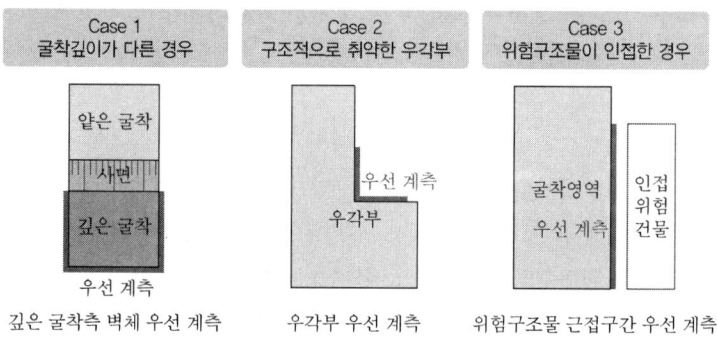

03 굴착면 안전기울기 기준에 관한 기술지원규정

[D-C-5-2025]

이 지침은 산업안전보건기준에 관한 규칙(이하 "안전보건규칙"이라 한다) 제2편 제4장 제2절(굴착작업 등의 위험방지)의 규정에 의거 건설공사 굴착면 안전기울기 기준에 관한 기술지침을 제시함을 목적으로 한다.

1 사전 검토사항

(1) 굴착공사 전에 설계도면과 비탈면 안정해석 등의 내용을 검토하여 굴착비탈면의 위치, 지반의 종류 및 특성, 함수량 정도 등의 설계조건과 현장조건을 비교 검토하여 굴착면의 안전기울기의 적정성 여부를 파악한다.
(2) 굴착비탈면의 안전기울기 사전검토 시 굴착장소 및 그 주변지반에 대하여 다음을 조사하여 평가한다.
   ① 지반 형상·지질 및 지층의 상태
   ② 균열·함수·용수 및 동결의 유무 또는 상태
   ③ 지하매설물 도면 확인 및 매설물 등의 유무 또는 상태
   ④ 지반의 지하수위 상태
   ⑤ 비탈면 보호공의 설치계획
(3) 굴착 시 굴착비탈면의 무너짐에 의한 재해를 방지하기 위하여 다음을 작업 전, 작업 중, 작업 이후, 우기 이후에 개별적으로 실시하여 점검하여야 한다.
   ① 비탈면 상부의 지표면 변화 확인
   ② 비탈면의 지층 변화부 상황 확인
   ③ 부석의 상황 변화 확인
   ④ 결빙과 해빙에 대한 상황의 확인
   ⑤ 각종 비탈면 보호공의 변위 및 탈락 유무

2 일반 검토사항

(1) 굴착작업 시 주변지반이 침하하는 것에 주의하고 관계자의 입회하에 굴착비탈면의 안전에 필요한 조치를 취하여야 한다.
(2) 굴착공사 진행 중 사전 조사된 결과와 상이한 상태가 발생한 경우 굴착면의 안전기울기 보완을 위한 정밀조사를 실시하여야 하며, 그 결과에 따라 안전기울기를 변경해야 할 필요가 있을 때에는 안전기울기 기준이 결정될 때까지 해당 위험작업을 중

지하여야 한다.
(3) 굴착작업 시 지반의 지질 상태에 따라 굴착면의 기울기를 안전하게 유지하여 무너짐 위험에 대비하여야 한다.

③ 지반종류별 준수사항

(1) 지반의 종류에 따라 굴착면의 안전기울기를 준수하여야 하며, 필요시 충분한 보강을 실시해야 한다.
(2) 자연지반은 매우 복잡하고 불균질하며, 굴착비탈면은 굴착 후 시간이 경과함에 따라 점차 불안정해지며, 강우 등의 주변 환경 변화에 따라 비탈면 안정성이 저하되므로 이들을 고려한 안정성 검토 및 보호·보강대책이 이루어져야 한다.
(3) 리핑암의 경우 비탈면 높이가 10m 이상일 경우에는 매 5.0m마다 폭 1m의 소단을 설치하도록 한다. 또한 비탈면 높이에 관계없이 흙과 암과의 경계나 투수층과 불투수층과의 경계에는 필요에 따라 소단을 설치하고, 용수발생 시 소단에 유도 배수로를 설치하여야 한다.
(4) 발파암은 굴착난이도 및 암반 강도에 따라 비탈면 기울기와 소단을 적절하게 적용하여야 하며, 연암 및 보통암인 경우 비탈면 높이 10m마다 1~2m폭의 소단을 설치하고, 경암질인 경우에는 비탈면 높이 20m마다 폭 1~2m의 소단을 설치하며, 리핑암과 발파암의 경계와 암반의 특성이 급격히 변화하는 곳에도 폭 1~2m의 소단을 추가 설치한다.
(5) 풍화가 빠른 암반, 균열이 많은 암반, 바둑판 모양의 균열이 있는 암반 등 붕괴위험이 있는 암반 굴착비탈면의 경우에는 반드시 이를 고려하여 안전성을 검토하여 안전기울기를 결정해야 한다.

④ 비탈면 안정해석 실시

(1) 지반조건이 불명확하거나, 급격하게 변화하는 경우 굴착면의 안전기울기는 별도의 비탈면 안정해석을 통해 여유 있게 결정해야 한다.
(2) 굴착면 기울기는 지반을 구성하는 지층의 종류, 상태 및 굴착 깊이 등에 따라 설계기준에 제시된 값을 표준으로 하나 붕괴 요인을 가진 굴착부는 별도로 검토하여 종합적으로 판단하여야 한다.
(3) 암반 굴착의 경우 지표지질조사 및 시추조사에 의하여 파악된 절리의 방향성과 발달 상태에 따라 안정해석을 실시하여 안전기울기를 결정하여야 한다.
(4) 굴착면의 기울기가 표준기울기와 다른 경우 별도의 안정해석을 통해 안전기울기를

결정하여야 한다.
(5) 굴착비탈면이 다음과 같은 조건일 경우에는 지질 및 토질조건, 절리 발달상태, 비탈면 내의 지하수 유출조건 등에 대하여 지표지질조사 및 정밀조사를 실시하고 그 결과에 따라 비탈면 안정해석을 실시하여 비탈면 안전기울기를 결정하며, 필요시 안정대책을 검토하여 시공하여야 한다.
  ① 퇴적층이 두껍게 형성되어 불안정한 상태를 나타내는 구간
  ② 붕괴 이력이 있고 산사태 발생 가능성이 있는 구간
  ③ 지하수위가 높고 용수가 많은 구간
  ④ 연약지반이 분포하여 침하 등의 우려가 있는 경우
  ⑤ 시설물이 인접하여 붕괴 시 복구에 상당기간이 소요되거나 막대한 손상을 초래하는 경우
  ⑥ 기타 불안정한 요인이 있는 것으로 판단되는 구간
(6) 안정해석 결과 불안정한 것으로 판단되는 비탈면에 대하여는 비탈면 기울기 완화 등 적정한 보강공법을 설계에 반영하여야 한다.

5 안전기울기 기준

(1) 산업안전보건기준에 관한 규칙 제339조(굴착면의 붕괴 등에 의한 위험방지) 제1항에 따라 사업주는 지반 등을 굴착하는 경우에는 굴착면의 기울기를 기준 이상으로 완만한 기울기를 유지하여야 한다.
(2) 굴착깊이, 굴착난이도 및 암반 강도 등에 따라 비탈면 기울기와 소단을 다르게 적용하며, 용수발생 시 소단에 유도 배수로를 설치하여야 한다.
(3) 굴착면의 기울기가 달라서 기울기를 계산하기가 곤란한 경우에는 해당 굴착면에 대하여 붕괴의 위험이 증가하지 않도록 해당 각 부분의 기울기를 유지하여야 한다.
(4) 상기 (1)항의 준수가 어려운 경우에는 건설기술 진흥법 제44조에 따른 건설기준에 맞게 작성한 설계도서상의 굴착면의 기울기에 따를 수 있다.

6 안전기울기 준수를 위한 유의사항

(1) 준설 비탈면은 토질조건, 준설방법 등에 따라 준설공사 후 비탈면이 안정적으로 유지하기 위하여 준설 시 안전기울기를 규정할 필요가 있으며, 대단위 비탈면 형성 구역에 대해서는 원호활동 검토 등을 수행하여 안전기울기를 결정하여야 한다.
(2) 연암 이상 암반 굴착면의 기울기는 암반 내에 발달하는 단층 및 주요 불연속면의 기울기 및 방향을 고려하여 발생 가능한 파괴형태에 대한 안정해석을 실시하여 비

탈면의 안전기울기를 결정하여야 한다. 다만, 해당 구간 불연속면 등의 암반특성을 정확히 파악할 수 없을 경우 시추조사에 의해 파악된 암반특성을 고려하여 암반 굴착면의 안전기울기를 결정할 수 있으나 반드시 시공 중 조사 및 이를 반영한 안정해석을 통해 안정성을 확인하여야 한다.

(3) 각기 다른 토질이 분포하여 상이한 소단 및 기울기로 접속되는 구간에는 연결을 위한 완화구간을 둔다. 이 경우 해당 공사현장의 설계도서에 따른 설치를 원칙으로 하되, 설계도서에 별도 제시하지 않은 경우에는 접합부 중심 기준 좌우 약 5m의 완화구간을 설치한다.

(4) 비탈면 보호를 위한 배수시설 및 비탈면 보호시설 등은 별도 검토하여 반영해야 하며 시설물의 설치 여건에 따라 비탈면의 기울기를 조정할 수 있다.

04 밀폐공간 작업 프로그램 수립 및 시행에 관한 기술지침

[H-80-2021]

1 밀폐공간 재해예방의 원칙과 출입의 금지

(1) 밀폐공간 재해예방 원칙
① 사업주는 사업장 내 밀폐공간 위치를 사전에 파악하여 해당 공간에는 출입금지 표지를 입구 근처에 게시하고 해당 공간에 관계 근로자가 아닌 사람의 출입을 금지하여야 한다.
② 사업주는 밀폐공간 작업을 계획하는 경우 해당 공간에 근로자가 출입하지 않고 외부에서 작업할 방법이 가능한지를 검토한 후 기술적으로 적절한 방법이 없다고 판단되는 경우에만 밀폐공간 출입을 허가하여야 한다.
③ 사업주는 근로자에게 밀폐공간 작업을 하도록 하는 경우 밀폐공간 작업 프로그램을 수립하여 시행하여야 한다.
④ 사업주는 자사 사업장 내 밀폐공간 작업을 협력업체나 사외 근로자로 하여금 수행토록 하는 경우 밀폐공간의 위치와 유해위험요인을 사전에 파악한 후 필요한 정보를 협력업체에 제공하고 해당 작업과 관련된 제반 감독업무를 수행하여야 한다.
 ㉠ 이 경우 협력업체 사업주는 밀폐공간 작업을 수행하는 근로자에게 해당 공간의 유해위험 요인 등 원청이 제공한 위험정보를 확인하고 작업시작 전에 안전한 작업방법 등을 포함하는 교육을 이수하도록 하고 필요한 감독을 하여야 한다.
 ㉡ 근로자는 원청 및 협력업체가 제공한 위험정보를 숙지하고 안전보건규칙에서 정하는 바에 따라 작업을 수행하여야 한다.

(2) 밀폐공간 파악 및 출입금지
① 사업주는 사업장 내에 밀폐공간이 존재하는지 여부를 사전에 파악하여 목록화한 후 해당 목록을 보존하여야 한다. 해당 목록에는 모든 밀폐공간의 번호, 종류, 위치, 수량, 형태 및 질식, 중독 유발 유해위험요인 파악 결과 등이 포함되어야 하며 필요시 관련 사진이나 도면 등을 첨부한다.
② 사업주는 밀폐공간에 대하여 출입금지표지 부착하는 경우 안전보건규칙 별지 제4호서식에 따라야 한다.
③ 사업주는 필요한 경우 밀폐공간에 시건장치 등을 설치하여 관계 근로자 이외의 사람에 대한 출입을 통제하여야 한다. 밀폐공간에 출입하고자 하는 근로자는

관련 부서로부터 밀폐공간 작업허가서를 취득한 후 정해진 절차에 따라 출입 및 밀폐공간 작업을 하여야 한다.

2 밀폐공간 작업 프로그램

(1) 밀폐공간 작업 프로그램의 수립
① 사업주는 근로자로 하여금 밀폐공간 작업을 수행하도록 하는 경우 사전에 충분한 시간을 두고 프로그램 총괄책임자로 하여금 밀폐공간 작업 프로그램을 수립하도록 하여야 한다. 이 경우 프로그램 수립에 따른 과정은 흐름도를 참조한다.
② 사업주는 밀폐공간 작업 프로그램을 최소 2년에 1회 이상 평가 후 필요한 내용을 수정하여 보완하고 해당 프로그램은 기록하여 보존한다.
③ 밀폐공간 작업 프로그램에는 다음 내용이 포함되어야 한다.
  ㉠ 밀폐공간의 위치, 형상, 크기 및 수량 등 목록 작성
  ㉡ 밀폐공간의 사진이나 도면(필요시)
  ㉢ 밀폐공간 작업의 당위성 및 필요성
  ㉣ 작업 중 작업특성 또는 주변 환경요인에 의해 질식, 중독, 화재, 폭발 등을 일으킬 수 있는 유해위험 요인(근로자가 상시 출입하지 않고 출입이 제한된 장소로서 해당 공간에서 산소결핍, 가스누출 등 유해요인 발생 가능성 포함)
  ㉤ 밀폐공간 작업에 대한 허가 및 수행요령
  ㉥ 근로자에 대한 교육과 훈련의 방법
  ㉦ 산소 및 유해가스 농도의 측정과 후속조치 요령
  ㉧ 환기장비의 사용 및 환기요령
  ㉨ 작업 시 근로자가 착용하여야 할 보호구 및 안전장구류
  ㉩ 감시인의 배치와 상시 연락체계 구축방안
  ㉪ 밀폐공간 작업에 대한 감독과 모니터링 방안
  ㉫ 비상사태 발생 시의 조치 및 보고요령(재해자에 대한 응급처지 포함)
  ㉬ 프로그램의 평가 및 기록보존 방안

(2) 밀폐공간 작업 프로그램의 추진 절차
사업주는 밀폐공간 작업 프로그램을 시행하는 경우 다음의 절차를 따른다.

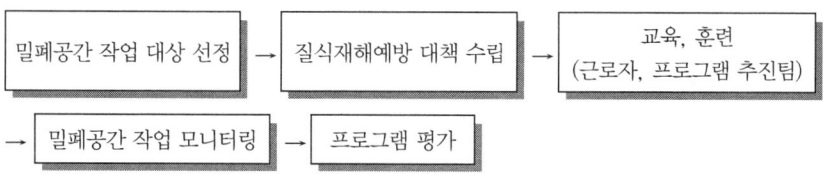

(3) 밀폐공간 작업 프로그램의 평가
① 프로그램 수행결과의 적정성을 주기적으로 평가(최소 2년에 1회 이상)하고, 필요한 경우에는 적절한 조치를 하여야 한다.
② 프로그램의 평가에는 다음의 사항이 포함되어야 한다.
㉠ 밀폐공간 허가절차의 적정성
㉡ 유해가스 측정방법 및 결과의 적정성
㉢ 환기대책 수립의 적합성
㉣ 공기호흡기 등 보호구의 선정, 사용 및 유지관리의 적정성
㉤ 응급처치체계 적정 여부
㉥ 근로자에 대한 교육·훈련의 적정성 등

3 밀폐공간 작업 허가

(1) 밀폐공간 내에서 작업을 수행하려는 근로자나 작업 지휘자는 작업을 시작하기 전에 사업장의 허가자로부터 밀폐공간 작업허가서를 발급받은 후 해당 장소에서 출입하여 작업을 수행하여야 한다.
(2) 허가자는 다음 내용을 확인 후 근로자의 유해위험에 노출될 우려가 없거나 해당 유해위험에 충분히 대처할 수 있다고 판단된 경우에만 밀폐공간 작업허가서를 발급하여야 한다.
① 출입 일시 및 출입의 개시와 예상 종료시간
② 출입의 목적 및 작업의 내용
③ 작업장소 및 출입구의 위치(필요시 도면 첨부)
④ 관계자 외 출입금지 표지의 부착 여부
⑤ 근로자, 감시인 및 관리감독자의 특별안전안전보건 교육이수 여부
⑥ 근로자, 감시인 및 관리감독자의 배치 방안
⑦ 출입근로자에 대한 명단과 출입 시 인원확인 방법
⑧ 출입 전 및 작업 중 산소 및 유해가스 농도 측정결과 및 적정공기 수준 유지를 위한 환기방법
⑨ 작업 중 불활성 기체 또는 유해가스의 누출, 발생 가능성 검토 및 유입방지 조치
⑩ 사용할 기계기구 및 장비에 대한 안전조치
⑪ 작업공간에 대한 환기방안
⑫ 방폭형 장비의 필요성과 확보 방법(환기장치 포함)
⑬ 작업 시 착용해야 할 보호구 및 안전장구의 종류 및 사용법 교육 여부
⑭ 근로자, 감시인 및 관리감독자와의 상호 연락방안

⑮ 위급 시 조치 및 응급처치 요령
⑯ 비상사태 발생 시의 연락체계
⑰ 기타 근로자의 안전 및 건강보호를 위한 조치
(3) 발급받은 밀폐공간 작업허가서는 해당 밀폐공간 작업이 종료될 때까지 해당 작업장의 출입구 근처의 근로자가 보기 쉬운 장소에 게시하여야 한다.
(4) 밀폐공간 작업에 종사한 근로자나 관리감독자는 밀폐공간 작업이 종료된 후 즉시 허가서를 허가자에게 반납한다.

4 산소 및 유해가스 농도의 측정

(1) 측정자

밀폐공간에 대한 산소 및 유해가스 농도 측정은 다음의 사람이나 기관의 전문가가 실시하여야 한다.
① 관리감독자
② 안전관리자 또는 보건관리자
③ 안전관리전문기관
④ 보건관리전문기관
⑤ 지정 측정기관

(2) 측정시기

밀폐공간 작업을 수행하기 위해서는 다음과 같은 시기에 측정을 실시하되 필요한 경우 추가로 측정을 실시하여야 한다.
① 당일의 작업을 개시하기 전
② 교대제로 작업을 하는 경우, 작업 당일 최초 교대 후 작업을 시작하기 전
③ 작업에 종사하는 전체 근로자가 작업을 하고 있던 장소를 떠난 후 다시 돌아와 작업을 시작하기 전
④ 근로자의 건강, 환기장치 등에 이상이 있을 때
⑤ 유해가스의 발생 우려가 있는 경우에는 수시로 측정

(3) 측정방법

밀폐공간 작업을 할 때에는 다음 측정기준에 따라 유해가스의 농도를 측정하여야 한다.
① 휴대용 유해가스 농도 측정기 또는 검지관을 이용
② 탱크 등 깊은 장소의 농도를 측정하는 경우에는 고무호스나 PVC로 된 채기관을 사용(채기관은 1m마다 작은 눈금으로, 5m마다 큰 눈금으로 표시를 하여 동시에 깊이를 측정함)

③ 유해가스를 측정하는 경우에는 면적 및 깊이를 고려하여 밀폐공간 내부를 골고루 측정(근로자가 밀폐공간 내부에 진입하여 측정하는 경우 반드시 송기마스크 또는 공기호흡기 등을 착용)
④ 긴 채기관을 이용하여 유해가스를 채취하는 경우에는 채기관의 내부용적 이상의 피검공기로 완전히 치환 후 측정

(4) 산소 및 유해가스의 판정기준
산소 및 유해가스의 수준은 다음의 기준을 참조하되 판정기준은 한 밀폐공간의 여러 위치에서 측정된 농도 중 최고치를 적용하여 판정하여야 한다.

[산소 및 유해가스별 기준농도]

측정가스	기준농도
산소(O_2)	18~23.5%
탄산가스(CO_2)	1.5% 미만
황화수소(H_2S)	10ppm 미만
일산화탄소(CO)	30ppm 미만
가연성 가스, 증기 및 미스트	폭발하한의 10% 미만
공기와 혼합된 가연성 분진을 포함하는 공기	폭발하한 농도 미만
인화성 물질	가연하한의 25% 미만

5 밀폐공간에서의 환기

산소결핍 또는 유해가스가 존재 가능한 밀폐공간에서 작업하는 경우 적정공기 상태가 유지되도록 하기 위해서 환기가 필수적이며 환기를 위한 방법은 다음과 같다.

(1) 환기 기준 및 절차
① 밀폐공간 작업 시작 전에는 밀폐공간 체적의 10배 이상 외부의 신선한 공기로 환기하고, 적정공기 상태를 확인한 후 출입하며, 작업을 하는 동안에는 적정한 공기가 유지되도록 계속하여 환기(시간당 공기교환횟수 20회 이상)해야 하며, 송풍기 용량을 갖춘 환기팬을 구비한다.
② 밀폐공간을 보유한 사업주 또는 협력업체 사업주는 환기팬을 보유하고, 밀폐공간 작업 시 적정공기 상태 유지를 위한 환기를 다음과 같이 조치한다.
㉠ 밀폐공간 내 유해공기가 완전히 제거되기 전까지는 출입 금지 조치
㉡ 환기팬에 송풍관(덕트)을 연결하여 작업자 위치 주변에 위치한다.
㉢ 작업 전(前)에는 구비된 환기팬으로 15분 이상 급기한다.

ⓔ 작업을 시작하기 전에 산소 및 유해가스 농도를 측정하고 이상이 있는 경우 추가로 환기하거나 송기마스크 착용 등 작업자 보호조치를 한다.
ⓜ 작업 중에는 구비된 환기팬을 작업종료 시까지 계속 가동한다.
ⓑ 밀폐공간 내 유해성 확인을 위해 주기적으로 산소 및 유해가스 농도를 측정한다.
ⓢ 산소 및 유해가스 농도 측정 시 이상이 있는 경우 즉시 대피한다.
ⓞ 밀폐공간 작업 재개 시 밀폐공간 작업 프로그램에 의한 재평가를 실시한다.
ⓩ 환기에 의한 적적공기 상태 유지가 어려운 경우 송기마스크 착용 등 별도의 작업자 보호조치를 시행한다.
ⓒ 사업주는 상기내용을 문서화해야 한다.

(2) 환기장치 선정기준
① 환기팬의 정압은 40mmAq 이상, 송풍관(덕트) 길이는 환기팬 제조사에서 제시한 길이를 초과하지 않는다.
② 환기팬 제조사에서 제시한 송풍관(덕트) 길이가 없는 경우 덕트 길이는 15미터를 넘기지 않도록 한다.

6 보호구

(1) 호흡용 보호구
① 밀폐공간 출입작업 시 다음 장소와 같이 환기할 수 없거나 환기가 불충분한 경우로서 단기간 작업이 가능한 경우에는 공기호흡기 또는 송기마스크를 반드시 착용하고 출입하여야 한다. 이 경우 방진마스크 또는 방독마스크 착용은 금지되어야 한다.
㉠ 수도나 도수관 등으로 깊은 곳까지 환기가 되지 않는 경우
㉡ 탱크와 화학설비 및 선박의 내부 등 구조적으로 충분히 환기시킬 수 없는 경우
㉢ 재해 시의 구조 등과 같이 충분히 환기시킬 시간적인 여유가 없는 경우

② 공기호흡기
공기호흡기는 한정된 공기통의 용량 때문에 사용시간이 비교적 제한되어 있으므로 밀폐공간에서의 임시 혹은 단기간 작업이나 재해발생 시 구조용으로 사용한다.
㉠ 공기호흡기를 사용할 경우에는 사용 전에 다음 사항을 점검하여야 한다.
- 봄베의 잔류압 검사
- 고압연결부의 검사
- 면체와 흡기관 및 호기밸브의 기밀검사
- 폐력밸브와 압력계 및 경보기의 동작검사

ⓛ 공기호흡기는 다음과 같은 방법으로 사용한다.
- 먼저 봄베를 등에 지고 겨드랑이 끈을 당겨서 조정한 다음 가슴끈과 허리끈을 몸에 맞게 조정하여야 한다.
- 마스크를 쓰게 되면 좌우 4개의 끈을 1조씩 동시에 당겨서 밀착시킨다.
- 흡기관을 두 겹으로 강하게 잡고, 숨을 들이쉬어 기밀을 확인하여야 한다.
- 압력계의 지시치가 $30kg/cm^2$ 이하로 내려가거나 경보기가 울리게 되면 곧바로 작업을 중지하고 유해가스가 없는 안전한 위치로 되돌아온다.
- 안전한 위치로 되돌아오면 마스크를 벗고 공기탱크를 교환하여야 한다. 공기탱크의 교환 시에는 잔류압을 확인하여야 한다.
- 봄베(압력용기)의 사용연한을 고려하여 주기적으로 검사를 받아야 한다.

7 안전보건 교육 및 훈련의 실시

(1) 밀폐공간에서 작업하는 관리감독자, 근로자는 다음의 내용을 포함하는 안전보건 교육을 작업을 시작할 때마다 사전에 실시하여야 한다.
① 작업하려는 밀폐공간 내 유해가스의 종류, 유해·위험성
② 유해가스의 농도 측정에 관한 사항
③ 송기마스크 또는 공기호흡기의 착용과 사용방법에 관한 사항
④ 환기설비 가동 등 안전한 작업방법에 관한 사항
⑤ 사고발생 시 응급조치 요령
⑥ 구조용 장비 미착용 시 구조금지 등 비상시 구출에 관한 사항
⑦ 그 밖의 안전보건상의 조치 등

(2) 밀폐공간 작업에 대한 교육 시에는 최신의 교육자료를 준비하여 실습 위주의 교육으로 관리감독자 및 근로자가 자세히 알 수 있도록 하여야 한다.
① 밀폐공간 출입금지표지(안전보건 규칙, 별지 제4호서식)

② 규격 및 색상
  ㉠ 규격 : 밀폐공간의 크기에 따라 적당한 규격으로 하되, 최소한 가로 21센티미터, 세로 29.7센티미터 이상으로 한다.
  ㉡ 색상 : 전체 바탕은 흰색, 글씨는 검정색, 위험 글씨는 노란색, 전체 테두리 및 위험 글자 영역의 바탕은 빨간색으로 한다.

05 흙막이공사에 대한 기술지원규정

[D-C-1-2025]

이 지침은 산업안전보건기준에 관한 규칙(이하 "안전보건규칙"이라 한다) 제1편(총칙) 제6장(추락 또는 붕괴에 의한 위험방지) 제2절(붕괴 등에 의한 위험방지) 및 제2편(안전기준) 제4장(건설작업 등에 의한 예방방지) 제2절(굴착작업 등의 위험방지) 규정에 따라 흙막이공사 중 어스앵커공법을 시행함에 있어 산업재해 예방을 위해 준수하여야 할 안전지침을 정함을 목적으로 한다.

1 지반앵커(Earth Anchor) 공사 시공 순서 및 준수사항

시공 순서	준수사항
시공 준비	6.1 공통사항
흙막이벽 설치(엄지말뚝+토류판, CIP, SCW 등)	7.1.4 흙막이 벽체 설치
천공장비 설치 및 천공	8.1.2 천공 작업
앵커체 삽입(앵커체의 제작)	8.3.4 앵커체의 제작 및 삽입
1차 그라우팅, 케이싱 인발, 2차 그라우팅(주입재의 배합)	8.1.3 주입재의 배합 및 주입
양생 및 띠장 설치	8.3.6 양생 및 띠장의 설치
인장 및 정착	8.3.7 인장 및 정착
계측 및 유지관리	6.5 계측
해체(비제거식인 경우는 존치)	8.3.9 해체

2 앵커체의 제작 및 삽입

(1) 강선의 절단은 기계적 방식에 의하여 절단하며 절단으로 인한 재료의 국부적 성질의 변화가 없도록 하여야 한다.
(2) 설계도서에서 정한 정착장과 자유장이 확보되도록 제작되어야 하며, 자유장은 인장할 수 있도록 여유길이를 두어야 한다.

(3) 제작된 앵커체를 검수할 때에는 다음과 같은 항목을 중점적으로 확인하여야 한다.
  ① 정착장과 자유장의 소요길이
  ② 스페이서(Spacer)의 설치상태 및 이물질 부착 유무
  ③ 정착장과 자유장의 구분을 위한 패커(Packer)의 설치상태
  ④ 자유장은 피복제 및 방청제의 도포 상태
  ⑤ 주입재의 주입을 위한 2개의 내외부 주입용 관 설치 상태 : 삽입 후 외부에서 구별할 수 있는 표시 필요
  ⑥ 공벽의 붕괴 등으로 삽입길이의 부족 여부를 삽입 후 판단 가능하도록 길이의 표식
(4) 앵커체를 삽입하기 전에는 앵커체에 부착된 먼지, 기름 등 이물질을 제거하여야 하며, 자유장에는 부식방지를 위한 조치를 하여야 한다.
(5) 앵커체를 삽입할 때에는 앵커체에 손상이 발생되지 않도록 조심하여 서서히 삽입하고 자유장의 방청체가 손상되지 않도록 한다.

❸ 주입재의 배합 및 주입

이 작업 기준은 "8.1.3 주입재의 배합 및 주입"을 준수하여 시행한다.

❹ 양생 및 띠장의 설치

(1) 주입재는 인발에 필요한 강도를 발현할 때까지 양생하여야 한다.
(2) 띠장의 설치는 설계자의 의도에 따라 이중 띠장과 외줄 띠장으로 구분되며 어느 경우에도 인장력(Jacking Force)에 의한 소요강도를 갖는 부재의 치수를 확보하여야 한다.
(3) 띠장은 일직선으로 설치하고 띠장의 이음부위는 모재의 강도 성능 이상의 능력을 발휘할 수 있는 이음으로 제작되어야 한다.
(4) 강선과 지압판은 서로 직각이 되도록 설치하여야 하며, 이중 띠장인 경우에는 띠장과 지압판 사이에 경사면을 갖는 좌대를 설치하고 외줄 띠장인 경우에는 띠장을 경사지게 설치하여 강선과 지압판이 서로 직각을 유지할 수있도록 설치하여야 한다.
(5) 외줄 띠장인 경우에는 띠장에 강선이 관통할 수 있는 구멍을 드릴링하되 재료의 성능이 변할 수 있는 산소 절단기 등을 이용하여서는 아니 된다.
(6) 지압판이 설치되는 위치에는 인장력에 의한 국부적인 좌굴을 방지하기 위하여 띠장의 상하면에 각각 2개소 이상의 보강재(Stiffener)를 설치하여야 한다.
(7) 띠장과 엄지말뚝 사이에는 토압의 전달이 원활하도록 쐐기를 설치하는 등 밀실하게 설치하여야 한다.

(8) 띠장은 단면의 손실, 변형, 부식된 것을 사용하여서는 아니 된다.
(9) 띠장을 설치하기 위하여 양중작업을 할 때에는 신호수를 배치하여야 하며, 띠장이 이동하는 경로 및 하부에는 근로자의 출입통제를 하여야 한다.
(10) 띠장은 강선이 정착장에서 자유장, 띠장, 지압판까지 일직선을 유지할 수 있도록 적합한 위치에 설치되어야 한다.

5 인장 및 정착

(1) 주입재를 주입할 때 제작한 공시체에 대하여 압축강도시험을 실시하고 소요강도 이상의 강도발현을 확인한 후 강선을 인장하여야 한다.
(2) 인장을 할 때에는 사용하는 인장기의 실린더 단면적과 설계 인장력을 근거로 계산된 유압력을 미리 계산하고 이에 따라 인장하여야 한다.

$$p = \frac{F}{A}$$

여기서, p : 유압력, F : 설계인장력, A : 실린더 단면적

(3) 인장기의 유압게이지는 검교정한 것을 사용하여야 한다.
(4) 인장을 할 때에는 시공계획서 또는 특기시방서에서 정한 인장시험, 인발시험, 확인시험을 실시하여야 하며, 하중단계별 강선의 늘음량을 측정하고 이를 기록하여야 한다.
(5) 강성 판단 등 불의의 사고를 방지하기 위하여 인장되는 후면에는 근로자가 접근하지 않도록 하여야 한다.

6 해체

(1) 제거식 앵커인 경우에는 해체계획을 수립하고 이에 따라 작업을 수행하여야 한다. 해체계획에는 기시공된 구조물의 변형 등을 고려하여 구조물공사와 연계된 안전한 작업순서가 반영되어야 한다.
(2) 강선을 절단할 경우에는 높은 인장력이 도입된 상태에서 갑자기 절단되는 것이기 때문에 부품들이 비래될 우려가 있으므로 주의하여야 한다.
(3) 띠장과 엄지말뚝 사이에 연결된 부위를 절단할 때에는 띠장의 낙하로 인한 위험이 발생되지 않도록 인양장비에 걸어두는 등 안전조치를 선행하여야 한다.
(4) 지중에 매립된 강선을 제거할 때에는 급격한 인발로 인한 위험이 발생되지 않도록 서서히 인발하여야 한다.

06 지하매설물 인근 굴착 작업 시 안전대책

1 개요

(1) 지하매설물의 작업 중 발생하는 주요 재해는 굴착 중 지반 붕괴 매몰사고와 각종 화재, 폭발 등 사고가 있음
(2) 지하매설물에 대한 관계기관의 협의 절차에 따른 안전 작업 이행 및 방호조치가 중요함

2 지하매설물의 종류

(1) Gas관
(2) 송유관
(3) 통신관
(4) 상하수도관
(5) 지층전선관 등

3 지하매설물에의 재해유형

(1) Gas 폭발·화재
(2) 송유관 기름유출 및 화재
(3) 상하도관 누수의 지반함몰 피해
(4) 통신두절 및 정전사고
(5) 감전사고 및 교통정체 등 간접사고
(6) 지반오염 및 환경피해에 의한 건강상해

4 지하매설에 의한 재해원인

(1) 사전조사 미흡 및 작업계획 부적절
(2) **시공관리 미흡** : 방호조치, 이적거리 미준수
(3) 안전점검의 미흡 및 안전시설 부재
(4) 안전작업절차 미준수 및 보호구 착용 불량

5 지하매설물 관계기관 협의

(1) 협의주체 : 현장 안전보건 총괄 책임자

(2) 관계기관
  ① 한국가스안전공사
  ② 한국송유관공사
  ③ 한국통신(KT)지사
  ④ 기타 관련 기관

(3) 주요 협의사안
  ① 지하매설물의 개요 및 매설 위치
  ② 공사장 이설 및 방호조치 등 협의 내용

6 작업 시 안전대책

(1) 전담 안전관리자 선임(연결부 확인)
(2) 관계기관 책임자 현장답사 실시
(3) 시험굴착 실시 : 1~2m 깊이
(4) 매달기 로프, 받침대간격 준수
(5) 복공판 허용응력관리(작용하중)

구분	하중	DL하중	비고
DB-24	43.2t	1.27t/m	
DB-18	32.4t	0.95t/m	큰 값 적용
DB-13.5	24.3t	0.71t/m	

7 되메우기 관리기준

(1) 재료사용기준
  ① 균등계수(Cu) : 10 이상
  ② 곡률계수(Cg) : 1~3
  ③ 액성한계 : 40% 이하
  ④ 소성지수 : 18 이하

(2) 다짐관리기준
  ① 다짐도 : 95% 이상 $\left(\dfrac{rd}{rd_{max}} \times 100\right)$

② 평판재하시험(K치 : kg/cm³)
- $K_{0.125} = 20$ 이상
- $K_{0.25} = 30$ 이상

8 매설관 이격거리 기준

전력선 관로		하수도관	상수도/Gas관	송유관
보도	차도			
0.6	0.8	차도 1.0	1.2	1.5

9 지하매설관 작업 시 안전유의사항

(1) 작업 전 조치사항
 ① 안전담당자 지정 및 안전교육 실시
 ② 위험개소 파악 및 긴급 상황조치(위험성평가)

(2) 작업 중 준수사항
 ① 작업공간 확보 및 신호체계 준수(신호수 배치)
 ② 안전시설물 설치, 보호구 착용 지도·감독

07 옹벽에 작용하는 토압의 종류와 파손발생 유형별 방지대책

1 개요
(1) 옹벽구조물은 사면의 안정확보 및 배후지 여유 확보를 위해 설치하는 시설물로서 옹벽붕괴 시 대규모 재해가 발생함
(2) 예방적인 점검과 정비(배수로)로 배면압력상승을 방지하고 배수공의 작동여부 등 면밀한 파악이 중요함

2 옹벽 파손 시 문제점
(1) 인접시설물의 전도·붕괴 : 구조물, 지하매설물, 도로 등
(2) 대규모 산사태 및 낙석·낙반사고
(3) 기타 : 화재, 감전, 교통두절, 보건상 질환 등

3 옹벽의 파손 발생유형
(1) 기초부 : 세굴 및 침하, 전도
(2) 벽체부 : 균열, 손상, 열화
(3) 기타 : 배수불량, 누수, Joint 이탈

4 옹벽의 파손 발생원인
(1) 기초지반
  ① 안정성 부족 : 전도, 활동, 지지력
  ② 유수압 작용

(2) 벽체부
  ① 배면과대토압, 토사유출
  ② 배수불량(수압작용)

(3) 기타 : 진동하중
(4) 외부충돌, 신후이음불량 등

5 옹벽에 작용하는 토압의 종류

(1) 주동토압(전면범위) : $P_a = \dfrac{1}{2} rH^2 \tan^2\left(45 - \dfrac{\phi}{2}\right)$

(2) 수동토압(배면범위) : $P_p = \dfrac{1}{2} rH^2 \tan^2\left(45 + \dfrac{\phi}{2}\right)$

(3) 정지토압 : $P_o = \dfrac{1}{2} rH^2 (1 - \sin\phi)$

(4) 토압의 크기 : 주동토압 < 정지토압 < 수동토압

6 옹벽파손방지대책

(1) 안정성 검토

(2) 기초지반개량
　① 지지력 증대 : 치환공법, 압성토 공법 등
　② 배수층 설치 : 맹암거 설치, Brain Mat 시공, SandMat
　③ 배수 Filter 설치 – 투수성 확보, 토사유실방지
　④ 뒷채움 다짐도 확보 : 양질의 재료로 다짐시공(다짐도 95%)
　⑤ 콘크리트 내구성 확보 : 밀실한 콘크리트 시공
　⑥ 기타
　　• 신축이음 적정 시공(2cm 이내)
　　• 배수공 적정 배치, 상부 과재하중방지

7 옹벽파손에 따른 조치 방안

(1) 조치의 Flowchart

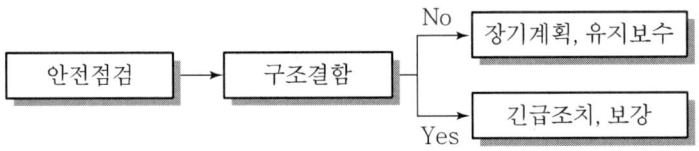

(2) 안정성 문제 시 조치
　① 긴급조치(통행차단), 긴급안전진단
　② 변위 진행 추이에 따른 조치 실시

(3) 안전성 문제가 없는 경우
　　① 장기적 유지관리계획 수립
　　② 예방점검 및 보수 조치

8 옹벽의 보수·보강 기준

(1) 보강기준 : 옹벽의 안전을 회복(허용기준 초과)
(2) 보수기준 : 허용기준 이내의 손상, 균일 등

9 옹벽 보수·보강 시 안전 유의사항

(1) 붕괴 우려 있는 시설물 전체 안정성 평가
(2) 안전작업계획 수립 및 교육 실시
(3) 충분한 작업 공간 확보, 외부인 통제
(4) 기계·기구·장비 점검, 자재 등 사전 점검
(5) 위험요소 및 위급상황 조치(위험성평가)

08 사면의 붕괴형태별 붕괴원인과 방지대책

1 개요
내적 및 외적 요인으로 발생되는 사면의 붕괴는 두 요인 간의 상호작용으로 붕괴현상이 발생되며, 사면붕괴는 시설물은 물론 인명재산상의 손실을 유발하므로 사전점검과 배수로정비 보강 및 보호조치가 지속적으로 이루어지도록 관리되어야 한다.

2 사면의 종류와 붕괴형태
(1) 토사사면
  ① 무한사면 붕괴 : 활동깊이보다 사면길이가 큰 사면(약 10배 이상)
  ② 유한사면 붕괴
   • 원호활동 : 선단파괴, 사면내파괴, 저부파괴
   • 복합곡선 및 대수나선 활동

(2) 암반사면

원형파괴	평면파괴	쐐기파괴	전도파괴
절리가 많은 풍화암	사면경사와 절리평행	절리가 교차되며 노출되는 경우	사면과 절리방향이 반대인 경우

3 사면붕괴의 원인
(1) 내적요인 : 풍화 및 이완, 간극수압, 동결융해 등
(2) 외적요인 : 사면경사, 수압작용, 진동 및 재하중 등

4 사면 종류별 안정성 검토
(1) 토사사면
  ① 절차 : 지반조사 → 한계평형해석 → 보수·보강
  ② 한계평형해석

$$S \cdot F = \frac{\sum CL + \sum (W\cos\alpha - U)\tan\phi}{W\sin\alpha}$$

   • 한계평형상태 : 안전율이 1인 상태

• 종류 : 마찰원법, 절편법, 일반한계평형법 등

(2) 암반사면
① 절차 : 지반조사 → 평사투영해석 → 한계평형해석 → 보수·보강
② 검토방법
• 원형파괴 : 토사사면과 동일한 절편법 사용
• 쐐기/평면/전도파괴 : 블록법 해석

5 굴착면의 기울기 기준

지반의 종류	굴착면의 기울기
모래	1 : 1.8
연암 및 풍화암	1 : 1.0
경암	1 : 0.5
그 밖의 흙	1 : 1.2

6 사면붕괴 방지대책

(1) 사면보호공법(억제공)
① 식생공, 떼붙임, 식수공
② 뿜어붙이기, 블록공, 배수공 등

(2) 사면보강공법(억지공)
① 전단저항 증대공법 : Soil Nailing, Earth Anchor, 말뚝궁
② 전단활동 감소방법 : 절토공, 압성토공

(3) 암반사면의 안정화 공법
낙석방지망, Rock Bolt, Rock Anchor, 옹벽(기대기옹벽, 계단식)

7 사면공사 안전관리 사항

(1) 토사사면 작업 시
① 구명줄 설치 및 안전대·안전모 착용
② 신호규정 준수 및 강우 시 사면보강 조치

(2) 암반사면 작업 시
　　① 사면 부석 제거 및 법면 가보호망 설치, 신호수 배치
　　② Shot Crete 타설 시 방진 마스크 및 보안경 착용

(3) 장비 작업
　　① 중장비 반경 내 유해위험요인에 대한 방호조치
　　　• 전력선 방호조치 지하매설물 방호
　　　• 장비전도방지
　　② 관계자 외 출입통제, 유도자 배치

8 사면안전점검 방법 및 암반사면의 점검

(1) 안전점검 방법
　　① 전체적인 조사, 경사면 및 지층변화부 확인, 인장균열 여부 확인
　　② 낙석 발생량 및 용수변화부 확인

(2) 암반사면 예비평가(평사투영법)

09 부마찰력

❶ 정의

말뚝 주변지반의 침하로 인해 하향 방향으로 작용하는 주변 마찰력으로 지지력 감소 및 수평력이 발생된다.

❷ 부마찰력 발생 시 문제점

(1) 외적 : 인접지반 침하, 매설물 파손
(2) 내적 : Pile 지지력 저하, 기초 사이 공극

❸ 부마찰력 발생 원인

(1) 지반의 압밀침하
(2) 성토재하 하중
(3) 지하수위 저하

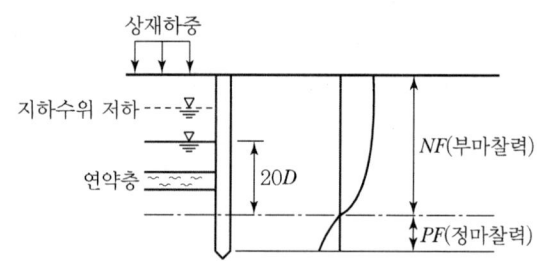

❹ 부마찰력 저감 대책

(1) 경질지반의 근입 증대, 무리말뚝 설계
(2) Pile-Boring 후 시멘트 밀크 주입
(3) Slip Layer Pile 시공
(4) 이중관 말뚝 채택, Taper Pile 사용

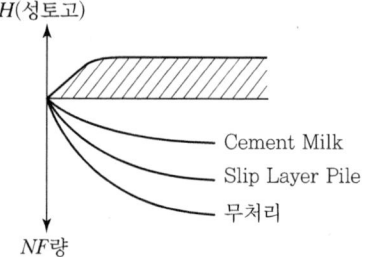

❺ 부마찰력 발생지반 안전관리사항

(1) 인접구조물 변위방지, 지하매설물 방호
(2) 장비전도 방지 및 유도자 배치
(3) 장비 반경 내 출입통제, 공간 확보
(4) 안전시설물 설치, 보호구 착용

10 Soil Nailing 공법

1 개요

Soil Nailing 공법은 흙과 보강재 마찰 및 인장응력으로 일체시켜 지반의 접착 강도를 향상시키는 공법을 말한다.

2 Soil Nailing 공법 적용

(1) 사면보강
(2) 흙막이 버팀 역할
(3) 갱구부 사면보강

3 Soil Nailing과 옹벽의 비교

구분	Soil Nailing	철근콘크리트 옹벽
장점	공기단축, 작업 간편	강성이 큼
단점	지반변위 큼	공사기간이 긺, 비용과다

4 Soil Nailing 시공순서

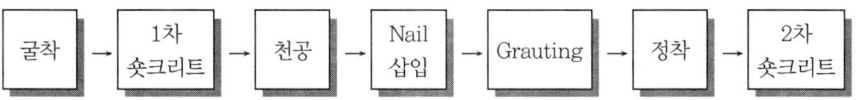

굴착 → 1차 숏크리트 → 천공 → Nail 삽입 → Grouting → 정착 → 2차 숏크리트

5 안전작업 대책

(1) Shot crete : 굴착면 붕괴방지 즉시 실시
(2) 천공 : Auger 이용 각도 준수
(3) Nail : 지반부착 잘 되도록 설치
(4) 응력 분산형 지압판 설치 및 인장 확인

6 Soil Nailing 작업 시 안전유의사항

(1) 작업공간 확보 및 신호체계 준수
(2) 법면 가보호망 설치, 낙석방지책 설치

11 Land Slide Creep

1 개요
산사태의 종류로서 Land Slide는 급격한 사면붕괴를 의미하고, Land Creep는 장기간 침식 등 진행성 붕괴를 말한다.

2 Land Slide, Land Creep의 특징

구분	Land Slide	Land Creep
지형	경사 30도 이상	경사 5~20도 이내
토질	이질지층의 존재	점성토, 연질암 등
발생시기	집중호우, 지진 시	장시간 침식 파괴 등

3 Land Slide, Land Creep 발생원인
 (1) 자연적 : 토질상태, 풍화, 간극수압 상승
 (2) 인위적 : 사면경사도, 수압, 주변진동 등

4 방지대책
 (1) 적절한 안전점검
 (2) 비탈면 구배완화
 (3) 노출사면 보호
 (4) 활동방지 공적용
 (5) 토석류 대책 수립(퇴적지)

5 비탈면 현장점검 시 유의사항
 (1) 전체적으로 조사
 (2) 지층변화 중 집중확인
 (3) 용수량 및 습윤대 파악

12 암질의 분류방법

1 개요
암질의 분류는 매우 나쁨~보통~매우 좋음 등 5단계의 판정방법과 풍화상태 판정법 등이 있으며, 특히 터널굴착 시 Face Mapping의 작성이 중요하다.

2 암질의 분류목적
(1) 구조물 기초설계 (2) 붕괴형태 예측
(3) 암반의 보강 (4) 터널지보패턴 변경 등

3 암질의 분류방법 및 종류
(1) RMR : 불연속면에 주안점, 암질의 보편적 분류법
(2) Q 분류법 : 전단강도에 주안점, 현장응력을 고려함
(3) RQD : 시추코어의 건전성
(4) 일축압축강도
(5) 탄성파 속도(m/sec)
(6) 진동치 속도(cm/sec)
(7) 균열계수 등

4 암질의 분류방법별 특징

구분	RMR	Q 분류법	기타 (일축압축강도/탄성파속도)
장점	분류가 객관적	유동성·팽창성 암에 적용함	분류가 매우 쉬움
단점	응력상태 미고려	해석편차 큼	포괄적 파악 부족

5 암질의 변화에 따른 공법 변경 시 고려사항
(1) 발파시방 변경 : 관계전문가의 입회하에 평가 실시
(2) 암반 외기 노출 단후 : 암 이완 정도 최소화
(3) 안전성이 크고 안전관리가 확실한 공법 선정

13 Q-system

1 개요

스칸디나비아 지방 약 200개의 터널에 대한 연구분석 결과에 근거해 제안되었으며, 정량적 분류체계로 터널 지보설계가 가능한 공학적 분류 시스템이다.

2 특징

장점	단점
• 암반의 전단강도에 주안점을 둠 • 현장응력의 고려 • 대단면 터널에 활용 가능 • 유동성·팽창성 암반 등 취약층에 적용 가능 • 분류에 따라 구체적이며 체계적 보강방법이 제시됨	• 절리 방향성이 배제됨 • 시추조사 자료만으로는 신뢰성이 낮음 • 분류가 복잡함 • 숙련도에 따른 오차가 큼

3 포함항목

RQD, 절리set수(Jn), 절리면 거칠기(Jr), 절리면 풍화정도(Ja), 지하수상태(Jw), Stress Reduction Factor(SRF)

4 Q-system

$$Q(\text{Rock Mass Quality}) = \frac{RQD}{Jn} \times \frac{Jr}{Ja} \times \frac{Jw}{SRF}$$

$$= \frac{RQD}{종류수} \times \frac{거칠기}{풍화도} \times \frac{지하수\ 상태}{응력저감계수}$$

여기서, $\dfrac{RQD}{Jn}$: 암반의 Block 크기

$\dfrac{Jr}{Ja}$: 절리의 전단강도

$\dfrac{Jw}{SRF}$: 암반의 응력상태

5 활용

(1) 터널 지보방법
(2) 무지보 굴진깊이, 영구지보압력($proof = 2/Jr \times Q^{1/3}$)
(3) Rock Bolt 길이, 변형계수($E = 10 \times Q^{1/3}$)
(4) 터널의 유효크기 $Dc = B/ESR$
(5) 최대 무지보 Span 추정
(6) RMR과의 상관성 $RMR = 9 JnQ + 44$

6 등급판정

(1) A~G까지 7등급으로 분류하며, 특히 A~C는 통합해 양호로 판정한다.
(2) 터널시공 시 S/C 타설 여부에 따라 락볼트 길이와 설치간격의 기준이 된다.

14 기초의 전단파괴

1 개요
기초의 전단파괴는 상부구조물의 과도한 하중 및 지반조건에 의해 발생하며, 전반전단파괴, 국부전단파괴, 관입전단파괴로 분류된다.

2 기초의 전단파괴가 미치는 영향
(1) 안전관리 차원
   ① 기초의 부등침하
   ② 구조물의 균열 및 붕괴

(2) 경제적인 차원
   ① LCC 비용 증가
   ② 비구조재(마감)의 파손

3 기초의 전단파괴 형태 및 특징

구분	전반전단파괴	국부전단파괴	관입전단파괴
파괴형태	지반에서의 파괴면	파괴면	파괴면
특징	전 활동면상 전단저항 발생	부분적 전단저항	지속적 침하 현상 유발
지반조건	치밀한 사질토 단단한 점성토	느슨한 사질토 예민한 점성토	매우 느슨한 사질토 매우 연약한 점성토

4 지반전단파괴의 피해 원인
(1) 지반적 원인
   ① 연약지반 존재
   ② 지하수위 높음

(2) 상부하중과다 및 진동·충격 등 발생

5 기초의 전단파괴 방지대책

(1) 상부하중 경감 및 균등하중 분배, 진동·충격 방지
(2) 구조물 기초 근접시공 배제, 동결심도 이하 기초 설치
(3) 기초지반 개량 및 지하수배제공법 적용, 기초 Pile 시공
(4) Under Pinning 실시

6 외부요인에 의한 전단파괴 M/C

7 흙의 구조변화에 관한 고찰

사질토	점성토
입자의 배열에 따라 단립구조와 봉소구조로 구분	입자 상호 간에 작용하는 전기화학적 힘에 의한 전기력에 따라 면모구조와 이산구조로 구분

15 Consistency

１ 정의
세립토의 컨시스턴스란 함수비 변화에 따른 역학적인 흙의 성질의 변화를 말한다.

２ 세립토의 함수비 변화에 따른 특징

구분	세립토	조립토
물리적 성질	구조변화(면모구조 → 이산구조)	비교적 작음
역학적 성질	간극수압 변화 큼	비교적 작음
교란 상태	변화가 큼	비교적 작음

(1) **조립토** : 모래, 자갈로 이루어진 점착력이 없는 비점토로 0.075mm 체 통과량 50% 이하인 흙
(2) **세립토** : Silt, Clay 등의 입자로 미세입자로 이루어진 흙으로 점토광물의 성분과 함유량에 따라 성질이 매우 달라지는 특징이 있으며, Consistency가 성질을 지배함. 0.075mm 체 통과율 50% 이상인 흙

３ 세립토의 연경도
(1) **수축한계** : 고체상태 한계
(2) **소성한계** : 반고체상태 한계
(3) **액성한계** : 소성상태 한계
(4) **소성지수(PI)** : PI = LL − PL(노체조건 : PI > 10)

４ 흙의 연경지수(Ic)
(1) $Ic = \dfrac{LL - Wn}{PI}$

(2) 판정 Ic < 1 : 소성상태, Ic > 1 : 반고체상태

５ 세립토의 개량공법 적용

구분	액체상태	소성상태	반고체상태
개량공법	탈수공법	압밀침하	다짐공법

16 히빙(Heaving)현상

1 개요
히빙현상이란 연약점토지반에서 굴착작업 시 흙막이벽 내·외의 흙의 중량(흙+적재하중) 차이로 인해 저면 흙이 지지력을 상실하고 붕괴되어 흙막이 바깥에 있는 흙이 흙막이벽 선단을 돌며 밀려들어와 굴착저면이 부풀어 오르는 현상이다.

2 원인
(1) 연약한 점토지반
(2) 흙막이 벽체의 근입장 부족
(3) 흙막이 내·외부 중량차
(4) 지표 재하중

3 방지대책
(1) 흙막이 벽체의 충분한 근입장을 확보하여 경질지반에 지지
(2) 설계 및 시공 시 강성이 강한 흙막이공법 채택
(3) 지반개량을 통한 하부지반의 전단강도 개선
(4) 지반굴착 시 흙이 흐트러지지 않도록 유의
(5) 철저한 계측관리를 통한 사전예방
(6) 흙막이벽체의 안정, 지지구조의 안정, 지하수 처리에 대한 검토
(7) 부분적으로 모서리 부분의 흙을 남기고 굴착

4 히빙(Heaving)의 안정성 검토
흙막이벽의 종류 및 지반조건 등에 따라 지지력이나 Moment의 평형에 의한 활동면의 전단강도를 취하는 방법에 따라 설계 시 변수가 작용하므로 다양한 방법으로 검토가 필요하다.

5 피압수압에 의한 Heaving 안정성 검토
(1) Terzaghi-Peck의 지지력식 방법
활동면이 원형면과 평면으로 구성되었다면 점토지반의 극한지지력과 터파기 저면보다 위에 있는 배면 측 지반의 재하하중과의 균형으로부터 히빙의 안전성 검토

17 Boiling

1 개요
투수성이 좋은 사질토 지반에서 흙막이 내·외부 수두차로 발생되는 현상으로 굴착지반의 지지력이 상실됨에 유의해야 한다.

2 문제점
(1) 흙막이 안정성 저하 및 붕괴
(2) 인접구조물의 침하
(3) 흙막이 지지력 저하
(4) 주변 지반의 교란

3 발생 원인
(1) **지하수위 증가** : 강우량 증가, 매설관 파손
(2) **지반 지지력 저하** : 진동충격, 토질 연약화
(3) **기타** : 흙막이 강성 및 안전성 검토 미흡, 배수불량

4 대책
(1) 흙막이
　① 지하수위 저하
　② 근입장 증대

(2) 지반개량
　① 차수, 고결공법
　② 양질재로 보강

5 검토방법 비교

Terzaghi	유선망	한계동수경사
• 약식방법 • 현실 반영이 용이	• 이론적 • 정확한 판정이 가능	한계동수구배와 물이 흐르는 최단거리에 대한 동수구배로 판단

18 파이핑(Piping)현상

1 개요

(1) 파이핑현상이란 보일링현상이 진전되어 물의 통로가 생기면서 파이프 모양으로 구멍이 뚫려 흙이 세굴되며 지반이 파괴되는 현상을 말한다.
(2) 흙막이벽 배면, 굴착저면, 댐, 제방의 기초지반에서 발생될 수 있으며, 발생 시 지반의 붕괴원인이 되어 피해가 크다.

2 파이핑에 의한 피해

(1) 흙막이의 파괴 발생
(2) 토립자의 이동으로 주변 구조물 파괴
(3) 굴착저면의 지지력 감소
(4) 흙막이 주변의 지반침하로 인한 지하매설물 파괴
(5) 댐, 제방의 파괴 및 붕괴

3 원인

(1) 흙막이벽의 근입장 깊이 부족
(2) 흙막이 배면 지하수위 높이가 굴착저면 지하수위보다 높을 경우
(3) 흙막이 배면, 굴착저면 하부의 피압수
(4) 굴착저면 하부의 투수성 좋은 사질지반
(5) 댐·제방의 발생원인
    ① 누수에 의한 세굴, 지진에 의한 균열, 기초처리 불량
    ② 댐체의 단면 부족, 필터 층 불량

4 방지대책

(1) 흙막이벽의 근입장 깊이 연장
    ① 토압에 의한 근입 깊이보다 깊게 설치
    ② 경질지반까지 근입장 도달
(2) 차수성 높은 흙막이 설치
    ① Sheet Pile, 지하연속벽 등의 차수성이 높은 흙막이 설치

② 흙막이벽 배면 그라우팅

(3) **지하수위 저하**
① Well Point, Deep Well 공법으로 지하수위 저하
② 시멘트, 약액주입공법 등으로 지수벽 형성

(4) **댐, 제방에서의 방지대책**
① 차수벽 설치 : 그라우팅, 주입공법
② 불투수성 블랭킷 설치
③ 제방폭 확대 및 코어형으로 대처

PART 08 거푸집·동바리 안전대책

01 오일러의 좌굴길이

1 개요

기둥부재의 장주 설계 시 단부 구속 조건에 따른 좌굴응력 계산에 적용되는 길이를 말한다.

2 좌굴의 종류와 발생원인

압축좌굴	국부좌굴	횡좌굴
기둥길이가 길 때	폭이 얇을 때	휨 모멘트가 클 때

3 좌굴하중(Pcr)과 좌굴계수(W)

(1) $\mathrm{Pcr} = \{(\pi^2 \times E(탄성계수) \times I(단면\ 2차\ 모멘트)\}/ln^2(좌굴길이)^2$

(2) 좌굴계수(W) : 장주의 축 하중 증가계수

$$W = \delta c / \delta k$$

여기서, δc : 허용응력, δk : 허용좌굴응력

4 좌굴길이(ln)

구분	일단고정 타단자유	양단힌지	일단고정 타단힌지	양단고정
도해	부재길이(l), l_k	l, l_k	l, l_k	l_k
좌굴길이	$ln = 2L$	$ln = L$	$ln = 0.7L$	$ln = 0.5L$

5 건설현장 강재의 좌굴방지 대책

(1) **압축좌굴** : 부재별 길이 수정
(2) **국부좌굴** : Stiffner 보강
(3) **횡좌굴** : Bracing(가새) 보강(대각선 가새, K형, 귀잡이형)

02 거푸집·동바리의 안정성 검토

1 개요
(1) 거푸집·동바리는 콘크리트 경화 시까지 생콘크리트 자중 및 외력으로부터 보호하는 것으로, 안정성 확보가 중요함
(2) 특히 동바리의 허용응력은 설계하중보다 지주 형식은 2.5~3배, 보 형식은 2배 이상 확보되어야 함

2 거푸집·동바리의 안전기준

3 거푸집·동바리의 구조 설계기준
(1) 건설현장 거푸집·동바리 해석기준
  2차원 또는 3차원 해석(단, 층고 5m 이하인 경우 생략 가능)
(2) 3차원 해석 대상
  ① 구조물 형상 변화가 큰 경우   ② 편재하 시
(3) 구조기술사 검토대상
  작업발판 일체형 거푸집, 높이 5m 이상인 경우

4 거푸집·동바리의 안정성 검토 절차 및 하중조합
(1) 안정성 검토 Flow Chart

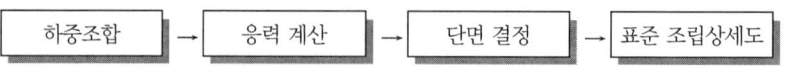

(2) 하중조합

구분	하중조합	허용응력 증가계수
Case 1	연직하중+수평하중	1.00
Case 2	연직하중+수평하중+풍하중	1.25
Case 3	연직하중+수평하중+특수하중	1.50

5 거푸집·동바리의 안정성 검토 하중의 종류

(1) 연직하중 : 연직하중=고정하중+작업하중
   ① 고정하중=콘크리트자중($24kN/m^2$)+거푸집자중($0.4kN/m^2$)
   ② 작업하중

콘크리트 타설높이	0.5m 미만	0.5~1m	1m 이상
최소하중(kN/m^2)	2.5	3.5	5.0

   ③ 연직하중 최소치 : $5kN/m^2$(전동식 카드=$6.25kN/m^2$)

(2) 수평하중
   ① 수평거푸집 : 고정하중의 2% 또는 동바리 단위길이당 $1.5kN/m^2$ 중 큰 값
   ② 벽체거푸집 : 콘크리트 측압+풍하중(단, $0.5kN/m^2$ 이상)

(3) 콘크리트 측압
   ① 일반적인 경우 : P(측압)=W(콘크리트 중량)×H(타설높이)
   ② 특수한 경우(벽체·기둥거푸집)
      • Slump=175mm 이하, 타설고 1.2m 이하
      • 콘크리트 특성, 타설속도, 타설온도에 따른 산정식 적용

(4) 풍하중(Pf)

$$Pf = \frac{1}{2} \times R \times V^2 \times G(\text{가스트영향계수}) \times C(\text{풍력계수})$$

(5) 특수하중
   ① 콘크리트 비대칭 타설, 경사거푸집, Prestressing, 인양장비하중 등
   ② Slip Form 인양하중(벽마찰)

6 응력 계산

(1) 강도 검토 : 최대전단강도=$\frac{\omega l}{2}$, 최대 휨모멘트=$\frac{\omega l^2}{8}$

(2) 처짐 검토 : 최대처짐량=$\frac{5\omega l^4}{384EI}$ ≤ 허용처짐량

(3) 동바리 좌굴검토
   좌굴하중(Pcr)=$\pi^2 \times E$(탄성계수)$\times I$(단면 2차 모멘트)/ln^2(좌굴길이^2)

(4) 응력 계산 : 부재작용 응력 ≤ 허용응력

7 거푸집·동바리 조립 시 안정성 확보 방안
   (1) 자재의 KS규격 및 안전인증 여부 확인
   (2) 동바리 침하 방지 : 하부받침대 사용, 배수로 설치 등
   (3) 거푸집·동바리 허용오차 준수
   (4) 거푸집·동바리 타설 전 점검
       ① 안전보건총괄책임자의 점검 실시
       ② 거푸집의 조립 정밀도, 동바리의 간격 및 보강

8 콘크리트 타설 시 안정성 확보 방안
   (1) 콘크리트 타설 순서 준수 및 소량분산 타설
   (2) 진동기 집중금지 및 타설 낙하고 준수
   (3) 내부거푸집 감시자 배치, 거푸집 존치기간 준수

9 거푸집 조립·해체 시 주요 안전관리 방안
   (1) 안전 담당자 배치 및 특별 안전교육 실시
   (2) 관계자 외 출입통제 및 작업절차 준수
   (3) 위험개소 파악 및 위급상황 조치(위험성평가)

03 거푸집 존치기간

가설공사 표준시방서 : 거푸집·동바리 일반사항 개정
콘크리트 시방서 : 콘크리트 타설 후 소요강도 확보 시까지 외력 또는 자중에 영향이 없도록 거푸집 존치

1 압축강도 시험을 할 경우

부재		콘크리트의 압축강도(f_{ck})
기초, 보, 기둥, 벽 등의 측면		• 5MPa 이상 • 내구성이 중요한 구조물인 경우 : 10MPa 이상
슬래브 및 보의 밑면 아치 내면	단층구조인 경우	f_{ck}의 2/3 이상(단, 14MPa 이상)
	다층구조인 경우	f_{ck} 이상(필러 동바리 구조를 이용할 경우는 구조계산에 의해 존치기간을 단축할 수 있음. 단, 이 경우라도 최소강도는 14MPa 이상)

2 압축강도를 시험하지 않을 경우(기초, 보, 기둥, 벽 등의 측면)

시멘트의 종류 평균기온	조강 포틀랜드 시멘트	보통 포틀랜드 시멘트 고로슬래그 시멘트(1종) 포틀랜드포졸란 시멘트(A종) 플라이애시 시멘트(1종)	고로슬래그 시멘트(2종) 포틀랜드포졸란 시멘트(B종) 플라이애시 시멘트(2종)
20℃ 이상	2일	4일	5일
20℃ 미만 10℃ 이상	3일	6일	8일

3 거푸집 존치기간의 영향 요인

(1) 시멘트의 성질　　　　　　　(2) 콘크리트의 배합
(3) 구조물의 종류와 중요도　　 (4) 부재의 종류 및 크기
(5) 부재가 받는 하중　　　　　 (6) 콘크리트 내부온도와 표면온도

4 해체 작업 시 유의사항

(1) Slab, 보 밑면은 100% 해체하지 않고, Filler 처리함
(2) 중앙부를 먼저 해체하고 단부 해체
(3) 다중 슬래브인 경우 아래 2개 층 이상 Filler 처리한 동바리를 존치할 것

04 거푸집·동바리 작업 시 안전조치사항

1 작업절차

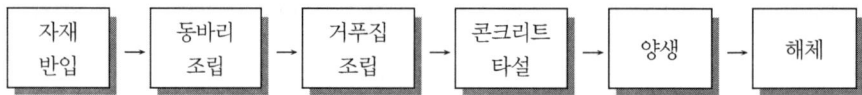

2 단계별 안전조치

(1) 조립 및 설치단계

기둥·보·벽체·슬래브 등의 거푸집·동바리 등을 조립·해체 등 작업 시 공통 준수사항을 준수하여야 하며 동바리 조립 시 안전조치(준수사항)와 거푸집 조립 시 안전조치(준수사항)사항을 각각 준수하여 조립해야 하고, 시스템 동바리 설치 시에는 지주형식 동바리와 보형식 동바리 유형별 조치사항(준수사항)을 준수하여 설치 및 조립하여야 한다.

① 해당 작업을 하는 구역에는 관계근로자가 아닌 사람의 출입을 금지할 것
② 비, 눈 그 밖의 기상상태의 불안정으로 날씨가 몹시 나쁜 경우에는 그 작업을 중지할 것
③ 재료, 기구 또는 공구 등을 올리거나 내리는 경우에는 근로자로 하여금 달줄·달포대 등을 사용하도록 할 것
④ 낙하·충격에 의한 돌발적 재해를 방지하기 위하여 버팀목을 설치하고 거푸집 동바리 등을 인양장비에 매단 후에 작업을 하도록 하는 등 필요한 조치를 할 것

(2) 동바리 조립 시 안전조치(준수사항)

① 조립도를 준수하여 수직재, 수평재, 가새재 등을 견고하게 조립할 것
② 수직재와 수평재는 직교가 되도록 조립하고 강재와 강재의 접속부 및 교차부는 볼트·클램프 등 전용철물을 사용하여 단단히 연결하고 동바리의 이음은 같은 품질의 재료를 사용할 것
③ 깔목이나 깔판의 사용·콘크리트 타설, 말뚝박기, 상하고정 등 동바리의 침하 및 미끄러짐을 방지하기 위한 조치를 할 것
④ 깔목이나 깔판은 2단 이상 설치하지 않도록 하며, 부득이하게 이어서 사용하는 경우에는 그 깔판 또는 깔목은 단단히 연결하여 고정시킬 것

⑤ U헤드 등 단판이 없는 동바리의 상단에 멍에 등을 올릴 경우에는 해당 상단에 U헤드 등 단판을 설치하고, 멍에 등이 전도되거나 이탈되지 않도록 고정시킬 것
⑥ 개구부 상부에 동바리를 설치하는 경우에는 상부하중을 견딜 수 있는 견고한 받침대를 설치할 것
⑦ 동바리는 상·하부의 동바리가 수직선상에 위치하도록 할 것(상·하부에 동바리 설치 시 수직 유지)
⑧ 지반에 설치된 동바리는 강우로 인하여 토사가 씻겨 나가지 않도록 보호할 것
⑨ 겹침이음을 하는 수평연결재 간의 이격되는 순간격은 100mm 이내가 되도록 하고, 각각의 교차부에는 볼트나 클램프 등의 전용철물을 사용하여 연결할 것
⑩ 수직으로 설치된 동바리의 바닥이 경사진 경우에는 고임재 등을 이용하여 동바리 바닥이 수평이 되도록 하여야 하며, 고임재는 미끄러지지 않도록 바닥에 고정할 것
⑪ 동바리에 삽입되는 U헤드 및 받침철물의 삽입길이는 U헤드 및 받침철물 전체길이의 1/3 이상 되도록 할 것

(3) 거푸집 조립 시 안전조치
① 거푸집이 콘크리트 하중이나 그 밖의 외력에 견딜 수 있거나 넘어지지 않도록 견고한 구조의 긴결재, 버팀대 또는 지지대를 설치하는 등 필요한 조치를 할 것
② 거푸집이 곡면인 경우 버팀대의 부착 등 그 거푸집의 부상을 방지하기 위한 조치를 할 것
③ 시스템 동바리를 설치하는 경우에는 동바리 유형에 따른 안전조치 사항을 준수하여 설치 및 조립할 것

(4) 콘크리트 타설단계
① 작업 전 거푸집·동바리 등의 변형, 변위 및 지반침하 유무를 점검하고 이상 발견 시 보수
② 작업 중에는 감시자를 배치하는 등 거푸집·동바리 등의 변형·변위 및 침하 유무 등을 확인하여야 하며, 이상이 있으면 작업을 중지하고 근로자 대피조치
③ 타설작업 시 거푸집 붕괴위험 발생우려 시 즉시 충분한 보강조치를 해야 함
④ 콘크리트 양생기간을 준수하여 거푸집·동바리 등을 해체
⑤ 타설 시 편심이 발생하지 않도록 골고루 분산 타설

(5) 거푸집·동바리 해체단계
① 해체 작업 시 작업지휘자를 배치하여 작업을 지휘·감독

② 거푸집·동바리 해체는 존치기간을 준수하거나 압축강도 Test를 통해 설계기준 강도가 충분히 확보된 것을 확인 후 해체
③ 작업구간은 관계자 외 출입을 통제
④ 작업 시 상·하 동시작업은 금지
⑤ 악천후 시에는 작업을 중지
⑥ 해체 작업은 조립의 역순으로 진행

05 벽전용 거푸집

1 개요
벽전용 거푸집이란 별도 제작장에서 벽체(외벽) 거푸집을 조립 Unit화한 대형거푸집으로서 전용성이 높고 공기가 단축된다.

2 벽전용 거푸집 종류
(1) Gang Form : 멍에, 장선, Form을 일체화
(2) Climbing Form : 갱폼에 비계틀을 일체화

3 벽전용 거푸집이 갖출 조건
(1) 안전 측면 : 강성, 재해방지 용이성, 내구성, 수일성
(2) 시공 측면 : 작업성, 경제성, 콘크리트 영향 등

4 특징 비교

구분	시공성, 경제성	초기 비용	양중장비
Gang Form	비교적 우수	비교적 많음	비교적 중형
Climbing Form	매우 좋음	매우 많음	대형

5 작업 시 주요 안전 관리 사항
(1) 대형거푸집의 풍압(고층건물)에 대한 안정 검토
(2) Climbing 시 거푸집 강도 확보

6 안전관리 사항
(1) 양중장비의 안정검토 및 거푸집 양중강도 검토(인양고리 등)
(2) 추락, 낙하비례시설물 등 설치(안전시설물)
(3) 풍속, 풍향의 영향을 고려한 시공

06 연속거푸집

1 개요
콘크리트를 수직·수평으로 연속하여 타설할 수 있도록 제작한 거푸집으로 공기 단축 및 재해를 저감할 수 있다.

2 연속거푸집의 사용 목적
(1) 재해발생 저감(외부 작업 감소)
(2) 공기단축, 비용절감

3 연속거푸집의 종류별 특징

구분	Slip Form	Sliding Form	Traveling Form
장점	단면 변화 가능	주·야 연속작업	동일단면 수평 연속
단점	특수구조 필요	야간 작업 문제	거푸집의 높은 강성
적용성	급수탑, 전망대	Slio, 교각 등	터널복공, 암거 등

4 작업 시 주요 안전관리사항
(1) **작업절차** : 연속거푸집 조립 → Jack 설치 → 콘크리트 타설
(2) 연속거푸집 구조 검토
(3) Jack 충분한 용량 확보
(4) 상승속도 적정 유지(시험시공)

5 연속거푸집 재해방지대책
(1) 중량물 취급계획서 작성 및 교육
(2) 풍속별 안전작업기준 준수, 구조체 고정지점 강성 확보
(3) **승강설비의 점검** : 3개월마다 정기적 점검
(4) 재해 안전시설 설치

07 연속공법 대형거푸집

1 개요
콘크리트를 연속으로 타설할 수 있도록 제작한 거푸집으로서 재해예방(외부작업 감소) 및 공기단축을 목적으로 사용한다.

2 연속거푸집의 사용목적
(1) 재해발생 저감 (2) 공기단축, 비용절감
(3) 품질향상

3 연속거푸집의 특징

구분	단면변화	1일 타설높이	거푸집높이	연속성	적용
Sliding Form	있음	3~5m	2m	주간·야간	빌딩, 교각
Slip Form	없음	3회 제한	1.2m	주간만 가능	급수탑, 전망대

4 Traveling Form
동일단면으로 수평방향 연속타설 거푸집으로 Rail 위에 설치한다.

5 연속거푸집 작업 순서

6 작업 시 주요안전 관리사항
(1) 거푸집 구조 검토 (2) Jack 용량 확보
(3) 내부 작업발판 설치 및 숙련공 배치

7 안전관리 유의사항
(1) 작업 전 특별안전교육 실시(2시간 이상)
(2) 추락·낙하 재해방지시설 설치
(3) 높이 20m 이상 가시설의 피뢰설비 설치

08 갱폼 제작 시 안전설비기준 및 건설현장 사용 시 안전작업대책

1 갱폼의 이해
(1) 갱폼은 외부벽체 콘크리트 거푸집 기능과 외부벽체에서 위험작업들을 안전하게 수행할 수 있는 작업발판으로서의 기능을 동시에 만족할 수 있도록 구조적·설비상의 안전성을 확보하여야 한다.
(2) 갱폼은 공장에서 제작되어 일단 현장에 투입되면 사용과정에서 변형·수정하기가 어려우므로 제작 계획 시 사용과정에서 발생될 수 있는 문제점을 면밀히 검토·반영하여야 한다.

2 갱폼 제작 시의 안전설비기준
(1) 인양고리
  ① 안전율 5 이상의 부재를 사용하여 인양 시 갱폼에 변형을 주지 않는 구조일 것
  ② 냉간 압연 $\phi 22mm$ 환봉을 U-벤딩하여 거푸집 상부 수평재 뒷면에 용접 고정
  ③ 환봉 벤딩 시의 최소반경은 1,500mm 이상

[인양고리의 수량 및 길이]

거푸집의 길이(m)	인양고리의 수량(개)	인양고리의 길이(전장, cm)
1.5 이하	2	70
1.5~6	2	150
6 이상	2	200

(2) 표준안전난간
    작업용 발판 설치지점의 상부케이지 외측과 하부케이지 내·외측에 발판 바닥면에서 45~60cm에, 중간대 90~120cm에 상부난간대 설치

(3) 이동식 비계
    최대 적재하중 250kg 이하로 하며, 상부에는 표준안전난간 설치

(4) 갱폼 케이지 간의 간격
    최소간격 20cm를 초과하지 않도록 제작·설치하여 브래킷 결속작업 또는 작업발판 이동 시 추락 방지

(5) 케이지 코너 마무리

　　코너부는 외측을 내측보다 45° 각도로 길게 제작하여 사다리꼴로 마무리

(6) 작업발판 설치

　　① 케이지 내 작업발판은 상부 3단은 50cm 폭으로, 하부 1단은 60cm 폭으로 케이지 중앙부에 설치
　　② 작업발판 양쪽의 틈은 10cm 이내
　　③ 유공 아연도강판 또는 익스텐디드 메탈을 발판 폭에 맞추어 발판 띠장재에 조립, 용접
　　④ 발판 내·외측 단부에 10cm 이상 발끝막이판 설치 또는 외부에 2,700 데니어 수직보호망 설치

(7) 작업발판 연결통로

　　① 근로자가 안전하게 구조물 내부에서 작업발판으로 출입, 이동할 수 있도록 연결, 이동 통로를 설치
　　② 작업발판을 관통하여 콘크리트 압송관 설치 시 작업발판 내측 일부만 따내어 콘크리트 압송관 설치

3 갱폼 사용 시의 안전작업대책

(1) 조립자재의 반입과 관리

　　① 야적장, 조립작업장 등을 준비, 갱폼 조립 안전작업계획 수립 및 용접, 볼팅 등 조립작업과 인양설비 점검
　　② 반입차량 진출입로 점검
　　③ 하차 시 장비, 인양설비 등을 점검하고 안전사고에 유의

(2) 현장 조립작업

　　① 거푸집을 도면에 따라 부위별로 정확하게 설치
　　② 외관상 휨, 변형 유무 및 설계도면 치수 확인 후 조립
　　③ 자재보관대를 갱폼 상단에 설치, 낙하물 사고 예방
　　④ 외부 수직보호망은 안전성, 내구성을 갖추고 가설기자재 성능검정규격 승인 제품 사용

(3) 갱폼 설치 및 해체 작업

　　① 갱폼 작업안전 일반사항
　　　• 작업방법·작업순서·점검항목·점검기준 등에 관한 안전작업계획 수립, 관리

감독자 지정, 작업 지휘
- 작업 전 근로자에게 안전작업 계획의 내용 주지, 특별안전교육 실시
- 경험이 많은 숙련공 고정 투입
- 지정된 연결통로 이용 갱폼 내부로 출입

② 갱폼 설치작업
- 폼타이 볼트는 내부 유로폼과의 간격을 유지할 수 있도록 정확히 설치
- 설치 후 거푸집 설치상태의 견고성과 뒤틀림 및 변형 여부, 부속철물 위치와 간격 등 이상 유무 확인
- 인양 시 충돌부분은 반드시 용접부위 등을 확인·점검하고 수리·보강 실시
- 슬래브에 고정용 앵커 설치 후 와이어로프 2개소 이상 고정
- 피로하중으로 인한 갱폼낙하 방지 위해 하부 앵커볼트는 5개 층 사용 시마다 점검 및 교체

③ 갱폼 해체·인양작업
- 해체 작업은 콘크리트 타설 후 충분한 양생기간이 지난 후 실시
- 동별, 부위별, 부재별 해체순서를 정하고 해체된 갱폼자재 적치계획 수립
- 해체·인양장비를 점검하고 작업자를 배치
- 해체 작업 중에는 해체 중 표지판 게시 및 하부 출입통제, 감시인 배치
- 인양작업은 해체 작업 완료 후 작업자 철수 확인 후 실시
- 타워크레인 인양 시 보조로프를 사용하여 갱폼 유동 방지
- 데릭 인양 시 체인블록 훅 해지장치 및 체인 상태 확인, 후면에 9mm 이상 W/R 와 턴버클로 긴장 후 인양
- 인양 후 슬래브 단부가 오픈되지 않도록 사전에 안전난간 설치 후 인양

(4) 미장, 견출, 기타 작업
① 미장, 견출작업은 상부에서의 거푸집 설치, 해체 작업에 맞춰 갱폼 설치기간에 해당 부분 작업 실시
② 케이지 내 작업안전사항은 갱폼 설치, 해체 작업에 준함

09 콘크리트 타설 중 동바리에 의한 재해예방대책

1 개요
(1) 동바리는 콘크리트 경화 시까지 콘크리트 자중 및 거푸집, 외력으로부터 안정을 확보하여야 하는 가설물을 말한다.
(2) 동바리의 허용응력은 설계하중에 비해 지주 형식은 2.5~3배, 보 형식은 2배 이상 확보되도록 제작되어야 한다.

2 거푸집·동바리의 요구조건
(1) 안전성
(2) 경제성
(3) 시공성
(4) 무공해성

3 거푸집·동바리 위험요인
(1) 거푸집의 붕괴
  ① 콘크리트 타설불량
  ② 거푸집 설치불량

(2) 동바리의 좌굴
  ① 동바리 간격 불량
  ② 보강조치 미흡

(3) 거푸집·동바리의 처짐
  ① 상부집중하중
  ② 지반지지력 부족

4 콘크리트 타설 중 동바리 재해 원인
(1) 거푸집·동바리 2차원 또는 3차원 구조해석 생략
(2) 규격 미달자재 사용(안전인증 및 KS규격)
(3) 지반다짐 및 지지력 부족, 배수로 미설치

(4) 동바리 수직도 설치 간격 부적당 및 보강조치 미흡

(5) 콘크리트 편심 타설, 심한 충격, 이상 시 보강조치 부적합

5 콘크리트 타설 중 동바리 재해 방지 대책

(1) 거푸집·동바리 안정성 검토
① 검토절차 : 하중조합 → 응력계산 → 간격결정 → 표준조립상세도
② 하중의 종류 : 연직하중, 수평하중, 풍하중, 특수하중
③ 구조기술사 검토 : 작업발판일체형거푸집, 높이 5m 이상인 경우
④ 3차원 해석 대상 : 구조물 형상 변화 큰 경우, 편재하 경우

(2) 거푸집 허용 오차 기준
① 수평·수직위치오차 = ±20mm
② 벽, 기둥, 보, Slab 등 = -5, +2cm

(3) 재료기준 준수
① KS규격 및 안전인증확인
② 균열, 변형, 패임 검사

(4) 기초 지반 처리
① 충분히 다짐 및 평탄 작업
② 밑 받침 콘크리트 타설(t=10cm)
③ 바닥 배수유도 및 배수로 설치

(5) 거푸집·동바리 조립 점검
① 최종점검자 : 현장책임자(안전보건총괄책임자)
② 거푸집 조립 기준
   • 바닥거푸집 : 수평도 및 Camber 치수 준수
   • 기둥·벽거푸집 : 다림추·가름자 이용 수직도 확인
③ 동바리 조립 기준
   • 간격 및 수직도(1/500) 확인
   • 보강조치 : X-bracing 및 수평 연결재 설치
   • 상·하부 고정 상태 및 흔들림, 벽거푸집 지지 확인

10 시스템 동바리

1 장단점

특징	내용
장점	• 수직·수평재의 완전한 체결이 가능하다. • 수직재 허용내력에 따른 수평재 간격의 조절이 용이하다. • 작업 시 안정성을 도모할 수 있다. • 부재의 단순화로 시공이 간편하다.
단점	• 초기 투자비용이 파이프 서포트 대비 부담이 된다. • 구조적 안정성의 우수함으로 인한 과다한 신뢰성의 착오를 유발할 수 있다. • 구조검토가 선행되어야 한다.

2 구조 및 명칭

주요 구성부 : 수직재, 수평재, 가새, 링, 연결핀, 잭베이스, 유헤드

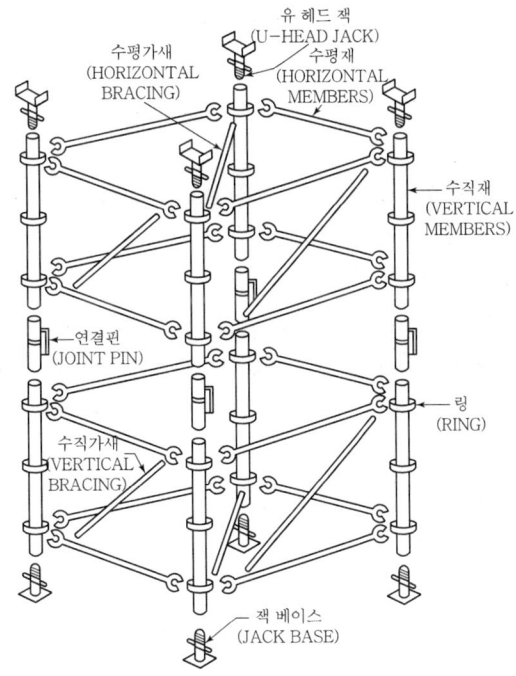

〈시스템 동바리의 구조〉

③ 작업순서 및 단계별 관리사항

(1) **사전준비** : 가설재 반입검사
(2) **Shop Drawing** : 구조 검토 및 공작도 작성
(3) **조립** : 부재긴압, 침하, 좌굴, 휨, 변형 방지
(4) **상부 구조물 작업** : 임의해체 금지 및 콘크리트 존치기간 준수
(5) **해체** : 해체기준의 준수

④ 지주 형식 동바리 시공 시 준수사항

(1) 수급인은 동바리 시공 시 공급자가 제시한 설치 및 해체 방법과 안전수칙을 준수하여야 한다.
(2) 동바리는 구조설계 결과를 반영한 시공상세도에 따라 정확히 설치한 후 검사하여 안전성을 확인하여야 한다.
(3) 동바리를 지반에 설치할 경우에는 연직하중에 견딜 수 있도록 지반의 지지력을 검토하고 침하 방지 조치를 하여야 한다.
(4) 수직재와 수평재는 직교되게 설치하여야 하며 이음부나 접속부 등은 흔들림이 없도록 체결하여야 한다.
(5) 수직재, 수평재 및 가새재 등의 여러 부재를 연결한 경우에는 수직도를 유지하도록 시공하여야 한다.
(6) 시스템 동바리는 연직 및 수평하중에 대해 구조적 안전성이 확보되도록 구조설계에 의해 작성된 조립도에 따라 수직재 및 수평재에 가새재를 설치하고 연결부는 견고하게 고정하여야 한다.
(7) 동바리를 설치하는 높이는 단변길이의 3배를 초과하지 말아야 하며, 초과 시에는 주변 구조물에 지지하는 등 붕괴방지 조치를 하여야 한다. 다만, 수평버팀대 등의 설치를 통해 전도 및 좌굴에 대한 구조 안전성이 확인된 경우에는 3배를 초과하여 설치할 수 있다.
(8) 콘크리트 두께가 0.5m 이상일 경우에는 동바리 수직재 상단과 하단의 경계조건 및 U헤드와 조절형 받침철물의 나사부 유격에 의한 수직재 좌굴하중의 감소를 방지하기 위하여, U헤드 밑면으로부터 최상단 수평재 윗면, 조절형 받침철물 윗면으로부터 최하단 수평재 밑면까지의 순간격이 400mm 이내가 되도록 설치하여야 한다.
(9) 수직재를 설치할 때에는 수평재와 수평재 사이에 수직재의 연결부위가 2개소 이상 되지 않도록 하여야 한다.

⑩ 가새재는 수평재 또는 수직재에 핀 또는 클램프 등의 결합방법에 의해 견고하게 결합되어 이탈되지 않도록 하여야 한다.
⑪ 동바리 최하단에 설치하는 수직재는 받침철물의 조절너트와 밀착하게 설치하여야 하고 편심하중이 발생하지 않도록 수평을 유지하여야 한다.
⑫ 멍에는 편심하중이 발생하지 않도록 U헤드의 중심에 위치하여야 하며, 멍에가 U헤드에서 전도되거나 이탈되지 않도록 고정시켜야 한다.
⑬ 시스템 동바리 자재의 반복 사용으로 인한 변형 및 부식 등 심하게 손상된 자재는 사용하지 않도록 한다.
⑭ 경사진 바닥에 설치할 경우 고임재 등을 이용하여 동바리 바닥이 수평이 되도록 하여야 하며, 고임재는 미끄러지지 않도록 바닥에 고정시켜야 한다.

5 보 형식 동바리 시공 시 준수사항

(1) 수급인은 시스템 동바리 시공 시 공급자가 제시한 설치 및 해체 방법과 안전수칙을 준수하여야 한다.
(2) 동바리는 구조설계 결과를 반영한 시공상세도에 따라 정확히 설치한 후 검사하여 안전성을 확인하여야 한다.
(3) 보 형식 동바리의 양단은 지지물에 고정하여 움직임 및 탈락을 방지하여야 한다.
(4) 보와 보 사이에는 수평연결재를 설치하여 움직임을 방지하여야 한다.
(5) 보조 브래킷 및 핀 등의 부속장치는 소정의 성능과 안전성을 확보할 수 있도록 시공하여야 한다.
(6) 보 설치지점은 콘크리트의 연직하중 및 보의 하중을 견딜 수 있는 견고한 곳이어야 한다.
(7) 보는 정해진 지점 이외의 곳을 지점으로 이용해서는 아니 된다.

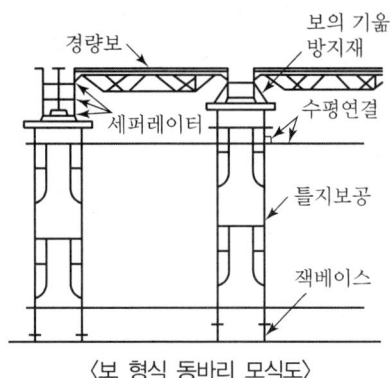

〈보 형식 동바리 모식도〉

6 가새재

(1) 가새재는 수평하중을 지반 또는 구조물에 안전하게 전달할 수 있도록 설치하여야 한다.
(2) 단일부재 가새재 사용이 가능할 경우 기울기는 60° 이내로 사용하는 것을 원칙으로 한다.
(3) 단일부재 가새재 사용이 불가능할 경우의 이음방법은 다음 사항에 따른다.
  ① 이어지는 가새재의 각도는 같아야 한다.
  ② 겹침이음을 하는 가새재 간의 이격되는 순 간격이 100mm 이내가 되도록 설치하여야 한다.
  ③ 가새재의 이음위치는 각각의 가새재에서 서로 엇갈리게 설치하여야 한다.
(4) 동바리가 도로 위에 설치되거나 인접해 있을 때에는 수평하중 및 진동에 대한 안정을 유지할 수 있도록 가새재를 설치하여야 하며, 이러한 가새재는 동바리가 해체될 때까지 유지시켜야 한다.
(5) 가새재는 바닥에서 동바리 상단부까지 설치되어야 하며, 가새재를 동바리 밑둥과 결속하는 경우에는 바닥에서 동바리와 가새재의 교차점까지의 거리가 300mm 이내가 되도록 설치하고, 해당 동바리는 바닥에 고정시켜 가새재로 인한 상승력에 저항할 수 있도록 한다.
(6) 강성이 큰 구조물에 수평연결재로 직접 연결하여 수평력에 대하여 충분히 저항할 수 있는 경우에는 가새재를 설치하지 않을 수 있다.

7 해체 시 준수사항

(1) 해체 작업 반경에는 관계근로자가 아닌 사람의 출입을 금지하고 그 내용을 보기 쉬운 장소에 게시하여야 한다.
(2) 해체 작업 전에 시스템비계와 벽 연결재와 안전난간 등의 부재 설치상태를 점검하고, 결함이 발생한 경우에는 정상적인 상태로 복구한 다음 해체하여야 한다.
(3) 해체 작업을 하는 경우에는 근로자로 하여금 안전대를 사용하도록 하는 등 근로자의 떨어짐을 방지하기 위한 조치를 하여야 한다.
(4) 해체된 부재는 비계 위에 적재해서는 아니 되며, 지정된 위치에 보관하여야 한다.
(5) 해체부재의 하역은 인양장비 사용을 원칙으로 하며, 인력 하역은 달줄, 달포대 등을 사용하여야 한다.
(6) 비, 눈 그 밖의 기상상태의 불안전으로 날씨가 몹시 나쁜 경우에는 그 작업을 중지하여야 한다.

8 해체

(1) 정해진 순서에 의하여 실시하여야 하며 안전담당자를 배치하여야 한다.
(2) 콘크리트 자중 및 시공 중에 가해지는 기타 하중에 충분히 견딜 만한 강도를 가질 때까지는 해체하지 아니하여야 한다.
(3) 거푸집을 해체할 때에는 다음 사항을 유념하여 작업하여야 한다.
   ① 안전모 등 안전 보호장구를 착용토록 하여야 한다.
   ② 거푸집 해체 작업장 주위에는 관계자를 제외하고는 출입을 금지시켜야 한다.
   ③ 상하 동시 작업은 원칙적으로 금지하며 부득이한 경우에는 긴밀히 연락을 취하며 작업하여야 한다.
   ④ 거푸집 해체 때 구조체에 무리한 충격이나 큰 힘에 의한 지렛대 사용은 금지하여야 한다.
   ⑤ 보 또는 슬래브 거푸집을 제거할 때에는 거푸집의 낙하 충격으로 인한 작업원의 돌발적 재해를 방지하여야 한다.
   ⑥ 해체된 거푸집이나 각목 등에 박혀 있는 못 또는 날카로운 돌출물은 즉시 제거하여야 한다.
   ⑦ 해체된 거푸집이나 각목은 재사용 가능한 것과 보수하여야 할 것을 선별·분리하여 적치하고 정리정돈을 하여야 한다.

11 수평연결재와 가새

1 설치목적

(1) 수직하중에 대한 저항력 증가

(2) 좌굴하중 증가에 대응

① 좌굴하중이 작용하는 부재에서 하중이 서서히 증가하면 어느 한계에서 좌굴이 발생된다. 그 때의 하중·좌굴하중은 영 계수·길이·단면 형상 및 그 단부(端部)의 구속 상태에 의해 정해지며, 좌굴하중을 구하는 식으로는 오일러의 공식이나 랭킹의 공식 등이 있으나 세장비(細長比)가 큰 범위에서는 오일러의 공식에 의한 값이 유리하다.

② 오일러 좌굴하중

$$F = \frac{\pi^2 EI}{(KL)^2}$$

여기서, E : 재료의 탄성계수(또는 강도)
I : 기둥 단면의 면적 관성모멘트
K : 기둥 양단의 지지 상태에 따라 달라지는 상수
L : 기둥의 길이

2 수평하중에 저항

수평연결재 설치로 지진, 풍하중 등의 수평하중에 저항

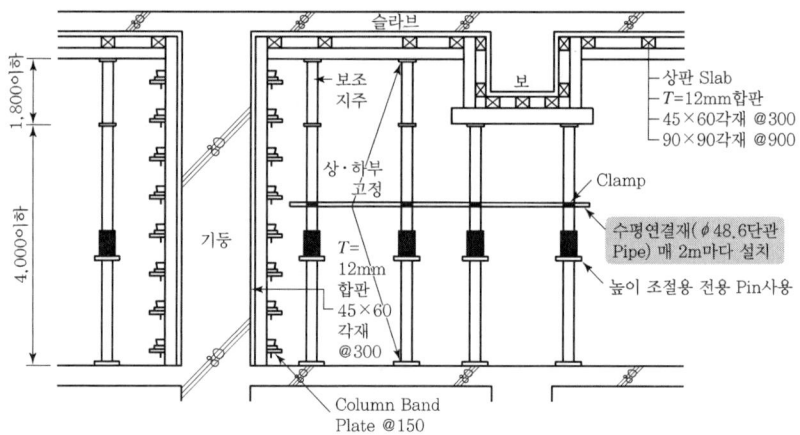

3 동바리 수평연결재 및 가새 설치기준

(1) 수평연결재
  ① 동바리 높이 3.5m 초과 시 높이 2m 이내마다 양방향으로 설치
  ② 수평연결재는 반드시 직교하는 방향으로 설치

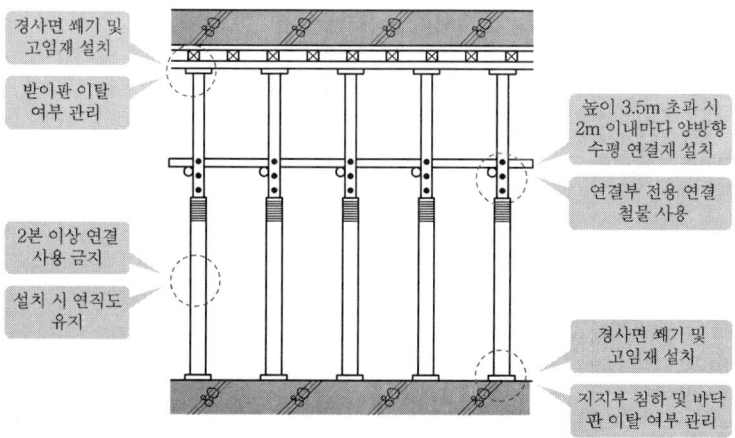

(2) 가새
  ① 단일 부재를 기울기 60° 이내로 사용하는 것을 원칙으로 한다.
  ② 이어지는 가새의 각도는 동일하게 할 것
  ③ 가새 간 순간격은 100mm 이내일 것
  ④ 가새의 이음 위치는 각 가새틀에서 서로 엇갈리게 설치한다.
  ⑤ 가새재를 동바리 밑둥과 결속하는 경우 바닥에서 동바리와 가새재 교차점까지의 거리는 300mm 이내로 하며 해당 동바리는 바닥에 고정한다.
  ⑥ 단, 강성이 큰 구조물에 수평연결재로 직접 연결하여 수평력에 대한 저항력이 충분한 경우 가새의 설치를 생략할 수 있다.

4 유의사항

(1) 높이 3.5m 이상 동바리의 경우 콘크리트 타설 시 연직하중에 의한 동바리 좌굴 발생에 유의
(2) 작용하중에 대한 압축좌굴 방지를 위해 최우선 조치할 것
(3) 휨 변형에 대한 사전검토
(4) 수직재 허용내력 증가방안 검토
(5) 특히 국부좌굴 방지에 집중할 것

(6) 겹침이음 수평 연결재 간 이격되는 순간격은 100mm로 할 것
(7) 각 교차부의 볼트나 클램프는 전용철물을 사용할 것

〈수평연결재 평면도〉　　〈수평연결재 입면도〉　　〈연결재 이음 부재 간 상세도〉

12 거푸집 측압

1 측압의 증가요인

(1) 경화속도가 늦을수록(기온, 습도, Concrete 온도의 영향을 받음)
(2) 타설 속도가 빠를수록
(3) 슬럼프가 클수록
(4) 다짐이 많을수록
(5) 벽체, 기둥이 두꺼울수록
(6) 외기 온도가 낮을수록
(7) 시공연도가 좋을수록
(8) 거푸집 표면이 평활할수록

2 타설방법에 따른 측압의 변화

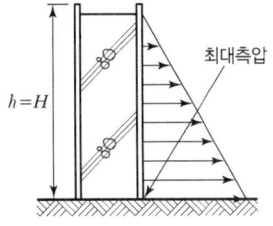
〈한 번에 타설하는 경우〉

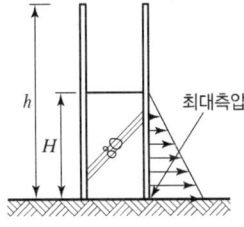
〈2회로 나누어 타설하는 경우〉

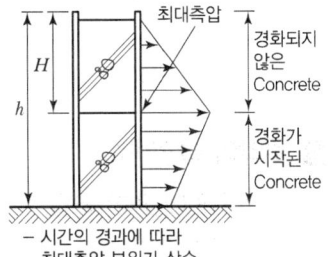
〈2차 타설 시의 측압〉

3 측압 산정

(1) 측압 표준값

분류	진동기 사용 안함	진동기 사용
벽체	20.0kN/m²	30.0kN/m²
기둥	30.0kN/m²	40.0kN/m²

(2) 측압 산정식

타설 속도(m/h)	2 이하인 경우	2 초과인 경우
기둥	$0.8 + \dfrac{80R}{T+20} \leq 15$ 또는 $2.4H$	
벽	$0.8 + \dfrac{80R}{T+20} \leq 10$ 또는 $2.4H$	$0.8 + \dfrac{120+25R}{T+20} \leq 10$ 또는 $2.4H$

주) R : 타설 속도, T : 거푸집 내의 콘크리트 온도(℃)
 * 이 경우는 슬럼프 10cm 이하의 콘크리트를 내부 진동기 사용하여 타설할 때 사용

타설 속도(m/h)		10 이하인 경우		10을 넘고 20 이하인 경우		20을 넘는 경우
부위 H(m)		$H \leq 1.5$	$1.5 < H \leq 4.0$	$H \leq 2.0$	$2.0 < H \leq 4.0$	$H \leq 4.0$
기둥		$W_O \times H$	$1.5W_O \times 0.6W_O \times (H-1.5)$	$W_O \times H$	$2.0W_O \times 0.8W_O \times (H-2.0)$	$W_O \times H$
벽	높이 ≤ 3m	$W_O \times H$	$1.5W_O \times 0.2W_O \times (H-1.5)$	$W_O \times H$	$2.0W_O \times 0.4W_O \times (H-2.0)$	$W_O \times H$
	높이 > 3m		$1.5W_O$		$2.0W_O$	

주) H : 아직 굳지 않은 콘크리트 헤드의 높이(m)
 (측압을 구하고자 하는 위치 위에 있는 콘크리트의 부어넣기 높이)
 W_O : 아직 굳지 않은 콘크리트의 단위용적중량(t/m³)

4 측압의 측정방법

(1) 수압판에 의한 방법
 수압판을 거푸집면의 바로 아래에 대고 탄성변형에 의한 측압을 측정하는 방법

(2) 측압계를 이용하는 방법
 수압판에 Strain Gauge(변형률계)를 설치해 탄성변형량을 측정하는 방법

(3) 조임철물 변형에 의한 방법
 조임철물에 Strain Gauge를 부착시켜 응력변화를 측정하는 방법

(4) OK식 측압계
 조임철물의 본체에 유압잭을 장착하여 인장력의 변화를 측정하는 방법

PART 09 철근공사

01 철근공사 재해 유형과 안전작업지침

1 개요
(1) 철근공사는 주로 철근의 양중 작업과 철근의 가공 및 접합 작업으로 볼 수 있음
(2) 대부분 양중 시 낙하 및 가공 시 절단 및 절곡기와의 충돌에 의한 재해가 많으므로 이에 대한 대처가 중요함

2 철근콘크리트 공사 Flow Chart

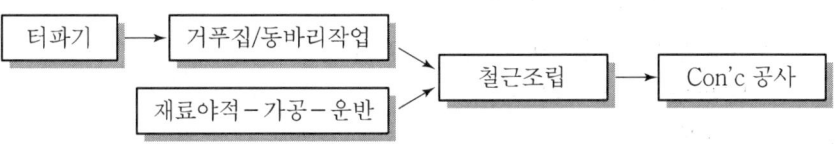

3 철근공사 재해 유형
(1) **낙하·비례** : 인양, 하역 중 로프 절단, 줄걸이 불량, 과대 인양
(2) **충돌·협착** : 지게차 운반 중 충돌, 인양 시 사람·설비 충돌
(3) **접촉** : 가공 시 절단기 베임, 절곡기와 접촉 및 충돌
(4) **붕괴·도괴** : 야적물, 조립 Cage, 거푸집 붕괴(과대적치)
(5) **기타** : 감전, 화재·폭발, 보건 상 재해

4 재해 발생원인
(1) 작업계획수립 미흡 및 안전교육 미흡
(2) 작업절차 소홀 및 신호수 미배치, 출입통제 미흡
(3) 기계, 기구, 설비의 점검 및 정리 정돈 불량
(4) 보호구 미착용 및 안전시설물 부재 등

5 철근공사 시 안전작업지침
(1) 철근의 가공 및 조립 시 준수사항
　① 작업책임자(안전보건총괄책임자 상주)
　② 방호조치 실시 및 관계자 외 출입통제
　③ 안전보호구 착용 : 안전모, 안전대, 보안경, 방진마스크

(2) 절단 작업 시 준수사항
  ① Hammer 절단 : 해머 및 절단날 점검, 무리한 자세 절단 금지
  ② Gas 절단 : 보호구 착용 및 호스·전선 점검, 소화기 배치(CO_2, 분말소화기 등)

(3) 가공 작업 시 준수사항
  ① 고정틀 확실 접합 : 탄성스프링 충돌방지
  ② 배전반·스위치 인근 설치, 외함 접지

6 철근 운반 시 준수사항

(1) 기계화할 운반 작업
  ① 3~4인이 동시에 해야 할 작업
  ② 발밑에서 머리끝까지 들어올리는 작업
  ③ 발밑에서 어깨까지 25kg
  ④ 발밑에서 허리까지 50kg
  ⑤ 발밑에서 무릎까지 75kg 드는 작업
  ⑥ 옆으로 2걸음 이상 이동 작업

(2) 기계운반 작업 시 준수 사항
  ① 권양기 운전자는 현장 책임자가 지정
  ② 인양로프를 점검하고, 허용하중 검토
  ③ 비계, 거푸집 과대 적치금지
  ④ 감전사고 방지
    • 전선과 이격거리 최소 2m 이상
    • 바닥배선금지, 운전수 배선 확인

7 인양로프 사용금지기준

Wire Rope	체인	섬유로프
소선이 10% 이상 절단 공칭지름 7% 이상 감소 심한 변형, 비틀림	지름이 5% 이상 감소 길이 10% 이상 증가 균열, 심한 변형	소선의 절단 심한 손상 마모된 것

8 철근공사 재해 방지시설의 종류

(1) 추락재해 방지시설
   ① 안전난간
   ② 추락방호망 등

(2) 낙하·비례 방지시설
   ① 낙하물방지망
   ② 수직보호망

9 철근공사 시 중점 점검사항

(1) Peak Time 시 안전관리자 상주
(2) 작업 전·중·후 안전시설물 점검 및 결과 게시
(3) 악천후 시 작업금지

02 철근의 이음

1 개요

(1) 철근의 이음부는 구조상 약점이므로 최대인장력이 작용하는 곳을 피하고 집중하지 않아야 함

(2) 산업의 발전 및 건축물의 고층화, 대형화됨에 따라 철근의 고강도화(SD500)로 이음부 내력 확보는 무엇보다 중요함

2 철근의 이음공법의 종류

(1) 겹침이음(접촉, 비접촉)
(2) 용접이음법
(3) 기계적 방법
(4) Cad Welding 이음법

3 겹침이음

(1) 철근을 겹쳐대는 접촉이음과 비접촉이음이 있다.
(2) 60cm 이상 엇갈리게 이음, D35 이하에 적용한다.
(3) 이음길이(L)
   ① 압축력 작용부 : 25db 이상
   ② 인장력 작용부 : 40db 이상
   ③ 최소 30cm 이상

4 용접에 의한 방법

(1) 용접이음
   ① 항복강도 125% 이상의 맞댄 용접이음
   ② 철근의 열 변형에 의한 강도저하에 유의

(2) Gas 압접 이음
   ① 철근을 직각 절단 후 중성염가열(1,200~1,300℃)
   ② 압력($3kg/mm^2$)을 가해 접합
   ③ 철근 지름 19mm 이상 적용(규격 차이 6mm 미만)

5 기계적 방법

(1) Sleeve Joint(압착) : 강재 Sleeve를 이음부에 압착시켜 이음
(2) Sleeve 충진식 : 강재 Sleeve의 구멍에 에폭시나 몰탈 충진
(3) 나사식 이음 : 철근에 숫나사를 내고 커플러를 조여 이음
(4) G-lock Splice(쐐기식 이음)
    ① 철근규격이 다른 경우 Reducer Insert 사용
    ② G-lock Sleeve를 끼우고 Wedge를 타격 이음
    ③ 수직철근 전용이음 방법

6 Cad Welding

(1) 철근에 Sleeve를 끼우고 화약과 합금 혼합물을 발화시켜 이음하는 방법
(2) 대형철근(D28 이상) 이음
(3) 주로 원자력 발전소 등 중구조물에 이용

7 철근이음 시 주의사항

(1) 엇갈리게 이음한다(1/2 이상 집중금지).
(2) 응력이 큰 곳을 피한다.
(3) 기둥 : ① 높이 3/4 이하 ② 바닥 50cm 이상 이격
(4) 보 : Span의 1/4지점(압축 측) 이음

8 철근 사용금지 기준

(1) 콘크리트 속에 매입된 철근 사용금지
(2) 철근 단면이 60% 이상 손상된 철근 사용금지
(3) 절곡각도 60° 이상 철근 사용금지
(4) 유해한 영향(열 변형)을 받은 철근 사용금지

9 철근의 이음공법 – 인장강도검사

(1) 대상 : 가스압접, 기계적 이음, 용접이음
(2) 허용기준
    ① 1 Lot에 3개소 이상
    ② 항복강도 125% 이상

🔟 철근 이음 시 안전 유의사항

(1) 작업 책임자 상주(안전보건총괄책임자)
(2) 안전·보건교육 실시 및 작업 계획 수립
(3) 기계·기구 점검 및 달기구 이상유무 점검
(4) 재해방지시설물 설치 및 감전사고 방지
(5) 신호수 배치 및 작업절차 준수, 관계자 외 출입통제
(6) 밀폐공간 환기조치 및 보호구 착용

03 철근의 유효깊이(유효높이) 확보방안

1 개요
(1) 철근의 유효깊이란 설계단계 응력계산 시 적용되는 높이로서 구조체 안전에 중요한 요소임
(2) 철근의 유효깊이 부족 시 구조물의 내하력 저하로 열화촉진 등 비용발생 및 구조체 붕괴원인이 됨

2 유효깊이의 개념
(1) 중립측 상부 : 압축응력부
(2) 중립측 하부 : 인장응력부
(3) 유효높이 : 압축 측 Con´c 표면에서 철근 도심까지 거리

3 유효깊이 부족 시 문제점
(1) 구조체 붕괴 Mechanism : 내하력 저하 → 과도한 처짐 → 균열 → 붕괴
(2) 구조체 내하력 저하 : 휨모멘트 강도 저하
(3) 구조물 열화 촉진 : 과대응력 발생
(4) 기타 : 내화성 취약, 구조체 보수·보강비용 추가

4 유효깊이 부족의 원인
(1) 설계 단계
  ① 전송관, 배수관, 개구부 미고려
  ② 철근이음·정착 영향 등
(2) 시공 단계 : 철근에 과도한 하중, 거푸집·동바리 침하
(3) 유지 관리 : 구조물 열화, 누수 등

5 철근의 유효깊이 확보방안
(1) 설계 단계 : 충분한 단면 여유 및 시공조건 고려 설계
(2) 시공 단계
  ① 콘크리트 재료 : 물결합비를 낮추고, 적정 혼화제 사용

② 거푸집·동바리 : 충분한 강성 확보, 지반침하 방지
③ 철근의 정확한 배근, 작업발판 설치, 과대적재 금지
④ 충분한 양생 및 충격금지

(3) 유지관리 단계
① 적절한 점검 및 모니터링
② 예방적 정비 및 보수·보강조치

6 철근의 유효깊이 부족 진단방법

(1) 처리절차(Flow Chart)

※ 긴급위험 시 : 통행차단 및 긴급조치 실시

(2) 구조물 안전진단 방법
① 외관검사 : 표면결함, 균열, 표면경도 측정 등
② 물리적 시험 : Core 강도 시험, 동결융해시험
③ 화학적 시험 : 중성화 측정, 염화물 측정, 알칼리골재 반응
④ 비파괴시험 : 초음파 탐상법, 복합법, 자기법 등
⑤ 레이저법 : 철근위치, 공동부 조사
⑥ 자연전극전위법 : 내부철근의 부식상태 추정

7 콘크리트 부재 보수·보강 방법

(1) 보수·보강시기
① 잠복기 : 조사, 점검　　② 진전기 : 표면처리주입공법
③ 가속기 : 충전공법　　　④ 열화기 : 단면복원(보강)

(2) 보수공법
① 표면처리 및 주입공법
② 충진공법 및 치환공법

(3) 보강공법
① 압축 측의 Prestress Tension 보강
② 압축 측의 Con'c 단면 확대(고강도)

04 피복두께

1 개요
최외곽 철근 표면에서 이를 감싸고 있는 콘크리트 표면까지의 최단거리로서 내구성, 내화성, 부착성, 방청성 확보 목적이 있다.

2 철근 피복의 목적
(1) 내구성 확보
(2) 내화성 확보
(3) 방청성 확보
(4) 부착성 확보

3 철근 피복두께 부족 시 문제점
(1) 철근 부식 내하력 저하
(2) Con´c 부재 균열로 내구성 저하

4 최소 피복두께
(1) 부위별 피복두께(건축공사 표준시방서)

부위	흙에 접하지 않는 부위		흙, 옥외공기 접함		수중 Con´c
	Slab, 벽체	보, 기둥	노출 Con´c	영구히 묻히는 Con´c	
피복두께	20~40mm	40mm	40~50mm	75mm	100mm

(2) 내화성 기준(철근 600°C 도달 시 강도 1/2 저하)

화재지속시간	1시간	2시간	3시간	4시간
철근 600°C 도달 피복	2cm	3cm	5cm	8cm

(3) 중성화 $t(년) = 7.2d^2$
　　　여기서, d = 피복두께(cm)

5 피복두께 허용오차

(1) 유효깊이 20cm 이하 : -10mm
(2) 유효깊이 20cm 이상 : -13mm

6 피복두께 유지 방안

(1) 작업 하중 관리 : 작업발관 설치, 압송관 호스 받침대 설치
(2) 고임대 간격 유지, 적정 Spacer 사용

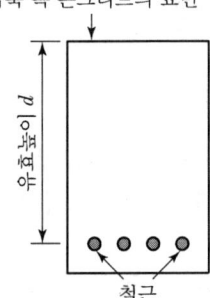

05 콘크리트와 철근의 응력-변형률 선도

1 개요
콘크리트는 취성의 특성을 가지며, 철근은 연성의 특성을 갖고 있어 엔지니어들은 연성파괴를 목표로 철근콘크리트를 설계한다.

2 철근의 응력-변형률 선도

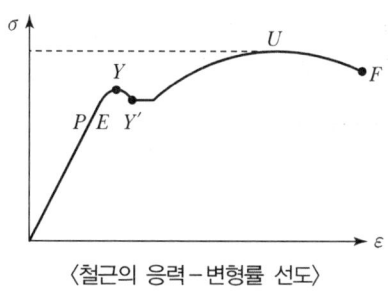

〈철근의 응력-변형률 선도〉

3 허용응력설계법
탄성이론에 의해 철근콘크리트를 탄성체 개념으로 보고 콘크리트 응력 및 철근 응력이 각각 그 허용응력을 넘지 않도록 설계하는 방법

> 응력 ≤ 허용응력

4 강도설계법
소성이론에 의해 부재의 파괴상태로 만드는 극한하중과 이러한 하중의 개념에서 구조물의 파괴형상을 예측하는 설계법

> 설계강도 > 소요의 강도

5 한계상태설계법
구조물이 그 사용 목적에 적합하지 않게 되는 어떠한 한계에 도달되는 확률을 허용한도 이하로 되도록 하기 위한 설계법

6 각 설계법의 비교

종류	장점	단점
허용응력설계법	안전율만을 고려하므로 설계가 간편함	• 실제강도의 파악이 어려움 • 2가지 이상 재료의 안전도 유지가 어려움(콘크리트와 철근의 안전율을 동일하게 환산하기에)
강도설계법	• 탄성거동 외 항복점까지 고려하므로 안전성 확보에 유리 • 하중계수로 하중의 서로 다른 특성의 설계반영이 가능	• 처짐, 균열을 별도로 검토해야 함 • 이종재료의 특성을 설계에 반영하기 어려움
한계상태설계법	• 부분 안전계수를 하중과 각 재료에 대해 합리적으로 반영 • 안전성은 극한 한계, 사용성은 사용한계상태로 검토	계산이 복잡함

7 철근의 표기

(1) D-Bar : 300MPa

(2) H-Bar : 400MPa

(3) S-Bar : 500MPa

PART 10 콘크리트 공사

01 골재의 함수상태

1 개요
골재에 포함된 수량을 말하며 골재의 흡수능력은 내구성에 큰 영향을 미치므로 양질골재를 사용하여 콘크리트를 생산해야 한다.

2 골재의 함수상태
(1) 절대건조상태 : 110℃ 온도에서 24시간 건조상태
(2) 기건상태 : 외기조건과 평형상태
(3) 표면건조 내부포화상태 : 표면수가 없는 포화상태, 시방배합의 기준
(4) 습윤상태 : 골재의 내·외부가 포화된 상태

3 골재의 유효흡수율이 콘크리트에 미치는 영향
(1) 유효흡수율

$$유효흡수율 = \frac{표면건조\ 내부포화상태 - 기간상태중량}{절대건조상태중량}$$

(2) 영향

유효흡수율	내구성	내화성	Workability	마감성
큰 경우	저하	저하	저하	저하
작은 경우	향상	향상	향상	향상

4 골재의 흡수율 기준
(1) 잔골재 : 3% 이하
(2) 굵은 골재 : 2~4% 이하

5 골재가 콘크리트에 미치는 영향
(1) 콘크리트 강도 및 내구성
(2) 작업성 영향
(3) 건조수축 완화
(4) 반배합·부배합 결정

02 유동화제

1 개요

유동화제란 고성능 감수제의 일종으로 시멘트 입자에 흡착하여 정전기식 반발 작용으로 유동성을 향상시킨다.

2 유동화제의 사용목적

(1) Cold Joint 방지
(2) 다짐성 향상

3 혼화재료의 분류

(1) 유동성 대폭 증대
(2) 단위수량 저감
(3) 건조수축 감소
(4) 다량 첨가 시 재료분리 발생

4 유동화 기준(Slump 값)

구분	Base Con´c	유동화 Con´c
보통 콘크리트	150mm	210mm
경량골재 콘크리트	180mm	210mm

5 유동화 콘크리트 품질

(1) **시험빈도** : 50m³마다 실시
(2) **시험항목** : Slump, 공기량 시험 실시

유동화방법
공장첨가유동화, 공장첨가현장유동화, 현장유동화

6 유동화제 사용 시 유의사항

(1) 유동화 방법에 따른 적정 배합 실시
(2) 계량오차 준수(3% 이내)
(3) 유동화 Con´c 재유동화 금지(부득이한 경우 1회 가능)

03 AE제

1 개요

AE제란 콘크리트의 동결·융해 저항성을 향상시키기 위해서 시멘트 중량의 5% 미만을 첨가하는 화학약제이다.

2 AE의 사용 목적(과다사용 시 문제점)

(1) 동결·융해 저항성 향상
(2) Workability 개선

3 AE제의 종류별 특징

구분	AE제	AE감수제	고성능 AE감수제
사용목적	동결·융해저항	내구성 향상	고내구성, 고강도
주요작용	기포작용	분산·습윤	분산작용
장점	Workability 개선	시멘트량 감소(6~12%)	시공연도 개선
단점	철근부착력 저하	Con´c 강도 저하	Slump 저하(1시간 이상)

4 AE제의 기포작용

(1) 계면활성제 기포 형성
(2) 동결·융해 저항성 향상

5 AE제 사용 시 유의사항

(1) 계량오차 준수(3% 이내)
  ① 1% 초과 : Con´c 강도 4~6% 감소
  ② 7% 초과 : 내구성 저하
(2) 잔골재 입도기준 준수
(3) 혼화제 보관 유의 : 고온·다습 저장금지
(4) 저장 3개월 이상 경과 시 품질시험 실시
    상호작용에 의한 부작용 여부, 품질의 균질성, 사용량 규제

04 콘크리트 시방배합·현장배합

1 개요
시방배합이란 시방서 또는 책임기술자에 의거 지시된 배합이며, 현장배합이란 시방배합을 현장상태에 따라 보정하는 것을 말한다.

2 콘크리트의 요구조건
(1) 소요의 강도
(2) 내구성
(3) 수밀성
(4) 작업성
(5) 경제성

3 콘크리트의 시방배합과 현장배합

구분	시방배합	현장배합
배합단위	m^3	Batch
잔골재	5mm 체 100% 통과	거의 통과
굵은골재	5mm 체 100% 잔류	거의 잔류

4 현장배합 보정항목
(1) 골재의 입도
(2) 골재의 흡수량, 표면수량

5 콘크리트 배합의 영향요인
(1) 골재의 입도·입형 및 흡수율
(2) 적정 혼화재료 사용 및 사용수의 불순물 영향

6 콘크리트 타설 시 유의사항
(1) 비빔시간 및 운반·타설시간 준수
(2) 가수금지 및 거푸집 건조 시 살수 등 조치

05 레이턴스(Laitance)

1 개요
(1) 레이턴스란 블리딩에 의하여 콘크리트 표면에 떠올라 침전한 미세한 물질을 말한다.
(2) 레이턴스는 시멘트 및 골재의 미세한 분말과 골재에 묻은 진흙 등의 혼합물로 콘크리트의 강도와 접착력을 저하시키므로 반드시 제거하여야 한다.

2 레이턴스가 콘크리트에 미치는 영향
(1) 콘크리트 이음부의 강도 저하
(2) 콘크리트 부착강도 저하
(3) 이어붓기 부분의 일체화 저해

3 레이턴스의 발생원인
(1) 물-결합재비가 클수록
(2) 풍화된 시멘트 사용
(3) 불순물 및 미세입자가 많은 골재의 사용
(4) 타설높이가 높을수록
(5) 단위수량, 부재의 단면이 클수록

4 레이턴스의 방지대책
(1) 물결합재비가 적은 콘크리트 사용
(2) 분말도가 적은 시멘트를 사용하고 풍화된 시멘트 사용금지
(3) 골재는 입도 및 입형이 고르고 불순물이 함유되지 않은 것 사용
(4) 잔골재율을 작게 하여 단위수량 감소
(5) AE제, AE감수제, 고성능 감수제 사용
(6) 콘크리트 타설높이는 낮게(1m 이하)
(7) 과도한 두드림이나 진동 방지

06 양생

1 개요
기온변화, 진동·충격·하중으로부터 보호

2 양생종류
(1) 습윤양생
시트보양, 살수, 스프링클러

(2) 증기양생
① 고압 : $8.2 kgf/cm^2$, 15시간
② 상압 : 95℃(20℃/h 상승), 18시간, 대기압

(3) 피막양생
Con´c 타설 후 Bleeding 비칠 때 살포($0.4 \sim 1L/m^2$)

(4) 온도증가 양생
① 재료
② 단열보온
③ 가열보온

(5) 온도저하 양생
① Pre-cooling : 냉각수, 골재살수
② Pipe-cooling : $\phi 25mm$ Pipe 1.5m 간격, 30℃ 이내, 2~3주 양생

3 양생 시 유의사항
(1) 표면건조 방지
(2) 3일간 보행·적재 금지
(3) 진동·충격 금지
(4) 급격온도변화 방지
(5) 거푸집 해체기간 준수

4 콘크리트 조기강도 판정

(1) 조기경화방법

　① 온수 사용법 : 32~38℃에서 23.5시간 양생

　② 끓는 물 사용법 : 21±6℃(23시간), 끓는 물 : 3.5시간

　③ 수화열 사용법 : 절연컨테이너 48시간 양생

(2) 추정식(O. Graf)

　① 상한 : $f_{28} = 1.7f_7 + 6(MPa)$

　② 하한 : $f_{28} = 1.4f_7 + 1(MPa)$

07 Con´c 펌프에 의한 콘크리트 타설 시 발생되는 재해발생 요인과 안전관리

1 개요

(1) Con´c 펌프는 생 콘크리트를 압송관을 이용하여 타설하는 기계이며 최종 분출 장비는 주름관, 분배기, CPB 등이 있음
(2) 하인리히는 재해발생이 사고요인의 연쇄 반응 결과로 발생하며 직접 원인을 제거하면 예방 가능하다고 주장함

2 콘크리트 타설작업 절차

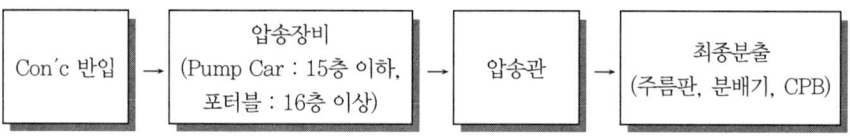

3 Con´c 펌프 타설 시 문제점

(1) **안전사고 발생위험** : 추락, 낙하·비래, 충돌·협착 등
(2) **주변 지역 소음·진동 피해 우려**
(3) **구조체 품질 저하** : 재료분리, Plug 현상, Cold Joint 등

4 Con´c 펌프 타설 시 재해 유형

(1) 압송관 막힘
    압송관 낙하, 근로자 충돌, 구조체 충돌

(2) 기타
    ① 추락(개구부)
    ② 콘크리트 타설부 낙상
    ③ 감전재해
    ④ 질식(양생 중)
    ⑤ 화재 등

5 콘크리트 타설 장비별 주요 재해 발생원인과 대책

(1) Concrete Placing Beam

발생원인	물적	• 작업 변경 내 지장물 • Mast 고정 불량
	인적	• 위험장소 접근 • 보호구 미착용
대책		• 급격한 선회금지, 신호수 배치, 작업공간 확보 • Mast 고정 확인, 보호구 착용, 안전시설물 설치

(2) 콘크리트 분배기

발생원인	물적	• 거푸집·동바리 구조 보강 미흡 • 수리배관 불량
	인적	• 회전반경 접근 • 인원 및 하중 집중
대책		• 거푸집·동바리 구조 검토 • 배관 고정 확인 • Con'c 집중타설 금지 • 회전반경 내 출입금지

(3) 주름관 타설

발생원인	물적	• 압송관 고정 미흡 • 토출구 방향 부적절
	인적	• 대기인원 부족 • 과도한 편심타설
대책		• 압송관 받침대 사용 • 토출 방향 조정 • 충분한 인원 배치

6 Plug 현상 발생원인과 대책

발생원인	• 배합 : 잔골재 입도불량, Slump치 낮음 • 배관의 굴곡 및 정체, 누수 • 기후영향
대책	• 배합 : Slump=10.18cm 이상, 굵은골재 최대치수 25mm 이상 • 배관 수평 환산거리 ≤ 이론펌프 최대토출 80% • 공기 중개 Pump 설치 • 겨울 : 온수 예열, 여름 : 타설 시간 조정

7 콘크리트 압송관 막힘 시 조치사항

(1) 초기대응 : 2~3회 역타설 시도(압력 유의)
(2) 폐색 예상부위 신속히 분리 제거
(3) 타설 중 지체 방지 및 시공이음계획
(4) 막힘 Con´c 재사용 금지 : 폐기 처리(장외 반출)

8 사전조사 및 작업계획서 작성내용

(1) 사전조사
해당 기계의 전락, 지반의 붕괴 등으로 인한 근로자 위험을 방지하기 위한 작업장소의 지형 및 지반상태

(2) 작업계획서
사용하는 차량계 건설기계의 종류 및 성능
① 차량계 건설기계의 운행경로
② 차량계 건설기계에 의한 작업방법
③ 타설량, 타설방법, 펌프카 위치의 타설 부위 간 거리에 따른 장비이동계획 등 작업방법에 따른 추락, 낙하, 전도, 협착, 붕괴위험에 대한 안전대책 수립

9 콘크리트 타설 시 안전관리 유의사항

(1) 안전관리자 및 감리·감독자 입회
(2) 타설 전 장비 점검 및 공사계획 수립
(3) 신호절차 준수 및 인원 출입통제
(4) 안전시설물 관리 및 보호구 착용 지도
(5) 악천후 시 작업금지

08 콘크리트 구조물의 열화원인과 방지대책

1 개요
(1) 물리적·화학적·생물학적 요인에 구조물 수명을 단축하는 것으로서 우수한 재료의 구두 및 시공품질을 확보
(2) 정기적 점검 및 합리적 유지보수로 내구성 저하를 방지하여야 하며 특히 예방적 정비가 매우 중요함

2 내구성 저하 원인
(1) 기본적인 원인
   ① 설계상 원인
   ② 재료상 원인
   ③ 시공상 원인

(2) 기상작용 원인
   ① 동결융해
   ② Pop Out 현상
   ③ 건조수축

(3) 화학적 작용원인
   ① 탄산화
   ② 알칼리골재 반응
   ③ 염해

(4) 물리적 작용원인
   ① 진동·충격
   ② 마모·손상

(5) 전류에 의한 작용원인
   철근에서 콘크리트로 전류가 흐를 때 철근부식

(6) 기타 하중작용
   과재하중 및 피로하중

❸ 내구성 저하 방지대책

(1) 기본적 원인
  ① 설계 : 설계하중의 충분한 고려, 소요단면 확보, 적정신축이음 설계, 피복두께를 충분히 고려
  ② 재료
   • 물 : 불순물, 염화물 없을 것
   • 풍화되지 않은 시멘트
   • 골재 : 입도·입형이 좋고, 실리카 탄산염 없을 것
   • 적정 혼화제 사용
  ③ 시공
   • 물-시멘트비 50% 이하
   • 공기량은 4.5±1.5% 이내
   • 타설속도, 재료분리 없도록, 양생 철저(온도변화 없도록)

(2) 기상작용대책
  ① 동결·융해 저항성 증대 : 경화 속도를 높이고, AE제 사용
  ② 건조수축 감소 : 굵은골재 최대치수를 크게 하고, 조절줄눈 설치

(3) 화학적 작용
  ① 탄산화 현상방지
   • 물-결합재비를 낮추고 밀실한 콘크리트를 시공
   • 피복두께 확보 및 표면 마감시공 실시
  ② 알칼리골재 반응현상 방지
   • 반응성골재 사용금지
   • 저알칼리시멘트 사용
   • 양질의 사용수 사용
  ③ 염해에 대한 대책
   • 염분함량 규정치 이하 준수 : $0.3kg/m^3$ 이하
   • 철근부식 차단, 밀실한 Con´c 타설
  ④ 물리적 균열의 대책
   • 진동·충격 : Con´c 타설 후 하중요소 방지
   • 마모·파손 물-결합재비 낮추고, 밀실한 Con´c 타설, 충분한 습윤양생 실시
  ⑤ 전류작용 : 전식피해방지조치, 배류기 설치
  ⑥ 기타 : 과적재하금지, 피로하중 검토(설계단계) 및 보강조치

4 내구성 진단방법 및 처리절차

(1) 처리절차

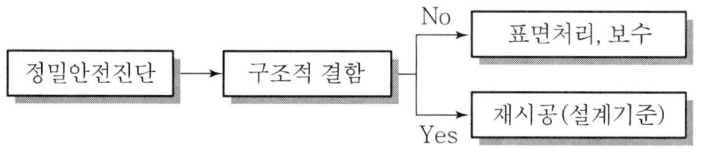

(2) **외관검사** : 균열(방향, 길이, 폭 등), 표면상태, 표면경도
(3) **물리적 시험** : Core 채취(압축강도시험, 동결융해시험)
(4) **화학적 시험** : 탄산화 시험, 염화물 시험, 알칼리골재반응시험
(5) **비파괴 시험** : 초음파법, 복합법, 방사선법, 자기법 등

5 보수·보강방법

(1) **보수공법** : 표면처리, 주입공법, 충진공법, 치환공법
(2) **보강공법** : 강판부착, 탄소섬유시트 Prestressing, 강재앵커

09 콘크리트 균열의 보수 및 보강공법

1 개요
(1) 콘크리트의 균열은 내구성, 강도, 수밀성을 저하시키고, 구조안정성에 큰 영향을 미침
(2) 균열발생 초기에 원인파악 및 즉시 조치함이 무엇보다 중요하며 균열이 진전되지 않도록 조치해야 함

2 균열의 분류(균열폭)
(1) 미세균열 : 0.1mm 미만
(2) 중간균열 : 0.1~0.7mm
(3) 대형균열 : 0.7mm 이상

3 균열의 구분
(1) 구조적 균열 : 구조물 내하력이 저하됨(설계오류, 하중초과, 철근부식, 손상 등)
(2) 비구조적 균열 : 구조적 안정, 내구성 및 사용성 저하(소성수축, 건조수축, 피복두께 부족, Cold Joint)

4 균열 보수 및 보강의 목적
(1) 강도회복
(2) 구조물 성능 개선
(3) 내구성 향상
(4) 철근부식 방지

5 균열 보수·보강 우선순위결정원칙
(1) 보수보다 보강을 우선으로 한다.
(2) 보조부재보다 주부재를 보강한다.
(3) 균열의 심각성, 부재의 중요도를 고려하여 결정한다.

6 균열의 평가기준
(1) 균열의 깊이 평가기준(D : 피복두께)
  ① A, B등급 : 0.3D 이하
  ② C등급 : 0.3D~0.5D 이하
  ③ D등급 : 0.5D~1.0D 이하
  ④ E등급 : 1.0D 초과

(2) 균열폭 기준
  ① A등급 : 0.1mm 이하
  ② B등급 : 0.1~0.2mm
  ③ C등급 : 0.2~0.3mm 이하
  ④ D등급 : 0.3~0.5mm 이하
  ⑤ E등급 : 0.5mm 초과

(3) 균열발생면적법 기준
  ① 균열면적률=(균열길이×0.25m/조사면적)×100
  ② 20% 초과 시 조치 : (B등급, C등급, D등급, E등급) 한 단계씩 저하

7 보수공법

(1) 0.2mm 이하 균열보수방법
  ① 표면처리 : Con´c 표면을 Coment Paste 등 피막 형성
  ② 주입공법 : 균열선을 따라 10~30cm 간격으로 주입용 기구를 이용하여 저점성 에폭시 주입
  ③ BIGS : 고무튜브에 압력을 가해 심층부까지 충전

(2) 0.5mm 이상 균열처리방법
  ① 충진공법 : V-Cut한 후 수지몰탈, 팽창몰탈 충전
  ② 치환공법 : 콘크리트 국부적 제거 후 무기질·유기질 접착제로 치환

8 보강공법

(1) 강관부착공법 : 균열부위에 강관을 설치 후 에폭시 접착제 및 앵커로 고정
(2) 탄소섬유시트 : 탄소섬유시트를 접착제로 표면에 접착
(3) Prestress 공법 : PC강선을 배치하여 내하력 보강
(4) 강재 Anchor 공법 : 꺾쇠형 강재로 균열 확대 억제

9 균열의 진단방법

(1) 외관검사 : 균열측정, 표면상태, 표면경도검사
(2) 철근부식 : 중성화 깊이, 철근부식도 시험
(3) 압축강도시험 : Core 채취(압축강도시험)
(4) 비파괴시험 : 초음파법, 복합법, 방사선법, 자기법 등

10 탄산화

1 개요
콘크리트 표면이 공기 중 탄산가스, 산성비 등의 작용을 받아 알칼리성을 상실하는 현상을 말하며, 탄산화에 의해 철근 팽창 균열 및 유효율 높이 감소 등 부재 내력이 크게 저하되므로 사전 대책이 필요하다.

2 문제점
(1) 콘크리트의 체적 팽창균열
(2) 철근부식 및 내하력 저하

3 Mechanism

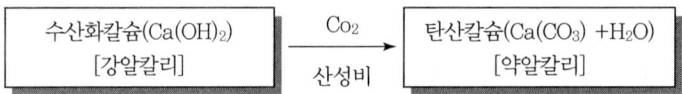

수산화칼슘($Ca(OH)_2$) [강알칼리] → (CO_2 / 산성비) → 탄산칼슘($Ca(CO_3)$ +H_2O) [약알칼리]

4 탄산화시험법
(1) 공시체 탄산화 방법
① 촉진시험 : CO_2 농도 5~10%, 온도 30~35℃, 습도 50~70%
② 폭로시험 : 장시간 동일조건에 폭로시켜 중성화 촉진

(2) 측정방법
① 용액(에탄올 99%, 페놀프탈레인 용액 1%)을 분사
② 판정 : 탄산화=무색(pH 8.3 미만)
　　　　 신선함=적색(pH 8.3 이상)

5 탄산화 보수·보강판정기준(h : 측정치, D : 피복두께)

성능저하손상도	탄산화깊이	중성화경도	보수 여부
I	h<0.5D	경미	예방, 보전적 조치
II	0.5D≤h<D	보통	콘크리트 부분 교체
III	D≤h	심각	콘크리트 완전 교체

6 탄산화의 촉진요인

(1) CO_2(이산화탄소) 농도가 높을수록
(2) 습도가 높을수록
(3) 온도가 높을수록

7 발생원인

구분		원인
1	재료적	• Cement 분말도가 지나치게 높거나, 혼합시멘트를 사용한 경우 • 경량골재 사용하여 Con´c를 생산한 경우
2	배합적	• 물–결합재비가 높은 경우 • AE제 또는 AE 감수제 생략
3	시공적	• 다짐 불량 및 충진 부족 • 양생기준에 부적합한 경우
4	환경적	• 습도 및 기온의 영향 • 산성비 및 배기가스의 영향

8 탄산화 저감대책

(1) 부재의 단면 증대
(2) 밀실한 콘크리트의 시공
(3) 충분한 피복두께 확보

$$t = 7.2d^2$$

여기서, t : 중성화연수, d : 피복두께

(4) 콘크리트 피복마감재 시공
   ① Tile 붙임 및 몰탈 마감 처리
   ② 표면도장 및 뿜칠 마감피복 공법 적용

9 탄산화 보수·보강방법

(1) 탄산화 보수·보강처리 절차

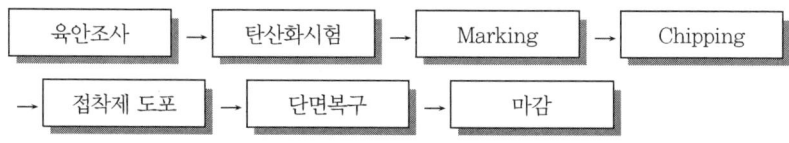

육안조사 → 탄산화시험 → Marking → Chipping → 접착제 도포 → 단면복구 → 마감

(2) 탄산화 진단방법
　① 외관검사 : 균열조사, 표면상태, 표면경도검사
　② 철근부식 : 중성화 깊이, 철근부식도 시험
　③ 압축강도시험 : Core 채취(지름 10cm)
　④ 비파괴시험 : 반발경도법, 초음파법, 복합법, 방사선법 등

(3) 보수·보강방법
　① 보수공법 : 표면처리, 주입공법, 충진공법, 치환공법
　② 보강공법 : 강관부착, 탄소섬유부착, Prestressing, 강재 Anchor

PART 11 철골/창호공사

ACTUAL INTERVIEW

01 철골의 자립도를 위한 대상 건물

철골공사는 전체가 조립되고 모든 접합부에 시공이 완료된 후 구조체가 완성되는 것으로, 건립 중에 강풍이나 무게중심의 이탈 등으로 도괴될 뿐만 아니라 건립 완료 후에도 완전히 구조체가 완성되기 전에는 강풍에 의해 도괴될 위험이 있으므로 철골의 자립도에 대한 안전성 확인이 필요하다.

1 철골의 공사 전 검토사항

(1) 설계도 및 공작도의 확인 및 검토사항
   ① 확인사항
      ㉠ 접합부의 위치
      ㉡ 브래킷(Bracket)의 내민치수
      ㉢ 건물의 높이 등
   ② 검토사항
      ㉠ 철골의 건립 형식
      ㉡ 건립상의 문제점
      ㉢ 관련 가설설비 등
   ③ 기타
      ㉠ 현장용접의 유무(有無), 이음부의 시공난이도를 확인하여 작업방법 결정
      ㉡ SRC조의 경우 건립순서 등을 검토하여 철골계단을 안전작업에 이용

2 철골의 자립도를 위한 대상 건물

(1) 높이 20m 이상의 구조물
(2) 구조물의 폭과 높이의 비가 1 : 4 이상인 구조물
(3) 단면구조에 현저한 차이가 있는 구조물
(4) 연면적당 철골량이 50kg/m² 이하인 구조물
(5) 기둥이 타이플레이트(Tie Plate)형인 구조물
(6) 이음부가 현장용접인 구조물

02 철골의 공작도에 포함해야 할 사항

철골의 공작도(Shop Drawing)란 설계도서와 시방서를 근거로 해서 철골부재의 가공·제작을 위해 그려지는 도면으로 가공도 또는 제작도로서 철골의 건립 후에 가설부재나 부품을 부착하는 것은 고소작업 등의 위험한 작업이 많으므로, 사전에 계획하여 위험한 작업을 공작도에 포함해야 한다.

1 철골공작도의 필요성
① 정밀시공 확보
② 재시공 방지
③ 도면의 이해 부족으로 인한 문제점 발생 예방
④ 안전사고 예방

2 철골공작도에 포함해야 할 사항
① 외부비계받이 및 화물 승강용 브래킷
② 기둥 승강용 트랩(Trap)
③ 구명줄 설치용 고리
④ 건립에 필요한 와이어(Wire) 걸이용 고리
⑤ 난간 설치용 부재
⑥ 기둥 및 보 중앙의 안전대 설치용 고리
⑦ 방망 설치용 부재
⑧ 비계 연결용 부재
⑨ 방호선반 설치용 부재
⑩ 양중기 설치용 보강재

03 철골의 세우기 순서

철골공사의 안정성은 계획·준비에 있으므로 사전에 충분한 검토가 필요하며, 고소작업에 따른 소음·진동에 대한 대책도 요구된다.

1 철골 세우기 순서

(1) 철골부재 반입
   ① 운반 중의 구부러짐, 비틀림 등을 수정하여 건립순서에 따라 정리
   ② 건립순서를 고려하여 시공순서가 빠른 부재는 상단부에 위치토록 함

(2) 기초 앵커 볼트(Anchor Bolt) 매립
   ① 기둥의 먹줄을 따라 주각부와 기둥 밑판의 연결을 위해 기초 앵커 볼트 매립
   ② 기초 앵커 볼트 매입공법의 종류
      ㉠ 고정매입공법
      ㉡ 가동매입공법
      ㉢ 나중매입공법

(3) 기초 상부 마무리
   ① 기둥 밑판(Base Plate)을 수평으로 밀착시키기 위하여 실시
   ② 기초상부 마무리공법의 종류
      ㉠ 고름 모르타르 공법
      ㉡ 부분 그라우팅 공법
      ㉢ 전면 그라우팅 공법

(4) 철골 세우기
   ① 기둥 세우기 → 철골보 조립 → 가새 설치 순으로 조립
   ② 변형 바로잡기
      트랜싯·다림추 등을 이용하여 수직·수평이 맞지 않거나 변형이 생긴 부분을 바로잡으며, 와이어로프(Wire Rope)·턴버클·윈치 등을 바로잡기 작업에 사용
   ③ 가조립
      바로잡기 작업이 끝나면 가체결 볼트, 드리프트 핀(Drift Pin) 등으로 가조립하며, 본체결 볼트 수의 1/2~1/3 또는 2개 이상

(5) 철골 접합
　① 가조립된 부재를 리벳(Rivet), 볼트, 고력 볼트(High Tension Bolt), 용접 등으로 접합
　② 철골부재의 접합 시 고력 볼트, 용접을 많이 사용

(6) 검사
　① 리벳, 볼트, 고력 볼트, 용접 등의 접합상태 검사
　② 육안검사, 토크 관리법(Torque Control), 비파괴검사 등의 방법으로 검사

(7) 녹막이 칠
　① 철골 세우기 작업 시 손상된 곳, 남겨진 부분에 방청도장
　② 공장제작 시 녹막이 칠과 동일한 방법으로 실시

(8) 철골내화피복
　① 철골을 화재열로부터 보호하고 일정시간 강재의 온도 상승을 막을 목적으로 실시
　② 타설공법, 뿜칠공법, 성형판붙임공법, 멤브레인공법 등이 있음

04 철골 건립용 양중장비의 종류

철골공사에서 건립용 기계는 매우 다양하게 사용되고 있으나 철골부재의 형상·부재당 중량·작업반경 등에 따라 적절한 기계를 선정하여 작업능률 및 안전성을 확보하여야 한다.

1 건립용 기계의 종류

(1) 고정식 크레인
  ① 고정식(정치식) 타워크레인(Stationary Type Tower Crane)
    ㉠ 고정기초를 설치하고 그 위에 마스터와 크레인 본체를 설치하는 방식
    ㉡ 설치가 용이하고 작업범위가 넓으며 철골구조물 공사에 적합
  ② 이동식 타워크레인(Travelling Type Tower Crane)
    ㉠ 레일을 설치하여 타워크레인이 이동하면서 작업이 가능한 방식
    ㉡ 이동하면서 작업을 할 수 있으므로 작업반경을 최소화할 수 있음

(2) 이동식 크레인
  ① 트럭 크레인(Truck Crane)
    ㉠ 타이어 트럭 위에 크레인 본체를 설치한 크레인
    ㉡ 기동성이 우수하고, 안정을 확보하기 위한 아웃트리거 장치 설치
  ② 크롤러 크레인(Crawler Crane)
    ㉠ 무한궤도 위에 크레인 본체를 설치한 크레인
    ㉡ 안전성이 우수하고 연약지반에서의 주행성능이 좋으나 기동성 저조
  ③ 유압 크레인(Hydraulic Crane)
    ㉠ 유압식 조작방식으로 작업 안전성 우수
    ㉡ 이동속도가 빠르고, 안정을 확보하기 위한 아웃트리거 장치 설치

(3) 데릭(Derrick)
  ① 가이데릭(Guy Derrick)
    ㉠ 주기둥과 붐(Boom)으로 구성되어 지선으로 주기둥이 지탱되며 360° 회전 가능
    ㉡ 인양하중 능력이 크나, 타워크레인에 비하여 선회성·안전성이 떨어짐
  ② 삼각데릭(Stiff Leg Derrick)
    ㉠ 가이데릭과 비슷하나 주기둥을 지탱하는 지선 대신에 2본의 다리에 의해 고정

ⓒ 회전반경은 270°로 가이데릭과 성능이 비슷하며 높이가 낮은 건물에 유리
　　ⓓ 가이데릭은 수평 이동이 곤란하나 삼각데릭은 롤러가 있어 수평 이동이 용이
③ 진폴(Gin Pole)
　　㉠ 철파이프, 철골 등으로 기둥을 세우고 윈치를 이용하여 철골부재를 권상
　　㉡ 경미한 철골건물에 사용

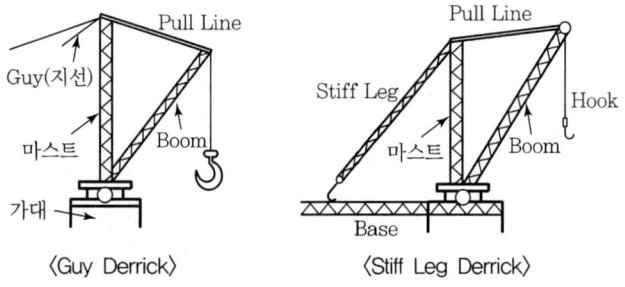

〈Guy Derrick〉　　〈Stiff Leg Derrick〉

05 철골접합방법의 종류

철골부재의 접합이란 철골의 부재들을 연결하여 하중을 지지할 수 있는 구조체를 조립하는 작업을 말하며, 철골부재의 접합방법에는 리벳 접합·볼트 접합·고력 볼트 접합·용접접합이 있으며, 고력 볼트 접합이나 용접접합의 사용이 점차 증대되고 있다.

1 접합방법의 종류

(1) 리벳(Rivet) 접합
① 접합 현장에서 리벳을 900~1,000℃ 정도로 가열하여 조 리베터(Jaw Riveter) 뉴매틱 리베터(Pneumatic Riveter) 등의 기계로 타격하여 접합시키는 방법
② 타격 시 소음, 화재의 위험, 시공효율 등이 다른 접합방법보다 낮아 거의 사용되지 않음

(2) 볼트(Bolt) 접합
① 전단·지압접합 등의 방식으로 접합하며 경미한 구조재나 가설건물에 사용
② 주요 구조재의 접합에는 사용되지 않음

(3) 고력 볼트(High Tension Bolt) 접합
① 탄소합금강 또는 특수강을 소재로 성형한 볼트에 열처리하여 만든 고력 볼트를 토크렌치(Torque Wrench)로 조여서 부재 간의 마찰력에 의하여 접합하는 방식
② 접합방식
  ㉠ 마찰접합 : 볼트의 조임력에 의해 생기는 부재면 마찰력으로 응력을 전달
  ㉡ 인장접합 : 볼트의 인장내력으로 응력을 전달
  ㉢ 지압접합 : 볼트의 전단력과 볼트구멍 지압내력에 의해 응력을 전달

(4) 용접(Welding) 접합
① 철골부재의 접합부를 열로 녹여 일체가 되도록 결합시키는 방법
② 강재의 절약, 건물경량화, 소음회피 등의 목적으로 철골공사에서 많이 사용
③ 용접의 이음형식
  ㉠ 맞댄용접(Butt Welding) : 모재의 마구리와 마구리를 맞대어 행하는 용접
  ㉡ 모살용접(Fillet Welding) : 목두께의 방향이 모재의 면과 45° 또는 거의 45° 각을 이루는 용접

06 철골공사 무지보 거푸집·동바리(데크플레이트공법) 안전보건작업지침

[C-65-2012]

이 지침은 산업안전보건기준에 관한 규칙(이하 "안전보건규칙"이라 한다) 제2편 제4장 제1절(거푸집·동바리)의 규정에 의하여 철골공사 현장에서 무지보 거푸집·동바리(이하 "데크플레이트 공법"라 한다)의 설계, 조립 및 설치에 필요한 안전보건작업지침을 정함을 목적으로 한다.

1 데크플레이트 시공순서

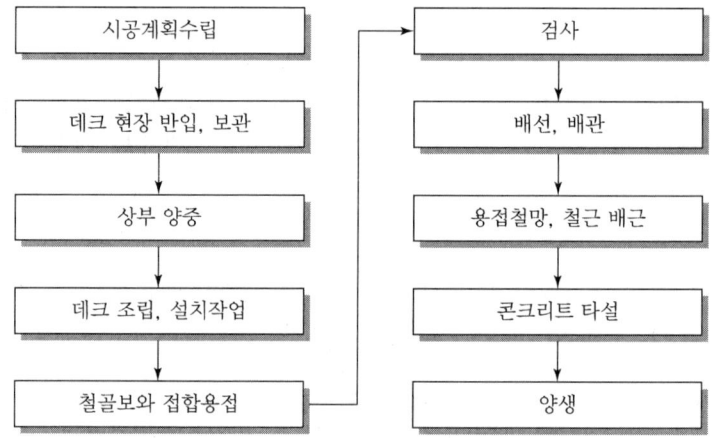

2 설계 시 안전고려사항

(1) 설계자는 데크플레이트 조립 및 콘크리트 타설 시 추락재해를 예방할 수 있도록 안전난간, 안전방망, 안전대 부착설비, 안전한 작업발판 등을 설계 시 반영하여야 한다.
(2) 자재나 공구류의 낙하물에 대한 재해를 예방할 수 있도록 출입금지구역 설정, 틈이 없는 바닥판 구조, 수직보호망, 방호선반 등을 설계 시 반영하여야 한다.
(3) 데크플레이트는 자중과 작업하중을 고려한 단면설계 및 바닥 중앙의 휨보강 등 구조적 강성을 확보토록 설계하여 콘크리트 타설 시 붕괴에 대하여 안전하도록 설계하여야 한다. 특히 보와 접합되는 단부에 콘크리트 누설방지 등 틈이 없는 바닥판 구조로 설계하여 안전성을 확보하도록 설계하여야 한다.
(4) 데크플레이트는 작업 또는 통행 시에 심하게 움직이거나 흔들리지 않는 강도로 설계하여야 한다.

(5) 설계자는 건설안전 관련 법령에서 정한 요건을 확인 및 검토하여야 한다. 또한 법상 요건을 설계에 적용하여 적절한 작업환경을 조성함으로써 건설공사 안전관리에 노력하여야 한다.

3 작업계획 수립 시 준수사항

(1) 공사현장의 제반 여건 등을 고려하여 안전성이 확보된 데크플레이트 시공방법을 선정하여야 한다.
(2) 데크플레이트는 작용하는 하중을 고려하여 데크플레이트 구조계산의 적정성 여부를 검토하여야 한다.
(3) 데크플레이트 반입, 양중, 조립·설치, 용접, 콘크리트 타설 등 각 작업단계별 작업방법과 순서, 근로자와 장비에 대한 안전조치 사항 등이 포함된 작업계획서를 수립하여야 한다.
(4) 작업계획서는 데크플레이트 작업에 풍부한 경험과 지식을 갖춘 사람이 수립하여야 하며, 공사 중에는 계획서의 내용이 제대로 이행되는지의 여부를 정기적으로 확인할 수 있도록 하여야 한다.
(5) 데크플레이트는 미끄러워 발을 헛디딜 위험성, 햇빛 반사로 인한 눈부심 현상과 같은 특징을 가지고 있고, 특히 고층에서 작업이 이루어지는 경우가 많으므로 안전대 사용, 안전난간 설치, 추락방지망 설치 등과 같은 추락방지대책을 강구하여야 한다.
(6) 데크플레이트는 비교적 풍압을 받기 쉬운 특징을 가지고 있기 때문에 돌풍이나 바람 등에 의해 날리는 위험을 방지하기 위하여 일기예보를 수시로 파악하여 강풍·강우 등 악천후가 없는 기간에 작업을 완료할 수 있도록 작업계획을 수립하여야 한다.
(7) 용접이나 절단작업 시에 전기, 가스 등에 의한 감전, 화재, 화상 또는 중독사고 방지 등에 대한 안전대책을 강구하여야 한다.
(8) 데크플레이트 조립도에는 다음 사항이 포함되어야 한다.
  ① 전체 바닥판 평면 위에 규격판, 재단되고 남은 쪽판 등 각각의 위치와 번호가 명시된 상판재의 배치도 및 리스트
  ② 단부 처리방법
  ③ 개구부의 보강상세 등

4 데크플레이트 작업 안전조치사항

(1) 공통사항
① 작업시작 전에 관리감독자를 지정하여 작업을 지휘하도록 하여야 한다.
② 고압 가공전로, 전기·통신케이블 등 장애물 현황 등을 사전에 조사하고, 가공전로에 근접하여 작업할 때에는 가공전로를 이설하거나 절연용 방호구를 장착하도록 하는 등의 가공전로 접촉방지 조치를 하여야 한다.
③ 작업자를 배치할 때는 작업환경, 작업의 종류·형태·내용·기한, 작업조건 등의 작업 특성과 연령, 건강상태, 업무경력, 경험한 정도, 작업자의 특성을 개개 근로자별로 고려해서 작업배치 적정 여부를 결정하여야 한다. 특히 데크플레이트 설치작업은 고층에서 작업이 이루어지므로 고소공포증, 고령자, 고혈압 질환자 등은 배제시켜야 한다.
④ 안전모, 안전대 등 근로자의 개인보호구를 점검하고 작업 전에 보호구의 착용방법에 대한 교육을 실시한 다음 작업 중에 착용 여부 및 상태를 확인하여야 한다.
⑤ 사용예정 장비는 안전점검을 실시하여야 하며, 이상이 발견된 때에는 정상적인 장비로 교체하거나 정비하여 이상이 없음을 확인한 후 사용하도록 한다.
⑥ 위험기계·기구의 방호장치를 점검하고 이상이 있는 경우에는 정상적인 제품으로 교체하여야 한다.
⑦ 관리감독자는 당해 작업의 위험요인과 이에 대한 안전수칙을 근로자에게 주지시키고 이행 여부를 확인하여야 한다.
⑧ 공사차량의 출입로를 확보하고 차량유도계획을 수립하여 제3자에게 피해를 주지 않도록 하여야 한다.
⑨ 개구부나 보 외주부 등 추락위험이 있는 장소에는 안전난간, 추락방지망 등 추락재해 방지시설을 설치하고, 설치하기 곤란한 경우에는 근로자에게 안전대를 착용하도록 하는 등 추락위험을 방지하기 위하여 필요한 조치를 하여야 한다.
⑩ 작업시작 전에 작업통로, 안전방망, 안전난간 등 안전시설의 설치상태와 이상유무를 확인하여야 한다.
⑪ 작업장 내 공구 및 자재를 정리정돈하여 낙하·비래 등의 재해를 예방하여야 한다.
⑫ 부재를 크레인으로 인양할 때에는 인양용 와이어로프를 부재의 4지점 이상에 결속하고 별도의 유도 로프를 설치하여 안전하게 유도하여야 한다.
⑬ 중량물 부품을 운반하여 지면에 임시 적재할 때에는 반드시 받침목을 고이고 균형을 잡은 후 적재하여야 한다.
⑭ 기타 추락, 낙하·비래, 강풍·강우 등 악천후 시 작업중지 등에 관한 안전조치

사항은 KOSHA GUIDE C-44-2012(철골공사 안전작업에 관한 기술지침)에 따른다.

(2) 자재 반입, 보관
  ① 데크플레이트는 콘크리트 타설 시 처짐현상이 발생하기 쉬우므로 자재반입 시 현장에서 캠버값을 확인하여야 한다.
  ② 반입장소, 임시 적치장소, 차량 대기장소 등은 작업시작 전에 준비 및 확인하여야 한다.
  ③ 데크플레이트는 크레인 등을 이용하여 하역하여야 하며 다음 사항을 주의하여야 한다.
    ㉠ 각 포장단위별로 사용위치를 표시한 꼬리표를 별도로 부착하여 양중 위치선정이 용이하도록 하여야 한다.
    ㉡ 와이어로프, 샤클, 인양용 보조 와이어로프, 보호대의 상태를 확인하여야 한다.
    ㉢ 녹이나 변형이 생기지 않도록 받침목은 최소 2개소 이상 받치고 적재하여야 한다. 이때, 받침목은 지면에서 최소 20cm 이상으로 하고 하중이 균등하게 분배될 수 있는 적절한 간격으로 설치하여야 한다.
    ㉣ 안전하고 편평한 장소에 적재하고 철골보 위에 임시 적재할 경우에는 좌우보에 충분히 걸쳐 있는지 확인하고 균등하게 되도록 적재하여야 한다.
    ㉤ 바람 등에 의하여 데크플레이트가 날리지 않도록 로프 등으로 단단히 고정하여야 한다.
  ④ 지상에 야적할 경우 포장된 데크플레이트는 과적 시 붕괴위험이 있으므로 2단 이상 양중 및 적재하지 않아야 한다.
  ⑤ 데크플레이트는 제품의 특성상 충격 또는 집중하중에 의한 변형이 발생하기 쉬우므로 운반·보관 시에는 변형에 따른 구조내력에 지장이 없도록 하여야 한다.

(3) **양중**
  ① 하중을 고려하여 적절한 슬링 와이어로프(Sling wire rope)를 사용하고 인양용 받침대(Sleeper)를 이용하여 4지점 체결 후 양중하여야 한다. 특히 데크플레이트와 와이어로프가 접촉하는 부위에 적당한 완충재를 사용하여 데크플레이트의 변형과 와이어로프의 손상 등을 방지하여야 한다.
  ② 데크플레이트 설치위치를 확인하고 설치구역(Zone) 및 일정한 간격(Pitch)별로 필요량만 양중하여 적재하여야 한다.
  ③ 강풍으로 인한 데크플레이트나 부속자재 등이 바람에 날리거나 전도되지 않도

록 풍속별로 안전조치 계획을 수립하고, 특히 10분간 평균풍속이 10m/sec를 초과하는 경우에는 작업을 중지하고 데크플레이트를 결속하는 보강재를 설치하고 철골보 등에 로프 등을 이용하여 고정하여야 한다.
④ 한 장소에 과다한 데크플레이트 중량을 거치시키면 집중하중이 발생하여 바닥판이 손상되거나 붕괴될 우려가 있으므로, 작업 전 바닥판의 손상 여부를 확인하고 균등하게 분산적재하여야 한다. 일반적으로 철골이 겹쳐있는 십자부분에 안전하게 분산적재토록 하여야 한다.
⑤ 양중 작업 시작 전에는 작업방법, 순서, 안전조치사항 등을 근로자에게 주지시키고, 양중 작업 시 다음 사항을 준수하여야 한다.
   ㉠ 중량물 취급주의와 안전모 등 보호구 착용
   ㉡ 양중장비의 양중능력을 고려하여 정격속도는 5km/h 이하
   ㉢ 인양용 받침대(Sleeper)를 이용하여 4지점 체결 후 양중
   ㉣ 주변에 안전공간을 확보하는 등 위험 방지조치를 실시하여야 한다.
   ㉤ 데크플레이트를 바닥면에 내릴 때에는 바닥에서부터 60cm 정도에서 데크플레이트의 균형을 유지한 후 내려야 한다.
⑥ 데크플레이트 포장용 밴드는 비산위험과 변형 방지를 위하여 조립·설치 직전에 절단하여야 한다.
⑦ 포장을 풀거나 포장밴드를 절단할 때에는 데크플레이트 위에 올라서서 포장을 풀어서는 안 된다.

(4) 데크플레이트 절단 및 구멍내기
① 사전에 데크플레이트의 분할도면을 작성하고 기둥, 보 및 데크플레이트 상호 간의 이음부위를 명확히 하여 현장에서 절단작업이 최소화 되도록 하여야 한다.
② 데크플레이트 절단 시에는 모서리를 예각으로 가공하는 것을 회피하여야 한다. 또한 깔아 넣기 전까지 절단면을 보수하여야 한다.
③ 전선인입구 설치 시 지상층에서 드릴 등을 이용 정확한 위치에 펀칭을 하여 변형이나 꺾임 등으로 인한 데크플레이트의 구조적 손상을 방지하여 작업 중 붕괴를 방지하여야 한다.
④ 가스절단이나 구멍내기 등으로 인한 불티가 안전망이나 보양천막 등에 인화되지 않도록 반드시 방호시트나 방호매트, 철판 등으로 보호하여야 한다.
⑤ 잘 보이는 장소에 소화기를 비치하고 비상시 사용 가능하도록 사용방법을 숙지시켜야 한다.
⑥ 절단 후 잔재의 정리정돈을 철저히 하여야 한다.

(5) 조립 · 설치작업
① 작업 시작 전에는 반드시 데크플레이트 조립 · 설치 작업순서와 안전작업방법 등을 교육하고 작업내용을 분담하여야 한다.
② 데크플레이트 조립 · 설치 작업 시작 전에는 다음과 같은 사항을 점검하여야 한다.
  ㉠ 작업 인원수와 근로자 건강상태
  ㉡ 작업 신호와 통신시설 상태
  ㉢ 가스용접 기능 강습, 아크용접 특별교육 수료와 같은 유자격자 여부 확인
  ㉣ 용접기, 가스공구, 휴대공구의 낙하방지장치 상태
  ㉤ 고소작업용 안전대, 용접 보호면, 차광안경과 같은 개인보호구 상태
  ㉥ 낙하물방지망, 추락방지망, 안전난간 등과 같은 가시설 설치상태
③ 개구부 주위나 외주 보 주위에는 추락재해 방지를 위하여 반드시 추락방지망, 안전난간, 안전대 걸이시설, 유도로프, 수직생명줄 등을 설치 후 데크플레이트 조립 · 설치작업을 하여야 한다.
④ 데크플레이트는 2인 1조로 소운반 후 조립 · 설치하여야 한다. 특히 외주 보위에서 소운반할 때는 지정통로를 사용하고 보 위에서는 외주 안전로프에 안전대를 걸고서 운반하여야 한다. 또한 데크플레이트 하부 추락방지망 설치는 KOSHA GUIDE C-31-2011(추락방망 설치 지침)에 따른다.
⑤ 데크플레이트 운반 시 공동 작업자와 작업상 호흡 불일치 또는 이동 중 전단 연결재(Stud Bolt) 등에 발이 걸려 넘어져 전도될 우려가 있으므로 데크플레이트 상부에 근로자 이동 시 전도 방지를 위한 통로용 작업발판을 설치하여야 한다.
⑥ 데크플레이트는 다른 건설자재와 비교해서 미끄러지기 쉽고 발을 헛디딜 위험성이 있으므로 콘크리트 타설 전까지 작업발판 설치가 곤란할 시에는 합판 등을 덮어 놓고 통행하여야 한다.
⑦ 데크플레이트 걸침부의 면이 고르지 않거나 불순물이 있는 경우에는 양중 전에 충분히 청소하고 수분 및 유분을 제거하여야 한다.
⑧ 데크플레이트가 바람에 의해 날아가거나 낙하하는 등의 안전사고를 방지하기 위하여 보 상단 좌우 50mm 이상 걸치도록 설치하고, 1매 째의 데크플레이트를 설치한 후에는 곧바로 가용접을 하여야 한다. 이후 순차적으로 60cm 간격 이내마다 가용접을 실시하여야 한다.
⑨ 남은 자재는 그날 작업 완료 시 반드시 정리하고 포장밴드, 모퉁이 보호대를 쇠부스러기나 고철 회수(Scrap) 상자에 정돈하는 등 낙하방지 조치를 취하여야 한다.
⑩ 처짐 및 붕괴재해 예방을 위해 데크플레이트 지점간격이 3.6m 이내일 경우 다음의 데크플레이트의 걸침길이와 정착부위를 준수하여야 한다.

㉠ 주근 방향으로 설치할 때 보에 걸치는 길이는 50mm 이상
㉡ 폭 방향으로 설치할 때 보에 걸치는 치수는 50mm 이상(다만, 아크 용접을 할 경우에는 30mm 이상)
㉢ 폭 조절용 플레이트를 이용하는 경우는 50mm 이상
⑪ 콘크리트 타설 시 처짐과 붕괴재해가 발생할 가능성이 있으므로 길이방향 배치 시에는 다음 사항을 준수하여야 한다.
㉠ 좌우 보에서의 걸림이 균등하게 되도록 하여 작업 시 붕괴재해를 방지하여야 한다.
㉡ 외주부 깔기를 할 때에는 반드시 안전대를 외주 안전로프에 걸고 작업하여야 한다.
㉢ 펼친 데크플레이트에 개구부가 생기지 않게 하여 추락이나 낙하물에 주의하여야 한다.
㉣ 판개 시에는 골방향으로 일직선을 맞추고 2인 1조로 무리한 힘을 가하지 않고 펼쳐야 한다. 특히 무리하게 들지 말고 기준선을 설정하여 끌면서 한 장씩 펼쳐 시공하여야 한다.
㉤ 깔기작업은 배치도에 따라 미리 꼭짓점, 중간점의 위치를 보 위에 먹 놓기를 하여 데크플레이트 끝면의 위치가 바르고 일정하도록 하며 데크플레이트의 골방향 걸침길이는 50mm 이상을 확보하여야 한다.
㉥ 데크플레이트 이음부 시공 시 데크플레이트의 이음부가 이탈하지 않도록 정확히 시공하여야 하며 표시한 선에 맞추어 시점을 기준으로 끝을 맞추어 당긴 후 떨어짐이 없도록 하여 치수를 맞추어야 한다.
㉦ 데크플레이트의 골과 골 방향을 일치시켜야 하며, 데크플레이트 상호 간의 어긋남이나 탈락을 방지하도록 하여야 한다.
⑫ 콘크리트 타설 과정에서 슬래브 상부의 각종 하중이 데크플레이트와 보 부위에 집중되어, 콘크리트 타설 시 처짐과 붕괴재해가 발생할 가능성이 있으므로 폭방향 배치 시에는 데크플레이트의 걸침길이와 받침길이를 다음과 같이 준수하여야 한다.
㉠ 데크플레이트의 폭방향 걸침길이는 50mm 이상(아크용접을 할 경우에는 30mm 이상)으로 하여야 한다.
㉡ 커버(필러)플레이트의 받침길이는 200mm 이하로 하여야 한다.
⑬ 포장풀기를 한 데크플레이트가 남아 있지 않은지 점검하고 남아 있으면 모아서 철선 등으로 결속하여야 한다.
⑭ 단위 작업반 내에서 의사소통이 미흡한 경우 위험상황을 초래할 수 있으므로

작업반 구성 시 외국인 근로자가 포함되는 경우 원활한 의사소통을 위하여 사전에 교육, 훈련을 실시하여야 한다.
⑮ 데크플레이트 조립·설치작업 시 하부에 안전지대를 구획하고 신호수 배치 및 보행자를 통제하여 급박한 위험상황에 대비하여야 한다.

(6) **철골보와의 접합용접**
① 데크플레이트는 시공도면 및 시방서에 의거 탈락이나 처짐 등이 발생하지 않도록 부재 간 용접을 철저히 하여야 한다.
② 데크플레이트 간의 접합 시에는 시공하중에 대한 안전성을 검토하고 바람에 의해 데크플레이트가 날아가지 않도록 깔기 작업 후에는 곧바로 가용접을 실시하여야 한다.
③ 용접 시에는 인화 물질 등을 제거하고 화재에 주의하여야 한다. 특히 용접장소 주변을 점검하고 화기가 남아 있지 않도록 조치, 확인하여야 한다.
④ 개구부 주위나 외주 보 주위에서 용접작업 시 추락재해를 예방하기 위하여 반드시 수직생명줄, 안전대 걸이시설, 유도로프, 추락방지망 고리, 안전난간 등을 설치하여야 한다.
⑤ 용접은 1스판(Span)을 깔아 넣을 때마다 시행하여야 하며 데크플레이트 1장당 2개소 이상 용접하는 것을 원칙으로 한다. 이때 점용접으로 고정하며 곡선부분은 전부 용접하여야 한다.
⑥ 용접봉 조각은 즉시 회수하여야 하고 포장밴드, 모퉁이 보호대를 쇠부스러기나 고철 회수상자에 정리정돈하여야 한다.

(7) **부속자재 설치**
① 콘크리트 타설 시 콘크리트의 누출을 방지하기 위하여 엔드 클로저(End Closure)를 설치하여야 하며, 설치 시에는 다음 사항을 준수하여야 한다.
  ㉠ 엔드 클로저 설치부위는 길이방향의 맞댐 조인트 부위, 골방향이 변경되는 부분, 기둥, 벽, 개구부 주위 등에 설치하여야 한다.
  ㉡ 시공 후 데크플레이트나 이음부위에 콘크리트 누출의 우려가 되는 틈은 콘크리트 타설에 앞서 철물이나 테이프로 보강하여야 한다.
② 데크플레이트의 폭 조정을 위하여 설치되는 커버(필러) 플레이트(Coverplate or Filler Plate) 설치 시에는 다음 사항을 준수하여야 한다.
  ㉠ 최소두께는 1.2mm 이상으로 하여야 한다.
  ㉡ 커버 플레이트는 데크플레이트 골방향이 바뀌거나 가장자리, 기둥, 벽 등의 접합부위에 설치하여야 한다.

③ 콘크리트의 타설 시 누출을 방지하기 위하여 설치되는 콘크리트 스토퍼(Stopper) 설치 시에는 다음 사항을 준수하여야 한다.
  ㉠ 콘크리트 스토퍼는 슬래브 끝면인 데크플레이트 외측면 가장자리 부위에 설치하여야 한다.
  ㉡ 콘크리트 스토퍼는 슬래브 두께에 맞추어 제작하며 부착위치로 해당 자재를 소운반하며 구체 도면을 따라 설치위치 및 타입을 확인하여야 한다.
  ㉢ 지정위치에 고정하고 1,000mm 간격으로 점용접하여 고정한다. 용접은 중앙부를 선행하고 인접한 콘크리트 스토퍼를 같은 모양으로 하고 나서 단부의 용접을 실시한다.
④ 스페이서(Spacer)는 D6 이상의 철선을 사용하여 데크플레이트 1~2산 부위마다 1개씩 설치하며, 설치간격은 1,000mm로 하여야 한다.
⑤ 천정시공과 설비배관을 위해 설치하는 인서트 행어는 데크플레이트 하부의 인서트 피트부위에 설치하여야 한다.
⑥ 부속자재 설치 후의 잔재물 정리를 실시하여 낙하물에 대하여 주의하여야 한다. 특히 포장밴드, 용접봉이나 부속자재 조각이 흩어져 있지 않도록 하고 스크랩 상자에 정리정돈을 철저히 하여야 한다.
⑦ 작업 후 비닐, 종이류 등 이물질을 청소하고 공구류는 지정장소에 보관하고 정리정돈을 철저히 하여야 한다.
⑧ 용접기의 전원 스위치 관리에 주의하여야 하며 가스밸브는 잠가야 한다. 특히 용접장소 주변을 점검하고 화기가 남아 있지 않도록 조치 및 확인하여야 한다.

(8) 배근 및 콘크리트 타설
① 철근 등의 중량물 과다적재로 인하여 데크플레이트 손상 및 붕괴 우려가 있으므로 구조계산에 입각한 적정한 하중 검토를 실시하여야 한다. 특히 철근 적재 시에는 보 부위를 이용하여 사선으로 적재토록 하여 붕괴를 방지하여야 한다.
② 설비, 전기공사 등으로 주철근 절단 후 보강 작업이 미비한 경우 슬래브 붕괴 또는 처짐 등의 위험이 있으므로 철근 절단 시 보강작업을 철저히 하여야 한다.
③ 보 경간이 넓은 경우 데크플레이트의 휨 현상 발생 및 집중하중에 의한 붕괴위험이 크므로 필요시 중앙부 처짐을 방지하기 위해 지보재 등을 사용하여 설치하여야 한다.
④ 콘크리트를 타설하기 전에 데크플레이트와 철골 보와의 접합부 시공상태를 확인하여야 한다.
⑤ 데크 설치완료 후 콘크리트 타설 전에 세밀한 사전검사를 통하여 정렬상태와

연결상태 등의 보완을 한 뒤에 콘크리트를 타설하여야 한다.
⑥ 콘크리트 타설 시 집중하중이나 충격 등이 발생하지 않도록 분산 타설하도록 하고 타설방향은 폭방향(부근방향)으로 하여야 한다.
⑦ 진동다짐 시 데크에 직접 접촉하게 되면 강판탈락과 균열을 야기하므로 가능한 데크에 직접 접촉되지 않도록 주의하여야 한다.
⑧ 콘크리트 타설 도중 작업자에 의하여 용접철망이 변형되지 않도록 유의하며 작업발판 등 콘크리트 타설에 필요한 시설을 사전에 설치하여야 한다.
⑨ 관리감독자는 해당 근로자에게 데크플레이트의 구조도면 및 조립도를 제시하고 올바른 작업방법 및 순서를 주지시켜야 한다.
⑩ 가설통로, 안전시설, 작업발판 등은 안전기준에 적합하게 설치하여야 한다. 또한 콘크리트 타설 전 가시설물의 설치상태를 점검하고 이상 발견 시에는 즉시 보수하여야 한다.
⑪ 작업자는 적절한 휴식시간으로 근골격계질환 예방을 위한 적절한 조치를 하여야 한다.

(9) **기타 안전조치사항**

그 밖의 데크플레이트 안전작업사항 등에 대한 전반적인 내용은 KOSHAGUIDE C-23-2011(거푸집·동바리 및 거푸집 안전설계 지침), KOSHAGUIDE C-51-2012(거푸집·동바리 구조검토 및 설치 안전보건작업지침), KOSHA GUIDE C-24-2011(단순 슬래브 콘크리트 타설 안전보건작업지침), KOSHA GUIDE C-43-2012(콘크리트공사 안전보건작업지침)에 따른다.

07 엔드 탭(End Tab)

엔드 탭(End Tab)이란 블로 홀(Blow hole)·크레이터(Crater) 등의 용접결함이 생기기 쉬운 용접 비드(Bead)의 시작과 끝 지점에 용접을 하기 위해 용접 접합하는 모재의 양단에 부착하는 보조강판을 말하며, 엔드 탭을 사용하면 용접 유효길이를 전부 인정받을 수 있으며, 용접이 완료되면 엔드 탭을 떼어낸다.

1 시공 상세도

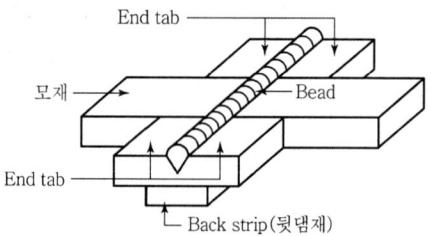

2 엔드 탭의 기준

(1) 엔드 탭의 재질은 모재와 동일 종류의 철판을 사용한다.
(2) 엔드 탭에 사용되는 자재의 두께는 본 용접자재의 두께와 동일해야 한다.
(3) 엔드 탭의 길이

용접방법	엔드 탭 길이
Arc 손용접	35mm 이상
반자동용접	40mm 이상
자동용접	70mm 이상

08 고력 볼트 조임검사방법

고력 볼트는 탄소합금강이나 특수강을 열처리해 제조한 볼트로 접합면에 생기는 마찰력에 의해 접합하는 방식으로 강성이 높고 작업이 용이한 장점이 있어 관리에 소홀할 수 있으므로 철저한 검사가 필요하다.

1 조임검사방법

(1) 외관검사

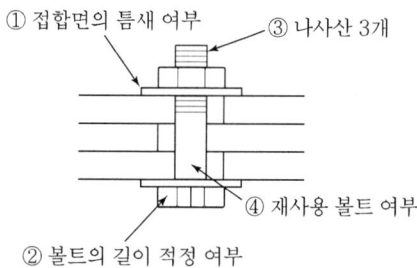

① 접합면의 틈새 여부
③ 나사산 3개
④ 재사용 볼트 여부
② 볼트의 길이 적정 여부

(2) 틈새처리

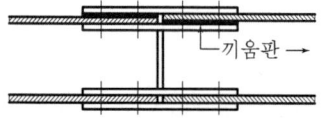
끼움판 →

풍속(m/sec)	종별
1mm 이하	처리 불필요
1mm 이상	끼움판 삽입

(3) 축력계, 토크렌치 등 기기의 정밀도 확인
(4) 마찰면의 처리상태 및 접합부 건조상태
(5) 접합면끼리 구멍의 오차 확인
(6) 접합면 녹 제거 및 표면 거칠기 확보
(7) 조임순서 준수

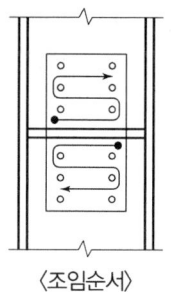

〈조임순서〉

09 리프트업(Lift Up) 공법의 특징

리프트업(Lift Up) 공법이란 구조체를 지상에서 조립하여 이동식 크레인·유압잭 등으로 들어올려서 건립하는 공법으로 지상에서 철골부재가 조립되므로 고소작업이 적어져 안전작업이 용이하나 리프트업하는 철골부재에 어느 정도의 강성이 없으면 채택하기가 곤란한 특징이 있다.

1 리프트업 공법의 용도

(1) 체육관, 홀(Hall)
(2) 공장, 전시실
(3) 정비고, 전파송수신용 탑, 교량 등

2 리프트업 공법의 특징

(1) 장점
 ① 지상에서 조립하므로 고소작업이 적어 안전작업이 용이
 ② 작업능률이 좋으며, 전체 조립의 시공오차 수정이 용이
 ③ 가설비계 및 중장비의 절감으로 공사비 절감
 ④ 시공성 향상으로 동일한 조건하에서 공기단축이 가능

(2) 단점
 ① 리프트업하는 철골부재에 어느 정도의 강성이 없으면 채택 곤란
 ② 리프트업 종료까지 하부작업을 거의 하지 못함
 ③ 구조체를 리프트업할 때 집중적으로 인력이 필요
 ④ 리프트업에 사전준비와 숙련을 요함

10 앵커 볼트(Anchor Bolt) 매립 시 준수사항

앵커 볼트(Anchor Bolt)는 철골의 정밀도를 좌우하는 요소로 견고하게 고정시켜 이동·변형이 발생하지 않아야 하며, 주각부와 밑판(Base Plate)을 연결하는 부재로 인장력을 지지할 수 있어야 한다.

1 앵커 볼트 매립 시 준수사항

(1) 앵커 볼트는 매립 후에 수정하지 않도록 설치

(2) 앵커 볼트는 견고하게 고정시키고 이동·변형이 발생하지 않도록 주의하면서 콘크리트를 타설

(3) 앵커 볼트의 매립 정밀도 범위

① 기둥 중심은 기준선 및 인접기둥의 중심에서 5mm 이상 벗어나지 않을 것

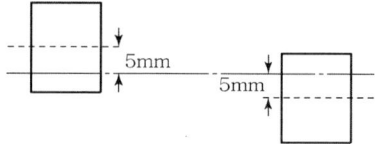

② 인접기둥 간 중심거리 오차는 3mm 이하일 것

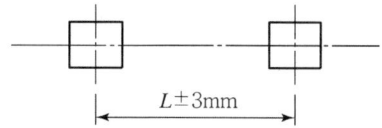

③ 앵커 볼트는 기둥 중심에서 2mm 이상 벗어나지 않을 것

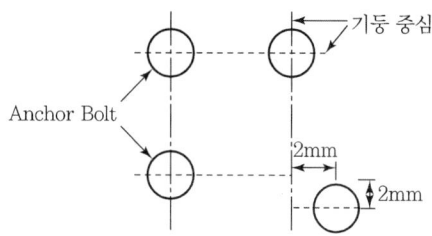

④ 밑판(Base Plate)의 하단은 기준높이 및 인접기둥의 높이에서 3mm 이상 벗어나지 않을 것

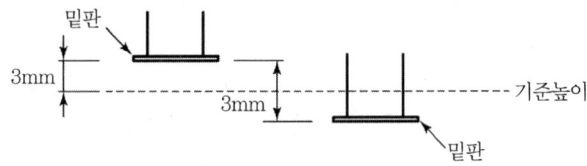

11 고력 볼트 조임기준

고력 볼트 접합은 조임으로 생기는 인장력에 의한 마찰력으로 접합하며 1차 조임 시 목표의 70%, 2차 조임 시 목표값 조임의 방법으로 한다.

1 고력 볼트의 특징
(1) 접합부 강성이 크다. (2) 소음이 작다.
(3) 피로강도가 높다. (4) 방법이 간단하며, 공기가 단축된다.

2 고력 볼트의 조임순서
(1) 1차 조임 : 목표의 70% (2) 2차 조임 : 목표값 조임
(3) 조임순서 : 중앙에서 단부 쪽으로

3 조임방법
(1) 1차 조임 : 너트를 회전시켜 목표의 70%로 조임

볼트호칭	M12	M16	M20	M24	M27	M30
1차 조임 토크값	500	1,000	1,500	2,000	3,000	4,000

(2) 금 매김

(3) 본 조임
① 토크관리법 : 표준볼트 장력을 얻을 수 있도록 조임기 사용
② 너트회전법 : 1차 조임 완료 후 120 ± 30

4 조임 후 검사법

구분	토크관리법	너트회전법
육안검사	동시회전, 너트회전량, 여장	동시회전, 노트전장
합격판정	• 조인 너트 : 60도 • 재조임 시 토크값 : ±10%	1차 조임 후 너트회전량 : 120 ± 30
볼트여장	돌출나사산 : 1~6개	돌출나사산 : 1~6개
추가 조임	토크값 초과 볼트	회전부족·과다 볼트 교체

12 연돌효과(Stack Effect)

연돌효과(Stack Effect)란 고층건물의 경우 맨 아래층에서 최상층으로 향하는 강한 기류의 형성을 말하는 것으로, 고층건물의 계단실이나 EV와 같은 수직공간 내의 온도와 건물 밖 온도의 압력차에 의해 공기가 상승하는 현상이다.

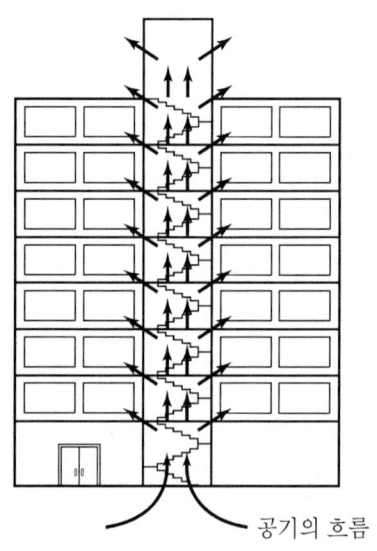

공기의 흐름

1 문제점

(1) 공기 유출입에 따른 건물 내 에너지 손실
(2) EV 문의 오작동 발생
(3) 화재 시 1층에서 최상층으로 강한 통기력 발생

2 대책

(1) 공기통로의 미로화
(2) 수직통로에 공기 유출구 설치
(3) 저층부에 방풍문 설치

13 전단연결재(Shear Connector)

전단연결재(Shear Connector)란 부재에 작용하는 전단응력에 대해 저항토록 하기 위해 설치한 연결철물로 이질구조체 일체화, 접합부 강성확보, 전단응력 지지목적으로 활용된다.

1 Shear Connector 시공

(1) Con´c 구조

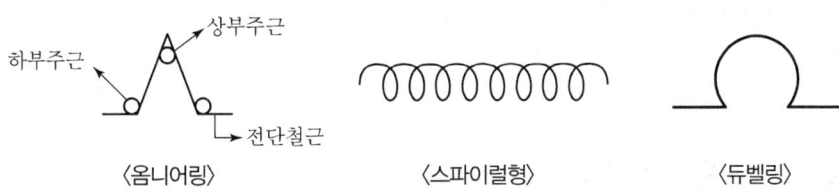

〈옴니어링〉　　〈스파이럴형〉　　〈듀벨링〉

(2) 철골구조

(3) PC

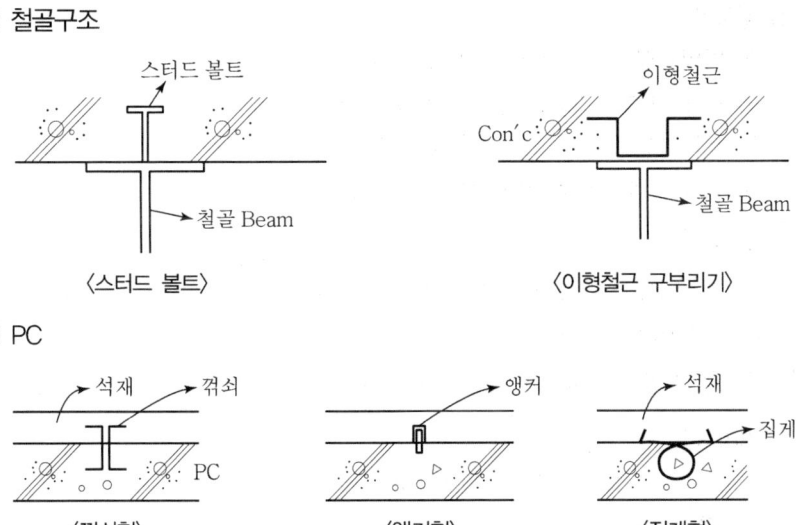

〈스터드 볼트〉　　〈이형철근 구부리기〉

〈꺾쇠형〉　　〈앵커형〉　　〈집게형〉

2 전단연결재 필요성

(1) 부재 간 일체화
(2) 접합부 강성 확보 및 향상
(3) 전단 저항
(4) 이질재 연결

14 기둥부등축소

고층건물 시공 시 하중을 부담하는 기둥의 축방향 하중이 크고, 내외부 기둥의 하중차와 시공 시 발생되는 오차 등으로 인해 신축량의 차이가 발생함에 따라 마감재의 손상을 비롯해 설비배관재 손상, 구조물 내구성에 영향을 받으므로 설계 및 시공 시 철저한 관리가 요구된다.

1 기둥부등축소의 문제점

(1) 구조물의 이상변위(균열, Slab 경사)
(2) 마감재 손상(커튼월 접합부의 변형, 누수)
(3) 설비배관, 덕트의 기능 이상

2 기둥부등축소의 대책

(1) 철골조
   ① 변위량의 사전예측에 의한 설계 반영
   ② 시공 시 계측관리를 통한 변형량 추정
   ③ 소구간으로 나누어 변위량 등분 조정
   ④ 철골공장과 연계관리로 수정 및 적용

(2) RC조
   ① 콘크리트의 밀실한 타설 및 처짐량 관리
   ② 계측기기 설치 및 측정
   ③ 수 개 층의 그룹화로 거푸집 높이 조정

(3) 기타 마감재
   ① 커튼월의 취부방식에 의한 Clearance 확보
   ② 설비배관, 덕트의 Swivel Joint 설치

15 강재의 비파괴검사 종류

비파괴검사(Nondistortion Test)는 강재 용접부의 분자구조에 대한 결합상태를 조사하는 것으로 방사선투과법·초음파탐상법·자기분말탐상법 등이 활용된다.

1 비파괴검사(Nondistortion Test)

(1) 방사선투과검사(Radiographic Test)
   ① X선, γ선을 용접부에 투과하고 그 실태를 Film에 감광시켜 내부 결함을 조사하는 방법
   ② 판두께 100mm 이상도 가능하며 기록 보존이 가능함
   ③ Film을 부재 후면에 부착함으로 인하여 장소에 제한을 받음
   ④ 촬영 및 분석 시에 고도의 경험을 요함
   ⑤ 속도가 늦고 복잡한 부위의 검사가 어려움

(2) 초음파탐상법(Ultrasonic Test)
   ① 0.4~10MHz의 주파수를 가진 초음파를 용접부에 투입하고 반사파형으로 결함 여부 판별
   ② 필름이 필요 없고 검사 속도가 빠르며 경제적임
   ③ T형 접합 등 방사선투과검사 불가능 부위도 검사가 가능함
   ④ 검사원의 기량차에 따라 판단 결과가 상이함
   ⑤ 판 두께 6mm 미만에는 적용 곤란, 주로 9mm 이상의 경우에 적용

(3) 자기분말탐상법(Magnetic Particle Test)
   ① 강자성체의 자력선을 투과시켜 용접부의 결함을 조사하는 방법
   ② 자력선의 통로(분말의 정렬상태)에서 불량 부위 여부를 판별함
   ③ 표면에서 5~15mm 정도의 결함 검사에 용이함

(4) 침투탐상법(Penetrant Test)
   ① 용접 결함 예상부위에 침투액을 침투시켜 검사하는 방법
   ② 주로 Spray Type의 염료침투방법(Color Check)을 사용함
   ③ 검사가 간단하며 특별한 장치가 필요 없음
   ④ 표면에 보이는 결함 외에는 발견하기 곤란함

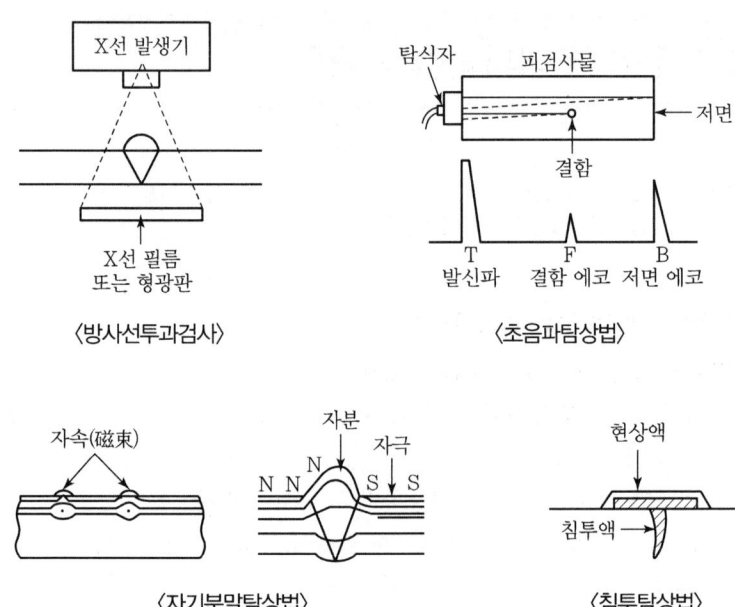

16 용접의 형식

아크, 가스염, 전기 저항열 등의 에너지를 이용하여 2개 이상의 물체를 원자의 결합에 의해 접합하는 방법으로 강재 구조물 등의 연결공법에 넓게 활용되고 있다.

1 맞댐용접(Butt Welding)

(1) 용입이 잘되게 하기 위하여 용접할 모재의 맞대는 면 사이의 가동된 홈(Gloove)을 사용하여 용접하는 형식

(2) 허용내력

$$R = alf$$

여기서, a : 유효 목두께 = t(판 두께)
l : 맞댐용접의 유효길이
  ($l = L - 2t$: 엔드 탭 없음),
  ($l = L$: 엔드 탭 있음)
f : 허용응력도

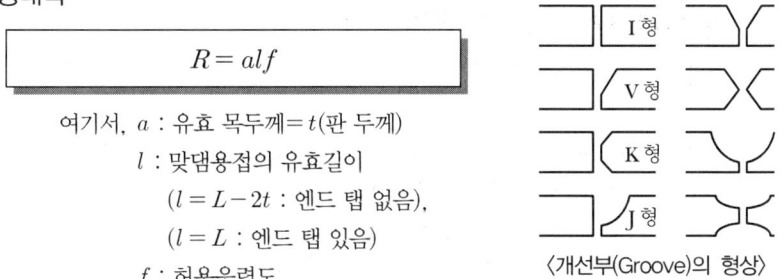

〈개선부(Groove)의 형상〉

(3) 접합 부위의 개선부의 형상에 따라 I형(6mm 이하인 경우 주로 사용), K, J, U, V형 등이 있음

2 모살용접(Fillet Welding)

(1) 목두께의 방향이 두께의 어떠한 모재 표면에 대해서도 직각이 아닌 어떠한 각도를 가지는 용접 형식

(2) 허용내력

$$R = alf$$

여기서, a : 유효 목두께 = $0.7S$(사이즈)
l : 모살용접의 유효길이($l = L = 2S$)
f : 허용응력도

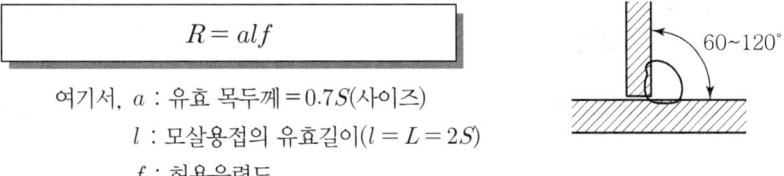

(3) 규격 및 품질 확보 : 목두께 및 사이즈 등에 대하여 설계 및 품질기준에 의한 규격 및 품질검사 실시

17 고장력 볼트 접합

고장력 볼트는 항복강도 7tf/cm² 이상으로 만든 볼트이며, 힘의 전달방식에 따라 마찰접합, 지압접합, 인장접합 등이 있다.

❶ 마찰접합(전단형)

(1) 판을 겹쳐 놓고 볼트를 강하게 조이면, 판의 접촉면에서 큰 마찰력이 생겨 Bolt 구멍이 밀착되지 않더라도 힘의 전달이 가능함
(2) 보통 고력 Bolt 접합이라 하면 이 방식을 의미함
(3) 허용내력(Bolt 1개당 허용전단력 : R_s)

$$R_s = \frac{1}{v} n \mu N$$

여기서, v : 안전율(장기 1.5, 단기 1.0)
n : 마찰면의 수(1 또는 2)
μ : 미끄럼계수(표준 마찰면 0.45)
N : 볼트 장력(ton)

(4) 큰 내력을 얻기 위해서 μ와 N이 클수록 유리, 즉 마찰면의 미끄럼계수와 Bolt 연결 시의 축력을 확보함

❷ 인장접합(인장형)

(1) 이음 · 접합부분에 대한 하중이 Bolt 축방향으로 전달됨

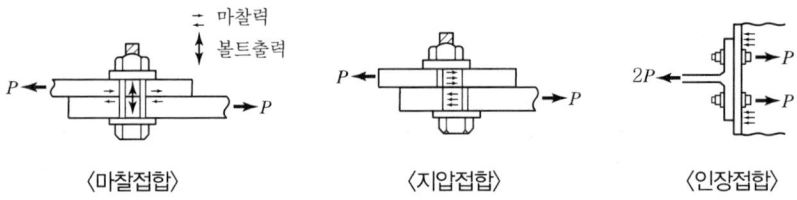

〈마찰접합〉   〈지압접합〉   〈인장접합〉

(2) **지압접합**
전단형 접합에서 고력 Bolt 축과 Bolt 구멍 사이의 오차를 0에 가깝게 만들어 리벳접합과 같이 이용한 접합

18 Scallop

강재부 용접 시 접합 부위의 용접선이 서로 교차되어 재용접이 되면 용접 부위는 열의 영향으로 취약해지므로 이를 방지하기 위하여 용접선의 교차가 예상되는 부위에 부채꼴 모양의 모따기를 하는 것을 Scallop이라 한다.

1 목적

(1) 용접선이 끊어지지 않도록 함
(2) 완전돌림용접이 가능하게 함
(3) 열 영향으로 인한 용접 균열 등 결함 방지

2 설치기준

(1) Scallop의 반지름 : 30mm
(2) 조립 H형강의 반지름 : 35mm

3 시공 시 유의사항

(1) Scallop 부분은 완전돌림용접 실시
(2) 개선부의 정밀도 확인
(3) Tack(가용접) 후 용접 변형상태 확인하고 본용접
(4) 과대한 덧쌓기 금지
(5) Arc Strike 발생 금지

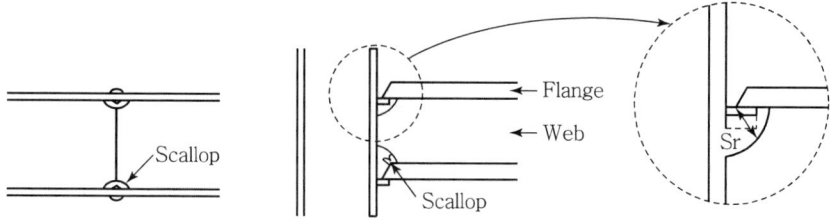

19 창호의 성능평가방법

창호는 성능에 따라 보통창·방음창·단열창으로 구분되며, 성능평가 항목은 내풍압성·기밀성·수밀성·방음성·단열성·개폐력 등이다.

1 창호 성능 기준

성능에 의한 구분	성능항목
보통창	내풍압성·기밀성·수밀성·개폐력·문·모서리·강도
방음창	내풍압성·기밀성·수밀성·방음성·개폐력·문·모서리·강도
단열창	내풍압성·기밀성·수밀성·단열성·개폐력·문·모서리·강도

2 창호의 성능평가방법

(1) 내풍압성
  ① 가압 중 파괴되지 않을 것
  ② 압력 제거 후 창틀재 장식물 이외에 기능상 지장이 있는 잔류 변형이 없을 것
  ③ 가압 중 창호 중앙의 최대 처짐이 스팬의 1/70 이하로 될 것

(2) 기밀성
  ① 창호 내 외부의 압력차에 의한 통기량 정도 측정
  ② 기밀성 시험방법에 규정된 기밀 등급선을 초과하지 않을 것

(3) 수밀성
  ① 가압 중(KSF 2293 시험규정)에 창틀 밖으로의 유출·물보라·내뿜음·물넘침이 일어나지 않을 것
  ② 실내 측면으로의 현저한 유출 발생이 없을 것
  ③ 등급은 압력차에 따라 $10 \sim 50 \text{kg/m}^2$의 5단계

(4) 방음성
  ① 실 간 평균 음벽 레벨차 등 측정
  ② 투과율 $(\tau) = \dfrac{T}{I}$
  여기서, T : 투과음 에너지
  I : 입사음 에너지

(5) 단열성
　① 시험체에 열을 가해 규정된 열관류 저항치에 대한 적합성 측정
　② 열관류 저항(m·h·C·kcal) 측정은 0.25~0.4 이상 4단계
　③ 결로 및 열손실 방지

(6) 개폐력
　① 개폐하중 5kg에 대하여 원활하게 작동될 것
　② 창 및 문의 개폐력 및 반복횟수에 의한 상태 측정

(7) 문틀 끝 강도
　① 재하 하중 5kg에 대해 문틀 휨의 적합성 측정
　② 문틀의 휨

면 안쪽 방향의 휨	1mm 이하
면 바깥쪽 방향의 휨	3mm 이하

(8) 기타 성능평가
　① Mock-up Test
　　• 풍동시험을 근거로 설계한 실물모형을 만들어 건축예정지에서 최악의 조건으로 시험하는 것
　　• 시험종목은 예비시험, 기밀시험, 정압수밀시험, 동압수밀시험, 구조시험, 층간변위 등
　② 내충격성
　　가해지는 외력에 대한 성능 평가
　③ 방화성
　　화재 시 일정한 시간 동안 화재의 확대 방지 성능 평가

20 유리의 열파손

대형 유리의 경우 유리 중앙부는 강한 태양열로 인한 고온 발생으로 팽창하며 유리 주변부는 저온상태가 유지되어 수축함으로써 열팽창의 차이가 발생하는데 유리는 열전도율이 적어 갑작스런 가열이나 냉각 등 급격한 온도변화 시 열파손이 발생된다.

1 개념도

열에 의해 발생되는 인장 및 압축응력에 대한 유리의 내력 부족 시 균열 발생

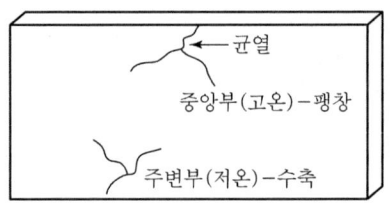

2 원인

(1) 태양의 복사열로 인한 유리 중앙부와 주변부의 온도차
(2) 유리가 두꺼울수록 열축적이 크므로 파손 우려 증대
(3) 유리의 국부적 결함
(4) 유리 배면의 공기순환 부족
(5) 유리 자체의 내력 부족

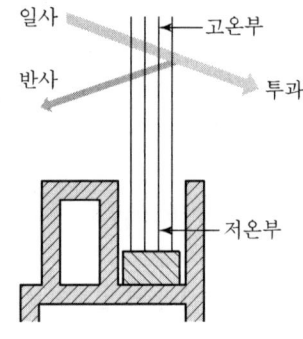

〈유리 열파손의 원인〉

3 방지대책

(1) 유리의 절단면을 매끄럽게 연마
(2) 유리와 유리 배면 차양막 사이의 간격 유지로 유리의 중앙부와 주변부 온도차 감소
(3) 유리 Bar에 공기순환통기구 설치
(4) 유리에 Film, Paint 등 부착금지
(5) 유리 자체의 내력 강화
(6) 유리 두께 1/2 이상의 Clearance 유지

(7) 열깨짐 방지를 위한 유리 단부의 파괴에 대한 허용응력

종류	두께(mm)	허용응력(kgf/cm)
플로트 판유리	2~3	180
열선흡수 판유리	15, 19	150
열선반사 판유리		
배강도 유리	6, 8, 10	360
강화유리	4~5	500
망입·선입 판유리	6, 8, 10	100
접합유리, 복층유리	24 외	구성단판 강도 중 가장 낮은 값

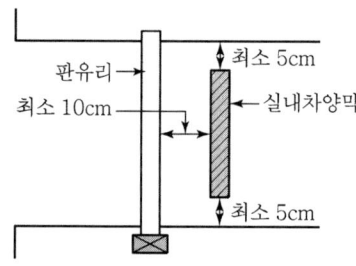

PART 12 터널

01 터널공사 표준안전 작업지침 – NATM공법

[시행 2023. 7. 1.] [고용노동부고시 제2023-36호, 2023. 7. 1., 일부개정]

제1장 총칙

제1조(목적) 이 고시는 「산업안전보건법」 제13조에 따라 터널공사 중 무지보공 터널굴착공사(NATM) 재해방지를 위한 작업상의 안전에 관하여 사업주에게 지도·권고할 기술상의 지침을 규정함을 목적으로 한다.

제2조(용어의 정의) 이 고시에서 사용하는 용어의 뜻은 이 고시에 특별한 규정이 없으면 「산업안전보건법」, 같은 법 시행령 및 시행규칙, 「산업안전보건기준에 관한 규칙」에서 정하는 바에 따른다.

제2장 지반의 조사

제3조(지반조사의 확인) 사업주는 지질 및 지층에 관한 조사를 실시하고 다음 각 호의 사항을 확인하여야 한다.
1. 시추(보오링) 위치
2. 토층분포상태
3. 투수계수
4. 지하수위
5. 지반의 지지력

제4조(추가조사) 사업주는 설계도서의 시추결과표 및 주상도 등에 명시된 시추공 이외에 중요구조물의 축조, 인접구조물의 지반상태 및 위험지장물 등 상세한 지반·지층 상황을 사전에 조사하여야 하며 필요시 발주자와 협의한 다음 추가시추 조사를 실시하여야 한다.

제5조(지반보강) 사업주는 작업구, 환기구 등 수직갱 굴착계획구간의 연약지층·지반을 정밀 조사하여야 하며 필요시 발주자와 협의한 다음 지반보강말뚝공법, 지반고결공법, 그라우팅 등의 보강 조치를 취하여 굴착 중 발생되는 붕괴에 대비하여 안전한 공법을 계획하여야 한다.

제3장 발파 및 굴착

제6조(일반사항) ① 설계 및 시방에서 정한 발파기준을 준수하여야 하며 이때에는 발파방식,

천공길이, 천공직경, 천공간격, 천공각도, 화약의 종류, 장약량 등을 준수하여 과다발파에 의한 모암손실, 과다여굴, 부석에 의한 붕괴·붕락을 예방하여야 한다.
② 발파대상 구간의 막장암반상태를 사전에 면밀히 확인하여 발파시방에 적합한 암질 여부를 판단하여야 한다.
③ 연약암질 및 토사층인 경우에는 발파를 중지하고 다음 각 호에 대한 검토를 하여야 한다.
1. 발파시방의 변경조치
2. 암반의 암질판별
3. 암반지층의 지지력 보강공법
4. 발파 및 굴착 공법변경
5. 시험발파실시
④ 암질판별 및 발파구간 인접구조물에 대한 피해 및 손상을 예방하기 위한 발파허용진동치는 「건설기술 진흥법」 제44조에 따라 정한 건설공사 설계기준 및 표준시방서 등 관계법령·규칙에서 정하는 기준을 준수하여야 한다.
⑤ 삭제
⑥ 암질의 변화구간 및 발파시방 변경 시에는 발파 전 폭력, 폭속, 발파 영향력 등의 조사 목적으로 시험발파를 실시하여야 하며 시험발파 후 암질판별을 기준으로 하여 발파방식, 표준시방 등의 계획을 재수립하여야 한다.
⑦ 철도, 기존 지하철, 고속도로, 건축구조물 등 기존 구조물의 하부지반 통과 구간의 굴착은 관계법령을 준수하여야 하며 다음 각 호를 사전에 확인하여야 한다.
1. 발파의 경우 시험발파에 의한 진동영향력에 대하여 정밀검토를 하여야 하며 상부 구조물의 진동의 영향이 없는 범위 내에서 발파를 시행하여야 한다.
2. 발파의 경우에는 발파시방을 준수하여야 하며 풍화암 등 연약암반 및 토층 구간은 발파를 중지하고 수직·수평보오링 등 정밀조사를 실시한 후 암질 판별에 의한 굴착시방을 변경하여야 하며, 다음 각 목에 대한 보강공법을 검토한 후 발주처와 협의에 의한 시공계획을 수립하여야 한다.
   가. 무진동 파쇄공법
   나. 쉴드공법
   다. 언더피닝 및 파이프 루핑공법
   라. 포아폴링공법
   마. 프리그라우팅공법
   바. 국부미진동 소할발파
3. 언더피닝 및 파이프루핑 보강의 경우 다음 각 목에 대하여 계획을 수립하여야 하며 시공 중 안전상태를 확인하여야 한다.

가. 보강구간의 정밀토층, 지하매설물 등의 사전검토를 실시하여야 한다.
나. 지반지지력구조 계산 시 통과차량, 지진 등에 대한 충분한 안전율을 적용하여야 한다.
다. 강재 지보구간의 경우 취성파괴에 대한 사전예방대책 및 볼팅구조의 접합부에 대한 구조상세 계획을 수립하여야 한다.
라. 재크의 시험성과 합격품목 여부 및 마모, 작동 등의 이상유무를 확인하여야 한다.
마. 언더피닝구간 등의 가설구조는 응력계, 침하계, 수위계에 의한 주기적 분석의 변위 허용기준을 설정하여야 한다.
바. 언더피닝구간 등의 토사굴착은 사전에 단계별 순서와 토량을 정확하게 산정하여야 한다.
사. 기계·장비 굴착에 의한 진동을 최소화하여야 한다.
아. 굴착 중 용출수 및 누수상태 발생 시 급결제 등의 방수 및 배출수 유도시설을 강구한 후 굴착 및 기타 작업을 실시하여야 한다.

⑧ 계측관리 시 다음 각 호의 사항을 측정하여 그 결과에 따른 보강대책을 마련하고, 이상이 발견되면 즉시 작업을 중지하고 장비 및 인력의 대피 조치를 하여야 한다.
1. 내공변위
2. 천단침하
3. 지중, 지표침하
4. 록볼트 축력측정
5. 숏크리트 응력

⑨ 삭제
⑩ 삭제

제7조(발파작업) 사업주는 터널공사에 필요한 발파작업에서의 재해예방을 위한 화약류의 취급, 운반, 사용 및 관리와 작업상의 안전에 관하여는 「발파 표준안전 작업지침」(고용노동부 고시)을 따른다.

제8조 삭제
제9조 삭제
제10조 삭제
제11조 삭제
제12조 삭제

제13조(버력처리) 사업주는 버력처리에 있어서 다음 각 호의 사항을 준수하여야 한다.
1. 버력처리 장비는 다음 각 목의 사항을 고려하여 선정하고 사토장거리, 운행속도 등의 작업계획을 수립한 후 작업하여야 한다.

가. 굴착단면의 크기 및 단위발파 버력의 물량
나. 터널의 경사도
다. 굴착방식
라. 버력의 상상 및 함수비
마. 운반 통로의 노면상태

2. 버력의 적재 및 운반 작업 시에는 주변의 지보공 및 가시설물 등이 손상되지 않도록 하여야 하며 위험요소에는 운전자가 보기 쉽도록 운행속도, 회전주의, 후진금지 등 안전표지판을 부착하여야 한다.
3. 상기 1, 2호의 계획 및 안전조치를 취한 후 근로자에게 직업안전교육을 실시하여야 한다.
4. 작업장에는 안전담당자를 배치하고 작업자 이외에는 출입을 금지하도록 하여야 한다.
5. 버력의 적재 및 운반기계에는 경광등, 경음기 등 안전장치를 설치하여야 한다.
6. 버력처리에 있어 불발화약류가 혼입되어 있을 경우가 있으므로 확인하여야 한다.
7. 버력운반 중 버력이 떨어지는 일이 없도록 무리한 적재를 하지 않아야 한다.
8. 버력운반로는 항상 양호한 노면을 유지하도록 하여야 하며 배수로를 확보해 두어야 한다.
9. 갱내 운반을 궤도에 의하는 경우에는 탈선 등으로 인한 재해를 일으키지 않도록 궤도를 견고하게 부설하고 수시로 점검, 보수하여야 한다.
10. 버력반출용 수직구 아래에는 낙석에 의한 근로자의 재해를 방지하기 위하여 낙석주의, 접근금지 등 안전표지판을 설치하여야 한다.
11. 버력 적재장에서는 붕락, 붕괴의 위험이 있는 뜬돌 등의 유무를 확인하고 이를 제거한 후 작업하도록 하여야 한다.
12. 차량계 운반장비는 작업시작 전 다음 각 목의 사항을 점검하고 이상이 발견된 때에는 즉시 보수 기타 필요한 조치를 하여야 한다.
    가. 제동장치 및 조절장치 기능의 이상 유무
    나. 하역장치 및 유압장치 기능의 이상 유무
    다. 차륜의 이상 유무
    라. 경광, 경음장치의 이상 유무

제14조(기계굴착) ① 로오드 헤더(Load Header), 쉬일드 머신(Shield Machine), 터널 보오링머신(T.B.M) 등 굴착기계는 다음 각 호의 사항을 고려하여 선정하고 작업순서 등 작업안전 계획을 수립한 후 작업하여야 한다.
1. 터널굴착단면의 크기 및 형상
2. 지질구성 및 암반의 강도
3. 작업공간
4. 용수상태 및 막장의 자립도

5. 굴진방향에 따른 지질단층의 변화정도

② 제1항의 수립된 작업안전계획에는 최소한 다음 각 호의 사항이 포함되어야 한다.
1. 굴착기계 및 운반장비 선정
2. 굴착단면의 굴착순서 및 방법
3. 굴진작업 1주기의 공정순서 및 굴진단위길이
4. 버력적재 방법 및 운반경로
5. 배수 및 환기
6. 이상 지질 발견 시 대처방안
7. 작업시작 전 장비의 점검
8. 안전담당자 선임

③ 사업주는 제1항 및 제2항에서 수립된 작업안전계획에 준하여 작업을 하여야 하며 이를 작업자에게 교육하고 확인하여야 한다.

④ 작업자는 사업주로부터 지시 또는 교육받은 작업내용을 준수하여야 한다.

제15조(연약지반의 굴착) 사업주는 연약지반 굴착 시에는 다음 각 호의 사항을 준수하여야 한다.
1. 막장에 연약지반 발생 시 포아폴링, 프리그라우팅 등 지반보강 조치를 한 후 굴착하여야 한다.
2. 굴착작업 시작 전에 뿜어붙이기 콘크리트를 비상시에 타설할 수 있도록 준비하여야 한다.
3. 성능이 좋은 급결제를 항상 준비하여 두어야 한다.
4. 철망, 소철선, 마대, 강관 등을 갱내의 찾기 쉬운 곳에 준비하여 두어야 한다.
5. 막장에는 항상 작업자를 배치하여야 하며, 주·야간 교대 시에도 막장에서 교대하도록 하여야 한다.
6. 이상용수 발생 또는 막장 자립도에 이상이 있을 때에는 즉시 작업을 중단하고 이에 대한 조치를 한 후 작업하여야 한다.
7. 작업장에는 안전담당자를 배치하여야 한다.
8. 필요시 수평보오링, 수직보오링을 추가 실시하고 지층단면도를 정확하게 작성하여 굴착계획을 수립하여야 한다.

제4장 뿜어붙이기 콘크리트

제16조(작업계획) ① 사업주는 뿜어붙이기 콘크리트 작업 시에는 사전에 작업계획을 수립 후 실시하여야 한다.

② 제1항 작업계획에는 최소한 다음 각 호의 사항이 포함되어야 한다.

1. 사용목적 및 투입장비
2. 건식공법, 습식공법 등 공법의 선택
3. 노즐의 분사출력기준
4. 압송거리
5. 분진방지대책
6. 재료의 혼입기준
7. 리바운드 방지대책
8. 작업의 안전수칙

③ 사업주는 제1항 및 제2항의 작업계획을 근로자에게 교육시켜야 한다.

제17조(일반사항) 사업주는 뿜어붙이기 콘크리트 작업 시 다음 각 호의 사항을 준수하여야 한다.
1. 뿜어붙이기 작업 전 필히 대상암반면의 절리상태, 부석, 탈락, 붕락 등의 사전 조사를 실시하고 유동성 부석은 완전하게 정리하여야 한다.
2. 뿜어붙이기 작업대상구간에 용수가 있을 경우에는 작업 전 누수공 설치, 배수관매입에 의한 누수유도 등 적절한 배수처리를 하거나 급결성모르타르 등으로 지수하여 접착면의 누수에 의한 수막분리현상을 방지하여야 한다.
3. 뿜어붙이기 콘크리트의 압축강도는 24시간 이내에 100kgf/cm² 이상, 28일 강도 200kgf/kg 이상을 유지하여야 한다.
4. 철망 고정용 앵커는 10m²당 2본을 표준으로 한다.
5. 철망은 철선굵기 ψ 3mm~6mm 눈금간격 사방 100mm의 것을 사용하여야 하며, 이음부위는 20cm 이상 겹치도록 하여야 한다.
6. 철망은 원지반으로부터 1.0cm 이상 이격거리를 유지하여야 한다.
7. 지반의 이완변형을 최소한으로 하기 위하여 굴착 후 최단시간 내에 뿜어붙이기 콘크리트 작업을 신속하게 시행하여야 한다.
8. 기계의 고장 등으로 작업이 중단되지 않도록 기계의 점검 및 유지 보수를 실시하여야 한다.
9. 작업 전 근로자에게 분진마스크, 귀마개, 보안경 등 개인 보호구를 지급하고 착용 여부를 확인 후 작업하여야 한다.
10. 뿜어붙이기 콘크리트 노즐분사압력은 2~3kgf/cm²를 표준으로 한다.
11. 물의 압력은 압축공기의 압력보다 1kgf/cm² 높게 유지하여야 한다.
12. 지반 및 암반의 상태에 따라 뿜어붙이기 콘크리트의 최소 두께는 다음 각 목의 기준 이상이어야 한다.
    가. 약간 취약한 암반 : 2cm
    나. 약간 파괴되기 쉬운 암반 : 3cm

다. 파괴되기 쉬운 암반 : 5cm
라. 매우 파괴되기 쉬운 암반 : 7cm(철망병용)
마. 팽창성의 암반 : 15cm(강재 지보공과 철망병용)

13. 뿜어붙이기 콘크리트 작업 시에는 부근의 건조물 등의 오손을 방지하기 위하여 작업 전 경계부위에 필요한 방호조치를 하여야 한다.
14. 접착불량, 혼합비율불량 등 불량한 뿜어붙이기 콘크리트가 발견되었을 시 신속히 양호한 뿜어붙이기 콘크리트로 대체하여 콘크리트 덩어리의 분리 낙하로 인한 재해를 예방하여야 한다.

제5장 강아치 지보공

제18조(일반사항) 강아치 지보공 설치 시에는 다음 각 호의 사항을 준수하여야 한다.
1. 강아치 지보공을 조립할 때에는 설계, 시방에 부합하는 조립도를 작성하고 당해 조립도에 따라 조립하여야 하며 재질기준, 설치간격, 접합볼트 체결 등의 기준을 준수하여야 한다.
2. 강아치 지보공 조립 시에는, 부재운반, 부재전도, 협착 등 안전조치를 취한 후 조립작업을 하여야 한다.
3. 설계조건의 암반보다 구조적으로 불리한 경우에는 강아치 지보공의 간격을 적절한 기준으로 축소하여야 한다.

제19조(시공) 강아치 지보공 시공 시에는 다음 각 호의 사항을 준수하여야 한다.
1. 강아치 지보공은 발파굴착면의 절리발달, 편암붕락 등 원지반에 불리한 파괴응력이 발생하기 전 가능한 한 신속히 설치하여야 한다.
2. 강아치 지보공은 정해진 위치에 정확히 설치하여야 하며 건립 후 그의 위치중심, 고저차에 대하여 수시로 점검하여야 한다.
3. 강아치 지보공의 설치에 있어서는 지질 및 지층의 특성에 따라 침하발생이 우려될 경우 쐐기, 앵커 등의 고정조치를 강구하여야 한다.
4. 강아치 지보공의 상호연결볼트 및 연결재는 충분히 조여야 하며 용접을 금하고 덧댐판으로 볼트-너트 구조의 접합을 실시하여야 한다.
5. 강아치 지보공의 받침은 목재 받침을 금하고 철근류 및 양질의 콘크리트 블록 등으로 고정하여야 한다.
6. 강아치 지보공에 변형, 부재이완, 설치 간격불량 등의 이상이 있다고 인정되는 경우에는 즉시 안전하고 확실한 방법으로 보강을 하여야 한다.
7. 프리그라우팅 및 포아폴링 등의 보강작업 시 사용되는 봉, 파이프 등에 의하여 강아치

지보공이 이동하거나 뒤틀리는 것을 막아야 하며, 이 경우 설치오차는 수평거리 10cm 이내로 하여야 한다.
8. 예상치 못했던 막장의 구조적 불안정 등과 같은 비상의 상황에 대비하여 충분한 양의 비상용 통나무와 쐐기목, 급결제, 시멘트 등을 준비해 두어야 한다.

제6장 록 볼트

제20조(일반사항) 록 볼트 설치작업에 있어 작업 전, 작업 중 다음 각 호의 사항을 준수하여야 한다.
1. 록 볼트공 작업에 있어서는 작업 전 다음 각 목의 사항을 검토하여 실시하여야 한다.
   가. 지반의 강도
   나. 절리의 간격 및 방향
   다. 균열의 상태
   라. 용수상황
   마. 천공직경의 확대유무 및 정도
   바. 보아홀의 거리정도 및 자립 여부
   사. 뿜어붙이기 콘크리트 타설방향
   아. 시공관리의 용이성
   자. 정착의 확실성
   차. 경제성
2. 록 볼트 설치작업의 분류기준은 선단정착형, 전면접착형, 병용형을 기준으로 하며 작업 전 설계, 시방에 준하는 적정한 방식 여부를 확인하여야 한다.
3. 록 볼트 선정에 있어서는 2, 3종류의 록 볼트를 선정하여 현장부근의 조건이 동일한 장소에서 시험시공, 인발시험 등을 시행하여 록 볼트 강도를 사전 확인함으로써 가장 적합한 종류의 록 볼트를 선정할 수 있도록 하여야 한다.
4. 록 볼트 재질선정에 있어서는 암반조건, 설계시방 등을 고려하여 선정하여야 하며, 록 볼트의 직경은 25mm를 원칙으로 하여야 한다.
5. 록 볼트 접착재 선정에 있어서는 조기 접착력이 크고, 취급이 간단하여야 하며 내구성이 양호한 조건의 것을 선정하여야 한다.
6. 록 볼트 삽입간격 및 길이의 기준은 다음 각 목의 사항을 고려하여 결정하여야 한다.
   가. 원지반의 강도와 암반 특성
   나. 절리의 간격 및 방향
   다. 터널의 단면규격
   라. 사용목적

제21조(시공) 록 볼트 시공에 있어서는 다음 각 호의 사항을 준수하여야 한다.
 1. 록 볼트 천공작업은 소정의 위치, 천공직경 및 천공 깊이의 적정성을 확인하고 굴착면에 직각으로 천공하여야 하며, 볼트 삽입 전에 유해한 녹·석분 등 이물질이 남지 않도록 청소하여야 한다.
 2. 록 볼트의 조이기는 삽입 후 즉시 록 볼트의 항복강도를 넘지 않는 범위에서 충분한 힘으로 조여야 한다.
 3. 록 볼트의 다시 조이기는 시공 후 1일 정도 경과한 후 실시하여야 하며, 그 후에도 정기적으로 점검하여, 소정의 긴장력이 도입되어 있는지를 확인하고, 이완되어 있는 경우에는 다시 조이기를 하여야 한다.
 4. 모든 형태의 지지판은 지반의 변형을 구속하는 효과를 발휘하고, 지반의 붕락방지를 위하여 암석이나 뿜어붙이기 콘크리트 표면에 완전히 밀착되도록 하여야 한다.
 5. 록 볼트는 뿜어붙이기 콘크리트의 경과 후 가능한 한 빠른 시기에 시공하여야 한다.
 6. 록 볼트의 천공에 따라 용수가 발생한 경우에는 단위면적 기준 중앙 집수유도방식 및 각 공별 차수방식 등에 의하여 용출수 유도 및 차수를 실시하여야 한다.
 7. 경사방향 록 볼트의 시공에 있어서는 소정의 각도를 준수하여야 하며, 낙석으로 인한 근로자의 안전조치를 선행한 후에 시행하여야 한다.
 8. 록 볼트 작업의 표준시공방식으로서 시스템 볼팅을 실시하여야 하며 인발시험, 내공 변위측정, 천단침하측정, 지중변위측정 등의 계측결과로부터 다음 각 목에 해당될 때에는 록 볼트의 추가시공을 하여야 한다.
     가. 터널벽면의 변형이 록 볼트 길이의 약 6% 이상으로 판단되는 경우
     나. 록 볼트의 인발시험 결과로부터 충분한 인발내력이 얻어지지 않는 경우
     다. 록 볼트 길이의 약 반 이상으로부터 지반 심부까지의 사이에 축력분포의 최대치가 존재하는 경우
     라. 소성영역의 확대가 록 볼트 길이를 초과한 것으로 판단되는 경우
 9. 암반상태, 지질의 상황과 계측결과에 따라 필요한 경우에는 록 볼트의 중타 등 보완조치를 신속하게 실시하여야 한다.
 10. 록 볼트 시공 시 천공장의 규격에 따라 싱커, 크롤라드릴 등 천공기를 선별하여야 하며, 사용하기 전 드릴의 마모, 동력전달상태 등 장비의 점검 및 유지보수를 실시하여야 한다.
 11. 록 볼트의 삽입장비는 시방규격의 회전속도(rpm)를 확인하고 에어오우거 등 표준모델의 장비를 사용하여야 한다.
 12. 록 볼트는 시공 후 정기적으로 인발시험을 실시하고 축력변화에 대한 기록을 명확히 하여 암반거동의 기록을 분석하여야 한다.

13. 록 볼트 작업은 천공 및 볼트 삽입 작업 시 근로자의 안전을 위하여 개인 보호구를 착용하여야 하며 관리감독자 및 안전담당자는 이를 확인하여야 한다.

제7장 콘크리트 라이닝 및 거푸집

제22조(콘크리트 라이닝) 콘크리트 라이닝을 시공함에 있어서는 시공 전, 시공 중 다음 각 호의 사항을 사전 검토하여야 한다.

1. 콘크리트 라이닝 공법 선정 시 다음 각 목의 사항을 검토하여 시공방식을 선정하여야 한다.
   가. 지질, 암질상태
   나. 단면형상
   다. 라이닝의 작업능률
   라. 굴착공법
2. 굴착공법에 따른 라이닝공법의 선정은 다음 표를 준용한다.

[굴착공법에 따른 라이닝 공법]

라이닝공법		굴착공법	
측벽선행공법	전단면 공법	아아치선행 공법	상부반단면 선진공법
측벽도갱선진 상부반단면 공법		지설도갱선진 상부반단면 공법	

3. 라이닝 콘크리트 배면과 뿜어붙인 콘크리트면 사이의 공극이 생기지 않도록 하여야 한다.
4. 콘크리트 재료의 혼합 후 타설 완료 때까지의 소요시간은 다음 각 호를 기준으로 하여야 한다.
   가. 온난·건조 시 1시간 이내
   나. 저온·습윤 시 2시간 이내
5. 콘크리트 운반 중 재료의 분리, 손실, 이물의 혼입이 발생하지 않는 방법으로 운반하여야 한다.
6. 콘크리트 타설표면은 이물질이 없도록 사전에 제거하여야 한다.
7. 1구간의 콘크리트는 연속해서 타설하여야 하며, 좌우대칭으로 같은 높이로 하여 거푸집에 편압이 작용하지 않도록 하여야 한다.
8. 타설슈우트, 벨트컨베이어 등을 사용하는 경우에는 충격, 휘말림 등에 대하여 충분한 주의를 하여야 한다.
9. 굳지 않은 콘크리트의 처짐 및 침하로 인하여 터널천정 부분에 공극이 생기는 위험을 방지하기 위해서 콘크리트가 경화된 후 시방에 의한 접착 그라우팅을 천정부에 시행하여야 한다.

제23조(거푸집구조의 확인) 거푸집은 콘크리트의 타설 속도 등을 고려하여 타설된 콘크리트의 압력에 충분히 견디는 구조이어야 하며 다음 각 호의 사항을 준수하여야 한다.
1. 이동식 거푸집에 있어서는 다음 각 목의 사항을 준수하여야 한다.
    가. 이동식 거푸집 제작 시에는 근로자의 작업에 지장을 초래하지 않도록 작업공간을 확보할 수 있는 구조이어야 한다.
    나. 이동식 거푸집에 있어서는 볼트, 너트 등으로 이완되지 않도록 견고하게 고정하여야 하며 휨, 비틀림, 전단 등의 응력 발생에 대하여 점검하여야 한다.
    다. 거푸집 이동용 궤도는 침하방지를 위하여 지반의 다짐, 편평도를 사전에 점검하고 침목 설치상태, 레일의 간격 등을 사전점검하여야 한다.
    라. 이동식 거푸집의 경우 설치 후 장시간 방치 시 사용된 재크류의 나선파손, 유압실린더, 플레이트 등의 파손 및 이완 유무를 재확인하여야 하며 교체, 보완, 보강 등의 조치를 하여야 한다.
    마. 콘크리트 타설하중 및 타설충격에 의한 거푸집 변위 및 이동방지의 목적으로 가설앵커, 쐐기 등의 설치를 하여야 한다.
2. 조립식 거푸집에 있어서는 다음 각 목의 사항을 준수하여야 한다.
    가. 조립식 거푸집은 제작사양 조립도의 조립순서를 준수하여야 하며, 해체 시의 순서는 조립순서의 역순을 원칙으로 하여야 한다.
    나. 조립식 거푸집을 해체할 때에는 순서에 의해 부재를 정리 정돈하고 부착 콘크리트, 유해물질 등을 제거하고 힌지, 재크 등의 활절작동 구간은 윤활유 등으로 주입하여야 한다.
    다. 조립과 해체의 반복작업에 의한 볼트, 너트의 손상률을 사전에 검토하고 충분한 여분을 준비하여야 한다.
    라. 라이닝플레이트 등의 절단, 변형, 부재탈락 시 용접 접합을 금하며 필요시 동일 재질의 부재로 교체하여야 한다.
    마. 벽체 및 천정부 작업 시 작업대 설치를 요하며 사다리, 안전난간대, 안전대 부착설비, 이동용 바퀴 및 정지장치 등을 설치하여야 한다.

제24조(시공) 거푸집을 조립할 때 다음 각 호의 사항을 준수하여야 한다.
1. 거푸집 조립작업의 시행 전 다음 각 목의 사항을 고려하여 타설목적에 적당한 규격 여부를 확인하여야 한다.
    가. 콘크리트의 1회 타설량
    나. 타설길이
    다. 타설속도

2. 거푸집의 측면판은 콘크리트의 타설측압 및 압축력에 충분히 견디는 구조로 하여야 하며 모르타르가 새어나가지 않도록 원지반에 밀착, 고정시켜야 한다.
3. 거푸집은 타설된 콘크리트가 필요한 강도에 달할 때까지 거푸집을 제거하지 않아야 하며 시방의 양생기준을 준수하여야 한다.
4. 거푸집을 조립할 때에는 철근의 앵커구조, 피복규격 등을 확인하고 철근의 변위, 이동 방지용 쐐기 설치 상태를 확인하여야 한다.

제8장 계측

제25조(계측의 목적) 터널 계측은 굴착지반의 거동, 지보공 부재의 변위, 응력의 변화 등에 대한 정밀 측정을 실시함으로써 시공의 안전성을 사전에 확보하고 설계 시의 조사치와 비교분석하여 현장조건에 적정하도록 수정, 보완하는 데 그 목적이 있으며 다음 각 호를 기준으로 한다.
1. 터널 내 육안조사
2. 내공변위 측정
3. 천단침하 측정
4. 록 볼트 인발시험
5. 지표면 침하 측정
6. 지중변위 측정
7. 지중침하 측정
8. 지중수평변위 측정
9. 지하수위 측정
10. 록 볼트 축력 측정
11. 뿜어붙이기 콘크리트 응력 측정
12. 터널 내 탄성파 속도 측정
13. 주변 구조물의 변형상태 조사

제26조(계측관리) ① 사업주는 터널작업 시 사전에 계측계획을 수립하고 그 계획에 따른 계측을 하여야 한다.
② 제1항의 계측 계획에는 다음 각 호의 사항이 포함되어야 한다.
1. 측정위치 개소 및 측정의 기능 분류
2. 계측 시 소요장비
3. 계측빈도
4. 계측결과 분석방법

5. 변위 허용치 기준
   6. 이상 변위 시 조치 및 보강대책
   7. 계측 전담반 운영계획
   8. 계측관리 기록분석 계통기준 수립
   ③ 사업주는 계측결과를 설계 및 시공에 반영하여 공사의 안전성을 도모할 수 있도록 측정기준을 명확히 하여야 한다.
   ④ 계측관리의 구분은 일상계측과 대표계측으로 하며 계측빈도 기준은 측정 특성별로 별도 수립하여야 한다.

제27조(계측결과 기록) 사업주는 계측결과를 시공관리 및 장래계획에 반영할 수 있도록 그 기록을 보존하여야 한다.

제28조(계측기의 관리) 사업주는 계측의 인적 및 기계적 오차를 최소화하기 위하여 다음 각 호의 사항을 준수하여야 한다.
   1. 계측사항에 있어 전문교육을 받은 계측 전담원을 지정하여 지정된 자만이 계측할 수 있도록 하여야 한다.
   2. 설치된 계측기 및 센서 등의 정밀기기는 관계자 이외에 취급을 금지하여야 한다.
   3. 계측기록의 결과를 분석 후 시공 중 조치사항에 대하여는 충분한 기술자료 및 표준지침에 의거하여야 한다.

제9장 배수 및 방수

제29조(배수 및 방수계획의 작성) ① 사업주는 터널 내의 누수로 인한 붕괴위험 및 근로자의 직업안전을 위하여 제3조 또는 제4조의 조사를 근거로 하여 배수 및 방수계획을 수립한 후 그 계획에 의하여 안전조치를 하여야 한다.
② 제1항의 시공계획에는 다음 각 호의 사항이 포함되어야 한다.
   1. 지하수위 및 투수계수에 의한 예상 누수량 산출
   2. 배수펌프 소요대수 및 용량
   3. 배수방식의 선정 및 집수구 설치방식
   4. 터널내부 누수개소 조사 및 점검 담당자 선임
   5. 누수량 집수유도 계획 또는 방수계획
   6. 굴착상부지반의 채수대 조사

제30조(누수에 의한 위험방지) 사업주는 누수에 의한 주변구조물 침하 또는 터널붕괴로 인한 근로자의 피해를 방지하기 위하여 다음 각 호의 사항을 준수하여야 한다.
   1. 터널 내의 누수개소, 누수량 측정 등의 목적으로 담당자를 선임하여야 한다.

2. 누수개소를 발견할 시에는 토사 유출로 인한 상부지반의 공극발생 여부를 확인하여야 하며 규정된 용량의 용기에 의한 분당 누출 누수량을 측정하여야 한다.
3. 뿜어붙이기 콘크리트 부위에 토사유출의 용수 발생 시 즉시 작업을 중단하고 지중침하, 지표면 침하 등에 계측 결과를 확인하고 정밀지반 조사 후 급결그라우팅 등의 조치를 취하여야 한다.
4. 누수 및 용출수 처리에 있어서는 다음 각 목의 사항을 확인 후 집수유도로 설치 또는 방수의 조치를 하여야 한다.
    가. 누수에 토사의 혼입정도 여부
    나. 제3조 및 제4조의 조사를 근거로 배면 또는 상부지층의 지하수위 및 지질 상태
    다. 누수를 위한 배수로 설치 시 탈수 또는 토사유출로 인한 붕괴 위험성 검토
    라. 방수로 인한 지수처리 시 배면 과다 수압에 의한 붕괴의 임계한도
    마. 용출수량의 단위시간 변화 및 증가량
5. 상기 각 호의 사항을 확인 후 이에 대한 적절한 조치를 하여야 한다.

제31조(아치 접합부 배수유도) 사업주는 터널구조상 2중 아치, 3중 아치의 구조에 있어서 시공중 가설배수도 유도는 아치 접합부 상단에 임시 배수 관로 등을 설치하여 배수 안전조치를 취하여야 한다.

제32조(배수로) 사업주는 제29조에 의한 계획에 따라 배수로를 설치하고 지반의 안정조건, 근로자의 양호한 작업조건을 유지하여야 한다.

제33조(지반보강) 사업주는 누수에 의한 붕괴위험이 있는 개소에는 약액주입 공법 등 지반보강 조치를 하여야 하며 정밀지층조사, 채수대 여부, 투수성 판단 등의 조치를 사전에 실시하여야 한다.

제34조(감전위험방지) ① 사업주는 수중배수 펌프 설치 시에는 근로자의 감전 재해를 방지하기 위하여 펌프 외함에 접지를 하여야 하며 수시로 누전상태 등의 확인을 하여야 한다.
② 사업주는 터널 내 각종 전선가설의 안전기준을 확인하여야 하며 근로자가 접촉되지 않도록 충분한 높이의 측면에 가설하여 수중 배선이 되지 않도록 하여야 한다.
③ 갱내 조명등, 수중펌프, 용접기 등에는 반드시 누전차단기 회로와 연결되어야 하며 표준방식의 접지를 실시하여야 한다.

제10장 조명 및 환기

제35조(조명) 사업주는 막장의 균열 및 지질상태 터널벽면의 요철정도, 부석의 유무, 누수상황 등을 확인할 수 있도록 조명시설을 하여야 한다.

제36조(조명시설의 기준) 사업주는 근로자의 안전을 위하여 터널 작업면에 대한 조명장치 및 설비를 확인하여야 하며 조도의 기준은 다음 표를 준용한다.

[작업면에 대한 조도 기준]

작업기준	기준
막장구간	70lux 이상
터널중간구간	50lux 이상
터널입·출구, 수직구 구간	30lux 이상

제37조(채광 및 조명) 사업주는 채광 및 조명에 대해서는 명암의 대조가 심하지 않고 또는 눈부심을 발생시키지 않는 방법으로 설치하여야 하며 막장 점검, 누수점검, 부석 및 변형 등의 점검을 확실하게 시행할 수 있도록 적절한 조도를 유지하여야 한다.

제38조(조명시설의 정기점검) 사업주는 조명설비에 대하여 정기 및 수시점검계획을 수립하고 단선, 단락, 파손, 누전 등에 대하여는 즉시 조치하여야 한다.

제39조(환기) 사업주는 근로자의 보건위생을 위하여 환기시설을 하고 다음 각 호의 사항을 준수하여야 한다.
1. 터널 전지역에 항상 신선한 공기를 공급할 수 있는 충분한 용량의 환기설비를 설치하여야 하며 환기용량의 산출은 다음 각 목을 기준으로 한다.
   가. 발파 후 가스 단위 배출량을 산출하고 이의 소요환기량
   나. 근로자의 호흡에 필요한 소요환기량
   다. 디젤기관의 유해가스에 대한 소요환기량
   라. 뿜어붙이기 콘크리트의 분진에 대한 소요환기량
   마. 암반 및 지반자체의 유독가스 발생량
2. 발파 후 유해가스, 분진 및 내연기관의 배기가스 등을 신속히 환기시켜야 하며 발파 후 30분 이내 배기, 송기가 완료되도록 하여야 한다.
3. 환기가스처리장치가 없는 디젤기관은 터널 내의 투입을 금하여야 한다.
4. 터널 내의 기온은 37℃ 이하가 되도록 신선한 공기로 환기시켜야 하며 근로자의 작업조건에 유해하지 아니한 상태를 유지하여야 한다.
5. 소요환기량에 충분한 용량의 설비를 하여야 하며 중앙집중환기방식, 단열식 송풍방식, 병열식 송풍방식 등의 기준에 의하여 적정한 계획을 수립하여야 한다.

제40조(환기설비의 정기점검) 사업주는 환기설비에 대하여 정기점검을 실시하고 파손, 파괴 및 용량 부족 시 보수 또는 교체하여야 한다.

제41조(재검토기한) 이 고시에 대하여 2016년 1월 1일 기준으로 매 3년이 되는 시점(매 3년째의 12월 31일까지를 말한다)마다 그 타당성을 검토하여 개선 등의 조치를 하여야 한다.

02 불연속면(Discontinuity)

암반 내에 존재하는 불연속면의 종류에는 절리, 층리(퇴적암), 편리(변성암), 단층 및 파쇄대가 있다.

1 불연속면의 종류

(1) 절리

구분	내용
종류	• 판상절리(화성암 냉각) • 전단절리(전단응력 집중) • 주상절리(화성암의 분출 시 용암 냉각) • 인장절리(인장력이 우세, 전단절리에 부수적 발생)
특징	• 절리면을 따라 풍화가 시작됨 • 화성암, 퇴적암 : 비교적 규칙적, 변성암 : 불규칙적 • 절리면을 따라 현저하게 움직이지는 않음 • 연장성 : 수 cm~수 m 정도

(2) 편리(Schistosity)

구분	내용
종류	• 편마구조 : 변성암의 입자가 크면 암석이 평행구조(편마암) • 편리 : 세립질이지만 육안으로 구분 가능(편암)
특징	• 편리면을 따라 잘 쪼개짐 • 단층과 파쇄대가 많음 • 광물의 재분포로 띠 또는 집중을 나타냄

(3) 층리(Bedding)

구분	내용
특징	• 색이나 입도가 달라짐 • 괴상 : 층리가 나타나지 않은 것(사암, 역암) • 층상의 면은 퇴적물이 굳어진 후에도 쪼개짐

(4) 단층과 파쇄대

구분	내용
종류	• 정단층 • 역단층 • 수평단층
특징	• 투수층 형성 가능성이 큼 • 단층을 따라서 층화, 파쇄가 심함 • 절리면에 비해 연장성이 큼 • 화성암, 퇴적암에 있으나 특히 변성암에 많음 • 지진 발생이 많은 곳에 분포가 많음 • 단층면을 따라 활동면, 단층점토, 단층각력암, 단층대 등이 나타남

03 Face Mapping

터널굴착 시 굴착면 상태를 육안으로 확인하고 RMR 평점기준으로 판단하는 자료를 말한다.

1 작도목적
(1) 지반조사의 보완자료
(2) 굴착 안전성, 경제성 확보
(3) 굴착 패턴의 결정
(4) 암반의 분류

2 조사절차

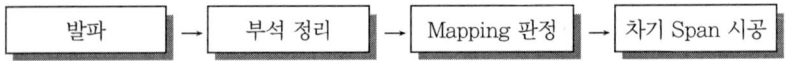

3 조사항목
(1) 지질
(2) 암반상태
(3) 불연속면
(4) 조사대상 결정

4 조사대상
(1) 천단부　　　　　　　(2) 측벽
(3) 막장면　　　　　　　(4) 바닥면

5 활용
(1) 막장부 안전성 평가
(2) 굴착공법의 결정
(3) 계측기 위치 및 계측횟수 관리
(4) 지보공의 간격, 길이, 위치 산정

04 여굴의 원인과 대책

굴착에 있어서 라이닝의 설계 두께선보다 외측으로 생기게 되는 여굴이 많으면 버력 반출 및 라이닝의 여분의 비용이 들 뿐만 아니라 토압면에서도 불리하게 되므로 여굴은 가능한 한 적게 해야 한다.

1 여굴의 원인

구분	원인
설계 불량	• 조사 불량(단층, 파쇄대 등 연약지반 확인 불량) • 발파 패턴 불량(천공간격, 길이, 공당 장약량 등) • 지보재 강성 및 설치 시기 불량 • 보조공법 설계 미반영 및 보조공법 선정 불량
시공 불량	• 천공 불량(천공 길이, 천공 각도) • 장약 및 발파 불량(과다 장약량 사용) • 보조 지보재 설치시기 미준수 및 설계보다 작게 시공 • 제어 발파 미시행
계측 관리	• 계측 관리 미흡 • 계측 결과 반영 미흡 • 암판정 불량
기타	• 천공장비의 구조적 문제 • 기능공의 숙련도 등

2 대책

(1) **발파 굴착에서 천공의 위치, 각도를 정확히 할 것** : 장약길이 조정, 폭발직경 조절
(2) **제어발파 실시** : Smooth Blasting 공법 채택, 프리스프리팅 실시
(3) 기계굴착 방법 선택
(4) **발파 후 조속히 초기보강 실시** : Shotcrete
(5) 적정 장비의 선정
(6) 정밀 폭약, 적정 폭약 사용
(7) 숙련된 작업원 활용 및 기능 교육
(8) **선진 그라우팅 실시** : 연약지반
(9) **연약지반 처리** : 고결·동결공법
(10) **지발뇌관 사용** : 과도한 발파 에너지 감소

05 심빼기 발파

심발은 자유면 확보를 위한 공법으로 경사공, 평행공, 혼합공 등이 있다.

구분	경사공(V-Cut)	평행공(Cylinder-Cut)	혼합공(Supex-Cut)
대표적 천공방법			
특징	• 채석 용적이 큼 • 약실의 투사면적이 큼 • 대괴가 나오기 쉬움 • 심빼기를 여러 형태로 응용 가능	• 자유면에 대하여 직각으로 서로 평행하게 천공 • 무장약공의 위치는 발파 시 균열권 안에 위치 • 비중이 적고, 순폭도가 큰 폭약 사용 • 정확한 지발 뇌관을 사용 • 1발파당 채석용적이 적음	• 심발부 최소저항선 다단계로 형성 분할 발파 • 터널축에 평행공과 각도공 병행천공(천공길이 다양) • 약실의 투사면적과 채석 용적이 최대가 되도록 경사공 및 평행공을 병행천공하고 여러 단계로 분할하여 발파하는 방법 • 시간차를 두고 발파하되, 공저에서 최종단계를 다단분착 발파하면 입방체의 심발을 형성함
장단점	• 버럭의 비산거리가 짧음 • 단공발파나 연암발파에 효율적 • 천공이 쉽고, 천공이 짧음 • 사압의 발생 우려 없음	• V-Cut 공법에 비해 발파 진동이 적음 • 터널 단면 크기에 제약을 받지 않음 • 사압이 없고 진동 제어에 용이 • 버럭이 작아 Mucking 효율 높음	• 대구경 천공을 하지 않아 Bit 및 Rod 교체 불필요
문제점	• 굴진장에 제한을 받음 • 여굴량이 증가 • 실 천공장이 짧아지고, 발파 효율이 낮음 • 파쇄암석이 비교적 크게 발생 • 집중장약에 의한 발파진동이 큼	• 소결현상에 의한 발파 실패 우려 큼 • 잔류공이 남는 문제점 발생 • 천공오차에 의해 발파효율 저하 • V-Cut에 비하여 천공수 증가에 의한 천공이 길어짐	• V-Cut이 혼용되기 때문에 터널 단면적에 제약을 받을 수 있음 • 심발공 천공에 고도의 기술 필요 • 단공 발파 시 천공비 과다 • 심발부 단위 천공 수 증가 • 순폭, 사압의 영향 상존

06 숏크리트 리바운드(Rebound)

리바운드란 숏크리트 타설 시 뿜어 붙인 숏크리트 콘크리트가 벽면에 부착되지 않고 떨어져 나오는 현상을 말하며 숏크리트 타설방법에 따라 리바운드양이 달라질 수 있다.

1 리바운드에 영향을 미치는 요소

(1) 숏크리트 공법
  건식 공법이 습식 공법에 비해 약간 증가함(리바운드율 30~35%)

(2) 뿜어 붙이기 압력
  암반에 충돌하는 속도가 적당할 때 감소함(노즐 끝 1~2kgf/cm^2)

(3) 분사 각도
  분사 각도는 직각을 유지할 때 감소하며, 측벽보다 아치부가 20% 정도 증가함

(4) 분사 거리
  분사 거리가 1m일 때 가장 작음(0.75~1.25m가 적당)

(5) 뿜어 붙이기 두께
  1회 두께가 너무 두꺼우면 박리하므로 1회 두께는 10cm 이하로 함

2 리바운드율과 노즐거리의 관계

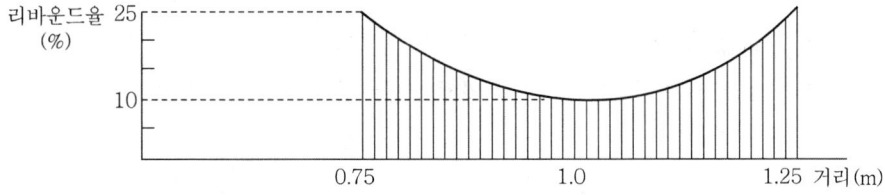

07 Bench Cut 발파

Bench Cut 발파는 자유면을 증대시켜 폭파효율을 좋게 하고 천공 장약 및 버럭 처리를 용이하게 하기 위한 공법으로 암반굴착 시 굴착 면을 여러 단의 Bench로 만들어 순차적으로 발파하는 굴착을 말한다.

1 Bench Cut의 특징

(1) 계획적 발파로 다량 채석에 적당하고 계획적인 생산량을 확보할 수 있음
(2) 암버럭 처리의 기계화 작업이 가능함
(3) 비교적 폭석 발생이 작아 안전성에 유리함
(4) 발파 효율이 좋아 경제적임
(5) 평탄한 Bench 조성을 위해 벌채, 절토, 진입로 등의 사전 준비기간이 길어짐
(6) Bench의 폭은 높이의 2배 정도로 함

2 천공방법

(1) Sub-Drilling 공법
   ① $u = 0.3 \sim 0.35W$
   ② 바닥면보다 약간 깊게 천공하여 발파 후 바닥에 미발파 여분이 남지 않게 함

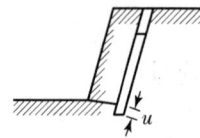

(2) Toe Hole 공법
   Toe Hole 시공 기계의 시공성을 위해 막장을 향해 수평 또는 약간의 하향(5~10°)으로 천공함

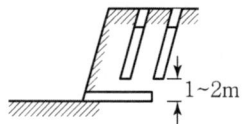 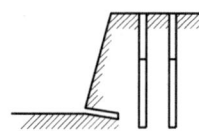

08 편압

편압은 터널의 토피가 얕은 경우, 특수한 원지반, 불균일한 지질 등에서 주로 발생하며 편압이 발생하면 이상지압에 의해 동바리공이나 콘크리트 복공이 변형되고 경우에 따라 붕괴되기도 한다.

1 편압의 원인

(1) 터널 측면의 굴착
(2) 불균일한 지질
(3) 지형이 급경사인 경우
(4) 기존 터널에 근접 시공
(5) 터널의 토피가 얕은 경우

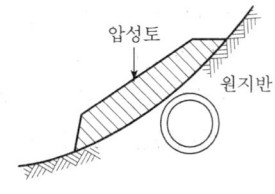

〈압성토공법〉

2 편압에 의한 피해

(1) 콘크리트 복공의 균열
(2) 동바리공의 변형
(3) 갱구 변형 및 전도
(4) 콘크리트 복공의 변형

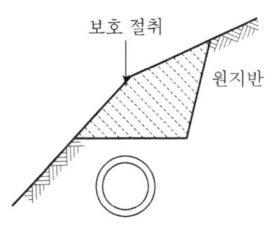

〈보호 절취〉

3 대책

(1) **압성토공법**
   편압이 작용하는 반대편에 편압에 대응하는 압성토 실시

(2) **보호 절취**
   편압이 작용하는 터널 상부 부분의 토사를 절취하여 편토압을 저감시킴

(3) **보강 콘크리트**
   편압이 작용하는 반대편의 터널 외부에 보강 콘크리트를 타설하고 상부에 성토하여 지지력 및 반력을 증대시킴

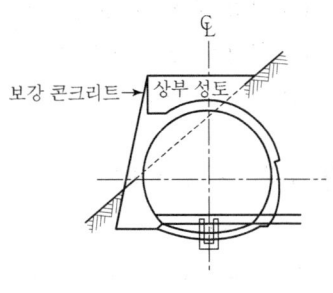

〈보강 콘크리트〉

09 Line Drilling

Line Drilling 발파는 굴착 예정 암반에 보호선을 굴착 예정선으로 정하고 굴착 예정선에 공경을 조밀하게 배치한 후 인접공의 발파 시 굴착 예정선을 따라 파괴되도록 하는 발파법이다.

1 특징
(1) 절리간격이 작은 암반 굴착 시 효과가 우수함
(2) 고도의 천공기술을 요함
(3) 조밀한 천공으로 비경제적임
(4) 오차를 최소화하는 것이 Point임

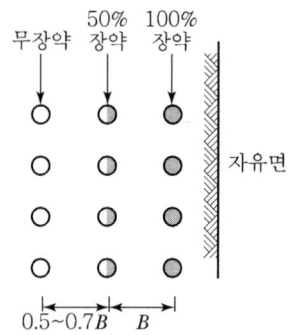

2 시공법
(1) 굴착 예정 암반에 목적하는 보호선을 굴착 예정선으로 함
(2) 굴착 예정선에 $\phi 50 \sim 70mm$의 무장약 빈공을 공경의 2~4배 간격으로 설치
(3) 공경 7.5cm, 공 간격 20~30cm로 제2열 천공하고 주 발파공 장약의 50% 설치
(4) 자유면 측(주 발파공)은 100% 장약

3 시공 시 유의사항
(1) 천공 길이, 천공 간격 및 각도를 정확히 관리
(2) 최소저항선 간격은 일정하게
(3) 암질에 따른 발파계수를 적용하여 장약량을 합리적으로 산정
(4) 시험발파 후 최적의 방법을 선정

10 Decoupling 계수

Decoupling 장약은 천공경보다 직경이 작은 약포의 폭약을 장약하여 약포와 공벽 사이에 공간을 유지시킴으로써 폭약의 폭발로 발생하는 폭력을 발파 목적에 적합하도록 제어하는 것이며, 공경과 약경의 비를 Decoupling 계수라 한다.

1 Decoupling 계수(D_c)

$$D_c = \frac{R_c(천공지름)}{R_b(폭약지름)}$$

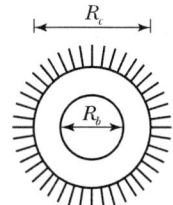

2 Decoupling 효과

(1) 폭약의 충격 영향 감소
(2) 장약공 부근의 파괴 범위 축소
(3) 암반 이완 방지

3 적용

(1) Smooth Blasting 발파

$$D_c = 1.5 \sim 2.0$$

(2) Pre-Splitting 발파

$$D_c = 2.0 \sim 3.5$$

(3) 암의 종류에 따른 계수
① 경암 : 2.0~2.5
② 중경암 : 2.5~3.0
③ 연암 : 3.0~3.5

11 Smooth Blasting

Smooth Blasting은 굴착예정선을 따라 다수의 천공을 등간격으로 평행하게 배치하고 정밀화약을 장약하여 실시하는 공법이다.

1 특징
(1) 원암반의 균열을 최소화하여 암반 자체 강도를 최대한 유지할 수 있음
(2) 발파면의 요철과 여굴을 최소화하여 지보량을 줄일 수 있음
(3) Cushion Blasting과 비슷한 공법
(4) 소음, 진동 저감으로 비교적 안전함

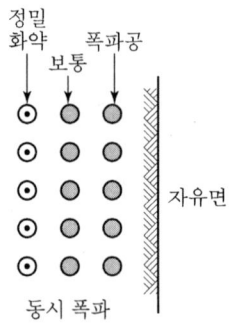

2 시공법
(1) 자유면 쪽 2열에는 보통 폭파공 2열을 설치
(2) 공경은 32~36mm, 천공간격은 60~90cm, 천공장은 2m 이상으로 함
(3) 굴착예정선을 따라 설치한 공에 정밀화약(Finex) 18~21mm를 장전
(4) 굴착예정선 공과 보통 폭파공을 동시에 발파시킴

3 시공 시 유의사항
(1) 암질에 따른 발파계수를 적용하여 장약량을 합리적으로 산정
(2) 천공 길이, 천공 간격 및 각도를 정확히 관리
(3) 시험발파 후 최적의 방법을 선정
(4) 최소저항선 간격을 일정하게

12 Cushion Blasting

Cushion Blasting은 천공 간격을 넓히고 발파공에 공경보다 작은 폭약을 장전한 Cushion Blasting 공을 배치하여 발파함으로써 굴착예정선의 절단면을 보호하는 공법이다.

1 특징

(1) Line Drilling 공법보다 공 간격이 넓으므로 천공비가 절감됨
(2) 불균질암에 적용 시 효과적

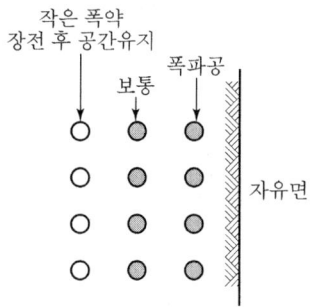

2 시공법

(1) 굴착예정선의 공간격은 최소저항선의 80% 이내, 공직경은 50~180mm로 함
(2) 자유면 쪽은 보통 폭파공 2열 설치
(3) 굴착예정선을 따라 1열에는 천공경보다 약간 작은 약포의 폭약을 장전하고 그 사이는 공간을 유지

3 시공 시 유의사항

(1) 천공 길이, 천공 간격 및 각도를 정확히 관리
(2) 최소저항선 간격은 일정하게
(3) 암질에 따른 발파계수를 적용하여 장약량을 합리적으로 산정
(4) 시험발파 후 최적의 방법을 선정

13 Pre-Splitting

Pre-Splitting 발파는 다수의 공을 천공한 다음 굴착예정선의 장약을 먼저 발파시켜 파단면을 형성한 후 나머지 부분을 발파하는 공법이다.

1 특징

(1) Line Drilling 공법에 비해 천공비가 절약됨
(2) 양질의 균질암에 효과적임
(3) 선행 발파 후 암반 상태 미확인 상태에서 주 발파 시행

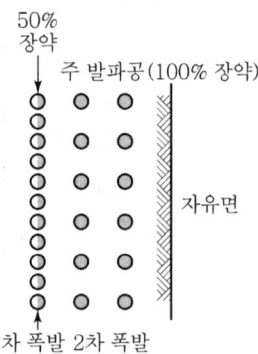

2 시공법

(1) 공 직경은 5~10cm, 약포 지름은 25~35cm, 공 간격은 30~50cm로 함
(2) 자유면 쪽의 2열(주 발파공)은 보통 발파공을 설치
(3) 굴착예정선상의 공에는 50% 이하로 장약
(4) 굴착예정선상의 폭약을 1차 폭파시켜 균열을 선행 발생시킴
(5) 1차 발파 후 주 발파 시행

3 시공 시 유의사항

(1) 천공 길이, 천공 간격 및 각도를 정확히 관리
(2) 최소저항선 간격은 일정하게
(3) 암질에 따른 발파계수를 적용하여 장약량을 합리적으로 산정
(4) 시험발파 후 최적의 방법을 선정

14 터널의 붕괴원인 및 대책

터널은 지반적·환경적·시공적 요인에 의해 붕괴될 수 있으므로, 각 요인들에 대한 조사와 분석이 철저히 이루어져야 하며, 굴착 전 적절한 대책을 수립하는 것이 중요하다.

1 터널 붕괴의 원인

(1) 터널 상부구조물(건물, 교량, 암거, 말뚝 등) 하중
(2) 편토압 작용 (3) 연약지반 굴착
(4) 터널 상부지반 굴착 (5) 터널 상부지반 성토
(6) 기존 터널 근접 시공 (7) 산사태 발생
(8) 지하수, 용수 다량 용출

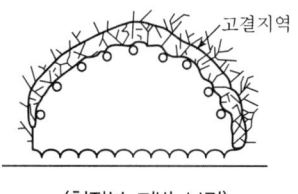

〈천장부 지반 보강〉

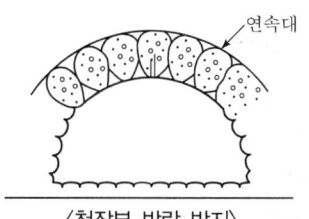

〈천장부 박락 방지〉

2 대책

(1) 적절한 종류 및 규격의 지보재 설치 (2) 적절한 시기의 지보재 설치
(3) 배수 처리 (4) 지반보강공법 채택
(5) 계측관리 (6) 라이닝 시공 두께 및 강도 확보
(7) 인버트 콘크리트 시공

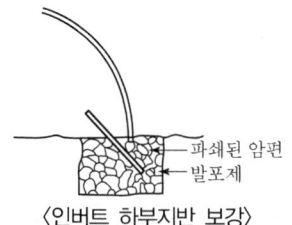

〈인버트 하부지반 보강〉

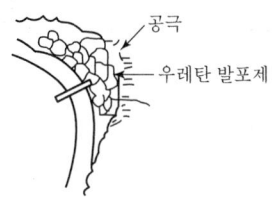

〈봉합 및 공동충진〉

15 NATM 터널의 유지관리 계측

NATM 터널의 유지관리를 위해서는 일반적인 갱내 관찰이나 라이닝 변형 측정 등이 대표적이며 단면계측으로는 토압, 간극수압, 철근의 응력 등을 통한 계측이 중요하다.

1 일반관리 계측

(1) 갱내 관찰·조사 : 조명, 환기상태, 온도, 습도, 콘크리트의 균열, 누수, 배수로 상태 조사
(2) 라이닝 변형 측정 : 콘크리트 라이닝의 안정성 확인, 지보재 및 주변 지반의 안정성 간접확인, 균열 발생 시 원인조사
(3) 용수량 측정 : 콘크리트 라이닝 수압작용 여부

2 대표 단면 계측

(1) 토압 측정
(2) 간극수압 측정
(3) 콘크리트 라이닝의 응력 측정
(4) 철근 응력 측정
(5) 지하수위 측정

3 유지관리 계측 항목

계측항목	내용
토압	• 터널라이닝 설계의 적정성 평가 • 지반의 이완영역 확대 여부 및 지반응력의 변화 조사
간극수압	• 배수터널의 배수기능 저하에 따른 잔류수압 상승 여부 측정 • 비배수터널의 라이닝 작용 시 수압 측정 • 수압에 따른 라이닝의 안정성 확인
지하수위	• 간극수압 측정 시의 신뢰성 평가 • 터널 내 용수량과의 상관성 평가
콘크리트 응력	• 외부 하중으로 인한 콘크리트 라이닝의 응력 측정 • 콘크리트 라이닝이 구조체로 설계된 경우 라이닝 내부 응력 측정

계측항목	내용
철근응력	• 외부 하중으로 인한 콘크리트 라이닝 내의 철근응력 측정 • 콘크리트 라이닝 응력 측정 결과의 신뢰성 검증
내공변위	외부 하중으로 인한 콘크리트 라이닝의 변위량을 측정하여 터널 구조물의 안정성 판단
균열	콘크리트 라이닝에 발생한 균열의 진행 상태를 측정하여 터널의 안전성 판단
건물경사	터널 구조물의 거동으로 인한 지상 건물의 기울기를 측정하여 건물의 안전성 판단
진동	지진 발생 시 터널 구조물의 안전성 판단 및 열차 운행 등에 의한 주변 구조물의 진동 영향 판단
온도	콘크리트 라이닝의 온도 영향 판단

16 터널 용수대책

터널 굴착 도중 용수가 발생하면 지보공 기초 지지력 저하의 원인이 되며 이로 인해 지보공의 침하에 의한 붕괴사고의 위험성이 발생되므로 지수대책이 필요하다.

1 공법의 종류

구분	공법
차수공법	• 약액주입공법 • 압기공법 • Grouting : Pregrouting, Aftergrouting
배수공법	• 물빼기 갱도 • 물빼기 Boring • Deep Well, Well Point

2 고려사항

(1) 용수상황
(2) 붕괴 정도
(3) 입지환경조건
(4) 경제성

3 용수대책

(1) **배수 파이프 설치** : 염화비닐 파이프 설치 후 Shotcrete 타설
(2) **철망 시공** : 용수 발생부에 호스를 사용하여 일차적으로 용수를 제거한 후 철망 시공 후 방수시트 부착
(3) **물빼기공** : 용수 발생량이 많은 경우 물빼기공 시공

17 스프링라인

터널의 스프링라인이란 발생터널직경의 최대폭이 이루어지는 점의 종방향 연결선으로 하중분산을 통한 안정성 도모와 아칭효과의 극대화를 위해 관리한다.

1 스프링라인의 변화요소

(1) 여굴량
(2) 굴착량
(3) 지반조건

2 스프링라인의 활용

(1) 상하반 굴착 분할선
(2) 아칭효과 극대화
(3) 심빼기 발파의 위치 선정
(4) 보조공법의 범위 선정

3 영향요소

직접 요소	간접 요소
• 건축한계선 • 측방 유동폭 • 터널폭	• 배수공 • 공동구 • 환기시설

4 아칭효과 : 수직전단력, 수평자중 및 휨모멘트의 저감

(1) 상부 : 인장력
(2) 하부 : 압축력
(3) 측면 : 수평반력

18 터널 내 환기시설 설치·관리 준수사항

1 개요

터널 내 근로자 보건위생을 위한 환기시설 설치 및 관리는 터널 전 지역에 항상 신선한 공기를 공급할 수 있는 용량의 환기설비가 설치되어야 한다.

2 환기용량 산출 시 고려해야 하는 기준항목

(1) 발파 후 가스 단위 배출량을 산출하고 이의 소요환기량
(2) 근로자의 호흡에 필요한 소요환기량
(3) 디젤기관의 유해가스에 대한 소요환기량
(4) 뿜어붙이기 콘크리트의 분진에 대한 소요환기량
(5) 암반 및 지반 자체의 유독가스 발생량

3 환기시설 설치관리 준수사항

(1) 터널 전 지역에 항상 신선한 공기를 공급할 수 있는 용량의 환기설비가 설치해야 한다.
(2) 발파 후 유해가스, 분진 및 내연기관의 배기가스 등을 신속히 환기시켜야 하고 발파 후 30분 이내 배기, 송기가 완료되도록 한다.
(3) 환기가스처리장치가 없는 디젤기관은 터널 내 투입을 금지해야 한다.
(4) 터널 내의 기온은 37℃ 이하가 되도록 신선한 공기로 환기시켜야 하고 근로자의 작업조건에 유해하지 아니한 상태를 유지해야 한다.
(5) 소요환기량에 충분한 용량의 설비를 하여야 하며 중앙집중환기방식, 단열식송풍방식, 병열식송풍방식(터널환기방식) 등의 기준에 의하여 적정한 계획을 수립해야 한다.

PART
13 교량

ACTUAL
INTERVIEW

01 교량상부공가설공법의 안전작업에 관한 기술지원규정

[D-C-2-2025]

안전보건규칙 제42조(추락의 방지)에 관한 내용은 아래와 같고, 거푸집·동바리와 관련된 조항(제328~355조) 내용을 고려하여 필요한 안전조치를 하여야 한다.

1 추락의 방지 〈규칙 제42조〉

① 사업주는 근로자가 추락하거나 넘어질 위험이 있는 장소[작업발판의 끝·개구부(開口部) 등을 제외한다] 또는 기계·설비·선박블록 등에서 작업을 할 때에 근로자가 위험해질 우려가 있는 경우 비계(飛階)를 조립하는 등의 방법으로 작업발판을 설치하여야 한다.

② 사업주는 제1항에 따른 작업발판을 설치하기 곤란한 경우 다음 각 호의 기준에 맞는 추락방호망을 설치해야 한다. 다만, 추락방호망을 설치하기 곤란한 경우에는 근로자에게 안전대를 착용하도록 하는 등 추락위험을 방지하기 위해 필요한 조치를 해야 한다.

1. 추락방호망의 설치위치는 가능하면 작업면으로부터 가까운 지점에 설치하여야 하며, 작업면으로부터 망의 설치지점까지의 수직거리는 10미터를 초과하지 아니할 것
2. 추락방호망은 수평으로 설치하고, 망의 처짐은 짧은 변 길이의 12퍼센트 이상이 되도록 할 것
3. 건축물 등의 바깥쪽으로 설치하는 경우 추락방호망의 내민 길이는 벽면으로부터 3미터 이상 되도록 할 것. 다만, 그물코가 20밀리미터 이하인 추락방호망을 사용한 경우에는 제14조 제3항에 따른 낙하물 방지망을 설치한 것으로 본다.

③ 사업주는 추락방호망을 설치하는 경우에는 한국산업표준에서 정하는 성능기준에 적합한 추락방호망을 사용하여야 한다.

④ 사업주는 제1항 및 제2항에도 불구하고 작업발판 및 추락방호망을 설치하기 곤란한 경우에는 근로자로 하여금 3개 이상의 버팀대를 가지고 지면으로부터 안정적으로 세울 수 있는 구조를 갖춘 이동식 사다리를 사용하여 작업을 하게 할 수 있다. 이 경우 사업주는 근로자가 다음 각 호의 사항을 준수하도록 조치해야 한다.

1. 평탄하고 견고하며 미끄럽지 않은 바닥에 이동식 사다리를 설치할 것
2. 이동식 사다리의 넘어짐을 방지하기 위해 다음 각 목의 어느 하나 이상에 해당하는 조치를 할 것

가. 이동식 사다리를 견고한 시설물에 연결하여 고정할 것
　　　나. 아웃트리거(Outrigger, 전도방지용 지지대)를 설치하거나 아웃트리거가 붙어있는 이동식 사다리를 설치할 것
　　　다. 이동식 사다리를 다른 근로자가 지지하여 넘어지지 않도록 할 것
　3. 이동식 사다리의 제조사가 정하여 표시한 이동식 사다리의 최대사용하중을 초과하지 않는 범위 내에서만 사용할 것
　4. 이동식 사다리를 설치한 바닥면에서 높이 3.5미터 이하의 장소에서만 작업할 것
　5. 이동식 사다리의 최상부 발판 및 그 하단 디딤대에 올라서서 작업하지 않을 것. 다만, 높이 1미터 이하의 사다리는 제외한다.
　6. 안전모를 착용하되, 작업 높이가 2미터 이상인 경우에는 안전모와 안전대를 함께 착용할 것
　7. 이동식 사다리 사용 전 변형 및 이상 유무 등을 점검하여 이상이 발견되면 즉시 수리하거나 그 밖에 필요한 조치를 할 것

2 사전 준비 시 검토사항

(1) 사전조사 및 설계도서의 작성 및 검토

설계도서 작성 시 설계자의 확인 사항은 다음과 같다.

① 교량이 위치할 지역에 대한 상세한 현황 조사를 실시해야 한다. 이는 지형, 환경 조건, 교통 흐름, 하중 조건 등을 포함하며, 교량 건설에 영향을 미칠 수 있는 모든 요소를 평가한다.

② 교량의 기초가 놓일 지반의 지질조사와 토질시험을 수행하여 지반의 안정성을 평가하고, 그 결과를 반영하여 상부 구조물 설계를 해야 한다.

③ 교량이 위치할 지역의 기상 조건, 수문학적 데이터(에 홍수위, 하천 흐름 등)를 분석하여 설계에 반영해야 한다. 이는 교량의 내구성과 기능성에 직접적인 영향을 미친다.

④ 구조 해석 결과와 구조 도면, 재료 사양, 시공 방법 등을 포함한 설계도서를 이해하기 쉽게 작성해야 하며, 모든 공사 관계자가 명확히 이해할 수 있도록 해야 한다.

⑤ 구조도면에는 교량의 주요 구성 요소(거더, 데크, 슬래브 등)의 재료 종류, 치수, 배치간격, 시공 순서, 시공 방법 등을 명확히 기록해야 한다.

⑥ 교량 시공 중 하중 변화, 기상 변화, 구조적 변형 등으로 인한 위험을 예방하기 위해 필요한 모니터링 항목을 정하고, 이에 대한 계측 계획을 수립해야 한다.

⑦ 시공자가 특별히 주의하여 시공해야 하는 사항(예 복잡한 구조물의 조립, 특정 하중조건 등)에 대해서는 특기시방서를 작성하거나 설계 도면에 명기하여 안전하고 정확한 시공이 이루어질 수 있도록 한다.

(2) 설계도서의 검토 및 이행 확인 사항
① 교량 상부 구조물의 설계 내용이 실제 현장 조건과 부합되는지 여부를 공사 과정 중에 설계자가 지속적으로 확인하도록 하여야 하며, 만약 현장 조건과 설계 내용이 불일치할 경우 적절한 대책을 신속히 수립하여야 한다.
② 작업 시작 전에 현장 조건이 설계 도서와 일치하는지를 철저히 확인하고, 불일치한 사항이 발견될 경우 즉시 감독 및 감리자에게 보고하여 적절한 대처 방안을 상호 협의하여야 한다.
③ 감독 및 감리자가 없는 현장일 경우, 현장 조건과 설계 도서가 불일치하는 상황에서는 책임 있는 외부 전문 기술자의 의견을 수렴하여 이를 바탕으로 적절한 조치를 취하여야 한다.

(3) 작업장 주변 조사 및 안전대책
① 교량 상부구조물 설치 위치에 가스관, 상·하수도관, 통신선로 등 지하 매설물의 유무를 유관기관의 설계도서를 통해 사전에 조사하고, 필요시 인력 조사나 탐사 장비를 사용하여 정확한 위치를 확인하며, 이설이 필요한 경우 적절한 대책을 수립하여야 한다.
② 교량 상부공 공사 작업장 주변에 고압 전선이나 전주가 위치하여 크레인 및 고소 작업 시 감전사고의 위험이 있을 경우, 방호관 설치, 방책 설치 및 작업 중 신호수 배치 등 감전사고 예방을 위한 대책을 수립하여야 한다.
③ 인접하여 다른 구조물 공사나 지하 굴착 작업이 있을 경우, 해당 작업이 교량 상부공 공사에 미칠 영향을 사전에 조사하고, 필요한 경우 진동 및 소음 차단 대책 등을 포함한 안전 대책을 수립하여야 한다.
④ 교량 상부공 설치 부근의 작업 영역 내에서는 차량의 통행 및 재료 적치를 최소화하도록 계획하고, 부득이하게 적재가 필요할 경우 해당 구역의 하중 및 안정성을 철저히 검토하여 안전성을 확보하여야 한다.

(4) 시공계획 수립
시공계획서를 작성하여 감독 및 감리자에게 제출하고 그의 승인을 얻은 후 작업을 시행하여야 하며, 시공계획서에는 다음과 같은 사항을 반드시 포함하여 작성하여야 한다.

① 상세한 공사 위치, 사용 기계 및 장비, 공정 계획, 지장물 처리 방법 등
　　② 교량 구조물의 하중 조건, 기상 조건, 수문학적 데이터 등을 고려하여 각 공정 단계에서 충분한 안정성을 확보할 수 있는 시공계획
　　③ 교량 상부 구조물 설치 시 인접 구조물 및 도로와의 관계를 고려하여 발생할 수 있는 영향을 최소화하기 위한 안전 대책
　　④ 거더, 데크, 슬래브 등의 주요 부재의 재질, 배치, 치수, 설치 시기, 시공 순서, 시공법, 장비 계획, 지장물 철거 계획, 임시 교량 및 안전시설 설치 계획 등
　　⑤ 설계도면과 현장 조건이 일치하지 않을 경우, 그 처리 대책으로서 전문 기술인이 작성하고, 공사 감독자가 인정하는 자격을 갖춘 기술인이 서명 날인한 수정 도면, 계산서, 검토서, 시방서 등을 포함하는 설계 검토 보고서
　　⑥ 교량 시공 중 구조적 변형, 하중 변화 등을 모니터링하기 위한 계측계획
　　⑦ 교량 시공 중 또는 완료 후 발생할 수 있는 배수 문제 및 구조물의 안정성 확보를 위한 배수 처리 및 부상방지대책
　　⑧ 교량 공사로 인한 교통 흐름의 영향을 최소화하기 위한 교통 처리 계획, 교통안전요원의 운영 계획 및 관련 기관과 협의된 사항 등이 포함된 교통처리계획
　　⑨ 공사 감독자가 필요하다고 인정하여 요구하는 기타 사항

(5) **자재의 반입 및 관리, 점검**
　　① 자재 반입 시 사전 설계도서에서 요구하는 성능 이상의 자재를 사용해야 하며, 자재의 종류, 규격, 수량, 제조사 등을 명기한 자재 승인요청서를 작성하여 감독 및 감리자에게 제출하고 승인을 받은 후 반입한다. 반입된 자재는 현장에서 자체 검수를 실시하고, 감독 및 감리자의 검수를 받아야 한다. 만약 부적격한 자재가 발견될 경우, 즉시 현장 밖으로 반출하여야 한다.
　　② 자재는 가능한 즉시 사용이 가능하도록 필요한 양만큼 순차적으로 반입하며, 장기간 보관이 필요할 경우에는 자재가 양호한 상태로 유지되도록 관리해야 한다. 이를 위해 부식, 마모, 변형 등이 발생하지 않도록 적절한 보관 방법을 적용해야 한다.
　　③ 시공 전에 교량 상부공의 각 부재가 설계도서에 명시된 규격 및 재질과 일치하는지, 단면 손상 여부, 구부러짐 정도 등을 철저히 점검해야 하며, 이상 유무를 확인해야 한다. 필요한 경우 추가적인 시험이나 검사를 통해 자재의 적합성을 재확인한다.

(6) 건설장비 및 기계·기구 사용 계획
  ① 교량 상부공 공사에 필요한 장비 사용 시, 장비의 특성, 작업 내용, 장비 사용 방법, 주변 환경 및 운행 경로 등을 종합적으로 고려한 장비 사용 계획을 수립한다. 특히 크레인, 콘크리트 펌프카 등 양중 장비의 경우, 작업 현장의 제약 조건과 안전성을 충분히 검토하여 효율적이고 안전한 장비 배치를 계획해야 한다.
  ② 용접기, 절단기, 가설 전등, 고압 살수기, 양수기 등 전기 기계·기구 사용에 있어서는 자동 전격 방지기, 접지, 누전 차단기, 분전반, 전등 보호망, 가공 배선 등 감전 방지조치를 포함한 전기 이용 계획을 철저히 수립한다. 이를 통해 작업자와 장비의 안전을 보장하며, 전기 설비의 점검 및 유지보수를 정기적으로 실시하여 사고를 예방한다.

(7) 작업 안전관리
  ① 작업 시작 전에 관리감독자를 지정하여 작업을 지휘하도록 하여야 한다.
  ② 근로자들에게 안전모, 안전대 등 개인보호구를 점검하게 하고, 작업 전에 보호구의 착용방법 교육을 실시하고, 작업 중에는 착용 여부 및 상태를 확인하여야 한다.
  ③ 안전한 작업 방법에 대한 교육을 실시하고, 작업 현장에서 작업을 지휘하여 근로자들이 안전 수칙을 준수하도록 한다.
  ④ 근로자들이 지시에 따라 안전한 작업 절차를 엄격히 따르도록 한다.
  ⑤ 관리감독자는 건강 상태를 작업 전에 확인하여 작업 배치의 적정성 여부를 결정하여야 한다.
  ⑥ 근로자의 안전을 보장하기 위해 작업장 내 안전시설의 적절한 설치와 보호구 착용상태를 감시하며, 악천후 시 작업 중지 여부를 결정하고, 관계 근로자 외의 인원의 출입을 통제하는 등의 업무를 수행해야 한다.
  ⑦ 근로자들은 작업 중 항상 필요한 보호구를 착용하고, 불안전한 행동을 하지 않도록 주의해야 한다.
  ⑧ 작업 전에 지상에서 교량 작업 구역까지 접근할 수 있는 안전 통로 계획을 수립해야 하며, 가설 계단이나 안전 로프 등을 설치하여 근로자들이 안전하게 이동할 수 있도록 한다.
  ⑨ 근로자는 작업 중 이상 현상이나 잠재적 위험 요인을 발견하면 즉시 관리감독자에게 보고해야 하며, 관리감독자는 붕괴 등의 위험이 있을 경우 즉각적으로 근로자들을 안전한 장소로 대피시키고, 작업장의 안전성을 지속적으로 유지하여야 한다.

❸ 시공 전 준수사항

(1) 공사현장의 제반 여건과 설계도서에서 정하고 있는 작업 단계별 작업 방법에 부합하고 공사용 장비 적용상의 문제가 없는지 검토한 후, 상세한 작업 계획을 수립하고 감독관청의 승인을 받아야 한다.
(2) 작업계획서는 공법에 대한 이해와 경험을 갖춘 자가 수립하여야 하며, 공사 중에는 계획서의 내용 이행 여부를 수시로 확인하여야 한다.
(3) 작업 시작 전에 관리감독자를 지정하여 작업을 지휘하도록 하여야 한다.
(4) 관리감독자는 작업 시작 전에 위험성평가를 실시하여 유해 및 위험 요소를 확인하여야 한다. 작업 순서, 방법, 절차, 위험 요인 및 이에 대한 안전 수칙을 근로자에게 숙지시키고, 이행 여부를 확인하여야 한다.
(5) 관리감독자는 재료 및 기구의 결함 유무를 점검하여 불량품을 제거해야 한다. 안전모, 안전대 등 근로자의 개인 보호구 착용 방법을 교육하고, 착용 여부 및 상태를 지속적으로 확인하여야 한다.
(6) 시공자는 고소작업에 따른 위험 요인에 대한 근로자들의 안전을 고려하여 추락 및 낙하물 방지 시설을 설치하여야 한다.
(7) 추락의 위험이 있는 작업 발판에는 근로자가 안전하게 승강할 수 있는 승강설비 및 안전 난간을 갖추어야 한다.
(8) 작업장 내 고압 송전선로, 전기·통신 케이블 등 장애물 현황을 사전에 조사하여 이설하거나 방호시설을 갖추는 등의 안전 조치를 하여야 한다.
(9) 근로자의 건강 상태를 작업 전에 확인하여 작업 배치의 적정 여부를 결정하여야 한다.
(10) 사용 예정 장비는 안전 점검을 실시하여 이상이 발견된 때에는 정상적인 장비로 교체하거나 정비하여 이상이 없음을 확인한 후 사용하도록 한다.
(11) 위험 기계·기구의 방호장치를 점검하고, 이상이 있는 경우에는 정상적인 제품으로 교체하여야 한다.
(12) 화재의 위험이 있는 용접 및 용단 작업 장소에는 소화기, 방화수 등을 비치하여 초기 소화가 가능하도록 해야 하며, 작업장 내 공구 및 자재를 정리정돈하여 낙하 및 비래 등의 재해를 예방해야 한다. 또한, 강풍, 강우 등의 악천후 시에는 작업을 중지하여 안전을 확보하여야 한다.
(13) 공사 차량의 출입로를 확보하고 차량 유도 계획을 수립하여 제3자에게 피해를 주지 않도록 하여야 한다.
(14) 작업 시작 전에 가설 통로, 안전 방망, 안전 난간 등 안전시설의 설치 상태를 확인하여야 한다.

4 시공 중 준수사항

(1) 작업계획서의 이행 여부를 수시로 확인하여야 한다.
(2) 중량부재를 크레인으로 인양할 경우에는 부재에 인양용 러그(Lug)를 설치하여 사용하도록 한다.
(3) 중량물 부품을 운반하여 지면에 임시 적재할 때에는 반드시 받침목을 고이고 균형을 잡은 후 적재하여야 한다.
(4) 장비의 반입·반출 등 크레인을 사용하여 조립 및 해체작업을 하는 경우에는 작업방법 및 순서 등이 포함된 중량물 취급 작업계획을 수립하고 이를 당해 근로자에게 주지시켜야 한다.
(5) 작업 후 작업장 및 통로 등의 정리정돈을 철저히 실시하여야 한다.
(6) 작업장 내 공구 및 자재를 정리정돈하여 낙하·비래 등의 재해를 예방하여야 하고, 강풍, 강우 등의 악천 후 시에는 작업을 중지하여야 한다.
(7) 거푸집 설치 및 철근 조립 시에는 다음 사항을 준수하여야 한다.
   ① 거푸집 조립 시 근로자의 추락을 방지하기 위해 안전대 부착시설 및 안전난간을 설치하여야 한다.
   ② 바닥판과 단부 측, 지상에서 거푸집 상부 측으로 이동할 수 있는 이동용 승강설비를 설치하여야 한다.
   ③ 거푸집 박리제로 인한 미끄러짐을 방지하고, 유압 작동 시 유압호스의 파손을 주의하여야 한다.
   ④ 내부 거푸집의 원치 회전부에는 덮개를 설치하여 근로자의 부상을 방지하여야 한다.
   ⑤ 철근 및 강선에 의한 베임 및 찔림에 주의하고, 운반 시 자재의 낙하가 일어나지 않도록 주의하여야 한다.
   ⑥ 가공 철근 인양작업 시 낙하물이 발생하지 않도록 안전하게 작업하여야 한다.
   ⑦ 철근 배근 및 거푸집 설치 시 추락방지를 위해 작업높이를 감안한 작업발판을 설치하여야 한다.
   ⑧ 콘크리트 타설 및 양생 작업 시에는 다음 사항을 준수하여야 한다.
      ㉠ 콘크리트 타설 방법 및 순서를 철저히 준수하여야 한다.
      ㉡ 진동다짐기의 감전 방지를 위해 접지 및 누전차단기가 설치된 분전반을 사용하고, 작업 전후로 전선의 상태를 확인하여야 한다.
      ㉢ 콘크리트 타설 시 펌프카는 안정된 지반에 설치하고, 받침목을 사용하여야 한다.

ⓔ 콘크리트 타설 직후 직사광선이나 바람에 의한 표면건조를 방지하기 위한 조치를 하여야 한다.
　　ⓜ 증기양생 시 화상을 방지하고, 보일러의 압력용기 및 배관라인의 증기 누출 여부를 확인하여야 한다.
⑨ 거푸집 해체 작업 시에는 다음 사항을 준수하여야 한다.
　　㉠ 거푸집 탈형은 정해진 순서에 따라 진행하며, 임의로 안전시설물을 해체하지 않도록 통제하여야 한다.
　　㉡ 유압호스 및 유압잭 작동 상태를 철저히 점검하여야 한다.
　　㉢ 탈형 전에 상부 자재를 정리하여 낙하, 비래 사고 등을 예방하여야 한다.

02 사장교와 현수교의 차이점

사장교는 케이블과 거더의 접속점에서 처짐변형이 발생하고 이 처짐에 비례한 반력을 케이블과 거더가 받는 구조이므로 다경 간의 연속보로 치환할 수 있고 고차의 부정정 구조가 된다.
현수교의 행거는 보강거더의 하중을 케이블에 전달하는 역할을 하고, 보강거더는 활하중을 케이블로 전달하는 역할을 담당하며 지점으로 전달하는 활하중 성분은 거의 없다.

구분	사장교	현수교
개념	주탑에 정착된 경사케이블에 의해 보강형을 지지하는 형식	앵커리지와 주탑으로 케이블을 지지하고 케이블에 행어를 매달아 보강형을 지지하는 형식
지지형식	주탑 : 하프형, 방사형, 팬형, 스타형	주탑 : 앵커리지, 자정식, 타정식
하중 전달경로	하중 케이블 주탑	하중 → 행거 → 현수재 → 주탑, 앵커리지
구조의 특성	고차 부정정 구조 • 연속거더교와 현수교의 중간적 특징	저차 부정정 구조 • 활하중이 지점부로 거의 전달되지 않음
장단점	• 현수교에 비해 강성이 커 비틀림 저항이 크다. • 케이블 응력 조절이 용이하여 단면을 줄일 수 있다. • 장대화될수록 보강형 압축력 과다 및 주탑 높이가 증가된다.	• 장경간에 경제적이다. • 풍하중에 대한 보강이 필요하다. • 하부구조 설치가 곤란한 지형에 유리하다.
대표 교량	서해대교, 올림픽대교, 돌산대교, 진도대교, 인천대교	영종대교, 남해대교, 광안대교, 광양대교

03 세굴 방지공법의 종류

교대나 말뚝의 안정성 위험요소인 세굴의 방지공법으로는 말뚝에 의한 방법이나 세굴방지공 등의 공법을 적용할 수 있다.

공법	개요	보수단면
말뚝공법	시트 파일이나 Pipe 등을 기초 외면에 시공하고 그라우팅하여 채움으로써 세굴이나 기초 지지력에 대해 보강하는 공법으로, 시공 시 말뚝 길이에 제한이 따르는 경우가 있다.	그라우팅 / 말뚝
세굴방지공 공법	세굴방지공을 이용하여 기초를 보호하고 세굴방지를 도모하는 공법으로, 시공이 비교적 용이하나 영구적인 공법으로 미흡하다.	세굴방지공
기초의 확대 공법	• 지반의 위치에 기초를 설치하여 주로 수평력에 저항케 하여 보강하는 공법으로, 세굴 및 지지력의 향상을 도모한다. • 신구 부재의 연결에 유의하여야 한다.	지수판
말뚝 증설 공법	• 신설 말뚝을 기존 주변에 설치하고 기초를 확대하는 공법으로, 지지력에 대해 보강하는 것이다. • 비교적 효과가 확실하며, 교량 아래에서의 시공 시에는 말뚝 길이는 제한이 따른다.	
지중연속벽 공법	• 지중연속벽을 기존 기초 주위에 설치하고 기존 구체와 일체화시키는 공법으로, 지지력 및 세굴에 대해 보강하는 것이다. • 보강효과가 확실하며, 토질조건에 따라 시공법을 선정해야 한다.	기존 기초
기초 연결 공법	• 인접한 기초 간을 철근 콘크리트 슬래브로 연결하여 기초의 안정을 도모하는 공법으로, 작은 지간의 교량에 적용할 수 있다. • 지지력과 기초의 변위에 효과가 있으며, 시공 중 가시설이나 유수의 우회조치 등이 필요할 때가 있다.	철근 콘크리트 슬래브
지반 개량 공법	• 그라우팅이나 생석회 말뚝, 소일 시멘트, 약액주입 등을 기초 주변에 시공하여 연약 지반의 지지력을 증대시키는 공법으로, 지지력이나 포화된 사질 지반의 개량 등에 효과가 있다. • 지반의 개량 범위에 유의하여야 한다.	그라우팅 주입

04 FCM 처짐관리(Camber Control)

FCM 공법에 의한 Segment 타설 시 시공기간, 시공하중 등에 따라 시공단계마다 Segment의 처짐이 발생하게 되는데 설계단계에서 처짐 계산에 의한 처짐곡선을 작성하고 시공단계에서 단계별 실측과 검토를 통하여 처짐량을 관리하는 것을 처짐관리라 한다.

1 처짐관리의 목적

① 매 세그먼트 타설 시 처짐량을 설계값과 일치시킴
② Key Segment 시공 시 종·횡 선형을 일치시킴
③ 교량 완공 후 변형 발생 시에 원하는 최종 선형에 도달시킴

2 처짐관리의 흐름도

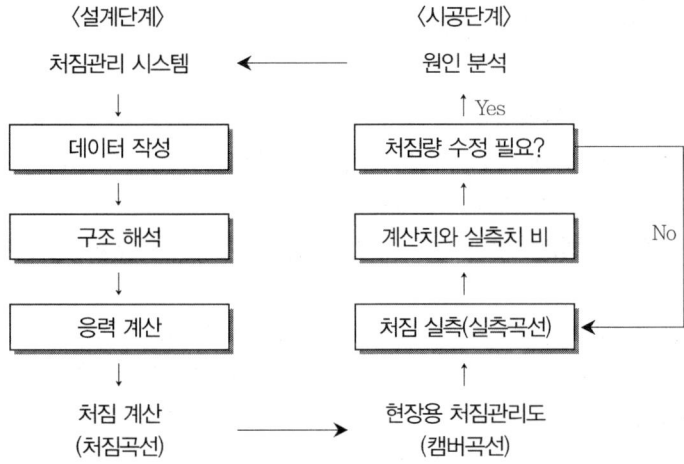

05 TMCP 강재

TMCP(Thermo Mechanical Controlled Process) 강재란 압연가공 과정에서 열처리 공정을 동시에 실행하여 제조된 강재이다.

1 압연과 분괴압연

(1) 압연
　① 반대방향으로 회전하는 Roller에 가열상태의 강을 끼워 성형해가는 방법
　② 강괴를 1,100~1,250℃에서 열간압연하고, 소요단면으로 강조립하는 공정을 분괴압연이라 한다.

(2) 압연과 TMCP 강재
　분괴압연 또는 연속주조에 의해 만든 강편을 열간 또는 냉간에서 압연하여 판재, 형강, 봉강 등의 압연강재로 마감한다.

2 TMCP 강재의 특성

(1) 용접부 취성 증대 : 철강 재료에서 탄소 등의 합금원소가 첨가되면 강도 상승 효과가 있지만 용접부 취성이 증대된다.
(2) 냉각조건에 의한 압연 : 압연 시 냉각조건에 의한 제어를 통하여 미세 결정체에 의해 고강도를 얻는다.
(3) 용접 열 영향 감소 : 냉각압연 시 합금원소의 첨가량이 적게 소요되고 따라서 탄소량을 낮출 수 있기 때문에 용접 열 영향을 최소화할 수 있다.
(4) 예열 불필요 : 예열 없이 상온에서 용접할 수 있고 결함 발생이 적다.
(5) 강재 사용량 절감 : 두께 40mm 이상 후물재는 항복강도가 높아 강재 사용량을 절감할 수 있다.
(6) 고층 건축물 적용 : 강도가 높아 고층 건축물 적용에도 매우 유리하다.

06 LB(Lattice Bar) Deck

동바리 거푸집 설치를 생략하기 위한 공법으로 교량 바닥판 시공에서 고강도의 콘크리트로 제작한 얇은 콘크리트 패널과 Lattice–girder를 합성한 프리캐스트 패널(LB–Deck)을 전용 작업대차로 거더와 거더 사이에 거치하고, 그 위에서 바닥판의 철근 배근과 콘크리트 타설작업을 할 수 있도록 한다.

1 제작방법

(1) LB–Deck는 바닥판 시공에 사용되는 고강도 거푸집 겸용 프리캐스트 콘크리트 패널을 말한다.
(2) Lattice–girder와 고강도 프리캐스트 콘크리트 패널을 합성하여 제작한다.
(3) 현장 타설 콘크리트와 합성 후에는 교량 바닥판의 구조체로서 역할을 수행한다.

2 구성

(1) **콘크리트 패널** : 거푸집 역할
(2) **인장철근** : 가시설 작업하중에 저항하기 위한 철근
(3) Lattice–girder

07 차량재하를 위한 교량의 영향선

교량의 영향선은 단위하중이 구조물 위를 지나갈 때에 특정 기능(반력, 전단력, 휨모멘트, 처짐, 트러스 부재력 등)의 값을 단위하중의 작용위치마다 표기한 선도를 의미한다.

1 영향선의 용도
(1) 특정 기능(전단력, 모멘트 등)에 대한 영향선을 그렸을 때 그 기능의 최댓값을 주는 활하중의 위치를 결정하여 준다.
(2) 위치가 결정된 활하중으로 인한 특정된 기능의 최댓값을 산정할 수 있다.

2 영향선의 작도방법
(1) 구조물의 어느 한 응력요소(반력, 전단력, 휨모멘트, 처짐 등)에 대한 영향선의 종거는, 구조물에서 그 응력요소에 대응하는 구속을 제거하고 그 점에 응력요소에 대응하는 단위 변위를 일으켰을 때의 처짐곡선의 종거와 같다. 이를 Müller–Breslau의 원리라고 한다.
(2) 이러한 Müller–Breslau의 원리는 영향선의 작도에 아주 편리한 지름길을 마련해 주며, 특히 부정정구조물의 정성적 영향선을 작성하는 데 불가결의 원리이다.

3 작도된 영향선의 적용 예(최대 부모멘트 적용 시)

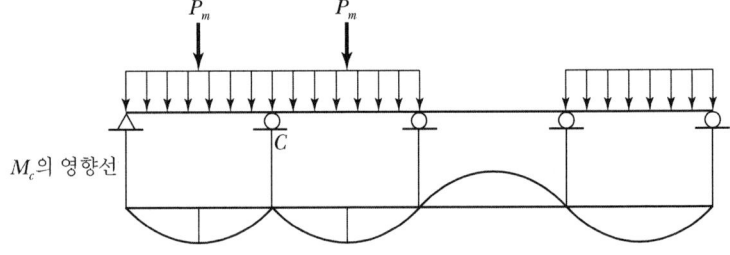

08 라멜라티어(Lamellar Tear)

강재를 T자 형태로 용접할 때 강재 표면과 평행으로 발생되는 층상 균열을 말한다.

1 형태

(1) **전파균열**
   Root부 또는 지단부의 저온 균열을 기점으로 하여 비금속 개재물을 따라 전파되는 균열

(2) **개구균열**
   맞댐 접합부에서의 비금속 개재물에 의한 개구 균열

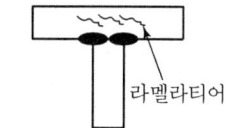

2 원인

(1) 단면 수축률이 낮을 때
(2) 금속 성분 중의 S(유황)과 비금속 개재물(MnS)의 영향
(3) 강재의 두께가 두꺼울 때
(4) 1회의 용접량이 클 때

3 대책

(1) 개구균열에 대한 대책은 저수소계 용접재료 사용
(2) 일반강 대비 S(유황) 성분을 낮게 관리
(3) 비금속 개재물의 구상화 처리 공정
(4) 두께 방향의 연성이 우수한 Lamellar Tearing 사용

09 진응력과 공칭응력

부재 단면의 축하중에 의해서 발생되는 응력은 적용되는 단면적에 따라 진응력과 공칭응력으로 구분한다.

1 진응력

단면에 작용하는 하중을, 하중으로 인하여 축소된 단면적으로 나누어 구한 값을 진응력이라 한다.

$$진응력 = \frac{하중(P)}{축소된\ 단면적(A')}$$

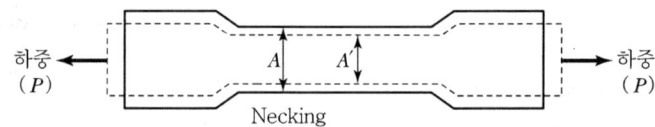

2 공칭응력

단면에 작용하는 하중을 축소된 단면적을 무시하고 최초의 단면적으로 나누어 구한 값을 공칭응력이라 한다.

$$공칭응력 = \frac{하중(P)}{최초의\ 단면적(A')}$$

10 설퍼밴드(Sulfur Band) 균열

강은 제조작업의 마지막 과정에서 탈산작업과 응고작업을 거치는데, 이때 탈산이 제대로 되지 않은 림드강의 내부에 불순물(유황의 편석)이 층상으로 압연된 것을 설퍼밴드라 한다.

1 균열발생 원인

(1) 용접 중 용접열에 의한 응력 집중
(2) 강의 용접성 저하
(3) 강재 내부에 불순물(유황 등) 압연
(4) 강의 연성 저하
(5) 서브머지드아크 용접

2 대책

(1) 비금속물 개체물의 구상화 처리 공정 추가
(2) 유황(S) 성분이 낮은 강 사용
(3) 예열 실시
(4) Lamellar Tearing 사용
(5) **후열 처리** : 300~650℃ 정도
(6) 응력 제거

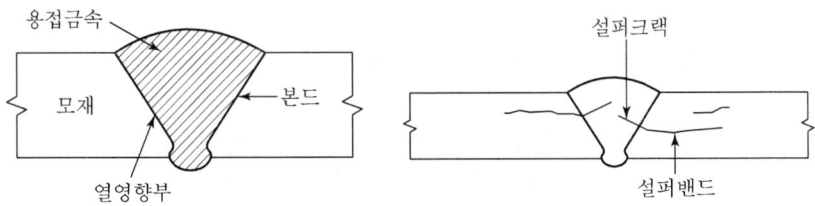

11 Preflex Beam

Preflex Beam은 Camber가 주어진 상태로 제작된 Steel Beam에 미리 설계 하중을 부하시킨 후 하부 Flange 둘레에 콘크리트를 타설하여 제작한 합성 Beam으로, Steel Beam 제작 후 미리 설계하중을 부하시 킴으로써 Steel Beam 안전도 검사를 미리 할 수 있는 장점이 있다.

1 제작순서

(1) H-Beam 또는 I-Beam 강재를 Camber가 주어진 상태로 제작

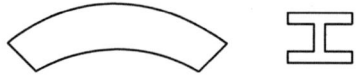

(2) Preflexion 상태에서 설계하중을 가함

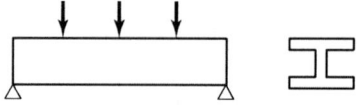

(3) 하중을 가한 상태에서 하부 Flange 둘레에 콘크리트를 타설 후 양생

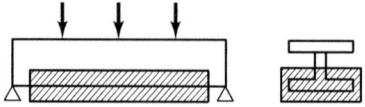

(4) 설계 하중을 제거하면 하부 콘크리트에는 Pre-Compression이 도입됨

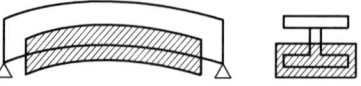

(5) PC 부재가 완성되면 현장에서 거치한 후 Slab 콘크리트를 타설하고 마감

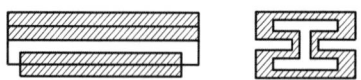

PART 14 항만/하천/댐

ACTUAL INTERVIEW

01 방파제의 종류

방파제는 하역의 원활화, 선박의 항행, 정박의 안전 및 항 내 시설 보전을 도모하기 위하여 설치되는 것으로 부근의 지형, 시설 등에 미치는 영향 등을 고려하여 이용조건, 유지관리 등을 종합적으로 검토하여야 한다.

1 방파제의 종류

구분	종류
경사제	• 사석식 • Block식
직립식	• 케이슨식 • Block식 • Cell Block식 • 콘크리트 단괴식
혼성제	• 케이슨식 • Block식 • Cell Block식 • 콘크리트 단괴식
특수 방파제	• 유공 케이슨식 방파제 • 강관 방파제 • 부 방파제 • 공기 방파제

2 각 공법의 특징

종류	특징
케이슨식	• 파력에 대한 저항이 강함 • 시공 확실 • 해상 작업 일수 감소 가능 • 대형 장비 필요 • 수심, 일기에 공정이 큰 영향을 받음
Block식	• 시공이 용이 • 시공 설비가 작음 • Block 간 결합력이 작고 해상 작업 일수가 긺 • Block의 수가 많을 경우 대규모 제작장이 필요

02 가물막이공법

수중 또는 물의 흐름이 접하는 곳에 구조물을 만들 때 설치하는 가설구조물을 가물막이라고 한다.

🚩 사전조사

(1) 홍수위, 유속, 유량조사
(2) 토질조사
(3) 부근의 준설공사 여부
(4) 조위, 조류, 파도, 풍향, 풍속 조사

🚩 공법 선정 시 고려사항

(1) 설치장소의 지형, 기상조건
(2) 수심과 굴착깊이
(3) 유수압 파압의 영향
(4) 선박의 항행에 따른 영향
(5) 주변환경에 대한 영향
(6) 시공성, 경제성 등

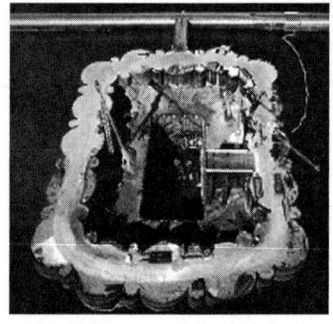

〈원형 Cell 가물막이공법〉

🚩 공법의 분류

분류	종류
중력식	• 댐식 • Box식 • 케이슨식 • Cellular Block식 • Corrugated Cell식
Sheet Pile식	• 자립식 • Ring Beam식 • 한 겹 Sheet Pile식 • 두 겹 Sheet Pile식 • Cell식

03 하천 생태호안

하천 생태호안은 안전성을 확보하면서 하천이 가지고 있는 생태계의 양호한 환경과 본래의 경관을 보전·향상시키는 것을 목적으로 조성되는 호안을 말한다.

1 필요조건

(1) 하천 유지관리 효율성 증대
(2) 자연생태계 보전
(3) 친수성 증대

2 생태호안 시공 예

(1) 식생 호안
    버드나무 가지를 하나로 묶은 섶단을 강가에 가로 눕힌 뒤 나무말뚝으로 고정시키고 그 위를 흙과 모래로 덮는 방법

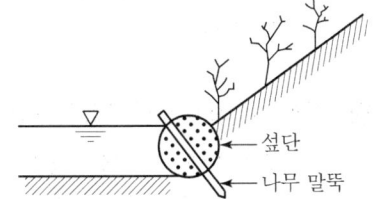

(2) 식생 + 석재 호안
    버드나무를 돌 사이에 끼워 돌 틈에서 자란 버드나무 뿌리로 호안의 흙을 보호하고, 돌 사이를 결합시키는 방법

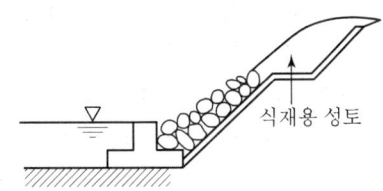

(3) 식재 + 콘크리트 호안
    찰쌓기 시공한 호안의 상단 끝부분에 식물을 심을 수 있도록 V자형의 홈을 군데군데 배치하여 돌과 식물의 조화를 이루는 방법

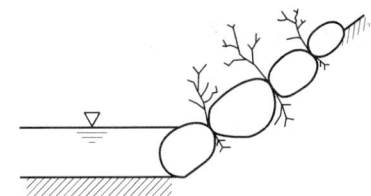

04 유수전환방식

시공 중 제체를 월류한 경우의 피해를 고려하여 최소의 비용으로 공사 수행이 가능하도록 하천유출 특성을 파악하여 적절한 방식을 선택하여야 한다.

1 전면 가물막이(전체절방식)

(1) 하천의 유수를 가배수터널(Diversion Tunnel)로 전환 – 터널은 댐 지점의 한쪽 혹은 양쪽에 설치, 하천 유수를 우회시켜 원래의 하천에 유하
(2) 댐 지점 하천을 전면적으로 물막이하여 작업 구간을 확보하고 기초굴착과 제체 축조공사를 실시하는 방식

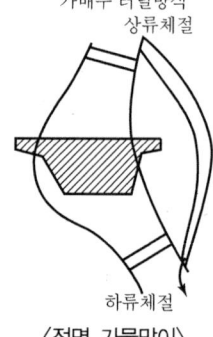
〈전면 가물막이〉

2 부분 가물막이(부분체절방식)

(1) 하폭이 넓은 경우에 사용되는 방식
(2) 하천의 한쪽에 가물막이를 설치하여 다른 쪽으로 하천수를 유도 – 가물막이 내부 기초굴착 및 본 제체 공사
(3) 다음으로 축조된 제체 내에 설치된 제내 가배수로로 유수를 전환 – 나머지 절반을 가물막이하여 제체의 나머지 부분을 완성시키는 방법

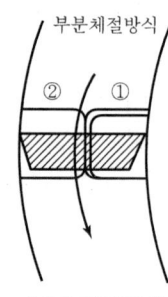
〈부분 가물막이〉

3 가배수거(로)방식

(1) 하천유량이 별로 크지 않고 하폭이 비교적 넓은 곳
(2) 하천의 한쪽 편에 개수로를 설치하여 유수를 처리 – 댐 상하류를 막고 하상부분 제체의 일부를 축조
(3) 축조된 제체 내에 설치한 제내 가배수로로 유수 전환 – 잔여 제체부를 완성하는 방식
(4) 개수로의 위치에 따라서는 부분가물막이의 일종

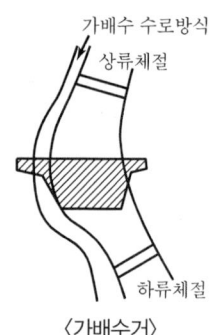
〈가배수거〉

05 필댐(Fill Dam)

필댐에는 균일형, 존형, 표면차수벽형, 코어형 등이 있다.

1 필댐의 종류

(1) 균일형
(2) 코어형 : 중심코어형과 경사코어형
(3) 존형
(4) 표면차수벽형(CFRD : Concrete Face Rockfill Dam)

명칭	약도	정의
균일형	투수성 존, 불투수성 존, 드레인	제방의 최대단면에 대해서 균일한 재료가 차지하는 비율이 60% 이상인 댐
존형	투수성 존, 불투수성 존, 반투수성 존	토질재료의 불투수성 존을 포함한 여러 층의 존이 있는 댐
표면차수벽형	포장, 투수성 존	상류경사면을 토질재료 이외의 차수재료로서 포장한 댐
코어형	투수성 존, 트랜지션 존, 코어	토질재료 이외(아스팔트, 콘크리트 등)의 차수벽이 있는 댐

06 부력에 의한 손상 방지대책

액체 속에 있는 물체가 받는 힘으로, 부력은 물체가 배제한 물의 무게(중량)만큼 발생한다.

1 구조물의 부력 방지대책

(1) Rock Anchor 설치
   ① 부상하중에 저항하도록 Rock Anchor 설치
   ② 기초저면 암반까지 Anchor시켜 부력에 저항

(2) 마찰말뚝 이용
   ① 말뚝의 마찰력으로 부상력에 대항
   ② 마찰력을 기대할 수 있는 하부지층이 깊을 경우 현장타설 콘크리트 말뚝 설치

(3) 강제배수
   ① 유입지하수를 외부로 강제배수시켜 부력을 낮춤
   ② 배수공법을 사용하여 지하수위를 저하시킴

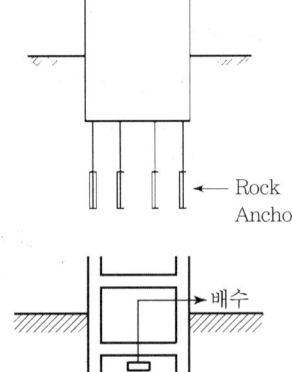

〈강제배수〉

(4) 구조물의 중량 증대
   ① 구조물의 자중을 부력의 1.25배 이상으로 증대시켜 부상방지
   ② 골조 단면 증대 또는 2중 Mat Slab 내에 자갈 등을 채움

(5) 브래킷(Bracket) 설치
   ① 지하벽체 외부에 Bracket을 설치하고 상부의 매립토 하중으로 수압에 저항
   ② 구조물이 규모가 작은 경우에 사용

(6) 구조물의 설계 변경
   ① 지하구조물의 깊이를 상부로 높여 부상력을 줄임
   ② 지하층의 규모를 축소하여 부력에 저항

(7) 기타
   ① 인접구조물에 긴결하여 부력에 저항
   ② 지하층이 깊을 때 지하 중간부위층에 지하수 채움

07 검사랑

검사랑은 콘크리트 내부의 균열검사, 누수 및 배제, 양압력(揚壓力), 온도측정, 수축량의 검사 등을 위하여 설치한다.

1 검사랑의 목적

(1) 댐 시공 후 댐 관리상 예상된 사항 파악
(2) 콘크리트 내부의 균열검사
(3) 누수 검사 및 배제
(4) 양압력(揚壓力) 검사
(5) 온도 측정
(6) 수축량의 검사

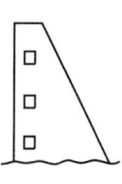

〈검사랑 위치〉　〈검사랑 표준도〉

2 설계·시공 시 고려사항

(1) 하류 측의 수위를 감안
　　밑부분에 설치하는 검사랑은 될 수 있으면 상류 측의 아래쪽에 설치하지만 하류 측의 수위를 감안해야 한다.

(2) 높은 댐은 대개 높이 30m마다 설치

(3) 높은 댐은 상하류 방향에 검사랑을 설치
　　말단은 상류면에서 댐 두께의 2/3 정도의 위치로 한다.

(4) 검사랑(廊) 내의 배수를 위한 배수관 또는 배수 도랑을 설치

(5) 상류 면에서의 거리는 구멍 지름의 2배
　　① 검사랑의 주변에는 국부응력으로서 댐 자중(自重)에 의한 상하류 양측에 압축응력이 발생
　　② 수압에 의한 최대 압축응력 발생
　　③ 영향 범위는 구멍 지름(孔勁)의 1.5배 정도

08 유선망(Flow Net)

유선망이란 유선과 등수두선으로 이루어진 망을 말한다. 유선망의 작성목적은 침투수량, 간극수압, 동수경사, 침투수력을 결정하기 위함이다.

1 유선과 등수두선

(1) 유선 : 흙속을 침투하여 물이 흐르는 경로($\overline{AB}, \overline{BC}$)
(2) 등수두선 : 수두가 같은 점을 연결한 선($\overline{FG}$)
(3) 유로 : 인접한 유선 사이에 낀 부분
(4) 등수두면(등압면) : 등수두선 사이에 낀 부분
(5) 침윤선 : 유선들 중에서 최상부의 유선

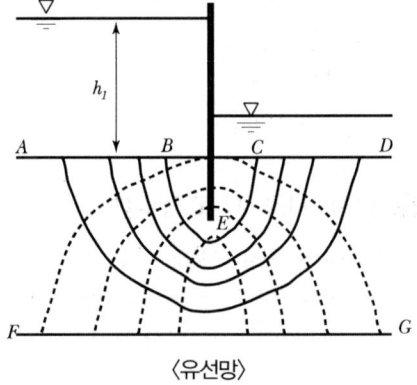

〈유선망〉

2 유선망의 특성

(1) 각 유로의 침투유량은 같다.
(2) 인접한 등수두선 간의 수두차는 모두 같다.
(3) 유선과 등수두선은 서로 직교한다.
(4) 유선망의 폭과 길이는 같다(유선망으로 구성된 사각형은 이론상 정사각형).
(5) 동수경사 및 침투속도는 유선망 폭에 반비례한다.

3 유선망의 이용

(1) 침투수량 계산
(2) 침투수력 계산
(3) 간극수압 계산
(4) 동수경사(i) 결정
(5) Piping 발생 여부
(6) 손실수두 계산

09 침윤선(Seepage Line)

침윤선이란 하천제방이나 흙댐 등을 통해 물이 통과할 때 여러 유선들 중에서 최상부의 유선을 말하며 포물선으로 표시된다.

1 침윤선의 이용

(1) 제내지 배수층의 설치위치 파악
(2) 제방폭 결정
(3) 제방의 거동파악

2 누수에 대한 안전성 검토

(1) 누수종류
    지반누수, 제체누수

(2) 평가방법
    ① 침윤성 형상을 작성하여 침윤선의 위치를 확인하는 방법
    ② 침윤선이 제체 하부에 위치하여야 함

(3) 파이핑 검토방법
    ① 한계동수경사법, 침투압법
    ② 허용안전율
        ㉠ 한계동수경사법 : 3.0~4.0
        ㉡ 침투압법 : 2.0 이상임

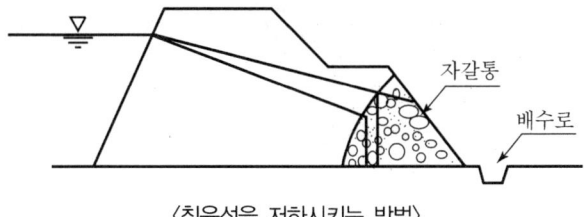

〈침윤선을 저하시키는 방법〉

10. 석괴댐의 프린스(Plinth)

프린스는 차수벽 선단에 설치하여 차수벽의 토대, 댐 기초와 차수벽 사이의 차수, Grout의 Gap 역할을 하는 구조물이다.

❶ 프린스의 기능

(1) 차수벽의 토대 역할
(2) 댐 기초와 차수벽 사이의 차수 역할
(3) Grout의 Cap 역할

❷ 사용재료

(1) 철근콘크리트 재료 사용
(2) 규격
    ① 두께 : 50~80cm
    ② 폭
        ㉠ 경질지반 : 10m 정도
        ㉡ 연약지반 : 20m 정도

❸ 시공

(1) 부식성 없는 암반에 설치
(2) 앵커를 이용하여 암반에 밀착시킴

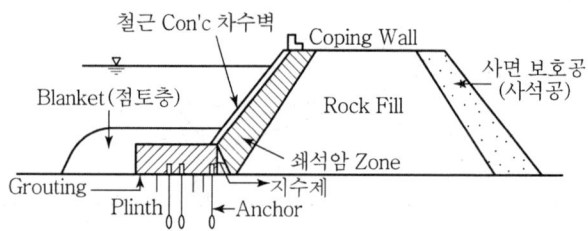

11 Dam 기초 Grouting

Grouting 시공을 통해 댐 지반의 강도를 증가시키고, 변형 방지를 통하여 댐 저부 및 제체부의 차수성을 확보할 수 있으며, 충분한 조사를 실시하여 취약지반을 보강하기 위한 적합한 Grouting 공법을 적용해야 한다.

1 기초 Grouting의 목적

(1) 투수성 차단
   ① 양압력 저하
   ② 지반 파괴 방지
   ③ 제체 재료 유실 방지
   ④ 저수량 확보

(2) 지반의 역학적 성질 개선
   ① 지반 일체화
   ② 강도 증가
   ③ 변형 방지

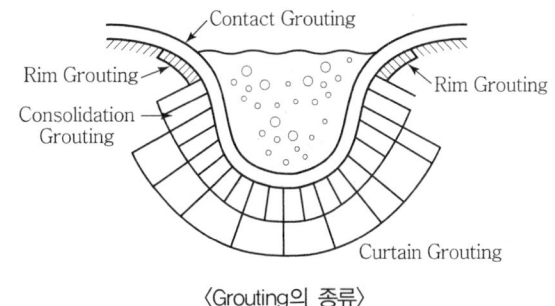

〈Grouting의 종류〉

2 공법의 분류

(1) Consolidation Grouting
   ① 암반의 얕은 부분 절리 충전으로 지지력 증대
   ② 제체 접합부 지수성 향상

(2) Curtain Grouting
   ① 차수에 의한 저수효율 상승
   ② 기초 암반 안정

(3) Rim Grouting
   ① 댐 기초 지반의 지반 지지력 증대
   ② 지수성 향상

(4) Contact Grouting
   착암부 공극

12 댐의 계측관리

댐 시공 중에 댐의 변형상태와 안정상태를 파악하고, 댐 완공 후에는 댐의 거동상태를 감시하여 댐의 안전을 위한 적절한 대책을 강구하기 위하여 실시한다.

1 계측의 목적

(1) 시공관리
  ① 콘크리트 내부온도 관리
  ② 그라우팅 시기 결정
  ③ 제체의 변형상태 측정
  ④ 지반의 과잉간극수압 측정

(2) 유지관리
  ① 양압력 측정
  ② 제체의 응력 변형 측정
  ③ 콘크리트 내부온도 관리
  ④ 누수량 측정
  ⑤ 댐의 거동상태 측정

2 계측항목

항목	측정 장소	측정 기기
침하	댐 정상부 및 사면 제체 내부	측별침하계, 연속침하계
댐 축방향 변형	댐 정상부 및 사면의 댐 축방향, 제체 내부 축방향	경사계, 수평변형측정기
댐 하류방향 변형	댐 정상부 및 사면의 상·하류방향, 제체 내부 상·하류방향	경사계, 수평변형측정기
간극수압	제체 내부, 기초지반	간극수압계
누수량	제체 검사랑	누수량 측정장치

13 Siphon

Siphon의 원리는 높은 쪽의 액체 면의 대기압 작용으로 높은 쪽의 액체가 관 안으로 밀어 올려져 낮은 쪽으로 흐르는 현상이다.

❶ Siphon의 원리

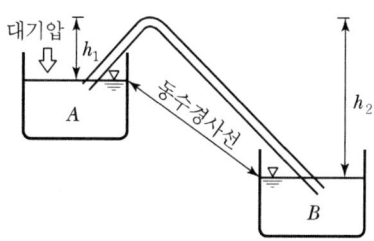

(1) 관의 일부가 동수경사선 위에 있어야 함
(2) 관 내의 기압은 대기압보다 작아야 함
(3) 관 내 새로운 공기의 유입이 없어야 함
(4) Siphon 목부의 압력이 증기압보다 커야 함
(5) 수두 차이가 0이 될 때까지 흐름

❷ 적용한계

(1) 이론적 한계
  절대영압인 수두 10.3m

(2) 설계 적용 한계
  안전을 고려하여 8.9m 정도

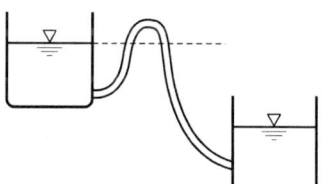

❸ 활용

(1) 관로 시스템
  두 수조를 연결하는 관수로

(2) 댐의 여수로
  Siphon형 여수로

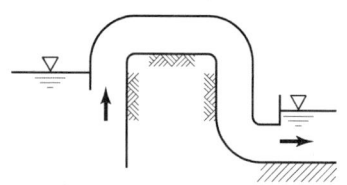

PART 15 해체공사

ACTUAL INTERVIEW

01 해체공사 신고 대상 및 허가 대상

1 신고 및 허가 대상

(1) 신고 대상
  ① 일부해체 : 주요 구조부를 해체하지 않는 건축물의 해체
  ② 전면해체
   - 전면적 500㎡ 미만
   - 건축물 높이 12m 미만
   - 지상층과 지하층을 포함하여 3개 층 이하인 건축물
  ③ 그 밖의 해체
   - 바닥면적 합계 85㎡ 이내 증축·개축·재축(3층 이상 건축물의 경우 연면적의 1/10 이내)
   - 연면적 200㎡ 미만+3층 미만 건축물 대수선 관리지역 등에 있는 높이 12m 미만 건축물

(2) 허가 대상
  신고 대상 외 건축물

(3) 신고 대상일지라도 해당 건축물 주변에 버스 정류장, 도시철도 역사 출입구, 횡단보도 등 해당 지방자치단체의 조례로 정하는 시설이 있는 경우 해체 허가를 받아야 함

02 해체공사 구조물의 사전조사 내용

1 해체 대상 구조물의 조사

(1) 구조물(RC조, SRC조 등)의 규모, 층수, 건물높이, 기준층 면적
(2) 평면 구성상태, 폭·층고·벽 등의 배치상태
(3) 부재별 치수, 배근상태
(4) 해체 시 전도 우려가 있는 내·외장재
(5) 설비기구, 전기배선, 배관설비 계통의 상세 확인
(6) 구조물의 건립연도 및 사용목적
(7) 구조물의 노후 정도, 화재 및 동해 등의 유무
(8) 증설, 개축, 보강 등의 구조변경 현황
(9) 비산각도, 낙하반경 등의 사전 확인
(10) 진동·소음·분진의 예상치 측정 및 대책방법
(11) 해체물의 집적·운반방법
(12) 재이용 또는 이설을 요하는 부재 현황
(13) 기타 당해 구조물 특성에 따른 내용 및 조건

03 해체공사 시 주변환경 조사내용

1 주변환경 조사내용

(1) 부지 내 공지 유무, 해체용 기계설비 위치, 발생재 처리장소
(2) 해체공사 착수 전 철거, 이설, 보호할 필요가 있는 공사 장해물 현황
(3) 접속도로의 폭, 출입구 개수와 매설물의 종류 및 개폐 위치
(4) 인근 건물 동수 및 거주자 현황
(5) 도로상황 조사, 가공 고압선 유무
(6) 차량 대기 장소 유무 및 교통량
(7) 진동, 소음 발생 시 영향권

04 해체공법별 안전작업수칙

1 압쇄기

쇼벨에 설치하며 유압조작으로 콘크리트 등에 강력한 압축력을 가해 파쇄하는 것으로 다음의 사항을 준수하여야 한다.
(1) 압쇄기의 중량, 작업충격을 사전에 고려하고, 차체 지지력을 초과하는 중량의 압쇄기 부착을 금지하여야 한다.
(2) 압쇄기 부착과 해체에는 경험이 많은 사람으로서 선임된 자에 한하여 실시한다.
(3) 압쇄기 연결구조부는 보수점검을 수시로 하여야 한다.
(4) 배관 접속부의 핀, 볼트 등 연결구조의 안전 여부를 점검하여야 한다.
(5) 절단날은 마모가 심하기 때문에 적절히 교환하여야 하며 교환대체품목을 항상 비치하여야 한다.

2 대형 브레이커

통상 쇼벨에 설치하여 사용하며, 다음의 사항을 준수하여야 한다.
(1) 대형 브레이커는 중량, 작업 충격력을 고려, 차체 지지력을 초과하는 중량의 브레이커 부착을 금지하여야 한다.
(2) 대형 브레이커의 부착과 해체에는 경험이 많은 사람으로서 선임된 자에 한하여 실시하여야 한다.
(3) 유압작동구조, 연결구조 등의 주요구조는 보수점검을 수시로 하여야 한다.
(4) 유압식일 경우에는 유압이 높기 때문에 수시로 유압호스가 새거나 막힌 곳이 없는가를 점검하여야 한다.
(5) 해체대상물에 따라 적합한 형상의 브레이커를 사용하여야 한다.

3 해머

크레인 등에 부착하여 구조물에 충격을 주어 파쇄하는 것으로 다음의 사항을 준수하여야 한다.
(1) 해머는 해체대상물에 적합한 형상과 중량의 것을 선정하여야 한다.
(2) 해머는 중량과 작업반경을 고려하여 차체의 붐, 프레임 및 차체 지지력을 초과하지 않도록 설치하여야 한다.

(3) 해머를 매달은 와이어로프의 종류와 직경 등은 적절한 것을 사용하여야 한다.
(4) 해머와 와이어로프의 결속은 경험이 많은 사람으로서 선임된 자에 한하여 실시하도록 하여야 한다.
(5) 킹크, 소선절단, 단면이 감소된 와이어로프는 즉시 교체하여야 하며 결속부는 사용 전 후 항상 점검하여야 한다.

4 콘크리트 파쇄용 화약류

다음의 사항을 준수하여야 한다.
(1) 화약류에 의한 발파파쇄 해체 시에는 사전에 시험발파에 의한 폭력, 폭속, 진동치속도 등에 파쇄능력과 진동, 소음의 영향력을 검토하여야 한다.
(2) 소음, 분진, 진동으로 인한 공해대책, 파편에 대한 예방대책을 수립하여야 한다.
(3) 화약류 취급에 대하여는 법, 총포도검화약류단속법 등 관계법에서 규정하는 바에 의하여 취급하여야 하며 화약저장소 설치기준을 준수하여야 한다.
(4) 시공순서는 화약취급절차에 의한다.

5 핸드브레이커

압축공기, 유압의 급속한 충격력에 의거 콘크리트 등을 해체할 때 사용하는 것으로 다음의 사항을 준수하여야 한다.
(1) 끌의 부러짐을 방지하기 위하여 작업자세는 하향 수직방향으로 유지하도록 하여야 한다.
(2) 기계는 항상 점검하고, 호스의 꼬임·교차 및 손상 여부를 점검하여야 한다.

6 팽창제

광물의 수화반응에 의한 팽창압을 이용하여 파쇄하는 공법으로 다음의 사항을 준수하여야 한다.
(1) 팽창제와 물과의 시방 혼합비율을 확인하여야 한다.
(2) 천공직경이 너무 작거나 크면 팽창력이 작아 비효율적이므로, 천공 직경은 30~50mm 정도를 유지하여야 한다.
(3) 천공간격은 콘크리트 강도에 의하여 결정되나 30~70cm 정도를 유지하도록 한다.
(4) 팽창제를 저장하는 경우에는 건조한 장소에 보관하고 직접 바닥에 두지 말고 습기를 피하여야 한다.
(5) 개봉된 팽창제는 사용하지 말아야 하며 쓰다 남은 팽창제 처리에 유의하여야 한다.

7 절단톱

회전날 끝에 다이아몬드 입자를 혼합 경화하여 제조된 절단톱으로 기둥, 보, 바닥, 벽체를 적당한 크기로 절단하여 해체하는 공법으로 다음의 사항을 준수하여야 한다.
(1) 작업현장은 정리정돈이 잘 되어야 한다.
(2) 절단기에 사용되는 전기시설과 급수, 배수설비를 수시로 정비 점검하여야 한다.
(3) 회전날에는 접촉방지 커버를 부착토록 하여야 한다.
(4) 회전날의 조임상태는 안전한지 작업 전에 점검하여야 한다.
(5) 절단 중 회전날을 냉각시키는 냉각수는 충분한지 점검하고 불꽃이 많이 비산되거나 수증기 등이 발생되면 과열된 것이므로 일시중단한 후 작업을 실시하여야 한다.
(6) 절단방향을 직선을 기준하여 절단하고 부재 중에 철근 등이 있어 절단이 안 될 경우에는 최소단면으로 절단하여야 한다.
(7) 절단기는 매일 점검하고 정비해 두어야 하며 회전 구조부에는 윤활유를 주유해 두어야 한다.

8 재키

구조물의 부재 사이에 재키를 설치한 후 국소부에 압력을 가해 해체하는 공법으로 다음의 사항을 준수하여야 한다.
(1) 재키를 설치하거나 해체할 때는 경험이 많은 사람으로서 선임된 자에 한하여 실시하도록 하여야 한다.
(2) 유압호스 부분에서 기름이 새거나, 접속부에 이상이 없는지를 확인하여야 한다.
(3) 장시간 작업의 경우에는 호스의 커플링과 고무가 연결된 곳에 균열이 발생될 우려가 있으므로 마모율과 균열에 따라 적정한 시기에 교환하여야 한다.
(4) 정기, 특별, 수시점검을 실시하고 결함 사항은 즉시 개선, 보수, 교체하여야 한다.

9 쐐기 타입기

직경 30~40mm 정도의 구멍 속에 쐐기를 박아 넣어 구멍을 확대하여 해체하는 것으로, 다음의 사항을 준수하여야 한다.
(1) 구멍에 굴곡이 있으면 타입기 자체에 큰 응력이 발생하여 쐐기가 휠 우려가 있으므로 굴곡이 없도록 천공하여야 한다.
(2) 천공구멍은 타입기 삽입부분의 직경과 거의 같도록 하여야 한다.
(3) 쐐기가 절단 및 변형된 경우는 즉시 교체하여야 한다.
(4) 보수·점검은 수시로 하여야 한다.

🔟 화염방사기

구조체를 고온으로 용융시키면서 해체하는 것으로 다음의 사항을 준수하여야 한다.
(1) 고온의 용융물이 비산하고 연기가 많이 발생되므로 화재발생에 주의하여야 한다.
(2) 소화기를 준비하여 불꽃비산에 의한 인접부분의 발화에 대비하여야 한다.
(3) 작업자는 방열복, 마스크, 장갑 등의 보호구를 착용하여야 한다.
(4) 산소용기가 넘어지지 않도록 밑받침 등으로 고정시키고 빈 용기와 채워진 용기의 저장을 분리하여야 한다.
(5) 용기 내 압력은 온도에 의해 상승하기 때문에 항상 섭씨 40도 이하로 보존하여야 한다.
(6) 호스는 결속물로 확실하게 결속하고, 균열되었거나 노후된 것은 사용하지 말아야 한다.
(7) 게이지의 작동을 확인하고 고장 및 작동불량품은 교체하여야 한다.

1️⃣1️⃣ 절단줄톱

와이어에 다이아몬드 절삭날을 부착하여, 고속회전시켜 절단 해체하는 공법으로 다음의 사항을 준수하여야 한다.
(1) 절단작업 중 줄톱이 끊어지거나, 수명이 다할 경우에는 줄톱의 교체가 어려우므로 작업 전에 충분히 와이어를 점검하여야 한다.
(2) 절단대상물의 절단면적을 고려하여 줄톱의 크기와 규격을 결정하여야 한다.
(3) 절단면에 고온이 발생하므로 냉각수 공급을 적절히 하여야 한다.
(4) 구동축에는 접촉방지 커버를 부착하도록 하여야 한다.

05 화재

1 개요

화재는 연소의 3요소 가연물, 산소공급원, 점화원에 의해 발생되며 발생 유형별 진압방법의 차이점을 이해하고 화재위험 작업 시 준수사항을 이행하는 것이 중요하다.

2 소화방법

가연물은 제거소화, 산소공급원은 질식소화, 점화원은 냉각소화

3 구분

(1) A급 일반화재 : 분말, 포말, 할론소화기로 소화
(2) B급 유류화재 : 분말, 포말, CO_2, 할론소화기로 소화
(3) C급 전기화재 : 분말, CO_2, 할론소화기로 소화
(4) D급 금속화재 : 팽창질석, 팽창진주암, 마른 모래 등으로 소화
(5) K급 주방화재 : 주방에서 사용하는 식용유는 끓는점이 발화점보다 높아 불꽃을 제거해도 재발화될 가능성이 높기 때문에 물에 유기 또는 무기염을 녹인 탄산칼륨 또는 초산칼륨 소화약제를 사용하며, 소화효과는 질식소화방식

4 임시소방시설의 종류

소화기, 간이소화장치, 비상경보장치, 간이피난유도선, 가스누설경보기, 방화포, 비상조명등

5 임시소방시설 설치기준

(1) 각층 계단실 출입구마다 능력단위 3단위 이상인 소화기 2개 이상 설치
(2) 화재위험작업 시에는 작업지점 5m 이내의 쉽게 보이는 장소에 능력단위 3단위 이상인 소화기 2개와 대형소화기 1개 이상을 추가로 배치
(3) 소화기는 "소화기"라고 표시한 축광식 표지를 소화기 설치장소 보기 쉬운 곳에 부착해야 함

6 화재위험작업 시 준수사항

(1) 작업준비 및 작업절차 수립
(2) 화기작업에 따른 인근 가연성물질에 대한 방호조치 및 소화기구 비치
(3) 불티비산방지덮개, 용접방화포 등 불티비산방지조치
(4) 인화성 증기 및 인화성 가스가 남아있지 않도록 환기조치
(5) 작업근로자에 대한 화재예방, 피난교육 등 비상조치

PART 16 산업안전보건기준에 관한 규칙

산업안전보건기준에 관한 규칙 (약칭: 안전보건규칙)

[시행 2024. 12. 29.] [고용노동부령 제417호, 2024. 6. 28., 일부개정]

제1편 총칙

제1장 통칙

제1조(목적) 이 규칙은 「산업안전보건법」 제5조, 제16조, 제37조부터 제40조까지, 제63조부터 제66조까지, 제76조부터 제78조까지, 제80조, 제81조, 제83조, 제84조, 제89조, 제93조, 제117조부터 제119조까지 및 제123조 등에서 위임한 산업안전보건기준에 관한 사항과 그 시행에 필요한 사항을 규정함을 목적으로 한다. 〈개정 2012. 3. 5., 2019. 12. 26.〉

제2조(정의) 이 규칙에서 사용하는 용어의 뜻은 이 규칙에 특별한 규정이 없으면 「산업안전보건법」(이하 "법"이라 한다), 「산업안전보건법 시행령」(이하 "영"이라 한다) 및 「산업안전보건법 시행규칙」에서 정하는 바에 따른다.

제2장 작업장

제3조(전도의 방지) ① 사업주는 근로자가 작업장에서 넘어지거나 미끄러지는 등의 위험이 없도록 작업장 바닥 등을 안전하고 청결한 상태로 유지하여야 한다.
② 사업주는 제품, 자재, 부재(部材) 등이 넘어지지 않도록 붙들어 지탱하게 하는 등 안전 조치를 하여야 한다. 다만, 근로자가 접근하지 못하도록 조치한 경우에는 그러하지 아니하다.

제4조(작업장의 청결) 사업주는 근로자가 작업하는 장소를 항상 청결하게 유지·관리하여야 하며, 폐기물은 정해진 장소에만 버려야 한다.

제4조의2(분진의 흩날림 방지) 사업주는 분진이 심하게 흩날리는 작업장에 대하여 물을 뿌리는 등 분진이 흩날리는 것을 방지하기 위하여 필요한 조치를 하여야 한다.
[제610조에서 이동 〈2012. 3. 5.〉]

제5조(오염된 바닥의 세척 등) ① 사업주는 인체에 해로운 물질, 부패하기 쉬운 물질 또는 악취가 나는 물질 등에 의하여 오염될 우려가 있는 작업장의 바닥이나 벽을 수시로 세척하고 소독하여야 한다.
② 사업주는 제1항에 따른 세척 및 소독을 하는 경우에 물이나 그 밖의 액체를 다량으로 사용함으로써 습기가 찰 우려가 있는 작업장의 바닥이나 벽은 불침투성(不浸透性) 재료로 칠하고 배수(排水)에 편리한 구조로 하여야 한다.

제6조(오물의 처리 등) ① 사업주는 해당 작업장에서 배출하거나 폐기하는 오물을 일정한 장소에서 노출되지 않도록 처리하고, 병원체(病原體)로 인하여 오염될 우려가 있는 바닥·벽 및 용기 등을 수시로 소독하여야 한다.
② 사업주는 폐기물을 소각 등의 방법으로 처리하려는 경우 해당 근로자가 다이옥신 등 유해물질에 노출되지 않도록 작업공정 개선, 개인보호구(個人保護具) 지급·착용 등 적절한 조치를 하여야 한다.
③ 근로자는 제2항에 따라 지급된 개인보호구를 사업주의 지시에 따라 착용하여야 한다.

제7조(채광 및 조명) 사업주는 근로자가 작업하는 장소에 채광 및 조명을 하는 경우 명암의 차이가 심하지 않고 눈이 부시지 않은 방법으로 하여야 한다.

제8조(조도) 사업주는 근로자가 상시 작업하는 장소의 작업면 조도(照度)를 다음 각 호의 기준에 맞도록 하여야 한다. 다만, 갱내(坑內) 작업장과 감광재료(感光材料)를 취급하는 작업장은 그러하지 아니하다.
1. 초정밀작업 : 750럭스(lux) 이상
2. 정밀작업 : 300럭스 이상
3. 보통작업 : 150럭스 이상
4. 그 밖의 작업 : 75럭스 이상

제9조(작업발판 등) 사업주는 선반·롤러기 등 기계·설비의 작업 또는 조작 부분이 그 작업에 종사하는 근로자의 키 등 신체조건에 비하여 지나치게 높거나 낮은 경우 안전하고 적당한 높이의 작업발판을 설치하거나 그 기계·설비를 적정 작업높이로 조절하여야 한다.

제10조(작업장의 창문) ① 작업장의 창문은 열었을 때 근로자가 작업하거나 통행하는 데에 방해가 되지 않도록 하여야 한다.
② 사업주는 근로자가 안전한 방법으로 창문을 여닫거나 청소할 수 있도록 보조도구를 사용하게 하는 등 필요한 조치를 하여야 한다.

제11조(작업장의 출입구) 사업주는 작업장에 출입구(비상구는 제외한다. 이하 같다)를 설치하는 경우 다음 각 호의 사항을 준수하여야 한다.
1. 출입구의 위치, 수 및 크기가 작업장의 용도와 특성에 맞도록 할 것
2. 출입구에 문을 설치하는 경우에는 근로자가 쉽게 열고 닫을 수 있도록 할 것
3. 주된 목적이 하역운반기계용인 출입구에는 인접하여 보행자용 출입구를 따로 설치할 것
4. 하역운반기계의 통로와 인접하여 있는 출입구에서 접촉에 의하여 근로자에게 위험을 미칠 우려가 있는 경우에는 비상등·비상벨 등 경보장치를 할 것
5. 계단이 출입구와 바로 연결된 경우에는 작업자의 안전한 통행을 위하여 그 사이에 1.2미터 이상 거리를 두거나 안내표지 또는 비상벨 등을 설치할 것. 다만, 출입구에 문을 설치

하지 아니한 경우에는 그러하지 아니하다.

제12조(동력으로 작동되는 문의 설치 조건) 사업주는 동력으로 작동되는 문을 설치하는 경우 다음 각 호의 기준에 맞는 구조로 설치하여야 한다. 〈개정 2014. 9. 30.〉

1. 동력으로 작동되는 문에 근로자가 끼일 위험이 있는 2.5미터 높이까지는 위급하거나 위험한 사태가 발생한 경우에 문의 작동을 정지시킬 수 있도록 비상정지장치 설치 등 필요한 조치를 할 것. 다만, 위험구역에 사람이 없어야만 문이 작동되도록 안전장치가 설치되어 있거나 운전자가 특별히 지정되어 상시 조작하는 경우에는 그러하지 아니하다.
2. 동력으로 작동되는 문의 비상정지장치는 근로자가 잘 알아볼 수 있고 쉽게 조작할 수 있을 것
3. 동력으로 작동되는 문의 동력이 끊어진 경우에는 즉시 정지되도록 할 것. 다만, 방화문의 경우에는 그러하지 아니하다.
4. 수동으로 열고 닫을 수 있도록 할 것. 다만, 동력으로 작동되는 문에 수동으로 열고 닫을 수 있는 문을 별도로 설치하여 근로자가 통행할 수 있도록 한 경우에는 그러하지 아니하다.
5. 동력으로 작동되는 문을 수동으로 조작하는 경우에는 제어장치에 의하여 즉시 정지시킬 수 있는 구조일 것

제13조(안전난간의 구조 및 설치요건) 사업주는 근로자의 추락 등의 위험을 방지하기 위하여 안전난간을 설치하는 경우 다음 각 호의 기준에 맞는 구조로 설치해야 한다. 〈개정 2015. 12. 31., 2023. 11. 14.〉

1. 상부 난간대, 중간 난간대, 발끝막이판 및 난간기둥으로 구성할 것. 다만, 중간 난간대, 발끝막이판 및 난간기둥은 이와 비슷한 구조와 성능을 가진 것으로 대체할 수 있다.
2. 상부 난간대는 바닥면·발판 또는 경사로의 표면(이하 "바닥면 등"이라 한다)으로부터 90센티미터 이상 지점에 설치하고, 상부 난간대를 120센티미터 이하에 설치하는 경우에는 중간 난간대는 상부 난간대와 바닥면 등의 중간에 설치해야 하며, 120센티미터 이상 지점에 설치하는 경우에는 중간 난간대를 2단 이상으로 균등하게 설치하고 난간의 상하 간격은 60센티미터 이하가 되도록 할 것. 다만, 난간기둥 간의 간격이 25센티미터 이하인 경우에는 중간 난간대를 설치하지 않을 수 있다.
3. 발끝막이판은 바닥면 등으로부터 10센티미터 이상의 높이를 유지할 것. 다만, 물체가 떨어지거나 날아올 위험이 없거나 그 위험을 방지할 수 있는 망을 설치하는 등 필요한 예방 조치를 한 장소는 제외한다.
4. 난간기둥은 상부 난간대와 중간 난간대를 견고하게 떠받칠 수 있도록 적정한 간격을 유지할 것
5. 상부 난간대와 중간 난간대는 난간 길이 전체에 걸쳐 바닥면 등과 평행을 유지할 것

6. 난간대는 지름 2.7센티미터 이상의 금속제 파이프나 그 이상의 강도가 있는 재료일 것
7. 안전난간은 구조적으로 가장 취약한 지점에서 가장 취약한 방향으로 작용하는 100킬로그램 이상의 하중에 견딜 수 있는 튼튼한 구조일 것

제14조(낙하물에 의한 위험의 방지) ① 사업주는 작업장의 바닥, 도로 및 통로 등에서 낙하물이 근로자에게 위험을 미칠 우려가 있는 경우 보호망을 설치하는 등 필요한 조치를 하여야 한다.
② 사업주는 작업으로 인하여 물체가 떨어지거나 날아올 위험이 있는 경우 낙하물 방지망, 수직보호망 또는 방호선반의 설치, 출입금지구역의 설정, 보호구의 착용 등 위험을 방지하기 위하여 필요한 조치를 하여야 한다. 이 경우 낙하물 방지망 및 수직보호망은 「산업표준화법」 제12조에 따른 한국산업표준(이하 "한국산업표준"이라 한다)에서 정하는 성능기준에 적합한 것을 사용하여야 한다. 〈개정 2017. 12. 28., 2022. 10. 18.〉
③ 제2항에 따라 낙하물 방지망 또는 방호선반을 설치하는 경우에는 다음 각 호의 사항을 준수하여야 한다.
1. 높이 10미터 이내마다 설치하고, 내민 길이는 벽면으로부터 2미터 이상으로 할 것
2. 수평면과의 각도는 20도 이상 30도 이하를 유지할 것

제15조(투하설비 등) 사업주는 높이가 3미터 이상인 장소로부터 물체를 투하하는 경우 적당한 투하설비를 설치하거나 감시인을 배치하는 등 위험을 방지하기 위하여 필요한 조치를 하여야 한다.

제16조(위험물 등의 보관) 사업주는 별표 1에 규정된 위험물질을 작업장 외의 별도의 장소에 보관하여야 하며, 작업장 내부에는 작업에 필요한 양만 두어야 한다.

제17조(비상구의 설치) ① 사업주는 별표 1에 규정된 위험물질을 제조·취급하는 작업장(이하 이 항에서 "작업장"이라 한다)과 그 작업장이 있는 건축물에 제11조에 따른 출입구 외에 안전한 장소로 대피할 수 있는 비상구 1개 이상을 다음 각 호의 기준을 모두 충족하는 구조로 설치해야 한다. 다만, 작업장 바닥면의 가로 및 세로가 각 3미터 미만인 경우에는 그렇지 않다. 〈개정 2019. 12. 26., 2023. 11. 14.〉
1. 출입구와 같은 방향에 있지 아니하고, 출입구로부터 3미터 이상 떨어져 있을 것
2. 작업장의 각 부분으로부터 하나의 비상구 또는 출입구까지의 수평거리가 50미터 이하가 되도록 할 것. 다만, 작업장이 있는 층에 「건축법 시행령」 제34조 제1항에 따라 피난층(직접 지상으로 통하는 출입구가 있는 층과 「건축법 시행령」 제34조 제3항 및 제4항에 따른 피난안전구역을 말한다) 또는 지상으로 통하는 직통계단(경사로를 포함한다)을 설치한 경우에는 그 부분에 한정하여 본문에 따른 기준을 충족한 것으로 본다.
3. 비상구의 너비는 0.75미터 이상으로 하고, 높이는 1.5미터 이상으로 할 것

4. 비상구의 문은 피난 방향으로 열리도록 하고, 실내에서 항상 열 수 있는 구조로 할 것
② 사업주는 제1항에 따른 비상구에 문을 설치하는 경우 항상 사용할 수 있는 상태로 유지하여야 한다.

제18조(비상구 등의 유지) 사업주는 비상구·비상통로 또는 비상용 기구를 쉽게 이용할 수 있도록 유지하여야 한다.

제19조(경보용 설비 등) 사업주는 연면적이 400제곱미터 이상이거나 상시 50명 이상의 근로자가 작업하는 옥내작업장에는 비상시에 근로자에게 신속하게 알리기 위한 경보용 설비 또는 기구를 설치하여야 한다.

제20조(출입의 금지 등) 사업주는 다음 각 호의 작업 또는 장소에 울타리를 설치하는 등 관계 근로자가 아닌 사람의 출입을 금지해야 한다. 다만, 제2호 및 제7호의 장소에서 수리 또는 점검 등을 위하여 그 암(Arm) 등의 움직임에 의한 하중을 충분히 견딜 수 있는 안전지지대 또는 안전블록 등을 사용하도록 한 경우에는 그렇지 않다. 〈개정 2019. 10. 15., 2022. 10. 18., 2023. 11. 14., 2024. 6. 28.〉

1. 추락에 의하여 근로자에게 위험을 미칠 우려가 있는 장소
2. 유압(流壓), 체인 또는 로프 등에 의하여 지탱되어 있는 기계·기구의 덤프, 램(Ram), 리프트, 포크(Fork) 및 암 등이 갑자기 작동함으로써 근로자에게 위험을 미칠 우려가 있는 장소
3. 케이블 크레인을 사용하여 작업을 하는 경우에는 권상용(卷上用) 와이어로프 또는 횡행용(橫行用) 와이어로프가 통하고 있는 도르래 또는 그 부착부의 파손에 의하여 위험을 발생시킬 우려가 있는 그 와이어로프의 내각측(內角側)에 속하는 장소
4. 인양전자석(引揚電磁石) 부착 크레인을 사용하여 작업을 하는 경우에는 달아 올려진 화물의 아래쪽 장소
5. 인양전자석 부착 이동식 크레인을 사용하여 작업을 하는 경우에는 달아 올려진 화물의 아래쪽 장소
6. 리프트를 사용하여 작업을 하는 다음 각 목의 장소
   가. 리프트 운반구가 오르내리다가 근로자에게 위험을 미칠 우려가 있는 장소
   나. 리프트의 권상용 와이어로프 내각측에 그 와이어로프가 통하고 있는 도르래 또는 그 부착부가 떨어져 나감으로써 근로자에게 위험을 미칠 우려가 있는 장소
7. 지게차·구내운반차(작업장 내 운반을 주목적으로 하는 차량으로 한정한다. 이하 같다)·화물자동차 등의 차량계 하역운반기계 및 고소(高所)작업대(이하 "차량계 하역운반기계 등"이라 한다)의 포크·버킷(Bucket)·암 또는 이들에 의하여 지탱되어 있는 화물의 밑에 있는 장소. 다만, 구조상 갑작스러운 하강을 방지하는 장치가 있는 것은 제외한다.

8. 운전 중인 항타기(杭打機) 또는 항발기(杭拔機)의 권상용 와이어로프 등의 부착 부분의 파손에 의하여 와이어로프가 벗겨지거나 드럼(Drum), 도르래 뭉치 등이 떨어져 근로자에게 위험을 미칠 우려가 있는 장소
9. 화재 또는 폭발의 위험이 있는 장소
10. 낙반(落磐) 등의 위험이 있는 다음 각 목의 장소
    가. 부석의 낙하에 의하여 근로자에게 위험을 미칠 우려가 있는 장소
    나. 터널 지보공(支保工)의 보강작업 또는 보수작업을 하고 있는 장소로서 낙반 또는 낙석 등에 의하여 근로자에게 위험을 미칠 우려가 있는 장소
11. 토사·암석 등(이하 "토사 등"이라 한다)의 붕괴 또는 낙하로 인하여 근로자에게 위험을 미칠 우려가 있는 토사 등의 굴착작업 또는 채석작업을 하는 장소 및 그 아래 장소
12. 암석 채취를 위한 굴착작업, 채석에서 암석을 분할가공하거나 운반하는 작업, 그 밖에 이러한 작업에 수반(隨伴)한 작업(이하 "채석작업"이라 한다)을 하는 경우에는 운전 중인 굴착기계·분할기계·적재기계 또는 운반기계(이하 "굴착기계 등"이라 한다)에 접촉함으로써 근로자에게 위험을 미칠 우려가 있는 장소
13. 해체작업을 하는 장소
14. 하역작업을 하는 경우에는 쌓아놓은 화물이 무너지거나 화물이 떨어져 근로자에게 위험을 미칠 우려가 있는 장소
15. 다음 각 목의 항만하역작업 장소
    가. 해치커버[해치보드(Hatch Board) 및 해치빔(Hatch Beam)을 포함한다]의 개폐·설치 또는 해체작업을 하고 있어 해치보드 또는 해치빔 등이 떨어져 근로자에게 위험을 미칠 우려가 있는 장소
    나. 양화장치(揚貨裝置) 붐(Boom)이 넘어짐으로써 근로자에게 위험을 미칠 우려가 있는 장소
    다. 양화장치, 데릭(Derrick), 크레인, 이동식 크레인(이하 "양화장치 등"이라 한다)에 매달린 화물이 떨어져 근로자에게 위험을 미칠 우려가 있는 장소
16. 벌목, 목재의 집하 또는 운반 등의 작업을 하는 경우에는 벌목한 목재 등이 아래 방향으로 굴러 떨어지는 등의 위험이 발생할 우려가 있는 장소
17. 양화장치 등을 사용하여 화물의 적하[부두 위의 화물에 훅(Hook)을 걸어 선(船) 내에 적재하기까지의 작업을 말한다] 또는 양하(선 내의 화물을 부두 위에 내려 놓고 훅을 풀기까지의 작업을 말한다)를 하는 경우에는 통행하는 근로자에게 화물이 떨어지거나 충돌할 우려가 있는 장소
18. 굴착기 붐·암·버킷 등의 선회(旋回)에 의하여 근로자에게 위험을 미칠 우려가 있는 장소

제3장 통로

제21조(통로의 조명) 사업주는 근로자가 안전하게 통행할 수 있도록 통로에 75럭스 이상의 채광 또는 조명시설을 하여야 한다. 다만, 갱도 또는 상시 통행을 하지 아니하는 지하실 등을 통행하는 근로자에게 휴대용 조명기구를 사용하도록 한 경우에는 그러하지 아니하다.

제22조(통로의 설치) ① 사업주는 작업장으로 통하는 장소 또는 작업장 내에 근로자가 사용할 안전한 통로를 설치하고 항상 사용할 수 있는 상태로 유지하여야 한다.

② 사업주는 통로의 주요 부분에 통로표시를 하고, 근로자가 안전하게 통행할 수 있도록 하여야 한다. 〈개정 2016. 7. 11.〉

③ 사업주는 통로면으로부터 높이 2미터 이내에는 장애물이 없도록 하여야 한다. 다만, 부득이하게 통로면으로부터 높이 2미터 이내에 장애물을 설치할 수밖에 없거나 통로면으로부터 높이 2미터 이내의 장애물을 제거하는 것이 곤란하다고 고용노동부장관이 인정하는 경우에는 근로자에게 발생할 수 있는 부상 등의 위험을 방지하기 위한 안전 조치를 하여야 한다. 〈개정 2016. 7. 11.〉

제23조(가설통로의 구조) 사업주는 가설통로를 설치하는 경우 다음 각 호의 사항을 준수하여야 한다.
1. 견고한 구조로 할 것
2. 경사는 30도 이하로 할 것. 다만, 계단을 설치하거나 높이 2미터 미만의 가설통로로서 튼튼한 손잡이를 설치한 경우에는 그러하지 아니하다.
3. 경사가 15도를 초과하는 경우에는 미끄러지지 아니하는 구조로 할 것
4. 추락할 위험이 있는 장소에는 안전난간을 설치할 것. 다만, 작업상 부득이한 경우에는 필요한 부분만 임시로 해체할 수 있다.
5. 수직갱에 가설된 통로의 길이가 15미터 이상인 경우에는 10미터 이내마다 계단참을 설치할 것
6. 건설공사에 사용하는 높이 8미터 이상인 비계다리에는 7미터 이내마다 계단참을 설치할 것

제24조(사다리식 통로 등의 구조) ① 사업주는 사다리식 통로 등을 설치하는 경우 다음 각 호의 사항을 준수하여야 한다. 〈개정 2024. 6. 28.〉
1. 견고한 구조로 할 것
2. 심한 손상·부식 등이 없는 재료를 사용할 것
3. 발판의 간격은 일정하게 할 것
4. 발판과 벽과의 사이는 15센티미터 이상의 간격을 유지할 것
5. 폭은 30센티미터 이상으로 할 것

6. 사다리가 넘어지거나 미끄러지는 것을 방지하기 위한 조치를 할 것
7. 사다리의 상단은 걸쳐놓은 지점으로부터 60센티미터 이상 올라가도록 할 것
8. 사다리식 통로의 길이가 10미터 이상인 경우에는 5미터 이내마다 계단참을 설치할 것
9. 사다리식 통로의 기울기는 75도 이하로 할 것. 다만, 고정식 사다리식 통로의 기울기는 90도 이하로 하고, 그 높이가 7미터 이상인 경우에는 다음 각 목의 구분에 따른 조치를 할 것
    가. 등받이울이 있어도 근로자 이동에 지장이 없는 경우 : 바닥으로부터 높이가 2.5미터 되는 지점부터 등받이울을 설치할 것
    나. 등받이울이 있으면 근로자가 이동이 곤란한 경우 : 한국산업표준에서 정하는 기준에 적합한 개인용 추락 방지 시스템을 설치하고 근로자로 하여금 한국산업표준에서 정하는 기준에 적합한 전신안전대를 사용하도록 할 것
10. 접이식 사다리 기둥은 사용 시 접혀지거나 펼쳐지지 않도록 철물 등을 사용하여 견고하게 조치할 것

② 잠함(潛函) 내 사다리식 통로와 건조·수리 중인 선박의 구명줄이 설치된 사다리식 통로(건조·수리작업을 위하여 임시로 설치한 사다리식 통로는 제외한다)에 대해서는 제1항 제5호부터 제10호까지의 규정을 적용하지 아니한다.

제25조(갱내통로 등의 위험 방지) 사업주는 갱내에 설치한 통로 또는 사다리식 통로에 권상장치(卷上裝置)가 설치된 경우 권상장치와 근로자의 접촉에 의한 위험이 있는 장소에 판자벽이나 그 밖에 위험 방지를 위한 격벽(隔壁)을 설치하여야 한다.

제26조(계단의 강도) ① 사업주는 계단 및 계단참을 설치하는 경우 매제곱미터당 500킬로그램 이상의 하중에 견딜 수 있는 강도를 가진 구조로 설치하여야 하며, 안전율[안전의 정도를 표시하는 것으로서 재료의 파괴응력도(破壞應力度)와 허용응력도(許容應力度)의 비율을 말한다]은 4 이상으로 하여야 한다.

② 사업주는 계단 및 승강구 바닥을 구멍이 있는 재료로 만드는 경우 렌치나 그 밖의 공구 등이 낙하할 위험이 없는 구조로 하여야 한다.

제27조(계단의 폭) ① 사업주는 계단을 설치하는 경우 그 폭을 1미터 이상으로 하여야 한다. 다만, 급유용·보수용·비상용 계단 및 나선형 계단이거나 높이 1미터 미만의 이동식 계단인 경우에는 그러하지 아니하다. 〈개정 2014. 9. 30.〉

② 사업주는 계단에 손잡이 외의 다른 물건 등을 설치하거나 쌓아 두어서는 아니 된다.

제28조(계단참의 설치) 사업주는 높이가 3미터를 초과하는 계단에 높이 3미터 이내마다 진행방향으로 길이 1.2미터 이상의 계단참을 설치해야 한다. 〈개정 2023. 11. 14.〉
[제목개정 2023. 11. 14.]

제29조(천장의 높이) 사업주는 계단을 설치하는 경우 바닥면으로부터 높이 2미터 이내의 공간에 장애물이 없도록 하여야 한다. 다만, 급유용·보수용·비상용 계단 및 나선형 계단인 경우에는 그러하지 아니하다.

제30조(계단의 난간) 사업주는 높이 1미터 이상인 계단의 개방된 측면에 안전난간을 설치하여야 한다.

제4장 보호구

제31조(보호구의 제한적 사용) ① 사업주는 보호구를 사용하지 아니하더라도 근로자가 유해·위험작업으로부터 보호를 받을 수 있도록 설비개선 등 필요한 조치를 하여야 한다.
② 사업주는 제1항의 조치를 하기 어려운 경우에만 제한적으로 해당 작업에 맞는 보호구를 사용하도록 하여야 한다.

제32조(보호구의 지급 등) ① 사업주는 다음 각 호의 어느 하나에 해당하는 작업을 하는 근로자에 대해서는 다음 각 호의 구분에 따라 그 작업조건에 맞는 보호구를 작업하는 근로자 수 이상으로 지급하고 착용하도록 하여야 한다. 〈개정 2017. 3. 3., 2024. 6. 28.〉
1. 물체가 떨어지거나 날아올 위험 또는 근로자가 추락할 위험이 있는 작업 : 안전모
2. 높이 또는 깊이 2미터 이상의 추락할 위험이 있는 장소에서 하는 작업 : 안전대(安全帶)
3. 물체의 낙하·충격, 물체에의 끼임, 감전 또는 정전기의 대전(帶電)에 의한 위험이 있는 작업 : 안전화
4. 물체가 흩날릴 위험이 있는 작업 : 보안경
5. 용접 시 불꽃이나 물체가 흩날릴 위험이 있는 작업 : 보안면
6. 감전의 위험이 있는 작업 : 절연용 보호구
7. 고열에 의한 화상 등의 위험이 있는 작업 : 방열복
8. 선창 등에서 분진(粉塵)이 심하게 발생하는 하역작업 : 방진마스크
9. 섭씨 영하 18도 이하인 급냉동어창에서 하는 하역작업 : 방한모·방한복·방한화·방한장갑
10. 물건을 운반하거나 수거·배달하기 위하여「도로교통법」제2조 제18호 가목 5)에 따른 이륜자동차 또는 같은 법 제2조 제19호에 따른 원동기장치자전거를 운행하는 작업 :「도로교통법 시행규칙」제32조 제1항 각 호의 기준에 적합한 승차용 안전모
11. 물건을 운반하거나 수거·배달하기 위해「도로교통법」제2조 제21호의2에 따른 자전거 등을 운행하는 작업 :「도로교통법 시행규칙」제32조 제2항의 기준에 적합한 안전모
② 사업주로부터 제1항에 따른 보호구를 받거나 착용지시를 받은 근로자는 그 보호구를 착용하여야 한다.

제33조(보호구의 관리) ① 사업주는 이 규칙에 따라 보호구를 지급하는 경우 상시 점검하여 이상이 있는 것은 수리하거나 다른 것으로 교환해 주는 등 늘 사용할 수 있도록 관리하여야 하며, 청결을 유지하도록 하여야 한다. 다만, 근로자가 청결을 유지하는 안전화, 안전모, 보안경의 경우에는 그러하지 아니하다.
② 사업주는 방진마스크의 필터 등을 언제나 교환할 수 있도록 충분한 양을 갖추어 두어야 한다.

제34조(전용 보호구 등) 사업주는 보호구를 공동사용하여 근로자에게 질병이 감염될 우려가 있는 경우 개인 전용 보호구를 지급하고 질병 감염을 예방하기 위한 조치를 하여야 한다.

제5장 관리감독자의 직무, 사용의 제한 등

제35조(관리감독자의 유해·위험 방지 업무 등) ① 사업주는 법 제16조 제1항에 따른 관리감독자(건설업의 경우 직장·조장 및 반장의 지위에서 그 작업을 직접 지휘·감독하는 관리감독자를 말하며, 이하 "관리감독자"라 한다)로 하여금 별표 2에서 정하는 바에 따라 유해·위험을 방지하기 위한 업무를 수행하도록 하여야 한다. 〈개정 2019. 12. 26.〉
② 사업주는 별표 3에서 정하는 바에 따라 작업을 시작하기 전에 관리감독자로 하여금 필요한 사항을 점검하도록 하여야 한다.
③ 사업주는 제2항에 따른 점검 결과 이상이 발견되면 즉시 수리하거나 그 밖에 필요한 조치를 하여야 한다.

제36조(사용의 제한) 사업주는 법 제80조·제81조에 따른 방호조치 등의 조치를 하지 않거나 법 제83조 제1항에 따른 안전인증기준, 법 제89조 제1항에 따른 자율안전기준 또는 법 제93조 제1항에 따른 안전검사기준에 적합하지 않은 기계·기구·설비 및 방호장치·보호구 등을 사용해서는 아니 된다. 〈개정 2019. 12. 26., 2021. 5. 28.〉

제37조(악천후 및 강풍 시 작업 중지) ① 사업주는 비·눈·바람 또는 그 밖의 기상상태의 불안정으로 인하여 근로자가 위험해질 우려가 있는 경우 작업을 중지하여야 한다. 다만, 태풍 등으로 위험이 예상되거나 발생되어 긴급 복구작업을 필요로 하는 경우에는 그러하지 아니하다.
② 사업주는 순간풍속이 초당 10미터를 초과하는 경우 타워크레인의 설치·수리·점검 또는 해체 작업을 중지하여야 하며, 순간풍속이 초당 15미터를 초과하는 경우에는 타워크레인의 운전작업을 중지하여야 한다. 〈개정 2017. 3. 3.〉

제38조(사전조사 및 작업계획서의 작성 등) ① 사업주는 다음 각 호의 작업을 하는 경우 근로자의 위험을 방지하기 위하여 별표 4에 따라 해당 작업, 작업장의 지형·지반 및 지층 상태 등에 대한 사전조사를 하고 그 결과를 기록·보존해야 하며, 조사결과를 고려하여 별표 4

의 구분에 따른 사항을 포함한 작업계획서를 작성하고 그 계획에 따라 작업을 하도록 해야 한다. 〈개정 2023. 11. 14.〉

1. 타워크레인을 설치·조립·해체하는 작업
2. 차량계 하역운반기계 등을 사용하는 작업(화물자동차를 사용하는 도로상의 주행작업은 제외한다. 이하 같다)
3. 차량계 건설기계를 사용하는 작업
4. 화학설비와 그 부속설비를 사용하는 작업
5. 제318조에 따른 전기작업(해당 전압이 50볼트를 넘거나 전기에너지가 250볼트암페어를 넘는 경우로 한정한다)
6. 굴착면의 높이가 2미터 이상이 되는 지반의 굴착작업
7. 터널굴착작업
8. 교량(상부구조가 금속 또는 콘크리트로 구성되는 교량으로서 그 높이가 5미터 이상이거나 교량의 최대 지간 길이가 30미터 이상인 교량으로 한정한다)의 설치·해체 또는 변경 작업
9. 채석작업
10. 구축물, 건축물, 그 밖의 시설물 등(이하 "구축물 등"이라 한다)의 해체작업
11. 중량물의 취급작업
12. 궤도나 그 밖의 관련 설비의 보수·점검작업
13. 열차의 교환·연결 또는 분리 작업(이하 "입환작업"이라 한다)

② 사업주는 제1항에 따라 작성한 작업계획서의 내용을 해당 근로자에게 알려야 한다.
③ 사업주는 항타기나 항발기를 조립·해체·변경 또는 이동하는 작업을 하는 경우 그 작업방법과 절차를 정하여 근로자에게 주지시켜야 한다.
④ 사업주는 제1항 제12호의 작업에 모터카(Motor Car), 멀티플타이탬퍼(Multiple Tie Tamper), 밸러스트 콤팩터(Ballast Compactor, 철도자갈다짐기), 궤도안정기 등의 작업차량(이하 "궤도작업차량"이라 한다)을 사용하는 경우 미리 그 구간을 운행하는 열차의 운행관계자와 협의하여야 한다. 〈개정 2019. 10. 15.〉

제39조(작업지휘자의 지정) ① 사업주는 제38조 제1항 제2호·제6호·제8호·제10호 및 제11호의 작업계획서를 작성한 경우 작업지휘자를 지정하여 작업계획서에 따라 작업을 지휘하도록 해야 한다. 다만, 제38조 제1항 제2호의 작업에 대하여 작업장소에 다른 근로자가 접근할 수 없거나 한 대의 차량계 하역운반기계 등을 운전하는 작업으로서 주위에 근로자가 없어 충돌 위험이 없는 경우에는 작업지휘자를 지정하지 않을 수 있다. 〈개정 2023. 11. 14.〉
② 사업주는 항타기나 항발기를 조립·해체·변경 또는 이동하여 작업을 하는 경우 작업지

휘자를 지정하여 지휘·감독하도록 하여야 한다.

제40조(신호) ① 사업주는 다음 각 호의 작업을 하는 경우 일정한 신호방법을 정하여 신호하도록 하여야 하며, 운전자는 그 신호에 따라야 한다.
 1. 양중기(揚重機)를 사용하는 작업
 2. 제171조 및 제172조 제1항 단서에 따라 유도자를 배치하는 작업
 3. 제200조 제1항 단서에 따라 유도자를 배치하는 작업
 4. 항타기 또는 항발기의 운전작업
 5. 중량물을 2명 이상의 근로자가 취급하거나 운반하는 작업
 6. 양화장치를 사용하는 작업
 7. 제412조에 따라 유도자를 배치하는 작업
 8. 입환작업(入換作業)
 ② 운전자나 근로자는 제1항에 따른 신호방법이 정해진 경우 이를 준수하여야 한다.

제41조(운전위치의 이탈금지) ① 사업주는 다음 각 호의 기계를 운전하는 경우 운전자가 운전위치를 이탈하게 해서는 아니 된다.
 1. 양중기
 2. 항타기 또는 항발기(권상장치에 하중을 건 상태)
 3. 양화장치(화물을 적재한 상태)
 ② 제1항에 따른 운전자는 운전 중에 운전위치를 이탈해서는 아니 된다.

제6장 추락 또는 붕괴에 의한 위험 방지

제1절 추락에 의한 위험 방지

제42조(추락의 방지) ① 사업주는 근로자가 추락하거나 넘어질 위험이 있는 장소[작업발판의 끝·개구부(開口部) 등을 제외한다] 또는 기계·설비·선박블록 등에서 작업을 할 때에 근로자가 위험해질 우려가 있는 경우 비계(飛階)를 조립하는 등의 방법으로 작업발판을 설치하여야 한다.
 ② 사업주는 제1항에 따른 작업발판을 설치하기 곤란한 경우 다음 각 호의 기준에 맞는 추락방호망을 설치해야 한다. 다만, 추락방호망을 설치하기 곤란한 경우에는 근로자에게 안전대를 착용하도록 하는 등 추락위험을 방지하기 위해 필요한 조치를 해야 한다. 〈개정 2017. 12. 28., 2021. 5. 28.〉
 1. 추락방호망의 설치위치는 가능하면 작업면으로부터 가까운 지점에 설치하여야 하며, 작업면으로부터 망의 설치지점까지의 수직거리는 10미터를 초과하지 아니할 것

2. 추락방호망은 수평으로 설치하고, 망의 처짐은 짧은 변 길이의 12퍼센트 이상이 되도록 할 것
3. 건축물 등의 바깥쪽으로 설치하는 경우 추락방호망의 내민 길이는 벽면으로부터 3미터 이상 되도록 할 것. 다만, 그물코가 20밀리미터 이하인 추락방호망을 사용한 경우에는 제14조 제3항에 따른 낙하물 방지망을 설치한 것으로 본다.

③ 사업주는 추락방호망을 설치하는 경우에는 한국산업표준에서 정하는 성능기준에 적합한 추락방호망을 사용하여야 한다. 〈신설 2017. 12. 28., 2022. 10. 18.〉

④ 사업주는 제1항 및 제2항에도 불구하고 작업발판 및 추락방호망을 설치하기 곤란한 경우에는 근로자로 하여금 3개 이상의 버팀대를 가지고 지면으로부터 안정적으로 세울 수 있는 구조를 갖춘 이동식 사다리를 사용하여 작업을 하게 할 수 있다. 이 경우 사업주는 근로자가 다음 각 호의 사항을 준수하도록 조치해야 한다. 〈신설 2024. 6. 28.〉

1. 평탄하고 견고하며 미끄럽지 않은 바닥에 이동식 사다리를 설치할 것
2. 이동식 사다리의 넘어짐을 방지하기 위해 다음 각 목의 어느 하나 이상에 해당하는 조치를 할 것
   가. 이동식 사다리를 견고한 시설물에 연결하여 고정할 것
   나. 아웃트리거(Outrigger, 전도방지용 지지대)를 설치하거나 아웃트리거가 붙어있는 이동식 사다리를 설치할 것
   다. 이동식 사다리를 다른 근로자가 지지하여 넘어지지 않도록 할 것
3. 이동식 사다리의 제조사가 정하여 표시한 이동식 사다리의 최대사용하중을 초과하지 않는 범위 내에서만 사용할 것
4. 이동식 사다리를 설치한 바닥면에서 높이 3.5미터 이하의 장소에서만 작업할 것
5. 이동식 사다리의 최상부 발판 및 그 하단 디딤대에 올라서서 작업하지 않을 것. 다만, 높이 1미터 이하의 사다리는 제외한다.
6. 안전모를 착용하되, 작업 높이가 2미터 이상인 경우에는 안전모와 안전대를 함께 착용할 것
7. 이동식 사다리 사용 전 변형 및 이상 유무 등을 점검하여 이상이 발견되면 즉시 수리하거나 그 밖에 필요한 조치를 할 것

제43조(개구부 등의 방호 조치) ① 사업주는 작업발판 및 통로의 끝이나 개구부로서 근로자가 추락할 위험이 있는 장소에는 안전난간, 울타리, 수직형 추락방망 또는 덮개 등(이하 이 조에서 "난간 등"이라 한다)의 방호 조치를 충분한 강도를 가진 구조로 튼튼하게 설치하여야 하며, 덮개를 설치하는 경우에는 뒤집히거나 떨어지지 않도록 설치하여야 한다. 이 경우 어두운 장소에서도 알아볼 수 있도록 개구부임을 표시해야 하며, 수직형 추락방망은 한국산업표준에서 정하는 성능기준에 적합한 것을 사용해야 한다. 〈개정 2019. 12. 26., 2022. 10. 18.〉

② 사업주는 난간 등을 설치하는 것이 매우 곤란하거나 작업의 필요상 임시로 난간 등을 해체하여야 하는 경우 제42조 제2항 각 호의 기준에 맞는 추락방호망을 설치하여야 한다. 다만, 추락방호망을 설치하기 곤란한 경우에는 근로자에게 안전대를 착용하도록 하는 등 추락할 위험을 방지하기 위하여 필요한 조치를 하여야 한다. 〈개정 2017. 12. 28.〉

제44조(안전대의 부착설비 등) ① 사업주는 추락할 위험이 있는 높이 2미터 이상의 장소에서 근로자에게 안전대를 착용시킨 경우 안전대를 안전하게 걸어 사용할 수 있는 설비 등을 설치하여야 한다. 이러한 안전대 부착설비로 지지로프 등을 설치하는 경우에는 처지거나 풀리는 것을 방지하기 위하여 필요한 조치를 하여야 한다.
② 사업주는 제1항에 따른 안전대 및 부속설비의 이상 유무를 작업을 시작하기 전에 점검하여야 한다.

제45조(지붕 위에서의 위험 방지) ① 사업주는 근로자가 지붕 위에서 작업을 할 때에 추락하거나 넘어질 위험이 있는 경우에는 다음 각 호의 조치를 해야 한다.
1. 지붕의 가장자리에 제13조에 따른 안전난간을 설치할 것
2. 채광창(Skylight)에는 견고한 구조의 덮개를 설치할 것
3. 슬레이트 등 강도가 약한 재료로 덮은 지붕에는 폭 30센티미터 이상의 발판을 설치할 것
② 사업주는 작업 환경 등을 고려할 때 제1항 제1호에 따른 조치를 하기 곤란한 경우에는 제42조 제2항 각 호의 기준을 갖춘 추락방호망을 설치해야 한다. 다만, 사업주는 작업 환경 등을 고려할 때 추락방호망을 설치하기 곤란한 경우에는 근로자에게 안전대를 착용하도록 하는 등 추락 위험을 방지하기 위하여 필요한 조치를 해야 한다.
[전문개정 2021. 11. 19.]

제46조(승강설비의 설치) 사업주는 높이 또는 깊이가 2미터를 초과하는 장소에서 작업하는 경우 해당 작업에 종사하는 근로자가 안전하게 승강하기 위한 건설용 리프트 등의 설비를 설치해야 한다. 다만, 승강설비를 설치하는 것이 작업의 성질상 곤란한 경우에는 그렇지 않다. 〈개정 2022. 10. 18.〉

제47조(구명구 등) 사업주는 수상 또는 선박건조 작업에 종사하는 근로자가 물에 빠지는 등 위험의 우려가 있는 경우 그 작업을 하는 장소에 구명을 위한 배 또는 구명장구(救命裝具)의 비치 등 구명을 위하여 필요한 조치를 하여야 한다.

제48조(울타리의 설치) 사업주는 근로자에게 작업 중 또는 통행 시 굴러 떨어짐으로 인하여 근로자가 화상·질식 등의 위험에 처할 우려가 있는 케틀(Kettle, 가열 용기), 호퍼(Hopper, 깔때기 모양의 출입구가 있는 큰 통), 피트(Pit, 구덩이) 등이 있는 경우에 그 위험을 방지하기 위하여 필요한 장소에 높이 90센티미터 이상의 울타리를 설치하여야 한다. 〈개정 2019. 10. 15.〉

제49조(조명의 유지) 사업주는 근로자가 높이 2미터 이상에서 작업을 하는 경우 그 작업을 안전하게 하는 데에 필요한 조명을 유지하여야 한다.

제2절 붕괴 등에 의한 위험 방지

제50조(토사 등에 의한 위험 방지) 사업주는 토사 등 또는 구축물의 붕괴 또는 낙하 등에 의하여 근로자가 위험해질 우려가 있는 경우 그 위험을 방지하기 위하여 다음 각 호의 조치를 해야 한다. 〈개정 2023. 11. 14.〉
1. 지반은 안전한 경사로 하고 낙하의 위험이 있는 토석을 제거하거나 옹벽, 흙막이 지보공 등을 설치할 것
2. 토사 등의 붕괴 또는 낙하 원인이 되는 빗물이나 지하수 등을 배제할 것
3. 갱 내의 낙반·측벽(側壁) 붕괴의 위험이 있는 경우에는 지보공을 설치하고 부석을 제거하는 등 필요한 조치를 할 것

[제목개정 2023. 11. 14.]

제51조(구축물 등의 안전 유지) 사업주는 구축물 등이 고정하중, 적재하중, 시공·해체 작업 중 발생하는 하중, 적설, 풍압(風壓), 지진이나 진동 및 충격 등에 의하여 전도·폭발하거나 무너지는 등의 위험을 예방하기 위하여 설계도면, 시방서(示方書), 「건축물의 구조기준 등에 관한 규칙」제2조 제15호에 따른 구조설계도서, 해체계획서 등 설계도서를 준수하여 필요한 조치를 해야 한다. 〈개정 2019. 1. 31., 2023. 11. 14.〉
1. 삭제 〈2023. 11. 14.〉
2. 삭제 〈2023. 11. 14.〉
3. 삭제 〈2023. 11. 14.〉

[제목개정 2023. 11. 14.]

제52조(구축물 등의 안전성 평가) 사업주는 구축물 등이 다음 각 호의 어느 하나에 해당하는 경우에는 구축물 등에 대한 구조검토, 안전진단 등의 안전성 평가를 하여 근로자에게 미칠 위험성을 미리 제거해야 한다. 〈개정 2023. 11. 14.〉
1. 구축물 등의 인근에서 굴착·항타작업 등으로 침하·균열 등이 발생하여 붕괴의 위험이 예상될 경우
2. 구축물 등에 지진, 동해(凍害), 부동침하(不同沈下) 등으로 균열·비틀림 등이 발생했을 경우
3. 구축물 등이 그 자체의 무게·적설·풍압 또는 그 밖에 부가되는 하중 등으로 붕괴 등의 위험이 있을 경우
4. 화재 등으로 구축물 등의 내력(耐力)이 심하게 저하됐을 경우

5. 오랜 기간 사용하지 않던 구축물 등을 재사용하게 되어 안전성을 검토해야 하는 경우
6. 구축물 등의 주요구조부(「건축법」 제2조 제1항 제7호에 따른 주요구조부를 말한다. 이하 같다)에 대한 설계 및 시공 방법의 전부 또는 일부를 변경하는 경우
7. 그 밖의 잠재위험이 예상될 경우

[제목개정 2023. 11. 14.]

제53조(계측장치의 설치 등) 사업주는 다음 각 호의 어느 하나에 해당하는 경우에는 그에 필요한 계측장치를 설치하여 계측결과를 확인하고 그 결과를 통하여 안전성을 검토하는 등 위험을 방지하기 위한 조치를 해야 한다. 〈개정 2024. 6. 28.〉

1. 영 제42조 제3항 제1호 또는 제2호에 따른 건설공사에 대한 유해위험방지계획서 심사 시 계측시공을 지시받은 경우
2. 영 제42조 제3항 제3호부터 제6호까지의 규정에 따른 건설공사에서 토사 등이나 구축물 등의 붕괴로 근로자가 위험해질 우려가 있는 경우
3. 설계도서에서 계측장치를 설치하도록 하고 있는 경우

[전문개정 2023. 11. 14.]

제7장 비계

제1절 재료 및 구조 등

제54조(비계의 재료) ① 사업주는 비계의 재료로 변형·부식 또는 심하게 손상된 것을 사용해서는 아니 된다.
② 사업주는 강관비계(鋼管飛階)의 재료로 한국산업표준에서 정하는 기준 이상의 것을 사용해야 한다. 〈개정 2022. 10. 18.〉

제55조(작업발판의 최대적재하중) 사업주는 비계의 구조 및 재료에 따라 작업발판의 최대적재하중을 정하고, 이를 초과하여 실어서는 안 된다.

[전문개정 2024. 6. 28.]

제56조(작업발판의 구조) 사업주는 비계(달비계, 달대비계 및 말비계는 제외한다)의 높이가 2미터 이상인 작업장소에 다음 각 호의 기준에 맞는 작업발판을 설치하여야 한다. 〈개정 2012. 5. 31., 2017. 12. 28.〉

1. 발판재료는 작업할 때의 하중을 견딜 수 있도록 견고한 것으로 할 것
2. 작업발판의 폭은 40센티미터 이상으로 하고, 발판재료 간의 틈은 3센티미터 이하로 할 것. 다만, 외줄비계의 경우에는 고용노동부장관이 별도로 정하는 기준에 따른다.
3. 제2호에도 불구하고 선박 및 보트 건조작업의 경우 선박블록 또는 엔진실 등의 좁은 작

업공간에 작업발판을 설치하기 위하여 필요하면 작업발판의 폭을 30센티미터 이상으로 할 수 있고, 걸침비계의 경우 강관기둥 때문에 발판재료 간의 틈을 3센티미터 이하로 유지하기 곤란하면 5센티미터 이하로 할 수 있다. 이 경우 그 틈 사이로 물체 등이 떨어질 우려가 있는 곳에는 출입금지 등의 조치를 하여야 한다.
4. 추락의 위험이 있는 장소에는 안전난간을 설치할 것. 다만, 작업의 성질상 안전난간을 설치하는 것이 곤란한 경우, 작업의 필요상 임시로 안전난간을 해체할 때에 추락방호망을 설치하거나 근로자로 하여금 안전대를 사용하도록 하는 등 추락위험 방지 조치를 한 경우에는 그러하지 아니하다.
5. 작업발판의 지지물은 하중에 의하여 파괴될 우려가 없는 것을 사용할 것
6. 작업발판재료는 뒤집히거나 떨어지지 않도록 둘 이상의 지지물에 연결하거나 고정시킬 것
7. 작업발판을 작업에 따라 이동시킬 경우에는 위험 방지에 필요한 조치를 할 것

제2절 조립·해체 및 점검 등

제57조(비계 등의 조립·해체 및 변경) ① 사업주는 달비계 또는 높이 5미터 이상의 비계를 조립·해체하거나 변경하는 작업을 하는 경우 다음 각 호의 사항을 준수하여야 한다.
1. 근로자가 관리감독자의 지휘에 따라 작업하도록 할 것
2. 조립·해체 또는 변경의 시기·범위 및 절차를 그 작업에 종사하는 근로자에게 주지시킬 것
3. 조립·해체 또는 변경 작업구역에는 해당 작업에 종사하는 근로자가 아닌 사람의 출입을 금지하고 그 내용을 보기 쉬운 장소에 게시할 것
4. 비, 눈, 그 밖의 기상상태의 불안정으로 날씨가 몹시 나쁜 경우에는 그 작업을 중지시킬 것
5. 비계재료의 연결·해체작업을 하는 경우에는 폭 20센티미터 이상의 발판을 설치하고 근로자로 하여금 안전대를 사용하도록 하는 등 추락을 방지하기 위한 조치를 할 것
6. 재료·기구 또는 공구 등을 올리거나 내리는 경우에는 근로자가 달줄 또는 달포대 등을 사용하게 할 것

② 사업주는 강관비계 또는 통나무비계를 조립하는 경우 쌍줄로 하여야 한다. 다만, 별도의 작업발판을 설치할 수 있는 시설을 갖춘 경우에는 외줄로 할 수 있다.

제58조(비계의 점검 및 보수) 사업주는 비, 눈, 그 밖의 기상상태의 악화로 작업을 중지시킨 후 또는 비계를 조립·해체하거나 변경한 후에 그 비계에서 작업을 하는 경우에는 해당 작업을 시작하기 전에 다음 각 호의 사항을 점검하고, 이상을 발견하면 즉시 보수하여야 한다.
1. 발판 재료의 손상 여부 및 부착 또는 걸림 상태
2. 해당 비계의 연결부 또는 접속부의 풀림 상태
3. 연결 재료 및 연결 철물의 손상 또는 부식 상태

    4. 손잡이의 탈락 여부
    5. 기둥의 침하, 변형, 변위(變位) 또는 흔들림 상태
    6. 로프의 부착 상태 및 매단 장치의 흔들림 상태

제3절 강관비계 및 강관틀비계

제59조(강관비계 조립 시의 준수사항) 사업주는 강관비계를 조립하는 경우에 다음 각 호의 사항을 준수해야 한다. 〈개정 2023. 11. 14.〉
  1. 비계기둥에는 미끄러지거나 침하하는 것을 방지하기 위하여 밑받침철물을 사용하거나 깔판·받침목 등을 사용하여 밑둥잡이를 설치하는 등의 조치를 할 것
  2. 강관의 접속부 또는 교차부(交叉部)는 적합한 부속철물을 사용하여 접속하거나 단단히 묶을 것
  3. 교차 가새로 보강할 것
  4. 외줄비계·쌍줄비계 또는 돌출비계에 대해서는 다음 각 목에서 정하는 바에 따라 벽이음 및 버팀을 설치할 것. 다만, 창틀의 부착 또는 벽면의 완성 등의 작업을 위하여 벽이음 또는 버팀을 제거하는 경우, 그 밖에 작업의 필요상 부득이한 경우로서 해당 벽이음 또는 버팀 대신 비계기둥 또는 띠장에 사재(斜材)를 설치하는 등 비계가 넘어지는 것을 방지하기 위한 조치를 한 경우에는 그러하지 아니하다.
    가. 강관비계의 조립 간격은 별표 5의 기준에 적합하도록 할 것
    나. 강관·통나무 등의 재료를 사용하여 견고한 것으로 할 것
    다. 인장재(引張材)와 압축재로 구성된 경우에는 인장재와 압축재의 간격을 1미터 이내로 할 것
  5. 가공전로(架空電路)에 근접하여 비계를 설치하는 경우에는 가공전로를 이설(移設)하거나 가공전로에 절연용 방호구를 장착하는 등 가공전로와의 접촉을 방지하기 위한 조치를 할 것

제60조(강관비계의 구조) 사업주는 강관을 사용하여 비계를 구성하는 경우 다음 각 호의 사항을 준수해야 한다. 〈개정 2012. 5. 31., 2019. 10. 15., 2019. 12. 26., 2023. 11. 14.〉
  1. 비계기둥의 간격은 띠장 방향에서는 1.85미터 이하, 장선(長線) 방향에서는 1.5미터 이하로 할 것. 다만, 다음 각 목의 어느 하나에 해당하는 작업의 경우에는 안전성에 대한 구조검토를 실시하고 조립도를 작성하면 띠장 방향 및 장선 방향으로 각각 2.7미터 이하로 할 수 있다.
    가. 선박 및 보트 건조작업
    나. 그 밖에 장비 반입·반출을 위하여 공간 등을 확보할 필요가 있는 등 작업의 성질상 비계기둥 간격에 관한 기준을 준수하기 곤란한 작업

2. 띠장 간격은 2.0미터 이하로 할 것. 다만, 작업의 성질상 이를 준수하기가 곤란하여 쌓기둥틀 등에 의하여 해당 부분을 보강한 경우에는 그러하지 아니하다.
3. 비계기둥의 제일 윗부분으로부터 31미터되는 지점 밑부분의 비계기둥은 2개의 강관으로 묶어 세울 것. 다만, 브래킷(Bracket, 까치발) 등으로 보강하여 2개의 강관으로 묶을 경우 이상의 강도가 유지되는 경우에는 그러하지 아니하다.
4. 비계기둥 간의 적재하중은 400킬로그램을 초과하지 않도록 할 것

제61조(강관의 강도 식별) 사업주는 바깥지름 및 두께가 같거나 유사하면서 강도가 다른 강관을 같은 사업장에서 사용하는 경우 강관에 색 또는 기호를 표시하는 등 강관의 강도를 알아볼 수 있는 조치를 하여야 한다.

제62조(강관틀비계) 사업주는 강관틀 비계를 조립하여 사용하는 경우 다음 각 호의 사항을 준수하여야 한다.
1. 비계기둥의 밑둥에는 밑받침 철물을 사용하여야 하며 밑받침에 고저차(高低差)가 있는 경우에는 조절형 밑받침철물을 사용하여 각각의 강관틀비계가 항상 수평 및 수직을 유지하도록 할 것
2. 높이가 20미터를 초과하거나 중량물의 적재를 수반하는 작업을 할 경우에는 주틀 간의 간격을 1.8미터 이하로 할 것
3. 주틀 간에 교차 가새를 설치하고 최상층 및 5층 이내마다 수평재를 설치할 것
4. 수직방향으로 6미터, 수평방향으로 8미터 이내마다 벽이음을 할 것
5. 길이가 띠장 방향으로 4미터 이하이고 높이가 10미터를 초과하는 경우에는 10미터 이내마다 띠장 방향으로 버팀기둥을 설치할 것

제4절 달비계, 달대비계 및 걸침비계 〈개정 2012. 5. 31.〉

제63조(달비계의 구조) ① 사업주는 곤돌라형 달비계를 설치하는 경우에는 다음 각 호의 사항을 준수해야 한다. 〈개정 2021. 11. 19.〉
1. 다음 각 목의 어느 하나에 해당하는 와이어로프를 달비계에 사용해서는 아니 된다.
   가. 이음매가 있는 것
   나. 와이어로프의 한 꼬임[(스트랜드(Strand)를 말한다. 이하 같다)]에서 끊어진 소선(素線)[필러(Pillar)선은 제외한다)]의 수가 10퍼센트 이상(비자전로프의 경우에는 끊어진 소선의 수가 와이어로프 호칭지름의 6배 길이 이내에서 4개 이상이거나 호칭지름 30배 길이 이내에서 8개 이상)인 것
   다. 지름의 감소가 공칭지름의 7퍼센트를 초과하는 것
   라. 꼬인 것

마. 심하게 변형되거나 부식된 것
　　바. 열과 전기충격에 의해 손상된 것
 2. 다음 각 목의 어느 하나에 해당하는 달기 체인을 달비계에 사용해서는 아니 된다.
　　가. 달기 체인의 길이가 달기 체인이 제조된 때의 길이의 5퍼센트를 초과한 것
　　나. 링의 단면지름이 달기 체인이 제조된 때의 해당 링의 지름의 10퍼센트를 초과하여 감소한 것
　　다. 균열이 있거나 심하게 변형된 것
 3. 삭제 〈2021. 11. 19.〉
 4. 달기 강선 및 달기 강대는 심하게 손상·변형 또는 부식된 것을 사용하지 않도록 할 것
 5. 달기 와이어로프, 달기 체인, 달기 강선, 달기 강대는 한쪽 끝을 비계의 보 등에, 다른 쪽 끝을 내민 보, 앵커볼트 또는 건축물의 보 등에 각각 풀리지 않도록 설치할 것
 6. 작업발판은 폭을 40센티미터 이상으로 하고 틈새가 없도록 할 것
 7. 작업발판의 재료는 뒤집히거나 떨어지지 않도록 비계의 보 등에 연결하거나 고정시킬 것
 8. 비계가 흔들리거나 뒤집히는 것을 방지하기 위하여 비계의 보·작업발판 등에 버팀을 설치하는 등 필요한 조치를 할 것
 9. 선반 비계에서는 보의 접속부 및 교차부를 철선·이음철물 등을 사용하여 확실하게 접속시키거나 단단하게 연결시킬 것
 10. 근로자의 추락 위험을 방지하기 위하여 다음 각 목의 조치를 할 것
　　가. 달비계에 구명줄을 설치할 것
　　나. 근로자에게 안전대를 착용하도록 하고 근로자가 착용한 안전줄을 달비계의 구명줄에 체결(締結)하도록 할 것
　　다. 달비계에 안전난간을 설치할 수 있는 구조인 경우에는 달비계에 안전난간을 설치할 것
② 사업주는 작업의자형 달비계를 설치하는 경우에는 다음 각 호의 사항을 준수해야 한다. 〈신설 2021. 11. 19.〉
 1. 달비계의 작업대는 나무 등 근로자의 하중을 견딜 수 있는 강도의 재료를 사용하여 견고한 구조로 제작할 것
 2. 작업대의 4개 모서리에 로프를 매달아 작업대가 뒤집히거나 떨어지지 않도록 연결할 것
 3. 작업용 섬유로프는 콘크리트에 매립된 고리, 건축물의 콘크리트 또는 철재 구조물 등 2개 이상의 견고한 고정점에 풀리지 않도록 결속(結束)할 것
 4. 작업용 섬유로프와 구명줄은 다른 고정점에 결속되도록 할 것
 5. 작업하는 근로자의 하중을 견딜 수 있을 정도의 강도를 가진 작업용 섬유로프, 구명줄 및 고정점을 사용할 것
 6. 근로자가 작업용 섬유로프에 작업대를 연결하여 하강하는 방법으로 작업을 하는 경우

근로자의 조종 없이는 작업대가 하강하지 않도록 할 것
7. 작업용 섬유로프 또는 구명줄이 결속된 고정점의 로프는 다른 사람이 풀지 못하게 하고 작업 중임을 알리는 경고표지를 부착할 것
8. 작업용 섬유로프와 구명줄이 건물이나 구조물의 끝부분, 날카로운 물체 등에 의하여 절단되거나 마모(磨耗)될 우려가 있는 경우에는 로프에 이를 방지할 수 있는 보호 덮개를 씌우는 등의 조치를 할 것
9. 달비계에 다음 각 목의 작업용 섬유로프 또는 안전대의 섬유벨트를 사용하지 않을 것
   가. 꼬임이 끊어진 것
   나. 심하게 손상되거나 부식된 것
   다. 2개 이상의 작업용 섬유로프 또는 섬유벨트를 연결한 것
   라. 작업높이보다 길이가 짧은 것
10. 근로자의 추락 위험을 방지하기 위하여 다음 각 목의 조치를 할 것
    가. 달비계에 구명줄을 설치할 것
    나. 근로자에게 안전대를 착용하도록 하고 근로자가 착용한 안전줄을 달비계의 구명줄에 체결(締結)하도록 할 것

제64조(달비계의 점검 및 보수) 사업주는 달비계에서 근로자에게 작업을 시키는 경우에 작업을 시작하기 전에 그 달비계에 대하여 제58조 각 호의 사항을 점검하고 이상을 발견하면 즉시 보수하여야 한다.

제65조(달대비계) 사업주는 달대비계를 조립하여 사용하는 경우 하중에 충분히 견딜 수 있도록 조치하여야 한다.

제66조(높은 디딤판 등의 사용금지) 사업주는 달비계 또는 달대 비계 위에서 높은 디딤판, 사다리 등을 사용하여 근로자에게 작업을 시켜서는 아니 된다.

제66조의2(걸침비계의 구조) 사업주는 선박 및 보트 건조작업에서 걸침비계를 설치하는 경우에는 다음 각 호의 사항을 준수하여야 한다.
1. 지지점이 되는 매달림부재의 고정부는 구조물로부터 이탈되지 않도록 견고히 고정할 것
2. 비계재료 간에는 서로 움직임, 뒤집힘 등이 없어야 하고, 재료가 분리되지 않도록 철물 또는 철선으로 충분히 결속할 것. 다만, 작업발판 밑 부분에 띠장 및 장선으로 사용되는 수평부재 간의 결속은 철선을 사용하지 않을 것
3. 매달림부재의 안전율은 4 이상일 것
4. 작업발판에는 구조검토에 따라 설계한 최대적재하중을 초과하여 적재하여서는 아니 되며, 그 작업에 종사하는 근로자에게 최대적재하중을 충분히 알릴 것

[본조신설 2012. 5. 31.]

제5절 말비계 및 이동식비계

제67조(말비계) 사업주는 말비계를 조립하여 사용하는 경우에 다음 각 호의 사항을 준수하여야 한다.
1. 지주부재(支柱部材)의 하단에는 미끄럼 방지장치를 하고, 근로자가 양측 끝부분에 올라서서 작업하지 않도록 할 것
2. 지주부재와 수평면의 기울기를 75도 이하로 하고, 지주부재와 지주부재 사이를 고정시키는 보조부재를 설치할 것
3. 말비계의 높이가 2미터를 초과하는 경우에는 작업발판의 폭을 40센티미터 이상으로 할 것

제68조(이동식비계) 사업주는 이동식비계를 조립하여 작업을 하는 경우에는 다음 각 호의 사항을 준수하여야 한다. 〈개정 2019. 10. 15., 2024. 6. 28.〉
1. 이동식비계의 바퀴에는 뜻밖의 갑작스러운 이동 또는 전도를 방지하기 위하여 브레이크·쐐기 등으로 바퀴를 고정시킨 다음 비계의 일부를 견고한 시설물에 고정하거나 아웃트리거를 설치하는 등 필요한 조치를 할 것
2. 승강용사다리는 견고하게 설치할 것
3. 비계의 최상부에서 작업을 하는 경우에는 안전난간을 설치할 것
4. 작업발판은 항상 수평을 유지하고 작업발판 위에서 안전난간을 딛고 작업을 하거나 받침대 또는 사다리를 사용하여 작업하지 않도록 할 것
5. 작업발판의 최대적재하중은 250킬로그램을 초과하지 않도록 할 것

제6절 시스템 비계

제69조(시스템 비계의 구조) 사업주는 시스템 비계를 사용하여 비계를 구성하는 경우에 다음 각 호의 사항을 준수하여야 한다.
1. 수직재·수평재·가새재를 견고하게 연결하는 구조가 되도록 할 것
2. 비계 밑단의 수직재와 받침철물은 밀착되도록 설치하고, 수직재와 받침철물의 연결부의 겹침길이는 받침철물 전체길이의 3분의 1 이상이 되도록 할 것
3. 수평재는 수직재와 직각으로 설치하여야 하며, 체결 후 흔들림이 없도록 견고하게 설치할 것
4. 수직재와 수직재의 연결철물은 이탈되지 않도록 견고한 구조로 할 것
5. 벽 연결재의 설치간격은 제조사가 정한 기준에 따라 설치할 것

제70조(시스템비계의 조립 작업 시 준수사항) 사업주는 시스템 비계를 조립 작업하는 경우 다음 각 호의 사항을 준수하여야 한다.

1. 비계 기둥의 밑둥에는 밑받침 철물을 사용하여야 하며, 밑받침에 고저차가 있는 경우에는 조절형 밑받침 철물을 사용하여 시스템 비계가 항상 수평 및 수직을 유지하도록 할 것
2. 경사진 바닥에 설치하는 경우에는 피벗형 받침 철물 또는 쐐기 등을 사용하여 밑받침 철물의 바닥면이 수평을 유지하도록 할 것
3. 가공전로에 근접하여 비계를 설치하는 경우에는 가공전로를 이설하거나 가공전로에 절연용 방호구를 설치하는 등 가공전로와의 접촉을 방지하기 위하여 필요한 조치를 할 것
4. 비계 내에서 근로자가 상하 또는 좌우로 이동하는 경우에는 반드시 지정된 통로를 이용하도록 주지시킬 것
5. 비계 작업 근로자는 같은 수직면상의 위와 아래 동시 작업을 금지할 것
6. 작업발판에는 제조사가 정한 최대적재하중을 초과하여 적재해서는 아니 되며, 최대적재하중이 표기된 표지판을 부착하고 근로자에게 주지시키도록 할 것

제7절 삭제 〈2024. 6. 28.〉

제71조 삭제 〈2024. 6. 28.〉

제8장 환기장치

제72조(후드) 사업주는 인체에 해로운 분진, 흄(Fume, 열이나 화학반응에 의하여 형성된 고체증기가 응축되어 생긴 미세입자), 미스트(Mist, 공기 중에 떠다니는 작은 액체방울), 증기 또는 가스 상태의 물질(이하 "분진 등"이라 한다)을 배출하기 위하여 설치하는 국소배기장치의 후드가 다음 각 호의 기준에 맞도록 하여야 한다. 〈개정 2019. 10. 15.〉
1. 유해물질이 발생하는 곳마다 설치할 것
2. 유해인자의 발생형태와 비중, 작업방법 등을 고려하여 해당 분진 등의 발산원(發散源)을 제어할 수 있는 구조로 설치할 것
3. 후드(Hood) 형식은 가능하면 포위식 또는 부스식 후드를 설치할 것
4. 외부식 또는 리시버식 후드는 해당 분진 등의 발산원에 가장 가까운 위치에 설치할 것

제73조(덕트) 사업주는 분진 등을 배출하기 위하여 설치하는 국소배기장치(이동식은 제외한다)의 덕트(Duct)가 다음 각 호의 기준에 맞도록 하여야 한다.
1. 가능하면 길이는 짧게 하고 굴곡부의 수는 적게 할 것
2. 접속부의 안쪽은 돌출된 부분이 없도록 할 것
3. 청소구를 설치하는 등 청소하기 쉬운 구조로 할 것
4. 덕트 내부에 오염물질이 쌓이지 않도록 이송속도를 유지할 것
5. 연결 부위 등은 외부 공기가 들어오지 않도록 할 것

제74조(배풍기) 사업주는 국소배기장치에 공기정화장치를 설치하는 경우 정화 후의 공기가 통하는 위치에 배풍기(排風機)를 설치하여야 한다. 다만, 빨아들여진 물질로 인하여 폭발할 우려가 없고 배풍기의 날개가 부식될 우려가 없는 경우에는 정화 전의 공기가 통하는 위치에 배풍기를 설치할 수 있다.

제75조(배기구) 사업주는 분진 등을 배출하기 위하여 설치하는 국소배기장치(공기정화장치가 설치된 이동식 국소배기장치는 제외한다)의 배기구를 직접 외부로 향하도록 개방하여 실외에 설치하는 등 배출되는 분진 등이 작업장으로 재유입되지 않는 구조로 하여야 한다.

제76조(배기의 처리) 사업주는 분진 등을 배출하는 장치나 설비에는 그 분진 등으로 인하여 근로자의 건강에 장해가 발생하지 않도록 흡수·연소·집진(集塵) 또는 그 밖의 적절한 방식에 의한 공기정화장치를 설치하여야 한다.

제77조(전체환기장치) 사업주는 분진 등을 배출하기 위하여 설치하는 전체환기장치가 다음 각 호의 기준에 맞도록 하여야 한다.
1. 송풍기 또는 배풍기(덕트를 사용하는 경우에는 그 덕트의 흡입구를 말한다)는 가능하면 해당 분진 등의 발산원에 가장 가까운 위치에 설치할 것
2. 송풍기 또는 배풍기는 직접 외부로 향하도록 개방하여 실외에 설치하는 등 배출되는 분진 등이 작업장으로 재유입되지 않는 구조로 할 것

제78조(환기장치의 가동) ① 사업주는 분진 등을 배출하기 위하여 국소배기장치나 전체환기장치를 설치한 경우 그 분진 등에 관한 작업을 하는 동안 국소배기장치나 전체환기장치를 가동하여야 한다.
② 사업주는 국소배기장치나 전체환기장치를 설치한 경우 조정판을 설치하여 환기를 방해하는 기류를 없애는 등 그 장치를 충분히 가동하기 위하여 필요한 조치를 하여야 한다.

제9장 휴게시설 등

제79조(휴게시설) ① 사업주는 근로자들이 신체적 피로와 정신적 스트레스를 해소할 수 있도록 휴식시간에 이용할 수 있는 휴게시설을 갖추어야 한다.
② 사업주는 제1항에 따른 휴게시설을 인체에 해로운 분진 등을 발산하는 장소나 유해물질을 취급하는 장소와 격리된 곳에 설치하여야 한다. 다만, 갱내 등 작업장소의 여건상 격리된 장소에 휴게시설을 갖출 수 없는 경우에는 그러하지 아니하다.

제79조의2(세척시설 등) 사업주는 근로자로 하여금 다음 각 호의 어느 하나에 해당하는 업무에 상시적으로 종사하도록 하는 경우 근로자가 접근하기 쉬운 장소에 세면·목욕시설, 탈의 및 세탁시설을 설치하고 필요한 용품과 용구를 갖추어 두어야 한다.

1. 환경미화 업무
2. 음식물쓰레기·분뇨 등 오물의 수거·처리 업무
3. 폐기물·재활용품의 선별·처리 업무
4. 그 밖에 미생물로 인하여 신체 또는 피복이 오염될 우려가 있는 업무
[본조신설 2012. 3. 5.]

제80조(의자의 비치) 사업주는 지속적으로 서서 일하는 근로자가 작업 중 때때로 앉을 수 있는 기회가 있으면 해당 근로자가 이용할 수 있도록 의자를 갖추어 두어야 한다.

제81조(수면장소 등의 설치) ① 사업주는 야간에 작업하는 근로자에게 수면을 취하도록 할 필요가 있는 경우에는 적당한 수면을 취할 수 있는 장소를 남녀 각각 구분하여 설치하여야 한다.
② 사업주는 제1항의 장소에 침구(寢具)와 그 밖에 필요한 용품을 갖추어 두고 청소·세탁 및 소독 등을 정기적으로 하여야 한다.

제82조(구급용구) ① 사업주는 부상자의 응급처치에 필요한 다음 각 호의 구급용구를 갖추어 두고, 그 장소와 사용방법을 근로자에게 알려야 한다.
1. 붕대재료·탈지면·핀셋 및 반창고
2. 외상(外傷)용 소독약
3. 지혈대·부목 및 들것
4. 화상약(고열물체를 취급하는 작업장이나 그 밖에 화상의 우려가 있는 작업장에만 해당한다)
② 사업주는 제1항에 따른 구급용구를 관리하는 사람을 지정하여 언제든지 사용할 수 있도록 청결하게 유지하여야 한다.

제10장 잔재물 등의 조치기준

제83조(가스 등의 발산 억제 조치) 사업주는 가스·증기·미스트·흄 또는 분진 등(이하 "가스 등"이라 한다)이 발산되는 실내작업장에 대하여 근로자의 건강장해가 발생하지 않도록 해당 가스 등의 공기 중 발산을 억제하는 설비나 발산원을 밀폐하는 설비 또는 국소배기장치나 전체환기장치를 설치하는 등 필요한 조치를 하여야 한다. 〈개정 2012. 3. 5.〉
[제목개정 2012. 3. 5.]

제84조(공기의 부피와 환기) 사업주는 근로자가 가스 등에 노출되는 작업을 수행하는 실내작업장에 대하여 공기의 부피와 환기를 다음 각 호의 기준에 맞도록 하여야 한다. 〈개정 2012. 3. 5.〉

1. 바닥으로부터 4미터 이상 높이의 공간을 제외한 나머지 공간의 공기의 부피는 근로자 1명당 10세제곱미터 이상이 되도록 할 것
2. 직접 외부를 향하여 개방할 수 있는 창을 설치하고 그 면적은 바닥면적의 20분의 1 이상으로 할 것(근로자의 보건을 위하여 충분한 환기를 할 수 있는 설비를 설치한 경우는 제외한다)
3. 기온이 섭씨 10도 이하인 상태에서 환기를 하는 경우에는 근로자가 매초 1미터 이상의 기류에 닿지 않도록 할 것

제85조(잔재물 등의 처리) ① 사업주는 인체에 해로운 기체, 액체 또는 잔재물 등(이하 "잔재물 등"이라 한다)을 근로자의 건강에 장해가 발생하지 않도록 중화·침전·여과 또는 그 밖의 적절한 방법으로 처리하여야 한다. 〈개정 2012. 3. 5.〉

② 사업주는 병원체에 의하여 오염된 기체나 잔재물 등에 대하여 해당 병원체로 인하여 근로자의 건강에 장해가 발생하지 않도록 소독·살균 또는 그 밖의 적절한 방법으로 처리하여야 한다.

③ 사업주는 제1항 및 제2항에 따른 기체나 잔재물 등을 위탁하여 처리하는 경우에는 그 기체나 잔재물 등의 주요 성분, 오염인자의 종류와 그 유해·위험성 등에 대한 정보를 위탁처리자에게 제공하여야 한다.

제2편 안전기준

제1장 기계·기구 및 그 밖의 설비에 의한 위험예방

제1절 기계 등의 일반기준

제86조(탑승의 제한) ① 사업주는 크레인을 사용하여 근로자를 운반하거나 근로자를 달아 올린 상태에서 작업에 종사시켜서는 아니 된다. 다만, 크레인에 전용 탑승설비를 설치하고 추락 위험을 방지하기 위하여 다음 각 호의 조치를 한 경우에는 그러하지 아니하다.
1. 탑승설비가 뒤집히거나 떨어지지 않도록 필요한 조치를 할 것
2. 안전대나 구명줄을 설치하고, 안전난간을 설치할 수 있는 구조인 경우에는 안전난간을 설치할 것
3. 탑승설비를 하강시킬 때에는 동력하강방법으로 할 것

② 사업주는 이동식 크레인을 사용하여 근로자를 운반하거나 근로자를 달아 올린 상태에서 작업에 종사시켜서는 안 된다. 다만, 작업 장소의 구조, 지형 등으로 고소작업대를 사용하기가 곤란하여 이동식 크레인 중 기중기를 한국산업표준에서 정하는 안전기준에 따라 사용하는 경우는 제외한다. 〈개정 2022. 10. 18.〉

③ 사업주는 내부에 비상정지장치·조작스위치 등 탑승조작장치가 설치되어 있지 아니한 리프트의 운반구에 근로자를 탑승시켜서는 아니 된다. 다만, 리프트의 수리·조정 및 점검 등의 작업을 하는 경우로서 그 작업에 종사하는 근로자가 추락할 위험이 없도록 조치를 한 경우에는 그러하지 아니하다.

④ 사업주는 자동차정비용 리프트에 근로자를 탑승시켜서는 아니 된다. 다만, 자동차정비용 리프트의 수리·조정 및 점검 등의 작업을 할 때에 그 작업에 종사하는 근로자가 위험해질 우려가 없도록 조치한 경우에는 그러하지 아니하다. 〈개정 2019. 4. 19.〉

⑤ 사업주는 곤돌라의 운반구에 근로자를 탑승시켜서는 아니 된다. 다만, 추락 위험을 방지하기 위하여 다음 각 호의 조치를 한 경우에는 그러하지 아니하다.

1. 운반구가 뒤집히거나 떨어지지 않도록 필요한 조치를 할 것
2. 안전대나 구명줄을 설치하고, 안전난간을 설치할 수 있는 구조인 경우이면 안전난간을 설치할 것

⑥ 사업주는 소형화물용 엘리베이터에 근로자를 탑승시켜서는 아니 된다. 다만, 소형화물용 엘리베이터의 수리·조정 및 점검 등의 작업을 하는 경우에는 그러하지 아니하다. 〈개정 2019. 4. 19.〉

⑦ 사업주는 차량계 하역운반기계(화물자동차는 제외한다)를 사용하여 작업을 하는 경우 승차석이 아닌 위치에 근로자를 탑승시켜서는 아니 된다. 다만, 추락 등의 위험을 방지하기 위한 조치를 한 경우에는 그러하지 아니하다.

⑧ 사업주는 화물자동차 적재함에 근로자를 탑승시켜서는 아니 된다. 다만, 화물자동차에 울 등을 설치하여 추락을 방지하는 조치를 한 경우에는 그러하지 아니하다.

⑨ 사업주는 운전 중인 컨베이어 등에 근로자를 탑승시켜서는 아니 된다. 다만, 근로자를 운반할 수 있는 구조를 갖춘 컨베이어 등으로서 추락·접촉 등에 의한 위험을 방지할 수 있는 조치를 한 경우에는 그러하지 아니하다.

⑩ 사업주는 이삿짐운반용 리프트 운반구에 근로자를 탑승시켜서는 아니 된다. 다만, 이삿짐운반용 리프트의 수리·조정 및 점검 등의 작업을 할 때에 그 작업에 종사하는 근로자가 추락할 위험이 없도록 조치한 경우에는 그러하지 아니하다.

⑪ 사업주는 전조등, 제동등, 후미등, 후사경 또는 제동장치가 정상적으로 작동되지 아니하는 이륜자동차(「자동차관리법」 제3조 제1항 제5호에 따른 이륜자동차를 말한다. 이하 같다)에 근로자를 탑승시켜서는 아니 된다. 〈신설 2017. 3. 3., 2024. 6. 28.〉

제87조(원동기·회전축 등의 위험 방지) ① 사업주는 기계의 원동기·회전축·기어·풀리·플라이휠·벨트 및 체인 등 근로자가 위험에 처할 우려가 있는 부위에 덮개·울·슬리브 및 건널다리 등을 설치하여야 한다.

② 사업주는 회전축·기어·풀리 및 플라이휠 등에 부속되는 키·핀 등의 기계요소는 묻힘형으로 하거나 해당 부위에 덮개를 설치하여야 한다.
③ 사업주는 벨트의 이음 부분에 돌출된 고정구를 사용해서는 아니 된다.
④ 사업주는 제1항의 건널다리에는 안전난간 및 미끄러지지 아니하는 구조의 발판을 설치하여야 한다.
⑤ 사업주는 연삭기(研削機) 또는 평삭기(平削機)의 테이블, 형삭기(形削機) 램 등의 행정 끝이 근로자에게 위험을 미칠 우려가 있는 경우에 해당 부위에 덮개 또는 울 등을 설치하여야 한다.
⑥ 사업주는 선반 등으로부터 돌출하여 회전하고 있는 가공물이 근로자에게 위험을 미칠 우려가 있는 경우에 덮개 또는 울 등을 설치하여야 한다.
⑦ 사업주는 원심기(원심력을 이용하여 물질을 분리하거나 추출하는 일련의 작업을 하는 기기를 말한다. 이하 같다)에는 덮개를 설치하여야 한다.
⑧ 사업주는 분쇄기·파쇄기·마쇄기·미분기·혼합기 및 혼화기 등(이하 "분쇄기 등"이라 한다)을 가동하거나 원료가 흩날리거나 하여 근로자가 위험해질 우려가 있는 경우 해당 부위에 덮개를 설치하는 등 필요한 조치를 해야 하며, 분쇄기 등의 가동 중 덮개를 열어야 하는 경우에는 다음 각 호의 어느 하나 이상에 해당하는 조치를 해야 한다. 〈개정 2024. 6. 28.〉
1. 근로자가 덮개를 열기 전에 분쇄기 등의 가동을 정지하도록 할 것
2. 분쇄기 등과 덮개 간에 연동장치를 설치하여 덮개가 열리면 분쇄기 등이 자동으로 멈추도록 할 것
3. 분쇄기 등에 광전자식 방호장치 등 감응형(感應形) 방호장치를 설치하여 근로자의 신체가 위험한계에 들어가게 되면 분쇄기 등이 자동으로 멈추도록 할 것
⑨ 사업주는 근로자가 분쇄기 등의 개구부로부터 가동 부분에 접촉함으로써 위해(危害)를 입을 우려가 있는 경우 덮개 또는 울 등을 설치해야 하며, 분쇄기 등의 가동 중 덮개 또는 울 등을 열어야 하는 경우에는 다음 각 호의 어느 하나 이상에 해당하는 조치를 해야 한다. 〈개정 2024. 6. 28.〉
1. 근로자가 덮개 또는 울 등을 열기 전에 분쇄기 등의 가동을 정지하도록 할 것
2. 분쇄기 등과 덮개 또는 울 등 간에 연동장치를 설치하여 덮개 또는 울 등이 열리면 분쇄기 등이 자동으로 멈추도록 할 것
3. 분쇄기 등에 광전자식 방호장치 등 감응형 방호장치를 설치하여 근로자의 신체가 위험한계에 들어가게 되면 분쇄기 등이 자동으로 멈추도록 할 것
⑩ 사업주는 종이·천·비닐 및 와이어로프 등의 감김통 등에 의하여 근로자가 위험해질 우려가 있는 부위에 덮개 또는 울 등을 설치하여야 한다.

⑪ 사업주는 압력용기 및 공기압축기 등(이하 "압력용기 등"이라 한다)에 부속하는 원동기·축이음·벨트·풀리의 회전 부위 등 근로자가 위험에 처할 우려가 있는 부위에 덮개 또는 울 등을 설치하여야 한다.
[시행일 : 2025. 6. 29.] 제87조 제8항, 제87조 제9항

제88조(기계의 동력차단장치) ① 사업주는 동력으로 작동되는 기계에 스위치·클러치(Clutch) 및 벨트이동장치 등 동력차단장치를 설치하여야 한다. 다만, 연속하여 하나의 집단을 이루는 기계로서 공통의 동력차단장치가 있거나 공정 도중에 인력(人力)에 의한 원재료의 공급과 인출(引出) 등이 필요 없는 경우에는 그러하지 아니하다.
② 사업주는 제1항에 따라 동력차단장치를 설치할 때에는 제1항에 따른 기계 중 절단·인발(引拔)·압축·꼬임·타발(打拔) 또는 굽힘 등의 가공을 하는 기계에 설치하되, 근로자가 작업위치를 이동하지 아니하고 조작할 수 있는 위치에 설치하여야 한다.
③ 제1항의 동력차단장치는 조작이 쉽고 접촉 또는 진동 등에 의하여 갑자기 기계가 움직일 우려가 없는 것이어야 한다.
④ 사업주는 사용 중인 기계·기구 등의 클러치·브레이크, 그 밖에 제어를 위하여 필요한 부위의 기능을 항상 유효한 상태로 유지하여야 한다.

제89조(운전 시작 전 조치) ① 사업주는 기계의 운전을 시작할 때에 근로자가 위험해질 우려가 있으면 근로자 배치 및 교육, 작업방법, 방호장치 등 필요한 사항을 미리 확인한 후 위험방지를 위하여 필요한 조치를 하여야 한다.
② 사업주는 제1항에 따라 기계의 운전을 시작하는 경우 일정한 신호방법과 해당 근로자에게 신호할 사람을 정하고, 신호방법에 따라 그 근로자에게 신호하도록 하여야 한다.

제90조(날아오는 가공물 등에 의한 위험의 방지) 사업주는 가공물 등이 절단되거나 절삭편(切削片)이 날아오는 등 근로자가 위험해질 우려가 있는 기계에 덮개 또는 울 등을 설치하여야 한다. 다만, 해당 작업의 성질상 덮개 또는 울 등을 설치하기가 매우 곤란하여 근로자에게 보호구를 사용하도록 한 경우에는 그러하지 아니하다.

제91조(고장난 기계의 정비 등) ① 사업주는 기계 또는 방호장치의 결함이 발견된 경우 반드시 정비한 후에 근로자가 사용하도록 하여야 한다.
② 제1항의 정비가 완료될 때까지는 해당 기계 및 방호장치 등의 사용을 금지하여야 한다.

제92조(정비 등의 작업 시의 운전정지 등) ① 사업주는 동력으로 작동되는 기계의 정비·청소·급유·검사·수리·교체 또는 조정 작업 또는 그 밖에 이와 유사한 작업을 할 때에 근로자가 위험해질 우려가 있으면 해당 기계의 운전을 정지하여야 한다. 다만, 덮개가 설치되어 있는 등 기계의 구조상 근로자가 위험해질 우려가 없는 경우에는 그렇지 않다. 〈개정 2024. 6. 28.〉

② 사업주는 제1항에 따라 기계의 운전을 정지한 경우에 다른 사람이 그 기계를 운전하는 것을 방지하기 위하여 기계의 기동장치에 잠금장치를 하고 그 열쇠를 별도 관리하거나 표지판을 설치하는 등 필요한 방호 조치를 하여야 한다.
③ 사업주는 작업하는 과정에서 적절하지 아니한 작업방법으로 인하여 기계가 갑자기 가동될 우려가 있는 경우 작업지휘자를 배치하는 등 필요한 조치를 하여야 한다.
④ 사업주는 기계·기구 및 설비 등의 내부에 압축된 기체 또는 액체 등이 방출되어 근로자가 위험해질 우려가 있는 경우에 제1항부터 제3항까지의 규정 따른 조치 외에도 압축된 기체 또는 액체 등을 미리 방출시키는 등 위험 방지를 위하여 필요한 조치를 하여야 한다.

제93조(방호장치의 해체 금지) ① 사업주는 기계·기구 또는 설비에 설치한 방호장치를 해체하거나 사용을 정지해서는 아니 된다. 다만, 방호장치의 수리·조정 및 교체 등의 작업을 하는 경우에는 그러하지 아니하다.
② 제1항의 방호장치에 대하여 수리·조정 또는 교체 등의 작업을 완료한 후에는 즉시 방호장치가 정상적인 기능을 발휘할 수 있도록 하여야 한다.

제94조(작업모 등의 착용) 사업주는 동력으로 작동되는 기계에 근로자의 머리카락 또는 의복이 말려 들어갈 우려가 있는 경우에는 해당 근로자에게 작업에 알맞은 작업모 또는 작업복을 착용하도록 하여야 한다.

제95조(장갑의 사용 금지) 사업주는 근로자가 날·공작물 또는 축이 회전하는 기계를 취급하는 경우 그 근로자의 손에 밀착이 잘 되는 가죽 장갑 등과 같이 손이 말려 들어갈 위험이 없는 장갑을 사용하도록 하여야 한다.

제96조(작업도구 등의 목적 외 사용 금지 등) ① 사업주는 기계·기구·설비 및 수공구 등을 제조 당시의 목적 외의 용도로 사용하도록 해서는 아니 된다.
② 사업주는 레버풀러(Lever Puller) 또는 체인블록(Chain Block)을 사용하는 경우 다음 각 호의 사항을 준수하여야 한다. 〈개정 2024. 6. 28.〉
1. 정격하중을 초과하여 사용하지 말 것
2. 레버풀러 작업 중 훅이 빠져 튕길 우려가 있을 경우에는 훅을 대상물에 직접 걸지 말고 피벗클램프(Pivot Clamp)나 러그(Lug)를 연결하여 사용할 것
3. 레버풀러의 레버에 파이프 등을 끼워서 사용하지 말 것
4. 체인블록의 상부 훅(Top Hook)은 인양하중에 충분히 견디는 강도를 갖고, 정확히 지탱될 수 있는 곳에 걸어서 사용할 것
5. 훅의 입구(Hook Mouth) 간격이 제조자가 제공하는 제품사양서 기준으로 10퍼센트 이상 벌어진 것은 폐기할 것
6. 체인블록은 체인의 꼬임과 헝클어지지 않도록 할 것

7. 혹은 변형, 파손, 부식, 마모되거나 균열된 것을 사용하지 않도록 조치할 것
8. 다음 각 목의 어느 하나에 해당하는 체인을 사용하지 않도록 조치할 것
   가. 변형, 파손, 부식, 마모되거나 균열된 것
   나. 체인의 길이가 체인이 제조된 때의 길이의 5퍼센트를 초과한 것
   다. 링의 단면지름이 체인이 제조된 때의 해당 링의 지름의 10퍼센트를 초과하여 감소한 것

제97조(볼트·너트의 풀림 방지) 사업주는 기계에 부속된 볼트·너트가 풀릴 위험을 방지하기 위하여 그 볼트·너트가 적정하게 조여져 있는지를 수시로 확인하는 등 필요한 조치를 하여야 한다.

제98조(제한속도의 지정 등) ① 사업주는 차량계 하역운반기계, 차량계 건설기계(최대제한 속도가 시속 10킬로미터 이하인 것은 제외한다)를 사용하여 작업을 하는 경우 미리 작업장소의 지형 및 지반 상태 등에 적합한 제한속도를 정하고, 운전자로 하여금 준수하도록 하여야 한다.

② 사업주는 궤도작업차량을 사용하는 작업, 입환기(입환작업에 이용되는 열차를 말한다. 이하 같다)로 입환작업을 하는 경우에 작업에 적합한 제한속도를 정하고, 운전자로 하여금 준수하도록 해야 한다. 〈개정 2023. 11. 14.〉

③ 운전자는 제1항과 제2항에 따른 제한속도를 초과하여 운전해서는 아니 된다.

제99조(운전위치 이탈 시의 조치) ① 사업주는 차량계 하역운반기계 등, 차량계 건설기계의 운전자가 운전위치를 이탈하는 경우 해당 운전자에게 다음 각 호의 사항을 준수하도록 하여야 한다. 〈개정 2024. 6. 28.〉
1. 포크, 버킷, 디퍼 등의 장치를 가장 낮은 위치 또는 지면에 내려 둘 것
2. 원동기를 정지시키고 브레이크를 확실히 거는 등 차량계 하역운반기계 등, 차량계 건설기계의 갑작스러운 이동을 방지하기 위한 조치를 할 것
3. 운전석을 이탈하는 경우에는 시동키를 운전대에서 분리시킬 것. 다만, 운전석에 잠금장치를 하는 등 운전자가 아닌 사람이 운전하지 못하도록 조치한 경우에는 그러하지 아니하다.

② 차량계 하역운반기계 등, 차량계 건설기계의 운전자는 운전위치에서 이탈하는 경우 제1항 각 호의 조치를 하여야 한다.

제2절 공작기계

제100조(띠톱기계의 덮개 등) 사업주는 띠톱기계(목재가공용 띠톱기계는 제외한다)의 절단에 필요한 톱날 부위 외의 위험한 톱날 부위에 덮개 또는 울 등을 설치하여야 한다.

제101조(원형톱기계의 톱날접촉예방장치) 사업주는 원형톱기계(목재가공용 둥근톱기계는 제외한다)에는 톱날접촉예방장치를 설치하여야 한다.

제102조(탑승의 금지) 사업주는 운전 중인 평삭기의 테이블 또는 수직선반 등의 테이블에 근로자를 탑승시켜서는 아니 된다. 다만, 테이블에 탑승한 근로자 또는 배치된 근로자가 즉시 기계를 정지할 수 있도록 하는 등 우려되는 위험을 방지하기 위하여 필요한 조치를 한 경우에는 그러하지 아니하다.

제3절 프레스 및 전단기

제103조(프레스 등의 위험 방지) ① 사업주는 프레스 또는 전단기(剪斷機)(이하 "프레스 등"이라 한다)를 사용하여 작업하는 근로자의 신체 일부가 위험한계에 들어가지 않도록 해당 부위에 덮개를 설치하는 등 필요한 방호 조치를 하여야 한다. 다만, 슬라이드 또는 칼날에 의한 위험을 방지하는 구조로 되어 있는 프레스 등에 대해서는 그러하지 아니하다.
② 사업주는 작업의 성질상 제1항에 따른 조치가 곤란한 경우에 프레스 등의 종류, 압력능력, 분당 행정의 수, 행정의 길이 및 작업방법에 상응하는 성능(양수조작식 안전장치 및 감응형 안전장치의 경우에는 프레스 등의 정지성능에 상응하는 성능)을 갖는 방호장치를 설치하는 등 필요한 조치를 하여야 한다. 〈개정 2024. 6. 28.〉
③ 사업주는 제1항 및 제2항의 조치를 하기 위하여 행정의 전환스위치, 방호장치의 전환스위치 등을 부착한 프레스 등에 대하여 해당 전환스위치 등을 항상 유효한 상태로 유지하여야 한다.
④ 사업주는 제2항의 조치를 한 경우 해당 방호장치의 성능을 유지하여야 하며, 발 스위치를 사용함으로써 방호장치를 사용하지 아니할 우려가 있는 경우에 발 스위치를 제거하는 등 필요한 조치를 하여야 한다. 다만, 제1항의 조치를 한 경우에는 발 스위치를 제거하지 아니할 수 있다.

제104조(금형조정작업의 위험 방지) 사업주는 프레스 등의 금형을 부착·해체 또는 조정하는 작업을 할 때에 해당 작업에 종사하는 근로자의 신체가 위험한계 내에 있는 경우 슬라이드가 갑자기 작동함으로써 근로자에게 발생할 우려가 있는 위험을 방지하기 위하여 안전블록을 사용하는 등 필요한 조치를 하여야 한다.

제4절 목재가공용 기계

제105조(둥근톱기계의 반발예방장치) 사업주는 목재가공용 둥근톱기계[(가로 절단용 둥근톱기계 및 반발(反撥)에 의하여 근로자에게 위험을 미칠 우려가 없는 것은 제외한다)]에 분할날 등 반발예방장치를 설치하여야 한다.

제106조(둥근톱기계의 톱날접촉예방장치) 사업주는 목재가공용 둥근톱기계(휴대용 둥근톱을 포함하되, 원목제재용 둥근톱기계 및 자동이송장치를 부착한 둥근톱기계를 제외한다)에는 톱날접촉예방장치를 설치하여야 한다.

제107조(띠톱기계의 덮개) 사업주는 목재가공용 띠톱기계의 절단에 필요한 톱날 부위 외의 위험한 톱날 부위에 덮개 또는 울 등을 설치하여야 한다.

제108조(띠톱기계의 날접촉예방장치 등) 사업주는 목재가공용 띠톱기계에서 스파이크가 붙어 있는 이송롤러 또는 요철형 이송롤러에 날접촉예방장치 또는 덮개를 설치하여야 한다. 다만, 스파이크가 붙어 있는 이송롤러 또는 요철형 이송롤러에 급정지장치가 설치되어 있는 경우에는 그러하지 아니하다.

제109조(대패기계의 날접촉예방장치) 사업주는 작업대상물이 수동으로 공급되는 동력식 수동대패기계에 날접촉예방장치를 설치하여야 한다.

제110조(모떼기기계의 날접촉예방장치) 사업주는 모떼기기계(자동이송장치를 부착한 것은 제외한다)에 날접촉예방장치를 설치하여야 한다. 다만, 작업의 성질상 날접촉예방장치를 설치하는 것이 곤란하여 해당 근로자에게 적절한 작업공구 등을 사용하도록 한 경우에는 그러하지 아니하다.

제5절 원심기 및 분쇄기 등

제111조(운전의 정지) 사업주는 원심기 또는 분쇄기 등으로부터 내용물을 꺼내거나 원심기 또는 분쇄기 등의 정비·청소·검사·수리 또는 그 밖에 이와 유사한 작업을 하는 경우에 그 기계의 운전을 정지하여야 한다. 다만, 내용물을 자동으로 꺼내는 구조이거나 그 기계의 운전 중에 정비·청소·검사·수리 또는 그 밖에 이와 유사한 작업을 하여야 하는 경우로서 안전한 보조기구를 사용하거나 위험한 부위에 필요한 방호 조치를 한 경우에는 그러하지 아니하다.

제112조(최고사용회전수의 초과 사용 금지) 사업주는 원심기의 최고사용회전수를 초과하여 사용해서는 아니 된다.

제113조(폭발성 물질 등의 취급 시 조치) 사업주는 분쇄기 등으로 별표 1 제1호에서 정하는 폭발성 물질, 유기과산화물을 취급하거나 분진이 발생할 우려가 있는 작업을 하는 경우 폭발 등에 의한 산업재해를 예방하기 위하여 제225조 제1호의 행위를 제한하는 등 필요한 조치를 하여야 한다.

제6절 고속회전체

제114조(회전시험 중의 위험 방지) 사업주는 고속회전체[(터빈로터·원심분리기의 버킷 등의 회전체로서 원주속도(圓周速度)가 초당 25미터를 초과하는 것으로 한정한다. 이하 이 조에서 같다)]의 회전시험을 하는 경우 고속회전체의 파괴로 인한 위험을 방지하기 위하여 전용의 견고한 시설물의 내부 또는 견고한 장벽 등으로 격리된 장소에서 하여야 한다. 다만, 고속회전체(제115조에 따른 고속회전체는 제외한다)의 회전시험으로서 시험설비에 견고한 덮개를 설치하는 등 그 고속회전체의 파괴에 의한 위험을 방지하기 위하여 필요한 조치를 한 경우에는 그러하지 아니하다.

제115조(비파괴검사의 실시) 사업주는 고속회전체(회전축의 중량이 1톤을 초과하고 원주속도가 초당 120미터 이상인 것으로 한정한다)의 회전시험을 하는 경우 미리 회전축의 재질 및 형상 등에 상응하는 종류의 비파괴검사를 해서 결함 유무(有無)를 확인하여야 한다.

제7절 보일러 등

제116조(압력방출장치) ① 사업주는 보일러의 안전한 가동을 위하여 보일러 규격에 맞는 압력방출장치를 1개 또는 2개 이상 설치하고 최고사용압력(설계압력 또는 최고허용압력을 말한다. 이하 같다) 이하에서 작동되도록 하여야 한다. 다만, 압력방출장치가 2개 이상 설치된 경우에는 최고사용압력 이하에서 1개가 작동되고, 다른 압력방출장치는 최고사용압력 1.05배 이하에서 작동되도록 부착하여야 한다.
② 제1항의 압력방출장치는 매년 1회 이상 「국가표준기본법」 제14조 제3항에 따라 산업통상자원부장관의 지정을 받은 국가교정업무 전담기관(이하 "국가교정기관"이라 한다)에서 교정을 받은 압력계를 이용하여 설정압력에서 압력방출장치가 적정하게 작동하는지를 검사한 후 납으로 봉인하여 사용하여야 한다. 다만, 영 제43조에 따른 공정안전보고서 제출 대상으로서 고용노동부장관이 실시하는 공정안전보고서 이행상태 평가결과가 우수한 사업장은 압력방출장치에 대하여 4년마다 1회 이상 설정압력에서 압력방출장치가 적정하게 작동하는지를 검사할 수 있다. 〈개정 2013. 3. 23., 2019. 12. 26.〉

제117조(압력제한스위치) 사업주는 보일러의 과열을 방지하기 위하여 최고사용압력과 상용압력 사이에서 보일러의 버너 연소를 차단할 수 있도록 압력제한스위치를 부착하여 사용하여야 한다.

제118조(고저수위 조절장치) 사업주는 고저수위(高低水位) 조절장치의 동작 상태를 작업자가 쉽게 감시하도록 하기 위하여 고저수위지점을 알리는 경보등·경보음장치 등을 설치하여야 하며, 자동으로 급수되거나 단수되도록 설치하여야 한다.

제119조(폭발위험의 방지) 사업주는 보일러의 폭발 사고를 예방하기 위하여 압력방출장치, 압력제한스위치, 고저수위 조절장치, 화염 검출기 등의 기능이 정상적으로 작동될 수 있도록 유지·관리하여야 한다.

제120조(최고사용압력의 표시 등) 사업주는 압력용기 등을 식별할 수 있도록 하기 위하여 그 압력용기 등의 최고사용압력, 제조연월일, 제조회사명 등이 지워지지 않도록 각인(刻印) 표시된 것을 사용하여야 한다.

제8절 사출성형기 등

제121조(사출성형기 등의 방호장치) ① 사업주는 사출성형기(射出成形機)·주형조형기(鑄型造形機) 및 형단조기(프레스 등은 제외한다) 등에 근로자의 신체 일부가 말려들어갈 우려가 있는 경우 게이트가드(Gate Guard) 또는 양수조작식 등에 의한 방호장치, 그 밖에 필요한 방호 조치를 하여야 한다.
② 제1항의 게이트가드는 닫지 아니하면 기계가 작동되지 아니하는 연동구조(連動構造)여야 한다.
③ 사업주는 제1항에 따른 기계의 히터 등의 가열 부위 또는 감전 우려가 있는 부위에는 방호덮개를 설치하는 등 필요한 안전 조치를 하여야 한다.

제122조(연삭숫돌의 덮개 등) ① 사업주는 회전 중인 연삭숫돌(지름이 5센티미터 이상인 것으로 한정한다)이 근로자에게 위험을 미칠 우려가 있는 경우에 그 부위에 덮개를 설치하여야 한다.
② 사업주는 연삭숫돌을 사용하는 작업의 경우 작업을 시작하기 전에는 1분 이상, 연삭숫돌을 교체한 후에는 3분 이상 시험운전을 하고 해당 기계에 이상이 있는지를 확인하여야 한다.
③ 제2항에 따른 시험운전에 사용하는 연삭숫돌은 작업시작 전에 결함이 있는지를 확인한 후 사용하여야 한다.
④ 사업주는 연삭숫돌의 최고 사용회전속도를 초과하여 사용하도록 해서는 아니 된다.
⑤ 사업주는 측면을 사용하는 것을 목적으로 하지 않는 연삭숫돌을 사용하는 경우 측면을 사용하도록 해서는 아니 된다.

제123조(롤러기의 울 등 설치) 사업주는 합판·종이·천 및 금속박 등을 통과시키는 롤러기로서 근로자가 위험해질 우려가 있는 부위에는 울 또는 가이드롤러(Guide Roller) 등을 설치하여야 한다.

제124조(직기의 북이탈방지장치) 사업주는 북(Shuttle)이 부착되어 있는 직기(織機)에 북이탈방지장치를 설치하여야 한다.

제125조(신선기의 인발블록의 덮개 등) 사업주는 신선기의 인발블록(Drawing Block) 또는 꼬는 기계의 케이지(Cage)로서 근로자가 위험해질 우려가 있는 경우 해당 부위에 덮개 또는 울 등을 설치하여야 한다. 〈개정 2019. 10. 15.〉

제126조(버프연마기의 덮개) 사업주는 버프연마기(천 또는 코르크 등을 사용하는 버프연마기는 제외한다)의 연마에 필요한 부위를 제외하고는 덮개를 설치하여야 한다.

제127조(선풍기 등에 의한 위험의 방지) 사업주는 선풍기·송풍기 등의 회전날개에 의하여 근로자가 위험해질 우려가 있는 경우 해당 부위에 망 또는 울 등을 설치하여야 한다.

제128조(포장기계의 덮개 등) 사업주는 종이상자·자루 등의 포장기 또는 충진기 등의 작동 부분이 근로자를 위험하게 할 우려가 있는 경우 덮개 설치 등 필요한 조치를 해야 한다. 〈개정 2021. 5. 28.〉

제129조(정련기에 의한 위험 방지) ① 정련기(精練機)를 이용한 작업에 관하여는 제111조를 준용한다. 이 경우 제111조 중 원심기는 정련기로 본다.
② 사업주는 정련기의 배출구 뚜껑 등을 여는 경우에 내통(內筒)의 회전이 정지되었는지와 내부의 압력과 온도가 근로자를 위험하게 할 우려가 없는지를 미리 확인하여야 한다.

제130조(식품가공용 기계에 의한 위험 방지) ① 사업주는 식품 등을 손으로 직접 넣어 분쇄하는 기계의 작동 부분이 근로자를 위험하게 할 우려가 있는 경우 식품 등을 분쇄기에 넣거나 꺼내는 데에 필요한 부위를 제외하고는 덮개를 설치하고, 분쇄물투입용 보조기구를 사용하도록 하는 등 근로자의 손 등이 말려 들어가지 않도록 필요한 조치를 하여야 한다. 〈개정 2024. 6. 28.〉
② 사업주는 식품을 제조하는 과정에서 내용물이 담긴 용기를 들어올려 부어주는 기계를 작동할 때 근로자에게 위험이 발생할 우려가 있는 경우에는 근로자가 잘 볼 수 있는 곳에 즉시 기계의 작동을 정지시킬 수 있는 비상정지장치를 설치하고, 근로자의 안전을 확보하기 위해 다음 각 호의 어느 하나 이상의 조치를 해야 한다. 〈신설 2024. 6. 28.〉
1. 고정식 가드 또는 울타리를 설치하여 근로자의 신체가 위험한계에 들어가는 것을 방지할 것
2. 센서 등 감응형 방호장치를 설치하여 근로자의 신체가 위험한계에 들어가면 기계가 자동으로 멈추도록 할 것
3. 기계의 용기를 올리거나 내리는 버튼을 근로자가 직접 누르고 있는 동안에만 운반기계가 작동하도록 기능 변경 등 필요한 조치를 할 것

[제목개정 2024. 6. 28.]

제131조(농업용기계에 의한 위험 방지) 사업주는 농업용기계를 이용하여 작업을 하는 경우에 「농업기계화 촉진법」 제9조에 따라 검정을 받은 농업기계를 사용해야 한다. 〈개정 2021. 5. 28.〉

제9절 양중기

제1관 총칙

제132조(양중기) ① 양중기란 다음 각 호의 기계를 말한다. 〈개정 2019. 4. 19.〉
1. 크레인[호이스트(Hoist)를 포함한다]
2. 이동식 크레인
3. 리프트(이삿짐운반용 리프트의 경우에는 적재하중이 0.1톤 이상인 것으로 한정한다)
4. 곤돌라
5. 승강기

② 제1항 각 호의 기계의 뜻은 다음 각 호와 같다. 〈개정 2019. 4. 19., 2021. 11. 19., 2022. 10. 18.〉
1. "크레인"이란 동력을 사용하여 중량물을 매달아 상하 및 좌우(수평 또는 선회를 말한다)로 운반하는 것을 목적으로 하는 기계 또는 기계장치를 말하며, "호이스트"란 훅이나 그 밖의 달기구 등을 사용하여 화물을 권상 및 횡행 또는 권상동작만을 하여 양중하는 것을 말한다.
2. "이동식 크레인"이란 원동기를 내장하고 있는 것으로서 불특정 장소에 스스로 이동할 수 있는 크레인으로 동력을 사용하여 중량물을 매달아 상하 및 좌우(수평 또는 선회를 말한다)로 운반하는 설비로서 「건설기계관리법」을 적용 받는 기중기 또는 「자동차관리법」 제3조에 따른 화물·특수자동차의 작업부에 탑재하여 화물운반 등에 사용하는 기계 또는 기계장치를 말한다.
3. "리프트"란 동력을 사용하여 사람이나 화물을 운반하는 것을 목적으로 하는 기계설비로서 다음 각 목의 것을 말한다.
   가. 건설용 리프트 : 동력을 사용하여 가이드레일(운반구를 지지하여 상승 및 하강 동작을 안내하는 레일)을 따라 상하로 움직이는 운반구를 매달아 사람이나 화물을 운반할 수 있는 설비 또는 이와 유사한 구조 및 성능을 가진 것으로 건설현장에서 사용하는 것
   나. 산업용 리프트 : 동력을 사용하여 가이드레일을 따라 상하로 움직이는 운반구를 매달아 화물을 운반할 수 있는 설비 또는 이와 유사한 구조 및 성능을 가진 것으로 건설현장 외의 장소에서 사용하는 것
   다. 자동차정비용 리프트 : 동력을 사용하여 가이드레일을 따라 움직이는 지지대로 자동차 등을 일정한 높이로 올리거나 내리는 구조의 리프트로서 자동차 정비에 사용하는 것
   라. 이삿짐운반용 리프트 : 연장 및 축소가 가능하고 끝단을 건축물 등에 지지하는 구조

의 사다리형 붐에 따라 동력을 사용하여 움직이는 운반구를 매달아 화물을 운반하는 설비로서 화물자동차 등 차량 위에 탑재하여 이삿짐 운반 등에 사용하는 것
4. "곤돌라"란 달기발판 또는 운반구, 승강장치, 그 밖의 장치 및 이들에 부속된 기계부품에 의하여 구성되고, 와이어로프 또는 달기강선에 의하여 달기발판 또는 운반구가 전용 승강장치에 의하여 오르내리는 설비를 말한다.
5. "승강기"란 건축물이나 고정된 시설물에 설치되어 일정한 경로에 따라 사람이나 화물을 승강장으로 옮기는 데에 사용되는 설비로서 다음 각 목의 것을 말한다.
   가. 승객용 엘리베이터 : 사람의 운송에 적합하게 제조·설치된 엘리베이터
   나. 승객화물용 엘리베이터 : 사람의 운송과 화물 운반을 겸용하는 데 적합하게 제조·설치된 엘리베이터
   다. 화물용 엘리베이터 : 화물 운반에 적합하게 제조·설치된 엘리베이터로서 조작자 또는 화물취급자 1명은 탑승할 수 있는 것(적재용량이 300킬로그램 미만인 것은 제외한다)
   라. 소형화물용 엘리베이터 : 음식물이나 서적 등 소형 화물의 운반에 적합하게 제조·설치된 엘리베이터로서 사람의 탑승이 금지된 것
   마. 에스컬레이터 : 일정한 경사로 또는 수평로를 따라 위·아래 또는 옆으로 움직이는 디딤판을 통해 사람이나 화물을 승강장으로 운송시키는 설비

제133조(정격하중 등의 표시) 사업주는 양중기(승강기는 제외한다) 및 달기구를 사용하여 작업하는 운전자 또는 작업자가 보기 쉬운 곳에 해당 기계의 정격하중, 운전속도, 경고표시 등을 부착하여야 한다. 다만, 달기구는 정격하중만 표시한다.

제134조(방호장치의 조정) ① 사업주는 다음 각 호의 양중기에 과부하방지장치, 권과방지장치(捲過防止裝置), 비상정지장치 및 제동장치, 그 밖의 방호장치[(승강기의 파이널 리미트 스위치(Final Limit Switch), 속도조절기, 출입문 인터 록(Inter Lock) 등을 말한다]가 정상적으로 작동될 수 있도록 미리 조정해 두어야 한다. 〈개정 2017. 3. 3., 2019. 4. 19.〉
1. 크레인
2. 이동식 크레인
3. 삭제 〈2019. 4. 19.〉
4. 리프트
5. 곤돌라
6. 승강기

② 제1항 제1호 및 제2호의 양중기에 대한 권과방지장치는 훅·버킷 등 달기구의 윗면(그 달기구에 권상용 도르래가 설치된 경우에는 권상용 도르래의 윗면)이 드럼, 상부 도르래,

트롤리프레임 등 권상장치의 아랫면과 접촉할 우려가 있는 경우에 그 간격이 0.25미터 이상(직동식(直動式) 권과방지장치는 0.05미터 이상으로 한다)]이 되도록 조정하여야 한다.
③ 제2항의 권과방지장치를 설치하지 않은 크레인에 대해서는 권상용 와이어로프에 위험표시를 하고 경보장치를 설치하는 등 권상용 와이어로프가 지나치게 감겨서 근로자가 위험해질 상황을 방지하기 위한 조치를 하여야 한다.

제135조(과부하의 제한 등) 사업주는 제132조 제1항 각 호의 양중기에 그 적재하중을 초과하는 하중을 걸어서 사용하도록 해서는 아니 된다.

제2관 크레인

제136조(안전밸브의 조정) 사업주는 유압을 동력으로 사용하는 크레인의 과도한 압력상승을 방지하기 위한 안전밸브에 대하여 정격하중(지브 크레인은 최대의 정격하중으로 한다)을 걸 때의 압력 이하로 작동되도록 조정하여야 한다. 다만, 하중시험 또는 안전도시험을 하는 경우 그러하지 아니하다.

제137조(해지장치의 사용) 사업주는 훅걸이용 와이어로프 등이 훅으로부터 벗겨지는 것을 방지하기 위한 장치(이하 "해지장치"라 한다)를 구비한 크레인을 사용하여야 하며, 그 크레인을 사용하여 짐을 운반하는 경우에는 해지장치를 사용하여야 한다.

제138조(경사각의 제한) 사업주는 지브 크레인을 사용하여 작업을 하는 경우에 크레인 명세서에 적혀 있는 지브의 경사각(인양하중이 3톤 미만인 지브 크레인의 경우에는 제조한 자가 지정한 지브의 경사각)의 범위에서 사용하도록 하여야 한다.

제139조(크레인의 수리 등의 작업) ① 사업주는 같은 주행로에 병렬로 설치되어 있는 주행 크레인의 수리·조정 및 점검 등의 작업을 하는 경우, 주행로상이나 그 밖에 주행 크레인이 근로자와 접촉할 우려가 있는 장소에서 작업을 하는 경우 등에 주행 크레인끼리 충돌하거나 주행 크레인이 근로자와 접촉할 위험을 방지하기 위하여 감시인을 두고 주행로상에 스토퍼(Stopper)를 설치하는 등 위험 방지 조치를 하여야 한다.
② 사업주는 갠트리 크레인 등과 같이 작업장 바닥에 고정된 레일을 따라 주행하는 크레인의 새들(Saddle) 돌출부와 주변 구조물 사이의 안전공간이 40센티미터 이상 되도록 바닥에 표시를 하는 등 안전공간을 확보하여야 한다.

제140조(폭풍에 의한 이탈 방지) 사업주는 순간풍속이 초당 30미터를 초과하는 바람이 불어올 우려가 있는 경우 옥외에 설치되어 있는 주행 크레인에 대하여 이탈방지장치를 작동시키는 등 이탈 방지를 위한 조치를 하여야 한다.

제141조(조립 등의 작업 시 조치사항) 사업주는 크레인의 설치·조립·수리·점검 또는 해체 작업을 하는 경우 다음 각 호의 조치를 하여야 한다.

1. 작업순서를 정하고 그 순서에 따라 작업을 할 것
2. 작업을 할 구역에 관계 근로자가 아닌 사람의 출입을 금지하고 그 취지를 보기 쉬운 곳에 표시할 것
3. 비, 눈, 그 밖에 기상상태의 불안정으로 날씨가 몹시 나쁜 경우에는 그 작업을 중지시킬 것
4. 작업장소는 안전한 작업이 이루어질 수 있도록 충분한 공간을 확보하고 장애물이 없도록 할 것
5. 들어올리거나 내리는 기자재는 균형을 유지하면서 작업을 하도록 할 것
6. 크레인의 성능, 사용조건 등에 따라 충분한 응력(應力)을 갖는 구조로 기초를 설치하고 침하 등이 일어나지 않도록 할 것
7. 규격품인 조립용 볼트를 사용하고 대칭되는 곳을 차례로 결합하고 분해할 것

제142조(타워크레인의 지지) ① 사업주는 타워크레인을 자립고(自立高) 이상의 높이로 설치하는 경우 건축물 등의 벽체에 지지하도록 하여야 한다. 다만, 지지할 벽체가 없는 등 부득이한 경우에는 와이어로프에 의하여 지지할 수 있다. 〈개정 2013. 3. 21.〉
② 사업주는 타워크레인을 벽체에 지지하는 경우 다음 각 호의 사항을 준수하여야 한다. 〈개정 2019. 1. 31., 2019. 12. 26.〉
1. 「산업안전보건법 시행규칙」 제110조 제1항 제2호에 따른 서면심사에 관한 서류(「건설기계관리법」 제18조에 따른 형식승인서류를 포함한다) 또는 제조사의 설치작업설명서 등에 따라 설치할 것
2. 제1호의 서면심사 서류 등이 없거나 명확하지 아니한 경우에는 「국가기술자격법」에 따른 건축구조·건설기계·기계안전·건설안전기술사 또는 건설안전분야 산업안전지도사의 확인을 받아 설치하거나 기종별·모델별 공인된 표준방법으로 설치할 것
3. 콘크리트구조물에 고정시키는 경우에는 매립이나 관통 또는 이와 같은 수준 이상의 방법으로 충분히 지지되도록 할 것
4. 건축 중인 시설물에 지지하는 경우에는 그 시설물의 구조적 안정성에 영향이 없도록 할 것
③ 사업주는 타워크레인을 와이어로프로 지지하는 경우 다음 각 호의 사항을 준수해야 한다. 〈개정 2013. 3. 21., 2019. 10. 15., 2022. 10. 18.〉
1. 제2항 제1호 또는 제2호의 조치를 취할 것
2. 와이어로프를 고정하기 위한 전용 지지프레임을 사용할 것
3. 와이어로프 설치각도는 수평면에서 60도 이내로 하되, 지지점은 4개소 이상으로 하고, 같은 각도로 설치할 것
4. 와이어로프와 그 고정부위는 충분한 강도와 장력을 갖도록 설치하고, 와이어로프를 클립·샤클(Shackle, 연결고리) 등의 고정기구를 사용하여 견고하게 고정시켜 풀리지 않

도록 하며, 사용 중에는 충분한 강도와 장력을 유지하도록 할 것. 이 경우 클립·샤클 등의 고정기구는 한국산업표준 제품이거나 한국산업표준이 없는 제품의 경우에는 이에 준하는 규격을 갖춘 제품이어야 한다.
5. 와이어로프가 가공전선(架空電線)에 근접하지 않도록 할 것

제143조(폭풍 등으로 인한 이상 유무 점검) 사업주는 순간풍속이 초당 30미터를 초과하는 바람이 불거나 중진(中震) 이상 진도의 지진이 있은 후에 옥외에 설치되어 있는 양중기를 사용하여 작업을 하는 경우에는 미리 기계 각 부위에 이상이 있는지를 점검하여야 한다.

제144조(건설물 등과의 사이 통로) ① 사업주는 주행 크레인 또는 선회 크레인과 건설물 또는 설비와의 사이에 통로를 설치하는 경우 그 폭을 0.6미터 이상으로 하여야 한다. 다만, 그 통로 중 건설물의 기둥에 접촉하는 부분에 대해서는 0.4미터 이상으로 할 수 있다.
② 사업주는 제1항에 따른 통로 또는 주행궤도 상에서 정비·보수·점검 등의 작업을 하는 경우 그 작업에 종사하는 근로자가 주행하는 크레인에 접촉될 우려가 없도록 크레인의 운전을 정지시키는 등 필요한 안전 조치를 하여야 한다.

제145조(건설물 등의 벽체와 통로의 간격 등) 사업주는 다음 각 호의 간격을 0.3미터 이하로 하여야 한다. 다만, 근로자가 추락할 위험이 없는 경우에는 그 간격을 0.3미터 이하로 유지하지 아니할 수 있다.
1. 크레인의 운전실 또는 운전대를 통하는 통로의 끝과 건설물 등의 벽체의 간격
2. 크레인 거더(Girder)의 통로 끝과 크레인 거더의 간격
3. 크레인 거더의 통로로 통하는 통로의 끝과 건설물 등의 벽체의 간격

제146조(크레인 작업 시의 조치) ① 사업주는 크레인을 사용하여 작업을 하는 경우 다음 각 호의 조치를 준수하고, 그 작업에 종사하는 관계 근로자가 그 조치를 준수하도록 하여야 한다.
1. 인양할 하물(荷物)을 바닥에서 끌어당기거나 밀어내는 작업을 하지 아니할 것
2. 유류드럼이나 가스통 등 운반 도중에 떨어져 폭발하거나 누출될 가능성이 있는 위험물 용기는 보관함(또는 보관고)에 담아 안전하게 매달아 운반할 것
3. 고정된 물체를 직접 분리·제거하는 작업을 하지 아니할 것
4. 미리 근로자의 출입을 통제하여 인양 중인 하물이 작업자의 머리 위로 통과하지 않도록 할 것
5. 인양할 하물이 보이지 아니하는 경우에는 어떠한 동작도 하지 아니할 것(신호하는 사람에 의하여 작업을 하는 경우는 제외한다)
② 사업주는 조종석이 설치되지 아니한 크레인에 대하여 다음 각 호의 조치를 하여야 한다.
1. 고용노동부장관이 고시하는 크레인의 제작기준과 안전기준에 맞는 무선원격제어기

또는 펜던트 스위치를 설치·사용할 것
2. 무선원격제어기 또는 펜던트 스위치를 취급하는 근로자에게는 작동요령 등 안전조작에 관한 사항을 충분히 주지시킬 것
③ 사업주는 타워크레인을 사용하여 작업을 하는 경우 타워크레인마다 근로자와 조종 작업을 하는 사람 간에 신호업무를 담당하는 사람을 각각 두어야 한다. 〈신설 2018. 3. 30.〉

제3관 이동식 크레인

제147조(설계기준 준수) 사업주는 이동식 크레인을 사용하는 경우에 그 이동식 크레인이 넘어지거나 그 이동식 크레인의 구조 부분을 구성하는 강재 등이 변형되거나 부러지는 일 등을 방지하기 위하여 해당 이동식 크레인의 설계기준(제조자가 제공하는 사용설명서)을 준수하여야 한다. 〈개정 2024. 6. 28.〉

제148조(안전밸브의 조정) 사업주는 유압을 동력으로 사용하는 이동식 크레인의 과도한 압력상승을 방지하기 위한 안전밸브에 대하여 최대의 정격하중을 건 때의 압력 이하로 작동되도록 조정하여야 한다. 다만, 하중시험 또는 안전도시험을 실시할 때에 시험하중에 맞는 압력으로 작동될 수 있도록 조정한 경우에는 그러하지 아니하다.

제149조(해지장치의 사용) 사업주는 이동식 크레인을 사용하여 하물을 운반하는 경우에는 해지장치를 사용하여야 한다.

제150조(경사각의 제한) 사업주는 이동식 크레인을 사용하여 작업을 하는 경우 이동식 크레인 명세서에 적혀 있는 지브의 경사각(인양하중이 3톤 미만인 이동식 크레인의 경우에는 제조한 자가 지정한 지브의 경사각)의 범위에서 사용하도록 하여야 한다.

제4관 리프트

제151조(권과 방지 등) 사업주는 리프트(자동차정비용 리프트는 제외한다. 이하 이 관에서 같다)의 운반구 이탈 등의 위험을 방지하기 위하여 권과방지장치, 과부하방지장치, 비상정지장치 등을 설치하는 등 필요한 조치를 하여야 한다. 〈개정 2019. 4. 19.〉

제152조(무인작동의 제한) ① 사업주는 운반구의 내부에만 탑승조작장치가 설치되어 있는 리프트를 사람이 탑승하지 아니한 상태로 작동하게 해서는 아니 된다.
② 사업주는 리프트 조작반(盤)에 잠금장치를 설치하는 등 관계 근로자가 아닌 사람이 리프트를 임의로 조작함으로써 발생하는 위험을 방지하기 위하여 필요한 조치를 하여야 한다.

제153조(피트 청소 시의 조치) 사업주는 리프트의 피트 등의 바닥을 청소하는 경우 운반구의 낙하에 의한 근로자의 위험을 방지하기 위하여 다음 각 호의 조치를 하여야 한다.

1. 승강로에 각재 또는 원목 등을 걸칠 것
2. 제1호에 따라 걸친 각재(角材) 또는 원목 위에 운반구를 놓고 역회전방지기가 붙은 브레이크를 사용하여 구동모터 또는 윈치(Winch)를 확실하게 제동해 둘 것

제154조(붕괴 등의 방지) ① 사업주는 지반침하, 불량한 자재사용 또는 헐거운 결선(結線) 등으로 리프트가 붕괴되거나 넘어지지 않도록 필요한 조치를 하여야 한다.
② 사업주는 순간풍속이 초당 35미터를 초과하는 바람이 불어올 우려가 있는 경우 건설용 리프트(지하에 설치되어 있는 것은 제외한다)에 대하여 받침의 수를 증가시키는 등 그 붕괴 등을 방지하기 위한 조치를 하여야 한다. 〈개정 2022. 10. 18.〉

제155조(운반구의 정지위치) 사업주는 리프트 운반구를 주행로 위에 달아 올린 상태로 정지시켜 두어서는 아니 된다.

제156조(조립 등의 작업) ① 사업주는 리프트의 설치·조립·수리·점검 또는 해체 작업을 하는 경우 다음 각 호의 조치를 하여야 한다.
1. 작업을 지휘하는 사람을 선임하여 그 사람의 지휘하에 작업을 실시할 것
2. 작업을 할 구역에 관계 근로자가 아닌 사람의 출입을 금지하고 그 취지를 보기 쉬운 장소에 표시할 것
3. 비, 눈, 그 밖에 기상상태의 불안정으로 날씨가 몹시 나쁜 경우에는 그 작업을 중지시킬 것

② 사업주는 제1항 제1호의 작업을 지휘하는 사람에게 다음 각 호의 사항을 이행하도록 하여야 한다.
1. 작업방법과 근로자의 배치를 결정하고 해당 작업을 지휘하는 일
2. 재료의 결함 유무 또는 기구 및 공구의 기능을 점검하고 불량품을 제거하는 일
3. 작업 중 안전대 등 보호구의 착용 상황을 감시하는 일

제157조(이삿짐운반용 리프트 운전방법의 주지) 사업주는 이삿짐운반용 리프트를 사용하는 근로자에게 운전방법 및 고장이 났을 경우의 조치방법을 주지시켜야 한다.

제158조(이삿짐 운반용 리프트 전도의 방지) 사업주는 이삿짐 운반용 리프트를 사용하는 작업을 하는 경우 이삿짐 운반용 리프트의 전도를 방지하기 위하여 다음 각 호를 준수하여야 한다.
1. 아웃트리거가 정해진 작동위치 또는 최대전개위치에 있지 않는 경우(아웃트리거 발이 닿지 않는 경우를 포함한다)에는 사다리 붐 조립체를 펼친 상태에서 화물 운반작업을 하지 않을 것
2. 사다리 붐 조립체를 펼친 상태에서 이삿짐 운반용 리프트를 이동시키지 않을 것
3. 지반의 부동침하 방지 조치를 할 것

제159조(화물의 낙하 방지) 사업주는 이삿짐 운반용 리프트 운반구로부터 화물이 빠지거나 떨어지지 않도록 다음 각 호의 낙하방지 조치를 하여야 한다.
1. 화물을 적재 시 하중이 한쪽으로 치우치지 않도록 할 것
2. 적재화물이 떨어질 우려가 있는 경우에는 화물에 로프를 거는 등 낙하 방지 조치를 할 것

제5관 곤돌라

제160조(운전방법 등의 주지) 사업주는 곤돌라의 운전방법 또는 고장이 났을 때의 처치방법을 그 곤돌라를 사용하는 근로자에게 주지시켜야 한다.

제6관 승강기

제161조(폭풍에 의한 무너짐 방지) 사업주는 순간풍속이 초당 35미터를 초과하는 바람이 불어 올 우려가 있는 경우 옥외에 설치되어 있는 승강기에 대하여 받침의 수를 증가시키는 등 승강기가 무너지는 것을 방지하기 위한 조치를 하여야 한다. 〈개정 2019. 1. 31.〉
[제목개정 2019. 1. 31.]

제162조(조립 등의 작업) ① 사업주는 사업장에 승강기의 설치·조립·수리·점검 또는 해체 작업을 하는 경우 다음 각 호의 조치를 해야 한다. 〈개정 2022. 10. 18.〉
1. 작업을 지휘하는 사람을 선임하여 그 사람의 지휘하에 작업을 실시할 것
2. 작업을 할 구역에 관계 근로자가 아닌 사람의 출입을 금지하고 그 취지를 보기 쉬운 장소에 표시할 것
3. 비, 눈, 그 밖에 기상상태의 불안정으로 날씨가 몹시 나쁜 경우에는 그 작업을 중지시킬 것
② 사업주는 제1항 제1호의 작업을 지휘하는 사람에게 다음 각 호의 사항을 이행하도록 하여야 한다.
1. 작업방법과 근로자의 배치를 결정하고 해당 작업을 지휘하는 일
2. 재료의 결함 유무 또는 기구 및 공구의 기능을 점검하고 불량품을 제거하는 일
3. 작업 중 안전대 등 보호구의 착용 상황을 감시하는 일

제7관 양중기의 와이어로프 등

제163조(와이어로프 등 달기구의 안전계수) ① 사업주는 양중기의 와이어로프 등 달기구의 안전계수(달기구 절단하중의 값을 그 달기구에 걸리는 하중의 최댓값으로 나눈 값을 말한다)가 다음 각 호의 구분에 따른 기준에 맞지 아니한 경우에는 이를 사용해서는 아니 된다.
1. 근로자가 탑승하는 운반구를 지지하는 달기와이어로프 또는 달기체인의 경우 : 10 이상
2. 화물의 하중을 직접 지지하는 달기와이어로프 또는 달기체인의 경우 : 5 이상

3. 훅, 샤클, 클램프, 리프팅 빔의 경우 : 3 이상
4. 그 밖의 경우 : 4 이상
② 사업주는 달기구의 경우 최대허용하중 등의 표식이 견고하게 붙어 있는 것을 사용하여야 한다.

제164조(고리걸이 훅 등의 안전계수) 사업주는 양중기의 달기 와이어로프 또는 달기 체인과 일체형인 고리걸이 훅 또는 샤클의 안전계수(훅 또는 샤클의 절단하중 값을 각각 그 훅 또는 샤클에 걸리는 하중의 최댓값으로 나눈 값을 말한다)가 사용되는 달기 와이어로프 또는 달기체인의 안전계수와 같은 값 이상의 것을 사용하여야 한다.

제165조(와이어로프의 절단방법 등) ① 사업주는 와이어로프를 절단하여 양중(揚重)작업용구를 제작하는 경우 반드시 기계적인 방법으로 절단하여야 하며, 가스용단(溶斷) 등 열에 의한 방법으로 절단해서는 아니 된다.
② 사업주는 아크(Arc), 화염, 고온부 접촉 등으로 인하여 열영향을 받은 와이어로프를 사용해서는 아니 된다.

제166조(이음매가 있는 와이어로프 등의 사용 금지) 와이어 로프의 사용에 관하여는 제63조 제1항 제1호를 준용한다. 이 경우 "달비계"는 "양중기"로 본다. 〈개정 2021. 11. 19., 2022. 10. 18.〉

제167조(늘어난 달기체인 등의 사용 금지) 달기 체인 사용에 관하여는 제63조 제1항 제2호를 준용한다. 이 경우 "달비계"는 "양중기"로 본다. 〈개정 2022. 10. 18.〉

제168조(변형되어 있는 훅·샤클 등의 사용금지 등) ① 사업주는 훅·샤클·클램프 및 링 등의 철구로서 변형되어 있는 것 또는 균열이 있는 것을 크레인 또는 이동식 크레인의 고리걸이용구로 사용해서는 아니 된다.
② 사업주는 중량물을 운반하기 위해 제작하는 지그, 훅의 구조를 운반 중 주변 구조물과의 충돌로 슬링이 이탈되지 않도록 하여야 한다.
③ 사업주는 안전성 시험을 거쳐 안전율이 3 이상 확보된 중량물 취급용구를 구매하여 사용하거나 자체 제작한 중량물 취급용구에 대하여 비파괴시험을 하여야 한다.

제169조(꼬임이 끊어진 섬유로프 등의 사용금지) 섬유로프 사용에 관하여는 제63조 제2항 제9호를 준용한다. 이 경우 "달비계"는 "양중기"로 본다. 〈개정 2022. 10. 18.〉

제170조(링 등의 구비) ① 사업주는 엔드리스(Endless)가 아닌 와이어로프 또는 달기 체인에 대하여 그 양단에 훅·샤클·링 또는 고리를 구비한 것이 아니면 크레인 또는 이동식 크레인의 고리걸이용구로 사용해서는 아니 된다.
② 제1항에 따른 고리는 꼬아넣기[(아이 스플라이스(Eye Splice)를 말한다. 이하 같다)],

압축멈춤 또는 이러한 것과 같은 정도 이상의 힘을 유지하는 방법으로 제작된 것이어야 한다. 이 경우 꼬아넣기는 와이어로프의 모든 꼬임을 3회 이상 끼워 짠 후 각각의 꼬임의 소선 절반을 잘라내고 남은 소선을 다시 2회 이상(모든 꼬임을 4회 이상 끼워 짠 경우에는 1회 이상) 끼워 짜야 한다.

제10절 차량계 하역운반기계 등

제1관 총칙

제171조(전도 등의 방지) 사업주는 차량계 하역운반기계 등을 사용하는 작업을 할 때에 그 기계가 넘어지거나 굴러떨어짐으로써 근로자에게 위험을 미칠 우려가 있는 경우에는 그 기계를 유도하는 사람(이하 "유도자"라 한다)을 배치하고 지반의 부동침하 및 갓길 붕괴를 방지하기 위한 조치를 해야 한다. 〈개정 2023. 11. 14.〉

제172조(접촉의 방지) ① 사업주는 차량계 하역운반기계 등을 사용하여 작업을 하는 경우에 하역 또는 운반 중인 화물이나 그 차량계 하역운반기계 등에 접촉되어 근로자가 위험해질 우려가 있는 장소에는 근로자를 출입시켜서는 아니 된다. 다만, 제39조에 따른 작업지휘자 또는 유도자를 배치하고 그 차량계 하역운반기계 등을 유도하는 경우에는 그러하지 아니하다.
② 차량계 하역운반기계 등의 운전자는 제1항 단서의 작업지휘자 또는 유도자가 유도하는 대로 따라야 한다.

제173조(화물적재 시의 조치) ① 사업주는 차량계 하역운반기계 등에 화물을 적재하는 경우에 다음 각 호의 사항을 준수하여야 한다.
1. 하중이 한쪽으로 치우치지 않도록 적재할 것
2. 구내운반차 또는 화물자동차의 경우 화물의 붕괴 또는 낙하에 의한 위험을 방지하기 위하여 화물에 로프를 거는 등 필요한 조치를 할 것
3. 운전자의 시야를 가리지 않도록 화물을 적재할 것
② 제1항의 화물을 적재하는 경우에는 최대적재량을 초과해서는 아니 된다.

제174조(차량계 하역운반기계 등의 이송) 사업주는 차량계 하역운반기계 등을 이송하기 위하여 자주(自走) 또는 견인에 의하여 화물자동차에 싣거나 내리는 작업을 할 때에 발판·성토 등을 사용하는 경우에는 해당 차량계 하역운반기계 등의 전도 또는 굴러 떨어짐에 의한 위험을 방지하기 위하여 다음 각 호의 사항을 준수해야 한다. 〈개정 2019. 10. 15.〉
1. 싣거나 내리는 작업은 평탄하고 견고한 장소에서 할 것
2. 발판을 사용하는 경우에는 충분한 길이·폭 및 강도를 가진 것을 사용하고 적당한 경사를 유지하기 위하여 견고하게 설치할 것

3. 가설대 등을 사용하는 경우에는 충분한 폭 및 강도와 적당한 경사를 확보할 것
4. 지정운전자의 성명·연락처 등을 보기 쉬운 곳에 표시하고 지정운전자 외에는 운전하지 않도록 할 것

제175조(주용도 외의 사용 제한) 사업주는 차량계 하역운반기계 등을 화물의 적재·하역 등 주된 용도에만 사용하여야 한다. 다만, 근로자가 위험해질 우려가 없는 경우에는 그러하지 아니하다.

제176조(수리 등의 작업 시 조치) 사업주는 차량계 하역운반기계 등의 수리 또는 부속장치의 장착 및 해체작업을 하는 경우 해당 작업의 지휘자를 지정하여 다음 각 호의 사항을 준수하도록 하여야 한다. 〈개정 2019. 10. 15.〉
1. 작업순서를 결정하고 작업을 지휘할 것
2. 제20조 각 호 외의 부분 단서의 안전지대 또는 안전블록 등의 사용 상황 등을 점검할 것

제177조(싣거나 내리는 작업) 사업주는 차량계 하역운반기계 등에 단위화물의 무게가 100킬로그램 이상인 화물을 싣는 작업(로프 걸이 작업 및 덮개 덮기 작업을 포함한다. 이하 같다) 또는 내리는 작업(로프 풀기 작업 또는 덮개 벗기기 작업을 포함한다. 이하 같다)을 하는 경우에 해당 작업의 지휘자에게 다음 각 호의 사항을 준수하도록 하여야 한다.
1. 작업순서 및 그 순서마다의 작업방법을 정하고 작업을 지휘할 것
2. 기구와 공구를 점검하고 불량품을 제거할 것
3. 해당 작업을 하는 장소에 관계 근로자가 아닌 사람이 출입하는 것을 금지할 것
4. 로프 풀기 작업 또는 덮개 벗기기 작업은 적재함의 화물이 떨어질 위험이 없음을 확인한 후에 하도록 할 것

제178조(허용하중 초과 등의 제한) ① 사업주는 지게차의 허용하중(지게차의 구조, 재료 및 포크·램 등 화물을 적재하는 장치에 적재하는 화물의 중심위치에 따라 실을 수 있는 최대하중을 말한다)을 초과하여 사용해서는 아니 되며, 안전한 운행을 위한 유지·관리 및 그 밖의 사항에 대하여 해당 지게차를 제조한 자가 제공하는 제품설명서에서 정한 기준을 준수하여야 한다.
② 사업주는 구내운반차, 화물자동차를 사용할 때에는 그 최대적재량을 초과해서는 아니 된다.

제2관 지게차

제179조(전조등 등의 설치) ① 사업주는 전조등과 후미등을 갖추지 아니한 지게차를 사용해서는 아니 된다. 다만, 작업을 안전하게 수행하기 위하여 필요한 조명이 확보되어 있는 장소에서 사용하는 경우에는 그러하지 아니하다. 〈개정 2019. 1. 31., 2019. 12. 26.〉

② 사업주는 지게차 작업 중 근로자와 충돌할 위험이 있는 경우에는 지게차에 후진경보기와 경광등을 설치하거나 후방감지기를 설치하는 등 후방을 확인할 수 있는 조치를 해야 한다. 〈신설 2019. 12. 26.〉
[제목개정 2019. 12. 26.]

제180조(헤드가드) 사업주는 다음 각 호에 따른 적합한 헤드가드(Head Guard)를 갖추지 아니한 지게차를 사용해서는 안 된다. 다만, 화물의 낙하에 의하여 지게차의 운전자에게 위험을 미칠 우려가 없는 경우에는 그렇지 않다. 〈개정 2019. 1. 31., 2022. 10. 18.〉
1. 강도는 지게차의 최대하중의 2배 값(4톤을 넘는 값에 대해서는 4톤으로 한다)의 등분포정하중(等分布靜荷重)에 견딜 수 있을 것
2. 상부틀의 각 개구의 폭 또는 길이가 16센티미터 미만일 것
3. 운전자가 앉아서 조작하거나 서서 조작하는 지게차의 헤드 가드는 한국산업표준에서 정하는 높이 기준 이상일 것
4. 삭제 〈2019. 1. 31.〉

제181조(백레스트) 사업주는 백레스트(Backrest)를 갖추지 아니한 지게차를 사용해서는 아니 된다. 다만, 마스트의 후방에서 화물이 낙하함으로써 근로자가 위험해질 우려가 없는 경우에는 그러하지 아니하다.

제182조(팔레트 등) 사업주는 지게차에 의한 하역운반작업에 사용하는 팔레트(Pallet) 또는 스키드(Skid)는 다음 각 호에 해당하는 것을 사용하여야 한다.
1. 적재하는 화물의 중량에 따른 충분한 강도를 가질 것
2. 심한 손상·변형 또는 부식이 없을 것

제183조(좌석 안전띠의 착용 등) ① 사업주는 앉아서 조작하는 방식의 지게차를 운전하는 근로자에게 좌석 안전띠를 착용하도록 하여야 한다.
② 제1항에 따른 지게차를 운전하는 근로자는 좌석 안전띠를 착용하여야 한다.

제3관 구내운반차

제184조(제동장치 등) 사업주는 구내운반차를 사용하는 경우에 다음 각 호의 사항을 준수해야 한다. 〈개정 2021. 11. 19., 2024. 6. 28.〉
1. 주행을 제동하거나 정지상태를 유지하기 위하여 유효한 제동장치를 갖출 것
2. 경음기를 갖출 것
3. 운전석이 차 실내에 있는 것은 좌우에 한 개씩 방향지시기를 갖출 것
4. 전조등과 후미등을 갖출 것. 다만, 작업을 안전하게 하기 위하여 필요한 조명이 있는 장소에서 사용하는 구내운반차에 대해서는 그러하지 아니하다.

5. 구내운반차가 후진 중에 주변의 근로자 또는 차량계하역운반기계 등과 충돌할 위험이 있는 경우에는 구내운반차에 후진경보기와 경광등을 설치할 것

[시행일 : 2025. 6. 29.] 제184조 제5호

제185조(연결장치) 사업주는 구내운반차에 피견인차를 연결하는 경우에는 적합한 연결장치를 사용하여야 한다.

제4관 고소작업대

제186조(고소작업대 설치 등의 조치) ① 사업주는 고소작업대를 설치하는 경우에는 다음 각 호에 해당하는 것을 설치하여야 한다.
  1. 작업대를 와이어로프 또는 체인으로 올리거나 내릴 경우에는 와이어로프 또는 체인이 끊어져 작업대가 떨어지지 아니하는 구조여야 하며, 와이어로프 또는 체인의 안전율은 5 이상일 것
  2. 작업대를 유압에 의해 올리거나 내릴 경우에는 작업대를 일정한 위치에 유지할 수 있는 장치를 갖추고 압력의 이상저하를 방지할 수 있는 구조일 것
  3. 권과방지장치를 갖추거나 압력의 이상상승을 방지할 수 있는 구조일 것
  4. 붐의 최대 지면경사각을 초과 운전하여 전도되지 않도록 할 것
  5. 작업대에 정격하중(안전율 5 이상)을 표시할 것
  6. 작업대에 끼임·충돌 등 재해를 예방하기 위한 가드 또는 과상승방지장치를 설치할 것
  7. 조작반의 스위치는 눈으로 확인할 수 있도록 명칭 및 방향표시를 유지할 것
② 사업주는 고소작업대를 설치하는 경우에는 다음 각 호의 사항을 준수하여야 한다.
  1. 바닥과 고소작업대는 가능하면 수평을 유지하도록 할 것
  2. 갑작스러운 이동을 방지하기 위하여 아웃트리거 또는 브레이크 등을 확실히 사용할 것
③ 사업주는 고소작업대를 이동하는 경우에는 다음 각 호의 사항을 준수해야 한다. 〈개정 2023. 11. 14.〉
  1. 작업대를 가장 낮게 내릴 것
  2. 작업자를 태우고 이동하지 말 것. 다만, 이동 중 전도 등의 위험예방을 위하여 유도하는 사람을 배치하고 짧은 구간을 이동하는 경우에는 제1호에 따라 작업대를 가장 낮게 내린 상태에서 작업자를 태우고 이동할 수 있다.
  3. 이동통로의 요철상태 또는 장애물의 유무 등을 확인할 것
④ 사업주는 고소작업대를 사용하는 경우에는 다음 각 호의 사항을 준수하여야 한다.
  1. 작업자가 안전모·안전대 등의 보호구를 착용하도록 할 것
  2. 관계자가 아닌 사람이 작업구역에 들어오는 것을 방지하기 위하여 필요한 조치를 할 것

3. 안전한 작업을 위하여 적정수준의 조도를 유지할 것
4. 전로(電路)에 근접하여 작업을 하는 경우에는 작업감시자를 배치하는 등 감전사고를 방지하기 위하여 필요한 조치를 할 것
5. 작업대를 정기적으로 점검하고 붐·작업대 등 각 부위의 이상 유무를 확인할 것
6. 전환스위치는 다른 물체를 이용하여 고정하지 말 것
7. 작업대는 정격하중을 초과하여 물건을 싣거나 탑승하지 말 것
8. 작업대의 붐대를 상승시킨 상태에서 탑승자는 작업대를 벗어나지 말 것. 다만, 작업대에 안전대 부착설비를 설치하고 안전대를 연결하였을 때에는 그러하지 아니하다.

제5관 화물자동차

제187조(승강설비) 사업주는 바닥으로부터 짐 윗면까지의 높이가 2미터 이상인 화물자동차에 짐을 싣는 작업 또는 내리는 작업을 하는 경우에는 근로자의 추가 위험을 방지하기 위하여 해당 작업에 종사하는 근로자가 바닥과 적재함의 짐 윗면 간을 안전하게 오르내리기 위한 설비를 설치하여야 한다.

제188조(꼬임이 끊어진 섬유로프 등의 사용 금지) 사업주는 다음 각 호의 어느 하나에 해당하는 섬유로프 등을 화물자동차의 짐걸이로 사용해서는 아니 된다.
1. 꼬임이 끊어진 것
2. 심하게 손상되거나 부식된 것

제189조(섬유로프 등의 점검 등) ① 사업주는 섬유로프 등을 화물자동차의 짐걸이에 사용하는 경우에는 해당 작업을 시작하기 전에 다음 각 호의 조치를 하여야 한다.
1. 작업순서와 순서별 작업방법을 결정하고 작업을 직접 지휘하는 일
2. 기구와 공구를 점검하고 불량품을 제거하는 일
3. 해당 작업을 하는 장소에 관계 근로자가 아닌 사람의 출입을 금지하는 일
4. 로프 풀기 작업 및 덮개 벗기기 작업을 하는 경우에는 적재함의 화물에 낙하 위험이 없음을 확인한 후에 해당 작업의 착수를 지시하는 일

② 사업주는 제1항에 따른 섬유로프 등에 대하여 이상 유무를 점검하고 이상이 발견된 섬유로프 등을 교체하여야 한다.

제190조(화물 중간에서 빼내기 금지) 사업주는 화물자동차에서 화물을 내리는 작업을 하는 경우에는 그 작업을 하는 근로자에게 쌓여있는 화물의 중간에서 화물을 빼내도록 해서는 아니 된다.

제11절 컨베이어

제191조(이탈 등의 방지) 사업주는 컨베이어, 이송용 롤러 등(이하 "컨베이어 등"이라 한다)을 사용하는 경우에는 정전·전압강하 등에 따른 화물 또는 운반구의 이탈 및 역주행을 방지하는 장치를 갖추어야 한다. 다만, 무동력상태 또는 수평상태로만 사용하여 근로자가 위험해질 우려가 없는 경우에는 그러하지 아니하다.

제192조(비상정지장치) 사업주는 컨베이어 등에 해당 근로자의 신체의 일부가 말려드는 등 근로자가 위험해질 우려가 있는 경우 및 비상시에는 즉시 컨베이어 등의 운전을 정지시킬 수 있는 장치를 설치하여야 한다. 다만, 무동력상태로만 사용하여 근로자가 위험해질 우려가 없는 경우에는 그러하지 아니하다.

제193조(낙하물에 의한 위험 방지) 사업주는 컨베이어 등으로부터 화물이 떨어져 근로자가 위험해질 우려가 있는 경우에는 해당 컨베이어 등에 덮개 또는 울을 설치하는 등 낙하 방지를 위한 조치를 하여야 한다.

제194조(트롤리 컨베이어) 사업주는 트롤리 컨베이어(Trolley Conveyor)를 사용하는 경우에는 트롤리와 체인·행거(Hanger)가 쉽게 벗겨지지 않도록 서로 확실하게 연결하여 사용하도록 하여야 한다.

제195조(통행의 제한 등) ① 사업주는 운전 중인 컨베이어 등의 위로 근로자를 넘어가도록 하는 경우에는 위험을 방지하기 위하여 건널다리를 설치하는 등 필요한 조치를 하여야 한다.
② 사업주는 동일선상에 구간별 설치된 컨베이어에 중량물을 운반하는 경우에는 중량물 충돌에 대비한 스토퍼를 설치하거나 작업자 출입을 금지하여야 한다.

제12절 건설기계 등

제1관 차량계 건설기계 등

제196조(차량계 건설기계의 정의) "차량계 건설기계"란 동력원을 사용하여 특정되지 아니한 장소로 스스로 이동할 수 있는 건설기계로서 별표 6에서 정한 기계를 말한다.

제197조(전조등의 설치) 사업주는 차량계 건설기계에 전조등을 갖추어야 한다. 다만, 작업을 안전하게 수행하기 위하여 필요한 조명이 있는 장소에서 사용하는 경우에는 그러하지 아니하다.

제198조(낙하물 보호구조) 사업주는 토사 등이 떨어질 우려가 있는 등 위험한 장소에서 차량계 건설기계(불도저, 트랙터, 굴착기, 로더(Loader : 흙 따위를 퍼올리는 데 쓰는 기계), 스크레이퍼(Scraper : 흙을 절삭·운반하거나 펴 고르는 등의 작업을 하는 토공기계), 덤프트럭, 모터그레이더(Motor Grader : 땅 고르는 기계), 롤러(Roller : 지반 다짐용 건설기

계), 천공기, 항타기 및 항발기로 한정한다]를 사용하는 경우에는 해당 차량계 건설기계에 견고한 낙하물 보호구조를 갖춰야 한다. 〈개정 2021. 11. 19., 2022. 10. 18., 2024. 6. 28.〉
[제목개정 2022. 10. 18.]

제199조(전도 등의 방지) 사업주는 차량계 건설기계를 사용하는 작업할 때에 그 기계가 넘어지거나 굴러떨어짐으로써 근로자가 위험해질 우려가 있는 경우에는 유도하는 사람을 배치하고 지반의 부동침하 방지, 갓길의 붕괴 방지 및 도로 폭의 유지 등 필요한 조치를 하여야 한다.

제200조(접촉 방지) ① 사업주는 차량계 건설기계를 사용하여 작업을 하는 경우에는 운전 중인 해당 차량계 건설기계에 접촉되어 근로자가 부딪칠 위험이 있는 장소에 근로자를 출입시켜서는 아니 된다. 다만, 유도자를 배치하고 해당 차량계 건설기계를 유도하는 경우에는 그러하지 아니하다.
② 차량계 건설기계의 운전자는 제1항 단서의 유도자가 유도하는 대로 따라야 한다.

제201조(**차량계 건설기계의 이송**) 사업주는 차량계 건설기계를 이송하기 위해 자주 또는 견인에 의해 화물자동차 등에 싣거나 내리는 작업을 할 때에 발판·성토 등을 사용하는 경우에는 해당 차량계 건설기계의 전도 또는 굴러 떨어짐에 의한 위험을 방지하기 위해 다음 각 호의 사항을 준수해야 한다. 〈개정 2019. 10. 15., 2021. 5. 28.〉
1. 싣거나 내리는 작업은 평탄하고 견고한 장소에서 할 것
2. 발판을 사용하는 경우에는 충분한 길이·폭 및 강도를 가진 것을 사용하고 적당한 경사를 유지하기 위하여 견고하게 설치할 것
3. 자루·가설대 등을 사용하는 경우에는 충분한 폭 및 강도와 적당한 경사를 확보할 것

제202조(**승차석 외의 탑승금지**) 사업주는 차량계 건설기계를 사용하여 작업을 하는 경우 승차석이 아닌 위치에 근로자를 탑승시켜서는 아니 된다.

제203조(안전도 등의 준수) 사업주는 차량계 건설기계를 사용하여 작업을 하는 경우 그 차량계 건설기계가 넘어지거나 붕괴될 위험 또는 붐·암 등 작업장치가 파괴될 위험을 방지하기 위하여 그 기계의 구조 및 사용상 안전도 및 최대사용하중을 준수하여야 한다.

제204조(**주용도 외의 사용 제한**) 사업주는 차량계 건설기계를 그 기계의 주된 용도에만 사용하여야 한다. 다만, 근로자가 위험해질 우려가 없는 경우에는 그러하지 아니하다.

제205조(**붐 등의 강하에 의한 위험 방지**) 사업주는 차량계 건설기계의 붐·암 등을 올리고 그 밑에서 수리·점검작업 등을 하는 경우 붐·암 등이 갑자기 내려옴으로써 발생하는 위험을 방지하기 위하여 해당 작업에 종사하는 근로자에게 안전지지대 또는 안전블록 등을 사용하도록 하여야 한다. 〈개정 2019. 10. 15.〉

제206조(수리 등의 작업 시 조치) 사업주는 차량계 건설기계의 수리나 부속장치의 장착 및 제거작업을 하는 경우 그 작업을 지휘하는 사람을 지정하여 다음 각 호의 사항을 준수하도록 하여야 한다. 〈개정 2019. 10. 15.〉
1. 작업순서를 결정하고 작업을 지휘할 것
2. 제205조의 안전지지대 또는 안전블록 등의 사용상황 등을 점검할 것

제2관 항타기 및 항발기

제207조(조립·해체 시 점검사항) ① 사업주는 항타기 또는 항발기를 조립하거나 해체하는 경우 다음 각 호의 사항을 준수해야 한다. 〈신설 2022. 10. 18.〉
1. 항타기 또는 항발기에 사용하는 권상기에 쐐기장치 또는 역회전방지용 브레이크를 부착할 것
2. 항타기 또는 항발기의 권상기가 들리거나 미끄러지거나 흔들리지 않도록 설치할 것
3. 그 밖에 조립·해체에 필요한 사항은 제조사에서 정한 설치·해체 작업 설명서에 따를 것

② 사업주는 항타기 또는 항발기를 조립하거나 해체하는 경우 다음 각 호의 사항을 점검해야 한다. 〈개정 2022. 10. 18.〉
1. 본체 연결부의 풀림 또는 손상의 유무
2. 권상용 와이어로프·드럼 및 도르래의 부착상태의 이상 유무
3. 권상장치의 브레이크 및 쐐기장치 기능의 이상 유무
4. 권상기의 설치상태의 이상 유무
5. 리더(Leader)의 버팀 방법 및 고정상태의 이상 유무
6. 본체·부속장치 및 부속품의 강도가 적합한지 여부
7. 본체·부속장치 및 부속품에 심한 손상·마모·변형 또는 부식이 있는지 여부

[제목개정 2022. 10. 18.]

제208조 삭제 〈2022. 10. 18.〉

제209조(무너짐의 방지) 사업주는 동력을 사용하는 항타기 또는 항발기에 대하여 무너짐을 방지하기 위하여 다음 각 호의 사항을 준수해야 한다. 〈개정 2019. 1. 31., 2022. 10. 18., 2023. 11. 14.〉
1. 연약한 지반에 설치하는 경우에는 아웃트리거·받침 등 지지구조물의 침하를 방지하기 위하여 깔판·받침목 등을 사용할 것
2. 시설 또는 가설물 등에 설치하는 경우에는 그 내력을 확인하고 내력이 부족하면 그 내력을 보강할 것
3. 아웃트리거·받침 등 지지구조물이 미끄러질 우려가 있는 경우에는 말뚝 또는 쐐기 등

을 사용하여 해당 지지구조물을 고정시킬 것
4. 궤도 또는 차로 이동하는 항타기 또는 항발기에 대해서는 불시에 이동하는 것을 방지하기 위하여 레일 클램프(Rail Clamp) 및 쐐기 등으로 고정시킬 것
5. 상단 부분은 버팀대·버팀줄로 고정하여 안정시키고, 그 하단 부분은 견고한 버팀·말뚝 또는 철골 등으로 고정시킬 것
6. 삭제 〈2022. 10. 18.〉
7. 삭제 〈2022. 10. 18.〉
[제목개정 2019. 1. 31.]

제210조(이음매가 있는 권상용 와이어로프의 사용 금지) 사업주는 항타기 또는 항발기의 권상용 와이어로프로 제63조 제1항 제1호 각 목에 해당하는 것을 사용해서는 안 된다. 〈개정 2021. 5. 28., 2022. 10. 18.〉

제211조(권상용 와이어로프의 안전계수) 사업주는 항타기 또는 항발기의 권상용 와이어로프의 안전계수가 5 이상이 아니면 이를 사용해서는 아니 된다.

제212조(권상용 와이어로프의 길이 등) 사업주는 항타기 또는 항발기에 권상용 와이어로프를 사용하는 경우에 다음 각 호의 사항을 준수해야 한다. 〈개정 2022. 10. 18.〉
1. 권상용 와이어로프는 추 또는 해머가 최저의 위치에 있을 때 또는 널말뚝을 빼내기 시작할 때를 기준으로 권상장치의 드럼에 적어도 2회 감기고 남을 수 있는 충분한 길이일 것
2. 권상용 와이어로프는 권상장치의 드럼에 클램프·클립 등을 사용하여 견고하게 고정할 것
3. 권상용 와이어로프에서 추·해머 등과의 연결은 클램프·클립 등을 사용하여 견고하게 할 것
4. 제2호 및 제3호의 클램프·클립 등은 한국산업표준 제품이거나 한국산업표준이 없는 제품의 경우에는 이에 준하는 규격을 갖춘 제품을 사용할 것

제213조(널말뚝 등과의 연결) 사업주는 항발기의 권상용 와이어로프·도르래 등은 충분한 강도가 있는 샤클·고정철물 등을 사용하여 말뚝·널말뚝 등과 연결시켜야 한다.

제214조 삭제 〈2022. 10. 18.〉

제215조 삭제 〈2022. 10. 18.〉

제216조(도르래의 부착 등) ① 사업주는 항타기나 항발기에 도르래나 도르래 뭉치를 부착하는 경우에는 부착부가 받는 하중에 의하여 파괴될 우려가 없는 브래킷·샤클 및 와이어로프 등으로 견고하게 부착하여야 한다.
② 사업주는 항타기 또는 항발기의 권상장치의 드럼축과 권상장치로부터 첫 번째 도르래의 축 간의 거리를 권상장치 드럼폭의 15배 이상으로 하여야 한다.

③ 제2항의 도르래는 권상장치의 드럼 중심을 지나야 하며 축과 수직면상에 있어야 한다.
④ 항타기나 항발기의 구조상 권상용 와이어로프가 꼬일 우려가 없는 경우에는 제2항과 제3항을 적용하지 아니한다.

제217조(사용 시의 조치 등) ① 사업주는 압축공기를 동력원으로 하는 항타기나 항발기를 사용하는 경우에는 다음 각 호의 사항을 준수하여야 한다. 〈개정 2022. 10. 18.〉
 1. 해머의 운동에 의하여 공기호스와 해머의 접속부가 파손되거나 벗겨지는 것을 방지하기 위하여 그 접속부가 아닌 부위를 선정하여 공기호스를 해머에 고정시킬 것
 2. 공기를 차단하는 장치를 해머의 운전자가 쉽게 조작할 수 있는 위치에 설치할 것
② 사업주는 항타기나 항발기의 권상장치의 드럼에 권상용 와이어로프가 꼬인 경우에는 와이어로프에 하중을 걸어서는 아니 된다.
③ 사업주는 항타기나 항발기의 권상장치에 하중을 건 상태로 정지하여 두는 경우에는 쐐기장치 또는 역회전방지용 브레이크를 사용하여 제동하는 등 확실하게 정지시켜 두어야 한다.

제218조(말뚝 등을 끌어올릴 경우의 조치) ① 사업주는 항타기를 사용하여 말뚝 및 널말뚝 등을 끌어올리는 경우에는 그 훅 부분이 드럼 또는 도르래의 바로 아래에 위치하도록 하여 끌어올려야 한다.
② 항타기에 체인블록 등의 장치를 부착하여 말뚝 또는 널말뚝 등을 끌어 올리는 경우에는 제1항을 준용한다.

제219조 삭제 〈2022. 10. 18.〉

제220조(항타기 등의 이동) 사업주는 두 개의 지주 등으로 지지하는 항타기 또는 항발기를 이동시키는 경우에는 이들 각 부위를 당김으로 인하여 항타기 또는 항발기가 넘어지는 것을 방지하기 위하여 반대측에서 윈치로 장력와이어로프를 사용하여 확실히 제동하여야 한다.

제221조(가스배관 등의 손상 방지) 사업주는 항타기를 사용하여 작업할 때에 가스배관, 지중전선로 및 그 밖의 지하공작물의 손상으로 근로자가 위험에 처할 우려가 있는 경우에는 미리 작업장소에 가스배관·지중전선로 등이 있는지를 조사하여 이전 설치나 매달기 보호 등의 조치를 하여야 한다.

제3관 굴착기 〈신설 2022. 10. 18.〉

제221조의2(충돌위험 방지조치) ① 사업주는 굴착기에 사람이 부딪히는 것을 방지하기 위해 후사경과 후방영상표시장치 등 굴착기를 운전하는 사람이 좌우 및 후방을 확인할 수 있는 장치를 굴착기에 갖춰야 한다.

② 사업주는 굴착기로 작업을 하기 전에 후사경과 후방영상표시장치 등의 부착상태와 작동 여부를 확인해야 한다.
[본조신설 2022. 10. 18.]

제221조의3(좌석안전띠의 착용) ① 사업주는 굴착기를 운전하는 사람이 좌석안전띠를 착용하도록 해야 한다.
② 굴착기를 운전하는 사람은 좌석안전띠를 착용해야 한다.
[본조신설 2022. 10. 18.]

제221조의4(잠금장치의 체결) 사업주는 굴착기 퀵커플러(Quick Coupler)에 버킷, 브레이커(Breaker), 크램셸(Clamshell) 등 작업장치(이하 "작업장치"라 한다)를 장착 또는 교환하는 경우에는 안전핀 등 잠금장치를 체결하고 이를 확인해야 한다.
[본조신설 2022. 10. 18.]

제221조의5(인양작업 시 조치) ① 사업주는 다음 각 호의 사항을 모두 갖춘 굴착기의 경우에는 굴착기를 사용하여 화물 인양작업을 할 수 있다.
1. 굴착기의 퀵커플러 또는 작업장치에 달기구(훅, 걸쇠 등을 말한다)가 부착되어 있는 등 인양작업이 가능하도록 제작된 기계일 것
2. 굴착기 제조사에서 정한 정격하중이 확인되는 굴착기를 사용할 것
3. 달기구에 해지장치가 사용되는 등 작업 중 인양물의 낙하 우려가 없을 것
② 사업주는 굴착기를 사용하여 인양작업을 하는 경우에는 다음 각 호의 사항을 준수해야 한다.
1. 굴착기 제조사에서 정한 작업설명서에 따라 인양할 것
2. 사람을 지정하여 인양작업을 신호하게 할 것
3. 인양물과 근로자가 접촉할 우려가 있는 장소에 근로자의 출입을 금지시킬 것
4. 지반의 침하 우려가 없고 평평한 장소에서 작업할 것
5. 인양 대상 화물의 무게는 정격하중을 넘지 않을 것
③ 굴착기를 이용한 인양작업 시 와이어로프 등 달기구의 사용에 관해서는 제163조부터 제170조까지의 규정(제166조, 제167조 및 제169조에 따라 준용되는 경우를 포함한다)을 준용한다. 이 경우 "양중기" 또는 "크레인"은 "굴착기"로 본다.
[본조신설 2022. 10. 18.]

제13절 산업용 로봇

제222조(교시 등) 사업주는 산업용 로봇(이하 "로봇"이라 한다)의 작동범위에서 해당 로봇에 대하여 교시(敎示) 등[매니퓰레이터(Manipulator)의 작동순서, 위치·속도의 설정·변경

또는 그 결과를 확인하는 것을 말한다. 이하 같다)의 작업을 하는 경우에는 해당 로봇의 예기치 못한 작동 또는 오(誤)조작에 의한 위험을 방지하기 위하여 다음 각 호의 조치를 하여야 한다. 다만, 로봇의 구동원을 차단하고 작업을 하는 경우에는 제2호와 제3호의 조치를 하지 아니할 수 있다. 〈개정 2016. 4. 7.〉

1. 다음 각 목의 사항에 관한 지침을 정하고 그 지침에 따라 작업을 시킬 것
   가. 로봇의 조작방법 및 순서
   나. 작업 중의 매니퓰레이터의 속도
   다. 2명 이상의 근로자에게 작업을 시킬 경우의 신호방법
   라. 이상을 발견한 경우의 조치
   마. 이상을 발견하여 로봇의 운전을 정지시킨 후 이를 재가동시킬 경우의 조치
   바. 그 밖에 로봇의 예기치 못한 작동 또는 오조작에 의한 위험을 방지하기 위하여 필요한 조치
2. 작업에 종사하고 있는 근로자 또는 그 근로자를 감시하는 사람은 이상을 발견하면 즉시 로봇의 운전을 정지시키기 위한 조치를 할 것
3. 작업을 하고 있는 동안 로봇의 기동스위치 등에 작업 중이라는 표시를 하는 등 작업에 종사하고 있는 근로자가 아닌 사람이 그 스위치 등을 조작할 수 없도록 필요한 조치를 할 것

제223조(운전 중 위험 방지) 사업주는 로봇의 운전(제222조에 따른 교시 등을 위한 로봇의 운전과 제224조 단서에 따른 로봇의 운전은 제외한다)으로 인하여 근로자에게 발생할 수 있는 부상 등의 위험을 방지하기 위하여 높이 1.8미터 이상의 울타리(로봇의 가동범위 등을 고려하여 높이로 인한 위험성이 없는 경우에는 높이를 그 이하로 조절할 수 있다)를 설치해야 하며, 컨베이어 시스템의 설치 등으로 울타리를 설치할 수 없는 일부 구간에 대해서는 안전매트 또는 광전자식 방호장치 등 감응형 방호장치를 설치해야 한다. 다만, 고용노동부장관이 해당 로봇의 안전기준이 한국산업표준에서 정하고 있는 안전기준 또는 국제적으로 통용되는 안전기준에 부합한다고 인정하는 경우에는 본문에 따른 조치를 하지 않을 수 있다. 〈개정 2016. 4. 7., 2018. 8. 14., 2022. 10. 18., 2024. 6. 28.〉

제224조(수리 등 작업 시의 조치 등) 사업주는 로봇의 작동범위에서 해당 로봇의 수리·검사·조정(교시 등에 해당하는 것은 제외한다)·청소·급유 또는 결과에 대한 확인작업을 하는 경우에는 해당 로봇의 운전을 정지함과 동시에 그 작업을 하고 있는 동안 로봇의 기동스위치를 열쇠로 잠근 후 열쇠를 별도 관리하거나 해당 로봇의 기동스위치에 작업 중이란 내용의 표지판을 부착하는 등 해당 작업에 종사하고 있는 근로자가 아닌 사람이 해당 기동스위치를 조작할 수 없도록 필요한 조치를 하여야 한다. 다만, 로봇의 운전 중에 작업을

하지 아니하면 안되는 경우로서 해당 로봇의 예기치 못한 작동 또는 오조작에 의한 위험을 방지하기 위하여 제222조 각 호의 조치를 한 경우에는 그러하지 아니하다.

제2장 폭발·화재 및 위험물누출에 의한 위험방지

제1절 위험물 등의 취급 등

제225조(위험물질 등의 제조 등 작업 시의 조치) 사업주는 별표 1의 위험물질(이하 "위험물"이라 한다)을 제조하거나 취급하는 경우에 폭발·화재 및 누출을 방지하기 위한 적절한 방호조치를 하지 아니하고 다음 각 호의 행위를 해서는 아니 된다.
1. 폭발성 물질, 유기과산화물을 화기나 그 밖에 점화원이 될 우려가 있는 것에 접근시키거나 가열하거나 마찰시키거나 충격을 가하는 행위
2. 물반응성 물질, 인화성 고체를 각각 그 특성에 따라 화기나 그 밖에 점화원이 될 우려가 있는 것에 접근시키거나 발화를 촉진하는 물질 또는 물에 접촉시키거나 가열하거나 마찰시키거나 충격을 가하는 행위
3. 산화성 액체·산화성 고체를 분해가 촉진될 우려가 있는 물질에 접촉시키거나 가열하거나 마찰시키거나 충격을 가하는 행위
4. 인화성 액체를 화기나 그 밖에 점화원이 될 우려가 있는 것에 접근시키거나 주입 또는 가열하거나 증발시키는 행위
5. 인화성 가스를 화기나 그 밖에 점화원이 될 우려가 있는 것에 접근시키거나 압축·가열 또는 주입하는 행위
6. 부식성 물질 또는 급성 독성물질을 누출시키는 등으로 인체에 접촉시키는 행위
7. 위험물을 제조하거나 취급하는 설비가 있는 장소에 인화성 가스 또는 산화성 액체 및 산화성 고체를 방치하는 행위

제226조(물과의 접촉 금지) 사업주는 별표 1 제2호의 물반응성 물질·인화성 고체를 취급하는 경우에는 물과의 접촉을 방지하기 위하여 완전 밀폐된 용기에 저장 또는 취급하거나 빗물 등이 스며들지 아니하는 건축물 내에 보관 또는 취급하여야 한다.

제227조(호스 등을 사용한 인화성 액체 등의 주입) 사업주는 위험물을 액체 상태에서 호스 또는 배관 등을 사용하여 별표 7의 화학설비, 탱크로리, 드럼 등에 주입하는 작업을 하는 경우에는 그 호스 또는 배관 등의 결합부를 확실히 연결하고 누출이 없는지를 확인한 후에 작업을 하여야 한다.

제228조(가솔린이 남아 있는 설비에 등유 등의 주입) 사업주는 별표 7의 화학설비로서 가솔린이 남아 있는 화학설비(위험물을 저장하는 것으로 한정한다. 이하 이 조와 제229조에서

같다), 탱크로리, 드럼 등에 등유나 경유를 주입하는 작업을 하는 경우에는 미리 그 내부를 깨끗하게 씻어내고 가솔린의 증기를 불활성 가스로 바꾸는 등 안전한 상태로 되어 있는지를 확인한 후에 그 작업을 하여야 한다. 다만, 다음 각 호의 조치를 하는 경우에는 그러하지 아니하다.
1. 등유나 경유를 주입하기 전에 탱크·드럼 등과 주입설비 사이에 접속선이나 접지선을 연결하여 전위차를 줄이도록 할 것
2. 등유나 경유를 주입하는 경우에는 그 액표면의 높이가 주입관의 선단의 높이를 넘을 때까지 주입속도를 초당 1미터 이하로 할 것

제229조(산화에틸렌 등의 취급) ① 사업주는 산화에틸렌, 아세트알데히드 또는 산화프로필렌을 별표 7의 화학설비, 탱크로리, 드럼 등에 주입하는 작업을 하는 경우에는 미리 그 내부의 불활성가스가 아닌 가스나 증기를 불활성가스로 바꾸는 등 안전한 상태로 되어 있는지를 확인한 후에 해당 작업을 하여야 한다.
② 사업주는 산화에틸렌, 아세트알데히드 또는 산화프로필렌을 별표 7의 화학설비, 탱크로리, 드럼 등에 저장하는 경우에는 항상 그 내부의 불활성가스가 아닌 가스나 증기를 불활성가스로 바꾸어 놓는 상태에서 저장하여야 한다.

제230조(폭발위험이 있는 장소의 설정 및 관리) ① 사업주는 다음 각 호의 장소에 대하여 폭발위험장소의 구분도(區分圖)를 작성하는 경우에는 한국산업표준으로 정하는 기준에 따라 가스폭발 위험장소 또는 분진폭발 위험장소로 설정하여 관리해야 한다. 〈개정 2022. 10. 18.〉
1. 인화성 액체의 증기나 인화성 가스 등을 제조·취급 또는 사용하는 장소
2. 인화성 고체를 제조·사용하는 장소
② 사업주는 제1항에 따른 폭발위험장소의 구분도를 작성·관리하여야 한다.

제231조(인화성 액체 등을 수시로 취급하는 장소) ① 사업주는 인화성 액체, 인화성 가스 등을 수시로 취급하는 장소에서는 환기가 충분하지 않은 상태에서 전기기계·기구를 작동시켜서는 아니 된다.
② 사업주는 수시로 밀폐된 공간에서 스프레이 건을 사용하여 인화성 액체로 세척·도장 등의 작업을 하는 경우에는 다음 각 호의 조치를 하고 전기기계·기구를 작동시켜야 한다.
1. 인화성 액체, 인화성 가스 등으로 폭발위험 분위기가 조성되지 않도록 해당 물질의 공기 중 농도가 인화하한계값의 25퍼센트를 넘지 않도록 충분히 환기를 유지할 것
2. 조명 등은 고무, 실리콘 등의 패킹이나 실링재료를 사용하여 완전히 밀봉할 것
3. 가열성 전기기계·기구를 사용하는 경우에는 세척 또는 도장용 스프레이 건과 동시에 작동되지 않도록 연동장치 등의 조치를 할 것

4. 방폭구조 외의 스위치와 콘센트 등의 전기기기는 밀폐 공간 외부에 설치되어 있을 것

③ 사업주는 제1항과 제2항에도 불구하고 방폭성능을 갖는 전기기계·기구에 대해서는 제1항의 상태 및 제2항 각 호의 조치를 하지 아니한 상태에서도 작동시킬 수 있다.

제232조(폭발 또는 화재 등의 예방) ① 사업주는 인화성 액체의 증기, 인화성 가스 또는 인화성 고체가 존재하여 폭발이나 화재가 발생할 우려가 있는 장소에서 해당 증기·가스 또는 분진에 의한 폭발 또는 화재를 예방하기 위해 환풍기, 배풍기(排風機) 등 환기장치를 적절하게 설치해야 한다. 〈개정 2021. 5. 28.〉

② 사업주는 제1항에 따른 증기나 가스에 의한 폭발이나 화재를 미리 감지하기 위하여 가스 검지 및 경보 성능을 갖춘 가스 검지 및 경보 장치를 설치해야 한다. 다만, 한국산업표준에 따른 0종 또는 1종 폭발위험장소에 해당하는 경우로서 제311조에 따라 방폭구조 전기기계·기구를 설치한 경우에는 그렇지 않다. 〈개정 2022. 10. 18.〉

제233조(가스용접 등의 작업) 사업주는 인화성 가스, 불활성 가스 및 산소(이하 "가스 등"이라 한다)를 사용하여 금속의 용접·용단 또는 가열작업을 하는 경우에는 가스 등의 누출 또는 방출로 인한 폭발·화재 또는 화상을 예방하기 위해 다음 각 호의 사항을 준수해야 한다. 〈개정 2021. 5. 28.〉

1. 가스 등의 호스와 취관(吹管)은 손상·마모 등에 의하여 가스 등이 누출할 우려가 없는 것을 사용할 것
2. 가스 등의 취관 및 호스의 상호 접촉부분은 호스밴드, 호스클립 등 조임기구를 사용하여 가스 등이 누출되지 않도록 할 것
3. 가스 등의 호스에 가스 등을 공급하는 경우에는 미리 그 호스에서 가스 등이 방출되지 않도록 필요한 조치를 할 것
4. 사용 중인 가스 등을 공급하는 공급구의 밸브나 콕에는 그 밸브나 콕에 접속된 가스 등의 호스를 사용하는 사람의 이름표를 붙이는 등 가스 등의 공급에 대한 오조작을 방지하기 위한 표시를 할 것
5. 용단작업을 하는 경우에는 취관으로부터 산소의 과잉방출로 인한 화상을 예방하기 위하여 근로자가 조절밸브를 서서히 조작하도록 주지시킬 것
6. 작업을 중단하거나 마치고 작업장소를 떠날 경우에는 가스 등의 공급구의 밸브나 콕을 잠글 것
7. 가스 등의 분기관은 전용 접속기구를 사용하여 불량체결을 방지하여야 하며, 서로 이어지지 않는 구조의 접속기구 사용, 서로 다른 색상의 배관·호스의 사용 및 꼬리표 부착 등을 통하여 서로 다른 가스배관과의 불량체결을 방지할 것

제234조(가스 등의 용기) 사업주는 금속의 용접·용단 또는 가열에 사용되는 가스 등의 용기

를 취급하는 경우에 다음 각 호의 사항을 준수하여야 한다.
1. 다음 각 목의 어느 하나에 해당하는 장소에서 사용하거나 해당 장소에 설치·저장 또는 방치하지 않도록 할 것
   가. 통풍이나 환기가 불충분한 장소
   나. 화기를 사용하는 장소 및 그 부근
   다. 위험물 또는 제236조에 따른 인화성 액체를 취급하는 장소 및 그 부근
2. 용기의 온도를 섭씨 40도 이하로 유지할 것
3. 전도의 위험이 없도록 할 것
4. 충격을 가하지 않도록 할 것
5. 운반하는 경우에는 캡을 씌울 것
6. 사용하는 경우에는 용기의 마개에 부착되어 있는 유류 및 먼지를 제거할 것
7. 밸브의 개폐는 서서히 할 것
8. 사용 전 또는 사용 중인 용기와 그 밖의 용기를 명확히 구별하여 보관할 것
9. 용해아세틸렌의 용기는 세워 둘 것
10. 용기의 부식·마모 또는 변형상태를 점검한 후 사용할 것

제235조(서로 다른 물질의 접촉에 의한 발화 등의 방지) 사업주는 서로 다른 물질끼리 접촉함으로 인하여 해당 물질이 발화하거나 폭발할 위험이 있는 경우에는 해당 물질을 가까이 저장하거나 동일한 운반기에 적재해서는 아니 된다. 다만, 접촉방지를 위한 조치를 한 경우에는 그러하지 아니하다.

제236조(화재 위험이 있는 작업의 장소 등) ① 사업주는 합성섬유·합성수지·면·양모·천조각·톱밥·짚·종이류 또는 인화성이 있는 액체(1기압에서 인화점이 섭씨 250도 미만의 액체를 말한다)를 다량으로 취급하는 작업을 하는 장소·설비 등은 화재예방을 위하여 적절한 배치 구조로 하여야 한다. 〈개정 2019. 12. 26.〉
② 사업주는 근로자에게 용접·용단 및 금속의 가열 등 화기를 사용하는 작업이나 연삭숫돌에 의한 건식연마작업 등 그 밖에 불꽃이 발생될 우려가 있는 작업(이하 "화재위험작업"이라 한다)을 하도록 하는 경우 제1항에 따른 물질을 화재위험이 없는 장소에 별도로 보관·저장해야 하며, 작업장 내부에는 해당 작업에 필요한 양만 두어야 한다. 〈신설 2019. 12. 26.〉

제237조(자연발화의 방지) 사업주는 질화면, 알킬알루미늄 등 자연발화의 위험이 있는 물질을 쌓아 두는 경우 위험한 온도로 상승하지 못하도록 화재예방을 위한 조치를 하여야 한다.

제238조(유류 등이 묻어 있는 걸레 등의 처리) 사업주는 기름 또는 인쇄용 잉크류 등이 묻은 천조각이나 휴지 등은 뚜껑이 있는 불연성 용기에 담아 두는 등 화재예방을 위한 조치를 하여야 한다.

제2절 화기 등의 관리

제239조(위험물 등이 있는 장소에서 화기 등의 사용 금지) 사업주는 위험물이 있어 폭발이나 화재가 발생할 우려가 있는 장소 또는 그 상부에서 불꽃이나 아크를 발생하거나 고온으로 될 우려가 있는 화기·기계·기구 및 공구 등을 사용해서는 아니 된다.

제240조(유류 등이 있는 배관이나 용기의 용접 등) 사업주는 위험물, 위험물 외의 인화성 유류 또는 인화성 고체가 있을 우려가 있는 배관·탱크 또는 드럼 등의 용기에 대하여 미리 위험물 외의 인화성 유류, 인화성 고체 또는 위험물을 제거하는 등 폭발이나 화재의 예방을 위한 조치를 한 후가 아니면 화재위험작업을 시켜서는 아니 된다. 〈개정 2017. 3. 3., 2019. 12. 26.〉

제241조(화재위험작업 시의 준수사항) ① 사업주는 통풍이나 환기가 충분하지 않은 장소에서 화재위험작업을 하는 경우에는 통풍 또는 환기를 위하여 산소를 사용해서는 아니 된다. 〈개정 2017. 3. 3.〉
② 사업주는 가연성물질이 있는 장소에서 화재위험작업을 하는 경우에는 화재예방에 필요한 다음 각 호의 사항을 준수하여야 한다. 〈개정 2017. 3. 3., 2019. 12. 26.〉
1. 작업 준비 및 작업 절차 수립
2. 작업장 내 위험물의 사용·보관 현황 파악
3. 화기작업에 따른 인근 가연성물질에 대한 방호조치 및 소화기구 비치
4. 용접불티 비산방지덮개, 용접방화포 등 불꽃, 불티 등 비산방지조치
5. 인화성 액체의 증기 및 인화성 가스가 남아 있지 않도록 환기 등의 조치
6. 작업근로자에 대한 화재예방 및 피난교육 등 비상조치
③ 사업주는 작업시작 전에 제2항 각 호의 사항을 확인하고 불꽃·불티 등의 비산을 방지하기 위한 조치 등 안전조치를 이행한 후 근로자에게 화재위험작업을 하도록 해야 한다. 〈신설 2019. 12. 26.〉
④ 사업주는 화재위험작업이 시작되는 시점부터 종료 될 때까지 작업내용, 작업일시, 안전점검 및 조치에 관한 사항 등을 해당 작업장소에 서면으로 게시해야 한다. 다만, 같은 장소에서 상시·반복적으로 화재위험작업을 하는 경우에는 생략할 수 있다. 〈신설 2019. 12. 26.〉
[제목개정 2019. 12. 26.]

제241조의2(화재감시자) ① 사업주는 근로자에게 다음 각 호의 어느 하나에 해당하는 장소에서 용접·용단 작업을 하도록 하는 경우에는 화재감시자를 지정하여 용접·용단 작업장소에 배치해야 한다. 다만, 같은 장소에서 상시·반복적으로 용접·용단작업을 할 때 경보용 설비·기구, 소화설비 또는 소화기가 갖추어진 경우에는 화재감시자를 지정·배치하

지 않을 수 있다. 〈개정 2019. 12. 26., 2021. 5. 28.〉
1. 작업반경 11미터 이내에 건물구조 자체나 내부(개구부 등으로 개방된 부분을 포함한다)에 가연성물질이 있는 장소
2. 작업반경 11미터 이내의 바닥 하부에 가연성물질이 11미터 이상 떨어져 있지만 불꽃에 의해 쉽게 발화될 우려가 있는 장소
3. 가연성물질이 금속으로 된 칸막이·벽·천장 또는 지붕의 반대쪽 면에 인접해 있어 열전도나 열복사에 의해 발화될 우려가 있는 장소

② 제1항 본문에 따른 화재감시자는 다음 각 호의 업무를 수행한다. 〈신설 2021. 5. 28.〉
1. 제1항 각 호에 해당하는 장소에 가연성물질이 있는지 여부의 확인
2. 제232조 제2항에 따른 가스 검지, 경보 성능을 갖춘 가스 검지 및 경보 장치의 작동 여부의 확인
3. 화재 발생 시 사업장 내 근로자의 대피 유도

③ 사업주는 제1항 본문에 따라 배치된 화재감시자에게 업무 수행에 필요한 확성기, 휴대용 조명기구 및 화재 대피용 마스크(한국산업표준 제품이거나 「소방산업의 진흥에 관한 법률」에 따른 한국소방산업기술원이 정하는 기준을 충족하는 것이어야 한다) 등 대피용 방연장비를 지급해야 한다. 〈개정 2021. 5. 28., 2022. 10. 18.〉
[본조신설 2017. 3. 3.]

제242조(화기사용 금지) 사업주는 화재 또는 폭발의 위험이 있는 장소에서 다음 각 호의 화재 위험이 있는 물질을 취급하는 경우에는 화기의 사용을 금지해야 한다.
1. 제236조 제1항에 따른 물질
2. 별표 1 제1호·제2호 및 제5호에 따른 위험물질
[전문개정 2021. 5. 28.]

제243조(소화설비) ① 사업주는 건축물, 별표 7의 화학설비 또는 제5절의 위험물 건조설비가 있는 장소, 그 밖에 위험물이 아닌 인화성 유류 등 폭발이나 화재의 원인이 될 우려가 있는 물질을 취급하는 장소(이하 이 조에서 "건축물 등"이라 한다)에는 소화설비를 설치하여야 한다.
② 제1항의 소화설비는 건축물 등의 규모·넓이 및 취급하는 물질의 종류 등에 따라 예상되는 폭발이나 화재를 예방하기에 적합하여야 한다.

제244조(방화조치) 사업주는 화로, 가열로, 가열장치, 소각로, 철제굴뚝, 그 밖에 화재를 일으킬 위험이 있는 설비 및 건축물과 그 밖에 인화성 액체와의 사이에는 방화에 필요한 안전거리를 유지하거나 불연성 물체를 차열(遮熱)재료로 하여 방호하여야 한다.

제245조(화기사용 장소의 화재 방지) ① 사업주는 흡연장소 및 난로 등 화기를 사용하는 장소

에 화재예방에 필요한 설비를 하여야 한다.
② 화기를 사용한 사람은 불티가 남지 않도록 뒤처리를 확실하게 하여야 한다.

제246조(소각장) 사업주는 소각장을 설치하는 경우 화재가 번질 위험이 없는 위치에 설치하거나 불연성 재료로 설치하여야 한다.

제3절 용융고열물 등에 의한 위험예방

제247조(고열물 취급설비의 구조) 사업주는 화로 등 다량의 고열물을 취급하는 설비에 대하여 화재를 예방하기 위한 구조로 하여야 한다.

제248조(용융고열물 취급 피트의 수증기 폭발방지) 사업주는 용융(鎔融)한 고열의 광물(이하 "용융고열물"이라 한다)을 취급하는 피트(고열의 금속찌꺼기를 물로 처리하는 것은 제외한다)에 대하여 수증기 폭발을 방지하기 위하여 다음 각 호의 조치를 하여야 한다.
1. 지하수가 내부로 새어드는 것을 방지할 수 있는 구조로 할 것. 다만, 내부에 고인 지하수를 배출할 수 있는 설비를 설치한 경우에는 그러하지 아니하다.
2. 작업용수 또는 빗물 등이 내부로 새어드는 것을 방지할 수 있는 격벽 등의 설비를 주위에 설치할 것

제249조(건축물의 구조) 사업주는 용융고열물을 취급하는 설비를 내부에 설치한 건축물에 대하여 수증기 폭발을 방지하기 위하여 다음 각 호의 조치를 하여야 한다.
1. 바닥은 물이 고이지 아니하는 구조로 할 것
2. 지붕·벽·창 등은 빗물이 새어들지 아니하는 구조로 할 것

제250조(용융고열물의 취급작업) 사업주는 용융고열물을 취급하는 작업(고열의 금속찌꺼기를 물로 처리하는 작업과 폐기하는 작업은 제외한다)을 하는 경우에는 수증기 폭발을 방지하기 위하여 제248조에 따른 피트, 제249조에 따른 건축물의 바닥, 그 밖에 해당 용융고열물을 취급하는 설비에 물이 고이거나 습윤 상태에 있지 않음을 확인한 후 작업하여야 한다.

제251조(고열의 금속찌꺼기 물처리 등) 사업주는 고열의 금속찌꺼기를 물로 처리하거나 폐기하는 작업을 하는 경우에는 수증기 폭발을 방지하기 위하여 배수가 잘되는 장소에서 작업을 하여야 한다. 다만, 수쇄(水碎)처리를 하는 경우에는 그러하지 아니하다.

제252조(고열 금속찌꺼기 처리작업) 사업주는 고열의 금속찌꺼기를 물로 처리하거나 폐기하는 작업을 하는 경우에는 수증기 폭발을 방지하기 위하여 제251조 본문의 장소에 물이 고이지 않음을 확인한 후에 작업을 하여야 한다. 다만, 수쇄처리를 하는 경우에는 그러하지 아니하다.

제253조(금속의 용해로에 금속부스러기를 넣는 작업) 사업주는 금속의 용해로에 금속부스러기를 넣는 작업을 하는 경우에는 수증기 등의 폭발을 방지하기 위하여 금속부스러기에 물·위험물 및 밀폐된 용기 등이 들어있지 않음을 확인한 후에 작업을 하여야 한다.

제254조(화상 등의 방지) ① 사업주는 용광로, 용선로 또는 유리 용해로, 그 밖에 다량의 고열물을 취급하는 작업을 하는 장소에 대하여 해당 고열물의 비산 및 유출 등으로 인한 화상이나 그 밖의 위험을 방지하기 위하여 적절한 조치를 하여야 한다.

② 사업주는 제1항의 장소에서 화상, 그 밖의 위험을 방지하기 위하여 근로자에게 방열복 또는 적합한 보호구를 착용하도록 하여야 한다.

제4절 화학설비·압력용기 등

제255조(화학설비를 설치하는 건축물의 구조) 사업주는 별표 7의 화학설비(이하 "화학설비"라 한다) 및 그 부속설비를 건축물 내부에 설치하는 경우에는 건축물의 바닥·벽·기둥·계단 및 지붕 등에 불연성 재료를 사용하여야 한다.

제256조(부식 방지) 사업주는 화학설비 또는 그 배관(화학설비 또는 그 배관의 밸브나 콕은 제외한다) 중 위험물 또는 인화점이 섭씨 60도 이상인 물질(이하 "위험물질 등"이라 한다)이 접촉하는 부분에 대해서는 위험물질 등에 의하여 그 부분이 부식되어 폭발·화재 또는 누출되는 것을 방지하기 위하여 위험물질 등의 종류·온도·농도 등에 따라 부식이 잘 되지 않는 재료를 사용하거나 도장(塗裝) 등의 조치를 하여야 한다.

제257조(덮개 등의 접합부) 사업주는 화학설비 또는 그 배관의 덮개·플랜지·밸브 및 콕의 접합부에 대해서는 접합부에서 위험물질 등이 누출되어 폭발·화재 또는 위험물이 누출되는 것을 방지하기 위하여 적절한 개스킷(Gasket)을 사용하고 접합면을 서로 밀착시키는 등 적절한 조치를 하여야 한다.

제258조(밸브 등의 개폐방향의 표시 등) 사업주는 화학설비 또는 그 배관의 밸브·콕 또는 이것들을 조작하기 위한 스위치 및 누름버튼 등에 대하여 오조작으로 인한 폭발·화재 또는 위험물의 누출을 방지하기 위하여 열고 닫는 방향을 색채 등으로 표시하여 구분되도록 하여야 한다.

제259조(밸브 등의 재질) 사업주는 화학설비 또는 그 배관의 밸브나 콕에는 개폐의 빈도, 위험물질등의 종류·온도·농도 등에 따라 내구성이 있는 재료를 사용하여야 한다.

제260조(공급 원재료의 종류 등의 표시) 사업주는 화학설비에 원재료를 공급하는 근로자의 오조작으로 인하여 발생하는 폭발·화재 또는 위험물의 누출을 방지하기 위하여 그 근로자가 보기 쉬운 위치에 원재료의 종류, 원재료가 공급되는 설비명 등을 표시하여야 한다.

제261조(안전밸브 등의 설치) ① 사업주는 다음 각 호의 어느 하나에 해당하는 설비에 대해서는 과압에 따른 폭발을 방지하기 위하여 폭발 방지 성능과 규격을 갖춘 안전밸브 또는 파열판(이하 "안전밸브 등"이라 한다)을 설치하여야 한다. 다만, 안전밸브 등에 상응하는 방호장치를 설치한 경우에는 그러하지 아니하다. 〈개정 2024. 6. 28.〉

1. 압력용기(안지름이 150밀리미터 이하인 압력용기는 제외하며, 압력 용기 중 관형 열교환기의 경우에는 관의 파열로 인하여 상승한 압력이 압력용기의 최고사용압력을 초과할 우려가 있는 경우만 해당한다)
2. 정변위 압축기
3. 정변위 펌프(토출측에 차단밸브가 설치된 것만 해당한다)
4. 배관(2개 이상의 밸브에 의하여 차단되어 대기온도에서 액체의 열팽창에 의하여 파열될 우려가 있는 것으로 한정한다)
5. 그 밖의 화학설비 및 그 부속설비로서 해당 설비의 최고사용압력을 초과할 우려가 있는 것

② 제1항에 따라 안전밸브 등을 설치하는 경우에는 다단형 압축기 또는 직렬로 접속된 공기압축기에 대해서는 각 단 또는 각 공기압축기별로 안전밸브 등을 설치하여야 한다.

③ 제1항에 따라 설치된 안전밸브에 대해서는 다음 각 호의 구분에 따른 검사주기마다 국가교정기관에서 교정을 받은 압력계를 이용하여 설정압력에서 안전밸브가 적정하게 작동하는지를 검사한 후 납으로 봉인하여 사용하여야 한다. 다만, 공기나 질소취급용기 등에 설치된 안전밸브 중 안전밸브 자체에 부착된 레버 또는 고리를 통하여 수시로 안전밸브가 적정하게 작동하는지를 확인할 수 있는 경우에는 검사하지 아니할 수 있고 납으로 봉인하지 아니할 수 있다. 〈개정 2019. 12. 26., 2024. 6. 28.〉

1. 화학공정 유체와 안전밸브의 디스크 또는 시트가 직접 접촉될 수 있도록 설치된 경우 : 2년마다 1회 이상
2. 안전밸브 전단에 파열판이 설치된 경우 : 3년마다 1회 이상
3. 영 제43조에 따른 공정안전보고서 제출 대상으로서 고용노동부장관이 실시하는 공정안전보고서 이행상태 평가결과가 우수한 사업장의 안전밸브의 경우: 4년마다 1회 이상

④ 제3항 각 호에 따른 검사주기에도 불구하고 안전밸브가 설치된 압력용기에 대하여 「고압가스 안전관리법」 제17조 제2항에 따라 시장·군수 또는 구청장의 재검사를 받는 경우로서 압력용기의 재검사주기에 대하여 같은 법 시행규칙 별표22 제2호에 따라 산업통상자원부장관이 정하여 고시하는 기법에 따라 산정하여 그 적합성을 인정받은 경우에는 해당 안전밸브의 검사주기는 그 압력용기의 재검사주기에 따른다. 〈신설 2014. 9. 30.〉

⑤ 사업주는 제3항에 따라 납으로 봉인된 안전밸브를 해체하거나 조정할 수 없도록 조치하여야 한다. 〈개정 2014. 9. 30.〉

제262조(파열판의 설치) 사업주는 제261조 제1항 각 호의 설비가 다음 각 호의 어느 하나에 해당하는 경우에는 파열판을 설치하여야 한다.
1. 반응 폭주 등 급격한 압력 상승 우려가 있는 경우
2. 급성 독성물질의 누출로 인하여 주위의 작업환경을 오염시킬 우려가 있는 경우
3. 운전 중 안전밸브에 이상 물질이 누적되어 안전밸브가 작동되지 아니할 우려가 있는 경우

제263조(파열판 및 안전밸브의 직렬설치) 사업주는 급성 독성물질이 지속적으로 외부에 유출될 수 있는 화학설비 및 그 부속설비에 파열판과 안전밸브를 직렬로 설치하고 그 사이에는 압력지시계 또는 자동경보장치를 설치하여야 한다.

제264조(안전밸브 등의 작동요건) 사업주는 제261조 제1항에 따라 설치한 안전밸브 등이 안전밸브 등을 통하여 보호하려는 설비의 최고사용압력 이하에서 작동되도록 하여야 한다. 다만, 안전밸브 등이 2개 이상 설치된 경우에 1개는 최고사용압력의 1.05배(외부화재를 대비한 경우에는 1.1배) 이하에서 작동되도록 설치할 수 있다.

제265조(안전밸브 등의 배출용량) 사업주는 안전밸브 등에 대하여 배출용량은 그 작동원인에 따라 각각의 소요분출량을 계산하여 가장 큰 수치를 해당 안전밸브 등의 배출용량으로 하여야 한다.

제266조(차단밸브의 설치 금지) 사업주는 안전밸브 등의 전단·후단에 차단밸브를 설치해서는 아니 된다. 다만, 다음 각 호의 어느 하나에 해당하는 경우에는 자물쇠형 또는 이에 준하는 형식의 차단밸브를 설치할 수 있다.
1. 인접한 화학설비 및 그 부속설비에 안전밸브 등이 각각 설치되어 있고, 해당 화학설비 및 그 부속설비의 연결배관에 차단밸브가 없는 경우
2. 안전밸브 등의 배출용량의 2분의 1 이상에 해당하는 용량의 자동압력조절밸브(구동용 동력원의 공급을 차단하는 경우 열리는 구조인 것으로 한정한다)와 안전밸브 등이 병렬로 연결된 경우
3. 화학설비 및 그 부속설비에 안전밸브 등이 복수방식으로 설치되어 있는 경우
4. 예비용 설비를 설치하고 각각의 설비에 안전밸브 등이 설치되어 있는 경우
5. 열팽창에 의하여 상승된 압력을 낮추기 위한 목적으로 안전밸브가 설치된 경우
6. 하나의 플레어 스택(Flare Stack)에 둘 이상의 단위공정의 플레어 헤더(Flare Header)를 연결하여 사용하는 경우로서 각각의 단위공정의 플레어헤더에 설치된 차단밸브의 열림·닫힘 상태를 중앙제어실에서 알 수 있도록 조치한 경우

제267조(배출물질의 처리) 사업주는 안전밸브 등으로부터 배출되는 위험물은 연소·흡수·세정(洗淨)·포집(捕集) 또는 회수 등의 방법으로 처리하여야 한다. 다만, 다음 각 호의 어느 하나에 해당하는 경우에는 배출되는 위험물을 안전한 장소로 유도하여 외부로 직접 배

출할 수 있다.
1. 배출물질을 연소·흡수·세정·포집 또는 회수 등의 방법으로 처리할 때에 파열판의 기능을 저해할 우려가 있는 경우
2. 배출물질을 연소처리할 때에 유해성가스를 발생시킬 우려가 있는 경우
3. 고압상태의 위험물이 대량으로 배출되어 연소·흡수·세정·포집 또는 회수 등의 방법으로 완전히 처리할 수 없는 경우
4. 공정설비가 있는 지역과 떨어진 인화성 가스 또는 인화성 액체 저장탱크에 안전밸브 등이 설치될 때에 저장탱크에 냉각설비 또는 자동소화설비 등 안전상의 조치를 하였을 경우
5. 그 밖에 배출량이 적거나 배출 시 급격히 분산되어 재해의 우려가 없으며, 냉각설비 또는 자동소화설비를 설치하는 등 안전상의 조치를 하였을 경우

제268조(통기설비) ① 사업주는 인화성 액체를 저장·취급하는 대기압탱크에는 통기관 또는 통기밸브(Breather Valve) 등(이하 "통기설비"라 한다)을 설치하여야 한다.
② 제1항에 따른 통기설비는 정상운전 시에 대기압탱크 내부가 진공 또는 가압되지 않도록 충분한 용량의 것을 사용하여야 하며, 철저하게 유지·보수를 하여야 한다.

제269조(화염방지기의 설치 등) ① 사업주는 인화성 액체 및 인화성 가스를 저장·취급하는 화학설비에서 증기나 가스를 대기로 방출하는 경우에는 외부로부터의 화염을 방지하기 위하여 화염방지기를 그 설비 상단에 설치해야 한다. 다만, 대기로 연결된 통기관에 화염방지 기능이 있는 통기밸브가 설치되어 있거나, 인화점이 섭씨 38도 이상 60도 이하인 인화성 액체를 저장·취급할 때에 화염방지 기능을 가지는 인화방지망을 설치한 경우에는 그렇지 않다. 〈개정 2022. 10. 18.〉
② 사업주는 제1항의 화염방지기를 설치하는 경우에는 한국산업표준에서 정하는 화염방지장치 기준에 적합한 것을 설치하여야 하며, 항상 철저하게 보수·유지하여야 한다. 〈개정 2022. 10. 18.〉

제270조(내화기준) ① 사업주는 제230조 제1항에 따른 가스폭발 위험장소 또는 분진폭발 위험장소에 설치되는 건축물 등에 대해서는 다음 각 호에 해당하는 부분을 내화구조로 하여야 하며, 그 성능이 항상 유지될 수 있도록 점검·보수 등 적절한 조치를 하여야 한다. 다만, 건축물 등의 주변에 화재에 대비하여 물 분무시설 또는 폼 헤드(Foam Head)설비 등의 자동소화설비를 설치하여 건축물 등이 화재 시에 2시간 이상 그 안전성을 유지할 수 있도록 한 경우에는 내화구조로 하지 아니할 수 있다.
1. 건축물의 기둥 및 보 : 지상 1층(지상 1층의 높이가 6미터를 초과하는 경우에는 6미터)까지
2. 위험물 저장·취급용기의 지지대(높이가 30센티미터 이하인 것은 제외한다) : 지상으

로부터 지지대의 끝부분까지

3. 배관·전선관 등의 지지대 : 지상으로부터 1단(1단의 높이가 6미터를 초과하는 경우에는 6미터)까지

② 내화재료는 한국산업표준으로 정하는 기준에 적합하거나 그 이상의 성능을 가지는 것이어야 한다. 〈개정 2022. 10. 18.〉

제271조(안전거리) 사업주는 별표 1 제1호부터 제5호까지의 위험물을 저장·취급하는 화학설비 및 그 부속설비를 설치하는 경우에는 폭발이나 화재에 따른 피해를 줄일 수 있도록 별표 8에 따라 설비 및 시설 간에 충분한 안전거리를 유지하여야 한다. 다만, 다른 법령에 따라 안전거리 또는 보유공지를 유지하거나, 법 제44조에 따른 공정안전보고서를 제출하여 피해최소화를 위한 위험성평가를 통하여 그 안전성을 확인받은 경우에는 그러하지 아니하다. 〈개정 2019. 12. 26.〉

제272조(방유제 설치) 사업주는 별표 1 제4호부터 제7호까지의 위험물을 액체상태로 저장하는 저장탱크를 설치하는 경우에는 위험물질이 누출되어 확산되는 것을 방지하기 위하여 방유제(防油堤)를 설치하여야 한다.

제273조(계측장치 등의 설치) 사업주는 별표 9에 따른 위험물을 같은 표에서 정한 기준량 이상으로 제조하거나 취급하는 다음 각 호의 어느 하나에 해당하는 화학설비(이하 "특수화학설비"라 한다)를 설치하는 경우에는 내부의 이상 상태를 조기에 파악하기 위하여 필요한 온도계·유량계·압력계 등의 계측장치를 설치하여야 한다.

1. 발열반응이 일어나는 반응장치
2. 증류·정류·증발·추출 등 분리를 하는 장치
3. 가열시켜 주는 물질의 온도가 가열되는 위험물질의 분해온도 또는 발화점보다 높은 상태에서 운전되는 설비
4. 반응폭주 등 이상 화학반응에 의하여 위험물질이 발생할 우려가 있는 설비
5. 온도가 섭씨 350도 이상이거나 게이지 압력이 980킬로파스칼 이상인 상태에서 운전되는 설비
6. 가열로 또는 가열기

제274조(자동경보장치의 설치 등) 사업주는 특수화학설비를 설치하는 경우에는 그 내부의 이상 상태를 조기에 파악하기 위하여 필요한 자동경보장치를 설치하여야 한다. 다만, 자동경보장치를 설치하는 것이 곤란한 경우에는 감시인을 두고 그 특수화학설비의 운전 중 설비를 감시하도록 하는 등의 조치를 하여야 한다.

제275조(긴급차단장치의 설치 등) ① 사업주는 특수화학설비를 설치하는 경우에는 이상 상태의 발생에 따른 폭발·화재 또는 위험물의 누출을 방지하기 위하여 원재료 공급의 긴급

차단, 제품 등의 방출, 불활성가스의 주입이나 냉각용수 등의 공급을 위하여 필요한 장치 등을 설치하여야 한다.
② 제1항의 장치 등은 안전하고 정확하게 조작할 수 있도록 보수·유지되어야 한다.

제276조(예비동력원 등) 사업주는 특수화학설비와 그 부속설비에 사용하는 동력원에 대하여 다음 각 호의 사항을 준수하여야 한다.
1. 동력원의 이상에 의한 폭발이나 화재를 방지하기 위하여 즉시 사용할 수 있는 예비동력원을 갖추어 둘 것
2. 밸브·콕·스위치 등에 대해서는 오조작을 방지하기 위하여 잠금장치를 하고 색채표시 등으로 구분할 것

제277조(사용 전의 점검 등) ① 사업주는 다음 각 호의 어느 하나에 해당하는 경우에는 화학설비 및 그 부속설비의 안전검사내용을 점검한 후 해당 설비를 사용하여야 한다.
1. 처음으로 사용하는 경우
2. 분해하거나 개조 또는 수리를 한 경우
3. 계속하여 1개월 이상 사용하지 아니한 후 다시 사용하는 경우
② 사업주는 제1항의 경우 외에 해당 화학설비 또는 그 부속설비의 용도를 변경하는 경우(사용하는 원재료의 종류를 변경하는 경우를 포함한다)에도 해당 설비의 다음 각 호의 사항을 점검한 후 사용하여야 한다.
1. 그 설비 내부에 폭발이나 화재의 우려가 있는 물질이 있는지 여부
2. 안전밸브·긴급차단장치 및 그 밖의 방호장치 기능의 이상 유무
3. 냉각장치·가열장치·교반장치·압축장치·계측장치 및 제어장치 기능의 이상 유무

제278조(개조·수리 등) 사업주는 화학설비와 그 부속설비의 개조·수리 및 청소 등을 위하여 해당 설비를 분해하거나 해당 설비의 내부에서 작업을 하는 경우에는 다음 각 호의 사항을 준수하여야 한다.
1. 작업책임자를 정하여 해당 작업을 지휘하도록 할 것
2. 작업장소에 위험물 등이 누출되거나 고온의 수증기가 새어나오지 않도록 할 것
3. 작업장 및 그 주변의 인화성 액체의 증기나 인화성 가스의 농도를 수시로 측정할 것

제279조(대피 등) ① 사업주는 폭발이나 화재에 의한 산업재해발생의 급박한 위험이 있는 경우에는 즉시 작업을 중지하고 근로자를 안전한 장소로 대피시켜야 한다.
② 사업주는 제1항의 경우에 근로자가 산업재해를 입을 우려가 없음이 확인될 때까지 해당 작업장에 관계자가 아닌 사람의 출입을 금지하고, 그 취지를 보기 쉬운 장소에 표시하여야 한다.

제5절 건조설비

제280조(위험물 건조설비를 설치하는 건축물의 구조) 사업주는 다음 각 호의 어느 하나에 해당하는 위험물 건조설비(이하 "위험물 건조설비"라 한다) 중 건조실을 설치하는 건축물의 구조는 독립된 단층건물로 하여야 한다. 다만, 해당 건조실을 건축물의 최상층에 설치하거나 건축물이 내화구조인 경우에는 그러하지 아니하다.
1. 위험물 또는 위험물이 발생하는 물질을 가열·건조하는 경우 내용적이 1세제곱미터 이상인 건조설비
2. 위험물이 아닌 물질을 가열·건조하는 경우로서 다음 각 목의 어느 하나의 용량에 해당하는 건조설비
    가. 고체 또는 액체연료의 최대사용량이 시간당 10킬로그램 이상
    나. 기체연료의 최대사용량이 시간당 1세제곱미터 이상
    다. 전기사용 정격용량이 10킬로와트 이상

제281조(건조설비의 구조 등) 사업주는 건조설비를 설치하는 경우에 다음 각 호와 같은 구조로 설치하여야 한다. 다만, 건조물의 종류, 가열건조의 정도, 열원(熱源)의 종류 등에 따라 폭발이나 화재가 발생할 우려가 없는 경우에는 그러하지 아니하다. 〈개정 2019. 10. 15.〉
1. 건조설비의 바깥 면은 불연성 재료로 만들 것
2. 건조설비(유기과산화물을 가열 건조하는 것은 제외한다)의 내면과 내부의 선반이나 틀은 불연성 재료로 만들 것
3. 위험물 건조설비의 측벽이나 바닥은 견고한 구조로 할 것
4. 위험물 건조설비는 그 상부를 가벼운 재료로 만들고 주위상황을 고려하여 폭발구를 설치할 것
5. 위험물 건조설비는 건조하는 경우에 발생하는 가스·증기 또는 분진을 안전한 장소로 배출시킬 수 있는 구조로 할 것
6. 액체연료 또는 인화성 가스를 열원의 연료로 사용하는 건조설비는 점화하는 경우에는 폭발이나 화재를 예방하기 위하여 연소실이나 그 밖에 점화하는 부분을 환기시킬 수 있는 구조로 할 것
7. 건조설비의 내부는 청소하기 쉬운 구조로 할 것
8. 건조설비의 감시창·출입구 및 배기구 등과 같은 개구부는 발화 시에 불이 다른 곳으로 번지지 아니하는 위치에 설치하고 필요한 경우에는 즉시 밀폐할 수 있는 구조로 할 것
9. 건조설비는 내부의 온도가 부분적으로 상승하지 아니하는 구조로 설치할 것
10. 위험물 건조설비의 열원으로서 직화를 사용하지 아니할 것
11. 위험물 건조설비가 아닌 건조설비의 열원으로서 직화를 사용하는 경우에는 불꽃 등에

의한 화재를 예방하기 위하여 덮개를 설치하거나 격벽을 설치할 것

제282조(건조설비의 부속전기설비) ① 사업주는 건조설비에 부속된 전열기·전동기 및 전등 등에 접속된 배선 및 개폐기를 사용하는 경우에는 그 건조설비 전용의 것을 사용하여야 한다.

② 사업주는 위험물 건조설비의 내부에서 전기불꽃의 발생으로 위험물의 점화원이 될 우려가 있는 전기기계·기구 또는 배선을 설치해서는 아니 된다.

제283조(건조설비의 사용) 사업주는 건조설비를 사용하여 작업을 하는 경우에 폭발이나 화재를 예방하기 위하여 다음 각 호의 사항을 준수하여야 한다.

1. 위험물 건조설비를 사용하는 경우에는 미리 내부를 청소하거나 환기할 것
2. 위험물 건조설비를 사용하는 경우에는 건조로 인하여 발생하는 가스·증기 또는 분진에 의하여 폭발·화재의 위험이 있는 물질을 안전한 장소로 배출시킬 것
3. 위험물 건조설비를 사용하여 가열건조하는 건조물은 쉽게 이탈되지 않도록 할 것
4. 고온으로 가열건조한 인화성 액체는 발화의 위험이 없는 온도로 냉각한 후에 격납시킬 것
5. 건조설비(바깥 면이 현저히 고온이 되는 설비만 해당한다)에 가까운 장소에는 인화성 액체를 두지 않도록 할 것

제284조(건조설비의 온도 측정) 사업주는 건조설비에 대하여 내부의 온도를 수시로 측정할 수 있는 장치를 설치하거나 내부의 온도가 자동으로 조정되는 장치를 설치하여야 한다.

제6절 아세틸렌 용접장치 및 가스집합 용접장치

제1관 아세틸렌 용접장치

제285조(압력의 제한) 사업주는 아세틸렌 용접장치를 사용하여 금속의 용접·용단 또는 가열작업을 하는 경우에는 게이지 압력이 127킬로파스칼을 초과하는 압력의 아세틸렌을 발생시켜 사용해서는 아니 된다.

제286조(발생기실의 설치장소 등) ① 사업주는 아세틸렌 용접장치의 아세틸렌 발생기(이하 "발생기"라 한다)를 설치하는 경우에는 전용의 발생기실에 설치하여야 한다.

② 제1항의 발생기실은 건물의 최상층에 위치하여야 하며, 화기를 사용하는 설비로부터 3미터를 초과하는 장소에 설치하여야 한다.

③ 제1항의 발생기실을 옥외에 설치한 경우에는 그 개구부를 다른 건축물로부터 1.5미터 이상 떨어지도록 하여야 한다.

제287조(발생기실의 구조 등) 사업주는 발생기실을 설치하는 경우에 다음 각 호의 사항을 준수하여야 한다. 〈개정 2019. 1. 31.〉

1. 벽은 불연성 재료로 하고 철근 콘크리트 또는 그 밖에 이와 같은 수준이거나 그 이상의 강도를 가진 구조로 할 것
2. 지붕과 천장에는 얇은 철판이나 가벼운 불연성 재료를 사용할 것
3. 바닥면적의 16분의 1 이상의 단면적을 가진 배기통을 옥상으로 돌출시키고 그 개구부를 창이나 출입구로부터 1.5미터 이상 떨어지도록 할 것
4. 출입구의 문은 불연성 재료로 하고 두께 1.5밀리미터 이상의 철판이나 그 밖에 그 이상의 강도를 가진 구조로 할 것
5. 벽과 발생기 사이에는 발생기의 조정 또는 카바이드 공급 등의 작업을 방해하지 않도록 간격을 확보할 것

제288조(격납실) 사업주는 사용하지 않고 있는 이동식 아세틸렌 용접장치를 보관하는 경우에는 전용의 격납실에 보관하여야 한다. 다만, 기종을 분리하고 발생기를 세척한 후 보관하는 경우에는 임의의 장소에 보관할 수 있다.

제289조(안전기의 설치) ① 사업주는 아세틸렌 용접장치의 취관마다 안전기를 설치하여야 한다. 다만, 주관 및 취관에 가장 가까운 분기관(分岐管)마다 안전기를 부착한 경우에는 그러하지 아니하다.
② 사업주는 가스용기가 발생기와 분리되어 있는 아세틸렌 용접장치에 대하여 발생기와 가스용기 사이에 안전기를 설치하여야 한다.

제290조(아세틸렌 용접장치의 관리 등) 사업주는 아세틸렌 용접장치를 사용하여 금속의 용접·용단(溶斷) 또는 가열작업을 하는 경우에 다음 각 호의 사항을 준수하여야 한다. 〈개정 2024. 6. 28.〉
1. 발생기(이동식 아세틸렌 용접장치의 발생기는 제외한다)의 종류, 형식, 제작업체명, 매 시 평균 가스발생량 및 1회 카바이드 공급량을 발생기실 내의 보기 쉬운 장소에 게시할 것
2. 발생기실에는 관계 근로자가 아닌 사람이 출입하는 것을 금지할 것
3. 발생기에서 5미터 이내 또는 발생기실에서 3미터 이내의 장소에서는 흡연, 화기의 사용 또는 불꽃이 발생할 위험한 행위를 금지시킬 것
4. 도관에는 산소용과 아세틸렌용의 혼동을 방지하기 위한 조치를 할 것
5. 아세틸렌 용접장치의 설치장소에는 소화기 한 대 이상을 갖출 것
6. 이동식 아세틸렌용접장치의 발생기는 고온의 장소, 통풍이나 환기가 불충분한 장소 또는 진동이 많은 장소 등에 설치하지 않도록 할 것

제2관 가스집합 용접장치

제291조(가스집합장치의 위험 방지) ① 사업주는 가스집합장치에 대해서는 화기를 사용하는 설비로부터 5미터 이상 떨어진 장소에 설치하여야 한다.
② 사업주는 제1항의 가스집합장치를 설치하는 경우에는 전용의 방(이하 "가스장치실"이라 한다)에 설치하여야 한다. 다만, 이동하면서 사용하는 가스집합장치의 경우에는 그러하지 아니하다.
③ 사업주는 가스장치실에서 가스집합장치의 가스용기를 교환하는 작업을 할 때 가스장치실의 부속설비 또는 다른 가스용기에 충격을 줄 우려가 있는 경우에는 고무판 등을 설치하는 등 충격방지 조치를 하여야 한다.

제292조(가스장치실의 구조 등) 사업주는 가스장치실을 설치하는 경우에 다음 각 호의 구조로 설치하여야 한다.
1. 가스가 누출된 경우에는 그 가스가 정체되지 않도록 할 것
2. 지붕과 천장에는 가벼운 불연성 재료를 사용할 것
3. 벽에는 불연성 재료를 사용할 것

제293조(가스집합용접장치의 배관) 사업주는 가스집합용접장치(이동식을 포함한다)의 배관을 하는 경우에는 다음 각 호의 사항을 준수하여야 한다.
1. 플랜지·밸브·콕 등의 접합부에는 개스킷을 사용하고 접합면을 상호 밀착시키는 등의 조치를 할 것
2. 주관 및 분기관에는 안전기를 설치할 것. 이 경우 하나의 취관에 2개 이상의 안전기를 설치하여야 한다.

제294조(구리의 사용 제한) 사업주는 용해아세틸렌의 가스집합용접장치의 배관 및 부속기구는 구리나 구리 함유량이 70퍼센트 이상인 합금을 사용해서는 아니 된다.

제295조(가스집합용접장치의 관리 등) 사업주는 가스집합용접장치를 사용하여 금속의 용접·용단 및 가열작업을 하는 경우에는 다음 각 호의 사항을 준수하여야 한다. 〈개정 2024. 6. 28.〉
1. 사용하는 가스의 명칭 및 최대가스저장량을 가스장치실의 보기 쉬운 장소에 게시할 것
2. 가스용기를 교환하는 경우에는 관리감독자가 참여한 가운데 할 것
3. 밸브·콕 등의 조작 및 점검요령을 가스장치실의 보기 쉬운 장소에 게시할 것
4. 가스장치실에는 관계근로자가 아닌 사람의 출입을 금지할 것
5. 가스집합장치로부터 5미터 이내의 장소에서는 흡연, 화기의 사용 또는 불꽃을 발생할 우려가 있는 행위를 금지할 것
6. 도관에는 산소용과의 혼동을 방지하기 위한 조치를 할 것

7. 가스집합장치의 설치장소에는 소화설비[「소방시설 설치 및 관리에 관한 법률 시행령」 별표 1에 따른 소화설비(간이소화용구를 제외한다)를 말한다] 중 어느 하나 이상을 갖출 것
8. 이동식 가스집합용접장치의 가스집합장치는 고온의 장소, 통풍이나 환기가 불충분한 장소 또는 진동이 많은 장소에 설치하지 않도록 할 것
9. 해당 작업을 행하는 근로자에게 보안경과 안전장갑을 착용시킬 것

제7절 폭발·화재 및 위험물 누출에 의한 위험방지

제296조(지하작업장 등) 사업주는 인화성 가스가 발생할 우려가 있는 지하작업장에서 작업하는 경우(제350조에 따른 터널 등의 건설작업의 경우는 제외한다) 또는 가스도관에서 가스가 발산될 위험이 있는 장소에서 굴착작업(해당 작업이 이루어지는 장소 및 그와 근접한 장소에서 이루어지는 지반의 굴삭 또는 이에 수반한 토사 등의 운반 등의 작업을 말한다)을 하는 경우에는 폭발이나 화재를 방지하기 위해 다음 각 호의 조치를 해야 한다. 〈개정 2023. 11. 14.〉

1. 가스의 농도를 측정하는 사람을 지명하고 다음 각 목의 경우에 그로 하여금 해당 가스의 농도를 측정하도록 할 것
   가. 매일 작업을 시작하기 전
   나. 가스의 누출이 의심되는 경우
   다. 가스가 발생하거나 정체할 위험이 있는 장소가 있는 경우
   라. 장시간 작업을 계속하는 경우(이 경우 4시간마다 가스 농도를 측정하도록 하여야 한다)
2. 가스의 농도가 인화하한계 값의 25퍼센트 이상으로 밝혀진 경우에는 즉시 근로자를 안전한 장소에 대피시키고 화기나 그 밖에 점화원이 될 우려가 있는 기계·기구 등의 사용을 중지하며 통풍·환기 등을 할 것

제297조(부식성 액체의 압송설비) 사업주는 별표 1의 부식성 물질을 동력을 사용하여 호스로 압송(壓送)하는 작업을 하는 경우에는 해당 압송에 사용하는 설비에 대하여 다음 각 호의 조치를 하여야 한다.

1. 압송에 사용하는 설비를 운전하는 사람(이하 이 조에서 "운전자"라 한다)이 보기 쉬운 위치에 압력계를 설치하고 운전자가 쉽게 조작할 수 있는 위치에 동력을 차단할 수 있는 조치를 할 것
2. 호스와 그 접속용구는 압송하는 부식성 액체에 대하여 내식성(耐蝕性), 내열성 및 내한성을 가진 것을 사용할 것

3. 호스에 사용정격압력을 표시하고 그 사용정격압력을 초과하여 압송하지 아니할 것
4. 호스 내부에 이상압력이 가하여져 위험할 경우에는 압송에 사용하는 설비에 과압방지장치를 설치할 것
5. 호스와 호스 외의 관 및 호스 간의 접속부분에는 접속용구를 사용하여 누출이 없도록 확실히 접속할 것
6. 운전자를 지정하고 압송에 사용하는 설비의 운전 및 압력계의 감시를 하도록 할 것
7. 호스 및 그 접속용구는 매일 사용하기 전에 점검하고 손상·부식 등의 결함에 의하여 압송하는 부식성 액체가 날아 흩어지거나 새어나갈 위험이 있으면 교환할 것

제298조(공기 외의 가스 사용 제한) 사업주는 압축한 가스의 압력을 사용하여 별표 1의 부식성 액체를 압송하는 작업을 하는 경우에는 공기가 아닌 가스를 해당 압축가스로 사용해서는 안 된다. 다만, 해당 작업을 마친 후 즉시 해당 가스를 배출한 경우 또는 해당 가스가 남아있음을 표시하는 등 근로자가 압송에 사용한 설비의 내부에 출입하여도 질식 위험이 발생할 우려가 없도록 조치한 경우에는 질소나 이산화탄소를 사용할 수 있다. 〈개정 2023. 11. 14.〉

제299조(독성이 있는 물질의 누출 방지) 사업주는 급성 독성물질의 누출로 인한 위험을 방지하기 위하여 다음 각 호의 조치를 하여야 한다.
1. 사업장 내 급성 독성물질의 저장 및 취급량을 최소화할 것
2. 급성 독성물질을 취급 저장하는 설비의 연결 부분은 누출되지 않도록 밀착시키고 매월 1회 이상 연결부분에 이상이 있는지를 점검할 것
3. 급성 독성물질을 폐기·처리하여야 하는 경우에는 냉각·분리·흡수·흡착·소각 등의 처리공정을 통하여 급성 독성물질이 외부로 방출되지 않도록 할 것
4. 급성 독성물질 취급설비의 이상 운전으로 급성 독성물질이 외부로 방출될 경우에는 저장·포집 또는 처리설비를 설치하여 안전하게 회수할 수 있도록 할 것
5. 급성 독성물질을 폐기·처리 또는 방출하는 설비를 설치하는 경우에는 자동으로 작동될 수 있는 구조로 하거나 원격조정할 수 있는 수동조작구조로 설치할 것
6. 급성 독성물질을 취급하는 설비의 작동이 중지된 경우에는 근로자가 쉽게 알 수 있도록 필요한 경보설비를 근로자와 가까운 장소에 설치할 것
7. 급성 독성물질이 외부로 누출된 경우에는 감지·경보할 수 있는 설비를 갖출 것

제300조(기밀시험시의 위험 방지) ① 사업주는 배관, 용기, 그 밖의 설비에 대하여 질소·이산화탄소 등 불활성가스의 압력을 이용하여 기밀(氣密)시험을 하는 경우에는 지나친 압력의 주입 또는 불량한 작업방법 등으로 발생할 수 있는 파열에 의한 위험을 방지하기 위하여 국가교정기관에서 교정을 받은 압력계를 설치하고 내부압력을 수시로 확인해야 한다. 〈개정 2023. 11. 14.〉

② 제1항의 압력계는 기밀시험을 하는 배관 등의 내부압력을 항상 확인할 수 있도록 작업자가 보기 쉬운 장소에 설치하여야 한다.
③ 기밀시험을 종료한 후 설비 내부를 점검할 때에는 반드시 환기를 하고 불활성가스가 남아 있는지를 측정하여 안전한 상태를 확인한 후 점검하여야 한다.
④ 사업주는 기밀시험장비가 주입압력에 충분히 견딜 수 있도록 견고하게 설치하여야 하며, 이상압력에 의한 연결파이프 등의 파열방지를 위한 안전조치를 하고 그 상태를 미리 확인하여야 한다.

제3장 전기로 인한 위험 방지

제1절 전기 기계·기구 등으로 인한 위험 방지

제301조(전기 기계·기구 등의 충전부 방호) ① 사업주는 근로자가 작업이나 통행 등으로 인하여 전기기계, 기구 [전동기·변압기·접속기·개폐기·분전반(分電盤)·배전반(配電盤) 등 전기를 통하는 기계·기구, 그 밖의 설비 중 배선 및 이동전선 외의 것을 말한다. 이하 같다)] 또는 전로 등의 충전부분(전열기의 발열체 부분, 저항접속기의 전극 부분 등 전기기계·기구의 사용 목적에 따라 노출이 불가피한 충전부분은 제외한다. 이하 같다)에 접촉(충전부분과 연결된 도전체와의 접촉을 포함한다. 이하 이 장에서 같다)하거나 접근함으로써 감전 위험이 있는 충전부분에 대하여 감전을 방지하기 위하여 다음 각 호의 방법 중 하나 이상의 방법으로 방호하여야 한다.
1. 충전부가 노출되지 않도록 폐쇄형 외함(外函)이 있는 구조로 할 것
2. 충전부에 충분한 절연효과가 있는 방호망이나 절연덮개를 설치할 것
3. 충전부는 내구성이 있는 절연물로 완전히 덮어 감쌀 것
4. 발전소·변전소 및 개폐소 등 구획되어 있는 장소로서 관계 근로자가 아닌 사람의 출입이 금지되는 장소에 충전부를 설치하고, 위험표시 등의 방법으로 방호를 강화할 것
5. 전주 위 및 철탑 위 등 격리되어 있는 장소로서 관계 근로자가 아닌 사람이 접근할 우려가 없는 장소에 충전부를 설치할 것

② 사업주는 근로자가 노출 충전부가 있는 맨홀 또는 지하실 등의 밀폐공간에서 작업하는 경우에는 노출 충전부와의 접촉으로 인한 전기위험을 방지하기 위하여 덮개, 울타리 또는 절연 칸막이 등을 설치하여야 한다. 〈개정 2019. 10. 15.〉
③ 사업주는 근로자의 감전위험을 방지하기 위하여 개폐되는 문, 경첩이 있는 패널 등(분전반 또는 제어반 문)을 견고하게 고정시켜야 한다.

제302조(전기 기계·기구의 접지) ① 사업주는 누전에 의한 감전의 위험을 방지하기 위하여

다음 각 호의 부분에 대하여 접지를 해야 한다. 〈개정 2021. 11. 19.〉
1. 전기 기계·기구의 금속제 외함, 금속제 외피 및 철대
2. 고정 설치되거나 고정배선에 접속된 전기기계·기구의 노출된 비충전 금속체 중 충전될 우려가 있는 다음 각 목의 어느 하나에 해당하는 비충전 금속체
   가. 지면이나 접지된 금속체로부터 수직거리 2.4미터, 수평거리 1.5미터 이내인 것
   나. 물기 또는 습기가 있는 장소에 설치되어 있는 것
   다. 금속으로 되어 있는 기기접지용 전선의 피복·외장 또는 배선관 등
   라. 사용전압이 대지전압 150볼트를 넘는 것
3. 전기를 사용하지 아니하는 설비 중 다음 각 목의 어느 하나에 해당하는 금속체
   가. 전동식 양중기의 프레임과 궤도
   나. 전선이 붙어 있는 비전동식 양중기의 프레임
   다. 고압(1.5천볼트 초과 7천볼트 이하의 직류전압 또는 1천볼트 초과 7천볼트 이하의 교류전압을 말한다. 이하 같다) 이상의 전기를 사용하는 전기 기계·기구 주변의 금속제 칸막이·망 및 이와 유사한 장치
4. 코드와 플러그를 접속하여 사용하는 전기 기계·기구 중 다음 각 목의 어느 하나에 해당하는 노출된 비충전 금속체
   가. 사용전압이 대지전압 150볼트를 넘는 것
   나. 냉장고·세탁기·컴퓨터 및 주변기기 등과 같은 고정형 전기기계·기구
   다. 고정형·이동형 또는 휴대형 전동기계·기구
   라. 물 또는 도전성(導電性)이 높은 곳에서 사용하는 전기기계·기구, 비접지형 콘센트
   마. 휴대형 손전등
5. 수중펌프를 금속제 물탱크 등의 내부에 설치하여 사용하는 경우 그 탱크(이 경우 탱크를 수중펌프의 접지선과 접속하여야 한다)
② 사업주는 다음 각 호의 어느 하나에 해당하는 경우에는 제1항을 적용하지 않을 수 있다. 〈개정 2019. 1. 31., 2021. 11. 19.〉
1. 「전기용품 및 생활용품 안전관리법」이 적용되는 이중절연 또는 이와 같은 수준 이상으로 보호되는 구조로 된 전기기계·기구
2. 절연대 위 등과 같이 감전 위험이 없는 장소에서 사용하는 전기기계·기구
3. 비접지방식의 전로(그 전기기계·기구의 전원측의 전로에 설치한 절연변압기의 2차 전압이 300볼트 이하, 정격용량이 3킬로볼트암페어 이하이고 그 절연전압기의 부하측의 전로가 접지되어 있지 아니한 것으로 한정한다)에 접속하여 사용되는 전기기계·기구
③ 사업주는 특별고압(7천볼트를 초과하는 직교류전압을 말한다. 이하 같다)의 전기를 취급하는 변전소·개폐소, 그 밖에 이와 유사한 장소에서 지락(地絡) 사고가 발생하는 경우

에는 접지극의 전위상승에 의한 감전위험을 줄이기 위한 조치를 하여야 한다.
④ 사업주는 제1항에 따라 설치된 접지설비에 대하여 항상 적정상태가 유지되는지를 점검하고 이상이 발견되면 즉시 보수하거나 재설치하여야 한다.

제303조(전기 기계·기구의 적정설치 등) ① 사업주는 전기기계·기구를 설치하려는 경우에는 다음 각 호의 사항을 고려하여 적절하게 설치해야 한다. 〈개정 2021. 5. 28.〉
1. 전기기계·기구의 충분한 전기적 용량 및 기계적 강도
2. 습기·분진 등 사용장소의 주위 환경
3. 전기적·기계적 방호수단의 적정성

② 사업주는 전기 기계·기구를 사용하는 경우에는 국내외의 공인된 인증기관의 인증을 받은 제품을 사용하되, 제조자의 제품설명서 등에서 정하는 조건에 따라 설치하고 사용하여야 한다.

제304조(누전차단기에 의한 감전방지) ① 사업주는 다음 각 호의 전기 기계·기구에 대하여 누전에 의한 감전위험을 방지하기 위하여 해당 전로의 정격에 적합하고 감도(전류 등에 반응하는 정도)가 양호하며 확실하게 작동하는 감전방지용 누전차단기를 설치해야 한다. 〈개정 2021. 11. 19.〉
1. 대지전압이 150볼트를 초과하는 이동형 또는 휴대형 전기기계·기구
2. 물 등 도전성이 높은 액체가 있는 습윤장소에서 사용하는 저압(1.5천볼트 이하 직류전압이나 1천볼트 이하의 교류전압을 말한다)용 전기기계·기구
3. 철판·철골 위 등 도전성이 높은 장소에서 사용하는 이동형 또는 휴대형 전기기계·기구
4. 임시배선의 전로가 설치되는 장소에서 사용하는 이동형 또는 휴대형 전기기계·기구

② 사업주는 제1항에 따라 감전방지용 누전차단기를 설치하기 어려운 경우에는 작업시작 전에 접지선의 연결 및 접속부 상태 등이 적합한지 확실하게 점검하여야 한다.
③ 다음 각 호의 어느 하나에 해당하는 경우에는 제1항과 제2항을 적용하지 않는다. 〈개정 2019. 1. 31., 2021. 11. 19.〉
1. 「전기용품 및 생활용품 안전관리법」이 적용되는 이중절연 또는 이와 같은 수준 이상으로 보호되는 구조로 된 전기기계·기구
2. 절연대 위 등과 같이 감전위험이 없는 장소에서 사용하는 전기기계·기구
3. 비접지방식의 전로

④ 사업주는 제1항에 따라 전기기계·기구를 사용하기 전에 해당 누전차단기의 작동상태를 점검하고 이상이 발견되면 즉시 보수하거나 교환하여야 한다.
⑤ 사업주는 제1항에 따라 설치한 누전차단기를 접속하는 경우에 다음 각 호의 사항을 준수하여야 한다.

1. 전기기계・기구에 설치되어 있는 누전차단기는 정격감도전류가 30밀리암페어 이하이고 작동시간은 0.03초 이내일 것. 다만, 정격전부하전류가 50암페어 이상인 전기기계・기구에 접속되는 누전차단기는 오작동을 방지하기 위하여 정격감도전류는 200밀리암페어 이하로, 작동시간은 0.1초 이내로 할 수 있다.
2. 분기회로 또는 전기기계・기구마다 누전차단기를 접속할 것. 다만, 평상시 누설전류가 매우 적은 소용량부하의 전로에는 분기회로에 일괄하여 접속할 수 있다.
3. 누전차단기는 배전반 또는 분전반 내에 접속하거나 꽂음접속기형 누전차단기를 콘센트에 접속하는 등 파손이나 감전사고를 방지할 수 있는 장소에 접속할 것
4. 지락보호전용 기능만 있는 누전차단기는 과전류를 차단하는 퓨즈나 차단기 등과 조합하여 접속할 것

제305조(과전류 차단장치) 사업주는 과전류[(정격전류를 초과하는 전류로서 단락(短絡)사고전류, 지락사고전류를 포함하는 것을 말한다. 이하 같다)]로 인한 재해를 방지하기 위하여 다음 각 호의 방법으로 과전류차단장치[(차단기・퓨즈 또는 보호계전기 등과 이에 수반되는 변성기(變成器)를 말한다. 이하 같다)]를 설치하여야 한다.
1. 과전류차단장치는 반드시 접지선이 아닌 전로에 직렬로 연결하여 과전류 발생 시 전로를 자동으로 차단하도록 설치할 것
2. 차단기・퓨즈는 계통에서 발생하는 최대 과전류에 대하여 충분하게 차단할 수 있는 성능을 가질 것
3. 과전류차단장치가 전기계통상에서 상호 협조・보완되어 과전류를 효과적으로 차단하도록 할 것

제306조(교류아크용접기 등) ①사업주는 아크용접 등(자동용접은 제외한다)의 작업에 사용하는 용접봉의 홀더에 대하여 한국산업표준에 적합하거나 그 이상의 절연내력 및 내열성을 갖춘 것을 사용하여야 한다. 〈개정 2013. 3. 21., 2022. 10. 18.〉
② 사업주는 다음 각 호의 어느 하나에 해당하는 장소에서 교류아크용접기(자동으로 작동되는 것은 제외한다)를 사용하는 경우에는 교류아크용접기에 자동전격방지기를 설치하여야 한다. 〈신설 2013. 3. 21., 2019. 10. 15.〉
1. 선박의 이중 선체 내부, 밸러스트 탱크(Ballast Tank, 평형수 탱크), 보일러 내부 등 도전체에 둘러싸인 장소
2. 추락할 위험이 있는 높이 2미터 이상의 장소로 철골 등 도전성이 높은 물체에 근로자가 접촉할 우려가 있는 장소
3. 근로자가 물・땀 등으로 인하여 도전성이 높은 습윤 상태에서 작업하는 장소
[제목개정 2013. 3. 21.]

제307조(단로기 등의 개폐) 사업주는 부하전류를 차단할 수 없는 고압 또는 특별고압의 단로기(斷路機) 또는 선로개폐기(이하 "단로기 등"이라 한다)를 개로(開路)·폐로(閉路)하는 경우에는 그 단로기 등의 오조작을 방지하기 위하여 근로자에게 해당 전로가 무부하(無負荷)임을 확인한 후에 조작하도록 주의 표지판 등을 설치하여야 한다. 다만, 그 단로기 등에 전로가 무부하로 되지 아니하면 개로·폐로할 수 없도록 하는 연동장치를 설치한 경우에는 그러하지 아니하다.

제308조(비상전원) ① 사업주는 정전에 의한 기계·설비의 갑작스러운 정지로 인하여 화재·폭발 등 재해가 발생할 우려가 있는 경우에는 해당 기계·설비에 비상발전기, 비상전원용 수전(受電)설비, 축전지 설비, 전기저장장치 등 비상전원을 접속하여 정전 시 비상전력이 공급되도록 하여야 한다. 〈개정 2017. 3. 3.〉
② 비상전원의 용량은 연결된 부하를 각각의 필요에 따라 충분히 가동할 수 있어야 한다.

제309조(임시로 사용하는 전등 등의 위험 방지) ① 사업주는 이동전선에 접속하여 임시로 사용하는 전등이나 가설의 배선 또는 이동전선에 접속하는 가공매달기식 전등 등을 접촉함으로 인한 감전 및 전구의 파손에 의한 위험을 방지하기 위하여 보호망을 부착하여야 한다.
② 제1항의 보호망을 설치하는 경우에는 다음 각 호의 사항을 준수하여야 한다.
1. 전구의 노출된 금속 부분에 근로자가 쉽게 접촉되지 아니하는 구조로 할 것
2. 재료는 쉽게 파손되거나 변형되지 아니하는 것으로 할 것

제310조(전기 기계·기구의 조작 시 등의 안전조치) ① 사업주는 전기기계·기구의 조작부분을 점검하거나 보수하는 경우에는 근로자가 안전하게 작업할 수 있도록 전기 기계·기구로부터 폭 70센티미터 이상의 작업공간을 확보하여야 한다. 다만, 작업공간을 확보하는 것이 곤란하여 근로자에게 절연용 보호구를 착용하도록 한 경우에는 그러하지 아니하다.
② 사업주는 전기적 불꽃 또는 아크에 의한 화상의 우려가 있는 고압 이상의 충전전로 작업에 근로자를 종사시키는 경우에는 방염처리된 작업복 또는 난연(難燃)성능을 가진 작업복을 착용시켜야 한다.

제311조(폭발위험장소에서 사용하는 전기 기계·기구의 선정 등) ① 사업주는 제230조 제1항에 따른 가스폭발 위험장소 또는 분진폭발 위험장소에서 전기 기계·기구를 사용하는 경우에는 한국산업표준에서 정하는 기준으로 그 증기, 가스 또는 분진에 대하여 적합한 방폭성능을 가진 방폭구조 전기 기계·기구를 선정하여 사용하여야 한다. 〈개정 2022. 10. 18.〉
② 사업주는 제1항의 방폭구조 전기 기계·기구에 대하여 그 성능이 항상 정상적으로 작동될 수 있는 상태로 유지·관리되도록 하여야 한다.

제312조(변전실 등의 위치) 사업주는 제230조 제1항에 따른 가스폭발 위험장소 또는 분진폭

발 위험장소에는 변전실, 배전반실, 제어실, 그 밖에 이와 유사한 시설(이하 이 조에서 "변전실등"이라 한다)을 설치해서는 아니 된다. 다만, 변전실등의 실내기압이 항상 양압(25파스칼 이상의 압력을 말한다. 이하 같다)을 유지하도록 하고 다음 각 호의 조치를 하거나, 가스폭발 위험장소 또는 분진폭발 위험장소에 적합한 방폭성능을 갖는 전기 기계·기구를 변전실등에 설치·사용한 경우에는 그러하지 아니하다.
1. 양압을 유지하기 위한 환기설비의 고장 등으로 양압이 유지되지 아니한 경우 경보를 할 수 있는 조치
2. 환기설비가 정지된 후 재가동하는 경우 변전실 등에 가스 등이 있는지를 확인할 수 있는 가스검지기 등 장비의 비치
3. 환기설비에 의하여 변전실 등에 공급되는 공기는 제230조 제1항에 따른 가스폭발 위험장소 또는 분진폭발 위험장소가 아닌 곳으로부터 공급되도록 하는 조치

제2절 배선 및 이동전선으로 인한 위험 방지

제313조(배선 등의 절연피복 등) ① 사업주는 근로자가 작업 중에나 통행하면서 접촉하거나 접촉할 우려가 있는 배선 또는 이동전선에 대하여 절연피복이 손상되거나 노화됨으로 인한 감전의 위험을 방지하기 위하여 필요한 조치를 하여야 한다.
② 사업주는 전선을 서로 접속하는 경우에는 해당 전선의 절연성능 이상으로 절연될 수 있는 것으로 충분히 피복하거나 적합한 접속기구를 사용하여야 한다.

제314조(습윤한 장소의 이동전선 등) 사업주는 물 등의 도전성이 높은 액체가 있는 습윤한 장소에서 근로자가 작업 중에나 통행하면서 이동전선 및 이에 부속하는 접속기구(이하 이 조와 제315조에서 "이동전선 등"이라 한다)에 접촉할 우려가 있는 경우에는 충분한 절연효과가 있는 것을 사용하여야 한다.

제315조(통로바닥에서의 전선 등 사용 금지) 사업주는 통로바닥에 전선 또는 이동전선 등을 설치하여 사용해서는 아니 된다. 다만, 차량이나 그 밖의 물체의 통과 등으로 인하여 해당 전선의 절연피복이 손상될 우려가 없거나 손상되지 않도록 적절한 조치를 하여 사용하는 경우에는 그러하지 아니하다.

제316조(꽂음접속기의 설치·사용 시 준수사항) 사업주는 꽂음접속기를 설치하거나 사용하는 경우에는 다음 각 호의 사항을 준수하여야 한다.
1. 서로 다른 전압의 꽂음접속기는 서로 접속되지 아니한 구조의 것을 사용할 것
2. 습윤한 장소에 사용되는 꽂음접속기는 방수형 등 그 장소에 적합한 것을 사용할 것
3. 근로자가 해당 꽂음접속기를 접속시킬 경우에는 땀 등으로 젖은 손으로 취급하지 않도록 할 것

4. 해당 꽂음접속기에 잠금장치가 있는 경우에는 접속 후 잠그고 사용할 것

제317조(이동 및 휴대장비 등의 사용 전기 작업) ① 사업주는 이동 중에나 휴대장비 등을 사용하는 작업에서 다음 각 호의 조치를 하여야 한다.
1. 근로자가 착용하거나 취급하고 있는 도전성 공구·장비 등이 노출 충전부에 닿지 않도록 할 것
2. 근로자가 사다리를 노출 충전부가 있는 곳에서 사용하는 경우에는 도전성 재질의 사다리를 사용하지 않도록 할 것
3. 근로자가 젖은 손으로 전기기계·기구의 플러그를 꽂거나 제거하지 않도록 할 것
4. 근로자가 전기회로를 개방, 변환 또는 투입하는 경우에는 전기 차단용으로 특별히 설계된 스위치, 차단기 등을 사용하도록 할 것
5. 차단기 등의 과전류 차단장치에 의하여 자동 차단된 후에는 전기회로 또는 전기기계·기구가 안전하다는 것이 증명되기 전까지는 과전류 차단장치를 재투입하지 않도록 할 것

② 제1항에 따라 사업주가 작업지시를 하면 근로자는 이행하여야 한다.

제3절 전기작업에 대한 위험 방지

제318조(전기작업자의 제한) 사업주는 근로자가 감전위험이 있는 전기기계·기구 또는 전로(이하 이 조와 제319조에서 "전기기기 등"이라 한다)의 설치·해체·정비·점검(설비의 유효성을 장비, 도구를 이용하여 확인하는 점검으로 한정한다) 등의 작업(이하 "전기작업"이라 한다)을 하는 경우에는 「유해·위험작업의 취업 제한에 관한 규칙」 제3조에 따른 자격·면허·경험 또는 기능을 갖춘 사람(이하 "유자격자"라 한다)이 작업을 수행하도록 해야 한다. 〈개정 2021. 5. 28.〉

제319조(정전전로에서의 전기작업) ① 사업주는 근로자가 노출된 충전부 또는 그 부근에서 작업함으로써 감전될 우려가 있는 경우에는 작업에 들어가기 전에 해당 전로를 차단하여야 한다. 다만, 다음 각 호의 경우에는 그러하지 아니하다.
1. 생명유지장치, 비상경보설비, 폭발위험장소의 환기설비, 비상조명설비 등의 장치·설비의 가동이 중지되어 사고의 위험이 증가되는 경우
2. 기기의 설계상 또는 작동상 제한으로 전로차단이 불가능한 경우
3. 감전, 아크 등으로 인한 화상, 화재·폭발의 위험이 없는 것으로 확인된 경우

② 제1항의 전로 차단은 다음 각 호의 절차에 따라 시행하여야 한다.
1. 전기기기 등에 공급되는 모든 전원을 관련 도면, 배선도 등으로 확인할 것
2. 전원을 차단한 후 각 단로기 등을 개방하고 확인할 것
3. 차단장치나 단로기 등에 잠금장치 및 꼬리표를 부착할 것

4. 개로된 전로에서 유도전압 또는 전기에너지가 축적되어 근로자에게 전기위험을 끼칠 수 있는 전기기기 등은 접촉하기 전에 잔류전하를 완전히 방전시킬 것
5. 검전기를 이용하여 작업 대상 기기가 충전되었는지를 확인할 것
6. 전기기기 등이 다른 노출 충전부와의 접촉, 유도 또는 예비동력원의 역송전 등으로 전압이 발생할 우려가 있는 경우에는 충분한 용량을 가진 단락 접지기구를 이용하여 접지할 것

③ 사업주는 제1항 각 호 외의 부분 본문에 따른 작업 중 또는 작업을 마친 후 전원을 공급하는 경우에는 작업에 종사하는 근로자 또는 그 인근에서 작업하거나 정전된 전기기기 등(고정 설치된 것으로 한정한다)과 접촉할 우려가 있는 근로자에게 감전의 위험이 없도록 다음 각 호의 사항을 준수하여야 한다.
1. 작업기구, 단락 접지기구 등을 제거하고 전기기기 등이 안전하게 통전될 수 있는지를 확인할 것
2. 모든 작업자가 작업이 완료된 전기기기 등에서 떨어져 있는지를 확인할 것
3. 잠금장치와 꼬리표는 설치한 근로자가 직접 철거할 것
4. 모든 이상 유무를 확인한 후 전기기기 등의 전원을 투입할 것

제320조(정전전로 인근에서의 전기작업) 사업주는 근로자가 전기위험에 노출될 수 있는 정전전로 또는 그 인근에서 작업하거나 정전된 전기기기 등(고정 설치된 것으로 한정한다)과 접촉할 우려가 있는 경우에 작업 전에 제319조 제2항 제3호의 조치를 확인하여야 한다.

제321조(충전전로에서의 전기작업) ① 사업주는 근로자가 충전전로를 취급하거나 그 인근에서 작업하는 경우에는 다음 각 호의 조치를 하여야 한다.
1. 충전전로를 정전시키는 경우에는 제319조에 따른 조치를 할 것
2. 충전전로를 방호, 차폐하거나 절연 등의 조치를 하는 경우에는 근로자의 신체가 전로와 직접 접촉하거나 도전재료, 공구 또는 기기를 통하여 간접 접촉되지 않도록 할 것
3. 충전전로를 취급하는 근로자에게 그 작업에 적합한 절연용 보호구를 착용시킬 것
4. 충전전로에 근접한 장소에서 전기작업을 하는 경우에는 해당 전압에 적합한 절연용 방호구를 설치할 것. 다만, 저압인 경우에는 해당 전기작업자가 절연용 보호구를 착용하되, 충전전로에 접촉할 우려가 없는 경우에는 절연용 방호구를 설치하지 아니할 수 있다.
5. 고압 및 특별고압의 전로에서 전기작업을 하는 근로자에게 활선작업용 기구 및 장치를 사용하도록 할 것
6. 근로자가 절연용 방호구의 설치·해체작업을 하는 경우에는 절연용 보호구를 착용하거나 활선작업용 기구 및 장치를 사용하도록 할 것
7. 유자격자가 아닌 근로자가 충전전로 인근의 높은 곳에서 작업할 때에 근로자의 몸 또는 긴 도전성 물체가 방호되지 않은 충전전로에서 대지전압이 50킬로볼트 이하인 경우에

는 300센티미터 이내로, 대지전압이 50킬로볼트를 넘는 경우에는 10킬로볼트당 10센티미터씩 더한 거리 이내로 각각 접근할 수 없도록 할 것
8. 유자격자가 충전전로 인근에서 작업하는 경우에는 다음 각 목의 경우를 제외하고는 노출 충전부에 다음 표에 제시된 접근한계거리 이내로 접근하거나 절연 손잡이가 없는 도전체에 접근할 수 없도록 할 것
    가. 근로자가 노출 충전부로부터 절연된 경우 또는 해당 전압에 적합한 절연장갑을 착용한 경우
    나. 노출 충전부가 다른 전위를 갖는 도전체 또는 근로자와 절연된 경우
    다. 근로자가 다른 전위를 갖는 모든 도전체로부터 절연된 경우

충전전로의 선간전압 (단위 : 킬로볼트)	충전전로에 대한 접근 한계거리 (단위 : 센티미터)
0.3 이하	접촉금지
0.3 초과 0.75 이하	30
0.75 초과 2 이하	45
2 초과 15 이하	60
15 초과 37 이하	90
37 초과 88 이하	110
88 초과 121 이하	130
121 초과 145 이하	150
145 초과 169 이하	170
169 초과 242 이하	230
242 초과 362 이하	380
362 초과 550 이하	550
550 초과 800 이하	790

② 사업주는 절연이 되지 않은 충전부나 그 인근에 근로자가 접근하는 것을 막거나 제한할 필요가 있는 경우에는 울타리를 설치하고 근로자가 쉽게 알아볼 수 있도록 하여야 한다. 다만, 전기와 접촉할 위험이 있는 경우에는 도전성이 있는 금속제 울타리를 사용하거나, 제1항의 표에 정한 접근 한계거리 이내에 설치해서는 아니 된다. 〈개정 2019. 10. 15.〉
③ 사업주는 제2항의 조치가 곤란한 경우에는 근로자를 감전위험에서 보호하기 위하여 사전에 위험을 경고하는 감시인을 배치하여야 한다.

제322조(충전전로 인근에서의 차량·기계장치 작업) ① 사업주는 충전전로 인근에서 차량, 기계장치 등(이하 이 조에서 "차량 등"이라 한다)의 작업이 있는 경우에는 차량 등을 충전전로의 충전부로부터 300센티미터 이상 이격시켜 유지시키되, 대지전압이 50킬로볼트를 넘는 경우 이격시켜 유지하여야 하는 거리(이하 이 조에서 "이격거리"라 한다)는 10킬로볼트 증가할 때마다 10센티미터씩 증가시켜야 한다. 다만, 차량 등의 높이를 낮춘 상태에서

이동하는 경우에는 이격거리를 120센티미터 이상(대지전압이 50킬로볼트를 넘는 경우에는 10킬로볼트 증가할 때마다 이격거리를 10센티미터씩 증가)으로 할 수 있다.

② 제1항에도 불구하고 충전전로의 전압에 적합한 절연용 방호구 등을 설치한 경우에는 이격거리를 절연용 방호구 앞면까지로 할 수 있으며, 차량 등의 가공 붐대의 버킷이나 끝부분 등이 충전전로의 전압에 적합하게 절연되어 있고 유자격자가 작업을 수행하는 경우에는 붐대의 절연되지 않은 부분과 충전전로 간의 이격거리는 제321조 제1항 제8호의 표에 따른 접근 한계거리까지로 할 수 있다. 〈개정 2021. 5. 28.〉

③ 사업주는 다음 각 호의 경우를 제외하고는 근로자가 차량 등의 그 어느 부분과도 접촉하지 않도록 울타리를 설치하거나 감시인 배치 등의 조치를 하여야 한다. 〈개정 2019. 10. 15.〉

1. 근로자가 해당 전압에 적합한 제323조 제1항의 절연용 보호구 등을 착용하거나 사용하는 경우
2. 차량 등의 절연되지 않은 부분이 제321조 제1항의 표에 따른 접근 한계거리 이내로 접근하지 않도록 하는 경우

④ 사업주는 충전전로 인근에서 접지된 차량 등이 충전전로와 접촉할 우려가 있을 경우에는 지상의 근로자가 접지점에 접촉하지 않도록 조치하여야 한다.

제323조(절연용 보호구 등의 사용) ① 사업주는 다음 각 호의 작업에 사용하는 절연용 보호구, 절연용 방호구, 활선작업용 기구, 활선작업용 장치(이하 이 조에서 "절연용 보호구 등"이라 한다)에 대하여 각각의 사용목적에 적합한 종별·재질 및 치수의 것을 사용해야 한다. 〈개정 2021. 5. 28.〉

1. 제301조 제2항에 따른 밀폐공간에서의 전기작업
2. 제317조에 따른 이동 및 휴대장비 등을 사용하는 전기작업
3. 제319조 및 제320조에 따른 정전전로 또는 그 인근에서의 전기작업
4. 제321조의 충전전로에서의 전기작업
5. 제322조의 충전전로 인근에서의 차량·기계장치 등의 작업

② 사업주는 절연용 보호구등이 안전한 성능을 유지하고 있는지를 정기적으로 확인하여야 한다.

③ 사업주는 근로자가 절연용 보호구등을 사용하기 전에 흠·균열·파손, 그 밖의 손상 유무를 발견하여 정비 또는 교환을 요구하는 경우에는 즉시 조치하여야 한다.

제324조(적용 제외) 제38조 제1항 제5호, 제301조부터 제310조까지 및 제313조부터 제323조까지의 규정은 대지전압이 30볼트 이하인 전기기계·기구·배선 또는 이동전선에 대해서는 적용하지 아니한다.

제4절 정전기 및 전자파로 인한 재해 예방

제325조(정전기로 인한 화재 폭발 등 방지) ① 사업주는 다음 각 호의 설비를 사용할 때에 정전기에 의한 화재 또는 폭발 등의 위험이 발생할 우려가 있는 경우에는 해당 설비에 대하여 확실한 방법으로 접지를 하거나, 도전성 재료를 사용하거나 가습 및 점화원이 될 우려가 없는 제전(除電)장치를 사용하는 등 정전기의 발생을 억제하거나 제거하기 위하여 필요한 조치를 하여야 한다.
1. 위험물을 탱크로리·탱크차 및 드럼 등에 주입하는 설비
2. 탱크로리·탱크차 및 드럼 등 위험물저장설비
3. 인화성 액체를 함유하는 도료 및 접착제 등을 제조·저장·취급 또는 도포(塗布)하는 설비
4. 위험물 건조설비 또는 그 부속설비
5. 인화성 고체를 저장하거나 취급하는 설비
6. 드라이클리닝설비, 염색가공설비 또는 모피류 등을 씻는 설비 등 인화성유기용제를 사용하는 설비
7. 유압, 압축공기 또는 고전위정전기 등을 이용하여 인화성 액체나 인화성 고체를 분무하거나 이송하는 설비
8. 고압가스를 이송하거나 저장·취급하는 설비
9. 화약류 제조설비
10. 발파공에 장전된 화약류를 점화시키는 경우에 사용하는 발파기(발파공을 막는 재료로 물을 사용하거나 갱도발파를 하는 경우는 제외한다)

② 사업주는 인체에 대전된 정전기에 의한 화재 또는 폭발 위험이 있는 경우에는 정전기 대전방지용 안전화 착용, 제전복(除電服) 착용, 정전기 제전용구 사용 등의 조치를 하거나 작업장 바닥 등에 도전성을 갖추도록 하는 등 필요한 조치를 하여야 한다.
③ 생산공정상 정전기에 의한 감전 위험이 발생할 우려가 있는 경우의 조치에 관하여는 제1항과 제2항을 준용한다.

제326조(피뢰설비의 설치) ① 사업주는 화약류 또는 위험물을 저장하거나 취급하는 시설물에 낙뢰에 의한 산업재해를 예방하기 위하여 피뢰설비를 설치하여야 한다.
② 사업주는 제1항에 따라 피뢰설비를 설치하는 경우에는 한국산업표준에 적합한 피뢰설비를 사용하여야 한다. 〈개정 2022. 10. 18.〉

제327조(전자파에 의한 기계·설비의 오작동 방지) 사업주는 전기 기계·기구 사용에 의하여 발생하는 전자파로 인하여 기계·설비의 오작동을 초래함으로써 산업재해가 발생할 우려가 있는 경우에는 다음 각 호의 조치를 하여야 한다.

1. 전기기계·기구에서 발생하는 전자파의 크기가 다른 기계·설비가 원래 의도된 대로 작동하는 것을 방해하지 않도록 할 것
2. 기계·설비는 원래 의도된 대로 작동할 수 있도록 적절한 수준의 전자파 내성을 가지도록 하거나, 이에 준하는 전자파 차폐조치를 할 것

제4장 건설작업 등에 의한 위험 예방

제1절 거푸집 및 동바리 〈개정 2023. 11. 14.〉

제1관 재료 및 구조 〈개정 2023. 11. 14.〉

제328조(재료) 사업주는 콘크리트 구조물이 일정 강도에 이르기까지 그 형상을 유지하기 위하여 설치하는 거푸집 및 동바리의 재료로 변형·부식 또는 심하게 손상된 것을 사용해서는 안 된다. 〈개정 2023. 11. 14.〉

제329조(부재의 재료 사용기준) 사업주는 거푸집 및 동바리에 사용하는 부재의 재료는 한국산업표준에서 정하는 기준 이상의 것을 사용해야 한다.
[전문개정 2023. 11. 14.]

제330조(거푸집 및 동바리의 구조) 사업주는 거푸집 및 동바리를 사용하는 경우에는 거푸집의 형상 및 콘크리트 타설(打設)방법 등에 따른 견고한 구조의 것을 사용해야 한다. 〈개정 2023. 11. 14.〉
[제목개정 2023. 11. 14.]

제2관 조립 등

제331조(조립도) ① 사업주는 거푸집 및 동바리를 조립하는 경우에는 그 구조를 검토한 후 조립도를 작성하고, 그 조립도에 따라 조립하도록 해야 한다. 〈개정 2023. 11. 14.〉
② 제1항의 조립도에는 거푸집 및 동바리를 구성하는 부재의 재질·단면규격·설치간격 및 이음방법 등을 명시해야 한다. 〈개정 2023. 11. 14.〉

제331조의2(거푸집 조립 시의 안전조치) 사업주는 거푸집을 조립하는 경우에는 다음 각 호의 사항을 준수해야 한다.
1. 거푸집을 조립하는 경우에는 거푸집이 콘크리트 하중이나 그 밖의 외력에 견딜 수 있거나, 넘어지지 않도록 견고한 구조의 긴결재(콘크리트를 타설할 때 거푸집이 변형되지 않게 연결하여 고정하는 재료를 말한다), 버팀대 또는 지지대를 설치하는 등 필요한 조치를 할 것

2. 거푸집이 곡면인 경우에는 버팀대의 부착 등 그 거푸집의 부상(浮上)을 방지하기 위한 조치를 할 것

[본조신설 2023. 11. 14.]

제331조의3(작업발판 일체형 거푸집의 안전조치) ① "작업발판 일체형 거푸집"이란 거푸집의 설치·해체, 철근 조립, 콘크리트 타설, 콘크리트 면처리 작업 등을 위하여 거푸집을 작업발판과 일체로 제작하여 사용하는 거푸집으로서 다음 각 호의 거푸집을 말한다.

1. 갱 폼(Gang Form)
2. 슬립 폼(Slip Form)
3. 클라이밍 폼(Climbing Form)
4. 터널 라이닝 폼(Tunnel Lining Form)
5. 그 밖에 거푸집과 작업발판이 일체로 제작된 거푸집 등

② 제1항 제1호의 갱 폼의 조립·이동·양중·해체(이하 이 조에서 "조립 등"이라 한다) 작업을 하는 경우에는 다음 각 호의 사항을 준수해야 한다. 〈개정 2023. 11. 14.〉

1. 조립 등의 범위 및 작업절차를 미리 그 작업에 종사하는 근로자에게 주지시킬 것
2. 근로자가 안전하게 구조물 내부에서 갱 폼의 작업발판으로 출입할 수 있는 이동통로를 설치할 것
3. 갱 폼의 지지 또는 고정철물의 이상 유무를 수시점검하고 이상이 발견된 경우에는 교체하도록 할 것
4. 갱 폼을 조립하거나 해체하는 경우에는 갱 폼을 인양장비에 매단 후에 작업을 실시하도록 하고, 인양장비에 매달기 전에 지지 또는 고정철물을 미리 해체하지 않도록 할 것
5. 갱 폼 인양 시 작업발판용 케이지에 근로자가 탑승한 상태에서 갱 폼의 인양작업을 하지 않을 것

③ 사업주는 제1항 제2호부터 제5호까지의 조립 등의 작업을 하는 경우에는 다음 각 호의 사항을 준수하여야 한다.

1. 조립 등 작업 시 거푸집 부재의 변형 여부와 연결 및 지지재의 이상 유무를 확인할 것
2. 조립 등 작업과 관련한 이동·양중·운반 장비의 고장·오조작 등으로 인해 근로자에게 위험을 미칠 우려가 있는 장소에는 근로자의 출입을 금지하는 등 위험 방지 조치를 할 것
3. 거푸집이 콘크리트면에 지지될 때에 콘크리트의 굳기정도와 거푸집의 무게, 풍압 등의 영향으로 거푸집의 갑작스런 이탈 또는 낙하로 인해 근로자가 위험해질 우려가 있는 경우에는 설계도서에서 정한 콘크리트의 양생기간을 준수하거나 콘크리트면에 견고하게 지지하는 등 필요한 조치를 할 것
4. 연결 또는 지지 형식으로 조립된 부재의 조립 등 작업을 하는 경우에는 거푸집을 인양장

비에 매단 후에 작업을 하도록 하는 등 낙하·붕괴·전도의 위험 방지를 위하여 필요한 조치를 할 것
[제337조에서 이동 〈2023. 11. 14.〉]

제332조(동바리 조립 시의 안전조치) 사업주는 동바리를 조립하는 경우에는 하중의 지지상태를 유지할 수 있도록 다음 각 호의 사항을 준수해야 한다.
1. 받침목이나 깔판의 사용, 콘크리트 타설, 말뚝박기 등 동바리의 침하를 방지하기 위한 조치를 할 것
2. 동바리의 상하 고정 및 미끄러짐 방지 조치를 할 것
3. 상부·하부의 동바리가 동일 수직선상에 위치하도록 하여 깔판·받침목에 고정시킬 것
4. 개구부 상부에 동바리를 설치하는 경우에는 상부하중을 견딜 수 있는 견고한 받침대를 설치할 것
5. U헤드 등의 단판이 없는 동바리의 상단에 멍에 등을 올릴 경우에는 해당 상단에 U헤드 등의 단판을 설치하고, 멍에 등이 전도되거나 이탈되지 않도록 고정시킬 것
6. 동바리의 이음은 같은 품질의 재료를 사용할 것
7. 강재의 접속부 및 교차부는 볼트·클램프 등 전용철물을 사용하여 단단히 연결할 것
8. 거푸집의 형상에 따른 부득이한 경우를 제외하고는 깔판이나 받침목은 2단 이상 끼우지 않도록 할 것
9. 깔판이나 받침목을 이어서 사용하는 경우에는 그 깔판·받침목을 단단히 연결할 것

[전문개정 2023. 11. 14.]

제332조의2(동바리 유형에 따른 동바리 조립 시의 안전조치) 사업주는 동바리를 조립할 때 동바리의 유형별로 다음 각 호의 구분에 따른 각 목의 사항을 준수해야 한다.
1. 동바리로 사용하는 파이프 서포트의 경우
   가. 파이프 서포트를 3개 이상 이어서 사용하지 않도록 할 것
   나. 파이프 서포트를 이어서 사용하는 경우에는 4개 이상의 볼트 또는 전용철물을 사용하여 이을 것
   다. 높이가 3.5미터를 초과하는 경우에는 높이 2미터 이내마다 수평연결재를 2개 방향으로 만들고 수평연결재의 변위를 방지할 것
2. 동바리로 사용하는 강관틀의 경우
   가. 강관틀과 강관틀 사이에 교차가새를 설치할 것
   나. 최상단 및 5단 이내마다 동바리의 측면과 틀면의 방향 및 교차가새의 방향에서 5개 이내마다 수평연결재를 설치하고 수평연결재의 변위를 방지할 것
   다. 최상단 및 5단 이내마다 동바리의 틀면의 방향에서 양단 및 5개틀 이내마다 교차가

새의 방향으로 띠장틀을 설치할 것
3. 동바리로 사용하는 조립강주의 경우 : 조립강주의 높이가 4미터를 초과하는 경우에는 높이 4미터 이내마다 수평연결재를 2개 방향으로 설치하고 수평연결재의 변위를 방지할 것
4. 시스템 동바리(규격화·부품화된 수직재, 수평재 및 가새재 등의 부재를 현장에서 조립하여 거푸집을 지지하는 지주 형식의 동바리를 말한다)의 경우
 가. 수평재는 수직재와 직각으로 설치해야 하며, 흔들리지 않도록 견고하게 설치할 것
 나. 연결철물을 사용하여 수직재를 견고하게 연결하고, 연결부위가 탈락 또는 꺾어지지 않도록 할 것
 다. 수직 및 수평하중에 대해 동바리의 구조적 안정성이 확보되도록 조립도에 따라 수직재 및 수평재에는 가새재를 견고하게 설치할 것
 라. 동바리 최상단과 최하단의 수직재와 받침철물은 서로 밀착되도록 설치하고 수직재와 받침철물의 연결부의 겹침길이는 받침철물 전체길이의 3분의 1 이상 되도록 할 것
5. 보 형식의 동바리[강제 갑판(steel deck), 철재트러스 조립 보 등 수평으로 설치하여 거푸집을 지지하는 동바리를 말한다]의 경우
 가. 접합부는 충분한 걸침 길이를 확보하고 못, 용접 등으로 양끝을 지지물에 고정시켜 미끄러짐 및 탈락을 방지할 것
 나. 양끝에 설치된 보 거푸집을 지지하는 동바리 사이에는 수평연결재를 설치하거나 동바리를 추가로 설치하는 등 보 거푸집이 옆으로 넘어지지 않도록 견고하게 할 것
 다. 설계도면, 시방서 등 설계도서를 준수하여 설치할 것
[본조신설 2023. 11. 14.]

제333조(조립·해체 등 작업 시의 준수사항) ① 사업주는 기둥·보·벽체·슬래브 등의 거푸집 및 동바리를 조립하거나 해체하는 작업을 하는 경우에는 다음 각 호의 사항을 준수해야 한다. 〈개정 2021. 5. 28., 2023. 11. 14.〉
1. 해당 작업을 하는 구역에는 관계 근로자가 아닌 사람의 출입을 금지할 것
2. 비, 눈, 그 밖의 기상상태의 불안정으로 날씨가 몹시 나쁜 경우에는 그 작업을 중지할 것
3. 재료, 기구 또는 공구 등을 올리거나 내리는 경우에는 근로자로 하여금 달줄·달포대 등을 사용하도록 할 것
4. 낙하·충격에 의한 돌발적 재해를 방지하기 위하여 버팀목을 설치하고 거푸집 및 동바리를 인양장비에 매단 후에 작업을 하도록 하는 등 필요한 조치를 할 것
② 사업주는 철근조립 등의 작업을 하는 경우에는 다음 각 호의 사항을 준수하여야 한다.
1. 양중기로 철근을 운반할 경우에는 두 군데 이상 묶어서 수평으로 운반할 것

2. 작업위치의 높이가 2미터 이상일 경우에는 작업발판을 설치하거나 안전대를 착용하게 하는 등 위험 방지를 위하여 필요한 조치를 할 것
[제목개정 2023. 11. 14.]
[제336조에서 이동, 종전 제333조는 삭제 〈2023. 11. 14〉]

제3관 콘크리트 타설 등 〈신설 2023. 11. 14.〉

제334조(콘크리트의 타설작업) 사업주는 콘크리트 타설작업을 하는 경우에는 다음 각 호의 사항을 준수해야 한다. 〈개정 2023. 11. 14.〉
 1. 당일의 작업을 시작하기 전에 해당 작업에 관한 거푸집 및 동바리의 변형·변위 및 지반의 침하 유무 등을 점검하고 이상이 있으면 보수할 것
 2. 작업 중에는 감시자를 배치하는 등의 방법으로 거푸집 및 동바리의 변형·변위 및 침하 유무 등을 확인해야 하며, 이상이 있으면 작업을 중지하고 근로자를 대피시킬 것
 3. 콘크리트 타설작업 시 거푸집 붕괴의 위험이 발생할 우려가 있으면 충분한 보강조치를 할 것
 4. 설계도서상의 콘크리트 양생기간을 준수하여 거푸집 및 동바리를 해체할 것
 5. 콘크리트를 타설하는 경우에는 편심이 발생하지 않도록 골고루 분산하여 타설할 것

제335조(콘크리트 타설장비 사용 시의 준수사항) 사업주는 콘크리트 타설작업을 하기 위하여 콘크리트 플레이싱 붐(Placing Boom), 콘크리트 분배기, 콘크리트 펌프카 등(이하 이 조에서 "콘크리트타설장비"라 한다)을 사용하는 경우에는 다음 각 호의 사항을 준수해야 한다. 〈개정 2023. 11. 14.〉
 1. 작업을 시작하기 전에 콘크리트타설장비를 점검하고 이상을 발견하였으면 즉시 보수할 것
 2. 건축물의 난간 등에서 작업하는 근로자가 호스의 요동·선회로 인하여 추락하는 위험을 방지하기 위하여 안전난간 설치 등 필요한 조치를 할 것
 3. 콘크리트타설장비의 붐을 조정하는 경우에는 주변의 전선 등에 의한 위험을 예방하기 위한 적절한 조치를 할 것
 4. 작업 중에 지반의 침하나 아웃트리거 등 콘크리트타설장비 지지구조물의 손상 등에 의하여 콘크리트타설장비가 넘어질 우려가 있는 경우에는 이를 방지하기 위한 적절한 조치를 할 것
[제목개정 2023. 11. 14.]

제336조 [종전 제336조는 제333조로 이동 〈2023. 11. 14.〉]

제337조 [종전 제337조를 제331조의3으로 이동 〈2023. 11. 14.〉]

제2절 굴착작업 등의 위험 방지

제1관 노천굴착작업
제1속 굴착면의 기울기 등

제338조(굴착작업 사전조사 등) 사업주는 굴착작업을 할 때에 토사 등의 붕괴 또는 낙하에 의한 위험을 미리 방지하기 위하여 다음 각 호의 사항을 점검해야 한다.
 1. 작업장소 및 그 주변의 부석·균열의 유무
 2. 함수(含水)·용수(湧水) 및 동결의 유무 또는 상태의 변화
[전문개정 2023. 11. 14.]
[제339조에서 이동, 종전 제338조는 제339조로 이동 〈2023. 11. 14.〉]

제339조(굴착면의 붕괴 등에 의한 위험방지) ① 사업주는 지반 등을 굴착하는 경우 굴착면의 기울기를 별표 11의 기준에 맞도록 해야 한다. 다만, 「건설기술 진흥법」 제44조 제1항에 따른 건설기준에 맞게 작성한 설계도서상의 굴착면의 기울기를 준수하거나 흙막이 등 기울기면의 붕괴 방지를 위하여 적절한 조치를 한 경우에는 그렇지 않다.
② 사업주는 비가 올 경우를 대비하여 측구(側溝)를 설치하거나 굴착경사면에 비닐을 덮는 등 빗물 등의 침투에 의한 붕괴재해를 예방하기 위하여 필요한 조치를 해야 한다.
[전문개정 2023. 11. 14.]
[제338조에서 이동, 종전 제339조는 제338조로 이동 〈2023. 11. 14.〉]

제340조(굴착작업 시 위험방지) 사업주는 굴착작업 시 토사 등의 붕괴 또는 낙하에 의하여 근로자에게 위험을 미칠 우려가 있는 경우에는 미리 흙막이 지보공의 설치, 방호망의 설치 및 근로자의 출입 금지 등 그 위험을 방지하기 위하여 필요한 조치를 해야 한다.
[전문개정 2023. 11. 14.]

제341조(매설물 등 파손에 의한 위험방지) ① 사업주는 매설물·조적벽·콘크리트벽 또는 옹벽 등의 건설물에 근접한 장소에서 굴착작업을 할 때에 해당 가설물의 파손 등에 의하여 근로자가 위험해질 우려가 있는 경우에는 해당 건설물을 보강하거나 이설하는 등 해당 위험을 방지하기 위한 조치를 하여야 한다.
② 사업주는 굴착작업에 의하여 노출된 매설물 등이 파손됨으로써 근로자가 위험해질 우려가 있는 경우에는 해당 매설물 등에 대한 방호조치를 하거나 이설하는 등 필요한 조치를 하여야 한다.
③ 사업주는 제2항의 매설물 등의 방호작업에 대하여 관리감독자에게 해당 작업을 지휘하도록 하여야 한다. 〈개정 2019. 12. 26.〉

제342조(굴착기계 등에 의한 위험방지) 사업주는 굴착작업 시 굴착기계 등을 사용하는 경우

다음 각 호의 조치를 해야 한다.
1. 굴착기계 등의 사용으로 가스도관, 지중전선로, 그 밖에 지하에 위치한 공작물이 파손되어 그 결과 근로자가 위험해질 우려가 있는 경우에는 그 기계를 사용한 굴착작업을 중지할 것
2. 굴착기계 등의 운행경로 및 토석(土石) 적재장소의 출입방법을 정하여 관계 근로자에게 주지시킬 것

[전문개정 2023. 11. 14.]

제343조 삭제 〈2023. 11. 14.〉

제344조(굴착기계 등의 유도) ① 사업주는 굴착작업을 할 때에 굴착기계 등이 근로자의 작업장소로 후진하여 근로자에게 접근하거나 굴러 떨어질 우려가 있는 경우에는 유도자를 배치하여 굴착기계 등을 유도하도록 해야 한다. 〈개정 2019. 10. 15., 2023. 11. 14.〉
② 운반기계 등의 운전자는 유도자의 유도에 따라야 한다.

[제목개정 2023. 11. 14.]

제2속 흙막이 지보공

제345조(흙막이지보공의 재료) 사업주는 흙막이 지보공의 재료로 변형·부식되거나 심하게 손상된 것을 사용해서는 아니 된다.

제346조(조립도) ① 사업주는 흙막이 지보공을 조립하는 경우 미리 그 구조를 검토한 후 조립도를 작성하여 그 조립도에 따라 조립하도록 해야 한다. 〈개정 2023. 11. 14.〉
② 제1항의 조립도는 흙막이판·말뚝·버팀대 및 띠장 등 부재의 배치·치수·재질 및 설치방법과 순서가 명시되어야 한다.

제347조(붕괴 등의 위험 방지) ① 사업주는 흙막이 지보공을 설치하였을 때에는 정기적으로 다음 각 호의 사항을 점검하고 이상을 발견하면 즉시 보수하여야 한다.
1. 부재의 손상·변형·부식·변위 및 탈락의 유무와 상태
2. 버팀대의 긴압(緊壓)의 정도
3. 부재의 접속부·부착부 및 교차부의 상태
4. 침하의 정도

② 사업주는 제1항의 점검 외에 설계도서에 따른 계측을 하고 계측 분석 결과 토압의 증가 등 이상한 점을 발견한 경우에는 즉시 보강조치를 하여야 한다.

제2관 발파작업의 위험방지

제348조(발파의 작업기준) 사업주는 발파작업에 종사하는 근로자에게 다음 각 호의 사항을

준수하도록 하여야 한다.
1. 얼어붙은 다이나마이트는 화기에 접근시키거나 그 밖의 고열물에 직접 접촉시키는 등 위험한 방법으로 융해되지 않도록 할 것
2. 화약이나 폭약을 장전하는 경우에는 그 부근에서 화기를 사용하거나 흡연을 하지 않도록 할 것
3. 장전구(裝塡具)는 마찰·충격·정전기 등에 의한 폭발의 위험이 없는 안전한 것을 사용할 것
4. 발파공의 충진재료는 점토·모래 등 발화성 또는 인화성의 위험이 없는 재료를 사용할 것
5. 점화 후 장전된 화약류가 폭발하지 아니한 경우 또는 장전된 화약류의 폭발 여부를 확인하기 곤란한 경우에는 다음 각 목의 사항을 따를 것
    가. 전기뇌관에 의한 경우에는 발파모선을 점화기에서 떼어 그 끝을 단락시켜 놓는 등 재점화되지 않도록 조치하고 그 때부터 5분 이상 경과한 후가 아니면 화약류의 장전장소에 접근시키지 않도록 할 것
    나. 전기뇌관 외의 것에 의한 경우에는 점화한 때부터 15분 이상 경과한 후가 아니면 화약류의 장전장소에 접근시키지 않도록 할 것
6. 전기뇌관에 의한 발파의 경우 점화하기 전에 화약류를 장전한 장소로부터 30미터 이상 떨어진 안전한 장소에서 전선에 대하여 저항측정 및 도통(導通)시험을 할 것

제349조(작업중지 및 피난) ① 사업주는 벼락이 떨어질 우려가 있는 경우에는 화약 또는 폭약의 장전 작업을 중지하고 근로자들을 안전한 장소로 대피시켜야 한다.

② 사업주는 발파작업 시 근로자가 안전한 거리로 피난할 수 없는 경우에는 앞면과 상부를 견고하게 방호한 피난장소를 설치하여야 한다. 〈개정 2019. 1. 31.〉

제3관 터널작업

제1속 조사 등

제350조(인화성 가스의 농도측정 등) ① 사업주는 터널공사 등의 건설작업을 할 때에 인화성 가스가 발생할 위험이 있는 경우에는 폭발이나 화재를 예방하기 위하여 인화성 가스의 농도를 측정할 담당자를 지명하고, 그 작업을 시작하기 전에 가스가 발생할 위험이 있는 장소에 대하여 그 인화성 가스의 농도를 측정하여야 한다.

② 사업주는 제1항에 따라 측정한 결과 인화성 가스가 존재하여 폭발이나 화재가 발생할 위험이 있는 경우에는 인화성 가스 농도의 이상 상승을 조기에 파악하기 위하여 그 장소에 자동경보장치를 설치하여야 한다.

③ 지하철도공사를 시행하는 사업주는 터널굴착[개착식(開鑿式)을 포함한다)] 등으로 인

하여 도시가스관이 노출된 경우에 접속부 등 필요한 장소에 자동경보장치를 설치하고, 「도시가스사업법」에 따른 해당 도시가스사업자와 합동으로 정기적 순회점검을 하여야 한다.
④ 사업주는 제2항 및 제3항에 따른 자동경보장치에 대하여 당일 작업 시작 전 다음 각 호의 사항을 점검하고 이상을 발견하면 즉시 보수하여야 한다.
1. 계기의 이상 유무
2. 검지부의 이상 유무
3. 경보장치의 작동상태

제2속 낙반 등에 의한 위험의 방지

제351조(낙반 등에 의한 위험의 방지) 사업주는 터널 등의 건설작업을 하는 경우에 낙반 등에 의하여 근로자가 위험해질 우려가 있는 경우에 터널 지보공 및 록볼트의 설치, 부석(浮石)의 제거 등 위험을 방지하기 위하여 필요한 조치를 하여야 한다.

제352조(출입구 부근 등의 지반 붕괴 등에 의한 위험의 방지) 사업주는 터널 등의 건설작업을 할 때에 터널 등의 출입구 부근의 지반의 붕괴나 토사 등의 낙하에 의하여 근로자가 위험해질 우려가 있는 경우에는 흙막이 지보공이나 방호망을 설치하는 등 위험을 방지하기 위하여 필요한 조치를 해야 한다. 〈개정 2023. 11. 14.〉
[제목개정 2023. 11. 14.]

제353조(시계의 유지) 사업주는 터널건설작업을 할 때에 터널 내부의 시계(視界)가 배기가스나 분진 등에 의하여 현저하게 제한되는 경우에는 환기를 하거나 물을 뿌리는 등 시계를 유지하기 위하여 필요한 조치를 하여야 한다.

제354조(굴착기계 등의 사용 금지 등) 터널건설작업에 관하여는 제342조 및 제344조를 준용한다. 〈개정 2023. 11. 14.〉
[제목개정 2023. 11. 14.]

제355조(가스제거 등의 조치) 사업주는 터널 등의 굴착작업을 할 때에 인화성 가스가 분출할 위험이 있는 경우에는 그 인화성 가스에 의한 폭발이나 화재를 예방하기 위하여 보링(Boring)에 의한 가스 제거 및 그 밖에 인화성 가스의 분출을 방지하는 등 필요한 조치를 하여야 한다.

제356조(용접 등 작업 시의 조치) 사업주는 터널건설작업을 할 때에 그 터널 등의 내부에서 금속의 용접·용단 또는 가열작업을 하는 경우에는 화재를 예방하기 위하여 다음 각 호의 조치를 하여야 한다.
1. 부근에 있는 넝마, 나무부스러기, 종이부스러기, 그 밖의 인화성 액체를 제거하거나, 그 인화성 액체에 불연성 물질의 덮개를 하거나, 그 작업에 수반하는 불티 등이 날아 흩어

지는 것을 방지하기 위한 격벽을 설치할 것
2. 해당 작업에 종사하는 근로자에게 소화설비의 설치장소 및 사용방법을 주지시킬 것
3. 해당 작업 종료 후 불티 등에 의하여 화재가 발생할 위험이 있는지를 확인할 것

제357조(점화물질 휴대 금지) 사업주는 작업의 성질상 부득이한 경우를 제외하고는 터널 내부에서 근로자가 화기, 성냥, 라이터, 그 밖에 발화위험이 있는 물건을 휴대하는 것을 금지하고, 그 내용을 터널의 출입구 부근의 보기 쉬운 장소에 게시하여야 한다.

제358조(방화담당자의 지정 등) 사업주는 터널건설작업을 하는 경우에는 그 터널 내부의 화기나 아크를 사용하는 장소에 방화담당자를 지정하여 다음 각 호의 업무를 이행하도록 하여야 한다. 다만, 제356조에 따른 조치를 완료한 작업장소에 대해서는 그러하지 아니하다.
1. 화기나 아크 사용 상황을 감시하고 이상을 발견한 경우에는 즉시 필요한 조치를 하는 일
2. 불 찌꺼기가 있는지를 확인하는 일

제359조(소화설비 등) 사업주는 터널건설작업을 하는 경우에는 해당 터널 내부의 화기나 아크를 사용하는 장소 또는 배전반, 변압기, 차단기 등을 설치하는 장소에 소화설비를 설치하여야 한다.

제360조(작업의 중지 등) ① 사업주는 터널건설작업을 할 때에 낙반·출수(出水) 등에 의하여 산업재해가 발생할 급박한 위험이 있는 경우에는 즉시 작업을 중지하고 근로자를 안전한 장소로 대피시켜야 한다.
② 사업주는 제1항에 따른 재해발생위험을 관계 근로자에게 신속히 알리기 위한 비상벨 등 통신설비 등을 설치하고, 그 설치장소를 관계 근로자에게 알려 주어야 한다.

제3속 터널 지보공

제361조(터널 지보공의 재료) 사업주는 터널 지보공의 재료로 변형·부식 또는 심하게 손상된 것을 사용해서는 아니 된다.

제362조(터널 지보공의 구조) 사업주는 터널 지보공을 설치하는 장소의 지반과 관계되는 지질·지층·함수·용수·균열 및 부식의 상태와 굴착 방법에 상응하는 견고한 구조의 터널 지보공을 사용하여야 한다.

제363조(조립도) ① 사업주는 터널 지보공을 조립하는 경우에는 미리 그 구조를 검토한 후 조립도를 작성하고, 그 조립도에 따라 조립하도록 하여야 한다.
② 제1항의 조립도에는 재료의 재질, 단면규격, 설치간격 및 이음방법 등을 명시하여야 한다.

제364조(조립 또는 변경시의 조치) 사업주는 터널 지보공을 조립하거나 변경하는 경우에는

다음 각 호의 사항을 조치하여야 한다.
1. 주재(主材)를 구성하는 1세트의 부재는 동일 평면 내에 배치할 것
2. 목재의 터널 지보공은 그 터널 지보공의 각 부재의 긴압 정도가 균등하게 되도록 할 것
3. 기둥에는 침하를 방지하기 위하여 받침목을 사용하는 등의 조치를 할 것
4. 강(鋼)아치 지보공의 조립은 다음 각 목의 사항을 따를 것
   가. 조립간격은 조립도에 따를 것
   나. 주재가 아치작용을 충분히 할 수 있도록 쐐기를 박는 등 필요한 조치를 할 것
   다. 연결볼트 및 띠장 등을 사용하여 주재 상호간을 튼튼하게 연결할 것
   라. 터널 등의 출입구 부분에는 받침대를 설치할 것
   마. 낙하물이 근로자에게 위험을 미칠 우려가 있는 경우에는 널판 등을 설치할 것
5. 목재 지주식 지보공은 다음 각 목의 사항을 따를 것
   가. 주기둥은 변위를 방지하기 위하여 쐐기 등을 사용하여 지반에 고정시킬 것
   나. 양끝에는 받침대를 설치할 것
   다. 터널 등의 목재 지주식 지보공에 세로방향의 하중이 걸림으로써 넘어지거나 비틀어질 우려가 있는 경우에는 양끝 외의 부분에도 받침대를 설치할 것
   라. 부재의 접속부는 꺾쇠 등으로 고정시킬 것
6. 강아치 지보공 및 목재지주식 지보공 외의 터널 지보공에 대해서는 터널 등의 출입구 부분에 받침대를 설치할 것

제365조(부재의 해체) 사업주는 하중이 걸려 있는 터널 지보공의 부재를 해체하는 경우에는 해당 부재에 걸려있는 하중을 터널 거푸집 및 동바리가 받도록 조치를 한 후에 그 부재를 해체해야 한다. 〈개정 2023. 11. 14.〉

제366조(붕괴 등의 방지) 사업주는 터널 지보공을 설치한 경우에 다음 각 호의 사항을 수시로 점검하여야 하며, 이상을 발견한 경우에는 즉시 보강하거나 보수하여야 한다.
1. 부재의 손상·변형·부식·변위 탈락의 유무 및 상태
2. 부재의 긴압 정도
3. 부재의 접속부 및 교차부의 상태
4. 기둥침하의 유무 및 상태

제4속 터널 거푸집 및 동바리 〈개정 2023. 11. 14.〉

제367조(터널 거푸집 및 동바리의 재료) 사업주는 터널 거푸집 및 동바리의 재료로 변형·부식되거나 심하게 손상된 것을 사용해서는 안 된다. 〈개정 2023. 11. 14.〉
[제목개정 2023. 11. 14.]

제368조(터널 거푸집 및 동바리의 구조) 사업주는 터널 거푸집 및 동바리에 걸리는 하중 또는 거푸집의 형상 등에 상응하는 견고한 구조의 터널 거푸집 및 동바리를 사용해야 한다. 〈개정 2023. 11. 14.〉
[제목개정 2023. 11. 14.]

제4관 교량작업

제369조(작업 시 준수사항) 사업주는 제38조 제1항 제8호에 따른 교량의 설치·해체 또는 변경작업을 하는 경우에는 다음 각 호의 사항을 준수하여야 한다.
 1. 작업을 하는 구역에는 관계 근로자가 아닌 사람의 출입을 금지할 것
 2. 재료, 기구 또는 공구 등을 올리거나 내릴 경우에는 근로자로 하여금 달줄, 달포대 등을 사용하도록 할 것
 3. 중량물 부재를 크레인 등으로 인양하는 경우에는 부재에 인양용 고리를 견고하게 설치하고, 인양용 로프는 부재에 두 군데 이상 결속하여 인양하여야 하며, 중량물이 안전하게 거치되기 전까지는 걸이로프를 해제시키지 아니할 것
 4. 자재나 부재의 낙하·전도 또는 붕괴 등에 의하여 근로자에게 위험을 미칠 우려가 있을 경우에는 출입금지구역의 설정, 자재 또는 가설시설의 좌굴(挫屈) 또는 변형 방지를 위한 보강재 부착 등의 조치를 할 것

제5관 채석작업

제370조(지반 붕괴 등의 위험방지) 사업주는 채석작업을 하는 경우 지반의 붕괴 또는 토사 등의 낙하로 인하여 근로자에게 발생할 우려가 있는 위험을 방지하기 위하여 다음 각 호의 조치를 해야 한다. 〈개정 2023. 11. 14.〉
 1. 점검자를 지명하고 당일 작업 시작 전에 작업장소 및 그 주변 지반의 부석과 균열의 유무와 상태, 함수·용수 및 동결상태의 변화를 점검할 것
 2. 점검자는 발파 후 그 발파 장소와 그 주변의 부석 및 균열의 유무와 상태를 점검할 것
[제목개정 2023. 11. 14.]

제371조(인접채석장과의 연락) 사업주는 지반의 붕괴, 토사 등의 비래(飛來) 등으로 인한 근로자의 위험을 방지하기 위하여 인접한 채석장에서의 발파 시기·부석 제거 방법 등 필요한 사항에 관하여 그 채석장과 연락을 유지해야 한다. 〈개정 2023. 11. 14.〉

제372조(붕괴 등에 의한 위험 방지) 사업주는 채석작업(갱내에서의 작업은 제외한다)을 하는 경우에 붕괴 또는 낙하에 의하여 근로자를 위험하게 할 우려가 있는 토석·입목 등을 미리 제거하거나 방호망을 설치하는 등 위험을 방지하기 위하여 필요한 조치를 하여야 한다.

제373조(낙반 등에 의한 위험 방지) 사업주는 갱내에서 채석작업을 하는 경우로서 토사 등의 낙하 또는 측벽의 붕괴로 인하여 근로자에게 위험이 발생할 우려가 있는 경우에 동바리 또는 버팀대를 설치한 후 천장을 아치형으로 하는 등 그 위험을 방지하기 위한 조치를 해야 한다. 〈개정 2023. 11. 14.〉

제374조(운행경로 등의 주지) ① 사업주는 채석작업을 하는 경우에 미리 굴착기계 등의 운행경로 및 토석의 적재장소에 대한 출입방법을 정하여 관계 근로자에게 주지시켜야 한다.
② 사업주는 제1항의 작업을 하는 경우에 운행경로의 보수, 그밖에 경로를 유효하게 유지하기 위하여 감시인을 배치하거나 작업 중임을 표시하여야 한다.

제375조(굴착기계 등의 유도) ① 사업주는 채석작업을 할 때에 굴착기계 등이 근로자의 작업장소에 후진하여 접근하거나 굴러 떨어질 우려가 있는 경우에는 유도자를 배치하고 굴착기계 등을 유도하여야 한다. 〈개정 2019. 10. 15.〉
② 굴착기계 등의 운전자는 유도자의 유도에 따라야 한다.

제6관 잠함 내 작업 등

제376조(급격한 침하로 인한 위험 방지) 사업주는 잠함 또는 우물통의 내부에서 근로자가 굴착작업을 하는 경우에 잠함 또는 우물통의 급격한 침하에 의한 위험을 방지하기 위하여 다음 각 호의 사항을 준수하여야 한다.
1. 침하관계도에 따라 굴착방법 및 재하량(載荷量) 등을 정할 것
2. 바닥으로부터 천장 또는 보까지의 높이는 1.8미터 이상으로 할 것

제377조(잠함 등 내부에서의 작업) ① 사업주는 잠함, 우물통, 수직갱, 그 밖에 이와 유사한 건설물 또는 설비(이하 "잠함 등"이라 한다)의 내부에서 굴착작업을 하는 경우에 다음 각 호의 사항을 준수하여야 한다.
1. 산소 결핍 우려가 있는 경우에는 산소의 농도를 측정하는 사람을 지명하여 측정하도록 할 것
2. 근로자가 안전하게 오르내리기 위한 설비를 설치할 것
3. 굴착 깊이가 20미터를 초과하는 경우에는 해당 작업장소와 외부와의 연락을 위한 통신설비 등을 설치할 것

② 사업주는 제1항 제1호에 따른 측정 결과 산소 결핍이 인정되거나 굴착 깊이가 20미터를 초과하는 경우에는 송기(送氣)를 위한 설비를 설치하여 필요한 양의 공기를 공급해야 한다.

제378조(작업의 금지) 사업주는 다음 각 호의 어느 하나에 해당하는 경우에 잠함 등의 내부에서 굴착작업을 하도록 해서는 아니 된다.

1. 제377조 제1항 제2호·제3호 및 같은 조 제2항에 따른 설비에 고장이 있는 경우
2. 잠함 등의 내부에 많은 양의 물 등이 스며들 우려가 있는 경우

제7관 가설도로

제379조(가설도로) 사업주는 공사용 가설도로를 설치하는 경우에 다음 각 호의 사항을 준수하여야 한다. 〈개정 2019. 10. 15.〉
1. 도로는 장비와 차량이 안전하게 운행할 수 있도록 견고하게 설치할 것
2. 도로와 작업장이 접하여 있을 경우에는 울타리 등을 설치할 것
3. 도로는 배수를 위하여 경사지게 설치하거나 배수시설을 설치할 것
4. 차량의 속도제한 표지를 부착할 것

제3절 철골작업 시의 위험방지

제380조(철골조립 시의 위험 방지) 사업주는 철골을 조립하는 경우에 철골의 접합부가 충분히 지지되도록 볼트를 체결하거나 이와 같은 수준 이상의 견고한 구조가 되기 전에는 들어올린 철골을 걸이로프 등으로부터 분리해서는 아니 된다. 〈개정 2019. 1. 31.〉

제381조(승강로의 설치) 사업주는 근로자가 수직방향으로 이동하는 철골부재(鐵骨部材)에는 답단(踏段) 간격이 30센티미터 이내인 고정된 승강로를 설치하여야 하며, 수평방향 철골과 수직방향 철골이 연결되는 부분에는 연결작업을 위하여 작업발판 등을 설치하여야 한다.

제382조(가설통로의 설치) 사업주는 철골작업을 하는 경우에 근로자의 주요 이동통로에 고정된 가설통로를 설치하여야 한다. 다만, 제44조에 따른 안전대의 부착설비 등을 갖춘 경우에는 그러하지 아니하다.

제383조(작업의 제한) 사업주는 다음 각 호의 어느 하나에 해당하는 경우에 철골작업을 중지하여야 한다.
1. 풍속이 초당 10미터 이상인 경우
2. 강우량이 시간당 1밀리미터 이상인 경우
3. 강설량이 시간당 1센티미터 이상인 경우

제4절 해체작업 시 위험방지 〈개정 2023. 11. 14.〉

제384조(해체작업 시 준수사항) ① 사업주는 구축물 등의 해체작업 시 구축물 등을 무너뜨리는 작업을 하기 전에 구축물 등이 넘어지는 위치, 파편의 비산거리 등을 고려하여 해당 작

업 반경 내에 사람이 없는지 미리 확인한 후 작업을 실시해야 하고, 무너뜨리는 작업 중에는 해당 작업 반경 내에 관계 근로자가 아닌 사람의 출입을 금지해야 한다. 〈개정 2023. 11. 14.〉

② 사업주는 건축물 해체공법 및 해체공사 구조 안전성을 검토한 결과 「건축물관리법」 제30조 제3항에 따른 해체계획서대로 해체되지 못하고 건축물이 붕괴할 우려가 있는 경우에는 「건축물관리법 시행규칙」 제12조 제3항 및 국토교통부장관이 정하여 고시하는 바에 따라 구조보강계획을 작성해야 한다. 〈신설 2023. 11. 14.〉

[제목개정 2023. 11. 14.]

제5장 중량물 취급 시의 위험방지

제385조(중량물 취급) 사업주는 중량물을 운반하거나 취급하는 경우에 하역운반기계·운반용구(이하 "하역운반기계 등"이라 한다)를 사용하여야 한다. 다만, 작업의 성질상 하역운반기계 등을 사용하기 곤란한 경우에는 그러하지 아니하다.

제386조(중량물의 구름 위험방지) 사업주는 드럼통 등 구를 위험이 있는 중량물을 보관하거나 작업 중 구를 위험이 있는 중량물을 취급하는 경우에는 다음 각 호의 사항을 준수해야 한다. 〈개정 2023. 11. 14.〉

1. 구름멈춤대, 쐐기 등을 이용하여 중량물의 동요나 이동을 조절할 것
2. 중량물이 구를 위험이 있는 방향 앞의 일정거리 이내로는 근로자의 출입을 제한할 것. 다만, 중량물을 보관하거나 작업 중인 장소가 경사면인 경우에는 경사면 아래로는 근로자의 출입을 제한해야 한다.

[제목개정 2023. 11. 14.]

제6장 하역작업 등에 의한 위험방지

제1절 화물취급 작업 등

제387조(꼬임이 끊어진 섬유로프 등의 사용 금지) 사업주는 다음 각 호의 어느 하나에 해당하는 섬유로프 등을 화물운반용 또는 고정용으로 사용해서는 아니 된다.
1. 꼬임이 끊어진 것
2. 심하게 손상되거나 부식된 것

제388조(사용 전 점검 등) 사업주는 섬유로프 등을 사용하여 화물취급작업을 하는 경우에 해당 섬유로프 등을 점검하고 이상을 발견한 섬유로프 등을 즉시 교체하여야 한다.

제389조(화물 중간에서 화물 빼내기 금지) 사업주는 차량 등에서 화물을 내리는 작업을 하는

경우에 해당 작업에 종사하는 근로자에게 쌓여 있는 화물 중간에서 화물을 **빼내도록** 해서는 아니 된다.

제390조(하역작업장의 조치기준) 사업주는 부두·안벽 등 하역작업을 하는 장소에 다음 각 호의 조치를 하여야 한다.
1. 작업장 및 통로의 위험한 부분에는 안전하게 작업할 수 있는 조명을 유지할 것
2. 부두 또는 안벽의 선을 따라 통로를 설치하는 경우에는 폭을 90센티미터 이상으로 할 것
3. 육상에서의 통로 및 작업장소로서 다리 또는 선거(船渠) 갑문(閘門)을 넘는 보도(步道) 등의 위험한 부분에는 안전난간 또는 울타리 등을 설치할 것

제391조(하적단의 간격) 사업주는 바닥으로부터의 높이가 2미터 이상 되는 하적단(포대·가마니 등으로 포장된 화물이 쌓여 있는 것만 해당한다)과 인접 하적단 사이의 간격을 하적단의 밑부분을 기준하여 10센티미터 이상으로 하여야 한다.

제392조(하적단의 붕괴 등에 의한 위험방지) ① 사업주는 하적단의 붕괴 또는 화물의 낙하에 의하여 근로자가 위험해질 우려가 있는 경우에는 그 하적단을 로프로 묶거나 망을 치는 등 위험을 방지하기 위하여 필요한 조치를 하여야 한다.
② 하적단을 쌓는 경우에는 기본형을 조성하여 쌓아야 한다.
③ 하적단을 헐어내는 경우에는 위에서부터 순차적으로 층계를 만들면서 헐어내어야 하며, 중간에서 헐어내어서는 아니 된다.

제393조(화물의 적재) 사업주는 화물을 적재하는 경우에 다음 각 호의 사항을 준수하여야 한다.
1. 침하 우려가 없는 튼튼한 기반 위에 적재할 것
2. 건물의 칸막이나 벽 등이 화물의 압력에 견딜 만큼의 강도를 지니지 아니한 경우에는 칸막이나 벽에 기대어 적재하지 않도록 할 것
3. 불안정할 정도로 높이 쌓아 올리지 말 것
4. 하중이 한쪽으로 치우치지 않도록 쌓을 것

제2절 항만하역작업

제394조(통행설비의 설치 등) 사업주는 갑판의 윗면에서 선창(船倉) 밑바닥까지의 깊이가 1.5미터를 초과하는 선창의 내부에서 화물취급작업을 하는 경우에 그 작업에 종사하는 근로자가 안전하게 통행할 수 있는 설비를 설치하여야 한다. 다만, 안전하게 통행할 수 있는 설비가 선박에 설치되어 있는 경우에는 그러하지 아니하다.

제395조(급성 중독물질 등에 의한 위험 방지) 사업주는 항만하역작업을 시작하기 전에 그 작

업을 하는 선창 내부, 갑판 위 또는 안벽 위에 있는 화물 중에 별표 1의 급성 독성물질이 있는지를 조사하여 안전한 취급방법 및 누출 시 처리방법을 정하여야 한다.

제396조(무포장 화물의 취급방법) ① 사업주는 선창 내부의 밀·콩·옥수수 등 무포장 화물을 내리는 작업을 할 때에는 시프팅보드(Shifting Board), 피더박스(Feeder Box) 등 화물 이동 방지를 위한 칸막이벽이 넘어지거나 떨어짐으로써 근로자가 위험해질 우려가 있는 경우에는 그 칸막이벽을 해체한 후 작업을 하도록 하여야 한다.
② 사업주는 진공흡입식 언로더(Unloader) 등의 하역기계를 사용하여 무포장 화물을 하역할 때 그 하역기계의 이동 또는 작동에 따른 흔들림 등으로 인하여 근로자가 위험해질 우려가 있는 경우에는 근로자의 접근을 금지하는 등 필요한 조치를 하여야 한다.

제397조(선박승강설비의 설치) ① 사업주는 300톤급 이상의 선박에서 하역작업을 하는 경우에 근로자들이 안전하게 오르내릴 수 있는 현문(舷門) 사다리를 설치하여야 하며, 이 사다리 밑에 안전망을 설치하여야 한다.
② 제1항에 따른 현문 사다리는 견고한 재료로 제작된 것으로 너비는 55센티미터 이상이어야 하고, 양측에 82센티미터 이상의 높이로 울타리를 설치하여야 하며, 바닥은 미끄러지지 않도록 적합한 재질로 처리되어야 한다. 〈개정 2019. 10. 15.〉
③ 제1항의 현문 사다리는 근로자의 통행에만 사용하여야 하며, 화물용 발판 또는 화물용 보관으로 사용하도록 해서는 아니 된다.

제398조(통선 등에 의한 근로자 수송 시의 위험 방지) 사업주는 통선(通船) 등에 의하여 근로자를 작업장소로 수송(輸送)하는 경우 그 통선 등이 정하는 탑승정원을 초과하여 근로자를 승선시켜서는 아니 되며, 통선 등에 구명용구를 갖추어 두는 등 근로자의 위험 방지에 필요한 조치를 취하여야 한다.

제399조(수상의 목재·뗏목 등의 작업 시 위험 방지) 사업주는 물 위의 목재·원목·뗏목 등에서 작업을 하는 근로자에게 구명조끼를 착용하도록 하여야 하며, 인근에 인명구조용 선박을 배치하여야 한다.

제400조(베일포장화물의 취급) 사업주는 양화장치를 사용하여 베일포장으로 포장된 화물을 하역하는 경우에 그 포장에 사용된 철사·로프 등에 훅을 걸어서는 아니 된다.

제401조(동시 작업의 금지) 사업주는 같은 선창 내부의 다른 층에서 동시에 작업을 하도록 해서는 아니 된다. 다만, 방망(防網) 및 방포(防布) 등 화물의 낙하를 방지하기 위한 설비를 설치한 경우에는 그러하지 아니하다.

제402조(양하작업 시의 안전조치) ① 사업주는 양화장치 등을 사용하여 양하작업을 하는 경우에 선창 내부의 화물을 안전하게 운반할 수 있도록 미리 해치(Hatch)의 수직하부에 옮

겨 놓아야 한다.

② 제1항에 따라 화물을 옮기는 경우에는 대차(臺車) 또는 스내치 블록(Snatch Block)을 사용하는 등 안전한 방법을 사용하여야 하며, 화물을 슬링 로프(Sling Rope)로 연결하여 직접 끌어내는 등 안전하지 않은 방법을 사용해서는 아니 된다.

제403조(훅부착슬링의 사용) 사업주는 양화장치 등을 사용하여 드럼통 등의 화물권상작업을 하는 경우에 그 화물이 벗어지거나 탈락하는 것을 방지하는 구조의 해지장치가 설치된 훅부착슬링을 사용하여야 한다. 다만, 작업의 성질상 보조슬링을 연결하여 사용하는 경우 화물에 직접 연결하는 혹은 그러하지 아니하다.

제404조(로프 탈락 등에 의한 위험방지) 사업주는 양화장치 등을 사용하여 로프로 화물을 잡아당기는 경우에 로프나 도르래가 떨어져 나감으로써 근로자가 위험해질 우려가 있는 장소에 근로자를 출입시켜서는 아니 된다.

제7장 벌목작업에 의한 위험 방지

제405조(벌목작업 시 등의 위험 방지) ① 사업주는 벌목작업 등을 하는 경우에 다음 각 호의 사항을 준수하도록 해야 한다. 다만, 유압식 벌목기를 사용하는 경우에는 그렇지 않다. 〈개정 2021. 11. 19.〉

1. 벌목하려는 경우에는 미리 대피로 및 대피장소를 정해 둘 것
2. 벌목하려는 나무의 가슴높이지름이 20센티미터 이상인 경우에는 수구(베어지는 쪽의 밑동 부근에 만드는 쐐기 모양의 절단면)의 상면·하면의 각도를 30도 이상으로 하며, 수구 깊이는 뿌리부분 지름의 4분의 1 이상 3분의 1 이하로 만들 것
3. 벌목작업 중에는 벌목하려는 나무로부터 해당 나무 높이의 2배에 해당하는 직선거리 안에서 다른 작업을 하지 않을 것
4. 나무가 다른 나무에 걸려있는 경우에는 다음 각 목의 사항을 준수할 것
   가. 걸려있는 나무 밑에서 작업을 하지 않을 것
   나. 받치고 있는 나무를 벌목하지 않을 것

② 사업주는 유압식 벌목기에는 견고한 헤드 가드(Head Guard)를 부착하여야 한다.

제406조(벌목의 신호 등) ① 사업주는 벌목작업을 하는 경우에는 일정한 신호방법을 정하여 그 작업에 종사하는 근로자에게 주지시켜야 한다.

② 사업주는 벌목작업에 종사하는 근로자가 아닌 사람에게 벌목에 의한 위험이 발생할 우려가 있는 경우에는 벌목작업에 종사하는 근로자에게 미리 제1항의 신호를 하도록 하여 다른 근로자가 대피한 것을 확인한 후에 벌목하도록 하여야 한다.

제8장 궤도 관련 작업 등에 의한 위험 방지

제1절 운행열차 등으로 인한 위험방지

제407조(열차운행감시인의 배치 등) ① 사업주는 열차 운행에 의한 충돌사고가 발생할 우려가 있는 궤도를 보수·점검하는 경우에 열차운행감시인을 배치하여야 한다. 다만, 선로순회 등 선로를 이동하면서 하는 단순점검의 경우에는 그러하지 아니하다.

② 사업주는 열차운행감시인을 배치한 경우에 위험을 즉시 알릴 수 있도록 확성기·경보기·무선통신기 등 그 작업에 적합한 신호장비를 지급하고, 열차운행 감시 중에는 감시 외의 업무에 종사하게 해서는 아니 된다.

제408조(열차통행 중의 작업 제한) 사업주는 열차가 운행하는 궤도(인접궤도를 포함한다)상에서 궤도와 그 밖의 관련 설비의 보수·점검작업 등을 하는 중 위험이 발생할 때에 작업자들이 안전하게 대피할 수 있도록 열차통행의 시간간격을 충분히 하고, 작업자들이 안전하게 대피할 수 있는 공간이 확보된 것을 확인한 후에 작업에 종사하도록 하여야 한다.

제409조(열차의 점검·수리 등) ① 사업주는 열차 운행 중에 열차를 점검·수리하거나 그 밖에 이와 유사한 작업을 할 때에 열차에 의하여 근로자에게 접촉·충돌·감전 또는 추락 등의 위험이 발생할 우려가 있는 경우에는 다음 각 호의 조치를 하여야 한다. 〈개정 2019. 1. 31.〉

1. 열차의 운전이 정지된 후 작업을 하도록 하고, 점검 등의 작업 완료 후 열차 운전을 시작하기 전에 반드시 작업자와 신호하여 접촉위험이 없음을 확인하고 운전을 재개하도록 할 것
2. 열차의 유동 방지를 위하여 차바퀴막이 등 필요한 조치를 할 것
3. 노출된 열차충전부에 잔류전하 방전조치를 하거나 근로자에게 절연보호구를 지급하여 착용하도록 할 것
4. 열차의 상판에서 작업을 하는 경우에는 그 주변에 작업발판 또는 안전매트를 설치할 것

② 열차의 정기적인 점검·정비 등의 작업은 지정된 정비차고지 또는 열차에 근로자가 끼이거나 열차와 근로자가 충돌할 위험이 없는 유치선(留置線) 등의 장소에서 하여야 한다.

제2절 궤도 보수·점검작업의 위험 방지

제410조(안전난간 및 울타리의 설치 등) ① 사업주는 궤도작업차량으로부터 작업자가 떨어지는 등의 위험이 있는 경우에 해당 부위에 견고한 구조의 안전난간 또는 이에 준하는 설비를 설치하거나 안전대를 사용하도록 하는 등의 위험 방지 조치를 하여야 한다.

② 사업주는 궤도작업차량에 의한 작업을 하는 경우 그 궤도작업차량의 상판 등 감전발생

위험이 있는 장소에 울타리를 설치하거나 그 장소의 충전전로에 절연용 방호구를 설치하는 등 감전재해예방에 필요한 조치를 하여야 한다. 〈개정 2019. 10. 15.〉
[제목개정 2019. 10. 15.]

제411조(자재의 붕괴·낙하 방지) 사업주는 궤도작업차량을 이용하여 받침목·자갈과 그 밖의 궤도 관련 작업 자재를 운반·설치·살포하는 등의 작업을 하는 경우 자재의 붕괴·낙하 등으로 인한 위험을 방지하기 위하여 버팀목이나 보호망을 설치하거나 로프를 거는 등의 위험 방지 조치를 하여야 한다. 〈개정 2014. 9. 30.〉

제412조(접촉의 방지) 사업주는 궤도작업차량을 이용하는 작업을 하는 경우 유도하는 사람을 지정하여 궤도작업차량을 유도하여야 하며, 운전 중인 궤도작업차량 또는 자재에 근로자가 접촉될 위험이 있는 장소에는 관계 근로자가 아닌 사람을 출입시켜서는 아니 된다.

제413조(제동장치의 구비 등) ① 사업주는 궤도를 단독으로 운행하는 트롤리에 반드시 제동장치를 구비하여야 하며 사용하기 전에 제동상태를 확인하여야 한다.
② 궤도작업차량에 견인용 트롤리를 연결하는 경우에는 적합한 연결장치를 사용하여야 한다.

제3절 입환작업 시의 위험방지

제414조(유도자의 지정 등) ① 입환기 운전자와 유도하는 사람 사이에는 서로 팔이나 기(旗) 또는 등(燈)에 의한 신호를 맨눈으로 확인하여 안전하게 작업하도록 하여야 하고, 맨눈으로 신호를 확인할 수 없는 곳에서의 입환작업은 연계(連繫) 유도자를 두어 작업하도록 하여야 한다. 다만, 정확히 의사를 전달할 수 있는 무전기 등의 통신수단을 지급한 경우에는 연계 유도자를 따로 두지 아니할 수 있다. 〈개정 2019. 10. 15.〉
② 사업주는 입환기 운행 시 제1항 본문에 따른 유도하는 사람이 근로자의 추락·충돌·끼임 등의 위험요인을 감시하면서 입환기를 유도하도록 하여야 하며, 다른 근로자에게 위험을 알릴 수 있도록 확성기·경보기·무선통신기 등 경보장비를 지급하여야 한다.

제415조(추락·충돌·협착 등의 방지) ① 사업주는 입환기(入換機)를 사용하는 작업의 경우에는 다음 각 호의 조치를 하여야 한다. 〈개정 2019. 4. 19.〉
1. 열차운행 중에 열차에 뛰어오르거나 뛰어내리지 않도록 근로자에게 알릴 것
2. 열차에 오르내리기 위한 수직사다리에는 미끄러짐을 방지할 수 있는 견고한 손잡이를 설치할 것
3. 열차에 오르내리기 위한 수직사다리에 근로자가 매달린 상태에서는 열차를 운행하지 않도록 할 것
4. 근로자가 탑승하는 위치에는 안전난간을 설치할 것. 다만, 열차의 구조적인 문제로 안

전난간을 설치할 수 없는 경우에는 발받침과 손잡이 등을 설치하여야 한다.
② 사업주는 입환기 운행선로로 다른 열차가 운행하는 것을 제한하여 운행열차와 근로자가 충돌할 위험을 방지하여야 한다. 다만, 유도하는 사람에 의하여 안전하게 작업을 하도록 하는 경우에는 그러하지 아니하다.
③ 사업주는 열차를 연결하거나 분리하는 작업을 할 때에 그 작업에 종사하는 근로자가 차량 사이에 끼이는 등의 위험이 발생할 우려가 있는 경우에는 입환기를 안전하게 정지시키도록 하여야 한다.
④ 사업주는 입환작업 시 그 작업장소에 관계자가 아닌 사람이 출입하도록 해서는 아니 된다. 다만, 작업장소에 안전한 통로가 설치되어 열차와의 접촉위험이 없는 경우에는 그러하지 아니하다.

제416조(작업장 등의 시설 정비) 사업주는 근로자가 안전하게 입환작업을 할 수 있도록 그 작업장소의 시설을 자주 정비하여 정상적으로 이용할 수 있는 안전한 상태로 유지하고 관리하여야 한다.

제4절 터널·지하구간 및 교량 작업 시의 위험방지

제417조(대피공간) ① 사업주는 궤도를 설치한 터널·지하구간 및 교량 등에서 근로자가 통행하거나 작업을 하는 경우에 적당한 간격마다 대피소를 설치하여야 한다. 다만, 궤도 옆에 상당한 공간이 있거나 손쉽게 교량을 건널 수 있어 그 궤도를 운행하는 차량에 접촉할 위험이 없는 경우에는 그러하지 아니하다.
② 제1항에 따른 대피소는 작업자가 작업도구 등을 소지하고 대피할 수 있는 충분한 공간을 확보하여야 한다.

제418조(교량에서의 추락 방지) 사업주는 교량에서 궤도와 그 밖의 관련 설비의 보수·점검 등의 작업을 하는 경우에 추락 위험을 방지할 수 있도록 안전난간 또는 안전망을 설치하거나 안전대를 지급하여 착용하게 하여야 한다.

제419조(받침목교환작업 등) 사업주는 터널·지하구간 또는 교량에서 받침목교환작업 등을 하는 동안 열차의 운행을 중지시키고, 작업공간을 충분히 확보하여 근로자가 안전하게 작업을 하도록 하여야 한다. 〈개정 2014. 9. 30.〉
[제목개정 2014. 9. 30.]

제3편 보건기준

제1장 관리대상 유해물질에 의한 건강장해의 예방

제1절 통칙

제420조(정의) 이 장에서 사용하는 용어의 뜻은 다음과 같다. 〈개정 2012. 3. 5., 2013. 3. 21., 2017. 3. 3., 2019. 10. 15., 2019. 12. 26.〉

1. "관리대상 유해물질"이란 근로자에게 상당한 건강장해를 일으킬 우려가 있어 법 제39조에 따라 건강장해를 예방하기 위한 보건상의 조치가 필요한 원재료·가스·증기·분진·흄, 미스트로서 별표 12에서 정한 유기화합물, 금속류, 산·알칼리류, 가스상태 물질류를 말한다.
2. "유기화합물"이란 상온·상압(常壓)에서 휘발성이 있는 액체로서 다른 물질을 녹이는 성질이 있는 유기용제(有機溶劑)를 포함한 탄화수소계화합물 중 별표 12 제1호에 따른 물질을 말한다.
3. "금속류"란 고체가 되었을 때 금속광택이 나고 전기·열을 잘 전달하며, 전성(展性)과 연성(延性)을 가진 물질 중 별표 12 제2호에 따른 물질을 말한다.
4. "산·알칼리류"란 수용액(水溶液) 중에서 해리(解離)하여 수소이온을 생성하고 염기와 중화하여 염을 만드는 물질과 산을 중화하는 수산화화합물로서 물에 녹는 물질 중 별표 12 제3호에 따른 물질을 말한다.
5. "가스상태 물질류"란 상온·상압에서 사용하거나 발생하는 가스 상태의 물질로서 별표 12 제4호에 따른 물질을 말한다.
6. "특별관리물질"이란 「산업안전보건법 시행규칙」 별표 18 제1호나목에 따른 발암성 물질, 생식세포 변이원성 물질, 생식독성(生殖毒性) 물질 등 근로자에게 중대한 건강장해를 일으킬 우려가 있는 물질로서 별표 12에서 특별관리물질로 표기된 물질을 말한다.
7. "유기화합물 취급 특별장소"란 유기화합물을 취급하는 다음 각 목의 어느 하나에 해당하는 장소를 말한다.
    가. 선박의 내부
    나. 차량의 내부
    다. 탱크의 내부(반응기 등 화학설비 포함)
    라. 터널이나 갱의 내부
    마. 맨홀의 내부
    바. 피트의 내부
    사. 통풍이 충분하지 않은 수로의 내부

아. 덕트의 내부
자. 수관(水管)의 내부
차. 그 밖에 통풍이 충분하지 않은 장소
8. "임시작업"이란 일시적으로 하는 작업 중 월 24시간 미만인 작업을 말한다. 다만, 월 10시간 이상 24시간 미만인 작업이 매월 행하여지는 작업은 제외한다.
9. "단시간작업"이란 관리대상 유해물질을 취급하는 시간이 1일 1시간 미만인 작업을 말한다. 다만, 1일 1시간 미만인 작업이 매일 수행되는 경우는 제외한다.

제421조(적용 제외) ① 사업주가 관리대상 유해물질의 취급업무에 근로자를 종사하도록 하는 경우로서 작업시간 1시간당 소비하는 관리대상 유해물질의 양(그램)이 작업장 공기의 부피(세제곱미터)를 15로 나눈 양(이하 "허용소비량"이라 한다) 이하인 경우에는 이 장의 규정을 적용하지 아니한다. 다만, 유기화합물 취급 특별장소, 특별관리물질 취급 장소, 지하실 내부, 그 밖에 환기가 불충분한 실내작업장인 경우에는 그러하지 아니하다. 〈개정 2012. 3. 5.〉

② 제1항 본문에 따른 작업장 공기의 부피는 바닥에서 4미터가 넘는 높이에 있는 공간을 제외한 세제곱미터를 단위로 하는 실내작업장의 공간부피를 말한다. 다만, 공기의 부피가 150세제곱미터를 초과하는 경우에는 150세제곱미터를 그 공기의 부피로 한다.

제2절 설비기준 등

제422조(관리대상 유해물질과 관계되는 설비) 사업주는 근로자가 실내작업장에서 관리대상 유해물질을 취급하는 업무에 종사하는 경우에 그 작업장에 관리대상 유해물질의 가스·증기 또는 분진의 발산원을 밀폐하는 설비 또는 국소배기장치를 설치하여야 한다. 다만, 분말상태의 관리대상 유해물질을 습기가 있는 상태에서 취급하는 경우에는 그러하지 아니하다.

제423조(임시작업인 경우의 설비 특례) ① 사업주는 실내작업장에서 관리대상 유해물질 취급업무를 임시로 하는 경우에 제422조에 따른 밀폐설비나 국소배기장치를 설치하지 아니할 수 있다.

② 사업주는 유기화합물 취급 특별장소에서 근로자가 유기화합물 취급업무를 임시로 하는 경우로서 전체환기장치를 설치한 경우에 제422조에 따른 밀폐설비나 국소배기장치를 설치하지 아니할 수 있다.

③ 제1항 및 제2항에도 불구하고 관리대상 유해물질 중 별표 12에 따른 특별관리물질을 취급하는 작업장에는 제422조에 따른 밀폐설비나 국소배기장치를 설치하여야 한다. 〈개정 2012. 3. 5.〉

제424조(단시간작업인 경우의 설비 특례) ① 사업주는 근로자가 전체환기장치가 설치되어 있는 실내작업장에서 단시간 동안 관리대상 유해물질을 취급하는 작업에 종사하는 경우에 제422조에 따른 밀폐설비나 국소배기장치를 설치하지 아니할 수 있다.
② 사업주는 유기화합물 취급 특별장소에서 단시간 동안 유기화합물을 취급하는 작업에 종사하는 근로자에게 송기마스크를 지급하고 착용하도록 하는 경우에 제422조에 따른 밀폐설비나 국소배기장치를 설치하지 아니할 수 있다.
③ 제1항 및 제2항에도 불구하고 관리대상 유해물질 중 별표 12에 따른 특별관리물질을 취급하는 작업장에는 제422조에 따른 밀폐설비나 국소배기장치를 설치하여야 한다. 〈개정 2012. 3. 5.〉

제425조(국소배기장치의 설비 특례) 사업주는 다음 각 호의 어느 하나에 해당하는 경우로서 급기(給氣)·배기(排氣) 환기장치를 설치한 경우에 제422조에 따른 밀폐설비나 국소배기장치를 설치하지 아니할 수 있다.
1. 실내작업장의 벽·바닥 또는 천장에 대하여 관리대상 유해물질 취급업무를 수행할 때 관리대상 유해물질의 발산 면적이 넓어 제422조에 따른 설비를 설치하기 곤란한 경우
2. 자동차의 차체, 항공기의 기체, 선체(船體) 블록(Block) 등 표면적이 넓은 물체의 표면에 대하여 관리대상 유해물질 취급업무를 수행할 때 관리대상 유해물질의 증기 발산 면적이 넓어 제422조에 따른 설비를 설치하기 곤란한 경우

제426조(다른 실내 작업장과 격리되어 있는 작업장에 대한 설비 특례) 사업주는 다른 실내작업장과 격리되어 근로자가 상시 출입할 필요가 없는 작업장으로서 관리대상 유해물질 취급업무를 하는 실내작업장에 전체환기장치를 설치한 경우에 제422조에 따른 밀폐설비나 국소배기장치를 설치하지 아니할 수 있다.

제427조(대체설비의 설치에 따른 특례) 사업주는 발산원 밀폐설비, 국소배기장치 또는 전체환기장치 외의 방법으로 적정 처리를 할 수 있는 설비(이하 이 조에서 "대체설비"라 한다)를 설치하고 고용노동부장관이 해당 대체설비가 적정하다고 인정하는 경우에 제422조에 따른 밀폐설비나 국소배기장치 또는 전체환기장치를 설치하지 아니할 수 있다.

제428조(유기화합물의 설비 특례) 사업주는 전체환기장치가 설치된 유기화합물 취급작업장으로서 다음 각 호의 요건을 모두 갖춘 경우에 제422조에 따른 밀폐설비나 국소배기장치를 설치하지 아니할 수 있다.
1. 유기화합물의 노출기준이 100피피엠(ppm) 이상인 경우
2. 유기화합물의 발생량이 대체로 균일한 경우
3. 동일한 작업장에 다수의 오염원이 분산되어 있는 경우
4. 오염원이 이동성(移動性)이 있는 경우

제3절 국소배기장치의 성능 등

제429조(국소배기장치의 성능) 사업주는 국소배기장치를 설치하는 경우에 별표 13에 따른 제어풍속을 낼 수 있는 성능을 갖춘 것을 설치하여야 한다.

제430조(전체환기장치의 성능 등) ① 사업주는 단일 성분의 유기화합물이 발생하는 작업장에 전체환기장치를 설치하려는 경우에 다음 계산식에 따라 계산한 환기량(이하 이 조에서 "필요환기량"이라 한다) 이상으로 설치하여야 한다.

> 작업시간 1시간당 필요환기량
> $= 24.1 \times$ 비중 $\times$ 유해물질의 시간당 사용 $\times K /$ (분자량 $\times$ 유해물질의 노출기준) $\times 10^6$

주) 1. 시간당 필요환기량 단위 : m^3/hr
    2. 유해물질의 시간당 사용량 단위 : L/hr
    3. K : 안전계수로서
       가. $K=1$: 작업장 내의 공기 혼합이 원활한 경우
       나. $K=2$: 작업장 내의 공기 혼합이 보통인 경우
       다. $K=3$: 작업장 내의 공기 혼합이 불완전한 경우

② 제1항에도 불구하고 유기화합물의 발생이 혼합물질인 경우에는 각각의 환기량을 모두 합한 값을 필요환기량으로 적용한다. 다만, 상가작용(相加作用)이 없을 경우에는 필요환기량이 가장 큰 물질의 값을 적용한다.

③ 사업주는 전체환기장치를 설치하려는 경우에 전체환기장치의 배풍기(덕트를 사용하는 전체환기장치의 경우에는 해당 덕트의 개구부를 말한다)를 관리대상 유해물질의 발산원에 가장 가까운 위치에 설치하여야 한다.

제431조(작업장의 바닥) 사업주는 관리대상 유해물질을 취급하는 실내작업장의 바닥에 불침투성의 재료를 사용하고 청소하기 쉬운 구조로 하여야 한다.

제432조(부식의 방지조치) 사업주는 관리대상 유해물질의 접촉설비를 녹슬지 않는 재료로 만드는 등 부식을 방지하기 위하여 필요한 조치를 하여야 한다.

제433조(누출의 방지조치) 사업주는 관리대상 유해물질 취급설비의 뚜껑·플랜지(Flange)·밸브 및 콕(Cock) 등의 접합부에 대하여 관리대상 유해물질이 새지 않도록 개스킷(Gasket)을 사용하는 등 누출을 방지하기 위하여 필요한 조치를 하여야 한다.

제434조(경보설비 등) ① 사업주는 관리대상 유해물질 중 금속류, 산·알칼리류, 가스상태 물질류를 1일 평균 합계 100리터(기체인 경우에는 해당 기체의 용적 1세제곱미터를 2리터로 환산한다) 이상 취급하는 사업장에서 해당 물질이 샐 우려가 있는 경우에 경보설비를 설치하거나 경보용 기구를 갖추어 두어야 한다.

② 사업주는 제1항에 따른 사업장에 관리대상 유해물질 등이 새는 경우에 대비하여 그 물질을 제거하기 위한 약제·기구 또는 설비를 갖추거나 설치하여야 한다.

제435조(긴급 차단장치의 설치 등) ① 사업주는 관리대상 유해물질 취급설비 중 발열반응 등 이상화학반응에 의하여 관리대상 유해물질이 샐 우려가 있는 설비에 대하여 원재료의 공급을 막거나 불활성가스와 냉각용수 등을 공급하기 위한 장치를 설치하는 등 필요한 조치를 하여야 한다.

② 사업주는 제1항에 따른 장치에 설치한 밸브나 콕을 정상적인 기능을 발휘할 수 있는 상태로 유지하여야 하며, 관계 근로자가 이를 안전하고 정확하게 조작할 수 있도록 색깔로 구분하는 등 필요한 조치를 하여야 한다.

③ 사업주는 관리대상 유해물질을 내보내기 위한 장치는 밀폐식 구조로 하거나 내보내지는 관리대상 유해물질을 안전하게 처리할 수 있는 구조로 하여야 한다.

제4절 작업방법 등

제436조(작업수칙) 사업주는 관리대상 유해물질 취급설비나 그 부속설비를 사용하는 작업을 하는 경우에 관리대상 유해물질이 새지 않도록 다음 각 호의 사항에 관한 작업수칙을 정하여 이에 따라 작업하도록 하여야 한다.
1. 밸브·콕 등의 조작(관리대상 유해물질을 내보내는 경우에만 해당한다)
2. 냉각장치, 가열장치, 교반장치 및 압축장치의 조작
3. 계측장치와 제어장치의 감시·조정
4. 안전밸브, 긴급 차단장치, 자동경보장치 및 그 밖의 안전장치의 조정
5. 뚜껑·플랜지·밸브 및 콕 등 접합부가 새는지 점검
6. 시료(試料)의 채취
7. 관리대상 유해물질 취급설비의 재가동 시 작업방법
8. 이상사태가 발생한 경우의 응급조치
9. 그 밖에 관리대상 유해물질이 새지 않도록 하는 조치

제437조(탱크 내 작업) ① 사업주는 근로자가 관리대상 유해물질이 들어 있던 탱크 등을 개조·수리 또는 청소를 하거나 해당 설비나 탱크 등의 내부에 들어가서 작업하는 경우에 다음 각 호의 조치를 하여야 한다.
1. 관리대상 유해물질에 관하여 필요한 지식을 가진 사람이 해당 작업을 지휘하도록 할 것
2. 관리대상 유해물질이 들어올 우려가 없는 경우에는 작업을 하는 설비의 개구부를 모두 개방할 것
3. 근로자의 신체가 관리대상 유해물질에 의하여 오염된 경우나 작업이 끝난 경우에는 즉

시 몸을 씻게 할 것
4. 비상시에 작업설비 내부의 근로자를 즉시 대피시키거나 구조하기 위한 기구와 그 밖의 설비를 갖추어 둘 것
5. 작업을 하는 설비의 내부에 대하여 작업 전에 관리대상 유해물질의 농도를 측정하거나 그 밖의 방법에 따라 근로자가 건강에 장해를 입을 우려가 있는지를 확인할 것
6. 제5호에 따른 설비 내부에 관리대상 유해물질이 있는 경우에는 설비 내부를 환기장치로 충분히 환기시킬 것
7. 유기화합물을 넣었던 탱크에 대하여 제1호부터 제6호까지의 규정에 따른 조치 외에 작업 시작 전에 다음 각 목의 조치를 할 것
    가. 유기화합물이 탱크로부터 배출된 후 탱크 내부에 재유입되지 않도록 할 것
    나. 물이나 수증기 등으로 탱크 내부를 씻은 후 그 씻은 물이나 수증기 등을 탱크로부터 배출시킬 것
    다. 탱크 용적의 3배 이상의 공기를 채웠다가 내보내거나 탱크에 물을 가득 채웠다가 배출시킬 것
② 사업주는 제1항 제7호에 따른 조치를 확인할 수 없는 설비에 대하여 근로자가 그 설비의 내부에 머리를 넣고 작업하지 않도록 하고 작업하는 근로자에게 주의하도록 미리 알려야 한다.

제438조(사고 시의 대피 등) ① 사업주는 관리대상 유해물질을 취급하는 근로자에게 다음 각 호의 어느 하나에 해당하는 상황이 발생하여 관리대상 유해물질에 의한 중독이 발생할 우려가 있을 경우에 즉시 작업을 중지하고 근로자를 그 장소에서 대피시켜야 한다.
1. 해당 관리대상 유해물질을 취급하는 장소의 환기를 위하여 설치한 환기장치의 고장으로 그 기능이 저하되거나 상실된 경우
2. 해당 관리대상 유해물질을 취급하는 장소의 내부가 관리대상 유해물질에 의하여 오염되거나 관리대상 유해물질이 새는 경우
② 사업주는 제1항 각 호에 따른 상황이 발생하여 작업을 중지한 경우에 관리대상 유해물질에 의하여 오염되거나 새어 나온 것이 제거될 때까지 관계자가 아닌 사람의 출입을 금지하고, 그 내용을 보기 쉬운 장소에 게시하여야 한다. 다만, 안전한 방법에 따라 인명구조 또는 유해방지에 관한 작업을 하도록 하는 경우에는 그러하지 아니하다.
③ 근로자는 제2항에 따라 출입이 금지된 장소에 사업주의 허락 없이 출입해서는 아니 된다.

제439조(특별관리물질 취급 시 적어야 하는 사항) 법 제164조 제1항 제3호에서 "안전조치 및 보건조치에 관한 사항으로서 고용노동부령으로 정하는 사항"이란 근로자가 별표 12에 따른 특별관리물질을 취급하는 경우에는 다음 각 호의 사항을 말한다.

1. 근로자의 이름
2. 특별관리물질의 명칭
3. 취급량
4. 작업내용
5. 작업 시 착용한 보호구
6. 누출, 오염, 흡입 등의 사고가 발생한 경우 피해 내용 및 조치 사항

[전문개정 2021. 11. 19.]

제440조(특별관리물질의 고지) 사업주는 근로자가 별표 12에 따른 특별관리물질을 취급하는 경우에는 그 물질이 특별관리물질이라는 사실과 「산업안전보건법 시행규칙」 별표 18 제1호 나목에 따른 발암성 물질, 생식세포 변이원성 물질 또는 생식독성 물질 등 중 어느 것에 해당하는지에 관한 내용을 게시판 등을 통하여 근로자에게 알려야 한다. 〈개정 2019. 12. 26.〉

[전문개정 2012. 3. 5.]

제5절 관리 등

제441조(사용 전 점검 등) ① 사업주는 국소배기장치를 설치한 후 처음으로 사용하는 경우 또는 국소배기장치를 분해하여 개조하거나 수리한 후 처음으로 사용하는 경우에는 다음 각 호에서 정하는 사항을 사용 전에 점검하여야 한다.

1. 덕트와 배풍기의 분진 상태
2. 덕트 접속부가 헐거워졌는지 여부
3. 흡기 및 배기 능력
4. 그 밖에 국소배기장치의 성능을 유지하기 위하여 필요한 사항

② 사업주는 제1항에 따른 점검 결과 이상이 발견되었을 때에는 즉시 청소·보수 또는 그 밖에 필요한 조치를 하여야 한다.

③ 제1항에 따른 점검을 한 후 그 기록의 보존에 관하여는 제555조를 준용한다.

제442조(명칭 등의 게시) ① 사업주는 관리대상 유해물질을 취급하는 작업장의 보기 쉬운 장소에 다음 각 호의 사항을 게시하여야 한다. 다만, 법 제114조 제2항에 따른 작업공정별 관리요령을 게시한 경우에는 그러하지 아니하다. 〈개정 2012. 3. 5., 2019. 12. 26.〉

1. 관리대상 유해물질의 명칭
2. 인체에 미치는 영향
3. 취급상 주의사항
4. 착용하여야 할 보호구
5. 응급조치와 긴급 방재 요령

② 제1항 각 호의 사항을 게시하는 경우에는 「산업안전보건법 시행규칙」 별표 18 제1호 나목에 따른 건강 및 환경 유해성 분류기준에 따라 인체에 미치는 영향이 유사한 관리대상 유해물질별로 분류하여 게시할 수 있다. 〈신설 2012. 3. 5., 2019. 12. 26.〉

제443조(관리대상 유해물질의 저장) ① 사업주는 관리대상 유해물질을 운반하거나 저장하는 경우에 그 물질이 새거나 발산될 우려가 없는 뚜껑 또는 마개가 있는 튼튼한 용기를 사용하거나 단단하게 포장을 하여야 하며, 그 저장장소에는 다음 각 호의 조치를 하여야 한다.
1. 관계 근로자가 아닌 사람의 출입을 금지하는 표시를 할 것
2. 관리대상 유해물질의 증기를 실외로 배출시키는 설비를 설치할 것
② 사업주는 관리대상 유해물질을 저장할 경우에 일정한 장소를 지정하여 저장하여야 한다.

제444조(빈 용기 등의 관리) 사업주는 관리대상 유해물질의 운반·저장 등을 위하여 사용한 용기 또는 포장을 밀폐하거나 실외의 일정한 장소를 지정하여 보관하여야 한다.

제445조(청소) 사업주는 관리대상 유해물질을 취급하는 실내작업장, 휴게실 또는 식당 등에 관리대상 유해물질로 인한 오염을 제거하기 위하여 청소 등을 하여야 한다.

제446조(출입의 금지 등) ① 사업주는 관리대상 유해물질을 취급하는 실내작업장에 관계 근로자가 아닌 사람의 출입을 금지하고, 그 내용을 보기 쉬운 장소에 게시하여야 한다. 다만, 관리대상 유해물질 중 금속류, 산·알칼리류, 가스상태 물질류를 1일 평균 합계 100리터(기체인 경우에는 그 기체의 부피 1세제곱미터를 2리터로 환산한다) 미만을 취급하는 작업장은 그러하지 아니하다.
② 사업주는 관리대상 유해물질이나 이에 따라 오염된 물질은 일정한 장소를 정하여 폐기·저장 등을 하여야 하며, 그 장소에는 관계 근로자가 아닌 사람의 출입을 금지하고, 그 내용을 보기 쉬운 장소에 게시하여야 한다.
③ 근로자는 제1항 또는 제2항에 따라 출입이 금지된 장소에 사업주의 허락 없이 출입해서는 아니 된다.

제447조(흡연 등의 금지) ① 사업주는 관리대상 유해물질을 취급하는 실내작업장에서 근로자가 담배를 피우거나 음식물을 먹지 않도록 하여야 하며, 그 내용을 보기 쉬운 장소에 게시하여야 한다.
② 근로자는 제1항에 따라 흡연 또는 음식물의 섭취가 금지된 장소에서 흡연 또는 음식물 섭취를 해서는 아니 된다.

제448조(세척시설 등) ① 사업주는 근로자가 관리대상 유해물질을 취급하는 작업을 하는 경우에 세면·목욕·세탁 및 건조를 위한 시설을 설치하고 필요한 용품과 용구를 갖추어 두어야 한다.

② 사업주는 제1항에 따라 시설을 설치할 경우에 오염된 작업복과 평상복을 구분하여 보관할 수 있는 구조로 하여야 한다.

제449조(유해성 등의 주지) ① 사업주는 관리대상 유해물질을 취급하는 작업에 근로자를 종사하도록 하는 경우에 근로자를 작업에 배치하기 전에 다음 각 호의 사항을 근로자에게 알려야 한다.
1. 관리대상 유해물질의 명칭 및 물리적·화학적 특성
2. 인체에 미치는 영향과 증상
3. 취급상의 주의사항
4. 착용하여야 할 보호구와 착용방법
5. 위급상황 시의 대처방법과 응급조치 요령
6. 그 밖에 근로자의 건강장해 예방에 관한 사항

② 사업주는 근로자가 별표 12 제1호13)·46)·59)·71)·101)·111)의 물질을 취급하는 경우에 근로자가 작업을 시작하기 전에 해당 물질이 급성 독성을 일으키는 물질임을 근로자에게 알려야 한다. 〈개정 2019. 4. 19., 2019. 12. 26., 2022. 10. 18.〉

제6절 보호구 등

제450조(호흡용 보호구의 지급 등) ① 사업주는 근로자가 다음 각 호의 어느 하나에 해당하는 업무를 하는 경우에 해당 근로자에게 송기마스크를 지급하여 착용하도록 하여야 한다.
1. 유기화합물을 넣었던 탱크(유기화합물의 증기가 발산할 우려가 없는 탱크는 제외한다) 내부에서의 세척 및 페인트칠 업무
2. 제424조 제2항에 따라 유기화합물 취급 특별장소에서 유기화합물을 취급하는 업무

② 사업주는 근로자가 다음 각 호의 어느 하나에 해당하는 업무를 하는 경우에 해당 근로자에게 송기마스크나 방독마스크를 지급하여 착용하도록 하여야 한다.
1. 제423조 제1항 및 제2항, 제424조 제1항, 제425조, 제426조 및 제428조 제1항에 따라 밀폐설비나 국소배기장치가 설치되지 아니한 장소에서의 유기화합물 취급업무
2. 유기화합물 취급 장소에 설치된 환기장치 내의 기류가 확산될 우려가 있는 물체를 다루는 유기화합물 취급업무
3. 유기화합물 취급 장소에서 유기화합물의 증기 발산원을 밀폐하는 설비(청소 등으로 유기화합물이 제거된 설비는 제외한다)를 개방하는 업무

③ 사업주는 제1항과 제2항에 따라 근로자에게 송기마스크를 착용시키려는 경우에 신선한 공기를 공급할 수 있는 성능을 가진 장치가 부착된 송기마스크를 지급하여야 한다.

④ 사업주는 금속류, 산·알칼리류, 가스상태 물질류 등을 취급하는 작업장에서 근로자의

건강장해 예방에 적절한 호흡용 보호구를 근로자에게 지급하여 필요시 착용하도록 하고, 호흡용 보호구를 공동으로 사용하여 근로자에게 질병이 감염될 우려가 있는 경우에는 개인 전용의 것을 지급하여야 한다.
⑤ 근로자는 제1항, 제2항 및 제4항에 따라 지급된 보호구를 사업주의 지시에 따라 착용하여야 한다.

제451조(보호복 등의 비치 등) ① 사업주는 근로자가 피부 자극성 또는 부식성 관리대상 유해물질을 취급하는 경우에 불침투성 보호복·보호장갑·보호장화 및 피부보호용 바르는 약품을 갖추어 두고, 이를 사용하도록 하여야 한다.
② 사업주는 근로자가 관리대상 유해물질이 흩날리는 업무를 하는 경우에 보안경을 지급하고 착용하도록 하여야 한다.
③ 사업주는 관리대상 유해물질이 근로자의 피부나 눈에 직접 닿을 우려가 있는 경우에 즉시 물로 씻어낼 수 있도록 세면·목욕 등에 필요한 세척시설을 설치하여야 한다.
④ 근로자는 제1항 및 제2항에 따라 지급된 보호구를 사업주의 지시에 따라 착용하여야 한다.

제2장 허가대상 유해물질 및 석면에 의한 건강장해의 예방

제1절 통칙

제452조(정의) 이 장에서 사용하는 용어의 뜻은 다음과 같다. 〈개정 2012. 3. 5., 2019. 12. 26.〉
1. "허가대상 유해물질"이란 고용노동부장관의 허가를 받지 않고는 제조·사용이 금지되는 물질로서 영 제88조에 따른 물질을 말한다.
2. "제조"란 화학물질 또는 그 구성요소에 물리적·화학적 작용을 가하여 허가대상 유해물질로 전환하는 과정을 말한다.
3. "사용"이란 새로운 제품 또는 물질을 만들기 위하여 허가대상 유해물질을 원재료로 이용하는 것을 말한다.
4. "석면해체·제거작업"이란 석면함유 설비 또는 건축물의 파쇄(破碎), 개·보수 등으로 인하여 석면분진이 흩날릴 우려가 있고 작은 입자의 석면폐기물이 발생하는 작업을 말한다.
5. "가열응착(加熱凝着)"이란 허가대상 유해물질에 압력을 가하여 성형한 것을 가열하였을 때 가루가 서로 밀착·굳어지는 현상을 말한다.
6. "가열탈착(加熱脫着)"이란 허가대상 유해물질을 고온으로 가열하여 휘발성 성분의 일부 또는 전부를 제거하는 조작을 말한다.

제2절 설비기준 및 성능 등

제453조(설비기준 등) ① 사업주는 허가대상 유해물질(베릴륨 및 석면은 제외한다)을 제조하거나 사용하는 경우에 다음 각 호의 사항을 준수하여야 한다.
1. 허가대상 유해물질을 제조하거나 사용하는 장소는 다른 작업장소와 격리시키고 작업장소의 바닥과 벽은 불침투성의 재료로 하되, 물청소로 할 수 있는 구조로 하는 등 해당 물질을 제거하기 쉬운 구조로 할 것
2. 원재료의 공급·이송 또는 운반은 해당 작업에 종사하는 근로자의 신체에 그 물질이 직접 닿지 않는 방법으로 할 것
3. 반응조(Batch Reactor)는 발열반응 또는 가열을 동반하는 반응에 의하여 교반기(攪拌機) 등의 덮개부분으로부터 가스나 증기가 새지 않도록 개스킷 등으로 접합부를 밀폐시킬 것
4. 가동 중인 선별기 또는 진공여과기의 내부를 점검할 필요가 있는 경우에는 밀폐된 상태에서 내부를 점검할 수 있는 구조로 할 것
5. 분말 상태의 허가대상 유해물질을 근로자가 직접 사용하는 경우에는 그 물질을 습기가 있는 상태로 사용하거나 격리실에서 원격조작하거나 분진이 흩날리지 않는 방법을 사용하도록 할 것

② 사업주는 근로자가 허가대상 유해물질(베릴륨 및 석면은 제외한다)을 제조하거나 사용하는 경우에 허가대상 유해물질의 가스·증기 또는 분진의 발산원을 밀폐하는 설비나 포위식 후드 또는 부스식 후드의 국소배기장치를 설치하여야 한다. 다만, 작업의 성질상 밀폐설비나 포위식 후드 또는 부스식 후드를 설치하기 곤란한 경우에는 외부식 후드의 국소배기장치(상방 흡인형은 제외한다)를 설치할 수 있다.

제454조(국소배기장치의 설치·성능) 제453조 제2항에 따라 설치하는 국소배기장치의 성능은 물질의 상태에 따라 아래 표에서 정하는 제어풍속 이상이 되도록 하여야 한다.

물질의 상태	제어풍속(미터/초)
가스상태	0.5
입자상태	1.0

[비고]
1. 이 표에서 제어풍속이란 국소배기장치의 모든 후드를 개방한 경우의 제어 풍속을 말한다.
2. 이 표에서 제어풍속은 후드의 형식에 따라 다음에서 정한 위치에서의 풍속을 말한다.
   가. 포위식 또는 부스식 후드에서는 후드의 개구면에서의 풍속
   나. 외부식 또는 리시버식 후드에서는 유해물질의 가스·증기 또는 분진이 빨려 들어가는 범위에서 해당 개구면으로부터 가장 먼 작업 위치에 서의 풍속

제455조(배출액의 처리) 사업주는 허가대상 유해물질의 제조·사용 설비로부터 오염물이 배출되는 경우에 이로 인한 근로자의 건강장해를 예방할 수 있도록 배출액을 중화·침전·여과 또는 그 밖의 적절한 방식으로 처리하여야 한다.

제3절 작업관리 기준 등

제456조(사용 전 점검 등) ① 사업주는 국소배기장치를 설치한 후 처음으로 사용하는 경우 또는 국소배기장치를 분해하여 개조하거나 수리를 한 후 처음으로 사용하는 경우에 다음 각 호의 사항을 사용 전에 점검하여야 한다.
1. 덕트와 배풍기의 분진상태
2. 덕트 접속부가 헐거워졌는지 여부
3. 흡기 및 배기 능력
4. 그 밖에 국소배기장치의 성능을 유지하기 위하여 필요한 사항
② 사업주는 제1항에 따른 점검 결과 이상이 발견되었을 경우에 즉시 청소·보수 또는 그 밖에 필요한 조치를 하여야 한다.
③ 제1항에 따른 점검을 한 후 그 기록의 보존에 관하여는 제555조를 준용한다.

제457조(출입의 금지) ① 사업주는 허가대상 유해물질을 제조하거나 사용하는 작업장에 관계 근로자가 아닌 사람의 출입을 금지하고, 「산업안전보건법 시행규칙」 별표 6 중 일람표 번호 501에 따른 표지를 출입구에 붙여야 한다. 다만, 석면을 제조하거나 사용하는 작업장에는 「산업안전보건법 시행규칙」 별표 6 중 일람표 번호 502에 따른 표지를 붙여야 한다. 〈개정 2012. 3. 5., 2019. 12. 26.〉
② 사업주는 허가대상 유해물질이나 이에 의하여 오염된 물질은 일정한 장소를 정하여 저장하거나 폐기하여야 하며, 그 장소에는 관계 근로자가 아닌 사람의 출입을 금지하고, 그 내용을 보기 쉬운 장소에 게시하여야 한다.
③ 근로자는 제1항 또는 제2항에 따라 출입이 금지된 장소에 사업주의 허락 없이 출입해서는 아니 된다.

제458조(흡연 등의 금지) ① 사업주는 허가대상 유해물질을 제조하거나 사용하는 작업장에서 근로자가 담배를 피우거나 음식물을 먹지 않도록 하고, 그 내용을 보기 쉬운 장소에 게시하여야 한다.
② 근로자는 제1항에 따라 흡연 또는 음식물의 섭취가 금지된 장소에서 흡연 또는 음식물 섭취를 해서는 아니 된다.

제459조(명칭 등의 게시) 사업주는 허가대상 유해물질을 제조하거나 사용하는 작업장에 다음 각 호의 사항을 보기 쉬운 장소에 게시하여야 한다.

1. 허가대상 유해물질의 명칭
2. 인체에 미치는 영향
3. 취급상의 주의사항
4. 착용하여야 할 보호구
5. 응급처치와 긴급 방재 요령

제460조(유해성 등의 주지) 사업주는 근로자가 허가대상 유해물질을 제조하거나 사용하는 경우에 다음 각 호의 사항을 근로자에게 알려야 한다.
1. 물리적·화학적 특성
2. 발암성 등 인체에 미치는 영향과 증상
3. 취급상의 주의사항
4. 착용하여야 할 보호구와 착용방법
5. 위급상황 시의 대처방법과 응급조치 요령
6. 그 밖에 근로자의 건강장해 예방에 관한 사항

제461조(용기 등) ① 사업주는 허가대상 유해물질을 운반하거나 저장하는 경우에 그 물질이 샐 우려가 없는 견고한 용기를 사용하거나 단단하게 포장을 하여야 한다.
② 사업주는 제1항에 따른 용기 또는 포장의 보기 쉬운 위치에 해당 물질의 명칭과 취급상의 주의사항을 표시하여야 한다.
③ 사업주는 허가대상 유해물질을 보관할 경우에 일정한 장소를 지정하여 보관하여야 한다.
④ 사업주는 허가대상 유해물질의 운반·저장 등을 위하여 사용한 용기 또는 포장을 밀폐하거나 실외의 일정한 장소를 지정하여 보관하여야 한다.

제462조(작업수칙) 사업주는 근로자가 허가대상 유해물질(베릴륨 및 석면은 제외한다)을 제조·사용하는 경우에 다음 각 호의 사항에 관한 작업수칙을 정하고, 이를 해당 작업근로자에게 알려야 한다.
1. 밸브·콕 등(허가대상 유해물질을 제조하거나 사용하는 설비에 원재료를 공급하는 경우 또는 그 설비로부터 제품 등을 추출하는 경우에 사용되는 것만 해당한다)의 조작
2. 냉각장치, 가열장치, 교반장치 및 압축장치의 조작
3. 계측장치와 제어장치의 감시·조정
4. 안전밸브, 긴급 차단장치, 자동경보장치 및 그 밖의 안전장치의 조정
5. 뚜껑·플랜지·밸브 및 콕 등 접합부가 새는지 점검
6. 시료의 채취 및 해당 작업에 사용된 기구 등의 처리
7. 이상 상황이 발생한 경우의 응급조치
8. 보호구의 사용·점검·보관 및 청소

9. 허가대상 유해물질을 용기에 넣거나 꺼내는 작업 또는 반응조 등에 투입하는 작업
10. 그 밖에 허가대상 유해물질이 새지 않도록 하는 조치

제463조(잠금장치 등) 사업주는 허가대상 유해물질이 보관된 장소에 잠금장치를 설치하는 등 관계근로자가 아닌 사람이 임의로 출입할 수 없도록 적절한 조치를 하여야 한다.

제464조(목욕설비 등) ① 사업주는 허가대상 유해물질을 제조·사용하는 경우에 해당 작업장소와 격리된 장소에 평상복 탈의실, 목욕실 및 작업복 탈의실을 설치하고 필요한 용품과 용구를 갖추어 두어야 한다. 〈개정 2019. 12. 26.〉
② 사업주는 제1항에 따라 목욕 및 탈의 시설을 설치하려는 경우에 입구, 평상복 탈의실, 목욕실, 작업복 탈의실 및 출구 등의 순으로 설치하여 근로자가 그 순서대로 작업장에 들어가고 작업이 끝난 후에는 반대의 순서대로 나올 수 있도록 하여야 한다. 〈개정 2019. 12. 26.〉
③ 사업주는 허가대상 유해물질 취급근로자가 착용하였던 작업복, 보호구 등은 오염을 방지할 수 있는 장소에서 벗도록 하고 오염 제거를 위한 세탁 등 필요한 조치를 하여야 한다. 이 경우 오염된 작업복 등은 세탁을 위하여 정해진 장소 밖으로 내가서는 아니 된다.

제465조(긴급 세척시설 등) 사업주는 허가대상 유해물질을 제조·사용하는 작업장에 근로자가 쉽게 사용할 수 있도록 긴급 세척시설과 세안설비를 설치하고, 이를 사용하는 경우에는 배관 찌꺼기와 녹물 등이 나오지 않고 맑은 물이 나올 수 있도록 유지하여야 한다.

제466조(누출 시 조치) 사업주는 허가대상 유해물질을 제조·사용하는 작업장에서 해당 물질이 샐 경우에 즉시 해당 물질이 흩날리지 않는 방법으로 제거하는 등 필요한 조치를 하여야 한다.

제467조(시료의 채취) 사업주는 허가대상 유해물질(베릴륨은 제외한다)의 제조설비로부터 시료를 채취하는 경우에 다음 각 호의 사항을 따라야 한다.
1. 시료의 채취에 사용하는 용기 등은 시료채취 전용으로 할 것
2. 시료의 채취는 미리 지정된 장소에서 하고 시료가 흩날리거나 새지 않도록 할 것
3. 시료의 채취에 사용한 용기 등은 세척한 후 일정한 장소에 보관할 것

제468조(허가대상 유해물질의 제조·사용 시 적어야 하는 사항) 법 제164조 제1항 제3호에서 "안전조치 및 보건조치에 관한 사항으로서 고용노동부령으로 정하는 사항"이란 근로자가 허가대상 유해물질을 제조·사용하는 경우에는 다음 각 호의 사항을 말한다.
1. 근로자의 이름
2. 허가대상 유해물질의 명칭
3. 제조량 또는 사용량
4. 작업내용

5. 작업 시 착용한 보호구

6. 누출, 오염, 흡입 등의 사고가 발생한 경우 피해 내용 및 조치 사항

[전문개정 2021. 11. 19.]

제4절 방독마스크 등

제469조(방독마스크의 지급 등) ① 사업주는 근로자가 허가대상 유해물질을 제조하거나 사용하는 작업을 하는 경우에 개인 전용의 방진마스크나 방독마스크 등(이하 "방독마스크 등"이라 한다)을 지급하여 착용하도록 하여야 한다.

② 사업주는 제1항에 따라 지급하는 방독마스크 등을 보관할 수 있는 보관함을 갖추어야 한다.

③ 근로자는 제1항에 따라 지급된 방독마스크 등을 사업주의 지시에 따라 착용하여야 한다.

제470조(보호복 등의 비치) ① 사업주는 근로자가 피부장해 등을 유발할 우려가 있는 허가대상 유해물질을 취급하는 경우에 불침투성 보호복·보호장갑·보호장화 및 피부보호용 약품을 갖추어 두고 이를 사용하도록 하여야 한다.

② 근로자는 제1항에 따라 지급된 보호구를 사업주의 지시에 따라 착용하여야 한다.

제5절 베릴륨 제조·사용 작업의 특별 조치

제471조(설비기준) 사업주는 베릴륨을 제조하거나 사용하는 경우에 다음 각 호의 사항을 지켜야 한다.

1. 베릴륨을 가열응착하거나 가열탈착하는 설비(수산화베릴륨으로부터 고순도 산화베릴륨을 제조하는 설비는 제외한다)는 다른 작업장소와 격리된 실내에 설치하고 국소배기장치를 설치할 것

2. 베릴륨 제조설비(베릴륨을 가열응착 또는 가열탈착하는 설비, 아크로(爐) 등에 의하여 녹은 베릴륨으로 베릴륨합금을 제조하는 설비 및 수산화베릴륨으로 고순도 산화베릴륨을 제조하는 설비는 제외한다)는 밀폐식 구조로 하거나 위쪽·아래쪽 및 옆쪽에 덮개 등을 설치할 것

3. 제2호에 따른 설비로서 가동 중 내부를 점검할 필요가 있는 것은 덮여 있는 상태로 내부를 관찰할 것

4. 베릴륨을 제조하거나 사용하는 작업장소의 바닥과 벽은 불침투성 재료로 할 것

5. 아크로 등에 의하여 녹은 베릴륨으로 베릴륨합금을 제조하는 작업장소에는 국소배기장치를 설치할 것

6. 수산화베릴륨으로 고순도 산화베릴륨을 제조하는 설비는 다음 각 목의 사항을 갖출 것

가. 열분해로(熱分解爐)는 다른 작업장소와 격리된 실내에 설치할 것
나. 그 밖의 설비는 밀폐식 구조로 하고 위쪽·아래쪽 및 옆쪽에 덮개를 설치하거나 뚜껑을 설치할 수 있는 형태로 할 것
7. 베릴륨의 공급·이송 또는 운반은 해당 작업에 종사하는 근로자의 신체에 해당 물질이 직접 닿지 않는 방법으로 할 것
8. 분말 상태의 베릴륨을 사용(공급·이송 또는 운반하는 경우는 제외한다)하는 경우에는 격리실에서 원격조작방법으로 할 것
9. 분말 상태의 베릴륨을 계량하는 작업, 용기에 넣거나 꺼내는 작업, 포장하는 작업을 하는 경우로서 제8호에 따른 방법을 지키는 것이 현저히 곤란한 경우에는 해당 작업을 하는 근로자의 신체에 베릴륨이 직접 닿지 않는 방법으로 할 것

제472조(아크로에 대한 조치) 사업주는 베릴륨과 그 물질을 함유하는 제제(製劑)로서 함유된 중량의 비율이 1퍼센트를 초과하는 물질을 녹이는 아크로 등은 삽입한 부분의 간격을 작게 하기 위하여 모래차단막을 설치하거나 이에 준하는 조치를 하여야 한다.

제473조(가열응착 제품 등의 추출) 사업주는 가열응착 또는 가열탈착을 한 베릴륨을 흡입 방법으로 꺼내도록 하여야 한다.

제474조(가열응착 제품 등의 파쇄) 사업주는 가열응착 또는 가열탈착된 베릴륨이 함유된 제품을 파쇄하려면 다른 작업장소로부터 격리된 실내에서 하고, 파쇄를 하는 장소에는 국소배기장치의 설치 및 그 밖에 근로자의 건강장해 예방을 위하여 적절한 조치를 하여야 한다.

제475조(시료의 채취) 사업주는 근로자가 베릴륨의 제조설비로부터 시료를 채취하는 경우에 다음 각 호의 사항을 따라야 한다.
1. 시료의 채취에 사용하는 용기 등은 시료채취 전용으로 할 것
2. 시료의 채취는 미리 지정된 장소에서 하고 시료가 날리지 않도록 할 것
3. 시료의 채취에 사용한 용기 등은 세척한 후 일정한 장소에 보관할 것

제476조(작업수칙) 사업주는 베릴륨의 제조·사용 작업에 근로자를 종사하도록 하는 경우에 베릴륨 분진의 발산과 근로자의 오염을 방지하기 위하여 다음 각 호의 사항에 관한 작업수칙을 정하고 이를 해당 작업근로자에게 알려야 한다.
1. 용기에 베릴륨을 넣거나 꺼내는 작업
2. 베릴륨을 담은 용기의 운반
3. 베릴륨을 공기로 수송하는 장치의 점검
4. 여과집진방식(濾過集塵方式) 집진장치의 여과재(濾過材) 교환
5. 시료의 채취 및 그 작업에 사용된 용기 등의 처리
6. 이상사태가 발생한 경우의 응급조치

7. 보호구의 사용·점검·보관 및 청소

8. 그 밖에 베릴륨 분진의 발산을 방지하기 위하여 필요한 조치

제6절 석면의 제조·사용 작업, 해체·제거 작업 및 유지·관리 등의 조치기준 〈개정 2024. 6. 28.〉

제477조 삭제 〈2024. 6. 28.〉

제478조 삭제 〈2024. 6. 28.〉

제479조 삭제 〈2024. 6. 28.〉

제480조 삭제 〈2024. 6. 28.〉

제481조 삭제 〈2024. 6. 28.〉

제482조 삭제 〈2024. 6. 28.〉

제483조 삭제 〈2024. 6. 28.〉

제484조 삭제 〈2024. 6. 28.〉

제485조 삭제 〈2024. 6. 28.〉

제486조(직업성 질병의 주지) 사업주는 석면으로 인한 직업성 질병의 발생 원인, 재발 방지 방법 등을 석면을 취급하는 근로자에게 알려야 한다.

제487조(유지·관리) 사업주는 건축물이나 설비의 천장재, 벽체 재료 및 보온재 등의 손상, 노후화 등으로 석면분진을 발생시켜 근로자가 그 분진에 노출될 우려가 있을 경우에는 해당 자재를 제거하거나 다른 자재로 대체하거나 안정화(安定化)하거나 씌우는 등 필요한 조치를 하여야 한다.

제488조(일반석면조사) ① 법 제119조 제1항에 따라 건축물·설비를 철거하거나 해체하려는 건축물·설비의 소유주 또는 임차인 등은 그 건축물이나 설비의 석면함유 여부를 맨눈, 설계도서, 자재이력(履歷) 등 적절한 방법을 통하여 조사하여야 한다. 〈개정 2012. 3. 5., 2019. 10. 15., 2019. 12. 26.〉

② 제1항에 따른 조사에도 불구하고 해당 건축물이나 설비의 석면 함유 여부가 명확하지 않은 경우에는 석면의 함유 여부를 성분분석하여 조사하여야 한다.

③ 삭제 〈2012. 3. 5.〉

[제목개정 2012. 3. 5.]

제489조(석면해체·제거작업 계획 수립) ① 사업주는 석면해체·제거작업을 하기 전에 법 제119조에 따른 일반석면조사 또는 기관석면조사 결과를 확인한 후 다음 각 호의 사항이 포함된 석면해체·제거작업 계획을 수립하고, 이에 따라 작업을 수행하여야 한다. 〈개정 2012. 3. 5., 2019. 12. 26.〉

1. 석면해체·제거작업의 절차와 방법

2. 석면 흩날림 방지 및 폐기방법
3. 근로자 보호조치

② 사업주는 제1항에 따른 석면해체·제거작업 계획을 수립한 경우에 이를 해당 근로자에게 알려야 하며, 작업장에 대한 석면조사 방법 및 종료일자, 석면조사 결과의 요지를 해당 근로자가 보기 쉬운 장소에 게시하여야 한다. 〈개정 2012. 3. 5.〉
[제목개정 2012. 3. 5.]

제490조(경고표지의 설치) 사업주는 석면해체·제거작업을 하는 장소에 「산업안전보건법 시행규칙」 별표 6 중 일람표 번호 502에 따른 표지를 출입구에 게시하여야 한다. 다만, 작업이 이루어지는 장소가 실외이거나 출입구가 설치되어 있지 아니한 경우에는 근로자가 보기 쉬운 장소에 게시하여야 한다. 〈개정 2012. 3. 5., 2019. 12. 26.〉

제491조(개인보호구의 지급·착용) ① 사업주는 석면해체·제거작업에 근로자를 종사하도록 하는 경우에 다음 각 호의 개인보호구를 지급하여 착용하도록 하여야 한다. 다만, 제2호의 보호구는 근로자의 눈 부분이 노출될 경우에만 지급한다. 〈개정 2012. 3. 5., 2019. 12. 26.〉
1. 방진마스크(특등급만 해당한다)나 송기마스크 또는 「산업안전보건법 시행령」 별표 28 제3호마목에 따른 전동식 호흡보호구. 다만, 제495조 제1호의 작업에 종사하는 경우에는 송기마스크 또는 전동식 호흡보호구를 지급하여 착용하도록 하여야 한다.
2. 고글(Goggles)형 보호안경
3. 신체를 감싸는 보호복, 보호장갑 및 보호신발

② 근로자는 제1항에 따라 지급된 개인보호구를 사업주의 지시에 따라 착용하여야 한다.

제492조(출입의 금지) ① 사업주는 제489조 제1항에 따른 석면해체·제거작업 계획을 숙지하고 제491조 제1항 각 호의 개인보호구를 착용한 사람 외에는 석면해체·제거작업을 하는 작업장(이하 "석면해체·제거작업장"이라 한다)에 출입하게 해서는 아니 된다. 〈개정 2012. 3. 5.〉

② 근로자는 제1항에 따라 출입이 금지된 장소에 사업주의 허락 없이 출입해서는 아니 된다.

제493조(흡연 등의 금지) ① 사업주는 석면해체·제거작업장에서 근로자가 담배를 피우거나 음식물을 먹지 않도록 하고 그 내용을 보기 쉬운 장소에 게시하여야 한다. 〈개정 2012. 3. 5.〉

② 근로자는 제1항에 따라 흡연 또는 음식물의 섭취가 금지된 장소에서 흡연 또는 음식물 섭취를 해서는 아니 된다.

제494조(위생설비의 설치 등) ① 사업주는 석면해체·제거작업장과 연결되거나 인접한 장소에 평상복 탈의실, 샤워실 및 작업복 탈의실 등의 위생설비를 설치하고 필요한 용품 및 용구를 갖추어 두어야 한다. 〈개정 2012. 3. 5., 2019. 12. 26.〉

② 사업주는 석면해체·제거작업에 종사한 근로자에게 제491조 제1항 각 호의 개인보호구를 작업복 탈의실에서 벗어 밀폐용기에 보관하도록 하여야 한다. 〈개정 2012. 3. 5., 2019. 12. 26.〉

③ 사업주는 석면해체·제거작업을 하는 근로자가 작업 도중 일시적으로 작업장 밖으로 나가는 경우에는 고성능 필터가 장착된 진공청소기를 사용하는 방법 등으로 제491조 제2항에 따라 착용한 개인보호구에 부착된 석면분진을 제거한 후 나가도록 하여야 한다. 〈신설 2012. 3. 5.〉

④ 사업주는 제2항에 따라 보관 중인 개인보호구를 폐기하거나 세척하는 등 석면분진을 제거하기 위하여 필요한 조치를 하여야 한다. 〈개정 2012. 3. 5.〉

제495조(석면해체·제거작업 시의 조치) 사업주는 석면해체·제거작업에 근로자를 종사하도록 하는 경우에 다음 각 호의 구분에 따른 조치를 하여야 한다. 다만, 사업주가 다른 조치를 한 경우로서 지방고용노동관서의 장이 다음 각 호의 조치와 같거나 그 이상의 효과를 가진다고 인정하는 경우에는 다음 각 호의 조치를 한 것으로 본다. 〈개정 2012. 3. 5., 2019. 12. 26.〉

1. 분무(噴霧)된 석면이나 석면이 함유된 보온재 또는 내화피복재(耐火被覆材)의 해체·제거작업

   가. 창문·벽·바닥 등은 비닐 등 불침투성 차단재로 밀폐하고 해당 장소를 음압(陰壓)으로 유지하고 그 결과를 기록·보존할 것(작업장이 실내인 경우에만 해당한다)

   나. 작업 시 석면분진이 흩날리지 않도록 고성능 필터가 장착된 석면분진 포집장치를 가동하는 등 필요한 조치를 할 것(작업장이 실외인 경우에만 해당한다)

   다. 물이나 습윤제(濕潤劑)를 사용하여 습식(濕式)으로 작업할 것

   라. 평상복 탈의실, 샤워실 및 작업복 탈의실 등의 위생설비를 작업장과 연결하여 설치할 것(작업장이 실내인 경우에만 해당한다)

2. 석면이 함유된 벽체, 바닥타일 및 천장재의 해체·제거작업(천공(穿孔)작업 등 석면이 적게 흩날리는 작업을 하는 경우에는 나목의 조치로 한정한다)

   가. 창문·벽·바닥 등은 비닐 등 불침투성 차단재로 밀폐할 것

   나. 물이나 습윤제를 사용하여 습식으로 작업할 것

   다. 작업장소를 음압으로 유지하고 그 결과를 기록·보존할 것(석면함유 벽체·바닥타일·천장재를 물리적으로 깨거나 기계 등을 이용하여 절단하는 작업인 경우에만 해당한다)

3. 석면이 함유된 지붕재의 해체·제거작업

   가. 해체된 지붕재는 직접 땅으로 떨어뜨리거나 던지지 말 것

나. 물이나 습윤제를 사용하여 습식으로 작업할 것(습식작업 시 안전상 위험이 있는 경우는 제외한다)
　　다. 난방이나 환기를 위한 통풍구가 지붕 근처에 있는 경우에는 이를 밀폐하고 환기설비의 가동을 중단할 것
　4. 석면이 함유된 그 밖의 자재의 해체·제거작업
　　가. 창문·벽·바닥 등은 비닐 등 불침투성 차단재로 밀폐할 것(작업장이 실내인 경우에만 해당한다)
　　나. 석면분진이 흩날리지 않도록 석면분진 포집장치를 가동하는 등 필요한 조치를 할 것(작업장이 실외인 경우에만 해당한다)
　　다. 물이나 습윤제를 사용하여 습식으로 작업할 것
　[제목개정 2012. 3. 5.]

제496조(석면함유 잔재물 등의 처리) ① 사업주는 석면해체·제거작업이 완료된 후 그 작업과정에서 발생한 석면함유 잔재물 등이 해당 작업장에 남지 아니하도록 청소 등 필요한 조치를 하여야 한다.
② 사업주는 석면해체·제거작업 및 제1항에 따른 조치 중에 발생한 석면함유 잔재물 등을 비닐이나 그 밖에 이와 유사한 재질의 포대에 담아 밀봉한 후 별지 제3호서식에 따른 표지를 붙여「폐기물관리법」에 따라 처리하여야 한다.
[전문개정 2019. 1. 31.]

제497조(잔재물의 흩날림 방지) ① 사업주는 석면해체·제거작업에서 발생된 석면을 함유한 잔재물은 습식으로 청소하거나 고성능필터가 장착된 진공청소기를 사용하여 청소하는 등 석면분진이 흩날리지 않도록 하여야 한다. 〈개정 2012. 3. 5.〉
② 사업주는 제1항에 따라 청소하는 경우에 압축공기를 분사하는 방법으로 청소해서는 아니 된다.

제497조의2(석면해체·제거작업 기준의 적용 특례) 석면해체·제거작업 중 석면의 함유율이 1퍼센트 이하인 경우의 작업에 관해서는 제489조부터 제497조까지의 규정에 따른 기준을 적용하지 아니한다.
[본조신설 2012. 3. 5.]

제497조의3(석면함유 폐기물 처리작업 시 조치) ① 사업주는 석면을 1퍼센트 이상 함유한 폐기물(석면의 제거작업 등에 사용된 비닐시트·방진마스크·작업복 등을 포함한다)을 처리하는 작업으로서 석면분진이 발생할 우려가 있는 작업에 근로자를 종사하도록 하는 경우에는 석면분진 발산원을 밀폐하거나 국소배기장치를 설치하거나 습식방법으로 작업하도록 하는 등 석면분진이 발생하지 않도록 필요한 조치를 하여야 한다. 〈개정 2017. 3. 3.〉

② 제1항에 따른 사업주에 관하여는 제464조, 제491조 제1항, 제492조, 제493조, 제494조 제2항부터 제4항까지 및 제500조를 준용하고, 제1항에 따른 근로자에 관하여는 제491조 제2항을 준용한다.
[본조신설 2012. 3. 5.]

제3장 금지유해물질에 의한 건강장해의 예방

제1절 통칙

제498조(정의) 이 장에서 사용하는 용어의 뜻은 다음과 같다. 〈개정 2019. 12. 26.〉
1. "금지유해물질"이란 영 제87조에 따른 유해물질을 말한다.
2. "시험·연구 또는 검사 목적"이란 실험실·연구실 또는 검사실에서 물질분석 등을 위하여 금지유해물질을 시약으로 사용하거나 그 밖의 용도로 조제하는 경우를 말한다.
3. "실험실 등"이란 금지유해물질을 시험·연구 또는 검사용으로 제조·사용하는 장소를 말한다.

제2절 시설·설비기준 및 성능 등

제499조(설비기준 등) ① 법 제117조 제2항에 따라 금지유해물질을 시험·연구 또는 검사 목적으로 제조하거나 사용하는 자는 다음 각 호의 조치를 하여야 한다. 〈개정 2019. 12. 26.〉
1. 제조·사용 설비는 밀폐식 구조로서 금지유해물질의 가스, 증기 또는 분진이 새지 않도록 할 것. 다만, 밀폐식 구조로 하는 것이 작업의 성질상 현저히 곤란하여 부스식 후드의 내부에 그 설비를 설치한 경우는 제외한다.
2. 금지유해물질을 제조·저장·취급하는 설비는 내식성의 튼튼한 구조일 것
3. 금지유해물질을 저장하거나 보관하는 양은 해당 시험·연구에 필요한 최소량으로 할 것
4. 금지유해물질의 특성에 맞는 적절한 소화설비를 갖출 것
5. 제조·사용·취급 조건이 해당 금지유해물질의 인화점 이상인 경우에는 사용하는 전기기계·기구는 적절한 방폭구조(防爆構造)로 할 것
6. 실험실 등에서 가스·액체 또는 잔재물을 배출하는 경우에는 안전하게 처리할 수 있는 설비를 갖출 것

② 사업주는 제1항 제1호에 따라 설치한 밀폐식 구조라도 금지유해물질을 넣거나 꺼내는 작업 등을 하는 경우에 해당 작업장소에 국소배기장치를 설치하여야 한다. 다만, 금지유해물질의 가스·증기 또는 분진이 새지 않는 방법으로 작업하는 경우에는 그러하지 아니하다.

제500조(국소배기장치의 성능 등) 사업주는 제499조 제1항 제1호 단서에 따라 부스식 후드의 내부에 해당 설비를 설치하는 경우에 다음 각 호의 기준에 맞도록 하여야 한다.
1. 부스식 후드의 개구면 외의 곳으로부터 금지유해물질의 가스·증기 또는 분진 등이 새지 않는 구조로 할 것
2. 부스식 후드의 적절한 위치에 배풍기를 설치할 것
3. 제2호에 따른 배풍기의 성능은 부스식 후드 개구면에서의 제어풍속이 아래 표에서 정한 성능 이상이 되도록 할 것

물질의 상태	제어풍속(미터/초)
가스상태	0.5
입자상태	1.0

[비고] 이 표에서 제어풍속이란 모든 부스식 후드의 개구면을 완전 개방했을 때의 풍속을 말한다.

제501조(바닥) 사업주는 금지유해물질의 제조·사용 설비가 설치된 장소의 바닥과 벽은 불침투성 재료로 하되, 물청소를 할 수 있는 구조로 하는 등 해당 물질을 제거하기 쉬운 구조로 하여야 한다.

제3절 관리 등

제502조(유해성 등의 주지) 사업주는 근로자가 금지유해물질을 제조·사용하는 경우에 다음 각 호의 사항을 근로자에게 알려야 한다.
1. 물리적·화학적 특성
2. 발암성 등 인체에 미치는 영향과 증상
3. 취급상의 주의사항
4. 착용하여야 할 보호구와 착용방법
5. 위급상황 시의 대처방법과 응급처치 요령
6. 그 밖에 근로자의 건강장해 예방에 관한 사항

제503조(용기) ① 사업주는 금지유해물질의 보관용기는 해당 물질이 새지 않도록 다음 각 호의 기준에 맞도록 하여야 한다.
1. 뒤집혀 파손되지 않는 재질일 것
2. 뚜껑은 견고하고 뒤집혀 새지 않는 구조일 것

② 제1항에 따른 용기는 전용 용기를 사용하고 사용한 용기는 깨끗이 세척하여 보관하여야 한다.

③ 제1항에 따른 용기에는 법 제115조 제2항에 따라 경고표지를 붙여야 한다. 〈개정 2019. 12. 26.〉

제504조(보관) ① 사업주는 금지유해물질을 관계 근로자가 아닌 사람이 취급할 수 없도록 일정한 장소에 보관하고, 그 사실을 보기 쉬운 장소에 게시하여야 한다.

② 제1항에 따라 보관하고 게시하는 경우에는 다음 각 호의 기준에 맞도록 하여야 한다.

1. 실험실 등의 일정한 장소나 별도의 전용장소에 보관할 것
2. 금지유해물질 보관장소에는 다음 각 목의 사항을 게시할 것
   가. 금지유해물질의 명칭
   나. 인체에 미치는 영향
   다. 위급상황 시의 대처방법과 응급처치 방법
3. 금지유해물질 보관장소에는 잠금장치를 설치하는 등 시험·연구 외의 목적으로 외부로 내가지 않도록 할 것

제505조(출입의 금지 등) ① 사업주는 금지유해물질 제조·사용 설비가 설치된 실험실 등에는 관계근로자가 아닌 사람의 출입을 금지하고, 「산업안전보건법 시행규칙」 별표 6 중 일람표 번호 503에 따른 표지를 출입구에 붙여야 한다. 〈개정 2012. 3. 5., 2019. 12. 26.〉

② 사업주는 금지유해물질 또는 이에 의하여 오염된 물질은 일정한 장소를 정하여 저장하거나 폐기하여야 하며, 그 장소에는 관계 근로자가 아닌 사람의 출입을 금지하고, 그 내용을 보기 쉬운 장소에 게시하여야 한다.

③ 근로자는 제1항 및 제2항에 따라 출입이 금지된 장소에 사업주의 허락 없이 출입해서는 아니 된다.

제506조(흡연 등의 금지) ① 사업주는 금지유해물질을 제조·사용하는 작업장에서 근로자가 담배를 피우거나 음식물을 먹지 않도록 하고, 그 내용을 보기 쉬운 장소에 게시하여야 한다.

② 근로자는 제1항에 따라 흡연 또는 음식물의 섭취가 금지된 장소에서 흡연 또는 음식물 섭취를 해서는 아니 된다.

제507조(누출 시 조치) 사업주는 금지유해물질이 실험실 등에서 새는 경우에 흩날리지 않도록 흡착제를 이용하여 제거하는 등 필요한 조치를 하여야 한다.

제508조(세안설비 등) 사업주는 응급 시 근로자가 쉽게 사용할 수 있도록 실험실 등에 긴급 세척시설과 세안설비를 설치하여야 한다.

제509조(금지유해물질의 제조·사용 시 적어야 하는 사항) 법 제164조 제1항 제3호에서 "안전조치 및 보건조치에 관한 사항으로서 고용노동부령으로 정하는 사항"이란 근로자가 금지유해물질을 제조·사용하는 경우에는 다음 각 호의 사항을 말한다.

1. 근로자의 이름
2. 금지유해물질의 명칭
3. 제조량 또는 사용량

4. 작업내용

5. 작업 시 착용한 보호구

6. 누출, 오염, 흡입 등의 사고가 발생한 경우 피해 내용 및 조치 사항

[전문개정 2021. 11. 19.]

제4절 보호구 등

제510조(보호복 등) ① 사업주는 근로자가 금지유해물질을 취급하는 경우에 피부노출을 방지할 수 있는 불침투성 보호복·보호장갑 등을 개인전용의 것으로 지급하고 착용하도록 하여야 한다.

② 사업주는 제1항에 따라 지급하는 보호복과 보호장갑 등을 평상복과 분리하여 보관할 수 있도록 전용 보관함을 갖추고 필요시 오염 제거를 위하여 세탁을 하는 등 필요한 조치를 하여야 한다.

③ 근로자는 제1항에 따라 지급된 보호구를 사업주의 지시에 따라 착용하여야 한다.

제511조(호흡용 보호구) ① 사업주는 근로자가 금지유해물질을 취급하는 경우에 근로자에게 별도의 정화통을 갖춘 근로자 전용 호흡용 보호구를 지급하고 착용하도록 하여야 한다.

② 근로자는 제1항에 따라 지급된 보호구를 사업주의 지시에 따라 착용하여야 한다.

제4장 소음 및 진동에 의한 건강장해의 예방

제1절 통칙

제512조(정의) 이 장에서 사용하는 용어의 뜻은 다음과 같다. 〈개정 2024. 6. 28.〉

1. "소음작업"이란 1일 8시간 작업을 기준으로 85데시벨 이상의 소음이 발생하는 작업을 말한다.

2. "강렬한 소음작업"이란 다음 각목의 어느 하나에 해당하는 작업을 말한다.

   가. 90데시벨 이상의 소음이 1일 8시간 이상 발생하는 작업

   나. 95데시벨 이상의 소음이 1일 4시간 이상 발생하는 작업

   다. 100데시벨 이상의 소음이 1일 2시간 이상 발생하는 작업

   라. 105데시벨 이상의 소음이 1일 1시간 이상 발생하는 작업

   마. 110데시벨 이상의 소음이 1일 30분 이상 발생하는 작업

   바. 115데시벨 이상의 소음이 1일 15분 이상 발생하는 작업

3. "충격소음작업"이란 소음이 1초 이상의 간격으로 발생하는 작업으로서 다음 각 목의 어느 하나에 해당하는 작업을 말한다.

가. 120데시벨을 초과하는 소음이 1일 1만 회 이상 발생하는 작업
나. 130데시벨을 초과하는 소음이 1일 1천 회 이상 발생하는 작업
다. 140데시벨을 초과하는 소음이 1일 1백 회 이상 발생하는 작업

4. "진동작업"이란 다음 각 목의 어느 하나에 해당하는 기계·기구를 사용하는 작업을 말한다.

가. 착암기(鑿巖機)
나. 동력을 이용한 해머
다. 체인톱
라. 엔진 커터(Engine Cutter)
마. 동력을 이용한 연삭기
바. 임팩트 렌치(Impact Wrench)
사. 그 밖에 진동으로 인하여 건강장해를 유발할 수 있는 기계·기구

5. "청력보존 프로그램"이란 다음 각 목의 사항이 포함된 소음성 난청을 예방·관리하기 위한 종합적인 계획을 말한다.

가. 소음노출 평가
나. 소음노출에 대한 공학적 대책
다. 청력보호구의 지급과 착용
라. 소음의 유해성 및 예방 관련 교육
마. 정기적 청력검사
바. 청력보존 프로그램 수립 및 시행 관련 기록·관리체계
사. 그 밖에 소음성 난청 예방·관리에 필요한 사항

제2절 강렬한 소음작업 등의 관리기준

제513조(소음 감소 조치) 사업주는 강렬한 소음작업이나 충격소음작업 장소에 대하여 기계·기구 등의 대체, 시설의 밀폐·흡음(吸音) 또는 격리 등 소음 감소를 위한 조치를 하여야 한다. 다만, 작업의 성질상 기술적·경제적으로 소음 감소를 위한 조치가 현저히 곤란하다는 관계 전문가의 의견이 있는 경우에는 그러하지 아니하다.

제514조(소음수준의 주지 등) 사업주는 근로자가 소음작업, 강렬한 소음작업 또는 충격소음작업에 종사하는 경우에 다음 각 호의 사항을 근로자에게 알려야 한다.

1. 해당 작업장소의 소음 수준
2. 인체에 미치는 영향과 증상
3. 보호구의 선정과 착용방법
4. 그 밖에 소음으로 인한 건강장해 방지에 필요한 사항

제515조(난청발생에 따른 조치) 사업주는 소음으로 인하여 근로자에게 소음성 난청 등의 건강장해가 발생하였거나 발생할 우려가 있는 경우에 다음 각 호의 조치를 하여야 한다.
1. 해당 작업장의 소음성 난청 발생 원인 조사
2. 청력손실을 감소시키고 청력손실의 재발을 방지하기 위한 대책 마련
3. 제2호에 따른 대책의 이행 여부 확인
4. 작업전환 등 의사의 소견에 따른 조치

제3절 보호구 등

제516조(청력보호구의 지급 등) ① 사업주는 근로자가 소음작업, 강렬한 소음작업 또는 충격소음작업에 종사하는 경우에 근로자에게 청력보호구를 지급하고 착용하도록 하여야 한다.
② 제1항에 따른 청력보호구는 근로자 개인 전용의 것으로 지급하여야 한다.
③ 근로자는 제1항에 따라 지급된 보호구를 사업주의 지시에 따라 착용하여야 한다.

제517조(청력보존 프로그램 시행 등) 사업주는 다음 각 호의 어느 하나에 해당하는 경우에 청력보존 프로그램을 수립하여 시행해야 한다. 〈개정 2019. 12. 26., 2021. 11. 19., 2024. 6. 28.〉
1. 근로자가 소음작업, 강렬한 소음작업 또는 충격소음작업에 종사하는 사업장
2. 소음으로 인하여 근로자에게 건강장해가 발생한 사업장

제4절 진동작업 관리

제518조(진동보호구의 지급 등) ① 사업주는 진동작업에 근로자를 종사하도록 하는 경우에 방진장갑 등 진동보호구를 지급하여 착용하도록 하여야 한다.
② 근로자는 제1항에 따라 지급된 진동보호구를 사업주의 지시에 따라 착용하여야 한다.

제519조(유해성 등의 주지) 사업주는 근로자가 진동작업에 종사하는 경우에 다음 각 호의 사항을 근로자에게 충분히 알려야 한다. 〈개정 2024. 6. 28.〉
1. 인체에 미치는 영향과 증상
2. 보호구의 선정과 착용방법
3. 진동 기계·기구 관리 및 사용 방법
4. 진동 장해 예방방법

제520조 삭제 〈2024. 6. 28.〉

제521조(진동기계·기구의 관리) 사업주는 진동 기계·기구가 정상적으로 유지될 수 있도록 상시 점검하여 보수하는 등 관리를 하여야 한다.

제5장 이상기압에 의한 건강장해의 예방

제1절 통칙

제522조(정의) 이 장에서 사용하는 용어의 뜻은 다음과 같다. 〈개정 2017. 12. 28.〉
1. 삭제 〈2017. 12. 28.〉
2. "고압작업"이란 고기압(압력이 제곱센티미터당 1킬로그램 이상인 기압을 말한다. 이하 같다)에서 잠함공법(潛函工法)이나 그 외의 압기공법(壓氣工法)으로 하는 작업을 말한다.
3. "잠수작업"이란 물속에서 하는 다음 각 목의 작업을 말한다.
    가. 표면공급식 잠수작업 : 수면 위의 공기압축기 또는 호흡용 기체통에서 압축된 호흡용 기체를 공급받으면서 하는 작업
    나. 스쿠버 잠수작업 : 호흡용 기체통을 휴대하고 하는 작업
4. "기압조절실"이란 고압작업을 하는 근로자(이하 "고압작업자"라 한다) 또는 잠수작업을 하는 근로자(이하 "잠수작업자"라 한다)가 가압 또는 감압을 받는 장소를 말한다.
5. "압력"이란 게이지 압력을 말한다.
6. "비상기체통"이란 주된 기체공급 장치가 고장난 경우 잠수작업자가 안전한 지역으로 대피하기 위하여 필요한 충분한 양의 호흡용 기체를 저장하고 있는 압력용기와 부속장치를 말한다.

제2절 설비 등

제523조(작업실 공기의 부피) 사업주는 근로자가 고압작업을 하는 경우에는 작업실의 공기의 부피가 고압작업자 1명당 4세제곱미터 이상이 되도록 하여야 한다. 〈개정 2017. 12. 28.〉

제524조(기압조절실 공기의 부피와 환기 등) ① 사업주는 기압조절실의 바닥면적과 공기의 부피를 그 기압조절실에서 가압이나 감압을 받는 근로자 1인당 각각 0.3제곱미터 이상 및 0.6세제곱미터 이상이 되도록 하여야 한다.
② 사업주는 기압조절실 내의 이산화탄소로 인한 건강장해를 방지하기 위하여 이산화탄소의 분압이 제곱센티미터당 0.005킬로그램을 초과하지 않도록 환기 등 그 밖에 필요한 조치를 해야 한다. 〈개정 2023. 11. 14.〉

제525조(공기청정장치) ① 사업주는 공기압축기에서 작업실, 기압조절실 또는 잠수작업자에게 공기를 보내는 송기관의 중간에 공기를 청정하게 하기 위한 공기청정장치를 설치하여야 한다. 〈개정 2017. 12. 28.〉
② 제1항에 따른 공기청정장치의 성능은 「산업표준화법」에 따른 단체표준인 스쿠버용 압

축공기 기준에 맞아야 한다. 〈개정 2017. 12. 28.〉

제526조(배기관) ① 사업주는 작업실이나 기압조절실에 전용 배기관을 각각 설치하여야 한다.
② 고압작업자에게 기압을 낮추기 위한 기압조절실의 배기관은 내경(內徑)을 53밀리미터 이하로 하여야 한다.

제527조(압력계) ① 사업주는 공기를 작업실로 보내는 밸브나 콕을 외부에 설치하는 경우에 그 장소에 작업실 내의 압력을 표시하는 압력계를 함께 설치하여야 한다.
② 사업주는 제1항에 따른 밸브나 콕을 내부에 설치하는 경우에 이를 조작하는 사람에게 휴대용 압력계를 지니도록 하여야 한다.
③ 사업주는 고압작업자에게 가압이나 감압을 하기 위한 밸브나 콕을 기압조절실 외부에 설치하는 경우에 그 장소에 기압조절실 내의 압력을 표시하는 압력계를 함께 설치하여야 한다.
④ 사업주는 제3항에 따른 밸브나 콕을 기압조절실 내부에 설치하는 경우에 이를 조작하는 사람에게 휴대용 압력계를 지니도록 하여야 한다.
⑤ 제1항부터 제4항까지의 규정에 따른 압력계는 한 눈금이 제곱센티미터당 0.2킬로그램 이하인 것이어야 한다.
⑥ 사업주는 잠수작업자에게 압축기체를 보내는 경우에 압력계를 설치하여야 한다. 〈개정 2017. 12. 28.〉

제528조(자동경보장치 등) ① 사업주는 작업실 또는 기압조절실로 불어넣는 공기압축기의 공기나 그 공기압축기에 딸린 냉각장치를 통과한 공기의 온도가 비정상적으로 상승한 경우에 그 공기압축기의 운전자 또는 그 밖의 관계자에게 이를 신속히 알릴 수 있는 자동경보장치를 설치하여야 한다.
② 사업주는 기압조절실 내부를 관찰할 수 있는 창을 설치하는 등 외부에서 기압조절실 내부의 상태를 파악할 수 있는 설비를 갖추어야 한다.

제529조(피난용구) 사업주는 근로자가 고압작업에 종사하는 경우에 호흡용 보호구, 섬유로프, 그 밖에 비상시 고압작업자를 피난시키거나 구출하기 위하여 필요한 용구를 갖추어 두어야 한다.

제530조(공기조) ① 사업주는 잠수작업자에게 공기압축기에서 공기를 보내는 경우에 공기량을 조절하기 위한 공기조와 사고 시에 필요한 공기를 저장하기 위한 공기조(이하 "예비공기조"라 한다)를 설치하여야 한다. 〈개정 2017. 12. 28.〉
② 사업주는 잠수작업자에게 호흡용 기체통에서 기체를 보내는 경우에 사고 시 필요한 기체를 저장하기 위한 예비 호흡용 기체통을 설치하여야 한다. 〈신설 2017. 12. 28.〉
③ 제1항에 따른 예비공기조 및 제2항에 따른 예비 호흡용 기체통(이하 "예비공기조 등"이

라 한다)은 다음 각 호의 기준에 맞는 것이어야 한다. 〈개정 2017. 12. 28.〉
1. 예비공기조 등 안의 기체압력은 항상 최고 잠수심도(潛水深度) 압력의 1.5배 이상일 것
2. 예비공기조 등의 내용적(內容積)은 다음의 계산식으로 계산한 값 이상일 것

$$V = \frac{60(0.3D+4)}{P}$$

주) V : 예비공기조 등의 내용적(단위 : 리터)
  D : 최고 잠수심도(단위 : 미터)
  P : 예비공기조 등 내의 기체압력(단위 : 제곱센티미터당 킬로그램)

제531조(압력조절기) 사업주는 기체압력이 제곱센티미터당 10킬로그램 이상인 호흡용 기체통의 기체를 잠수작업자에게 보내는 경우에 2단 이상의 감압방식에 의한 압력조절기를 잠수작업자에게 사용하도록 하여야 한다. 〈개정 2017. 12. 28.〉
[제목개정 2017. 12. 28.]

제3절 작업방법 등

제532조(가압의 속도) 사업주는 기압조절실에서 고압작업자 또는 잠수작업자에게 가압을 하는 경우 1분에 제곱센티미터당 0.8킬로그램 이하의 속도로 하여야 한다. 〈개정 2017. 12. 28.〉

제533조(감압의 속도) 사업주는 기압조절실에서 고압작업자 또는 잠수작업자에게 감압을 하는 경우에 고용노동부장관이 정하여 고시하는 기준에 맞도록 하여야 한다. 〈개정 2017. 12. 28.〉

제534조(감압의 특례 등) ① 사업주는 사고로 인하여 고압작업자를 대피시키거나 건강에 이상이 발생한 고압작업자를 구출할 경우에 필요하면 제533조에 따라 고용노동부장관이 정하는 기준보다 감압속도를 빠르게 하거나 감압정지시간을 단축할 수 있다.
② 사업주는 제1항에 따라 감압속도를 빠르게 하거나 감압정지시간을 단축한 경우에 해당 고압작업자를 빨리 기압조절실로 대피시키고 그 고압작업자가 작업한 고압실 내의 압력과 같은 압력까지 가압을 하여야 한다. 〈개정 2017. 12. 28.〉

제535조(감압 시의 조치) ① 사업주는 기압조절실에서 고압작업자 또는 잠수작업자에게 감압을 하는 경우에 다음 각 호의 조치를 하여야 한다. 〈개정 2017. 12. 28.〉
1. 기압조절실 바닥면의 조도를 20럭스 이상이 되도록 할 것
2. 기압조절실 내의 온도가 섭씨 10도 이하가 되는 경우에 고압작업자 또는 잠수작업자에게 모포 등 적절한 보온용구를 지급하여 사용하도록 할 것

3. 감압에 필요한 시간이 1시간을 초과하는 경우에 고압작업자 또는 잠수작업자에게 의자 또는 그 밖의 휴식용구를 지급하여 사용하도록 할 것

② 사업주는 기압조절실에서 고압작업자 또는 잠수작업자에게 감압을 하는 경우에 그 감압에 필요한 시간을 해당 고압작업자 또는 잠수작업자에게 미리 알려야 한다. 〈개정 2017. 12. 28.〉

제536조(감압상황의 기록 등) ① 사업주는 이상기압에서 근로자에게 고압작업을 하도록 하는 경우 기압조절실에 자동기록 압력계를 갖추어 두어야 한다.

② 사업주는 해당 고압작업자에게 감압을 할 때마다 그 감압의 상황을 기록한 서류, 그 고압작업자의 성명과 감압일시 등을 기록한 서류를 작성하여 3년간 보존하여야 한다. 〈개정 2017. 12. 28.〉

제536조의2(잠수기록의 작성·보존) 사업주는 근로자가 잠수작업을 하는 경우에는 다음 각 호의 사항을 적은 잠수기록표를 작성하여 3년간 보존하여야 한다.
1. 다음 각 목의 사람에 관한 인적 사항
   가. 잠수작업을 지휘·감독하는 사람
   나. 잠수작업자
   다. 감시인
   라. 대기 잠수작업자
   마. 잠수기록표를 작성하는 사람
2. 잠수의 시작·종료 일시 및 장소
3. 시계(視界), 수온, 유속(流速) 등 수중환경
4. 잠수방법, 사용된 호흡용 기체 및 잠수수심
5. 수중체류 시간 및 작업내용
6. 감압과 관련된 다음 각 목의 사항
   가. 감압의 시작 및 종료 일시
   나. 사용된 감압표 및 감압계획
   다. 감압을 위하여 정지한 수심과 그 정지한 수심마다의 도착시간 및 해당 수심에서의 출발시간(물속에서 감압하는 경우만 해당한다)
   라. 감압을 위하여 정지한 압력과 그 정지한 압력을 가한 시작시간 및 종료시간(기압조절실에서 감압하는 경우만 해당한다)
7. 잠수작업자의 건강상태, 응급 처치 및 치료 결과 등
[본조신설 2017. 12. 28.]

제537조(부상의 속도 등) 사업주는 잠수작업자를 수면 위로 올라오게 하는 경우에 그 속도는

고용노동부장관이 정하여 고시하는 기준에 따라야 한다.

제538조(부상의 특례 등) ① 사업주는 사고로 인하여 잠수작업자를 수면 위로 올라오게 하는 경우에 제537조에도 불구하고 그 속도를 조절할 수 있다.

② 사업주는 사고를 당한 잠수작업자를 수면 위로 올라오게 한 경우에 다음 각 호 구분에 따른 조치를 하여야 한다. 〈개정 2017. 12. 28.〉

1. 해당 잠수작업자가 의식이 있는 경우
   가. 인근에 사용할 수 있는 기압조절실이 있는 경우 : 즉시 해당 잠수작업자를 기압조절실로 대피시키고 그 잠수작업자가 잠수업무를 수행하던 최고수심의 압력과 같은 압력까지 가압하도록 조치를 하여야 한다.
   나. 인근에 사용할 수 있는 기압조절실이 없는 경우 : 해당 잠수작업자가 잠수업무를 수행하던 최고수심까지 다시 잠수하도록 조치하여야 한다.
2. 해당 잠수작업자가 의식이 없는 경우 : 잠수작업자의 상태에 따라 적절한 응급처치(「응급의료에 관한 법률」 제2조 제3호에 따른 응급처치를 말한다) 등을 받을 수 있도록 조치하여야 한다. 다만, 의사의 의학적 판단에 따라 제1호의 조치를 할 수 있다.

제539조(연락) ① 사업주는 근로자가 고압작업을 하는 경우 그 작업 중에 고압작업자 및 공기압축기 운전자와의 연락 또는 그 밖에 필요한 조치를 하기 위한 감시인을 기압조절실 부근에 상시 배치하여야 한다.

② 사업주는 고압작업자 및 공기압축기 운전자와 감시인이 서로 통화할 수 있도록 통화장치를 설치하여야 한다.

③ 사업주는 제2항에 따른 통화장치가 고장난 경우에 다른 방법으로 연락할 수 있는 설비를 갖추어야 하며, 그 설비를 고압작업자, 공기압축기 운전자 및 감시인이 보기 쉬운 곳에 갖추어 두어야 한다.

제540조(배기·침하 시의 조치) ① 사업주는 물 속에서 작업을 하기 위하여 만들어진 구조물(이하 "잠함(潛函)"이라 한다)을 물 속으로 가라앉히는 경우에 우선 고압작업자를 잠함의 밖으로 대피시키고 내부의 공기를 바깥으로 내보내야 한다.

② 제1항에 따라 잠함을 가라앉히는 경우에는 유해가스의 발생 여부 또는 그 밖의 사항을 점검하고 고압작업자에게 건강장해를 일으킬 우려가 없는지를 확인한 후에 작업하도록 하여야 한다.

제541조(발파하는 경우의 조치) 사업주는 작업실 내에서 발파(發破)를 하는 경우에 작업실 내의 기압이 발파 전의 상태와 같아질 때까지는 고압실 내에 근로자가 들어가도록 해서는 아니 된다.

제542조(화상 등의 방지) ① 사업주는 고압작업을 하는 경우에 대기압을 초과하는 기압에서

의 가연성물질의 연소위험성에 대하여 근로자에게 알리고, 고압작업자의 화상이나 그 밖의 위험을 방지하기 위하여 다음 각 호의 조치를 하여야 한다.
1. 전등은 보호망이 부착되어 있거나, 전구가 파손되어 가연성물질에 떨어져 불이 날 우려가 없는 것을 사용할 것
2. 전류가 흐르는 차단기는 불꽃이 발생하지 않는 것을 사용할 것
3. 난방을 할 때는 고온으로 인하여 가연성물질의 점화원이 될 우려가 없는 것을 사용할 것
② 사업주는 고압작업을 하는 경우에는 용접·용단 작업이나 화기 또는 아크를 사용하는 작업(이하 이 조에서 "용접 등의 작업"이라 한다)을 해서는 아니 된다. 다만, 작업실 내의 압력이 제곱센티미터당 1킬로그램 미만인 장소에서는 용접 등의 작업을 할 수 있다.
③ 사업주는 고압작업을 하는 경우에 근로자가 화기 등 불이 날 우려가 있는 물건을 지니고 출입하는 것을 금지하고, 그 취지를 기압조절실 외부의 보기 쉬운 장소에 게시하여야 한다. 다만, 작업의 성질상 부득이한 경우로서 작업실 내의 압력이 제곱센티미터당 1킬로그램 미만인 장소에서 용접등의 작업을 하는 경우에는 그러하지 아니하다.
④ 근로자는 고압작업장소에 화기 등 불이 날 우려가 있는 물건을 지니고 출입해서는 아니 된다.

제543조(잠함작업실 굴착의 제한) 사업주는 잠함의 급격한 침하(沈下)에 따른 고압실 내 고압작업자의 위험을 방지하기 위하여 잠함작업실 아랫부분을 50센티미터 이상 파서는 아니 된다. 〈개정 2017. 12. 28.〉

제544조(송기량) 사업주는 표면공급식 잠수작업을 하는 잠수작업자에게 공기를 보내는 경우에 잠수작업자마다 그 수심의 압력 아래에서 분당 송기량을 60리터 이상이 되도록 하여야 한다. 〈개정 2017. 12. 28.〉

제545조(스쿠버 잠수작업 시 조치) ① 사업주는 근로자가 스쿠버 잠수작업을 하는 경우에는 잠수작업자 2명을 1조로 하여 잠수작업을 하도록 하여야 하며, 잠수작업을 하는 곳에 감시인을 두어 잠수작업자의 이상 유무를 감시하게 하여야 한다.
② 사업주는 스쿠버 잠수작업(실내에서 잠수작업을 하는 경우는 제외한다)을 하는 잠수작업자에게 비상기체통을 제공하여야 한다.
③ 사업주는 호흡용 기체통 및 비상기체통의 기능의 이상 유무 및 해당 기체통에 저장된 호흡용 기체량 등을 확인하여 그 내용을 잠수작업자에게 알려야 하며, 이상이 있는 호흡용 기체통이나 비상기체통을 잠수작업자에게 제공해서는 아니 된다.
④ 사업주는 스쿠버 잠수작업을 하는 잠수작업자에게 수중시계, 수중압력계, 예리한 칼 등을 제공하여 잠수작업자가 이를 지니도록 하여야 하며, 잠수작업자에게 부력조절기를 착용하게 하여야 한다.

⑤ 스쿠버 잠수작업을 하는 잠수작업자는 잠수작업을 하는 동안 비상기체통을 휴대하여야 한다. 다만, 해당 잠수작업의 특성상 휴대가 어려운 경우에는 위급상황 시 바로 사용할 수 있도록 잠수작업을 하는 곳 인근 장소에 두어야 한다.
[전문개정 2017. 12. 28.]

제546조(고농도 산소의 사용 제한) 사업주는 잠수작업자에게 고농도의 산소만을 들이마시도록 해서는 아니 된다. 다만, 급부상(急浮上) 등으로 중대한 신체상의 장해가 발생한 잠수작업자를 치유하거나 감압하기 위하여 다시 잠수하도록 하는 경우에는 고농도의 산소만을 들이마시도록 할 수 있으며, 이 경우에는 고용노동부장관이 정하는 바에 따라야 한다. 〈개정 2017. 12. 28.〉

제547조(표면공급식 잠수작업 시 조치) ① 사업주는 근로자가 표면공급식 잠수작업을 하는 경우 잠수작업자가 1명인 경우에는 감시인을 1명 배치하고, 잠수작업자가 2명 이상인 경우에는 감시인 1명당 잠수작업자가 2명을 초과하지 않도록 감시인을 배치해야 한다. 〈개정 2024. 6. 28.〉

② 사업주는 제1항에 따라 배치한 감시인이 다음 각 호의 사항을 준수하도록 해야 한다. 〈신설 2024. 6. 28.〉

1. 잠수작업자를 적정하게 잠수시키거나 수면 위로 올라오게 할 것
2. 잠수작업자에 대한 송기조절을 위한 밸브나 콕을 조작하는 사람과 연락하여 잠수작업자에게 필요한 양의 호흡용 기체를 보내도록 할 것
3. 송기설비의 고장이나 그 밖의 사고로 인하여 잠수작업자에게 위험이나 건강장해가 발생할 우려가 있는 경우에는 신속히 잠수작업자에게 연락할 것
4. 잠수작업 전에 잠수작업자가 사용할 잠수장비의 이상 유무를 점검할 것

③ 사업주는 다음 각 호의 어느 하나에 해당하는 표면공급식 잠수작업을 하는 잠수작업자에게 제4항 각 호의 잠수장비를 제공하여야 한다. 〈개정 2024. 6. 28.〉

1. 18미터 이상의 수심에서 하는 잠수작업
2. 수면으로 부상하는 데에 제한이 있는 장소에서의 잠수작업
3. 감압계획에 따를 때 감압정지가 필요한 잠수작업

④ 제3항에 따라 사업주가 잠수작업자에게 제공하여야 하는 잠수장비는 다음 각 호와 같다. 〈개정 2024. 6. 28.〉

1. 비상기체통
2. 비상기체공급밸브, 역지밸브(Non Return Valve) 등이 달려있는 잠수마스크 또는 잠수헬멧
3. 감시인과 잠수작업자 간에 연락할 수 있는 통화장치

⑤ 사업주는 표면공급식 잠수작업을 하는 잠수작업자에게 신호밧줄, 수중시계, 수중압력계 및 예리한 칼 등을 제공하여 잠수작업자가 이를 지니도록 하여야 한다. 다만, 통화장치에 따라 잠수작업자가 감시인과 통화할 수 있는 경우에는 신호밧줄, 수중시계 및 수중압력계를 제공하지 아니할 수 있다. 〈개정 2024. 6. 28.〉

⑥ 제3항 각 호에 해당하는 곳에서 표면공급식 잠수작업을 하는 잠수작업자는 잠수작업을 하는 동안 비상기체통을 휴대하여야 한다. 다만, 해당 잠수작업의 특성상 휴대가 어려운 경우에는 위급상황 시 즉시 사용할 수 있도록 잠수작업을 하는 곳 인근 장소에 두어야 한다. 〈개정 2024. 6. 28.〉

[전문개정 2017. 12. 28.]

제548조(잠수신호기의 게양) 사업주는 잠수작업(실내에서 하는 경우는 제외한다)을 하는 장소에 「해사안전법」 제85조 제5항 제2호에 따른 표시를 하여야 한다.

[전문개정 2017. 12. 28.]

제4절 관리 등

제549조(관리감독자의 휴대기구) 사업주는 고압작업의 관리감독자에게 휴대용압력계·손전등, 이산화탄소 등 유해가스농도측정기 및 비상시에 사용할 수 있는 신호용 기구를 지니도록 하여야 한다. 〈개정 2012. 3. 5.〉

제550조(출입의 금지) ① 사업주는 기압조절실을 설치한 장소와 조작하는 장소에 관계근로자가 아닌 사람의 출입을 금지하고, 그 내용을 보기 쉬운 장소에 게시하여야 한다.

② 근로자는 제1항에 따라 출입이 금지된 장소에 사업주의 허락 없이 출입해서는 아니 된다.

제551조(고압작업설비의 점검 등) ① 사업주는 고압작업을 위한 설비나 기구에 대하여 다음 각 호에서 정하는 바에 따라 점검하여야 한다.
 1. 다음 각 목의 시설이나 장치에 대하여 매일 1회 이상 점검할 것
  가. 제526조에 따른 배기관과 제539조 제2항에 따른 통화장치
  나. 작업실과 기압조절실의 공기를 조절하기 위한 밸브나 콕
  다. 작업실과 기압조절실의 배기를 조절하기 위한 밸브나 콕
  라. 작업실과 기압조절실에 공기를 보내기 위한 공기압축기에 부속된 냉각장치
 2. 다음 각 목의 장치와 기구에 대하여 매주 1회 이상 점검할 것
  가. 제528조에 따른 자동경보장치
  나. 제529조에 따른 용구
  다. 작업실과 기압조절실에 공기를 보내기 위한 공기압축기
 3. 다음 각 목의 장치와 기구를 매월 1회 이상 점검할 것

가. 제527조와 제549조에 따른 압력계
　　나. 제525조에 따른 공기청정장치
② 사업주는 제1항에 따른 점검 결과 이상을 발견한 경우에 즉시 보수, 교체, 그 밖에 필요한 조치를 하여야 한다.

제552조(잠수작업 설비의 점검 등) ① 사업주는 잠수작업자가 잠수작업을 하기 전에 다음 각 호의 구분에 따라 잠수기구 등을 점검하여야 한다. 〈개정 2017. 12. 28.〉
1. 스쿠버 잠수작업을 하는 경우 : 잠수기, 압력조절기 및 제545조에 따라 잠수작업자가 사용할 잠수기구
2. 표면공급식 잠수작업을 하는 경우 : 잠수기, 송기관, 압력조절기 및 제547조에 따라 잠수작업자가 사용할 잠수기구

② 사업주는 표면공급식 잠수작업의 경우 잠수작업자가 사용할 다음 각 호의 설비를 다음 각 호에서 정하는 바에 따라 점검하여야 한다. 〈개정 2017. 12. 28.〉
1. 공기압축기 또는 수압펌프 : 매주 1회 이상(공기압축기에서 공기를 보내는 잠수작업의 경우만 해당한다)
2. 수중압력계 : 매월 1회 이상
3. 수중시계 : 3개월에 1회 이상
4. 산소발생기 : 6개월에 1회 이상(호흡용 기체통에서 기체를 보내는 잠수작업의 경우만 해당한다)

③ 사업주는 제1항과 제2항에 따른 점검 결과 이상을 발견한 경우에 즉시 보수, 교체, 그 밖에 필요한 조치를 하여야 한다.

제553조(사용 전 점검 등) ① 사업주는 송기설비를 설치한 후 처음으로 사용하는 경우, 송기설비를 분해하여 개조하거나 수리를 한 후 처음으로 사용하는 경우 또는 1개월 이상 사용하지 아니한 송기설비를 다시 사용하는 경우에 해당 송기설비를 점검한 후 사용하여야 한다.
② 사업주는 제1항에 따른 점검 결과 이상을 발견한 경우에 즉시 보수, 교체, 그 밖에 필요한 조치를 하여야 한다.

제554조(사고가 발생한 경우의 조치) ① 사업주는 송기설비의 고장이나 그 밖의 사고로 인하여 고압작업자에게 건강장해가 발생할 우려가 있는 경우에 즉시 고압작업자를 외부로 대피시켜야 한다.
② 제1항에 따른 사고가 발생한 경우에 송기설비의 이상 유무, 잠함 등의 이상 침하 또는 기울어진 상태 등을 점검하여 고압작업자에게 건강장해가 발생할 우려가 없음을 확인한 후에 출입하도록 하여야 한다.

제555조(점검 결과의 기록) 사업주는 제551조부터 제553조까지의 규정에 따른 점검을 한 경

우에 다음 각 호의 사항을 기록하여 3년간 보존하여야 한다. 〈개정 2017. 12. 28.〉
1. 점검연월일
2. 점검 방법
3. 점검 구분
4. 점검 결과
5. 점검자의 성명
6. 점검 결과에 따른 필요한 조치사항

제556조(고기압에서의 작업시간) 사업주는 근로자가 고압작업을 하는 경우에 고용노동부장관이 정하여 고시하는 시간에 따라야 한다.

제557조(잠수시간) 사업주는 근로자가 잠수작업을 하는 경우에 고용노동부장관이 정하여 고시하는 시간에 따라야 한다.

제6장 온도·습도에 의한 건강장해의 예방

제1절 통칙

제558조(정의) 이 장에서 사용하는 용어의 뜻은 다음과 같다.
1. "고열"이란 열에 의하여 근로자에게 열경련·열탈진 또는 열사병 등의 건강장해를 유발할 수 있는 더운 온도를 말한다.
2. "한랭"이란 냉각원(冷却源)에 의하여 근로자에게 동상 등의 건강장해를 유발할 수 있는 차가운 온도를 말한다.
3. "다습"이란 습기로 인하여 근로자에게 피부질환 등의 건강장해를 유발할 수 있는 습한 상태를 말한다.

제559조(고열작업 등) ① "고열작업"이란 다음 각 호의 어느 하나에 해당하는 장소에서의 작업을 말한다.
1. 용광로, 평로(平爐), 전로 또는 전기로에 의하여 광물이나 금속을 제련하거나 정련하는 장소
2. 용선로(鎔船爐) 등으로 광물·금속 또는 유리를 용해하는 장소
3. 가열로(加熱爐) 등으로 광물·금속 또는 유리를 가열하는 장소
4. 도자기나 기와 등을 소성(燒成)하는 장소
5. 광물을 배소(焙燒) 또는 소결(燒結)하는 장소
6. 가열된 금속을 운반·압연 또는 가공하는 장소
7. 녹인 금속을 운반하거나 주입하는 장소

8. 녹인 유리로 유리제품을 성형하는 장소
9. 고무에 황을 넣어 열처리하는 장소
10. 열원을 사용하여 물건 등을 건조시키는 장소
11. 갱내에서 고열이 발생하는 장소
12. 가열된 노(爐)를 수리하는 장소
13. 그 밖에 고용노동부장관이 인정하는 장소

② "한랭작업"이란 다음 각 호의 어느 하나에 해당하는 장소에서의 작업을 말한다.
1. 다량의 액체공기·드라이아이스 등을 취급하는 장소
2. 냉장고·제빙고·저빙고 또는 냉동고 등의 내부
3. 그 밖에 고용노동부장관이 인정하는 장소

③ "다습작업"이란 다음 각 호의 어느 하나에 해당하는 장소에서의 작업을 말한다.
1. 다량의 증기를 사용하여 염색조로 염색하는 장소
2. 다량의 증기를 사용하여 금속·비금속을 세척하거나 도금하는 장소
3. 방적 또는 직포(織布) 공정에서 가습하는 장소
4. 다량의 증기를 사용하여 가죽을 탈지(脫脂)하는 장소
5. 그 밖에 고용노동부장관이 인정하는 장소

제2절 설비기준과 성능 등

제560조(온도·습도 조절) ① 사업주는 고열·한랭 또는 다습작업이 실내인 경우에 냉난방 또는 통풍 등을 위하여 적절한 온도·습도 조절장치를 설치하여야 한다. 다만, 작업의 성질상 온도·습도 조절장치를 설치하는 것이 매우 곤란하여 별도의 건강장해 방지 조치를 한 경우에는 그러하지 아니하다.
② 사업주는 제1항에 따른 냉방장치를 설치하는 경우에 외부의 대기온도보다 현저히 낮게 해서는 아니 된다. 다만, 작업의 성질상 냉방장치를 가동하여 일정한 온도를 유지하여야 하는 장소로서 근로자에게 보온을 위하여 필요한 조치를 하는 경우에는 그러하지 아니하다.

제561조(환기장치의 설치 등) 사업주는 실내에서 고열작업을 하는 경우에 고열을 감소시키기 위하여 환기장치 설치, 열원과의 격리, 복사열 차단 등 필요한 조치를 하여야 한다.

제3절 작업관리 등

제562조(고열장해 예방 조치) 사업주는 근로자가 고열작업을 하는 경우에 열경련·열탈진 등의 건강장해를 예방하기 위하여 다음 각 호의 조치를 하여야 한다.
1. 근로자를 새로 배치할 경우에는 고열에 순응할 때까지 고열작업시간을 매일 단계적으

로 증가시키는 등 필요한 조치를 할 것
2. 근로자가 온도·습도를 쉽게 알 수 있도록 온도계 등의 기기를 작업장소에 상시 갖추어 둘 것

제563조(한랭장해 예방 조치) 사업주는 근로자가 한랭작업을 하는 경우에 동상 등의 건강장해를 예방하기 위하여 다음 각 호의 조치를 하여야 한다.
1. 혈액순환을 원활히 하기 위한 운동지도를 할 것
2. 적절한 지방과 비타민 섭취를 위한 영양지도를 할 것
3. 체온 유지를 위하여 더운물을 준비할 것
4. 젖은 작업복 등은 즉시 갈아입도록 할 것

제564조(다습장해 예방 조치) ① 사업주는 근로자가 다습작업을 하는 경우에 습기 제거를 위하여 환기하는 등 적절한 조치를 하여야 한다. 다만, 작업의 성질상 습기 제거가 어려운 경우에는 그러하지 아니하다.
② 사업주는 제1항 단서에 따라 작업의 성질상 습기 제거가 어려운 경우에 다습으로 인한 건강장해가 발생하지 않도록 개인위생관리를 하도록 하는 등 필요한 조치를 하여야 한다.
③ 사업주는 실내에서 다습작업을 하는 경우에 수시로 소독하거나 청소하는 등 미생물이 번식하지 않도록 필요한 조치를 하여야 한다.

제565조(가습) 사업주는 작업의 성질상 가습을 하여야 하는 경우에 근로자의 건강에 유해하지 않도록 깨끗한 물을 사용하여야 한다.

제566조(휴식 등) 사업주는 근로자가 다음 각 호의 어느 하나에 해당하는 경우에는 적절하게 휴식하도록 하는 등 근로자 건강장해를 예방하기 위하여 필요한 조치를 해야 한다. 〈개정 2017. 12. 28., 2022. 8. 10.〉
1. 고열·한랭·다습 작업을 하는 경우
2. 폭염에 노출되는 장소에서 작업하여 열사병 등의 질병이 발생할 우려가 있는 경우

제567조(휴게시설의 설치) ① 사업주는 근로자가 고열·한랭·다습 작업을 하는 경우에 근로자들이 휴식시간에 이용할 수 있는 휴게시설을 갖추어야 한다.
② 사업주는 근로자가 폭염에 직접 노출되는 옥외 장소에서 작업을 하는 경우에 휴식시간에 이용할 수 있는 그늘진 장소를 제공하여야 한다. 〈신설 2017. 12. 28.〉
③ 사업주는 제1항에 따른 휴게시설을 설치하는 경우에 고열·한랭 또는 다습작업과 격리된 장소에 설치하여야 한다. 〈개정 2017. 12. 28.〉

제568조(갱내의 온도) 제559조 제1항 제11호에 따른 갱내의 기온은 섭씨 37도 이하로 유지하여야 한다. 다만, 인명구조 작업이나 유해·위험 방지작업을 할 때 고열로 인한 근로자의 건강장해를 방지하기 위하여 필요한 조치를 한 경우에는 그러하지 아니하다.

제569조(출입의 금지) ① 사업주는 다음 각 호의 어느 하나에 해당하는 장소에 관계 근로자가 아닌 사람의 출입을 금지하고, 그 내용을 보기 쉬운 장소에 게시하여야 한다.
1. 다량의 고열물체를 취급하는 장소나 매우 뜨거운 장소
2. 다량의 저온물체를 취급하는 장소나 매우 차가운 장소
② 근로자는 제1항에 따라 출입이 금지된 장소에 사업주의 허락 없이 출입해서는 아니 된다.

제570조(세척시설 등) 사업주는 작업 중 근로자의 작업복이 심하게 젖게 되는 작업장에 탈의시설, 목욕시설, 세탁시설 및 작업복을 말릴 수 있는 시설을 설치하여야 한다.

제571조(소금과 음료수 등의 비치) 사업주는 근로자가 작업 중 땀을 많이 흘리게 되는 장소에 소금과 깨끗한 음료수 등을 갖추어 두어야 한다.

제4절 보호구 등

제572조(보호구의 지급 등) ① 사업주는 다음 각 호의 어느 하나에서 정하는 바에 따라 근로자에게 적절한 보호구를 지급하고, 이를 착용하도록 하여야 한다.
1. 다량의 고열물체를 취급하거나 매우 더운 장소에서 작업하는 근로자 : 방열장갑과 방열복
2. 다량의 저온물체를 취급하거나 현저히 추운 장소에서 작업하는 근로자 : 방한모, 방한화, 방한장갑 및 방한복
② 제1항에 따라 보호구를 지급하는 경우에는 근로자 개인 전용의 것을 지급하여야 한다.
③ 근로자는 제1항에 따라 지급된 보호구를 사업주의 지시에 따라 착용하여야 한다.

제7장 방사선에 의한 건강장해의 예방

제1절 통칙

제573조(정의) 이 장에서 사용하는 용어의 뜻은 다음과 같다.
1. "방사선"이란 전자파나 입자선 중 직접 또는 간접적으로 공기를 전리(電離)하는 능력을 가진 것으로서 알파선, 중양자선, 양자선, 베타선, 그 밖의 중하전입자선, 중성자선, 감마선, 엑스선 및 5만 전자볼트 이상(엑스선 발생장치의 경우에는 5천 전자볼트 이상)의 에너지를 가진 전자선을 말한다.
2. "방사성물질"이란 핵연료물질, 사용 후의 핵연료, 방사성동위원소 및 원자핵분열 생성물을 말한다.
3. "방사선관리구역"이란 방사선에 노출될 우려가 있는 업무를 하는 장소를 말한다.

제2절 방사성물질 관리시설 등

제574조(방사성물질의 밀폐 등) ① 사업주는 근로자가 다음 각 호에 해당하는 방사선 업무를 하는 경우에 방사성물질의 밀폐, 차폐물(遮蔽物)의 설치, 국소배기장치의 설치, 경보시설의 설치 등 근로자의 건강장해를 예방하기 위하여 필요한 조치를 하여야 한다. 〈개정 2017. 3. 3.〉
1. 엑스선 장치의 제조·사용 또는 엑스선이 발생하는 장치의 검사업무
2. 선형가속기(線形加速器), 사이크로트론(Cyclotron) 및 신크로트론(Synchrotron) 등 하전입자(荷電粒子)를 가속하는 장치(이하 "입자가속장치"라 한다)의 제조·사용 또는 방사선이 발생하는 장치의 검사 업무
3. 엑스선관과 케노트론(Kenotron)의 가스 제거 또는 엑스선이 발생하는 장비의 검사 업무
4. 방사성물질이 장치되어 있는 기기의 취급 업무
5. 방사성물질 취급과 방사성물질에 오염된 물질의 취급 업무
6. 원자로를 이용한 발전업무
7. 갱내에서의 핵원료물질의 채굴 업무
8. 그 밖에 방사선 노출이 우려되는 기기 등의 취급 업무

② 사업주는 「원자력안전법」 제2조 제23호의 방사선투과검사를 위하여 같은 법 제2조 제6호의 방사성동위원소 또는 같은 법 제2조 제9호의 방사선발생장치를 이동사용하는 작업에 근로자를 종사하도록 하는 경우에는 근로자에게 다음 각 호에 따른 장비를 지급하고 착용하도록 하여야 한다. 〈신설 2017. 3. 3.〉
1. 「원자력안전법 시행규칙」 제2조 제3호에 따른 개인선량계
2. 방사선 경보기

③ 근로자는 제2항에 따라 지급받은 장비를 착용하여야 한다. 〈신설 2017. 3. 3.〉

제575조(방사선관리구역의 지정 등) ① 사업주는 근로자가 방사선업무를 하는 경우에 건강장해를 예방하기 위하여 방사선 관리구역을 지정하고 다음 각 호의 사항을 게시하여야 한다.
1. 방사선량 측정용구의 착용에 관한 주의사항
2. 방사선 업무상 주의사항
3. 방사선 피폭(被曝) 등 사고 발생 시의 응급조치에 관한 사항
4. 그 밖에 방사선 건강장해 방지에 필요한 사항

② 사업주는 방사선업무를 하는 관계근로자가 아닌 사람이 방사선 관리구역에 출입하는 것을 금지하여야 한다.

③ 근로자는 제2항에 따라 출입이 금지된 장소에 사업주의 허락 없이 출입해서는 아니 된다.

제576조(방사선 장치실) 사업주는 다음 각 호의 장치나 기기(이하 "방사선장치"라 한다)를 설치하려는 경우에 전용의 작업실(이하 "방사선장치실"이라 한다)에 설치하여야 한다. 다

만, 적절히 차단되거나 밀폐된 구조의 방사선장치를 설치한 경우, 방사선장치를 수시로 이동하여 사용하여야 하는 경우 또는 사용목적이나 작업의 성질상 방사선장치를 방사선장치실 안에 설치하기가 곤란한 경우에는 그러하지 아니하다.
1. 엑스선장치
2. 입자가속장치
3. 엑스선관 또는 케노트론의 가스추출 및 엑스선 이용 검사장치
4. 방사성물질을 내장하고 있는 기기

제577조(방사성물질 취급 작업실) 사업주는 근로자가 밀봉되어 있지 아니한 방사성물질을 취급하는 경우에 방사성물질 취급 작업실에서 작업하도록 하여야 한다. 다만, 다음 각 호의 경우에는 그러하지 아니하다.
1. 누수의 조사
2. 곤충을 이용한 역학적 조사
3. 원료물질 생산 공정에서의 이동상황 조사
4. 핵원료물질을 채굴하는 경우
5. 그 밖에 방사성물질을 널리 분산하여 사용하거나 그 사용이 일시적인 경우

제578조(방사성물질 취급 작업실의 구조) 사업주는 방사성물질 취급 작업실 안의 벽·책상 등 오염 우려가 있는 부분을 다음 각 호의 구조로 하여야 한다.
1. 기체나 액체가 침투하거나 부식되기 어려운 재질로 할 것
2. 표면이 편평하게 다듬어져 있을 것
3. 돌기가 없고 파이지 않거나 틈이 작은 구조로 할 것

제3절 시설 및 작업관리

제579조(게시 등) 사업주는 방사선 발생장치나 기기에 대하여 다음 각 호의 구분에 따른 내용을 근로자가 보기 쉬운 장소에 게시하여야 한다.
1. 입자가속장치
   가. 장치의 종류
   나. 방사선의 종류와 에너지
2. 방사성물질을 내장하고 있는 기기
   가. 기기의 종류
   나. 내장하고 있는 방사성물질에 함유된 방사성 동위원소의 종류와 양(단위 : 베크렐)
   다. 해당 방사성물질을 내장한 연월일
   라. 소유자의 성명 또는 명칭

제580조(차폐물 설치 등) 사업주는 근로자가 방사선장치실, 방사성물질 취급작업실, 방사성물질 저장시설 또는 방사성물질 보관·폐기 시설에 상시 출입하는 경우에 차폐벽(遮蔽壁), 방호물 또는 그 밖의 차폐물을 설치하는 등 필요한 조치를 하여야 한다.

제581조(국소배기장치 등) 사업주는 방사성물질이 가스·증기 또는 분진으로 발생할 우려가 있을 경우에 발산원을 밀폐하거나 국소배기장치 등을 설치하여 가동하여야 한다.

제582조(방지설비) 사업주는 근로자가 신체 또는 의복, 신발, 보호장구 등에 방사성물질이 부착될 우려가 있는 작업을 하는 경우에 판 또는 막 등의 방지설비를 설치하여야 한다. 다만, 작업의 성질상 방지설비의 설치가 곤란한 경우로서 적절한 보호조치를 한 경우에는 그러하지 아니하다.

제583조(방사성물질 취급용구) ① 사업주는 방사성물질 취급에 사용되는 국자, 집게 등의 용구에는 방사성물질 취급에 사용되는 용구임을 표시하고, 다른 용도로 사용해서는 아니 된다.
② 사업주는 제1항의 용구를 사용한 후에 오염을 제거하고 전용의 용구걸이와 설치대 등을 사용하여 보관하여야 한다.

제584조(용기 등) 사업주는 방사성물질을 보관·저장 또는 운반하는 경우에 녹슬거나 새지 않는 용기를 사용하고, 겉면에는 방사성물질을 넣은 용기임을 표시하여야 한다.

제585조(오염된 장소에서의 조치) 사업주는 분말 또는 액체 상태의 방사성물질에 오염된 장소에 대하여 즉시 그 오염이 퍼지지 않도록 조치한 후 오염된 지역임을 표시하고 그 오염을 제거하여야 한다.

제586조(방사성물질의 폐기물 처리) 사업주는 방사성물질의 폐기물은 방사선이 새지 않는 용기에 넣어 밀봉하고 용기 겉면에 그 사실을 표시한 후 적절하게 처리하여야 한다.

제4절 보호구 등

제587조(보호구의 지급 등) ① 사업주는 근로자가 분말 또는 액체 상태의 방사성물질에 오염된 지역에서 작업을 하는 경우에 개인전용의 적절한 호흡용 보호구를 지급하고 착용하도록 하여야 한다.
② 사업주는 방사성물질을 취급하는 때에 방사성물질이 흩날림으로써 근로자의 신체가 오염될 우려가 있는 경우에 보호복, 보호장갑, 신발덮개, 보호모 등의 보호구를 지급하고 착용하도록 하여야 한다.
③ 근로자는 제1항에 따라 지급된 보호구를 사업주의 지시에 따라 착용하여야 한다.

제588조(오염된 보호구 등의 폐기) 사업주는 방사성물질에 오염된 보호복, 보호장갑, 호흡용 보호구 등을 즉시 적절하게 폐기하여야 한다.

제589조(세척시설 등) 사업주는 근로자가 방사성물질 취급작업을 하는 경우에 세면·목욕·세탁 및 건조를 위한 시설을 설치하고 필요한 용품과 용구를 갖추어 두어야 한다.

제590조(흡연 등의 금지) ① 사업주는 방사성물질 취급 작업실 또는 그 밖에 방사성물질을 들이마시거나 섭취할 우려가 있는 작업장에 대하여 근로자가 담배를 피우거나 음식물을 먹지 않도록 하고 그 내용을 보기 쉬운 장소에 게시하여야 한다.
② 근로자는 제1항에 따라 흡연 또는 음식물 섭취가 금지된 장소에서 흡연 또는 음식물 섭취를 해서는 아니 된다.

제591조(유해성 등의 주지) 사업주는 근로자가 방사선업무를 하는 경우에 방사선이 인체에 미치는 영향, 안전한 작업방법, 건강관리 요령 등에 관한 내용을 근로자에게 알려야 한다.

제8장 병원체에 의한 건강장해의 예방

제1절 통칙

제592조(정의) 이 장에서 사용하는 용어의 뜻은 다음과 같다. 〈개정 2024. 6. 28.〉
1. "혈액매개 감염병"이란 후천성면역결핍증(AIDS), B형간염 및 C형간염, 매독 등 혈액 및 체액을 매개로 타인에게 전염되어 질병을 유발하는 감염병을 말한다.
2. "공기매개 감염병"이란 결핵·수두·홍역 등 공기 또는 비말핵 등을 매개로 호흡기를 통하여 전염되는 감염병을 말한다.
3. "곤충 및 동물매개 감염병"이란 쯔쯔가무시증, 렙토스피라증, 신증후군출혈열 등 동물의 배설물 등에 의하여 전염되는 감염병과 탄저병, 브루셀라증 등 가축이나 야생동물로부터 사람에게 감염되는 인수공통(人獸共通) 감염병을 말한다.
4. "곤충 및 동물매개 감염병 고위험작업"이란 다음 각 목의 작업을 말한다.
  가. 습지 등에서의 실외 작업
  나. 야생 설치류와의 직접 접촉 및 배설물을 통한 간접 접촉이 많은 작업
  다. 가축 사육이나 도살 등의 작업
5. "혈액노출"이란 눈, 구강, 점막, 손상된 피부 또는 주사침 등에 의한 침습적 손상을 통하여 혈액 또는 병원체가 들어 있는 것으로 의심이 되는 혈액 등에 노출되는 것을 말한다.

제593조(적용 범위) 이 장의 규정은 근로자가 세균·바이러스·곰팡이 등 법 제39조 제1항 제1호에 따른 병원체에 노출될 위험이 있는 다음 각 호의 작업을 하는 사업 또는 사업장에 대하여 적용한다. 〈개정 2019. 12. 26.〉
1. 「의료법」상 의료행위를 하는 작업
2. 혈액의 검사 작업

3. 환자의 가검물(可檢物)을 처리하는 작업
4. 연구 등의 목적으로 병원체를 다루는 작업
5. 보육시설 등 집단수용시설에서의 작업
6. 곤충 및 동물매개 감염 고위험작업

제2절 일반적 관리기준

제594조(감염병 예방 조치 등) 사업주는 근로자의 혈액매개 감염병, 공기매개 감염병, 곤충 및 동물매개 감염병(이하 "감염병"이라 한다)을 예방하기 위하여 다음 각 호의 조치를 하여야 한다.
1. 감염병 예방을 위한 계획의 수립
2. 보호구 지급, 예방접종 등 감염병 예방을 위한 조치
3. 감염병 발생 시 원인 조사와 대책 수립
4. 감염병 발생 근로자에 대한 적절한 처치

제595조(유해성 등의 주지) 사업주는 근로자가 병원체에 노출될 수 있는 위험이 있는 작업을 하는 경우에 다음 각 호의 사항을 근로자에게 알려야 한다.
1. 감염병의 종류와 원인
2. 전파 및 감염 경로
3. 감염병의 증상과 잠복기
4. 감염되기 쉬운 작업의 종류와 예방방법
5. 노출 시 보고 등 노출과 감염 후 조치

제596조(환자의 가검물 등에 의한 오염 방지 조치) ① 사업주는 근로자가 환자의 가검물을 처리(검사·운반·청소 및 폐기를 말한다)하는 작업을 하는 경우에 보호앞치마, 보호장갑 및 보호마스크 등의 보호구를 지급하고 착용하도록 하는 등 오염 방지를 위하여 필요한 조치를 하여야 한다.
② 근로자는 제1항에 따라 지급된 보호구를 사업주의 지시에 따라 착용하여야 한다.

제3절 혈액매개 감염 노출 위험작업 시 조치기준

제597조(혈액노출 예방 조치) ① 사업주는 근로자가 혈액노출의 위험이 있는 작업을 하는 경우에 다음 각 호의 조치를 하여야 한다.
1. 혈액노출의 가능성이 있는 장소에서는 음식물을 먹거나 담배를 피우는 행위, 화장 및 콘택트렌즈의 교환 등을 금지할 것
2. 혈액 또는 환자의 혈액으로 오염된 가검물, 주사침, 각종 의료 기구, 솜 등의 혈액오염물

(이하 "혈액오염물"이라 한다)이 보관되어 있는 냉장고 등에 음식물 보관을 금지할 것
3. 혈액 등으로 오염된 장소나 혈액오염물은 적절한 방법으로 소독할 것
4. 혈액오염물은 별도로 표기된 용기에 담아서 운반할 것
5. 혈액노출 근로자는 즉시 소독약품이 포함된 세척제로 접촉 부위를 씻도록 할 것
② 사업주는 근로자가 주사 및 채혈 작업을 하는 경우에 다음 각 호의 조치를 하여야 한다.
1. 안정되고 편안한 자세로 주사 및 채혈을 할 수 있는 장소를 제공할 것
2. 채취한 혈액을 검사 용기에 옮기는 경우에는 주사침 사용을 금지하도록 할 것
3. 사용한 주사침은 바늘을 구부리거나, 자르거나, 뚜껑을 다시 씌우는 등의 행위를 금지할 것(부득이하게 뚜껑을 다시 씌워야 하는 경우에는 한 손으로 씌우도록 한다)
4. 사용한 주사침은 안전한 전용 수거용기에 모아 튼튼한 용기를 사용하여 폐기할 것
③ 근로자는 제1항에 따라 흡연 또는 음식물 등의 섭취 등이 금지된 장소에서 흡연 또는 음식물 섭취 등의 행위를 해서는 아니 된다.

제598조(혈액노출 조사 등) ① 사업주는 혈액노출과 관련된 사고가 발생한 경우에 즉시 다음 각 호의 사항을 조사하고 이를 기록하여 보존하여야 한다.
1. 노출자의 인적사항
2. 노출 현황
3. 노출 원인제공자(환자)의 상태
4. 노출자의 처치 내용
5. 노출자의 검사 결과
② 사업주는 제1항에 따른 사고조사 결과에 따라 혈액에 노출된 근로자의 면역상태를 파악하여 별표 14에 따른 조치를 하고, 혈액매개 감염의 우려가 있는 근로자는 별표 15에 따라 조치하여야 한다.
③ 사업주는 제1항과 제2항에 따른 조사 결과와 조치 내용을 즉시 해당 근로자에게 알려야 한다.
④ 사업주는 제1항과 제2항에 따른 조사 결과와 조치 내용을 감염병 예방을 위한 조치 외에 해당 근로자에게 불이익을 주거나 다른 목적으로 이용해서는 아니 된다.

제599조(세척시설 등) 사업주는 근로자가 혈액매개 감염의 우려가 있는 작업을 하는 경우에 세면·목욕 등에 필요한 세척시설을 설치하여야 한다.

제600조(개인보호구의 지급 등) ① 사업주는 근로자가 혈액노출이 우려되는 작업을 하는 경우에 다음 각 호에 따른 보호구를 지급하고 착용하도록 하여야 한다.
1. 혈액이 분출되거나 분무될 가능성이 있는 작업 : 보안경과 보호마스크
2. 혈액 또는 혈액오염물을 취급하는 작업 : 보호장갑

3. 다량의 혈액이 의복을 적시고 피부에 노출될 우려가 있는 작업 : 보호앞치마
② 근로자는 제1항에 따라 지급된 보호구를 사업주의 지시에 따라 착용하여야 한다.

제4절 공기매개 감염 노출 위험작업 시 조치기준

제601조(예방 조치) ① 사업주는 근로자가 공기매개 감염병이 있는 환자와 접촉하는 경우에 감염을 방지하기 위하여 다음 각 호의 조치를 하여야 한다.
1. 근로자에게 결핵균 등을 방지할 수 있는 보호마스크를 지급하고 착용하도록 할 것
2. 면역이 저하되는 등 감염의 위험이 높은 근로자는 전염성이 있는 환자와의 접촉을 제한할 것
3. 가래를 배출할 수 있는 결핵환자에게 시술을 하는 경우에는 적절한 환기가 이루어지는 격리실에서 하도록 할 것
4. 임신한 근로자는 풍진·수두 등 선천성 기형을 유발할 수 있는 감염병 환자와의 접촉을 제한할 것

② 사업주는 공기매개 감염병에 노출되는 근로자에 대하여 해당 감염병에 대한 면역상태를 파악하고 의학적으로 필요하다고 판단되는 경우에 예방접종을 하여야 한다.
③ 근로자는 제1항 제1호에 따라 지급된 보호구를 사업주의 지시에 따라 착용하여야 한다.

제602조(노출 후 관리) 사업주는 공기매개 감염병 환자에 노출된 근로자에 대하여 다음 각 호의 조치를 하여야 한다.
1. 공기매개 감염병의 증상 발생 즉시 감염 확인을 위한 검사를 받도록 할 것
2. 감염이 확인되면 적절한 치료를 받도록 조치할 것
3. 풍진, 수두 등에 감염된 근로자가 임신부인 경우에는 태아에 대하여 기형 여부를 검사받도록 할 것
4. 감염된 근로자가 동료 근로자 등에게 전염되지 않도록 적절한 기간 동안 접촉을 제한하도록 할 것

제5절 곤충 및 동물매개 감염 노출 위험작업 시 조치기준

제603조(예방 조치) 사업주는 근로자가 곤충 및 동물매개 감염병 고 위험작업을 하는 경우에 다음 각 호의 조치를 하여야 한다.
1. 긴 소매의 옷과 긴 바지의 작업복을 착용하도록 할 것
2. 곤충 및 동물매개 감염병 발생 우려가 있는 장소에서는 음식물 섭취 등을 제한할 것
3. 작업 장소와 인접한 곳에 오염원과 격리된 식사 및 휴식 장소를 제공할 것
4. 작업 후 목욕을 하도록 지도할 것

5. 곤충이나 동물에 물렸는지를 확인하고 이상증상 발생 시 의사의 진료를 받도록 할 것

제604조(노출 후 관리) 사업주는 곤충 및 동물매개 감염병 고위험작업을 수행한 근로자에게 다음 각 호의 증상이 발생하였을 경우에 즉시 의사의 진료를 받도록 하여야 한다.
1. 고열·오한·두통
2. 피부발진·피부궤양·부스럼 및 딱지 등
3. 출혈성 병변(病變)

제9장 분진에 의한 건강장해의 예방

제1절 통칙

제605조(정의) 이 장에서 사용하는 용어의 뜻은 다음과 같다. 〈개정 2017. 12. 28.〉
1. "분진"이란 근로자가 작업하는 장소에서 발생하거나 흩날리는 미세한 분말 상태의 물질(황사, 미세먼지(PM-10, PM-2.5)를 포함한다]을 말한다.
2. "분진작업"이란 별표 16에서 정하는 작업을 말한다.
3. "호흡기보호 프로그램"이란 분진노출에 대한 평가, 분진노출기준 초과에 따른 공학적 대책, 호흡용 보호구의 지급 및 착용, 분진의 유해성과 예방에 관한 교육, 정기적 건강진단, 기록·관리 사항 등이 포함된 호흡기질환 예방·관리를 위한 종합적인 계획을 말한다.

제606조(적용 제외) ① 다음 각 호의 어느 하나에 해당하는 작업으로서 살수(撒水)설비나 주유설비를 갖추고 물을 뿌리거나 주유를 하면서 분진이 흩날리지 않도록 작업하는 경우에는 이 장의 규정을 적용하지 아니한다.
1. 별표 16 제3호에 따른 작업 중 갱내에서 토석·암석·광물 등(이하 "암석 등"이라 한다)을 체로 거르는 장소에서의 작업
2. 별표 16 제5호에 따른 작업
3. 별표 16 제6호에 따른 작업 중 연마재 또는 동력을 사용하여 암석·광물 또는 금속을 연마하거나 재단하는 장소에서의 작업
4. 별표 16 제7호에 따른 작업 중 동력을 사용하여 암석 등 또는 탄소를 주성분으로 하는 원료를 체로 거르는 장소에서의 작업
5. 별표 16 제7호에 따른 작업 중 동력을 사용하여 실외에서 암석 등 또는 탄소를 주성분으로 하는 원료를 파쇄하거나 분쇄하는 장소에서의 작업
6. 별표 16 제7호에 따른 작업 중 암석 등·탄소원료 또는 알루미늄박을 물이나 기름 속에서 파쇄·분쇄하거나 체로 거르는 장소에서의 작업

② 작업시간이 월 24시간 미만인 임시 분진작업에 대하여 사업주가 근로자에게 적절한 호흡

용 보호구를 지급하여 착용하도록 하는 경우에는 이 장의 규정을 적용하지 아니한다. 다만, 월 10시간 이상 24시간 미만의 임시 분진작업을 매월 하는 경우에는 그러하지 아니하다.
③ 제11장의 규정에 따른 사무실에서 작업하는 경우에는 이 장의 규정을 적용하지 아니한다.

제2절 설비 등의 기준

제607조(국소배기장치의 설치) 사업주는 별표 16 제5호부터 제25호까지의 규정에 따른 분진작업을 하는 실내작업장(갱내를 포함한다)에 대하여 해당 분진작업에 따른 분진을 줄이기 위하여 밀폐설비나 국소배기장치를 설치하여야 한다.

제608조(전체환기장치의 설치) 사업주는 분진작업을 하는 때에 분진 발산 면적이 넓어 제607조에 따른 설비를 설치하기 곤란한 경우에 전체환기장치를 설치할 수 있다.

제609조(국소배기장치의 성능) 제607조 또는 제617조 제1항 단서에 따라 설치하는 국소배기장치는 별표 17에서 정하는 제어풍속 이상의 성능을 갖춘 것이어야 한다.

제610조 [종전 제610조는 제4조의2로 이동]

제611조(설비에 의한 습기 유지) 사업주는 제617조 제1항 단서에 따라 분진작업장소에 습기 유지 설비를 설치한 경우에 분진작업을 하고 있는 동안 그 설비를 사용하여 해당 분진작업 장소를 습한 상태로 유지하여야 한다.

제3절 관리 등

제612조(사용 전 점검 등) ① 사업주는 제607조와 제617조 제1항 단서에 따라 설치한 국소배기장치를 처음으로 사용하는 경우나 국소배기장치를 분해하여 개조하거나 수리를 한 후 처음으로 사용하는 경우에 다음 각 호에서 정하는 바에 따라 사용 전에 점검하여야 한다.
1. 국소배기장치
    가. 덕트와 배풍기의 분진 상태
    나. 덕트 접속부가 헐거워졌는지 여부
    다. 흡기 및 배기 능력
    라. 그 밖에 국소배기장치의 성능을 유지하기 위하여 필요한 사항
2. 공기정화장치
    가. 공기정화장치 내부의 분진상태
    나. 여과제진장치(濾過除塵裝置)의 여과재 파손 여부
    다. 공기정화장치의 분진 처리능력
    라. 그 밖에 공기정화장치의 성능 유지를 위하여 필요한 사항

② 사업주는 제1항에 따른 점검 결과 이상을 발견한 경우에 즉시 청소, 보수, 그 밖에 필요한 조치를 하여야 한다.

제613조(청소의 실시) ① 사업주는 분진작업을 하는 실내작업장에 대하여 매일 작업을 시작하기 전에 청소를 하여야 한다.
② 분진작업을 하는 실내작업장의 바닥·벽 및 설비와 휴게시설이 설치되어 있는 장소의 마루 등(실내만 해당한다)에 대해서는 쌓인 분진을 제거하기 위하여 매월 1회 이상 정기적으로 진공청소기나 물을 이용하여 분진이 흩날리지 않는 방법으로 청소하여야 한다. 다만, 분진이 흩날리지 않는 방법으로 청소하는 것이 곤란한 경우로서 그 청소작업에 종사하는 근로자에게 적절한 호흡용 보호구를 지급하여 착용하도록 한 경우에는 그러하지 아니하다.

제614조(분진의 유해성 등의 주지) 사업주는 근로자가 상시 분진작업에 관련된 업무를 하는 경우에 다음 각 호의 사항을 근로자에게 알려야 한다.
1. 분진의 유해성과 노출경로
2. 분진의 발산 방지와 작업장의 환기 방법
3. 작업장 및 개인위생 관리
4. 호흡용 보호구의 사용 방법
5. 분진에 관련된 질병 예방 방법

제615조(세척시설 등) 사업주는 근로자가 분진작업(별표 16 제26호에 따른 분진작업은 제외한다)을 하는 경우에 목욕시설 등 필요한 세척시설을 설치하여야 한다. 〈개정 2017. 12. 28.〉

제616조(호흡기보호 프로그램 시행 등) 사업주는 다음 각 호의 어느 하나에 해당하는 경우에 호흡기보호 프로그램을 수립하여 시행하여야 한다. 〈개정 2019. 12. 26.〉
1. 법 제125조에 따른 분진의 작업환경측정 결과 노출기준을 초과하는 사업장
2. 분진작업으로 인하여 근로자에게 건강장해가 발생한 사업장

제4절 보호구

제617조(호흡용 보호구의 지급 등) ① 사업주는 근로자가 분진작업을 하는 경우에 해당 작업에 종사하는 근로자에게 적절한 호흡용 보호구를 지급하여 착용하도록 하여야 한다. 다만, 해당 작업장소에 분진 발생원을 밀폐하는 설비나 국소배기장치를 설치하거나 해당 분진작업장소를 습기가 있는 상태로 유지하기 위한 설비를 갖추어 가동하는 등 필요한 조치를 한 경우에는 그러하지 아니하다.
② 사업주는 제1항에 따라 보호구를 지급하는 경우에 근로자 개인전용 보호구를 지급하고, 보관함을 설치하는 등 오염 방지를 위하여 필요한 조치를 하여야 한다.
③ 근로자는 제1항에 따라 지급된 보호구를 사업주의 지시에 따라 착용하여야 한다.

제10장 밀폐공간 작업으로 인한 건강장해의 예방

제1절 통칙

제618조(정의) 이 장에서 사용하는 용어의 뜻은 다음과 같다. 〈개정 2017. 3. 3., 2023. 11. 14.〉
1. "밀폐공간"이란 산소결핍, 유해가스로 인한 질식·화재·폭발 등의 위험이 있는 장소로서 별표 18에서 정한 장소를 말한다.
2. "유해가스"란 이산화탄소·일산화탄소·황화수소 등의 기체로서 인체에 유해한 영향을 미치는 물질을 말한다.
3. "적정공기"란 산소농도의 범위가 18퍼센트 이상 23.5퍼센트 미만, 이산화탄소의 농도가 1.5퍼센트 미만, 일산화탄소의 농도가 30피피엠 미만, 황화수소의 농도가 10피피엠 미만인 수준의 공기를 말한다.
4. "산소결핍"이란 공기 중의 산소농도가 18퍼센트 미만인 상태를 말한다.
5. "산소결핍증"이란 산소가 결핍된 공기를 들이마심으로써 생기는 증상을 말한다.

제2절 밀폐공간 내 작업 시의 조치 등

제619조(밀폐공간 작업 프로그램의 수립·시행) ① 사업주는 밀폐공간에서 근로자에게 작업을 하도록 하는 경우 다음 각 호의 내용이 포함된 밀폐공간 작업 프로그램을 수립하여 시행하여야 한다.
1. 사업장 내 밀폐공간의 위치 파악 및 관리 방안
2. 밀폐공간 내 질식·중독 등을 일으킬 수 있는 유해·위험 요인의 파악 및 관리 방안
3. 제2항에 따라 밀폐공간 작업 시 사전 확인이 필요한 사항에 대한 확인 절차
4. 안전보건교육 및 훈련
5. 그 밖에 밀폐공간 작업 근로자의 건강장해 예방에 관한 사항

② 사업주는 근로자가 밀폐공간에서 작업을 시작하기 전에 다음 각 호의 사항을 확인하여 근로자가 안전한 상태에서 작업하도록 하여야 한다.
1. 작업 일시, 기간, 장소 및 내용 등 작업 정보
2. 관리감독자, 근로자, 감시인 등 작업자 정보
3. 산소 및 유해가스 농도의 측정결과 및 후속조치 사항
4. 작업 중 불활성가스 또는 유해가스의 누출·유입·발생 가능성 검토 및 후속조치 사항
5. 작업 시 착용하여야 할 보호구의 종류
6. 비상연락체계

③ 사업주는 밀폐공간에서의 작업이 종료될 때까지 제2항 각 호의 내용을 해당 작업장 출

입구에 게시하여야 한다.
[전문개정 2017. 3. 3.]

제619조의2(산소 및 유해가스 농도의 측정) ① 사업주는 밀폐공간에서 근로자에게 작업을 하도록 하는 경우 작업을 시작(작업을 일시 중단하였다가 다시 시작하는 경우를 포함한다. 이하 이 조에서 같다)하기 전에 밀폐공간의 산소 및 유해가스 농도의 측정 및 평가에 관한 지식과 실무경험이 있는 자를 지정하여 그로 하여금 해당 밀폐공간의 산소 및 유해가스 농도를 측정(「전파법」제2조 제1항 제5호·제5호의2에 따른 무선설비 또는 무선통신을 이용한 원격 측정을 포함한다. 이하 제629조, 제638조 및 제641조에서 같다)하여 적정공기가 유지되고 있는지를 평가하도록 해야 한다. 〈개정 2024. 6. 28.〉

② 사업주는 제1항에 따라 밀폐공간의 산소 및 유해가스 농도를 측정 및 평가하는 자에 대하여 밀폐공간에서 작업을 시작하기 전에 다음 각 호의 사항의 숙지여부를 확인하고 필요한 교육을 실시해야 한다. 〈신설 2024. 6. 28.〉
1. 밀폐공간의 위험성
2. 측정장비의 이상 유무 확인 및 조작 방법
3. 밀폐공간 내에서의 산소 및 유해가스 농도 측정방법
4. 적정공기의 기준과 평가 방법

③ 사업주는 제1항에 따라 산소 및 유해가스 농도를 측정한 결과 적정공기가 유지되고 있지 아니하다고 평가된 경우에는 작업장을 환기시키거나, 근로자에게 공기호흡기 또는 송기마스크를 지급하여 착용하도록 하는 등 근로자의 건강장해 예방을 위하여 필요한 조치를 하여야 한다. 〈개정 2024. 6. 28.〉
[본조신설 2017. 3. 3.]

제620조(환기 등) ① 사업주는 근로자가 밀폐공간에서 작업을 하는 경우에 작업을 시작하기 전과 작업 중에 해당 작업장을 적정공기 상태가 유지되도록 환기하여야 한다. 다만, 폭발이나 산화 등의 위험으로 인하여 환기할 수 없거나 작업의 성질상 환기하기가 매우 곤란한 경우에는 근로자에게 공기호흡기 또는 송기마스크를 지급하여 착용하도록 하고 환기하지 아니할 수 있다. 〈개정 2017. 3. 3.〉

② 근로자는 제1항 단서에 따라 지급된 보호구를 착용하여야 한다. 〈신설 2017. 3. 3.〉

제621조(인원의 점검) 사업주는 근로자가 밀폐공간에서 작업을 하는 경우에 그 장소에 근로자를 입장시킬 때와 퇴장시킬 때마다 인원을 점검하여야 한다.

제622조(출입의 금지) ① 사업주는 사업장 내 밀폐공간을 사전에 파악하여 밀폐공간에는 관계 근로자가 아닌 사람의 출입을 금지하고, 별지 제4호서식에 따른 출입금지 표지를 밀폐공간 근처의 보기 쉬운 장소에 게시하여야 한다. 〈개정 2012. 3. 5., 2017. 3. 3.〉

② 근로자는 제1항에 따라 출입이 금지된 장소에 사업주의 허락 없이 출입해서는 아니 된다.

제623조(감시인의 배치 등) ① 사업주는 근로자가 밀폐공간에서 작업을 하는 동안 작업상황을 감시할 수 있는 감시인을 지정하여 밀폐공간 외부에 배치하여야 한다.
② 제1항에 따른 감시인은 밀폐공간에 종사하는 근로자에게 이상이 있을 경우에 구조요청 등 필요한 조치를 한 후 이를 즉시 관리감독자에게 알려야 한다.
③ 사업주는 근로자가 밀폐공간에서 작업을 하는 동안 그 작업장과 외부의 감시인 간에 항상 연락을 취할 수 있는 설비를 설치하여야 한다.
[전문개정 2017. 3. 3.]

제624조(안전대 등) ① 사업주는 밀폐공간에서 작업하는 근로자가 산소결핍이나 유해가스로 인하여 추락할 우려가 있는 경우에는 해당 근로자에게 안전대나 구명밧줄, 공기호흡기 또는 송기마스크를 지급하여 착용하도록 하여야 한다.
② 사업주는 제1항에 따라 안전대나 구명밧줄을 착용하도록 하는 경우에 이를 안전하게 착용할 수 있는 설비 등을 설치하여야 한다.
③ 근로자는 제1항에 따라 지급된 보호구를 착용하여야 한다.
[전문개정 2017. 3. 3.]

제625조(대피용 기구의 비치) 사업주는 근로자가 밀폐공간에서 작업을 하는 경우에 공기호흡기 또는 송기마스크, 사다리 및 섬유로프 등 비상시에 근로자를 피난시키거나 구출하기 위하여 필요한 기구를 갖추어 두어야 한다. 〈개정 2017. 3. 3.〉

제626조(상시 가동되는 급·배기 환기장치를 설치한 경우의 특례) ① 사업주가 밀폐공간에 상시 가동되는 급·배기 환기장치(이하 이 조에서 "상시환기장치"라 한다)를 설치하고 이를 24시간 상시 작동하게 하여 질식·화재·폭발 등의 위험이 없도록 한 경우에는 해당 밀폐공간(별표 18 제10호 및 제11호에 따른 밀폐공간은 제외한다)에 대하여 제619조 제2항 및 제3항, 제620조, 제621조, 제623조, 제624조 및 제640조를 적용하지 않는다.
② 사업주는 상시환기장치의 작동 및 사용상태와 밀폐공간 내 적정공기 유지상태를 월 1회 이상 정기적으로 점검하고, 이상이 발견된 경우에는 즉시 필요한 조치를 해야 한다.
③ 사업주는 제2항에 따른 점검결과(점검일자, 점검자, 환기장치 작동상태, 적정공기 유지상태 및 조치사항을 말한다)를 해당 밀폐공간의 출입구에 상시 게시해야 한다.
[본조신설 2022. 10. 18.]

제3절 유해가스 발생장소 등에 대한 조치기준

제627조(유해가스의 처리 등) 사업주는 근로자가 터널·갱 등을 파는 작업을 하는 경우에 근로자가 유해가스에 노출되지 않도록 미리 그 농도를 조사하고, 유해가스의 처리방법, 터널

・갱 등을 파는 시기 등을 정한 후 이에 따라 작업을 하도록 하여야 한다.

제628조(이산화탄소를 사용하는 소화기에 대한 조치) 사업주는 지하실, 기관실, 선창(船倉), 그 밖에 통풍이 불충분한 장소에 비치한 소화기에 이산화탄소를 사용하는 경우에 다음 각 호의 조치를 해야 한다. 〈개정 2022. 10. 18.〉
1. 해당 소화기가 쉽게 뒤집히거나 손잡이가 쉽게 작동되지 않도록 할 것
2. 소화를 위하여 작동하는 경우 외에 소화기를 임의로 작동하는 것을 금지하고, 그 내용을 보기 쉬운 장소에 게시할 것

[제목개정 2022. 10. 18.]

제628조의2(이산화탄소를 사용하는 소화설비 및 소화용기에 대한 조치) 사업주는 이산화탄소를 사용한 소화설비를 설치한 지하실, 전기실, 옥내 위험물 저장창고 등 방호구역과 소화약제로 이산화탄소가 충전된 소화용기 보관장소(이하 이 조에서 "방호구역 등"이라 한다)에 다음 각 호의 조치를 해야 한다.
1. 방호구역 등에는 점검, 유지·보수 등(이하 이 조에서 "점검 등"이라 한다)을 수행하는 관계 근로자가 아닌 사람의 출입을 금지할 것
2. 점검 등을 수행하는 근로자를 사전에 지정하고, 출입일시, 점검기간 및 점검내용 등의 출입기록을 작성하여 관리하게 할 것. 다만, 다음 각 목의 어느 하나에 해당하는 경우는 제외한다.
   가. 「개인정보보호법」에 따른 영상정보처리기기를 활용하여 관리하는 경우
   나. 카드키 출입방식 등 구조적으로 지정된 사람만이 출입하도록 한 경우
3. 방호구역 등에 점검 등을 위해 출입하는 경우에는 미리 다음 각 목의 조치를 할 것
   가. 적정공기 상태가 유지되도록 환기할 것
   나. 소화설비의 수동밸브나 콕을 잠그거나 차단판을 설치하고 기동장치에 안전핀을 꽂아야 하며, 이를 임의로 개방하거나 안전핀을 제거하는 것을 금지한다는 내용을 보기 쉬운 장소에 게시할 것. 다만, 육안 점검만을 위하여 짧은 시간 출입하는 경우에는 그렇지 않다.
   다. 방호구역 등에 출입하는 근로자를 대상으로 이산화탄소의 위험성, 소화설비의 작동 시 확인방법, 대피방법, 대피로 등을 주지시키기 위해 반기 1회 이상 교육을 실시할 것. 다만, 처음 출입하는 근로자에 대해서는 출입 전에 교육을 하여 그 내용을 주지시켜야 한다.
   라. 소화용기 보관장소에서 소화용기 및 배관·밸브 등의 교체 등의 작업을 하는 경우에는 작업자에게 공기호흡기 또는 송기마스크를 지급하고 착용하도록 할 것
   마. 소화설비 작동과 관련된 전기, 배관 등에 관한 작업을 하는 경우에는 작업일정, 소화

설비 설치도면 검토, 작업방법, 소화설비 작동금지 조치, 출입금지 조치, 작업 근로자 교육 및 대피로 확보 등이 포함된 작업계획서를 작성하고 그 계획에 따라 작업을 하도록 할 것

4. 점검 등을 완료한 후에는 방호구역 등에 사람이 없는 것을 확인하고 소화설비를 작동할 수 있는 상태로 변경할 것
5. 소화를 위하여 작동하는 경우 외에는 소화설비를 임의로 작동하는 것을 금지하고, 그 내용을 방호구역 등의 출입구 및 수동조작반 등에 누구든지 볼 수 있도록 게시할 것
6. 출입구 또는 비상구까지의 이동거리가 10m 이상인 방호구역과 이산화탄소가 충전된 소화용기를 100개 이상(45kg 용기 기준) 보관하는 소화용기 보관장소에는 산소 또는 이산화탄소 감지 및 경보 장치를 설치하고 항상 유효한 상태로 유지할 것
7. 소화설비가 작동되거나 이산화탄소의 누출로 인한 질식의 우려가 있는 경우에는 근로자가 질식 등 산업재해를 입을 우려가 없는 것으로 확인될 때까지 관계 근로자가 아닌 사람의 방호구역 등 출입을 금지하고 그 내용을 방호구역 등의 출입구에 누구든지 볼 수 있도록 게시할 것

[본조신설 2022. 10. 18.]

제629조(용접 등에 관한 조치) ① 사업주는 근로자가 탱크·보일러 또는 반응탑의 내부 등 통풍이 충분하지 않은 장소에서 용접·용단 작업을 하는 경우에 다음 각 호의 조치를 하여야 한다. 〈개정 2012. 3. 5., 2015. 12. 31., 2017. 3. 3.〉

1. 작업장소는 가스농도를 측정(아르곤 등 불활성가스를 이용하는 작업장의 경우에는 산소농도 측정을 말한다)하고 환기시키는 등의 방법으로 적정공기 상태를 유지할 것
2. 제1호에 따른 환기 등의 조치로 해당 작업장소의 적정공기 상태를 유지하기 어려운 경우 해당 작업 근로자에게 공기호흡기 또는 송기마스크를 지급하여 착용하도록 할 것

② 근로자는 제1항 제2호에 따라 지급된 보호구를 사업주의 지시에 따라 착용하여야 한다.

제630조(불활성기체의 누출) 사업주는 근로자가 별표 18 제13호에 따른 기체(이하 "불활성기체"라 한다)를 내보내는 배관이 있는 보일러·탱크·반응탑 또는 선창 등의 장소에서 작업을 하는 경우에 다음 각 호의 조치를 하여야 한다.

1. 밸브나 콕을 잠그거나 차단판을 설치할 것
2. 제1호에 따른 밸브나 콕과 차단판에는 잠금장치를 하고, 이를 임의로 개방하는 것을 금지한다는 내용을 보기 쉬운 장소에 게시할 것
3. 불활성기체를 내보내는 배관의 밸브나 콕 또는 이를 조작하기 위한 스위치나 누름단추 등에는 잘못된 조작으로 인하여 불활성기체가 새지 않도록 배관 내의 불활성기체의 명칭과 개폐의 방향 등 조작방법에 관한 표지를 게시할 것

제631조(불활성기체의 유입 방지) 사업주는 근로자가 탱크나 반응탑 등 용기의 안전판으로부터 불활성기체가 배출될 우려가 있는 작업을 하는 경우에 해당 안전판으로부터 배출되는 불활성기체를 직접 외부로 내보내기 위한 설비를 설치하는 등 해당 불활성기체가 해당 작업장소에 잔류하는 것을 방지하기 위한 조치를 하여야 한다.

제632조(냉장실 등의 작업) ① 사업주는 근로자가 냉장실·냉동실 등의 내부에서 작업을 하는 경우에 근로자가 작업하는 동안 해당 설비의 출입문이 임의로 잠기지 않도록 조치하여야 한다. 다만, 해당 설비의 내부에 외부와 연결된 경보장치가 설치되어 있는 경우에는 그러하지 아니하다.
② 사업주는 냉장실·냉동실 등 밀폐하여 사용하는 시설이나 설비의 출입문을 잠그는 경우에 내부에 작업자가 있는지를 반드시 확인하여야 한다.

제633조(출입구의 임의잠김 방지) 사업주는 근로자가 탱크·반응탑 또는 그 밖의 밀폐시설에서 작업을 하는 경우에 근로자가 작업하는 동안 해당 설비의 출입뚜껑이나 출입문이 임의로 잠기지 않도록 조치하고 작업하게 하여야 한다.

제634조(가스배관공사 등에 관한 조치) ① 사업주는 근로자가 지하실이나 맨홀의 내부 또는 그 밖에 통풍이 불충분한 장소에서 가스를 공급하는 배관을 해체하거나 부착하는 작업을 하는 경우에 다음 각 호의 조치를 하여야 한다. 〈개정 2017. 3. 3.〉
1. 배관을 해체하거나 부착하는 작업장소에 해당 가스가 들어오지 않도록 차단할 것
2. 해당 작업을 하는 장소는 적정공기 상태가 유지되도록 환기를 하거나 근로자에게 공기호흡기 또는 송기마스크를 지급하여 착용하도록 할 것
② 근로자는 제1항 제2호에 따라 지급된 보호구를 사업주의 지시에 따라 착용하여야 한다.

제635조(압기공법에 관한 조치) ① 사업주는 근로자가 별표 18 제1호에 따른 지층(地層)이나 그와 인접한 장소에서 압기공법(壓氣工法)으로 작업을 하는 경우에 그 작업에 의하여 유해가스가 샐 우려가 있는지 여부 및 공기 중의 산소농도를 조사하여야 한다.
② 사업주는 제1항에 따른 조사 결과 유해가스가 새고 있거나 공기 중에 산소가 부족한 경우에 즉시 작업을 중지하고 출입을 금지하는 등 필요한 조치를 하여야 한다.
③ 근로자는 제2항에 따라 출입이 금지된 장소에 사업주의 허락 없이 출입해서는 아니 된다.

제636조(지하실 등의 작업) ① 사업주는 근로자가 밀폐공간의 내부를 통하는 배관이 설치되어 있는 지하실이나 피트 등의 내부에서 작업을 하는 경우에 그 배관을 통하여 산소가 결핍된 공기나 유해가스가 새지 않도록 조치하여야 한다. 〈개정 2017. 3. 3., 2019. 10. 15.〉
② 사업주는 제1항에 따른 작업장소에서 산소가 결핍된 공기나 유해가스가 새는 경우에 이를 직접 외부로 내보낼 수 있는 설비를 설치하는 등 적정공기 상태를 유지하기 위한 조치를 하여야 한다. 〈개정 2017. 3. 3.〉

제637조(설비 개조 등의 작업) 사업주는 근로자가 분뇨·오수·펄프액 및 부패하기 쉬운 물질에 오염된 펌프·배관 또는 그 밖의 부속설비에 대하여 분해·개조·수리 또는 청소 등을 하는 경우에 다음 각 호의 조치를 하여야 한다.
  1. 작업 방법 및 순서를 정하여 이를 미리 해당 작업에 종사하는 근로자에게 알릴 것
  2. 황화수소 중독 방지에 필요한 지식을 가진 사람을 해당 작업의 지휘자로 지정하여 작업을 지휘하도록 할 것

제4절 관리 및 사고 시의 조치 등 〈개정 2017. 3. 3.〉

제638조(사후조치) 사업주는 관리감독자가 별표 2 제20호나목부터 라목까지의 규정에 따른 측정 또는 점검 결과 이상을 발견하여 보고했을 경우에는 즉시 환기, 보호구 지급, 설비 보수 등 근로자의 안전을 위해 필요한 조치를 해야 한다. 〈개정 2024. 6. 28.〉
[전문개정 2021. 5. 28.]

제639조(사고 시의 대피 등) ① 사업주는 근로자가 밀폐공간에서 작업을 하는 경우에 산소결핍이나 유해가스로 인한 질식·화재·폭발 등의 우려가 있으면 즉시 작업을 중단시키고 해당 근로자를 대피하도록 하여야 한다.
② 사업주는 제1항에 따라 근로자를 대피시킨 경우 적정공기 상태임이 확인될 때까지 그 장소에 관계자가 아닌 사람이 출입하는 것을 금지하고, 그 내용을 해당 장소의 보기 쉬운 곳에 게시하여야 한다.
③ 근로자는 제2항에 따라 출입이 금지된 장소에 사업주의 허락 없이 출입하여서는 아니 된다.
[전문개정 2017. 3. 3.]

제640조(긴급 구조훈련) 사업주는 긴급상황 발생 시 대응할 수 있도록 밀폐공간에서 작업하는 근로자에 대하여 비상연락체계 운영, 구조용 장비의 사용, 공기호흡기 또는 송기마스크의 착용, 응급처치 등에 관한 훈련을 6개월에 1회 이상 주기적으로 실시하고, 그 결과를 기록하여 보존하여야 한다. 〈개정 2017. 3. 3.〉

제641조(안전한 작업방법 등의 주지) 사업주는 근로자가 밀폐공간에서 작업을 하는 경우에 작업을 시작할 때마다 사전에 다음 각 호의 사항을 작업근로자(제623조에 따른 감시인을 포함한다)에게 알려야 한다. 〈개정 2019. 12. 26.〉
  1. 산소 및 유해가스농도 측정에 관한 사항
  2. 환기설비의 가동 등 안전한 작업방법에 관한 사항
  3. 보호구의 착용과 사용방법에 관한 사항
  4. 사고 시의 응급조치 요령

5. 구조요청을 할 수 있는 비상연락처, 구조용 장비의 사용 등 비상시 구출에 관한 사항

제642조(의사의 진찰) 사업주는 근로자가 산소결핍증이 있거나 유해가스에 중독되었을 경우에 즉시 의사의 진찰이나 처치를 받도록 하여야 한다.

제643조(구출 시 공기호흡기 또는 송기마스크의 사용) ① 사업주는 밀폐공간에서 위급한 근로자를 구출하는 작업을 하는 경우 그 구출작업에 종사하는 근로자에게 공기호흡기 또는 송기마스크를 지급하여 착용하도록 하여야 한다.

② 근로자는 제1항에 따라 지급된 보호구를 착용하여야 한다.

[전문개정 2017. 3. 3.]

제644조(보호구의 지급 등) 사업주는 공기호흡기 또는 송기마스크를 지급하는 때에 근로자에게 질병 감염의 우려가 있는 경우에는 개인전용의 것을 지급하여야 한다. 〈개정 2017. 3. 3.〉

제645조 삭제 〈2017. 3. 3.〉

제11장 사무실에서의 건강장해 예방

제1절 통칙

제646조(정의) 이 장에서 사용하는 용어의 뜻은 다음과 같다. 〈개정 2019. 12. 26.〉
1. "사무실"이란 근로자가 사무를 처리하는 실내 공간(휴게실·강당·회의실 등의 공간을 포함한다)을 말한다.
2. "사무실오염물질"이란 법 제39조 제1항 제1호에 따른 가스·증기·분진 등과 곰팡이·세균·바이러스 등 사무실의 공기 중에 떠다니면서 근로자에게 건강장해를 유발할 수 있는 물질을 말한다.
3. "공기정화설비 등"이란 사무실오염물질을 바깥으로 내보내거나 바깥의 신선한 공기를 실내로 끌어들이는 급기·배기 장치, 오염물질을 제거하거나 줄이는 여과제나 온도·습도·기류 등을 조절하여 공급할 수 있는 냉난방장치, 그 밖에 이에 상응하는 장치 등을 말한다.

제2절 설비의 성능 등

제647조(공기정화설비 등의 가동) ① 사업주는 근로자가 중앙관리 방식의 공기정화설비 등을 갖춘 사무실에서 근무하는 경우에 사무실 오염을 방지할 수 있도록 공기정화설비 등을 적절히 가동하여야 한다.

② 사업주는 공기정화설비 등에 의하여 사무실로 들어오는 공기가 근로자에게 직접 닿지 않도록 하고, 기류속도는 초당 0.5미터 이하가 되도록 하여야 한다.

제648조(공기정화설비 등의 유지관리) 사업주는 제646조 제3호에 따른 공기정화설비 등을 수시로 점검하여 필요한 경우에 청소하거나 개·보수하는 등 적절한 조치를 해야 한다. 〈개정 2021. 5. 28.〉

제3절 사무실공기 관리와 작업기준 등

제649조(사무실공기 평가) 사업주는 근로자 건강장해 방지를 위하여 필요한 경우에 해당 사무실의 공기를 측정·평가하고, 그 결과에 따라 공기정화설비 등을 설치하거나 개·보수하는 등 필요한 조치를 하여야 한다.

제650조(실외 오염물질의 유입 방지) 사업주는 실외로부터 자동차매연, 그 밖의 오염물질이 실내로 들어올 우려가 있는 경우에 통풍구·창문·출입문 등의 공기유입구를 재배치하는 등 적절한 조치를 하여야 한다.

제651조(미생물오염 관리) 사업주는 미생물로 인한 사무실공기 오염을 방지하기 위하여 다음 각 호의 조치를 하여야 한다.
1. 누수 등으로 미생물의 생장을 촉진할 수 있는 곳을 주기적으로 검사하고 보수할 것
2. 미생물이 증식된 곳은 즉시 건조·제거 또는 청소할 것
3. 건물 표면 및 공기정화설비 등에 오염되어 있는 미생물은 제거할 것

제652조(건물 개·보수 시 공기오염 관리) 사업주는 건물 개·보수 중 사무실의 공기질이 악화될 우려가 있을 경우에 그 작업내용을 근로자에게 알리고 공사장소를 격리하거나, 사무실 오염물질의 억제 및 청소 등 적절한 조치를 하여야 한다.

제653조(사무실의 청결 관리) ① 사업주는 사무실을 항상 청결하게 유지·관리하여야 하며, 분진 발생을 최대한 억제할 수 있는 방법을 사용하여 청소하여야 한다.
② 사업주는 미생물로 인한 오염과 해충 발생의 우려가 있는 목욕시설·화장실 등을 소독하는 등 적절한 조치를 하여야 한다.

제4절 공기정화설비 등의 개·보수 시 조치

제654조(보호구의 지급 등) ① 사업주는 근로자가 공기정화설비 등의 청소, 개·보수작업을 하는 경우에 보안경, 방진마스크 등 적절한 보호구를 지급하고 착용하도록 하여야 한다.
② 제1항에 따라 보호구를 지급하는 경우에 근로자 개인 전용의 것을 지급하여야 한다.
③ 근로자는 제1항에 따라 지급된 보호구를 사업주의 지시에 따라 착용하여야 한다.

제655조(유해성 등의 주지) 사업주는 근로자가 공기정화설비 등의 청소, 개·보수 작업을 하는 경우에 다음 각 호의 사항을 근로자에게 알려야 한다.

1. 발생하는 사무실오염물질의 종류 및 유해성
2. 사무실오염물질 발생을 억제할 수 있는 작업방법
3. 착용하여야 할 보호구와 착용방법
4. 응급조치 요령
5. 그 밖에 근로자의 건강장해의 예방에 관한 사항

제12장 근골격계부담작업으로 인한 건강장해의 예방

제1절 통칙

제656조(정의) 이 장에서 사용하는 용어의 뜻은 다음과 같다. 〈개정 2019. 12. 26.〉
1. "근골격계부담작업"이란 법 제39조 제1항 제5호에 따른 작업으로서 작업량·작업속도·작업강도 및 작업장 구조 등에 따라 고용노동부장관이 정하여 고시하는 작업을 말한다.
2. "근골격계질환"이란 반복적인 동작, 부적절한 작업자세, 무리한 힘의 사용, 날카로운 면과의 신체접촉, 진동 및 온도 등의 요인에 의하여 발생하는 건강장해로서 목, 어깨, 허리, 팔·다리의 신경·근육 및 그 주변 신체조직 등에 나타나는 질환을 말한다.
3. "근골격계질환 예방관리 프로그램"이란 유해요인 조사, 작업환경 개선, 의학적 관리, 교육·훈련, 평가에 관한 사항 등이 포함된 근골격계질환을 예방관리하기 위한 종합적인 계획을 말한다.

제2절 유해요인 조사 및 개선 등

제657조(유해요인 조사) ① 사업주는 근로자가 근골격계부담작업을 하는 경우에 3년마다 다음 각 호의 사항에 대한 유해요인조사를 하여야 한다. 다만, 신설되는 사업장의 경우에는 신설일부터 1년 이내에 최초의 유해요인 조사를 하여야 한다.
1. 설비·작업공정·작업량·작업속도 등 작업장 상황
2. 작업시간·작업자세·작업방법 등 작업조건
3. 작업과 관련된 근골격계질환 징후와 증상 유무 등

② 사업주는 다음 각 호의 어느 하나에 해당하는 사유가 발생하였을 경우에 제1항에도 불구하고 1개월 이내에 조사대상 및 조사방법 등을 검토하여 유해요인 조사를 해야 한다. 다만, 제1호에 해당하는 경우로서 해당 근골격계질환에 대하여 최근 1년 이내에 유해요인 조사를 하고 그 결과를 반영하여 제659조에 따른 작업환경 개선에 필요한 조치를 한 경우는 제외한다. 〈개정 2017. 3. 3., 2024. 6. 28.〉

1. 법에 따른 임시건강진단 등에서 근골격계질환자가 발생하였거나 근로자가 근골격계 질환으로「산업재해보상보험법 시행령」별표 3 제2호가목·마목 및 제12호라목에 따라 업무상 질병으로 인정받은 경우(근골격계부담작업이 아닌 작업에서 근골격계질환자가 발생하였거나 근골격계부담작업이 아닌 작업에서 발생한 근골격계질환에 대해 업무상 질병으로 인정 받은 경우를 포함한다)
2. 근골격계부담작업에 해당하는 새로운 작업·설비를 도입한 경우
3. 근골격계부담작업에 해당하는 업무의 양과 작업공정 등 작업환경을 변경한 경우
③ 사업주는 유해요인 조사에 근로자 대표 또는 해당 작업 근로자를 참여시켜야 한다.

제658조(유해요인 조사 방법 등) 사업주는 유해요인 조사를 하는 경우에 근로자와의 면담, 증상 설문조사, 인간공학적 측면을 고려한 조사 등 적절한 방법으로 하여야 한다. 이 경우 제657조 제2항 제1호에 해당하는 경우에는 고용노동부장관이 정하여 고시하는 방법에 따라야 한다. 〈개정 2017. 12. 28.〉

제659조(작업환경 개선) 사업주는 유해요인 조사 결과 근골격계질환이 발생할 우려가 있는 경우에 인간공학적으로 설계된 인력작업 보조설비 및 편의설비를 설치하는 등 작업환경 개선에 필요한 조치를 하여야 한다.

제660조(통지 및 사후조치) ① 근로자는 근골격계부담작업으로 인하여 운동범위의 축소, 쥐는 힘의 저하, 기능의 손실 등의 징후가 나타나는 경우 그 사실을 사업주에게 통지할 수 있다.
② 사업주는 근골격계부담작업으로 인하여 제1항에 따른 징후가 나타난 근로자에 대하여 의학적 조치를 하고 필요한 경우에는 제659조에 따른 작업환경 개선 등 적절한 조치를 하여야 한다.

제661조(유해성 등의 주지) ① 사업주는 근로자가 근골격계부담작업을 하는 경우에 다음 각 호의 사항을 근로자에게 알려야 한다.
1. 근골격계부담작업의 유해요인
2. 근골격계질환의 징후와 증상
3. 근골격계질환 발생 시의 대처요령
4. 올바른 작업자세와 작업도구, 작업시설의 올바른 사용방법
5. 그 밖에 근골격계질환 예방에 필요한 사항
② 사업주는 제657조 제1항과 제2항에 따른 유해요인 조사 및 그 결과, 제658조에 따른 조사방법 등을 해당 근로자에게 알려야 한다.
③ 사업주는 근로자대표의 요구가 있으면 설명회를 개최하여 제657조 제2항 제1호에 따른 유해요인 조사 결과를 해당 근로자와 같은 방법으로 작업하는 근로자에게 알려야 한다.
〈신설 2017. 12. 28.〉

제662조(근골격계질환 예방관리 프로그램 시행) ① 사업주는 다음 각 호의 어느 하나에 해당하는 경우에 근골격계질환 예방관리 프로그램을 수립하여 시행하여야 한다. 〈개정 2017. 3. 3.〉

1. 근골격계질환으로 「산업재해보상보험법 시행령」 별표 3 제2호가목·마목 및 제12호라목에 따라 업무상 질병으로 인정받은 근로자가 연간 10명 이상 발생한 사업장 또는 5명 이상 발생한 사업장으로서 발생 비율이 그 사업장 근로자 수의 10퍼센트 이상인 경우
2. 근골격계질환 예방과 관련하여 노사 간 이견(異見)이 지속되는 사업장으로서 고용노동부장관이 필요하다고 인정하여 근골격계질환 예방관리 프로그램을 수립하여 시행할 것을 명령한 경우

② 사업주는 근골격계질환 예방관리 프로그램을 작성·시행할 경우에 노사협의를 거쳐야 한다.

③ 사업주는 근골격계질환 예방관리 프로그램을 작성·시행할 경우에 인간공학·산업의학·산업위생·산업간호 등 분야별 전문가로부터 필요한 지도·조언을 받을 수 있다.

제3절 중량물을 인력(人力)으로 들어올리는 작업에 관한 특별 조치 〈개정 2024. 6. 28.〉

제663조(중량물의 제한) 사업주는 근로자가 중량물을 인력으로 들어올리는 작업을 하는 경우에 과도한 무게로 인하여 근로자의 목·허리 등 근골격계에 무리한 부담을 주지 않도록 최대한 노력해야 한다. 〈개정 2024. 6. 28.〉

제664조(작업 시간과 휴식시간 등의 배분) 사업주는 근로자가 중량물을 인력으로 들어올리거나 운반하는 작업을 하는 경우에 근로자가 취급하는 물품의 중량·취급빈도·운반거리·운반속도 등 인체에 부담을 주는 작업의 조건에 따라 작업시간과 휴식시간 등을 적정하게 배분해야 한다. 〈개정 2024. 6. 28.〉
[제목개정 2024. 6. 28.]

제665조(중량의 표시 등) 사업주는 근로자가 5킬로그램 이상의 중량물을 인력으로 들어올리는 작업을 하는 경우에 다음 각 호의 조치를 해야 한다. 〈개정 2024. 6. 28.〉

1. 주로 취급하는 물품에 대하여 근로자가 쉽게 알 수 있도록 물품의 중량과 무게중심에 대하여 작업장 주변에 안내표시를 할 것
2. 취급하기 곤란한 물품은 손잡이를 붙이거나 갈고리, 진공빨판 등 적절한 보조도구를 활용할 것

제666조(작업자세 등) 사업주는 근로자가 중량물을 인력으로 들어올리는 작업을 하는 경우에 무게중심을 낮추거나 대상물에 몸을 밀착하도록 하는 등 근로자에게 신체의 부담을 줄일 수 있는 자세에 대하여 알려야 한다. 〈개정 2024. 6. 28.〉

제13장 그 밖의 유해인자에 의한 건강장해의 예방

제667조(컴퓨터 단말기 조작업무에 대한 조치) 사업주는 근로자가 컴퓨터 단말기의 조작업무를 하는 경우에 다음 각 호의 조치를 하여야 한다.
1. 실내는 명암의 차이가 심하지 않도록 하고 직사광선이 들어오지 않는 구조로 할 것
2. 저휘도형(低輝度型)의 조명기구를 사용하고 창·벽면 등은 반사되지 않는 재질을 사용할 것
3. 컴퓨터 단말기와 키보드를 설치하는 책상과 의자는 작업에 종사하는 근로자에 따라 그 높낮이를 조절할 수 있는 구조로 할 것
4. 연속적으로 컴퓨터 단말기 작업에 종사하는 근로자에 대하여 작업시간 중에 적절한 휴식시간을 부여할 것

제668조(비전리전자기파에 의한 건강장해 예방 조치) 사업주는 사업장에서 발생하는 유해광선·초음파 등 비전리전자기파(컴퓨터 단말기에서 발생하는 전자파는 제외한다)로 인하여 근로자에게 심각한 건강장해가 발생할 우려가 있는 경우에 다음 각 호의 조치를 하여야 한다.
1. 발생원의 격리·차폐·보호구 착용 등 적절한 조치를 할 것
2. 비전리전자기파 발생장소에는 경고 문구를 표시할 것
3. 근로자에게 비전리전자기파가 인체에 미치는 영향, 안전작업 방법 등을 알릴 것

제669조(직무스트레스에 의한 건강장해 예방 조치) 사업주는 근로자가 장시간 근로, 야간작업을 포함한 교대작업, 차량운전[전업(專業)으로 하는 경우에만 해당한다] 및 정밀기계 조작작업 등 신체적 피로와 정신적 스트레스 등(이하 "직무스트레스"라 한다)이 높은 작업을 하는 경우에 법 제5조 제1항에 따라 직무스트레스로 인한 건강장해 예방을 위하여 다음 각 호의 조치를 하여야 한다.
1. 작업환경·작업내용·근로시간 등 직무스트레스 요인에 대하여 평가하고 근로시간 단축, 장·단기 순환작업 등의 개선대책을 마련하여 시행할 것
2. 작업량·작업일정 등 작업계획 수립 시 해당 근로자의 의견을 반영할 것
3. 작업과 휴식을 적절하게 배분하는 등 근로시간과 관련된 근로조건을 개선할 것
4. 근로시간 외의 근로자 활동에 대한 복지 차원의 지원에 최선을 다할 것
5. 건강진단 결과, 상담자료 등을 참고하여 적절하게 근로자를 배치하고 직무스트레스 요인, 건강문제 발생가능성 및 대비책 등에 대하여 해당 근로자에게 충분히 설명할 것
6. 뇌혈관 및 심장질환 발병위험도를 평가하여 금연, 고혈압 관리 등 건강증진 프로그램을 시행할 것

제670조(농약원재료 방제작업 시의 조치) ① 사업주는 근로자가 농약원재료를 살포·훈증

・주입 등의 업무를 하는 경우에 다음 각 호에 따른 조치를 하여야 한다.
1. 작업을 시작하기 전에 농약의 방제기술과 지켜야 할 안전조치에 대하여 교육을 할 것
2. 방제기구에 농약을 넣는 경우에는 넘쳐흐르거나 역류하지 않도록 할 것
3. 농약원재료를 혼합하는 경우에는 화학반응 등의 위험성이 있는지를 확인할 것
4. 농약원재료를 취급하는 경우에는 담배를 피우거나 음식물을 먹지 않도록 할 것
5. 방제기구의 막힌 분사구를 뚫기 위하여 입으로 불어내지 않도록 할 것
6. 농약원재료가 들어 있는 용기와 기기는 개방된 상태로 내버려두지 말 것
7. 압축용기에 들어있는 농약원재료를 취급하는 경우에는 폭발 등의 방지조치를 할 것
8. 농약원재료를 훈증하는 경우에는 유해가스가 새지 않도록 할 것

② 사업주는 근로자가 농약원재료를 배합하는 작업을 하는 경우에 측정용기, 깔때기, 섞는 기구 등 배합기구들의 사용방법과 배합비율 등을 근로자에게 알리고, 농약원재료의 분진이나 미스트의 발생을 최소화하여야 한다.

③ 사업주는 농약원재료를 다른 용기에 옮겨 담는 경우에 동일한 농약원재료를 담았던 용기를 사용하거나 안전성이 확인된 용기를 사용하고, 담는 용기에는 적합한 경고표지를 붙여야 한다.

제671조 삭제 〈2019. 12. 23.〉

제4편 특수형태근로종사자 등에 대한 안전조치 및 보건조치

〈신설 2019. 12. 26.〉

제672조(특수형태근로종사자에 대한 안전조치 및 보건조치) ① 법 제77조 제1항에 따른 특수형태근로종사자(이하 "특수형태근로종사자"라 한다) 중 영 제67조 제1호·제3호·제7호, 제8호 및 제10호에 해당하는 사람에 대한 안전조치 및 보건조치는 다음 각 호와 같다. 〈개정 2021. 5. 28., 2021. 11. 19.〉
1. 제79조, 제647조부터 제653조까지 및 제667조에 따른 조치
2. 법 제41조 제1항에 따른 고객의 폭언 등(이하 이 조에서 "고객의 폭언 등"이라 한다)에 대한 대처방법 등이 포함된 대응지침의 제공 및 관련 교육의 실시

② 특수형태근로종사자 중 영 제67조 제2호에 해당하는 사람에 대한 안전조치 및 보건조치는 제3조, 제4조, 제4조의2, 제5조부터 제62조까지, 제67조부터 제70조까지, 제86조부터 제99조까지, 제132조부터 제190조까지, 제196조부터 제221조까지, 제221조의2부터 제221조의5까지, 제328조부터 제393조까지, 제405조부터 제413조까지 및 제417조부터 제419조까지의 규정에 따른 조치를 말한다. 〈개정 2024. 6. 28.〉

③ 특수형태근로종사자 중 영 제67조 제4호에 해당하는 사람에 대한 안전조치 및 보건조치는 다음 각 호와 같다.
1. 제38조, 제79조, 제79조의2, 제80조부터 제82조까지, 제86조 제7항, 제89조, 제171조, 제172조 및 제316조에 따른 조치
2. 미끄러짐을 방지하기 위한 신발을 착용했는지 확인 및 지시
3. 고객의 폭언 등에 대한 대처방법 등이 포함된 대응지침의 제공
4. 고객의 폭언 등에 의한 건강장해가 발생하거나 발생할 현저한 우려가 있는 경우 : 영 제41조 각 호의 조치 중 필요한 조치
④ 특수형태근로종사자 중 영 제67조 제5호에 해당하는 사람에 대한 안전조치 및 보건조치는 다음 각 호와 같다. 〈개정 2021. 5. 28.〉
1. 제3조, 제4조, 제4조의2, 제5조부터 제22조까지, 제26조부터 제30조까지, 제38조 제1항 제2호, 제86조, 제89조, 제98조, 제99조, 제171조부터 제178조까지, 제191조부터 제195조까지, 제385조, 제387조부터 제393조까지 및 제657조부터 제666조까지의 규정에 따른 조치
2. 업무에 이용하는 자동차의 제동장치가 정상적으로 작동되는지 정기적으로 확인
3. 고객의 폭언 등에 대한 대처방법 등이 포함된 대응지침의 제공
⑤ 특수형태근로종사자 중 영 제67조 제6호에 해당하는 사람에 대한 안전조치 및 보건조치는 다음 각 호와 같다. 〈개정 2024. 6. 28.〉
1. 제32조 제1항 제10호 또는 제11호에 따른 안전모를 착용하도록 지시
2. 제86조 제11항에 따른 탑승 제한 지시
3. 업무에 이용하는 이륜자동차의 전조등, 제동등, 후미등, 후사경 또는 제동장치가 정상적으로 작동되는지 정기적으로 확인
4. 고객의 폭언 등에 대한 대처방법 등이 포함된 대응지침의 제공
⑥ 특수형태근로종사자 중 영 제67조 제9호에 해당하는 사람에 대한 안전조치 및 보건조치는 고객의 폭언 등에 대한 대처방법 등이 포함된 대응지침을 제공하는 것을 말한다.
⑦ 특수형태근로종사자 중 영 제67조 제11호에 해당하는 사람에 대한 안전조치 및 보건조치는 다음 각 호와 같다. 〈신설 2021. 11. 19.〉
1. 제31조부터 제33조까지 및 제663조부터 제666조까지의 규정에 따른 조치
2. 고객의 폭언 등에 대한 대처방법 등이 포함된 대응지침의 제공 및 관련 교육의 실시
⑧ 특수형태근로종사자 중 영 제67조 제12호에 해당하는 사람에 대한 안전조치 및 보건조치는 다음 각 호와 같다. 〈신설 2021. 11. 19.〉
1. 제31조부터 제33조까지, 제38조, 제42조, 제44조, 제86조, 제95조, 제96조, 제147조부터 제150조까지, 제173조, 제177조, 제186조, 제233조, 제301조부터 제305조까지, 제313조,

제316조, 제317조, 제319조, 제323조 및 제656조부터 제666조까지의 규정에 따른 조치

2. 고객의 폭언 등에 대한 대처방법 등이 포함된 대응지침의 제공 및 관련 교육의 실시

⑨ 특수형태근로종사자 중 영 제67조 제13호에 해당하는 사람에 대한 안전조치 및 보건조치는 다음 각 호와 같다. 〈신설 2021. 11. 19.〉

1. 제32조, 제33조, 제38조, 제171조부터 제173조까지, 제177조, 제178조, 제187조부터 제189조까지, 제227조, 제279조, 제297조, 제298조 및 제663조부터 제666조까지의 규정에 따른 조치

2. 고객의 폭언 등에 대한 대처방법 등이 포함된 대응지침의 제공

⑩ 특수형태근로종사자 중 영 제67조 제14호에 해당하는 사람에 대한 안전조치 및 보건조치는 제79조, 제646조부터 제653조까지 및 제656조부터 제667조까지의 규정에 따른 조치로 한다. 〈신설 2021. 11. 19.〉

⑪ 제1항부터 제10항까지의 규정에 따른 안전조치 및 보건조치에 관한 규정을 적용하는 경우에는 "사업주"는 "특수형태근로종사자의 노무를 제공받는 자"로, "근로자"는 "특수형태근로종사자"로 본다. 〈개정 2021. 11. 19.〉

[본조신설 2019. 12. 26.]

제673조(배달종사자에 대한 안전조치 등) ① 법 제78조에 따라 「이동통신단말장치 유통구조 개선에 관한 법률」 제2조 제4호에 따른 이동통신단말장치로 물건의 수거·배달 등을 중개하는 자는 이륜자동차로 물건의 수거·배달 등을 하는 사람의 산업재해 예방을 위하여 다음 각 호의 조치를 해야 한다. 〈개정 2024. 6. 28.〉

1. 이륜자동차로 물건의 수거·배달 등을 하는 사람이 이동통신단말장치의 소프트웨어에 등록하는 경우 이륜자동차를 운행할 수 있는 면허 및 제32조 제1항 제10호 또는 제11호에 따른 안전모의 보유 여부 확인

2. 이동통신단말장치의 소프트웨어를 통하여 「도로교통법」 제49조에 따른 운전자의 준수사항 등 안전운행 및 산업재해 예방에 필요한 사항에 대한 정기적 고지

② 제1항에 따른 물건의 수거·배달 등을 중개하는 자는 물건의 수거·배달 등에 소요되는 시간에 대해 산업재해를 유발할 수 있을 정도로 제한해서는 안 된다.

[본조신설 2019. 12. 26.]

부 칙 〈제417호, 2024. 6. 28.〉

이 규칙은 공포한 날부터 시행한다. 다만, 제130조의 개정규정은 공포 후 6개월이 경과한 날부터 시행하고, 제87조 제8항 및 제9항, 제184조 제5호의 개정규정은 공포 후 1년이 경과한 날부터 시행한다.

저자약력

저자 Willy.H

| 약력 |
- 건설안전기술사
- 토목시공기술사
- 서울중앙지방법원 건설감정인
- 한양대학교 공과대학 졸업
- 삼성그룹연구원
- 서울시청 전임강사(안전, 토목)
- 서울시청 자기개발프로그램 강사
- 삼성물산 강사
- 삼성전자 강사
- 삼성디스플레이 강사
- 롯데건설 강사
- 현대건설 강사
- SH공사 강사
- 종로기술사학원 전임강사
- 포천시 사전재해영향성 검토위원
- LH공사 설계심의위원
- 대법원·고등법원 감정인

| 저서 |
- 「최신 건설안전기술사 Ⅰ·Ⅱ」 (예문사)
- 「건설안전기술사 최신기출문제풀이」 (예문사)
- 「재난안전 방재학 개론」 (예문사)
- 「건설안전기술사 핵심 문제」 (예문사)
- 「건설안전기사 필기·실기」 (예문사)
- 「건설안전산업기사 필기·실기」 (예문사)
- 「No1. 산업안전기사 필기」 (예문사)
- 「No1. 산업안전산업기사 필기」 (예문사)
- 「건설안전기술사 실전면접」 (예문사)
- 「산업안전지도사 1차」 (예문사)
- 「산업안전지도사 2차」 (예문사)
- 「산업안전지도사 실전면접」 (예문사)
- 「산업보건지도사 1차」 (예문사)
- 「산업보건지도사 2차」 (예문사)

산업안전지도사 실전면접
건설안전공학

발행일 / 2021. 9. 20 초판 발행
2022. 9. 20 개정 1판1쇄
2023. 8. 10 개정 2판1쇄
2024. 6. 10 개정 3판1쇄
2025. 5. 15 개정 4판1쇄

저　자 / Willy. H
발행인 / 정용수
발행처 / 예문사

주　소 / 경기도 파주시 직지길 460(출판도시) 도서출판 예문사
T E L / 031)955-0550
F A X / 031)955-0660
등록번호 / 11-76호

- 이 책의 어느 부분도 저작권자나 발행인의 승인 없이 무단 복제하여 이용할 수 없습니다.
- 파본 및 낙장은 구입하신 서점에서 교환하여 드립니다.
- 예문사 홈페이지 http://www.yeamoonsa.com

정가 : 33,000원

ISBN 978-89-274-5851-7   13530